Hermann Nothnagel

Spezielle Pathologie und Therapie

Hermann Nothnagel

Spezielle Pathologie und Therapie

ISBN/EAN: 9783743361669

Hergestellt in Europa, USA, Kanada, Australien, Japan

Cover: Foto ©berggeist007 / pixelio.de

Manufactured and distributed by brebook publishing software (www.brebook.com)

Hermann Nothnagel

Spezielle Pathologie und Therapie

SPECIELLE
PATHOLOGIE UND THERAPIE

herausgegeben von

HOFRATH PROF. DR. HERMANN NOTHNAGEL

unter Mitwirkung von

Hofr. Prof. Dr. **E. Albert** in Wien, Primararzt Dr. **E. Bamberger** in Wien, Prof. Dr.
M. Bernhardt in Berlin, Prof. Dr. **O. Binswanger** in Jena. Prof. Dr. **R. Chrobak** in
Wien, Prof. Dr. **Cornet** in Berlin, Geh. Med.-R. Prof. Dr. **H. Curschmann** in Leipzig,
Prof. Dr. **P. Ehrlich** in Berlin, Prof. Dr. **Th. Escherich** in Graz, Prof. Dr. **Ewald** in
Berlin, Doc. Dr. **L. v. Frankl-Hochwart** in Wien, Doc. Dr. **S. Freud** in Wien, Med.-R.
Prof. Dr. **P. Fürbringer** in Berlin, Geh. Med.-R. Prof. Dr. **K. Gerhardt** in Berlin,
Prof. Dr. **Goldscheider** in Berlin, Geh. Med.-R. Prof. Dr. **E. Hitzig** in Halle a. d. S., Geh.
Med.-R. Prof. Dr. **F. A. Hoffmann** in Leipzig, Prof. Dr. **A. Högyes** in Budapest, Prof. Dr.
R. v. Jaksch in Prag, Prof. Dr. **H. Immermann** in Basel, Prof. Dr. **Th. v. Jürgensen** in
Tübingen, Dr. **Kartulis** in Alexandrien, Prof. Dr. **A. Kast** in Breslau, Doc. Dr. **G. Klemperer**
in Berlin, Prof. Dr. **F. v. Korányi** in Budapest, Hofr. Prof. Dr. **R. v. Krafft-Ebing** in
Wien, Prof. Dr. **Fr. Kraus** in Graz, Prof. Dr. **O. Leichtenstern** in Köln, Geh. Med.-R.
Prof. Dr. **E. Leyden** in Berlin, Prof. Dr. **L. Lichtheim** in Königsberg, Prof. Dr.
K. v. Liebermeister in Tübingen, Prof. Dr. **M. Litten** in Berlin, Priv.-Doc. Dr.
H. Lorenz in Wien, Dr. **Mendelsohn** in Berlin, Dr. **P. J. Möbius** in Leipzig, Prof. Dr.
K. v. Monakow in Zürich, Geh. Med.-R. Prof. Dr. **F. Mosler** in Greifswald, Prof. Dr.
B. Naunyn in Strassburg, Prof. Dr. **E. Neusser** in Wien, Hofr. Prof. Dr. **H. Nothnagel**
in Wien, Prof. Dr. **H. Oppenheim** in Berlin, Prof. Dr. **Oser** in Wien, Prof. Dr. **E. Peiper**
in Greifswald, Reg.-R. Prof. Dr. **A. Přibram** in Prag, Geh. Med.-R. Prof. Dr. **H. Quincke**
in Kiel, Geh. Med.-R. Prof. Dr. **F. Riegel** in Giessen, Prof. Dr. **O. Rosenbach** in Breslau,
Prof. Dr. **A. v. Rosthorn** in Prag, Geh. Med.-R. Prof. Dr. **H. Schmidt-Rimpler** in
Göttingen. Prof. Dr. **L. v. Schrötter** in Wien, Geh. Med.-R. Prof. Dr. **H. Senator** in Berlin,
Doc. Dr. **Sticker** in Köln, Prof. Dr. **Stoerk** in Wien, Prof. Dr. **O. Vierordt** in Heidelberg,
Hofr. Prof. Dr. **H. Baron Widerhofer** in Wien, Doc. Dr. **R. Wollenberg** in Halle a. d. S.

XXII. BAND.

DIE ERKRANKUNGEN
DER
SCHILDDRÜSE, MYXÖDEM UND CRETINISMUS.

von

Prof. Dr. C. A. EWALD in Berlin.

DIE BASEDOW'SCHE KRANKHEIT.

von

Dr. P. J. MÖBIUS in Leipzig.

WIEN 1896.
ALFRED HÖLDER
K. U. K. HOF- UND UNIVERSITÄTS-BUCHHÄNDLER
I. ROTHENTHURMSTRASSE 15.

DIE ERKRANKUNGEN

DER

SCHILDDRÜSE, MYXÖDEM

UND

CRETINISMUS.

VON

PROF. DR. C. A. EWALD IN BERLIN.

MIT 19 ABBILDUNGEN UND EINER KARTE.

DIE

BASEDOW'SCHE KRANKHEIT.

VON

DR. P. J. MÖBIUS IN LEIPZIG.

WIEN 1896.

ALFRED HÖLDER ·

K. U. K. HOF- UND UNIVERSITÄTS-BUCHHÄNDLER

I. ROTHENTHURMSTRASSE 15.

DIE ERKRANKUNGEN

DER

SCHILDDRÜSE, MYXÖDEM

UND

CRETINISMUS.

—

VON

PROF. DR. C. A. EWALD

Dirigirender Arzt am Augusta-Hospital zu Berlin.

MIT 19 ABBILDUNGEN UND EINER KARTE.

WIEN 1896.

ALFRED HÖLDER

K. U. K. HOF- UND UNIVERSITÄTS-BUCHHÄNDLER

ROTHENTHURMSTRASSE 15.

INHALTS-VERZEICHNISS.

Vorbemerkungen.

Die Krankheiten der Schilddrüse haben bisher eine zusammenfassende monographische Bearbeitung auf Grund unserer neueren Erfahrungen und Kenntnisse nicht erhalten. Kein Capitel der Pathologie hat mit so viel Hypothetischem und so viel Schwierigkeiten der Interpretation zu kämpfen als das vorliegende, denn es fehlt uns am Besten, was für eine klare Einsicht in den verwickelten Gang pathologischer Vorkommnisse nothwendig ist: an einer genauen Kenntniss der physiologischen Leistungen des Organes. Zwar sind zahlreiche Bausteine in den letzten Jahren mit besonderem Eifer zur Physiologie und Pathologie der Schilddrüse zusammengetragen worden, aber noch mangelt dem Werke der krönende Schluss, noch hat sich das Hin und Her der Meinungen und widersprechenden Versuchsresultate keineswegs genügend geklärt. Ich habe mir deshalb in den folgenden Abschnitten ein umfänglicheres Eingehen auf die einzelnen Forschungsergebnisse nicht ersparen können, und so hat meine Arbeit in höherem Masse den Charakter einer Monographie angenommen, als es sonst in diesem Sammelwerke am Platze wäre. Auch eine Uebersicht über den heutigen Standpunkt der Physiologie der Schilddrüse erschien mir nothwendig. Nur zu sehr habe ich es empfunden, dass mir in der Bearbeitung der Abschnitte über Kropf und Cretinismus, zumal des letzteren, trotzdem ich bei vielfachen Wanderungen in den Alpen und anderen Kropfterritorien Manches selbst gesehen und mich von jeher für diese Zustände interessirt habe, eine grössere persönliche Erfahrung abgeht, die ich durch das Studium der Literatur und anatomischer Präparate ersetzen musste. Vielleicht kommt dies einer objectiven Darstellung zugute; jedenfalls bin ich deshalb veranlasst, die Nachsicht des Lesers zu erbitten.

Der Basedow'schen (Graves'schen) Krankheit, die nach dem gegenwärtigen Stand der Ansichten auch an dieser Stelle, d. h. als originäre Krankheit der Schilddrüse besprochen werden könnte, ist eine selbstständige Bearbeitung geworden.

Berlin, September 1895.

Zur Anatomie und Physiologie der Schilddrüse.[1])

A. Anatomisches.

Die Schilddrüse, die *Glandula thyreoidea*, entwickelt sich aus drei getrennten, später zu einem mittleren und zwei seitlichen Theilen verwachsenden Gebilden, deren gegenseitige Lage und Beziehungen zu den Nachbarorganen und speciell zur Thymusdrüse aus der nebenstehenden, von His entworfenen Profilconstruction der Schilddrüsen- und Thymusanlagen ersichtlich ist. Das Epithel der primären, in der Höhe des zweiten Kiemenbogens sich entwickelnden unpaarigen mittleren Schildblase (His) entsteht aus dem Epithel der Schlundwand.

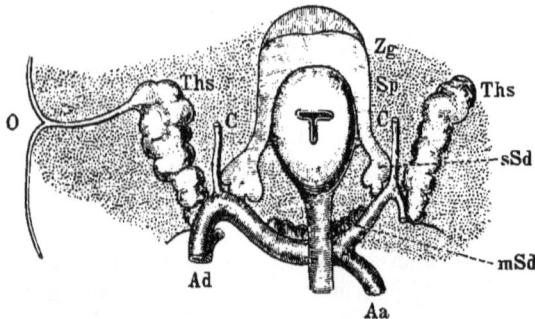

Fig. 1. Profilconstruction der Schilddrüsen und Thymus-Anlagen nach His. *Ths* = Thymus-Anlage; *mSd* und *sSd* = mittlere und seitliche Schilddrüsen-Anlage; *Zg* = Zungenwurzel; *Sp* = *Sin. pyriform;* *O* = Oberfläche des Halses mit abgehendem Stiel der Gl. Thymus; *Aa* und *Ad* = Aorta; *C* = Carotis. (Aus Wölfler, Die chirurgische Behandlung des Kropfes, II, 1890.)

während die seitlichen paarigen Drüsenanlagen nach Born aus dem Epithel der vierten Kiementasche, nach His und v. Bemmelen aus Theilen des primären Rachenbodens hervorgehen. Im Verlaufe der weiteren Entwicklung kommt die ausgebildete Drüse an die Vorderfläche der *Cartilago thyreoidea* und *cricoidea* zu liegen und wird durch zwei seitliche Ligamente an den Ringknorpel und die ersten drei Trachealringe befestigt; so dass sie an der vorderen und seitlichen . Halsgegend, unterhalb des Larynx, oberhalb der *Incisura sterni* und vor der Trachea liegt, mit welch letzterer sie beim Schlingen auf- und absteigt. Im embryonalen Zustande ist die

---

[1]) Das Literaturverzeichniss (circa 1300 Nummern) findet sich am Schlusse des Bandes. In demselben ist die neuere Literatur möglichst vollständig, und zwar alphabetisch zusammengetragen, so dass auch die im Text genannten Autoren leicht aufzufinden sind.

Drüse mit einem Ausführungsgang, _Ductus thyreoglossus_, versehen, der am _Foramen caecum_ der Zunge mündet, aber schon in den letzten Monaten des Fötallebens obliterirt, so dass die Drüse später eine Drüse ohne Ausführungsgang darstellt.

Das Gewicht der Drüse schwankt in den ersten Lebensjahren bis zur Pubertät zwischen 6 und 12 _gr_, bei einem Erwachsenen zwischen 36 und 50 _gr_, nach Orth sogar 30—60 _gr_. Bei Marchant (_Art. Thyroide_ im Nouveau Dictionnaire de médecine et de chirurgie) finden sich viel kleinere Werthe, 22—24 _gr_ als Mittelzahl, angegeben, mit dem Bemerken, dass die Gewichte bis zu 50 _gr_ bereits auf einer pathologischen Hypertrophie beruhten. Sowohl Huschke wie Weibgen fanden, dass das Gewicht der Drüse im Verhältniss zum Körpergewicht am stärksten bei der Geburt ist und bis zum Lebensende abnimmt, nämlich beim Neugeborenen etwa $\frac{1}{400}$—$\frac{1}{500}$, beim Erwachsenen $\frac{1}{1223}$—$\frac{1}{1800}$ des Körpergewichtes ausmacht. Im Allgemeinen ist die Schilddrüse des Mannes grösser als die des Weibes, so dass nach Weibgen der Mittelwerth beim Manne 34·2 _gr_, bei der Frau 29·3 _gr_ beträgt.

Man spricht von einem mittleren und zwei seitlichen Lappen, die derart miteinander verbunden sind, dass die gesammte Drüsenanlage bei normaler Ausbildung etwa die Gestalt einer der Luftröhre aufgelegten Hantel hat, deren Griff dem mittleren Drüsenlappen oder Isthmus entsprechen würde. Indessen kommen hierin zahlreiche Abweichungen vor. Manchmal besteht die Drüse aus zwei getrennten Theilen, zuweilen ist nur ein einziger einseitiger Lappen vorhanden oder der Isthmus liegt als getrennte Drüse zwischen den beiden Seitenlappen. Derselbe ist bald lang und schmal, bald kurz und dick, so dass seine Höhe, welche normalerweise 12—14 _mm_ beträgt, auf 18—20 _mm_ steigen oder auch auf 8—6, ja bis auf 4 _mm_ sich verringern kann. Auch die seitlichen Lappen (in der Norm 5—7 _cm_ hoch, 3—5 _cm_ breit, 1·5—2·5 _cm_ dick) sind häufig ungleich in ihrer Höhe und Grösse. Die Spitze des rechten Lappens reichte z. B. in einem von Marchant mitgetheilten Fall bis zur Mitte der _Cartilago thyreoidea_, während die des linken Lappens nur bis zum unteren Rand derselben ging. Auch können die Seitenlappen in kleine Läppchen zerfallen, die mehr oder weniger weit von der Hauptmasse der Drüse abliegen können, ohne indessen den Zusammenhang mit ihr zu verlieren. Man kann sie als falsche Nebendrüsen von den gleich zu besprechenden wahren oder accessorischen Drüsen trennen.

Zuweilen verschiebt sich die gesammte Drüse derartig von vorne nach hinten, dass der Isthmus seitwärts gelegen ist, auch wohl ein Lappen als Fortsatz zwischen Oesophagus und Luftröhre sich hineinschiebt. Dem Isthmus aufgesetzt findet sich häufig eine verticale Verlängerung, die Pyramide oder der _Processus pyramidalis_, welcher bis zum Larynx in

1*

die Höhe steigt, aber oftmals fehlt, respective durch kleine Nebendrüsen ersetzt ist. Auch hier finden sich zahlreiche Anomalien, derart, dass der Processus nicht von dem Isthmus, sondern von einem Seitenlappen oder von der Stelle, wo sich Isthmus' und Seitenlappen vereinigen, ausgeht. Uebrigens kommt diesem Gebilde mehr ein embryonales und anatomisches wie klinisches Interesse zu. Von grosser Bedeutung sind dagegen die echten Nebendrüsen, die accessorischen Drüsen, auf deren Häufigkeit zuerst Gruber hingewiesen hat. Sie entwickeln sich aus embryonalem Gewebe, welches ursprünglich mit dem Drüsenkörper zusammenhing, später davon abgetrennt wurde und, selbstständig weiterwachsend, gewissermassen zu einem Satelliten der Hauptdrüse wird. Uebrigens findet sich auch beim Erwachsenen in der Peripherie der Drüse, wie Wölfler angibt, gelegentlich embryonales Gewebe vor. Je nachdem das abgesprengte Drüsengewebe von der Hauptmasse vollständig getrennt oder mit derselben noch durch einen bindegewebigen Strang verbunden ist, kann man nach Wölfler isolirte und aliirte Nebendrüsen unterscheiden, wie sich aus dem nebenstehenden Schema, welches wir diesem Autor entlehnen, leicht ersehen lässt. Man hat sie auch als *Glandulae thyreoideae aberrantes* bezeichnet (Pilliet), und je mehr man in der letzten Zeit darauf Acht gegeben hat, desto häufiger wurden derartige Gebilde selbst an Stellen gefunden, die gar nicht mehr zur Nachbarschaft der Schilddrüse gezählt werden

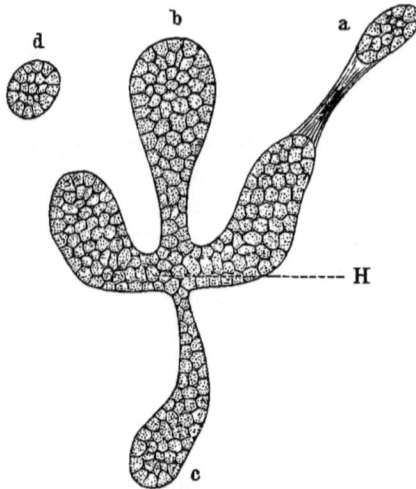

Fig. 2. Nebendrüsen und Nebenkröpfe.

a und *d* = wahre ⎫
d = isolirt   ⎬ Nebendrüsen.
a = aliirt   ⎪
b und *c* = falsche ⎭
H = Hauptdrüse.

können, so z. B. in der Gegend der Aorta, in der oberen Schlüsselbeingrube, zur Seite und hinter dem Pharynx und der grossen Gefässe. Madelung hat diesen Gebilden ein eingehendes Studium gewidmet, ebenso haben Piana, Wagner, J. R. Ewald, Carle, Gley, Sandström, Chantemesse und R. Marie auf die Bedeutung der Nebendrüsen und ihre Beziehungen zu der Hauptdrüse aufmerksam gemacht.

    Die entwickelte Schilddrüse besteht aus einem Convolut von Drüsenbläschen, welche in ein bindegewebiges Stroma eingebettet sind und von einer festen Kapsel umspannt werden, in welche die Gefässe, Arterien, Venen und Lymphgefässe und die Nerven eindringen, um sich in dem bindegewebigen Maschenwerk zu vertheilen. Dieses letztere sondert die Drüse in eine Anzahl grösserer oder kleinerer Abtheilungen oder Fächer, die Drüsenlappen und -Läppchen, und diese wieder in die Follikel. Die Arterien, welche aus der *Carotis externa* und der Subclavia stammen, werden bekanntlich als *A. thyreoideae superiores* und *inferiores* unterschieden. Sie sind ausgezeichnet durch ihre relative Stärke und durch die Menge ihrer Verzweigungen, so dass man den Gesammtquerschnitt derselben dem der Hirnarterien gleichstellen wollte, Sömmering die Grösse der Gehirnarterien sogar im Verhältniss achtmal geringer als die der Schilddrüsenarterien schätzte, was zweifellos eine Uebertreibung ist. Immerhin begünstigen die zahlreichen Anastomosen und die Weite der zuführenden Gefässe die schnellen Volumschwankungen, denen die Drüse in normalen und pathologischen Zuständen unterliegt. Die Venen, welche mit drei Hauptsträngen jederseits in die *Vena jugularis interna*, respective in den *Truncus brachiocephalicus* einmünden, sind nach den Angaben von Sappey klappenlos. Die Lymphgefässe sollen nach Boéchat aus Hohlräumen entspringen, welche die kleinsten Drüsenbläschen umgeben und zu grösseren Lymphspalten und Lymphgefässen werden, die sich schliessrich in Lymphdrüsen verlieren, welche zum Theil vor dem Larynx, respective oberhalb des *Musculus cricothyreoideus*, zum Theil an der Seite und hinter der Drüse, d. h. hinter dem Kopfnicker und unterhalb der Thymus gelegen sind.

Eine eigenthümliche Angabe, die ich sonst nirgends wiederholt finde, macht Marchant (l. c.). Trotz ihres grossen Gefässreichthums soll die Thyreoidea p. m. verhältnissmässig weniger Blut enthalten, als z. B. Leber oder Nieren, was sich am besten an der geringen Färbung erkennen lasse, die das aufgeschnittene Organ dem Waschwasser mittheilt. Demgemäss soll die Schilddrüse weniger leicht und später als die erstgenannten Organe in Fäulniss übergehen. Vielleicht ist auf obiges Verhalten die sonst kaum verständliche Angabe von Albers, der die Schilddrüse ein äusserst blutarmes Organ nennt, zu beziehen. Indessen ist zu bemerken, dass ein neuerer Forscher, Lanz, gerade umgekehrt eine ausgesprochene Tendenz der Thyreoidea, schnell in Fäulniss überzugehen, berichtet.

Die Nerven stammen vom Vagus und Sympathicus und treten zusammen mit den grossen Gefässen in die Drüse ein. Nach Berres soll sie auch mit Fäden von dem absteigenden Zweig des Hypoglossus versorgt werden. Die letzten Endigungen der Drüsennerven sind noch nicht bekannt.

Dass die Drüse im embryonalen Zustand einen später obliterirenden Ausführungsgang besitzt, haben wir bereits oben erwähnt. Das Fehlen eines solchen im späteren Leben hat den Anatomen viel Kopfzerbrechens gekostet. Eine Drüse ohne Ausführungsgang scheint in der That eine *contradictio in*

adjectum, und so hat man denn bald in die Glottisventrikel, bald in den Oesophagus, selbst in die Trachea, respective den Larynx einen hypothetischen
Gang münden lassen. Noch neuestens scheint Ricou einen Zweig des *Nervus
laryngeus inferior* als einen solchen Gang angesprochen zu haben. Wir wissen
heutzutage oder glauben es wenigstens zu wissen, dass das Secret der
Drüsenbläschen ohne Vermittlung eines Ausführungsganges direct in die Lymph-,
respective Blutgefässe übertritt. Schon dadurch würden der Drüse ihre Stellung
und ihre engen Beziehungen zur Blutconstitution auch anatomisch auf-
geprägt sein.

Die Drüsenbläschen bestehen zunächst aus einer Ansammlung von
Zellhaufen, die solide, schlauchartig sind und aus cubischen, polyedrischen,
gegen einander abgeplatteten Zellen bestehen. Daneben finden sich
Bläschen, die nur ein wandständiges Cylinderepithel haben, während ihr
Centrum mit einer homogenen, zähen, zuweilen leicht körnigen Masse,
dem Colloid, gefüllt ist. So entstehen Follikel. Ob dieselben eine *Membrana
propria* haben, ist noch nicht sicher entschieden. Ich habe mich an
(frischen und conservirten) menschlichen Präparaten nicht von der Gegen-
wart einer solchen überzeugen können.

Zwischen diesen Bläschen verbreiten sich die Blut- und Lymphgefässe und die Nerven der Drüse. Besonders reich ist die Drüse an
Lymphgefässen: die zahlreichen Spalträume nämlich, welche zwischen den
Follikeln übrig bleiben, sind mit einer Endothelhaut ausgekleidet und
müssen daher als Lymphspalten betrachtet werden (Hürthle). Diese
trifft man theils leer, theils durch eine Inhaltsmasse mehr oder weniger
ausgedehnt, welche vom Inhalt der Bläschen meist nicht zu unterscheiden
ist und daher gleichfalls als Colloidsubstanz betrachtet werden muss.

Ungewöhnlich gross ist ferner der Reichthum der Drüse an Blut-
gefässen; diese verzweigen sich ebenfalls zwischen den Bläschen und
ihre Capillaren treten in ganz nahe Berührung mit den Epithelzellen, ja
an manchen Stellen bohren sie sich förmlich in dieselben ein, indem die
Capillare von Fortsätzen der Zelle umfasst wird. Das Blut soll anscheinend
in möglichst nahe Berührung mit den Zellen kommen (Hürthle).
Von diesen unterscheidet Langendorff zwei Arten in der Drüse: die
Haupt- und die Colloidzellen, und zwar deshalb, weil letztere gerade diejenigen Farbstoffe intensiv aufnehmen, die auch die Colloidsubstanz färben.

Besonderes Interesse verdient wegen der Absonderlichkeit ihrer
Natur und ihres Vorkommens die colloide Substanz, welche wir für
das Secret der Drüse ansprechen müssen. Virchow hielt dieselbe für ein
umgewandeltes Secretionsproduct der Zellen, welche zunächst eine mucin-
haltige Flüssigkeit absondern. Ihm schliessen sich Biondi. Langendorff, Hürthle an. Andere (Langhans, Gutknecht) nehmen eine
colloide Umwandlung der Zellen selbst an, weil man sowohl in den Rand-
zellen des Follikels den Drüsenepithelien hyaline Kugeln antrifft, die ihrer

mikrochemischen Reaction nach als colloid aufzufassen sind, als auch in
dem centralen Inhalt des Follikels Colloidkugeln findet, die noch einen
unverkennbaren Kern enthalten, also nur umgewandelte Epithelien sein
können.

Hürthle sucht diese Modalitäten miteinander zu verbinden, indem er
sowohl eine Secretbildung des Follikelepithels mit Erhaltung der Zellen als
auch einen vollständigen Untergang derselben statuirt. Ersteren Falls ist
das Protoplasma der Zellen durch stärkere Tinctionsfähigkeit ausgezeichnet,
letzteren Falls degenerirt Kern und Zellenleib. Jener wird unregelmässig
und stark färbbar, dieser zerfällt schollig, die Zelltrümmer stossen sich
ab und mischen sich dem Colloid, dem Follikelinhalt bei. Nur soll es
sich hierbei nicht um einen passiven Vorgang, sondern um eine durch
eigenthümliche innere Vorgänge bewirkte active Degeneration handeln,
„bei welcher die Zelle einen von der Colloidbildung verschiedenen Beitrag zum Secret durch ihren Zerfall liefert". Einen Beweis für diese
Behauptung habe ich allerdings bei genanntem Autor nicht finden
können; es dürfte auch schwer sein, diese Vermuthung, wo wir ohnehin
so wenig über das Secretionsproduct der Drüse wissen, zu begründen.
Nach partieller Entfernung der Drüse fand Hürthle in dem erhaltenen
Rest des Organes stets die Zeichen einer erhöhten Thätigkeit oder vielmehr Veränderungen, die er als solche auffasst, nämlich eine stärkere
Tinctionsfähigkeit des Follikelepithels und der Colloidsubstanz, das Auftreten von Colloidtropfen in den Epithelzellen und zahlreiche Schmelzungs-
herde an denselben.

Wenn man aber die mächtigen Follikel, welche nur einen schmalen
Saum von Drüsenzellen haben, sieht, so kann man sich schwer vorstellen,
dass die Colloidmassen, die sie beherbergen, nur aus umgewandelten
Epithelien entstanden seien. Es müssten denn gerade wie bei den Speichel-
drüsen neue Zellgenerationen von der Peripherie, analog den Gianuzzi'schen
Halbmöndchen, nachwachsen, wofür sich keine Andeutung findet. Diese
Zellmetamorphose mag für die erste Anlage des Follikels ihre Richtigkeit
haben, für das weitere Wachsthum desselben dürfte sie kaum in Frage
kommen, vielmehr die Virchow'sche Anschauung zu Recht bestehen.
Denn alle Thatsachen, die wir über die physiologische Bedeutung der
Schilddrüse kennen, deuten darauf hin, dass in derselben ein specifisches
Secret gebildet wird, dass die Drüsenzellen also eine active und nicht
nur eine rein passive Rolle spielen. In diesem Sinne spricht auch das
neuerdings sicher erwiesene Vorkommen des Colloids in den Lymphgefässen des Stroma, ja in den Lymphgefässen der Kapsel und der
näheren Umgebung derselben (Podak, Zielinska) — ein Verhalten, welches
diese Substanz nicht zu einem Degenerationsproduct der Zellen, sondern
zu einem wahren Secret stempelt. Die Frage, wie dasselbe aus den

Follikeln in die Lymphgefässe gelangt, ist freilich nur mit Wahrscheinlichkeit dahin zu beantworten, dass durch Druckatrophie der auskleidenden
Follikelzellen ein directer Uebergang in benachbarte Lymphbahnen stattfindet (Biondi). Ob in der That für gewöhnlich, ich möchte sagen: für
den täglichen Gebrauch, ein solcher immerhin umständlicher Process
vor sich geht, scheint mir zweifelhaft und durch die Bilder atrophischer
Follikelzellen, die ich nach eigenen Präparaten allerdings bestätigen kann,
keineswegs erwiesen. Vielleicht handelt es sich hier nur um einfache
Diffusionsvorgänge, und wir erschweren uns unsere Vorstellung über die
Locomotionsfähigkeit der colloiden Massen dadurch, dass wir sie gewöhnlich
nach ihrem Verhalten in gehärteten Präparaten beurtheilen, während
sie doch im lebenden Organ viel leichter beweglich sein können und
wahrscheinlich auch sind.

Hürthle gibt an, gewisse Intercellularspalten in den Follikeln
injicirt zu haben, die sich in die Lymphräume öffnen und den feinen
Spalten ähnlich sind, die ich schon vor Jahren zwischen den Zellen der
Acini der Speicheldrüsen gefunden habe. Dieselben sollen bald schmäler,
bald breiter sein und sich demgemäss der grösseren oder geringeren
Secretion in dem betreffenden Follikel anpassen.

Horsley fand, dass die Drüsenschläuche oder richtiger die Epithel-
cylinder in der Zeit vom sechsten bis achten Monat ihre secretorischen
Functionen auszuüben beginnen. Im Alter wird die Drüse atrophisch, wobei
die Drüsenbläschen zu Häufchen kleiner Zellen schrumpfen und stellenweise
ganz verschwinden, indem sich in den Drüsenepithelien retrogressive
Processe zeigen und die Acini mit Zelltrümmern gefüllt werden. Es kommt
zu verminderter Colloidbildung, zu einer Verbreiterung des Stromas, also einer
Art interstitieller Cirrhose, und zu Cystenbildung (Ziegler, Hale-White,
Pilliet u. A.). So kommt es denn auch, dass die operative Entfernung
der Drüse, die Thyreoidektomie, nach den übereinstimmenden Angaben der
Autoren bei jungen Thieren gefährlicher wie bei alten ist und die Cachexia
strumipriva beim Menschen desto häufiger auftritt, je jünger die operirten
Individuen sind (Horsley, Schiff, Wagner, J. R. Ewald, Bourneville
und Briçon, Kocher). Ja, Hoffmeister fand, dass bei jungen Kaninchen
auch die Erhaltung einer Nebenschilddrüse, welche bei älteren Thieren
lebensrettend wirkt, nicht ausreicht, um die Folgen der Thyreoidektomie
zu verhindern.

Schliesslich ist zu bemerken, dass in der Schilddrüse neben Albumosen
Leucin, Xanthin, Hypoxanthin, flüchtige Fettsäuren, Bernsteinsäure, Koch-
salz, oxalsaurer Kalk und Milchsäure gefunden werden (Kühne, Gorup-
Besanez, Bubnow u. A.). Die Colloidsubstanz besteht aus nicht näher
bestimmbarer Proteïnsubstanz. Nach Bestimmungen von Roos enthält die
Drüse circa 12·4 Percent Stickstoff und 0·8 Percent Phosphorsäure.

B. Physiologisches.

Ueber die Function der Schilddrüse hat man sich im Laufe der Zeiten die abenteuerlichsten Vorstellungen gebildet. Bald sollte sie nur dazu da sein, dem Halse eine schöne Rundung zu geben, bald sollte sie durch An- oder Abschwellung starke Gemüthsbewegungen, wie Zorn, Freude, Sorgen etc. ankündigen, bald eine Schutzvorrichtung für die tiefer gelegenen Organe des Halses sein oder gar in Beziehungen zur Stimmbildung stehen.[1]) Mehr Anspruch auf Beachtung als diese Vermuthungen, die wohl nur auf dem Bestreben beruhten, zu einer Zeit, wo man noch gar nichts über die Functionen der Schilddrüse wusste, derselben wenigstens irgend etwas anzuhängen, darf die Ansicht geltend machen, welche in der Schilddrüse eine Art Sicherheitsventil für das Gehirn sieht, durch welches die Blutmenge im Gehirn regulirt wird. Die engen Beziehungen, in welcher die Drüse zu den grossen Gefässen steht, welche dem Gehirn ihr Blut zuführen, das enorm entwickelte Gefässnetz der Drüse selbst, welches ihr beinahe den Charakter eines cavernösen Organes gibt, legten ein derartiges Verhalten nahe. Eine Reihe von Autoren, deren Anfang in das vorige Jahrhundert zurückgeht, bis auf Liebermeister und Waldeyer, haben dasselbe mit anatomischen und teleologischen Gründen zu stützen gesucht. Am klarsten scheint mir die folgende Vorstellung von Guyon zu sein: Danach schwillt die Drüse bei jedem Anlasse, der den venösen Blutabfluss hindert, so besonders bei forcirten Exspirationsbewegungen, wie ein Schwamm an, welcher durch die tiefen Halsmuskeln gegen die Trachea gedrückt und durch den Rand der *M. sternothyreoidei* am Ausweichen nach der Seite verhindert wird. Hierdurch werden die Seitenlappen der Drüse so hart, dass sie stark genug auf die unter ihnen hinziehenden Carotiden drücken, um den Blutzufluss zum Hirn ganz oder theilweise zu beschränken.

Abgesehen davon, dass dies Verhalten in allen Fällen von Verschiebung und abnormer Bildung der Thyreoidea nicht mehr statthaben würde, also diese Art der Regulation viele Ausnahmen erleiden müsste, die nichtsdestoweniger eine anormale Blutversorgung des Hirns nicht erkennen lassen, hat man sich bei obiger Regulationstheorie vielfach von unklaren Vorstellungen leiten lassen und Ursache und Folge miteinander verwechselt. Die Thatsache, dass die Schilddrüse bei verschiedenen Körperbewegungen, respective Körperlagen sowie auch gelegentlich im Schlafe (de Forneris) an Volumen zunimmt, würde doch nur dann in dem eben genannten Sinne sprechen, wenn man gleichzeitig die entsprechende Ab- oder Zunahme der Blutfülle des Gehirns erweisen könnte. Ein solcher

---

[1]) Eine eingehendere Zusammenstellung der verschiedenen älteren Hypothesen findet sich bei Dionys Hellin, Struma und Schilddrüse, München 1895.

Beweis steht aber vollkommen aus. Wir wissen heutzutage, dass die
regulatorischen Vorrichtungen, welche das Mehr oder Weniger des Blutgehaltes einzelner Körperprovinzen und Organe bestimmen, in den Gefässen selbst gelegen sind, die in ihrem Tonus den Einflüssen des Centralnervensystems unterstehen. Hierin, in einem unendlich fein abgestimmten
Spiel nervöser Einflüsse, ist der Grund für Blutfülle oder Blutarmuth
gegeben, aber nicht in der groben Regulation, welche durch Druck von
aussen auf die Gefässe ausgeübt werden kann, ganz abgesehen davon,
dass, wie Hofrichter schon vor über 70 Jahren gezeigt hat, der geschlängelte Verlauf der Schilddrüsenarterien, ihr Ursprung unter einem
stumpfen Winkel und ihre vielfachen Anastomosen von einer solchen
Regulationshypothese abzusehen zwingen.

.   Wenn die Schilddrüse mit dem Blutgehalt des Gehirns in irgend
einem Zusammenhange steht, so kann derselbe keineswegs activer Natur
sein, allenfalls wäre es möglich und nicht ohne Weiteres von der Hand zu
weisen, dass eine passive Vermehrung des Blutgehaltes der Schilddrüse
dann zu Stande kommt, wenn aus irgend welchen Gründen eine Anämie
des Gehirns eintritt. Indessen sind Beobachtungen dieser Art nicht bekannt. Als ein solches Abflussbecken für die Blutmenge in den benachbarten Organen würde die Drüse nach Kocher auch für die Athmungs-
organe dienen. Bei heftigen Respirationsanstrengungen, bei starker Action
der Bauchpresse, bei angehaltenem Athem fliesse das venöse Blut in die
Drüse hinein und verhindere eine übermässige Hyperämie in den Hals-
organen, ganz besonders in der Trachea und ihrer Schleimhaut. Auch
dieser Anschauung gegenüber scheinen mir die gleichen Gesichtspunkte wie
oben in Frage zu kommen. Gelegentlich könnte allerdings die angeschwollene
Thyreoidea einen Druck auf die Halsvenen ausüben und so zu einer
Stauung in den Halsgefässen führen; wie aber umgekehrt bei einer
activen Stauung der letzteren das venöse Blut derselben, der Richtung des
Kreislaufes entgegen, in die Venen der Schilddrüse abfliessen soll, ist
mir vollkommen unverständlich.

Dagegen ist es bekannt, dass die Schilddrüse zu gewissen physiologischen Vorgängen der Geschlechtsorgane, respective der Ge-
schlechtsthätigkeit in Beziehung steht. Zunächst ist sie bei Frauen
relativ grösser als bei Männern; bei der Menstruation, während der
Schwangerschaft, ja selbst nach dem Coitus und besonders nach der
Defloration, auch als Zeichen der Conception ist eine vorübergehende
Schwellung der Drüse beobachtet. Klokow theilt den Fall eines 17jährigen
Mädchens mit, welches einen Kropf bekam, wenn die Periode ausblieb,
der wieder verschwand, wenn diese eintrat. Liégeois berichtet nach
Chapotin de St. Laurent von einer Italienerin von 36 Jahren, welche
fünf Kinder gehabt hatte, deren Thyreoidea jedesmal zwei Tage vor dem

Eintritt der Regel anschwoll, so dass man die Hypertrophie durch sorgsame Messungen constatiren konnte. Zu gleicher Zeit turgescirten auch die Brüste. Alle Autoren theilen als Curiosum mit, dass Meckel die Thyreoidea für eine Wiederholung des Uterus am Halse ansah und dass die Alten eine Art Sympathie zwischen der Schilddrüse und den Geschlechtsorganen bestehen liessen, wobei nur zu verwundern ist, dass sich diese Beziehungen nur bei den Frauen finden, während die Männer doch auch Schilddrüsen haben. Man hat aber noch nie gehört, dass beim Mann nach dem ersten Coitus oder überhaupt nach dem geschlechtlichen Verkehr die Schilddrüse angeschwollen wäre, obschon bei Frauen dies Verhalten angeblich ein so constantes ist, dass schon bei den römischen Schriftstellern sich darauf zielende Stellen finden und noch heute eifrige Mütter in manchen südlichen Ländern vor und nach der Hochzeitsnacht den Hals der jungen Ehefrau messen. Dass die Thyreoidea während der Menstruation anschwellen kann, lässt sich aus dem allgemeinen Gefässturgor begreifen, und ebenso ist es mit der Anschwellung während der Schwangerschaft, die nach der Entbindung verschwindet. Für gewöhnlich ist diese Vergrösserung eine geringe und entstellt höchstens in etwas den schlanken Hals ihrer Trägerin, zuweilen aber kommt es zu einer Entzündung, selbst zur Eiterung, und die Hypertrophie kann so stark werden, dass durch die Compression der Trachea oder der Recurrenten Suffocationserscheinungen zu Stande kommen, die selbst eine frühzeitige Entbindung benöthigen (Guillant und Cazeaux).

Wir kommen nun zu den Ansichten, welche man sich über die activen Leistungen der Schilddrüse gebildet hat.

Schon Morgagni vermuthete, dass die Schilddrüse eine eiweissartige Substanz absondere. King zeigte bereits im Jahre 1835, dass durch Druck auf die Drüsenlappen der Inhalt der Acini in die peripheren Lymphbahnen getrieben wird, und Berthelot hat das Blut der Carotis mit dem Blute der *Venae thyreoideae* und der *Vena jugularis interna* verglichen, wonach das Blut der Vene etwas Wasser und Eiweiss verliert und an Fibrin und Globulin reicher wird; indessen sind die Unterschiede, welche er gefunden hat, nämlich für Albumin 9·72 gegen 8·25, für das Globulin (?) [*globules*][1] 6·87 gegen 8·81 und für das Fibrin 0·05 gegen 0·33, so geringfügig, dass sich daraus keine Schlüsse herleiten lassen. Jedenfalls werden in der Drüse die schon erwähnten Colloidsubstanzen gebildet, die sich sowohl in den periacinösen Lymphbahnen als auch in den Acinis selbst finden. Nach Babes secernirt das Epithel der Acini, spaltet das Colloid aus dem Blute ab und führt es durch die Lymphbahn der Circulation wieder zu. Schon 1826 wurde dasselbe von Babington für eine albuminöse Substanz angesprochen, und Gorup-Besanez wies die Löslichkeit des-

---

[1] Citirt nach Marchant (l. c.). Die Originalstelle war mir nicht zugänglich. E.

selben in Essigsäure nach. Auch mikrochemisch konnte Langendorff zeigen, dass es sich nicht um eine mucinöse, sondern um eine albuminöse Substanz handelte.

Alle Versuche, welche bis jetzt über den Einfluss der Nerven- reizung auf die Absonderung der Drüse angestellt sind — es sind ihrer freilich nur wenige bekannt gemacht — haben ein negatives Resultat ergeben. Es hat sich die Unmöglichkeit herausgestellt, die Drüse durch faradische Reizung, sei es der direct an dieselbe herantretenden Nerven, sei es der isolirten Zweige vom *Nervus laryngeus* oder seines Stammes oder des Vagosympathicus in der Brusthöhle, unterhalb des Recurrens, in gesteigerte Thätigkeit zu versetzen. Hürthle, der diese Versuche an- stellte, will auch keinen nennenswerthen Unterschied in dem histologischen Bilde der gereizten und ungereizten Drüse, welcher doch anderwärts so stark in die Augen springt — wir erinnern nur an die Speicheldrüsen — gefunden haben. Dagegen gibt Edw. A. Schäfer an, „dass die Zellen der Thyreoidea nach Einspritzung von Pilocarpin ähnliche Veränderungen wie die der echten Secretionsdrüsen zeigen", was, wenn es richtig ist, nur unter Vermittlung einer Nervenreizung zu Stande kommen könnte, da die Pilocarpinwirkung bekanntlich nur auf dem Wege der Nerven- reizung erfolgt und z. B. eine Speicheldrüse mit durchschnittener *Chorda tympani* nicht mehr auf Pilocarpin reagirt. Anderenfalls muss man mit Hürthle annehmen, dass der secretorische Reiz durch eine bestimmte Zusammensetzung des Blutes bedingt ist, welches entweder durch die Anwesenheit oder durch den Mangel gewisser, noch unbekannter Stoffe diesen Einfluss ausübt. In diesem Sinne spricht auch die merkwürdige Beobachtung desselben Forschers, dass nach Unterbindung des Gallen- ganges beim Hunde die schon oben angeführten histologischen Zeichen vermehrter Drüsenthätigkeit auftreten, d. h. verschieden grosse homogene Kugeln in der Inhaltsmasse der Lymphspalten und in den Epithelzellen, welche dieselbe Neigung zur Schrumpfung und dieselbe Tinctionsfähigkeit haben wie die Colloidsubstanz der Follikel. „Es müssen also bei der Gallenstauung Bestandtheile in das Blut übergehen, die einen Reiz für die Drüse bilden, der sie zu erhöhter Colloidproduction veranlasst." So interessant dieser Befund ist, so wird man sich doch nicht verhehlen können, dass er auf etwas unsicherem Boden steht und die fraglichen Gebilde nicht ohne Weiteres in dem obigen Sinne gedeutet werden dürfen, d. h. eine vermehrte Bildung von Colloidsubstanz in der Drüse beweisen.

Es fragt sich nun, welches die Einwirkung dieses Secretes, beziehungsweise der gesammten Drüse auf den Organismus ist.

Da die Drüse keinen Ausführungsgang besitzt, so kann man zur Beantwortung dieser Frage nur auf zweierlei Weise vorgehen. Einmal ist die Wirkung des aus der Drüse ausgepressten Saftes oder der Gesammtdrüse auf gesunde Organismen, respective auf der Schilddrüse beraubte Individuen zu studiren, und zweitens ist zu beobachten, welche Folgen nach der Exstirpation der Drüse auftreten oder durch die krankhafte Verkümmerung des Organes hervorgerufen werden.

Es kann nicht unsere Aufgabe an dieser Stelle sein, eine historische Uebersicht der zahlreichen Mittheilungen zu geben, welche sich an die Thyreoidektomie bei Thieren und Menschen, sowie an die Beobachtungen spontaner Degeneration der Drüse knüpfen, zumal wir über die letzteren ausführlich in dem Abschnitte über Myxödem berichten werden. Wer sich für die historische Seite der Entwicklung unseres Themas interessirt, findet ausführliche Angaben an den unten genannten Stellen.[1]) Hier sei nur bemerkt, dass sich bis zum Jahre 1873 zwar gelegentliche Mittheilungen vorfinden, von denen die wichtigsten zweifellos die von Schiff aus dem Jahre 1859 sind, aber erst mit den ausgezeichneten Beobachtungen von Gull (1873), Ord (1877), Charcot (1881) und ganz vornehmlich seit den Mittheilungen von Kocher über Kropfexstirpation und ihre Folgen (1883) die Fluth der Arbeiten auf diesem Gebiete beginnt, welche, um es gleich vorweg zu nehmen, zweifellos das Eine dargethan haben, dass die Schilddrüse ein für den Organismus überaus wichtiges und für den normalen Gang des thierischen Haushaltes unbedingt nothwendiges Organ ist. Die Einwände, welche von einigen Seiten hiergegen gemacht sind, haben sich als unhaltbar erwiesen. Einzelne Autoren — Cambria, Drobnick, Gibson, Bardeleben, Kauffmann, Tauber — welche keine merkbaren Alterationen nach Exstirpation der Drüse fanden, erledigen sich dadurch, dass die Betreffenden entweder überhaupt nicht die Schilddrüse exstirpirt oder nur partiell exstirpirt haben, oder dass sie die Thiere nach der Exstirpation nicht lange genug beobachteten, um die charakteristischen Folgeerscheinungen eintreten zu sehen. Wenn aber schon in den Zwanzigerjahren unseres Jahrhunderts v. Ropp, später Pietrzikowski. Billroth, J. Wolff und neuestens ganz besonders

---

[1]) Fuhr, Die Exstirpation der Schilddrüse, Archiv für experimentelle Pathologie und Pharmakologie, Bd. XXI, 5. und 6. Heft, 1886.

Ribbert, Die neueren Beobachtungen über die Function der Schilddrüse und das Myxödem. Deutsche med. Wochenschr., 1887, S. 286.

Grützner, Zur Physiologie der Schilddrüse, ibid., S. 715.

Horsley, Die Function der Schilddrüse. Eine historisch-kritische Studie. Festschrift für R. Virchow, Bd. I, S. 367, Berlin 1891.

O. Leichtenstern, Ein mittelst Schilddrüseninjection und Fütterung erfolgreich behandelter Fall von *Myxoedema operativum*. Deutsche med. Wochenschr., 1893, Nr. 49 bis 51.

Lanz, Zur Schilddrüsenfrage. Volkmann's Sammlung, Leipzig 1894.

Heinzheimer, Entwicklung und jetziger Stand der Schilddrüsenbehandlung, München 1895.

H. Munk, Kemperdick, Breisacher zwar die gleich zu schildernden
Folgezustände der Thyreoidektomie beobachteten, dieselben aber auf die
Verletzung der benachbarten Nerven, beziehungsweise Nebenverletzungen,
welche durch die Operation gesetzt sind, zurückführen wollen, so dürfte
auch diese Anschauung, der eine ganz besondere und umfängliche Bearbeitung in den Experimenten Munk's geworden ist, nicht zu Recht
bestehen und als unhaltbar erwiesen sein. Denn es hat sich mit Evidenz
gezeigt, dass man die in die Drüse eintretenden Nerven, mögen sie vom
Sympathicus stammen oder dem *Nervus laryngeus* oder dem Vagus,
beziehungsweise dem *Truncus vagosympathicus* angehören, in der verschiedensten Weise reizen und verletzen kann, dass tiefe, eiternde Wunden
am Halse gesetzt werden können, ohne jemals die Folgen der Thyreoidektomie hervorzurufen (Fano, Fuhr, Herzen, Weil, J. R. Ewald,
u. A.), welche umgekehrt selbst dann eintreten, wenn man die Drüse
aus ihrer Kapsel herausschält. von allen Nerven und Gefässen isolirt und
wieder in ihre ursprüngliche Lage zurückbringt.

Andererseits ist der Zustand der betreffenden Nerven nach der Thyreoidektomie von vielen Beobachtern, mit alleiniger Ausnahme von Arthaud
und Magon, welche eine Vagusneuritis auf das makroskopische Ansehen
hin behaupten, aber eine genaue Untersuchung nicht ausgeführt haben,[1])
als intact nachgewiesen (Schiff, Fuhr, v. Eiselsberg, J. R. Ewald,
Löb, Horsley, Lanz), und endlich hat sich oftmals gezeigt, dass die
in Rede stehenden Folgen der Exstirpation der Schilddrüse erst viele
Wochen später, nachdem die Wunde in bester Weise verheilt war, aufgetreten sind (Horsley).

Wir müssen also die hohe Bedeutung der Schilddrüse
anerkennen und ihr eine specifische Thätigkeit zuschreiben.

Im Folgenden wollen wir eine Uebersicht über die nach Verlust
der Schilddrüse auftretenden Erscheinungen geben, wobei wir die beim
Menschen und Thiere gemachten Beobachtungen zu einem gemeinsamen
Bilde verschmelzen. Es wird sich leicht erkennen lassen, was davon dem
Thiere oder dem Menschen speciell eigenthümlich ist, umsomehr, als nicht
vermieden werden kann, dass wir an anderer Stelle, nämlich bei Besprechung des Myxödems und der *Cachexia strumipriva*, auf die betreffenden Erscheinungen beim Menschen noch einmal zurückkommen.

Einer, soweit ich sehe, in der deutschen Literatur zuerst von Lanz[2])
gebrauchten Bezeichnung folgend, wollen wir von einer Athyreosis, d. h.
dem Verlust der Schilddrüse auf nicht operativem Wege — angeborener

---

[1]) Es heisst an der betreffenden Stelle (Gaz. de Paris, 1891, Nr. 43) nur, dass
der Vagus „roth und entzündet" ausgesehen habe.

[2]) Zur Schilddrüsentherapie. Schweizer Correspondenzblatt, 1895, Nr. 10.

Mangel, Atrophie. Degeneration — und einer Ekthyreosis, dem Fehlen der Schilddrüse nach stattgehabter Operation, sprechen.

Der Ausfall der Schilddrüsenfunction, mag derselbe auf operativem Wege oder durch krankhafte Entartung des Organes bedingt sein, zieht, bald schneller, bald langsamer, im Verlaufe von wenigen Tagen oder erst nach Wochen, ja selbst Monaten nach der Operation, eine Reihe höchst charakteristischer, schwerer Störungen des Organismus nach sich, die man als *Cachexia thyreodectomica* oder *thyreopriva*, wenn es sich um die Entfernung der gesunden, und als *Cachexia strumipriva*, wenn es sich um Entfernung der strumös entarteten Drüse handelt, bezeichnet.

Man hatte anfänglich geglaubt, dass diese Störungen bei verschiedenen Thierarten verschieden wären und bei einzelnen ganz ausbleiben. So ist die Schilddrüsenexstirpation bei Vögeln, Hühnern und Tauben nach den Angaben von Allore, R. Ewald und Rockwell belanglos, Horsley, Sanguirico und Orecchia, Colzi, Rogowitsch u. A. sehen sie ohne Folgen bei Kaninchen und anderen Nagern (Ratten). Bei Wiederkäuern, Einhufern und Schweinen schienen die Symptome nach den Beobachtungen von Ropp, Horsley, Munk verspätet einzutreffen oder auch gelegentlich ganz zu fehlen, so dass Horsley im Jahre 1891 auf Grund des damals vorliegenden Materiales drei, respective vier Gruppen, je nachdem die Thiere unter der Thyreoidektomie litten, aufstellte:

1. Keine Kachexie bei Vögeln und Nagern, 2. langsame Entwicklung bei Wiederkäuern und Einhufern, 3. mässige. aber sichere Kachexie bei Menschen und Affen, 4. schwerste Kachexie bei Fleischfressern.

Für diese Sonderung schienen die Experimente und Beobachtungen der Mehrzahl, ja man kann sagen der gesammten Autoren zu jener verhältnissmässig so kurz zurückliegenden Zeit zu sprechen, und es lag nahe, auf Grund derselben gewisse Beziehungen zwischen der Art der Nahrung ?? des Thieres und der Bedeutung seiner Schilddrüse anzunehmen. Am meisten sollten diejenigen Thiere leiden, welche nur von Fleischnahrung leben, am wenigsten die, welche Vegetabilien und Körner fressen, während die Omnivoren eine Art Mittelstellung einnehmen.

Indessen ist dieser Anschauung durch weitere Forschungen ein grosser Theil ihres Fundamentes entzogen. Zunächst steht es fest. dass, wie schon oben bemerkt, der Eintritt der kachektischen Symptome oft unerwartet und auffallend spät erfolgt. Tizzoni, Ughetti, Alonzo u. A. mussten 7—9 Monate zuwarten, ehe die charakteristischen Erscheinungen bei ihren Thieren auftraten. Horsley selbst sah die schwereren Symptome der Kachexie bei einem Schafe erst 569 Tage, d. h. 1³/₄ Jahre nach der Operation erscheinen. Die Beobachtungsdauer der Thiere kann also nicht lange genug fortgesetzt werden, und viele als resultatlos berichtete Exstirpationsversuche werden aus diesem Grunde keine Sicherheit gewähren.

An diesem Fehler kranken z. B. die von Philipeaux berichteten nega-
tiven Ergebnisse der Thyreoidektomie bei vier Hunden, die er nur einen
Monat lang beobachtete. Viel wichtiger aber ist der erst allmälig bekannt
gewordene Umstand, dass kleine Reste stehengebliebener Drüsensubstanz
und das Vorhandensein der oben (S. 4) beschriebenen accessorischen
Drüsen den Eintritt der Kachexie vollkommen verhindern können. Die
Nichtachtung, respective die Unkenntniss dieses Momentes hat offenbar zu
manchen Irrthümern Anlass gegeben. Der sorgfältigsten Entfernung der
Drüse und ihrer accessorischen Gebilde, wozu auch bei den Nagern die
sogenannten *Glandulae praeparotideae* zu rechnen sind, haben es andererseits Hoffmeister, de Quervain und Gley zu danken, dass sie bei
Kaninchen, und Christiani, dass er bei der Ratte die specifische Kachexie
hervorrufen konnte. Auf derartige Momente dürften sich auch die resultat-
losen, respective unsicheren Ergebnisse bei den anderen oben genannten
Thierclassen zurückführen lassen, wozu uns auch die menschliche Pathologie
Analoga bietet. Es ist wenigstens nicht einzusehen, wie die obige Theorie
und Gruppirung, nachdem sie sich an der wichtigsten Stelle als haltlos
erwiesen hat (den Nagern gegenüber), im Uebrigen bestehen soll.

Nervöse Symptome.

Allen Beobachtern sind bei Thieren und beim Menschen nach der
Totalexstirpation der Schilddrüse zunächst gewisse nervöse Störungen aufgefallen, die sowohl in der irritativen Richtung wie auf Seiten der Depression liegen. Hieher gehören fibriläre Muskelzuckungen, die zunächst
nur schwach und vorübergehend sind, später sich zu ausgebildeter Tetanie
mit starker Rigidität und Contractur der Muskeln steigern. v. Eiselsberg
hat sie unter 53 Fällen von Totalexstirpation auf Billroth's Klinik zwölf-
mal beobachtet, während sie unter 115 Fällen von partieller Exstirpation
keinmal vorkam. Auf der anderen Seite kommen lähmungsartige Zustände
bis zu ausgesprochener Parese der Extremitäten und Anästhesien, meist
in localen Zonen auftretend, vor. Pisenti hat verminderte Sensibilität und
totalen Mangel des Geschlechtssinnes bei einem Hündchen beobachtet, das
er schon am vierten Lebenstage operirte und bis zu 1 Jahr und 2 Monate
am Leben erhielt. Oft tritt eine gesteigerte Respirationsfrequenz ein, die
bei Thieren anfallsweise, wie Lanz gesehen hat, bis zu 240 Respirationen
in der Minute steigen kann (s. unten S. 22). Auch Erbrechen, Schlingbeschwerden und Herzpalpitationen, Aussetzen des Herzstosses stellen
sich ein. Die Pulsfrequenz steigert sich, aber eine Veränderung des
Typus der Pulswelle ist nicht ersichtlich, während der Blutdruck erheblich sinkt. Diese schon von Horsley beobachtete Thatsache bestätigt
Lanz durch directe Messung am Kymographion, indem er bei einem
Hunde vor der Thyreoidektomie 195 *mm*, am zweiten Tage nach derselben

175 *mm*, am sechsten Tage (zwei Tage vor dem Exitus) 135 *mm* Blutdruck fand. Beim Menschen stellt sich nach einiger Zeit Gedanken-
schwäche, eine gewisse krankhafte Reizbarkeit, die aber alsbald in Langsamkeit der Sprache und der Bewegungen, Mattigkeit und Apathie und
schliesslich in einen stupiden, fast blödsinnigen Zustand übergeht, ein.
Aehnliches ist, so weit möglich, am Thiere beobachtet.

Als anatomische Grundlage dieser Erscheinungen sind folgende Veränderungen des Nervensystems gefunden worden: Zunächst eine ausgesprochene Anämie und Oedem der Hirnsubstanz (Sanguirico und
Canalis, Schiff, Horsley), daneben aber auch hyperämische Zustände
(Weiss) und Blutungen in die Rückenmarksubstanz (Lupo, Capobianco,
Pisenti). Der letztgenannte Autor beschreibt eigenthümliche Hohlräume
als schliessliche Folge dieser Blutungen, welche nur noch spurweise
Reste von Nervensubstanz enthielten. Sie waren im Lumbal- und Brusttheil
des Rückenmarkes, und zwar in der Gegend des rechten Vorderhorns
(2 Fälle), gelegen. Ihre specifische Bedeutung und ihre Beziehungen zu
der Thyreoidektomie erscheinen mir mehr wie zweifelhaft. Ich habe erst
eben bei der Untersuchung des Rückenmarks eines Phthisikers, der bei
Lebzeiten gesteigerte Reflexe, aber keine Zeichen einer Athyreosis hatte,
ganz ähnliche Defecte gefunden. In der Hirnsubstanz selbst finden sich
die Zeichen einer *Encephalitis parenchymatosa*, die sich in einer klein-
zelligen Infiltration, verbunden mit Hyperämie „und einer Schwellung
der Achsencylinder, der Nervenzellenfortsätze und der Nervenzellen selbst",
in einer Atrophie derselben und Ersatz durch grosse Körnchenzellen
(Rogowitsch), ferner in einer Vacuolenbildung und Atrophie der breiten
Pyramidenkörperchen im Rindengebiet der Zone für die unteren Extremitäten (Herzen und Löwenthal) ausspricht. Auch eine kleinzellige Infiltration in die Meninges des oberen Theiles des Rückenmarks wird von
Schulze und Schwarz, auch von Horsley, der sie aber als inconstant
bezeichnet, erwähnt. Nach Arthaud und Magon findet sich eine *Neuritis
vagi* (s. oben S. 14). Langhans und Kopp fanden bei der acuten
Kachexie des Hundes und bei der mehr chronischen des Affen und des
Menschen, sowie bei Cretinen an den peripheren Nerven, sowohl an den
Nervenstämmen als an den kleinen Muskelnerven und ihren Gefässen,
theils einzeln, theils combinirt, herdweise auftretend, Veränderungen, die
sich im Allgemeinen als entzündlicher Natur charakterisiren lassen und
mit einer Erweiterung der Lymphspalten und Auftreten eigenthümlicher
blasenartiger Zellen (vom Endoneurium abstammend?) verbunden waren.
Indessen sind derartige Veränderungen nicht nur von Howald auch an
nicht cretinischen, nur mit starker Struma behafteten Individuen gefunden,
sondern Rénaut hat dieselben schon bei normalen Einhufern beschrieben,
so dass sie in ihrer Bedeutung für den specifischen Process zum mindesten

zweifelhaft sind. Auch mit den oben erwähnten, von Rogowitsch gefundenen Veränderungen des Centralnervensystems steht es nicht zum
besten; wenigstens will Kopp, der das Centralnervensystem eines an
Cachexia thyreodectomica erkrankten Hundes untersucht hat, von sämmtlichen Angaben des erstgenannten Autors nur die Quellung der Achsencylinder gelten lassen, und de Quervain leugnet auf Grund genauer
Untersuchungen des Centralnervensystems eines Affen, kachektischer Hunde
und Katzen überhaupt jedes constante Vorkommen von Veränderungen, die
zur Entfernung der Schilddrüse in Beziehung zu setzen wären. Denn die
einzige relativ unbedeutende Veränderung, die gefunden wurde, bestand
in einer Ausweitung der Markscheiden mit Schlängelung und stellenweise
mit geringer Quellung der Achsencylinder in der weissen Substanz des
Rückenmarks und war überdies keineswegs constant.

Man sieht also, dass wir noch weit von einer sicheren anatomischen Unterlage der klinischen Beobachtungen entfernt sind.
Dagegen lässt sich der Nachweis des centralen Ursprunges der
geschilderten Erscheinungen mit aller Schärfe führen. Schon Schiff wies
nach, dass die Tetanie aufhört nach Durchschneiden der motorischen Nervenstämme. Dasselbe ist von Lanz in einer Versuchsreihe bestätigt, in welcher
vier thyreoidektomirten Hunden, welche tetanische Zuckungen hatten, der
Ischiadicus durchschnitten wurde, wonach die Zuckungen in der von diesem
Nerven versorgten Muskulatur erloschen. Dieselben konnten also nicht
peripherer Natur sein. Horsley und später Lanz durchschnitten das
Rückenmark auf der Höhe des achten Rückenwirbels und sahen danach die
Zuckungen in den gelähmten Extremitäten bis auf unbedeutende Reste,
welche als Degenerationsvorgänge in der Muskulatur oder als Reiz-
erscheinungen von der Rückenmarksläsion aus gedeutet werden, zurückgehen. Ebenso wurde sowohl vor wie nach der Thyreoidektomie die
motorische Rindenregion einer Hirnhemisphäre bei fünf Hunden entfernt,
und es ergab sich in Uebereinstimmung mit früheren Beobachtungen von
Horsley, dass die Zuckungen auf der correspondirenden gelähmten Seite
stärker waren als auf der gesunden. Schiff fand die Reizbarkeit der
motorischen Region des Hirnes herabgesetzt, während sie Autokratow
und ebenso Schulze und Schwarz auf der Höhe der Krämpfe sowohl
für die Centren wie für das periphere Nervensystem allen elektrischen
Reizen gegenüber deutlich gesteigert sahen. Eine Steigerung der tetanischen
Zuckungen auf der gleichsinnigen Seite sah Lanz nach Ausschaltung der
einen Kleinhirnhemisphäre und macht auf die eigenthümlichen Gleich-
gewichtsstörungen und den schwankenden Gang vieler thyreoidektomirter
Thiere aufmerksam.

Wenn auch diese Versuche und namentlich die letztgenannten noch
der weiteren Bestätigung bedürfen, so viel geht im Zusammenhang mit den

psychischen Erscheinungen, welche mit der *Cachexia thyreodectomica*, bezichungsweise *strumipriva* verbunden sind, zweifellos hervor, dass der Angriffspunkt für die nervösen Erscheinungen im Central-nervensystem wahrscheinlich im verlängerten Mark und den höher gelegenen Centren gesucht werden muss.

Ernährungsstörungen.

Bald nach der Thyreoidektomie stellt sich eine erhebliche Anämie der Thiere ein, welche mit einer gleichzeitigen Oligämie (Horsley, de Quervain, Verminderung der rothen Blutkörperchen um 25 Percent) und Leukocytose verbunden ist. In den Venen der Thyreoidea fand Horsley mehr Leukocyten als in den Arterien und das Verhältniss der rothen zu den weissen Scheiben höher als in den Gefässen der Extremitäten. Auf diese Anämie wird auch die Kachexie, welche ja dem ganzen Zustande ihren Namen gegeben hat, zurückgeführt, und es lag nahe, die Thyreoidea zur Blutbereitung in Beziehung zu bringen, umsomehr, als nach den Beobachtungen von Zesas und Credé die Milz nach der Thyreoidektomie und umgekehrt die Schilddrüse nach der Splenektomie hypertrophiren sollten. Aber weder Hoffmeister noch Albertoni und Tizzoni noch Gley und de Quervain konnten einen Milztumor nachweisen. Ja, letzterer fand bei fünf an *Cachexia strumipriva* gestorbenen Menschen viermal die Milz ungewöhnlich klein und nur einmal von normaler Grösse. Auch Lanz hat bei seinen auf die ansehnliche Zahl von 30 Hunden gekommenen Versuchen obiges Verhalten der Milz nicht bestätigen können.

Wenn sich nun eine directe Beziehung zwischen Thyreoidea und Blutbildung nicht herstellen liess, so scheinen gewisse Beobachtungen wenigstens auf indirecte Beziehungen zu deuten. Zunächst findet sich nach der Thyreoidektomie eine vermehrte Venosität des Blutes, die besonders von Herzen, Vassale und Rogowitsch bemerkt ist und von Einzelnen als Ursache der gesteigerten Athemfrequenz angesehen wird. Es ist klar, dass eine Steigerung des Kohlensäuregehaltes im Blute — denn dies ist wohl unter dem Ausdrucke „Venosität" zu verstehen — da die Lungen der Thiere gesund sind, bei gesteigerter Respirationsfrequenz überhaupt nicht auf die Dauer zu bestehen vermag, vielmehr, wenn sie überhaupt eintritt, nur vorübergehender Natur, etwa durch die tetanischen Krämpfe bedingt, sein kann.

Vassale hat daran die Vorstellung geknüpft, dass die rothen Blutzellen durch die Thyreoidektomie die Fähigkeit verlieren, Sauerstoff zu binden, und dass darauf die gesteigerte Respirationsfrequenz der Thiere beruhe. Als er einem thyreoidektomirten Thiere, welchem unmittelbar nach der Operation fast schwarzes Blut aus der Vene floss, sofort den ausgepressten

Saft seiner Schilddrüse intravenös injicirte, wurde das Blut nach einigen Stunden wieder normal.

Grössere Beachtung verdient die von Albertoni und Tizzoni zuerst mitgetheilte, von Herzen bestätigte Beobachtung, dass der Sauerstoffgehalt des arteriellen Blutes unter die normale Höhe nach der Thyreoidektomie sinkt; er betrug in der *A. femoralis* 8—11 Vol. Percent Sauerstoff gegenüber 17—8 Vol. Percent bei gesunden Hunden. Diese Angabe, die sich nur auf einen einzigen Versuch stützt, ist, soweit mir bekannt, nicht wieder bestätigt worden.

Herzen hat diesem Zustande den Namen „Anoxyhämie" gegeben. Vielleicht lassen sich diese Befunde aber sämmtlich auf die von Lorrain Smith (citirt bei Edw. A. Schäfer) ermittelte Thatsache zurückführen, dass thyreoidektomirte Thiere ungewöhnlich schnell auf Aenderungen der Aussentemperatur in ihrem Gaswechsel reagiren, indem die Steigerung der Kohlensäureproduction sofort beginnt, sobald die Thiere in die Kälte gebracht werden, während dies bei gesunden Thieren bekanntlich erst nach geraumer Zeit eintritt. Es müssen also die Vasomotoren bei den thyreoidektomirten Thieren in ihrer normalen, die Differenzen der Aussentemperatur zunächst ausgleichenden Function gestört sein. Für eine solche Wirkung spricht auch die ebenfalls von Schäfer angegebene Beobachtung, dass die intravenöse Einspritzung von Thyreoidea-Extracten ein Sinken des Blutdruckes ohne Veränderung der Herzaction bewirkt und dass Dr. G. Oliver beim Menschen das Caliber der Radialarterie nach Verabfolgung von Thyreoideapräparaten vergrössert fand. Diese Befunde würden in der That darauf hinweisen, dass der Schilddrüse ein gewisser Einfluss auf die Vasomotoren zukommt, der nach der Thyreoidektomie die genannten Erscheinungen zu Wege bringen kann.

Anhangsweise möge betreffs der Beziehungen zwischen Milz und Schilddrüse bemerkt werden, dass nach den Untersuchungen von Zanda die Entfernung der Schilddrüse ohne Schaden vorgenommen werden kann, wenn die Milz wenigstens einen Monat vorher exstirpirt worden ist. Die Thiere können vollständig geheilt werden, wenn nach der Thyreoidektomie eine ausgiebige Blutentziehung vorgenommen und das entzogene Blut durch eine Infusion von defibrinirtem Blute eines normalen Hundes mit gleichen Mengen einer Sodalösung von 0·75 Percent ersetzt wird. Der genannte Forscher glaubt, dass das Wesen der Thyreoideawirkung darin begründet sei, eine giftige Substanz, welche als Stoffwechselproduct der Milz ins Blut gelangt und vorwiegend auf das Nervensystem wirkt, zu neutralisiren, beziehungsweise unschädlich zu machen. Gegen diese Theorie spricht der Umstand, dass man noch niemals nach Einspritzung von Milzextract irgend welche Giftwirkungen beobachtet hat, obgleich derartige Versuche öfter und besonders in letzterer Zeit aus Anlass der sogenannten Organtherapie angestellt wurden (so z. B. von Goldscheider, Roux, Cousin). Wir möchten vielmehr annehmen, dass in den Versuchen von Zanda, falls sie überhaupt zuverlässig sind, d. h. falls überhaupt die Drüsen mit ihren Nebendrüsen vollständig entfernt waren, die Transfusion von bestimmendem Einfluss gewesen ist.

Schliesslich sollten sich im Blute thyreoidektomirter Thiere abnorme Mengen von Mucin finden, wenigstens ist dies von Halliburton zuerst im Jahre 1888 im Berichte der englischen Myxödem-Commission behauptet, bisher aber von keiner Seite bestätigt worden. Dagegen wies Thierfelder durch die entsprechenden Reactionen nach, dass das Unterhautzellgewebe, worauf Charles zuerst aufmerksam machte, eine eigenthümliche schleimige oder, wie mir richtiger scheint, speckartige Beschaffenheit annimmt und dass in der That mucinartige Substanzen in demselben enthalten sind. Hierdurch entsteht ein eigenthümliches gedunsenes, in hohem Masse charakteristisches Aussehen der Individuen, dessen Besonderheiten wir hier nicht im Einzelnen besprechen wollen, da darüber des Näheren unter „Myxödem" berichtet werden wird. Auch die grossen Speicheldrüsen, die Parotis und die Submaxillaris sollen nach Halliburton einen vermehrten Mucingehalt besitzen.

Zu dieser Hautveränderung gesellen sich andere Störungen, die man als trophische auffasst. Bei Thieren Ausfallen der Haare, Rauhigkeit der Behaarung und Ausfallen der Tasthaare (Hoffmeister, Gley), wodurch dieselben ein Aussehen wie bei der Staupe bekommen. Ferner Augenentzündungen, Keratoconjunctivitis — deren Auftreten sich aber nach Lanz durch sorgfältige Behandlung der Thiere p. o. vermeiden lässt — und gelegentlich auch Exophthalmus. Beim Menschen gleichfalls Haarschwund, hauptsächlich der Kopfhaare, eine eigenthümliche Härte und Sprödigkeit der Haut, die kleienförmig abschilfert, trophische Störungen der Nägel, sowie Auftreten eines pustulösen Ekzems bei Frauen, besonders an den grossen Labien (siehe das Genauere unter „Myxödem").

Die Temperatur, welche im Allgemeinen nicht erhöht ist, steigt während der tetanischen Spasmen nach den gleichlautenden Beobachtungen von Herzen, Ughetti, Alonzo, Rogowitsch, Horsley, Lanz u. A. um 4—5° in die Höhe, so dass Herzen einmal eine Temperatur von 43·4° beobachtete. Später sinkt die Temperatur unter die Norm bis auf 33° und weniger herunter. Höchst merkwürdig ist der Einfluss der umgebenden Lufttemperatur auf die thyreoidektomirten Thiere, bei denen, wie Horsley zuerst beobachtete, die Erscheinungen der Kachexie und namentlich der Tetanie bei gewöhnlicher Zimmertemperatur früher zum Ausbruch kommen, während sie bei erhöhter Aussentemperatur verzögert oder gemildert werden. So starben Affen das einemal erst nach 125 Tagen, das anderemal schon nach 24 Tagen, je nachdem sie im Wärmekasten

oder im ungeheizten Zimmer gehalten wurden. Obgleich dies Verhalten
von Munk bestritten ist, konnte es doch wiederholt, so noch neuestens
von Lanz, für den Hund bestätigt werden, und Kocher macht darauf
aufmerksam, dass sich auch die an *Cachexia strumipriva* leidenden
Menschen im warmen Zimmer am wohlsten befinden. So klagen myxödemkranke Individuen — und dies fand auch in einem von mir beobachteten
Falle statt — über ein andauerndes Kältegefühl und können sich auch im
Sommer nicht warm genug einpacken. Ich bin mit Lanz der Meinung,
dass es sich hierbei um ein durch die herabgesetzte Eigenwärme central
bedingtes Phänomen und nicht um reflectorisch von der Haut ausgelöste
Reize handelt.

Ebenso wie die Temperatur ist während der convulsivischen Anfälle die Athemfrequenz beträchtlich erhöht, während dieselbe in den
Zeiten zwischen den Anfällen annähernd normal, manchmal verlangsamt
ist. Der Athemtypus bleibt dabei unverändert, während die Herzfrequenz,
unabhängig von den Variationen der Athmung, eine Steigerung in der
Grösse der Einzelcontractionen und ihrer Schlagfolge erfährt. P. Marchesi
führt erstere auf die Zunahme der Kohlensäure im Blute und die Gegen-
wart unbekannter Giftstoffe in demselben zurück.

Der Urin bietet für gewöhnlich keine besonderen Veränderungen
dar, Farbe und specifisches Gewicht halten sich in den Mittelwerthen;
indessen ist wiederholt vorübergehend Albuminurie und das Auftreten von
Zucker nach der Thyreoidektomie, so von Falkenberg, Harley (Lanz)
beobachtet worden, doch macht Minkowski dem gegenüber geltend,
dass vorübergehende Mellituric auch sonst gelegentlich nach Operationen
beim Hunde auftrete. Auch auf seine toxische Wirkung ist der Urin
geprüft worden: von Alonzo mit negativem Resultate, während Gley
und Laulanié eine entschiedene Toxicität, besonders am zweiten und
dritten Tage nach Eintritt der Initialerscheinungen, behaupten.

Endlich ist noch der Einfluss der Nahrung auf den Verlauf der
Kachexie hervorzuheben. Dass derselbe sich generell nach den Thierclassen — Herbivoren, Comivoren, Omnivoren — bemerklich mache,
haben wir schon oben bestreiten müssen, aber Breisacher hat gefunden,
dass Hunde nach der Thyreoidektomie zunächst ohne Nachtheil mit aus-
gekochtem Fleisch und mit Milch ernährt werden konnten, dass sie aber,
wie dies zum Theil auch schon Munk und Fuhr beobachtet hatten,
nach Fütterung mit unausgekochtem Fleisch oder mit Fleischextract viel
eher zu Grunde gehen, respective dass das erste Auftreten der tetanischen
Erscheinungen sich an eine solche Fütterung anschliesst. Bei reiner
Milchfütterung wird der Percentsatz der die Operation überlebenden
Hunde grösser, und es genügt das Stehenlassen von einem Drittel, ja
selbst von einem Fünftel der Drüse, um den letalen Ausgang zu ver-

meiden. Bei zweizeitiger Operation starben die Hunde unter Fleischfütterung viel rascher als unter Milchdiät. Offenbar verlieren die Thiere nach der Operation das Vermögen, gewisse toxische Stoffe, die in dem wässerigen Fleischextract enthalten sind, unschädlich zu machen, sei es, dass sie unter normalen Verhältnissen ein Antitoxin bilden, sei es, dass die Gewebszellen kräftiger genährt und den schädigenden Einfluss zu überwinden im Stande sind. Dass es sich dabei um eine Wirkung der im Wasser löslichen Bestandtheile des Fleisches handelt, zeigt der Umstand, dass die Salze des Fleisches, zur Milch hinzugesetzt, die günstige Wirkung derselben nicht verhinderten.

Von Stoffwechselversuchen an Thieren nach der Thyreoidektomie, welche bisher auffallenderweise ganz fehlten, liegt jetzt eine sehr sorgfältig durchgeführte Versuchsreihe von Roos, sowie eine Angabe von Weber und Georgiewsky vor. Die wenigen am Menschen angestellten Versuche werden wir bei Gelegenheit des Myxödems zu erwähnen haben.

Wir berichten schon hier über die von Roos gewonnenen Ergebnisse, obgleich dieselben auch den Stoffwechsel nach Thyroideafütterung betreffen.

Roos hat bei einem Hunde über zwei Monate in ununterbrochener Folge die Stoffwechselverhältnisse der N, $Cl\,Na$- und $P_2\,O_5$-Ausscheidung, respective des Umsatzes bestimmt und zunächst eine längere Periode reiner Beobachtung durch Darreichung getrockneter Schilddrüse, und zwar einmal von 3 gr und nach 16 Tagen von 6 gr, unterbrochen. Dann wurde nach einer Zwischenzeit von 20 Tagen die Thyreoidektomie vorgenommen und zwei Tage später, als das Thier tetanische Anfälle bekam, mit der regelmässigen Schilddrüsenfütterung begonnen, so dass das Thier am ersten Tag 1 gr, dann vier Tage je 0·25 gr, dann am dreizehnten Tage *post operationem* auf einmal 6 gr erhielt. Es zeigt sich aus den genau mitgetheilten Protokollen, dass auch das gesunde Thier nach der Fütterung eine mehrere Tage anhaltende Mehrausscheidung von Stickstoff, $Cl\,Na$ und $P_2\,O_5$, zeigt. Bei thyreoidektomirten Thieren ist die Ausscheidung der erstgenannten Stoffe nach Thyreoideafütterung etwas, aber nicht erheblich stärker, dagegen bleibt die Phosphorsäure hinter den Normalzahlen zurück. So stieg die N.-Ausscheidung beim nicht operirten Thiere im täglichen Durchschnitt von 3·04 auf 3·8 und von 3·4 auf 4·15, beim thyreoidektomirten von 3·61 auf 5·35 und 4·50 (sank allerdings bei der Dose von 0·25 gr auf 3·6 gr, d. h. so viel, wie das Thier an den zwei ersten Tagen nach der Operation ohne Schilddrüsenfütterung gehabt hatte). Die $Cl\,Na$-Ausscheidung betrug 0·9 ohne, 1·2 bis 1·4 mit Thyreoidea. Auch die Phosphorsäureausscheidung zeigt nur geringe Schwankungen und sinkt nur einmal, und zwar gerade nach der Fütterung mit den geringen Dosen von 0·25 gr, auf die Hälfte des sonst gefundenen Werthes. Es lässt sich aus diesen Versuchen jedenfalls der Schluss ziehen, dass ebenso beim Thiere wie beim Menschen (s. den Abschnitt „Myxödem") nach Einverleibung wirksamer Schilddrüsensubstanz eine Steigerung des Stoffwechsels stattfindet.

Dass die Schilddrüse in einer gewissen Beziehung zur Function der weiblichen, vielleicht auch der männlichen Geschlechtsorgane steht, zeigen die schon eingangs mitgetheilten klinischen Beobachtungen, die sich des Näheren in dem Abschnitt über die Struma ausgeführt finden. Auch einige experimentelle Ergebnisse liegen hiefür vor. So berichtet Hoffmeister, dass die Ovarien eine verfrühte Reifung zahlreicher Follikel zeigen, entsprechend der von Ziegler sogenannten folliculären Hypertrophie, und Lanz sah bei einem Hunde unmittelbar nach der Section des Thieres keine beweglichen Samenfäden, während er zufällig vor der Thyreoidektomie eine sehr lebhafte Spermatozoënbewegung constatirt hatte. Hier mag aber die allgemeine Kachexie des Thieres die Ursache gewesen sein.

Nachdem schon die klinische Beobachtung ein Zurückbleiben der Skeletentwicklung bei Cretinen und bei der Ekthyreosis erwiesen hatte (s. die Capitel „Cretinismus und Myxödem"), hat auch der Versuch entsprechende Resultate ergeben. Durch exacte vergleichende Messungen bei Versuchs- und Controlthieren desselben Wurfes fand Hoffmeister, dass ein erhebliches Zurückbleiben des Knochenwachsthums statthatte. Die grössten Unterschiede zeigten die langen Röhrenknochen, das Becken und auch die Wirbelsäule, weniger der Schädel; das Längenwachsthum der erstgenannten Skelettheile blieb bei jungen Thieren um mindestens ein Drittel zurück, und mit grosser Regelmässigkeit zeigte sich eine auffällige Verzögerung in der Verknöcherung der Epiphysenlinien. An den übrigen Organen konnte Hoffmeister eine besondere Veränderung nicht constatiren, während Sciola eigenthümliche circumscripte Blutungen in die Lebersubstanz und Blutungen in die Submucosa des Darmes, verbunden mit Epitheldesquamationen, bei thyreoidektomirten Hunden beschreibt (s. auch oben S. 17).

Hiermit dürften die Symptome der Athyreosis und Ekthyreosis in ihren wichtigsten Zügen vorliegen. Es erübrigt noch, das Verhalten der Drüse bei partieller Exstirpation und den etwaigen Ersatz derselben zu besprechen.

Zunächst ist zu bemerken, dass bei jugendlichen, respective wachsenden Individuen nach Entfernung eines Lappens der Schilddrüse, wie gleichlautend von den Experimentatoren und den Operateuren berichtet wird (Horsley, v. Eiselsberg u. A.), eine compensatorische Hypertrophie des anderen Lappens eintritt, eine Hypertrophie, die auch nach totaler Exstirpation der Drüse die etwa vorhandenen accessorischen Drüsen betrifft.

Es fragt sich nun: wie viel kann man von der Drüse entfernen, ohne die bekannten Consequenzen hervorzurufen? Nach den übereinstimmenden Versuchen von Colzi, v. Eiselsberg, Fuhr, Sanguirico und Canalis, Weyl u. A. genügt hierzu das Stehenlassen von einem Drittel bis zu einem Viertel der Drüse. Sie kann selbst ganz entfernt werden, wenn accessorische Drüsen vorhanden sind und diese vicarirend eintreten; so ruft nach Gley bei Kaninchen die Exstirpation der Nebenschilddrüsen oder der Hauptdrüse allein kaum Kachexie hervor. und das Zurückbleiben einer einzigen Nebenschilddrüse genügt zur Erhaltung der Thiere. So kommt es, dass unter solchen Umständen die bereits sich entwickelnden Symptome durch die inzwischen eingeleitete stärkere Thätigkeit des Drüsenrestes wieder zurückgehen, respective sich bessern können, wie schon Schiff angibt. Derselbe Autor berichtet aber auch, dass bei schrittweise vorgenommener, aber schliesslich totaler Exstirpation der Drüse die Thiere gelegentlich überleben (eine Beobachtung, die wahrscheinlich darauf beruht, dass in diesen Fällen accessorische Drüsen vorhanden waren, auf welche, als Schiff seine Versuche machte, die Aufmerksamkeit noch nicht gerichtet war). Nach Entfernung eines Theiles hypertrophirt der Rest der Drüse, und wenn an ein und demselben Thiere eine Serie wiederholter Exstirpationen vorgenommen wird, so kann, wie Halsted angibt. das Vielfache des ursprünglichen Gewichtes ohne Schaden entfernt werden.

Im Anschlusse an die Exstirpation kleiner Stückchen der Drüse bildet sich in dem Rest ein sehr lebhafter Regenerationsprocess aus. Nach zwei bis drei Tagen entsteht in den Epithelien der Acini eine mitotische Kerntheilung (Beresowsky, Neumeister, Hürthle), und durch Proliferation des Epithels der alten Alveolen bilden sich solide Sprossen, die in kürzeren oder längeren Zügen in das Bindegewebe hineinwachsen und sich in kleinere Zellgruppen zerlegen, die ein Lumen bekommen und Colloid absondern, d. h. es wiederholt sich der schon oben beschriebene Process der ursprünglichen Drüsenbildung (Canalis, Ribbert, Wölfler). Dass dabei auch pathologische Veränderungen auftreten, zeigen die Angaben von Welch und Halsted, wonach das cubische Follikelepithel cylindrisch und stärker granulirt wird, die colloide Substanz schwindet und durch ein papilläres Wachsthum (papillar growth) vom Rande des Follikels her ersetzt wird.

Jedenfalls die merkwürdigste und wunderbarste Thatsache in der an überraschenden Erscheinungen so reichen Physiologie der Schilddrüse ist der Umstand, dass ihr Ausfall durch geeignete Massnahmen ersetzt werden kann und damit die Folgen der Exstirpation verhindert werden können. Freilich gibt es gewisse Analogien hiefür. Wir können die Secrete anderer Drüsen auffangen und in geeigneter Form dem Organismus wieder zuführen und damit den etwaigen Verlust er-

setzen, aber wir kannten bisher kein Organ, bei dem dies nach vollständiger Entfernung desselben aus dem Körper möglich war; vielmehr
wird unter solchen Umständen der angerichtete Schaden dadurch aus-
geglichen, dass andere Organe vicarirend eintreten und den Verlust auszugleichen vermögen. So kann man bekanntlich den Magen *in toto*
exstirpiren, ohne dass die Thiere zu Grunde gehen, aber dann tritt der
Darm als Ersatz ein, und Niemandem würde es beikommen, den Ausfall
der Magenfunction etwa durch Einspritzen von salzsaurem Pepsin ersetzen
zu wollen. Bei der Schilddrüse handelt es sich um ein Organ, welches,
wie es scheint, unersetzlich ist — man könnte allenfalls den accessorischen Drüsen dieselbe Rolle zuschreiben wie dem Darm gegenüber dem
Magen, aber sie sind unbeständig und kommen für alle Fälle von
Athyreosis offenbar gar nicht in Betracht — es handelt sich ferner um
ein Organ, welches keine fassbaren Mengen Secretes absondert, und endlich
um eine Function allgemeiner, nicht localer Bedeutung.

    Es war der bahnbrechende, anfangs viel bespöttelte Gedanke von
Schiff, das herausgenommene Organ durch die Implantation der Drüse
eines anderen Thieres in die Peritonealhöhle des Thyreoidektomirten zu
ersetzen, und es gelang ihm auf diese Weise, die thyreoidektomirten Thiere
am Leben zu erhalten. Alle späteren Versuche sind nur als Modificationen,
respective als weitere Ausgestaltung dieses ersten Schrittes und als die
Uebertragung der gewonnenen Resultate auf dem Menschen anzusehen.

    So fand v. Eiselsberg, dass der Erfolg der Implantation von der
richtigen Einheilung und Vascularisation der implantirten Drüse abhängt
und dass er auch eintritt, wenn die Drüse, statt in die Peritonealhöhle
versenkt zu werden, zwischen Fascie und Peritoneum angeheftet wird.
Pisenti ging einen Schritt weiter und fand 1890, dass auch die Injection des der Drüse ausgepressten Saftes ein Hinausschieben, respective
eine Verringerung der Kachexie zur Folge hatte[1] — ein Factum, das
übrigens zunächst v. Eiselsberg, wenigstens bei Katzen, nicht bestätigen
konnte, welches aber durch neuere Erfahrungen vollkommen gesichert
ist. Endlich sah man auch vorübergehende Besserungen, beziehungsweise
ein Hinausschieben der Kachexie nach der Transfusion von gesundem
Blute eintreten (Colzi, Fano und Zanda), was offenbar dadurch bewirkt
wird, dass das gesunde Blut noch mit den Stoffwechselproducten der
Schilddrüse imprägnirt ist und auf diese Weise für einige Zeit vicarirend
eintreten kann. Wenn der Versuch von Rogowitsch richtig ist, dass
auch Salzwassertransfusion eine ähnliche Wirkung hervorrufen kann, so
müsste man annehmen, dass durch die Verdünnung des Blutes die in
demselben enthaltenen Toxine abgeschwächt werden.

---

[1] Fast unmittelbar darauf machte Vassale eine gleichlautende Mittheilung.

Fassen wir die Gesammtheit aller dieser Beobachtungen zusammen, so lässt sich daraus zweifellos das eine Factum entnehmen, dass die Schilddrüse einen für die normalen Lebensvorgänge unumgänglich nothwendigen Theil des Organismus darstellt. In der That hat Gley schon 1892 ermittelt, dass von 300 Thyreoidektomien der Autoren nur ein einziges Thier anscheinend gesund geblieben ist. Die Frage ist nur, welcher Natur die Wirkung der Thyreoidea ist. Hier stehen sich zwei Ansichten über das Wesen der Drüsenwirkung gegenüber, von denen wir die eine kurz als die nutritive, die andere als die antitoxische Function der Drüse bezeichnen können. Mit anderen Worten: es handelt sich bei den Erscheinungen der Athyreosis und Ekthyreosis entweder um das Aufhören der Secretion eines den Organen zufliessenden und für den Organismus nothwendigen Stoffes oder um eine Autointoxication des Organismus durch Anhäufung eines Stoffwechselproductes, welches normalerweise in der Drüse zerstört wird.

Was die erstere Theorie angeht, der zufolge die Drüse einen Stoff liefern solle, welcher für die Ernährung des Organismus nothwendig ist. wonach sie also, wie wir schon oben angeführt haben, ein blutbereitendes Organ wäre und die normale Bildung und Erhaltung des Bindegewebes und des Centralnervensystems gewährleistet, so lässt sich eine solche Auffassung mit dem Gesammtbilde, welches uns die *Cachexia thyreopriva* oder *athyreoidea* darbietet, nicht vereinigen. Nicht allein dass diese Hypothese überall da, wo sie thatsächlich geprüft werden konnte, in erster Linie, wie schon gesagt, mit Bezug auf die Blutbereitung nicht Stich gehalten hat, so ist auch nicht einzusehen, wie der Ausfall dieser supponirten nutritiven Function des Organismus zu einer Reihe von Symptomen führen solle, die in ihrem Gesammtbilde nichts mit einer Nutritionsstörung zu thun haben. in keiner Weise oder doch nur durchaus in zweiter Linie passiver Natur sind, vielmehr durchaus das Bild eines activen Vorganges darbieten, der die grössten Analogien mit dem Symptomencomplex einer acuten oder chronischen Vergiftung bildet.

Auch die Anschauung Leichtenstern's, wonach die Thyreoidea einen Stoff bereitet, „der für die Ernährung der Haut von Einfluss ist und den Fett- und Wassergehalt des *Panniculus adiposus* regelt", muss bestenfalls als eine einseitige und die Gesammtwirkung der Thyreoidea nicht umfassende bezeichnet werden. „Gesteigerte secretorische Thätigkeit der Schilddrüse", meint Leichtenstern, „bewirkt gesteigerte Fettverbrennung, verminderte Drüsenthätigkeit begünstigt den Fettansatz, dauernder gänzlicher Mangel des Secretes ruft den höchsten Grad von Wucherung des myxödematösen Fettgewebes hervor, wie dies beim Myxödem statt hat." Diese Hypothese legt, wie auch Heinsheimer richtig bemerkt, ein

ungebührliches Gewicht auf ein Symptom, welches nur coordinirt mit
anderen vorkommt, nicht einmal constant ist und keinesfalls das Bild der
Cachexia thyreopriva dominirt. Zahlreich begegnen uns die Fälle hoch-
gradigster Fettsucht, nur äusserst selten und ganz vereinzelt kommt dem
gegenüber ein Fall von Myxödem zur Beobachtung. Das ist ja sicher,
dass sich im Verlaufe der *Cachexia thyreopriva* und des Myxödems schwere
Stoffwechselstörungen einstellen, aber sie erklären sich ungezwungen aus
einem gemeinsamen, die Gesammtheit aller Erscheinungen umgreifenden
Anlass, und dieser ist gelegen in einer toxischen Beeinflussung
der nervösen Centralorgane, deren geschädigte Function so wie zu
anderen Störungen auch zu einer Störung des Stoffwechsels führt.

Es ist deshalb auch die grosse Mehrzahl der Autoren auf den Standpunkt gelangt, der Drüse ein antitoxisches Vermögen zuzuschreiben, welches
in directer oder indirecter Weise den Organismus und vor Allem das
Centralnervensystem vor gewissen Giftwirkungen des Stoffwechsels zu
schützen im Stande ist; direct, indem das fragliche Secret die Zellen
selbst immunisirt, indirect, indem es die Einwirkung gewisser, durch den
Stoffwechsel sich bildender toxischer Substanzen neutralisirt, also als
Antitoxin wirkt. Es will mir scheinen, als ob man keinen grossen Unterschied zwischen diesen beiden Anschauungen machen kann, vielmehr beide
im Grunde auf dasselbe hinauslaufen und nur besagen, dass das Secret der
Drüse die nervösen Elemente vor gewissen Schädlichkeiten schützt, sei es,
dass es dieselben erst *in loco*, d. h. in der Zelle, oder schon vorher,
d. h. im Blute, unschädlich macht. Diese Eigenschaft der Drüse könnte
auf zweierlei Weise erfolgen. Entweder zerstört dieselbe gewisse Toxine
des Blutes, während dasselbe durch die Drüse fliesst. Dieser Anschauung
widerspricht in etwas, dass die Thyreoidea nicht die Structur einer Lymphdrüse, sondern die eines secernirenden Organes hat. Auch spricht dagegen
der Umstand, dass sich der ausgepresste Saft der Drüse, die verfütterte
frische oder getrocknete Drüse gegen die Folgen der Exstirpation wirksam
erwiesen haben. Oder aber es bildet sich in der Drüse ein Antitoxin, welches
sowohl secernirt als auch gleichzeitig in ihr aufgespeichert wird, so dass
dasselbe bis zu einem gewissen Grade von der Erhaltung des Zellenlebens
unabhängig ist und seine Wirkung nicht nur *in loco*, sondern auch dann
äussert, wenn es dem grossen Kreislaufe einverleibt ist.

Somit weist Alles darauf hin, dass die Drüse ein Secret
absondert, welches sich aus dem Blute bildet und im Blute den
toxischen Producten des Stoffwechsels gegenüber antitoxisch
wirkt.

In diesem Sinne werden wir die Function der Schilddrüse
auffassen und unseren klinischen Betrachtungen unterstellen
müssen.

Was geschieht nun, wenn die Drüse, respective aus ihr gewonnene Präparate dem gesunden Thiere oder Menschen einverleibt werden, d. h. wenn die Menge des wirksamen Princips der Thyreoidea künstlich im Organismus erhöht und ein Zustand herbeigeführt wird, den man passend als hyperthyreotischen oder Hyperthyreose bezeichnet, während man die in der Folge auftretenden Störungen als Thyreoidismus zusammenfasst.

Wir werden auf diese Frage des Genaueren bei Besprechung der Therapie des Myxödems und der *Cachexia thyreoidea* und *strumipriva* zurückzukommen haben; hier sei nur auf einige einschlägige experimentelle Erhebungen hingewiesen.

Zunächst haben alle Autoren — es sind ihrer nur wenige: Georgiewsky, Lanz, Ballet und Enriquez, Godart und Slosse — welche Schilddrüsenpräparate an gesunde Thiere: Mäuse, Kaninchen, Hunde, injicirt oder verfüttert haben, übereinstimmend beobachtet, dass dieselben nach grösseren, längere Zeit fortgesetzten Dosen unter bestimmten krankhaften Erscheinungen, je nach der Quantität des Präparates und je nach der Art des Thieres, bald früher, bald später zu Grunde gingen. Mäuse starben schon nach wenigen Tagen, Hunde können ein bis zwei Monate am Leben bleiben. Die Thiere bekommen Tachycardie, bis zu 150 und 200 Schlägen in der Minute, bei vollem Puls und gesteigertem Blutdruck. Es trat starke Gewichtsabnahme, zuweilen trotz gleichzeitiger Polyphagie, ferner Polydipsie und Polyurie auf, und die Thiere gingen an allgemeiner Erschöpfung zu Grunde. Lanz hebt ausserdem noch Dyspnoe, diarrhoische und blutige Entleerungen und eine eigenthümliche Steifheit der hinteren Extremitäten nebst Schwäche im Kreuz hervor. wozu sich bei Hunden auch eine Umstimmung der Psyche, ein niedergeschlagenes, scheues Wesen des Thieres gesellt. Im Urin hat Georgiewsky vor dem Tode Spuren von Eiweiss, dann und wann im Laufe der zweiten und dritten Woche Zucker bis zu 1·7 Percent gefunden. Die N-Ausfuhr im Urin und die Extractivstoffe waren vermehrt. Weder Lanz noch Georgiewsky konnten Exophthalmus und Anschwellung der Schilddrüse beobachten, ja ersterer fand, im Gegensatz zu Ballet und Enriquez, eine auffallende Verkleinerung der Thyreoidea nach subcutanen Injectionen und glaubt die gegentheilige Angabe der französischen Autoren auf eine septikämische Schwellung, veranlasst durch Injection eines zersetzten Präparates, zurückführen zu sollen.

Uebrigens muss noch bemerkt werden, dass die Kaninchen und Hunde von Lanz die innere Verabfolgung, Monate lang fortgesetzt, verhältnissmässig gut vertrugen und nur eine Steigerung der Pulsfrequenz, eine geringe Abmagerung nebst Polyphagie und Polydipsie zeigten, und Lanz geneigt ist, die viel stärkeren, d. h. tödtlichen Folgen der Injectionen auf die gleichzeitige nicht auszuschaltende Albumosenwirkung zu beziehen. Vielleicht mag aber dieser Unterschied dadurch bedingt sein, dass die subcutane Injection an sich viel stärker wirkt und die von Lanz intern gereichten Mengen dementsprechend zu klein waren. Hierüber müssten weitere Versuche entscheiden. Letzteres gilt in noch höherem Masse von der Angabe von Godart und Slosse, dass die intravenöse Injection von Thyreoidea-Extract die Lymphabsonderung aus dem *Ductus thoracius* erhöhe, somit der Extract zu den lymphagogen Mitteln Heidenhain's gehöre. Die Steigerung der Lymphabsonderung nach der Injection ist nämlich eine so geringe — höchstens das Doppelte betragend: von 3 cm^3 in fünf Minuten vor der Injection auf 4, 5—6 cm^3 nach derselben (einmal auf 7 cm^3) — dass es sich in diesen Experimenten wahrscheinlich nur um die den Eiweisslösungen zukommende Wirkung, aber nicht um eine specifische Eigenschaft des Schilddrüsenextractes handelt. Denn die echten Lymphagoga (Krebsdecoct. Blutegelextract. Pepton u. A.) bringen nach den classischen Versuchen Heidenhain's eine Beschleunigung um das Vielfache, im Mittel um das Vier- bis Fünffache des ursprünglichen Lymphstromes, zu Wege!

Wie dem auch sei, so viel ist sicher, dass die Hyperthyreose Erscheinungen im Gefolge hat, die in vielen Punkten mit den Symptomen des *Morbus Basedowii* übereinstimmen und dass sie auch aus diesem Grunde für den Kliniker ein ganz besonderes Interesse haben muss.

Schliesslich darf in dieser Uebersicht ein Punkt nicht unerwähnt bleiben, der gerade in der letzten Zeit die Aufmerksamkeit der Forscher in besonderem Masse auf sich gezogen hat. Es handelt sich um die Beziehungen zwischen der Thyreoidea und der Hypophysis, der *Glandula pituitaria*.

Schon vor Jahren hat Virchow in seinen Geschwülsten auf die Uebereinstimmung des anatomischen Baues „zweier in ihrer physiologischen Function zweifelhafter Organe" mit der Schilddrüse hingewiesen, nämlich der *Hypophysis cerebri*, der Schleimdrüse und der *Glandulae suprarenales*, der Nebennieren. Doch ist die Hypophysis dadurch von der Schilddrüse unterschieden, dass „neben dem folliculären Antheil noch ein gewisser Abschnitt vorhanden ist, der entweder sehr reich an Nerven oder geradezu nervös ist". Der erstere, vordere, grössere Theil hat in seinem Bau die grösste Aehnlichkeit mit der Schilddrüse, der hintere, kleinere Lappen besteht wesentlich aus Neuroglia mit einzelnen nervösen Elementen und ist nichts anderes als das kolbige Ende des Infundibulums oder das *Filum terminale anterius* (Virchow). Uns interessirt nur der vordere Lappen, welcher auch genetisch der Schilddrüse sehr nahe steht, indem beide Organe aus dem Ektoderm hervorgehen. Wie die Schilddrüse, so wächst auch die Schleimdrüse in den letzten Tagen des Fötallebens am stärksten und tritt später verhältnissmässig zurück. In ihrer histologischen Structur ist die Hypophysis der Thyreoidea, wie die Untersuchungen von Rogowitsch, Schönemann sowie Pisenti und Viola zeigen, ausserordentlich ähnlich. Auch hier handelt es sich um eine Anhäufung von Follikeln, welche von einem System von Hohlräumen umgeben sind, in die sie eine colloide Substanz absondern. Flesch und Lothringer haben chromophile Zellen mit mächtigem, rundlichem oder polyedrischem Protoplasmaleib und kleinere Zellen mit wenig Protoplasma, aber gleich grossen Kernen (Sticda's Hauptzellen) beschrieben. Schönemann findet, dass die Grenzlinien der letzteren undeutlich differenzirt sind. Strumaähnliche Vergrösserungen der Schleimdrüse sind schon früheren Beobachtern aufgefallen und werden von Virchow (l. c.) ausführlich besprochen. Für uns handelt es sich um die Veränderungen, welche die Hypophysis nach der Thyreoidektomie zeigt, die also auf gewisse functionelle Beziehungen zwischen beiden Organen hinweisen, aus denen man entnehmen wollte, dass das eine Organ für das andere compensatorisch eintreten kann. Experimentell hat schon Rogowitsch in seiner oft citirten Arbeit auf Veränderungen der Hypophyse nach der Thyreoidektomie aufmerksam gemacht, welche von Sticda im Wesentlichen bestätigt werden konnten.

Es fand sich fast regelmässig eine auch durch Wägung festgestellte Vergrösserung der Hypophysis, welche mit einer Vergrösserung und Vacuolenbildung der Follikelzellen verbunden war, die schliesslich zerfielen, wenn das Thier die Thyreoidektomie längere Zeit überstand. Hoffmeister sah bei Kaninchen eine Hypertrophie und ebenfalls Grössenzunahme und Vacuolenbildung der Hauptzellen eintreten. Wenn aber schon diese Ergebnisse spärlich und unsicher sind, so gilt dies noch mehr von den Resultaten, welche der umgekehrte Weg der Forschung, nämlich die Excision der Hypophysis, geliefert hat, umsomehr, als es zu den schwierigsten Aufgaben der Vivisection gehört, die Drüse ohne schwerwiegende Verletzung anderer Hirntheile zu exstirpiren. Daher sind auch die Versuche von Gley sowie Vassale und Sacchi, welch' letztere nach der Excision der Hypophysis ähnliche Erscheinungen wie nach der Thyreoidektomie beobachtet haben wollen, höchst fragwürdiger Natur. Lanz implantirte im Laufe eines Monats einem Hunde theils subcutan, theils sub-, theils intraperitoneal, sowie in die *Tunica vaginalis testis* acht Hypophysen und machte ihm dann die Thyreoidektomie. Eintreten und Verlauf der *Cachexia thyreopriva* erfolgte in üblicher Weise: freilich erwies sich bei der Section, dass die transplantirten Hypophysen vollständig resorbirt waren.

Etwas bessere Ausbeute liefern die Beobachtungen am Menschen. Schönemann freilich konnte in 112 Fällen, in denen er das Verhalten der Hypophyse bei gleichzeitiger Entartung der Schilddrüse untersuchte, keine bindenden Ergebnisse gewinnen. Weder bestand ein Parallelismus zwischen dem Gewicht der Hypophysis und der Thyreoidea — erstere schwankt überhaupt sehr erheblich, von $0\cdot03$—$1\cdot5$ gr — noch konnte er eine compensatorische Hypertrophie der ersteren nachweisen. Nur das histologische Verhalten der Hypophysis ergab Veränderungen, welche mit den degenerativen Processen der Schilddrüse in Parallele gesetzt werden konnten. Es fanden sich Exemplare, in denen die Hauptzellen fast ganz fehlten und die chromophilen Zellen Kernveränderungen, besonders bläschenförmige Degenerationen des Kernes, zeigten, ferner Wucherung des bindegewebigen Strumas, Entwicklung zahlreicher Gefässe und Auftreten neuer, respective Erweiterung bereits vorhandener Colloidblasen.

Ohne histologische Untersuchung wird von Boyce und Beadeles in zwei Fällen von Myxödem und in einem Falle von sporadischem Cretinismus und ebenso von Bourneville und Briçon eine Vergrösserung der Hypophysis bei fehlender Thyreoidea berichtet.

Indessen erhält die Annahme, dass eine Compensation der einen Drüse durch die andere stattfinden könne, einen gewaltigen Stoss durch die Angabe von Edw. A. Schäfer, „dass die intravenöse Einspritzung von Hypophysis-Extract, ganz im Gegensatze zu dem Verhalten bei Injection von Schilddrüsensaft, Steigerung der Herzaction und des Blutdruckes bewirkt, also gerade ein antagonistisches Verhalten zur Wirkung der Schilddrüse eintritt", und Lloyd Andriezen ist durch vergleichend anatomische und entwickelungsgeschichtliche Untersuchungen zu der Ansicht gekommen, dass die Schleimdrüse anatomisch und physiologisch zu dem Centralnervensystem gehört, während die Thyreoidea bei niederen Thieren zusammen mit einem primitiven Respirations- (resp. Circulations-) System angelegt wird und entwickelungsgeschichtlich nichts mit dem Nervensystem zu thun hat.

Auf so schwankenden Füssen stehen bis jetzt die functionellen Beziehungen zwischen Schilddrüse und Hypophysis. Nichtsdestoweniger hat man auch hier schon versucht, eine therapeutische Verwerthung der Thyreoidea bei einer Krankheit, die man mit mehr weniger Recht auf Veränderungen in der Hypophysis zurückgeführt hat, der Akromegalie, vorzunehmen.

II.

Thyreoiditis acuta. Struma maligna. Echinococcus, Syphilis, Tuberculosis glandulae Thyreoideae.

Die Entzündung der Schilddrüse. *Thyreoiditis acuta idiopathica.*

Die Entzündung der gesunden Schilddrüse, welche von älteren Autoren als *Cynanche thyreoidea* (Ph. Fr. Walther), *Angina thyreoidea* (Weitenweber), *Thyreophyma acutum* (J. P. Frank) bezeichnet wurde, ist eine seltene Erkrankung. Noch am häufigsten begegnet man der traumatischen oder metastatischen Form, während die Zahl der Fälle von genuiner oder idiopathischer Thyreoiditis äusserst beschränkt ist, wenn man die Thyreoiditis von der Strumitis, d. h. den in einer kropfig entarteten Drüse sich einstellenden entzündlichen Processen trennt. Indessen ist es vielfach kaum möglich, beide Processe in den bezüglichen Veröffentlichungen auseinander zu halten, da die Autoren zum Theil sehr ungenaue Angaben darüber machen.[1]

Eine historische Uebersicht der bis 1862 bekannten Fälle gibt Lebert, aus welcher zu entnehmen, dass unzweifelhafte Beschreibungen der in Rede stehenden Affection zuerst gegen Ende des vorigen Jahrhunderts von Bailliè und Monteggia geliefert sind. Lebert selbst konnte einige 50 Beobachtungen sammeln, in denen aber 22 mal eine präexistirende Struma angegeben, also eine Strumitis und keine primäre Thyreoditis vorhanden gewesen ist. Seitdem sind etwa 31 weitere Fälle von Entzündung und Vereiterung der vorher intacten Schilddrüse veröffentlicht, so dass sich die Gesammtzahl der überhaupt in der Literatur vorhandenen auf etwa 80 belaufen mag. Dass diese Zahl aber keinen Rückschluss auf die absolute Häufigkeit dieser Erkrankung erlaubt, bedarf kaum der ausdrücklichen Betonung, denn es wird heutzutage schwerlich noch Jemand einfallen, derartige Fälle, wenn ihnen nicht eine besondere Eigenthümlichkeit anhaftet, zu publiciren.

---

[1] Auch einer der jüngsten Autoren, Jeanselme (Gazette des hôp. 1895), wirft vielfach, obwohl er den Unterschied zwischen Thyreoiditis und Strumitis ausdrücklich hervorhebt, beide Processe zusammen.

Die idiopathische Thyreoiditis kommt bei Personen jeden Alters und Geschlechtes, am öftesten zur Zeit der Pubertät, vor, indessen werden insgesammt mehr Frauen wie Männer von derselben befallen.

Wenn Lücke noch im Jahre 1875 sagt, „ihre Aetiologie ist dunkel, sie wird gewöhnlich auf die Einwirkung schnellen Temperaturwechsels zurückgeführt", so dürfte es heutzutage nicht zu gewagt sein, als Ursache der acuten Thyreoiditis eine Infection durch Mikroorganismen anzunehmen, obwohl der entsprechende Nachweis bis jetzt nur für einige metastatische Formen geführt ist (s. unten).

Es ist nicht bekannt, dass Personen, die aus Gegenden, in denen Kropf und Cretinismus endemisch sind, eine besondere Prädisposition zeigten, auch geschieht niemals der Entwicklung von Kropf nach Thyreoiditis Erwähnung, insofern man die gelegentlich nach abgelaufener Entzündung in der Drüse zurückbleibenden Verhärtungen nicht als Kropf bezeichnen kann. Dagegen wird von einigen Autoren der fieberhafte Rheumatismus mit der idiopathischen (?) Schilddrüsenentzündung in Verbindung gebracht. Es sind hier besonders französische Forscher, bei denen ja überhaupt die Neigung, den Rheumatismus mit Parenchymerkrankungen zusammenzubringen, besteht (rheumatische Dyspepsie!), zu nennen. Vulpian, Charcot, Given, Zoniovitch sprechen von einer Thyroidite aigue rheumatismale, welche während oder nach einer rheumatischen Fieber-Attaque auftritt und schnell und günstig verläuft. Barlow sah Thyreoiditis nach *Erythema nodosum*, Brieger und Zwicke nach Diphtherie, Koranyi, Colzi, Baatz, Jeanselme, Spirig nach Typhus, Roux, Girard, Holz u. A. nach Influenza, Zesas nach Malaria und Erysipelas. Auch bei Puerperalfieber, Orchitis und epidemischer Parotitis ist Thyreoiditis beobachtet. Einige weitere Beobachtungen, die nicht sicher erkennen lassen, ob es sich betreffenden Falles um Thyreoiditis oder Strumitis handelte, haben wir unter „Strumitis" besprochen.

Mit welchem Rechte alle diese Erkrankungen in ursächliche Beziehungen zur Thyreoiditis gebracht werden, beziehungsweise ob letztere alsdann noch als idiopathische Form und nicht vielmehr als eine Complication aufzufassen ist, bleibe dahingestellt.

Sicher ist, dass die genuine Entzündung der Drüse das mittlere Lebensalter zwischen 20 und 40 Jahren und ferner das weibliche Geschlecht bevorzugt. So waren unter 18 von Holger-Mygind gesammelten Fällen 11 Frauen und 7 Männer und nur 1 Kind von 3 Jahren (Barlow).

Nähere Angaben über die bei der acuten Thyreoiditis auftretenden Gewebsveränderungen fehlen uns so gut wie ganz, da die Krankheit gewöhnlich in Genesung übergeht. Nur Luigi Porta berichtet (ohne genauere individuelle Nachweise), dass er die Drüsenlappen vergrössert, die Capillaren injicirt, die Venen stark geschwollen und die Kapsel verdickt

gefunden habe. Auch soll ein reichliches plastisches Exsudat unter der
Kapsel und in dem interstitiellen Gewebe gewesen sein.

Die Erkrankung verläuft zunächst unter den Erscheinungen einer
acuten fieberhaften Drüsenschwellung. Zuweilen mit initialem
Schüttelfrost (Merchie, Koppe, Zoniovitch), meist ohne Prodrome ein-
setzend, treten ziehende Schmerzen in der Halsgegend auf, die sich auf
den Schultergürtel, die Arme und Brust erstrecken, wohl auch andere Körper-
theile befallen können. Unter Schlingbeschwerden und dem Gefühl des
Zusammengeschnürtseins des Halses oder eines dumpfen Druckes in der
Halsgegend schwillt die Schilddrüse an und bildet eine gegen die Umgebung prominirende Geschwulst. Hierbei wird bald der eine, bald der
andere Lappen stärker oder es wird die Gesammtdrüse ergriffen. Die
Schwellung erreicht Taubenei- bis Hühnereigrösse, begrenzt sich am inneren
Rand der Kopfnicker und fühlt sich zunächst hart und prall, später mehr
elastisch-teigig an. Charakteristisch ist, dass die Geschwulst fest an der
Luftröhre anliegt, beim Schlingen gehoben wird und überhaupt, wie man
sich leicht durch Inspection und Palpation überzeugen kann, mit den
Bewegungen der Halsorgane beim Schlingen und Athmen mitgeht. Doch
ist dies Verhalten kein absolut constantes, sondern hat in einigen Fällen
gefehlt oder konnte wenigstens nicht deutlich nachgewiesen werden. Die
Haut über dem Tumor ist meist geröthet von erhöhter Temperatur, die
Venennetze turgescirend. Jede Berührung ist, je länger die Geschwulst
besteht, desto mehr schmerzhaft. Auch spontane dumpfe oder reissende
Schmerzen, Klopfen der Gefässe, Eingenommenheit des Kopfes, Schwindel,
Kopfschmerz, selbst leichte Delirien, Nasenbluten stellen sich je nach
der Intensität des localen Processes in mehr oder weniger heftigem Masse
ein und die mehr anhaltenden dumpfen Schmerzen steigern sich zeitweise
zu heftigen Paroxysmen. In dem Masse, wie der Umfang der Geschwulst
zunimmt, treten die Symptome der Verdrängung und Compression der
benachbarten Halsorgane hervor. Zunächst bei einseitiger Schwellung die
Verdrängung von Larynx und Trachea nach der entgegengesetzten Seite.
Uebrigens beschränkt sich die Entzündung nur selten auf einen Lappen
(Bauchet), vielmehr wird trotz einseitigen Beginns gewöhnlich die ganze
Drüse befallen. Die Bewegungen des Halses werden schmerzhaft, und um
den Druck der gespannten vorderen Halsmuskeln zu ermässigen, beugen
die Kranken gern ihren Kopf nach hinten. Die Stimme wird bei stärkerem
Druck heiser, rauh, selbst klanglos, das Sprechen fällt schwer. Es besteht
subjective und objective Dyspnoe, die sich zu Erstickungsanfällen steigern,
selbst zu asphyktischem Tode unter allen Zeichen stärkster Athemnoth
führen kann. Druckerscheinungen auf die *Plexus cervicales* und *brachiales*
und dadurch bewirkte Schmerzen, Parästhesien, Ameisenkriechen, selbst
Paresen der oberen Gliedmassen gehören zu den selteneren Vorkommnissen.

3*

Das Fieber hält sich in mässigen Grenzen und geht mit morgendlichen Remissionen kaum über 39 Grad hinaus; es fällt ab mit dem Nachlass der Drüsenschwellung und steht überhaupt auch in seiner Höhe in einer gewissen Abhängigkeit von derselben. Dagegen sind Puls- und Respirationsfrequenz, sowie die Beschaffenheit des Pulses unabhängig vom Fieber und durch die allgemeinen Ernährungsverhältnisse und die localen Erscheinungen bedingt, so dass meist die Zahl der Respirationen eine viel höhere ist, als sie der durch das Fieber bedingten „Wärmedyspnoe" entsprechen würde. Alle diese Erscheinungen sind übrigens bei der idiopathischen Thyreoiditis viel stärker als bei den anderen Formen ausgesprochen.

Der Ausgang der *Thyreoiditis acuta* ist Zertheilung, Eiterung oder Brand.

Etwa in einem Viertel der Fälle bildet sich die Geschwulst durch Zertheilung, manchmal schon in den ersten drei oder vier Tagen, am häufigsten gegen Ende der ersten Woche, zurück. Ohne kritischen Abfall sinkt das Fieber allmälig herab, geht die Anschwellung zurück und mildern sich, respective verschwinden die dadurch hervorgerufenen Symptome. Zuweilen kommt es zu kleinen Nachschüben, so dass sich die Reconvalescenz über mehrere Wochen hinzieht, und während die Hauptmasse der Drüse abgeschwollen ist, ein kleiner Theil der Geschwulst sich mit einer gewissen Hartnäckigkeit bis in die vierte und fünfte Woche erhält. Schliesslich tritt auch hier vollkommene Resolution ein. Complicationen und Nachkrankheiten werden nicht erwähnt. Nur selten bleibt eine starre Infiltration diffus oder in Form harter Knoten zurück. Bischoff und Tomkins haben eine erneute Anschwellung, nachdem bereits ein fast vollständiger Rückgang der Entzündung eingetreten war, beobachtet.

Der Ausgang in Eiterung ist der häufigste. Er findet sich in circa 60—70 Percent aller Fälle. Unter andauerndem Fieber und zeitweiligen leichten Schüttelfrösten tritt circumscripte Röthung und Hervorwölbung ein, die bei Fingerdruck nachgibt und die Fingerspitze wie in einen Fingerhut in sich einbohren lässt. Unter zunehmender, respective deutlich werdender Fluctuation und bläulicher Verfärbung der Haut kommt es, wenn nicht vorher incidirt wurde, zum spontanen Aufbruch des Abscesses. An Stelle eines einzelnen Abscesses können sich auch deren mehrere bilden, oder es entsteht zunächst eine diffuse eitrige Infiltration mit teigigem Oedem, die sich erst im weiteren Verlauf zu einem häufig tief gelegenen Abscess zusammenzieht, eventuell aber auch ohne eigentliche Abscessbildung in Zertheilung übergeht.

Zuweilen brechen die Eiterherde in die Trachea, den Oesophagus, das Mediastinum durch. Meist ist der Tod die Folge dieser Complicationen, doch kann es auch, wie in einem Falle von Grötzner, zur Exfoliation und Ausstossung der Kehlkopfknorpel und späteren Heilung kommen.

Man sollte deshalb, sobald sich stärkeres und unregelmässiges Fieber einstellt, immer auf einen sich bildenden Eiterherd eventuell mit der Explorativnadel fahnden und so früh als möglich für Abfluss nach aussen sorgen. Der einzige Fall einer genuinen eitrigen Thyreoiditis, den ich vor langen Jahren noch als Assistent auf der v. Frerichs'schen Klinik gesehen habe, endete an einem solchen tief gelegenen Abscess, der in das Mediastinum durchbrach, tödtlich, und dieser Fall ist mir deshalb so gut im Gedächtniss geblieben, weil ich mir seinerzeit sagen musste, dass durch rechtzeitige Probepunctionen der Abscess hätte entdeckt und eine sicherlich lebensrettende Incision vorgenommen werden können.

Als dissecirende Thyreoiditis führt Lebert Fälle an, in denen mitten in der Abscesshöhle ein Sequester intacten Drüsengewebes gefunden wurde.

Der Ausgang in Gangrän ist so selten, dass sich in der gesammten Literatur kaum sechs bis acht solcher Fälle vorfinden.[1]) Der Verlauf ist zunächst derselbe wie bei der eitrigen Thyreoiditis, aber beim spontanen Aufbruch oder bei der Incision des Abscesses findet sich der Eiter jauchig, mit nekrotischen Gewebsfetzen vermischt. Die Umgebung der Drüse ist in einem Zustande phlegmonöser Entzündung. die Drüsensubstanz selbst geht zu Grunde und wird ausgestossen, so dass sich eine grosse Jauche- oder Eiterhöhle bildet, in deren Grunde Luft- und Speiseröhre blossliegen und selbst die Pulsationen der grossen Halsgefässe. ja des Aortenbogens sichtbar sind. Trotzdem ist in den meisten der beschriebenen Fälle Heilung unter Granulationsbildung eingetreten und wie Lebert besonders hervorhebt, trotz des Defectes der Schilddrüse keine Functionsstörung beobachtet worden.

Traumen sind mehrfach als Anlass von Thyreoiditis beschrieben. So berichtet Walther über einen Fall nach starker Compression der Schilddrüsengegend bei dem Versuche des betreffenden Patienten. sich zu erdrosseln. Schöninger sah Thyreoiditis nach einem Stiche in die Drüse auftreten. Auch nach directer Zerrung der Halsgegend durch Heben schwerer Lasten auf dem Kopfe oder Strangulation (Walther, Schöninger. Socin) soll Thyreoiditis entstanden sein.

Metastatische Entzündungen sind bei acuten Infectionskrankheiten, Typhus, Diphtherie (Brieger, Zwicke), Malaria (Romain). Pneumonie. Puerperalfieber (Chantreuil, Trélat), bei pyämischen Erkrankungen anderer Art. auch abwechselnd mit Orchitis (Eulenburg). beobachtet

---

[1]) Nämlich 1807 von Zipp. später Löwenhardt. Kern, Knüppel. Eulenburg, Middeldorpf. Lebert.

worden. Der Verlauf unterscheidet sich in nichts von dem bereits beschriebenen, nur ist zu bemerken, dass sich an Stelle der acuten fieberhaften Vereiterung, respective Abscessbildung in manchen Fällen ein schmerzlos und mehr allmälig sich bildender kalter Abscess einstellt, also sich erst durch Schwellung und Fluctuation bemerklich macht. Als ursächliches Moment darf in diesen Fällen sicher eine Verschleppung der betreffenden Krankheitserreger in die Schilddrüse angenommen werden. (S. unten.) In ganz seltenen Fällen scheint die acute Thyreoiditis in sich häufenden Fällen nach Art einer Epidemie aufzutreten; wenigstens berichtet Brisson über eine Epidemie, die zu St. Etienne unter den Kindern der Zugehörigen zum 9. Regiment ausgebrochen sei (Réc. de mémoire de méd. milit., Paris 1864, vol. XII), und Demme hat eine Masernepidemie in Bern beschrieben, die als häufige Complication eine Schwellung der Thyreoidea zeigte. Auch dies Verhalten würde für die infectiöse Natur der Erkrankung sprechen.

Zweifellos handelt es sich, wie schon oben gesagt, bei der Mehrzahl der acuten Thyreoiditiden, vornehmlich aber bei der eitrigen wie bei der gangräuescirenden Thyreoiditis um eine bacilläre, meist eine Streptokokkeninvasion. Für die metastatischen Formen sind die bakteriologischen Nachweise hiefür mit aller Sicherheit gegeben. So haben Colzi, Baatz, Dupraz, Kocher, Tavel, Jeanselme und Spirig bei Thyreoiditis im Gefolge des Typhus den Eberth'schen Bacillus, Gérard-Marchant, Tavel, Lion, Durante u. A. den Dipplococcus der Pneumonie, Navarro und Jeanselme Streptokokken bei Thyreoiditis nach einer Laryngo-Tracheitis u. s. f. gefunden, worüber weitere Angaben bei der Aetiologie der Strumitis zu finden sind. Hier sei nur noch des bemerkenswerthen Umstandes gedacht, dass die Drüsenentzündung gelegentlich erst geraume Zeit nach Beginn der Erkrankung, so in dem Fall von Lion erst am 24. Tage nach Beginn der Pneumonie, in einem Fall von Durante am 10. Tage (Krise am 9. Tage), eintritt. Koranyi beobachtete einen Typhus, bei dem sich die Thyreoiditis bei Beginn der Reconvalescenz unter erneutem Fieberanstieg entwickelte. Die „puerperalen Thyreoiditiden" pflegen nach Verlauf der ersten 10—14 Tage aufzutreten.

Der Tod kann bei der Thyreoiditis durch Compressionsasphyxie, durch Durchbruch des Eiters in die Nachbarorgane und durch pyämische und septische Infection oder allgemeine Erschöpfung erfolgen. Er tritt in circa 25 Percent der Fälle ein, am häufigsten natürlich da, wo es sich um eitrige Entzündung handelt.

Die Diagnose wird in den meisten Fällen keine Schwierigkeit machen. Sitz und Charakter der Geschwulst und die Begleiterscheinungen ihrer Entstehung und Ausbildung sichern die Erkenntniss des Leidens und werden vor einer Verwechslung mit anderen Geschwülsten dieser

Gegend, besonders den Speicheldrüsen. der Speiseröhre, der Lymphdrüsen. eventuell mit Aneurysmen, Echinokokken, dem acuten epidemischen Kropf schützen. Doch kann namentlich bei diffuser Schwellung und periglandulöser Infiltration die Differentialdiagnose gegen eine acute diffuse Zellgewebs-entzündung Schwierigkeiten machen, wie dies z. B. in einer von Given berichteten Beobachtung der Fall war, umsomehr, als sich die Thyreoiditis unmittelbar an einen acuten Gelenksrheumatismus anschloss. Aber auch unter solchen Verhältnissen kann sich ein Zweifel nur im Beginne der Affection geltend machen, während der weitere Verlauf die Diagnose sicher-stellt. Gegen Verwechslungen mit einer acuten Strumitis (s. diese) schützt die Anamnese und das eventuelle Vorkommen innerhalb eines Kropf-territoriums. Eine einfache Hyperämie oder eine Blutung führt nicht zu localen und allgemeinen Fiebererscheinungen und zu allgemeiner und so grosser Schwellung der Drüse, wie sie die acute Thyreoiditis mit sich bringt.

Der Verlauf der Thyreoiditis ist ein acuter, subacuter und protrahirter. Die Affection kann nach 7—8 Tagen glatt geheilt sein, sie kann sich Wochen und Monate hinziehen, eventuell zum Tode führen. Am häufigsten ist eine Dauer von 14 Tagen bis 3 Wochen beobachtet.

Die Prognose der Thyreoiditis ist nach dem Gesagten keines-wegs leicht zu nehmen und muss immer mit Vorsicht gestellt werden. So leicht und glatt der Verlauf sein kann — ich habe einen acuten Fall idiopathischer Natur, der mit Fieber von 39 Grad einsetzte, inner-halb zehn Tagen bis auf eine geringe Schwellung zurückgehen sehen — so schwer kann sich der Krankheitsverlauf unter Umständen in nicht vorauszusehender Weise gestalten und, selbst wenn er in Genesung über-geht, durch die Länge der Dauer und die eventuellen Complicationen, vor Allem die Vereiterung den Kräftezustand des Patienten hochgradig herunter-bringen. Im Allgemeinen pflegt aber bei frühzeitiger Eröffnung abscedirender Entzündungen eine baldige Vernarbung, respective Heilung einzutreten.

Die Therapie. So lange es nicht zur Eiterbildung gekommen ist, wird man versuchen, die Entzündung durch antiphlogistische Massnahmen zur Rückbildung zu bringen. Von den früher lebhaft empfohlenen Ein-reibungen mit *Ungt. Hydrarg. ciner.* oder von localen Blutentziehungen durch Blutegel wird man heutzutage kaum mehr Gebrauch machen. Der Werth der grauen Salbe als Antiphlogisticum ist mehr als zweifelhaft, die eventuellen Intoxicationserscheinungen, welche bekanntlich bei manchen Individuen schon nach einmaliger Inunction einer Grammdose einsetzen können, sind zu unangenehm, als dass man sie ohne Noth in den Kauf nehmen wird. Ich wenigstens habe einmal nach einer einzigen derartigen Einreibung eine so schwere und langdauernde Stomatitis gesehen, die den Patienten so sehr herunterbrachte und so viel schlimmer als die ursprüng-liche Affection war, dass ich mich nicht wieder dazu entschliessen konnte;

die graue Salbe als Antiphlogisticum anzuwenden. Von den Blutegeln
sagt Lücke, dass sie, selbst in grosser Anzahl an den Hals gesetzt, die
Entzündung nicht wesentlich beeinflussen, wohl aber die Bildung col-
lateralen Oedems vermehren. Eher wäre die Application derselben an
das Jugulum, respective die mediane Schlüsselbeingegend zu empfehlen.
Bei vollblütigen Individuen mit starken Congestionserscheinungen kann
eine V. S. aus den Arm- oder Halsvenen (unter den nöthigen Cautelen
wegen des möglichen Lufteintritts) gemacht werden. In erster Reihe ist
die Kälte in Form von Eiscravatten, respective Eisumschlägen oder (wo
er vertragen wird) eines Eisbeutels, respective der Leiter'schen Kühl-
schlange anzuwenden. Daneben sorge man für Stuhl durch milde
Aperientien, namentlich die Mittelsalze, *Tartarus natron.*, *Magnesia
sulfur.*, *Sal Corolinens. fact. u. A. m.*, eventuell, wo die Schlingbeschwerden zu gross sind, durch Clysmata. Unbehaglichkeit und Angst
können durch kleine Gaben Morphium oder *Pulv. Doweri* gemildert
werden. Die Anwendung eigentlicher Antifebrilia wird kaum jemals
indicirt sein, denn sobald das Fieber höhere Grade erreicht und namentlich längere Zeit dauert, kommt es zur Abscessbildung und damit zur
Incision, respective Punction, womit dann das Fieber abzufallen pflegt.
Die Bildung und Reifung des Abscesses kann durch warme Formen-
sationen befördert werden. Dass man tiefgelegene Abscesse möglichst früh
mit der Punctionsnadel aufsuchen und dann eröffnen soll, ist schon oben
betont worden.

Bei den rheumatischen und malarischen Formen der Erkrankung sind die specifischen Mittel, Salicylsäure, Antipyrin. Salophen.
Chinin u. s. f., jedenfalls des Versuches werth und meist wohl schon der
originären Erkrankung halber angezeigt, respective bereits angewandt.

Die bösartige Geschwulst der Schilddrüse. *Struma maligna.*

Die bösartigen Geschwülste der Schilddrüse gehören zu den seltenen
Manifestationen maligner Neubildungen. Lebert fand in 447 Fällen von
Krebs nur siebenmal, Porta unter 400 Fällen nur viermal und Tanchou
unter 9118 Fällen sogar nur achtmal Carcinom der Thyreoidea, wobei noch
nicht einmal angegeben ist, ob dasselbe primär oder secundär war. Diese
Zahlen sind zwar offenbar zu niedrig, denn ein einziger neuerer Beobachter,
Kauffmann, konnte allein an einer Stelle 17 Fälle sammeln, ohne dass die
Gesammtzahl der Krebserkrankungen daselbst ungewöhnlich hoch wäre,
aber sie zeigen doch die grosse Seltenheit der fraglichen Erkrankung.

Dass die malignen Tumoren der Schilddrüse vorwiegend in Kropfgegenden vorkommen, ist eine zuerst von Lücke an der Hand seiner
Berner Erfahrungen gewonnene, später auch von anderen Autoren, so
z. B. von Kauffmann, hervorgehobene Thatsache, die, wie wir später

sehen werden, darin ihren Grund hat, dass sich die bösartigen Neubildungen der Drüse zum grössten Theile oder — was das Carcinom betrifft — ausschliesslich in bereits strumös erkrankten Organen entwickeln. Wir haben es mit zwei Formen der Neubildung zu thun, dem *Sarcoma* und dem *Carcinoma Thyreoideae.*

Das Sarkom der Schilddrüse

ist von beiden die absolut und relativ seltenere Geschwulst, so dass überhaupt nur wenige Fälle von Sarkom der Schilddrüse in der Literatur verzeichnet sind und sich das Verhältniss des Sarkoms zum Krebs der Drüse wie etwa 1 zu 3—4 stellt.

Es ist eine Erkrankung des hohen Alters, am häufigsten im 50. bis 60. Lebensjahre sich entwickelnd. Wenn die wenigen bisher sichergestellten Fälle ein Urtheil zulassen, wird es häufiger bei Männern wie bei Frauen gefunden.

Diese Geschwulstform entwickelt sich sowohl in der gesunden wie in der bereits kropfig entarteten Drüse und kann primär und secundär auftreten. Die Neubildung erreicht Mannsfaust- bis Kindskopfgrösse, hat eine glatte oder leicht gelappte Oberfläche und eine helle, glatte, transparente Schnittfläche. Ihre Consistenz ist weich und gleichmässig, zuweilen aber mit Cystenbildung und Verkalkung des bindegewebigen Stratums verbunden (Thörl). Auch pulsirende, also stark vascularisirte Sarkome kommen gelegentlich vor.

Histologisch sind die Spindel- und Rundzellensarkome zu unterscheiden. Ihre Genese wird von Kauffmann dahin gegeben, dass die Neubildung in den interalveolären Septen der Drüse durch eine zuerst spärliche, später immer reichlichere und massenhafte Infiltration von Geschwulstzellen ihren Anfang nimmt, welche sich dann zu dem mit bindegewebigen Zügen mehr weniger stark durchsetzten eigentlichen Geschwulstgewebe gestaltet. Dabei werden die ursprünglichen Drüsenbläschen durch Druckwirkung zur Atrophie gebracht und sind nur noch an der Peripherie des Tumors erhalten.

Metastasen in die benachbarten Drüsen (Sarkom der Lymphdrüsen) und entfernte Organe kommen auf dem Wege embolischer Verschleppung durch die Blut- und Lymphgefässe zu Stande. Ob ein von Dumreicher unter dem Titel „Adenom der Schilddrüse" mitgetheilter Fall als echtes Adenom oder als Sarkom aufzufassen ist, entzieht sich meiner Beurtheilung, da mir das Original nicht zugänglich war. Ersteren Falles dürfte es der einzige mitgetheilte Fall von *Adenoma Thyreoideae* sein. Doch berichtet Bircher über einen von ihm untersuchten Fall, ein 21jähriges Mädchen betreffend, wo die Geschwulst das Bild einer adenoiden malignen Neubildung zeigte, also der Typus der Drüse, aus der die Geschwulst hervorging, mehr oder weniger gewahrt blieb. Es fanden sich im spärlichen Bindegewebe nur vereinzelte Krebszellen, „daneben aber noch drüsige Anordnung der Zellhaufen, welchen jedoch Lumen und Colloidinhalt fehlt". Alle Autoren heben das schnelle Wachsthum der Sarkome hervor, deren Verlauf nur selten länger als ein Jahr dauert. Anfangs mehr nach aussen drängend und mit der Haut des Halses verwachsen, erstreckt sich die Geschwulst später, wenn sie erst die Drüsenkapsel durchbrochen hat, in die Tiefe und greift die Nachbargebilde, namentlich die grossen Halsgefässe und Nervenstämme, an, kann aber auch die Luftröhre, die Speiseröhre umgreifen und comprimiren oder nach oben gegen den Unterkiefer wachsen. So berichtet Knaffl über Compression der Luftröhre, die bei hinzugetretener Lungenentzündung den Tod verursachte. Pitt beschreibt einen Fall von Sarkom des linken Lappens, welches die Speiseröhre umwuchs und die linke *Ven. jugular. intern.* und den linken Vagus in sich hineinzog. Im rechten Herzen fand sich ein Thrombus, der in seinem Centrum Geschwulstmassen enthielt. Aehnlich ist der Fall von Doleris: „Sarcome primitif du corps thyroide; compression du récurrent gauche; aphonie complète", d. h. es finden sich dieselben Folgen mechanischer, respectiver nutritiver Störung, die wir auch sonst bei den grossen Geschwülsten der Thyreoidea, respective der vorderen Halsgegend beobachten. Ungewöhnlich ist der von Kobler erhobene Befund multipler Hirnhämorrhagien, und interessant für die Pathologie des *Morb. Basedowii* der Fall von Tillaux, betitelt: „Sarcome du corps thyroïde ayant donné lieu à tous les symptoms du goître exophthalmique; ablation de la tumeur; guerison", in dem die sarkomatöse Natur des Tumors durch das Mikroskop festgestellt wurde. Die Geschwulst hat im Allgemeinen grosse Neigung zu Ulceration und Zerfall mit eventuell mehr weniger heftigen Blutungen, Jauchung, hektischem Fieber und starker, bald zum Tode führender Kräfteconsumtion.

Therapeutisch ist nur von möglichst frühzeitiger Exstirpation der Neubildung ein Erfolg zu hoffen. Doch wird jeder chirurgische Eingriff meist durch das diffuse und schnelle Wachsthum in die Tiefe und die Einbeziehung grosser Gefässe und Nerven unmöglich. Indessen ist der resignirte Ausspruch Lücke's, dass die Schilddrüsensarkome als Noli me tangere zu betrachten seien, durch neuere Erfahrungen eingeschränkt, und ist ja in der That kein Grund vorhanden, warum dieselben bei rechtzeitiger, d. h. möglichst frühzeitiger Operation nicht dieselbe Prognose, wie anderwärts auftretende, dem Messer zugängliche Geschwülste haben sollten. Hiefür ist der schon erwähnte Fall von Tillaux beweisend, der seiner Eigenartigkeit wegen wohl einen kurzen Bericht verdient.

„Es handelt sich um einen 36jährigen Mann, dessen Beschwerden auf circa vier Jahre zurückgreifen. Zuerst bemerkte er eine leichte Ermüdbarkeit der Augen, schnell vorübergehende Amblyopie und Kopfschmerzen, die er auf angestrengtes Arbeiten — er war Schneider — zurückführte. Er wurde deshalb Concièrge und verspürte in der That zunächst eine wesentliche Besserung. Bald aber stellten sich Herzpalpitationen ein, und nun bemerkte er auch eine Anschwellung seines Halses. Darauf leichter Exophthalmus und Zunahme der Palpitationen, Athembeschwerden mit suffocatorischen Anfällen, die bei Tag und bei Nacht auftraten und mit Schweissausbruch an Kopf und Brust verbunden waren. Rauheit der Stimme. Druck auf die Halsgeschwulst in der Gegend des Sternomastoideus ruft heiseren Husten hervor. Der Halsumfang ist von 39 auf 47 *cm* gewachsen. Ohnmachtsartige Schwäche tritt vorübergehend bei brüsken Bewegungen, z. B. wenn sich Patient schnell bückt oder aufsteht, ein. Am Herzen keine Geräusche, keine Hypertrophie. 80 Pulse, die sich bei Bewegung vermehren (wie viel?). Beim Sehen auf grössere Entfernung (10 bis 15 *m*) tritt eine leichte Diplopie ein, die z. B. das Flammenbild breiter erscheinen lässt. Die Stimmung des Patienten wird gereizt, über Kleinigkeiten geräth er in Wuth, in den Gliedern treten zuweilen leichte chorëiforme Bewegungen auf. Neben dem Tumor am Halse sind noch drei kleine schmerzhafte Knötchen, und zwar eines an der linken Schläfe, eines am Rücken und eines am linken Oberarm, vorhanden.

Es bestanden also die typischen Symptome der Basedow'schen Krankheit, mit Ausnahme der gesteigerten Herzaction, respective Pulsfrequenz.

Tillaux entschloss sich zur Operation, die glatt von statten ging. Die histologische (im Original genau berichtete) Untersuchung des exstirpirten Tumors zeigte, dass es sich um ein Sarkom der Schilddrüse handelte. Die Heilung wurde durch ein intercurrentes Erysipel und eine Lungenentzündung complicirt, hatte aber den Erfolg, dass Patient alle Symptome seines Basedow verlor. Der Patient ging einige Zeit später an den offenbar schon zur Zeit der Operation vorhandenen Metastasen in die Lungen zu Grunde. Eine Section scheint nicht gemacht zu sein."

Wenn auch nicht zu dauernder Heilung gelangt, dürfte der Fall immerhin beweisen, dass die Operation des Sarkoms als solche mit Erfolg gemacht werden kann und desto eher auf Erfolg rechnen kann, je früher sie ausgeführt wird.

Das Carcinom der Schilddrüse.

Das Vorkommen von Krebs der Schilddrüse scheint erst in neuerer Zeit bekannt geworden zu sein. Noch S. Cooper sagt im Jahre 1819, „dass diese Geschwulst (die Struma) niemals einen krebsartigen Charakter annehme", und citirt ähnliche Bemerkungen anderer Autoren. Erst nach dieser Zeit begegnen wir Angaben über maligne Neubildungen der Schilddrüse von Chelius, Tott, Förster u. A., die aber immerhin so sparsam blieben, dass Lebert im Jahre 1862 nur über die kleine Zahl von 23 einigermassen sicheren Beobachtungen verfügte, zu denen allerdings in den letzten zwei Decennien eine Anzahl neuer und, was besonders hervorzuheben, auch anatomisch genau untersuchter Fälle hinzugekommen ist.

Im Jahre 1879 hat Kauffmann 17 eigene und 12 fremde Fälle gesammelt, seitdem sind mindestens 10 weitere Mittheilungen hinzugekommen, so dass sich das in Folgendem zu schildernde Krankheitsbild auf ein verhältnissmässig zahlreiches Material gründet.

Schilddrüsen-Carcinome sind am häufigsten zwischen dem 30. und 50. Jahre, aber schon mit 16 Jahren (Schuh) beobachtet worden. Von ätiologischen Momenten wird einmal ein Trauma (Cornil) und zweimal Schwangerschaft (Kauffmann) angegeben, wobei daran zu erinnern ist, dass gemeiniglich während der Gravidität eine Vergrösserung der Schilddrüse durch gesteigerte Blutzufuhr stattbat, also ein gewisser Anlass zu gesteigerter Wachsthumsenergie gegeben ist. Nur selten ergreift der Krebs die ganze Drüse, meist ist nur ein Lappen, am seltensten nur der Isthmus befallen. Eine besondere Vorliebe der Localisation im rechten oder linken Lappen, wie sie Lücke für den rechten Lappen annahm, besteht nicht. So fand z. B. Kauffmann neunmal den linken und achtmal den rechten Lappen unter 23 Fällen betroffen, während der Isthmus zweimal, die Gesammtdrüse viermal erkrankt war. Die Geschwulst kann hühnerei-, faust- bis kindskopfgross werden und hat ein elastisches, pralles Gefüge, das gelegentlich das Gefühl der Pseudofluctuation veranlassen kann. Sehr harte Tumoren sind meist durch Kalkeinlagerungen und nicht durch ein besonderes hartes Gefüge des Gewebes bedingt, da der eigentliche Faserkrebs, der Scirrhus, von Kauffmann ganz geleugnet, nach den Angaben der Autoren zu schliessen, jedenfalls nur selten vorkommt. Dann pflegt der primäre Drüsentumor eine erhebliche Grösse zu erreichen, während die Lymphdrüsen zu ansehnlichen Massen wuchern können. Die Schnittfläche ist lappig, körnig, transparent, gelbröthlich und liefert reichlichen Krebssaft. Die histologische Structur ist die des Cylinder- oder Plattenepithelkrebses oder des Medullarcarcinoms in ihrer typischen Erscheinung, wobei der Krebs aus einer Veränderung des ursprünglichen Alveolarepithels hervorgeht. Dasselbe wuchert sowohl gegen das Lumen der Bläschen wie nach aussen, so dass es dieselben allmälig zu soliden Krebsnestern umwandelt, welche von mehr weniger mächtigen Faserzügen allseitig umschlossen werden. Es handelt sich also um eine primäre Epithelwucherung, im Gegensatz zu der interalveolären Entstehung der Sarkome. Im Ganzen sind die Krebsgeschwülste gefässarm und weniger zu Blutungen wie die Sarkome geneigt, dagegen ist auch ihnen in hohem Masse die Tendenz eigen, in die Nachbarschaft und besonders in die Tiefe gegen Trachea und Oesophagus fortzuwuchern und Verschiebung, Compression und Perforation dieser Organe zu veranlassen. Dabei kann die Trachea die bekannte säbelscheidenförmige Verkrümmung erfahren, und wie gesagt, in ihrer Wand von Krebsmassen durchwachsen sein, ohne dass dabei, wie Kauffmann angibt, eine Erweichung der Knorpel einträte. Der Oesophagus wird unter Umständen gegen die Vorderwand der Wirbelsäule gepresst und perforirt. Die Nerven-

und Gefässstämme der Halsgegend werden umwachsen, thrombosirt und ulcerirt. Obgleich aus dem Jahre 1837 stammend, gibt der folgende Fall von Poumet noch heute ein treffliches Paradigma dieser Zustände: „Cancer du lobe gauche de la glande thyroide; oblitération de la veine jugulaire interne gauche; ulcération de la trachée artère; ulcération et perforation de l'oesophage et de l'artère carotide primitive gauche; hémorrhagie interne; mort."

Des Weiteren kommt es nach vorgängiger Verwachsung mit der Haut zum Durchbruch der Kapsel und der Hautdecken, wobei sich dann fluctuirende Erweichungsherde und jauchige Ulcerationen bilden. Die Gefässthromben können sich bis ins rechte Herz fortsetzen und selbstverständlich zu den schwersten Circulationsstörungen Veranlassung geben.

Die Metastasen sind zumeist embolischer Natur. Als Ursachen der Gefässcarcinose zählt Lotzbeck nach Beobachtungen aus der Klinik von Bruns folgende Möglichkeiten auf:

1. directe Aufnahme von Krebsmasse aus der Schilddrüse und Weiterverbreitung in den Gefässen;

2. Gerinnung in den Venen und Krebsbildung in dem das Lumen ausfüllenden Thrombus;

3. continuirliches Hineinwachsen der Krebsmasse in die Lichtung der venösen Gefässe nach Durchbrechung der Wand.

Charakteristisch ist hiefür ein von v. Franque aus dem Sectionsbefund einer 49jährigen, an *Carcinoma gl. thyreoid.* verstorbenen Frau berichtetes Verhalten: „Die *Ven. jugularis interna* und *subclavia dextr.* durch weiche Krebsmassen ausgefüllt; an der Einmündungsstelle der beiden *Ven. anonym.* in die *Cava super.* ist von der oberen Wand der beiden ersten ein kastaniengrosser, weicher Knoten in die Cava hineingewachsen, wodurch diese fast ganz verschlossen ist."

Die tertiären Metastasen erfolgen, der Häufigkeit nach geordnet, in die Lungen, die Knochen, Leber, Gehirn, Speicheldrüsen, Nieren und Nebennieren, wobei die letzten vier Stellen etwa gleich oft betroffen werden. Nur für eine einzige Localisation des secundären Krebses scheint eine directe Continuitätsinfection stattzufinden, und das ist die auf dem *Manubrium sterni* auftretende. Dasselbe war wenigstens in den Fällen von Kauffmann dreimal betroffen, während die Lungen noch frei waren, aber die unmittelbar hinter dem Sternum gelegenen Lymphdrüsen inficirt gefunden wurden und der Knochen selbst an seiner unteren Seite stärker usurirt als an der oberen, respective vorderen war.

In allen Fällen hat sich der Krebs in bereits strumös erkrankten Schilddrüsen entwickelt. Die secundäre metastatische Erkrankung der Schilddrüse bei Krebs anderer Organe ist eine durchaus seltene Erscheinung.

Der Verlauf der Krankheit ist ein verhältnissmässig schneller, im Allgemeinen kaum ein Jahr während, ja in einzelnen Fällen, so z. B. in dem Fall Lücke's, kaum vier Monate betragend, wenn man von dem Zeitpunkte an rechnet, wo sich die ersten Zeichen einer beginnenden Krebsbildung in einer vorhandenen Struma gezeigt haben. Demgemäss kommt es auch zu schneller Entwicklung der durch die Geschwulst bedingten Erscheinungen. Diese selbst nimmt die vordere Halsseite nach Art eines gewöhnliches Kropfes ein und lässt sich eventuell nach unten, unter das Sternum, also substernal verfolgen. Sie kann glatt, höckerig oder knollig und sowohl *in toto* wie an verschiedenen Stellen von verschiedener Consistenz, weich, elastisch bis zum Pseudofluctuationsgefühl oder hart sein. Schon früh ist sie mit der Haut verwachsen und diese selbst geröthet, glänzend, gespannt. Es stellen sich ausstrahlende Schmerzen gegen den Unterkiefer, die Zähne, den Nacken, die Schläfe und die Ohren ein, die wohl durch Zerrung und Spannung der Kapsel und der über sie fortziehenden Nerven bedingt sind und in ihrer Intensität wechseln. Auch Magenschmerzen sind von Lebert durch Druck auf den Vagus erklärt worden.

Entweder durch directe Larynx- [1]) oder Trachealcompression, beziehungsweise Durchwachsung oder durch Oedem der Stimmbänder oder endlich durch secundären Lungenkrebs kommt es zu Dyspnoe, inspiratorischem Stridor und dyspnoetischen oder suffocatorischen Anfällen, die selbst den plötzlichen Tod zur Folge haben können. Bei solchen Anfällen sieht man nicht selten, wie der Patient in charakteristischer Weise den Kopf zur Seite hält, um den Larynx, respective die Trachea durchgängiger zu machen. Heiserkeit, respective Stimmbandlähmung wird durch Ergriffensein des Recurrens veranlasst. So beobachtete Scheinmann in einem Falle eine totale Paralyse des rechten und Parese des linken Stimmbandes mit gleichzeitiger Lähmung des *M. crico-arythennoeid. postic.*, wobei die Recurrenten in die Geschwulstmasse aufgegangen waren und diese selbst die Trachea comprimirt und durchwachsen hatte. Unter solchen Umständen kann, wie ein Fall von Gaubrie zeigt, der Tod durch Asphyxie eintreten.

Einen sehr instructiven Fall dieser Art hat Bircher mitgetheilt:

Nach Exstirpation einer umfänglichen malignen Struma sollte der Patient, der wieder über Schlingbeschwerden und erschwertes Athmen klagte, mit der Schlundsonde ernährt werden. Kaum war dieselbe unter einigen Schwierigkeiten eingeführt, eine Nährlösung eingegossen und die Sonde rasch wieder entfernt, als der Patient blass mit blauen Lippen, in die Kissen des Bettes zurücksank, noch einige dyspnoetische Athemzüge machte und verschied. Die Section klärte die Sache dahin auf, dass sich zwischen Kehlkopf und Oesophagus eine längliche, zapfenförmige, harte Geschwulst und ferner eine starke ödematöse Schwellung

---

[1]) Baginsky, Carcinom der Thyreoidea und Mitbetheilung des Larynx. Veröffentlichungen der Hufeland'schen Gesellschaft zu Berlin, 1891, S. 86.

beider Stimmbänder fand, die nur eine Spur einer *Rima glottidis* offen liess. Auch der Eingang in den Oesophagus war ödematös geschwollen. Der Tod war offenbar durch vollständigen Verschluss der Stimmbänder erfolgt. Bei der starken ödematösen Schwellung und dem Vorhandensein einer Geschwulst hinter dem Kehlkopf hatte der Druck der Schlundsonde genügt, um denselben herbeizuführen.

Wenn nun auch im Allgemeinen ein mehr weniger prominenter Tumor die vordere Halsgegend einnimmt, so kann doch eine sichtbare Geschwulst und Veränderung der Halsgegend in seltenen Fällen ganz ausbleiben, indem die Neubildung nur nach innen (und unten) wächst. Hawkins erwähnt z. B. eines Falles, bei welchem der krankhafte Process bis in den Oesophagus gedrungen war, ohne dass die Haut verändert oder unter derselben irgend bedeutende Alienationen zu bemerken gewesen wären.

Schlingbeschwerden entstehen als Folge der Compression der Trachea, die sich von leichtem Verschlucken bis zur vollständigen Schluckbehinderung steigern können und besonders bei substernalen Geschwülsten ausgesprochen sind. Lähmungserscheinungen mehr oder minder vollständiger Art in der oberen Extremität der kranken Seite haben dagegen ihren Grund in der Umwachsung des *Plexus brachialis* durch die Geschwulstmassen. Als Fernwirkungen der Geschwulst — oder als Zeichen des *M. Basedowii?* (cfr. oben S. 42 den Fall Tillaux) — dürften Herzpalpitationen, Ptosis und Exophthalmus leichten Grades aufzufassen sein.

Die oben genannten Gefässthrombosen geben zur Injection der Hautvenen der oberen Thoraxpartien und leichtem Oedem derselben Anlass. Dass es schliesslich auch zum Durchbruch nach aussen und Abscessbildung, eventuell Verjauchung der Geschwulst kommt, ist bereits bemerkt und hier nur hinzuzufügen, dass sich auch an die Punction oder Incision leicht eine Ulceration oder Abscedirung anschliesst. Dann stellt sich ein remittirendes, nicht allzu hohes Fieber ein. Uebrigens ist ein remittirender Fiebertypus auch in einigen Fällen beobachtet worden, wo derselbe nicht anders als durch Aufnahme von Geschwulstelementen in die allgemeine Circulation und die pyogene Wirkung dieser Absplitterungen erklärt werden konnte.

Es bedarf kaum der Erwähnung, dass die etwaigen Metastasen die ihnen zugehörigen Erscheinungen hervorrufen und letztere das Krankheitsbild vollständig dominiren können. Dadurch und durch die primäre Geschwulst bedingt, stellt sich dann bald eine hochgradige Kachexie ein, die die Kräfte des Kranken consumirt.

Die Kranken gehen entweder an dieser Kachexie zu Grunde oder sie werden — viel häufiger — durch einen suffocatorischen Anfall direct oder in Verbindung mit einer Bronchitis hinweggerafft. Selten sind Blutungen aus arrodirten Gefässen (Oser, Lebert, Perforation eines Schilddrüsen-Carcinoms in die Speiseröhre und Arrosion der linken Carotis) zur Todesursache geworden.

Die Diagnose ist nicht so leicht zu stellen, wie es auf den ersten Blick scheinen könnte. Freilich wird sich, wenn man eine Kropfgeschwulst vor sich hat, die mit hochgradiger Kachexie, starken Drüsenschwellungen und eventuellen Metastasen in andere Organe einhergeht, deren carcinomatöse Natur sicher ist, ein Zweifel über die Natur derselben kaum erheben, zumal wenn die Geschwulst ungewöhnlich schnell gewachsen und *in toto* oder partiell druckempfindlich ist. Kommen vollends ausstrahlende Schmerzen, Athem- und Schlingbeschwerden, wohl gar substernale Schmerzen, Oedem der oberen Thoraxpartien und Venenektasien daselbst hinzu, so wird die Diagnose durch diese Momente des Weiteren gesichert werden. Indessen dies gilt nur für die ausgesprochenen, in ihrem Verlauf weit vorgeschrittenen Fälle. Auf der anderen Seite kann eine parenchymatöse und fibröse Struma und, was die Anfangsstadien der Erkrankung betrifft, selbst eine *Strumitis subacuta* zu sehr ähnlichen, unter Umständen überhaupt nicht abzusondernden Symptomen führen, denn abgesehen von allen anderen Momenten, kann selbst das für die *Strumitis subacuta* charakteristische Fieber, wie mehrfache Beobachtungen zeigen, in dem gleichen remittirenden Typus auch bei dem *Carcinoma Thyreoideae* auftreten. Dann sollte die Diagnose wenigstens durch eine Punction und die Untersuchung der eventuell mit der Hohlnadel aus der soliden Geschwulst herausbeförderten Gewebspartikel ermöglicht werden. In der That ist dies mehrfach durch den Nachweis charakteristisch gruppirter Krebszellen (Nester, Cancroidperlen) gelungen und deshalb dieses Vorgehen von Kauffmann besonders empfohlen worden; dass dies aber keineswegs immer gelingt, sondern der Troicart nur Blut oder Eiter ohne specifische Beimengungen zu Tage fördert, davon musste sich der genannte Autor selbst überzeugen, und wird Jeder, der einige Erfahrung in diesen Dingen hat, sich von vorneherein sagen müssen.

Von Bedeutung bleibt immer, namentlich bei substernalen Tumoren, die feste Verwachsung derselben mit der Haut des Halses und das Fehlen einer Hebung der Schilddrüse beim Schlucken, welch letztere bei den einfachen Strumen vorhanden zu sein pflegt.

Dass die Prognose eine durchaus ungünstige ist, lehrt die geringe Zahl der bis jetzt durch Operation — denn selbstverständlich kann nur von einer solchen die Rede sein — geheilten Fälle. 1 Fall von Schech, 1 Fall von Kocher, 2 Fälle von Billroth erschöpfen die Liste. Die anderen Krankengeschichten sind eigentlich nur Sectionsberichte mit vorangestellter *historia morbi*.

Die Behandlung kann nur chirurgischer Natur sein und muss sich auch hier zumeist auf symptomatisches Eingreifen, die Ausführung der Tracheotomie oder Oesophagotomie, die Spaltung von Abscessen. Abtragung gangränescirender Gewebsmassen mit dem Messer, scharfem Löffel oder Thermocauter, die Cauterisation der jauchigen Geschwulstfläche mit Chlorzinklösung u. s. f. beschränken. Bei den die Geschwulst selbst angehenden Operationen handelt es sich um die Totalexstirpation oder das Evidement, je nach der Nöthigung des einzelnen Falles, indess mit der Massgabe, dass die Chirurgen die Exstirpation zu bevorzugen pflegen. Alle Operationen bieten aber durch den Sitz der Geschwulst, ihr Eindringen in die Nachbarorgane und ihre Ausbreitung in die Tiefe ungewöhnlich grosse technische Schwierigkeiten dar.

Den Glauben an die Wirksamkeit zertheilender oder atrophirender Einreibungen und parenchymatöser Injectionen hat man gründlich verloren. Scheinbare Erfolge in dieser Richtung haben sich immer wieder als Täuschungen herausgestellt. So beobachtete Oser bei einer 50jährigen Frau, deren Kropf vor vier Monaten entstanden, aber in den letzten zwei Monaten auffallend schnell gewachsen war, dass derselbe nach Einreibung von Jodoformsalbe innerhalb 14 Tagen von 43 auf 36 *cm* zurückging. Indessen starb die Frau kurze Zeit darauf an einer Hämorrhagie arteriellen Blutes. Die Section ergab ein Medullarcarcinom der Thyreoidea, welches die Wand der *Art. Carotis* arrodirt hatte. Gleichzeitig bestand eine (offenbar ältere) Communication des central zerfallenen Tumors mit dem Oesophagus. Durch die etwa 3 *cm* weite Oeffnung in der Wand desselben waren die zerfallenden Geschwulstmassen abgeführt und so war die Verkleinerung der Geschwulst und der scheinbare Erfolg der Jodoformeinreibung zu Stande gekommen.

Der interne Arzt wird also seine Aufgabe vornehmlich darin zu suchen haben, den Charakter der Geschwulst möglichst früh sicherzustellen und dieselbe alsdann dem Chirurgen zum operativen Eingriff zu überweisen. Die Kräfte sind durch roborirende Massregeln thunlichst zu erhalten, die Begleiterscheinungen je nach Nöthigung der Umstände zu behandeln. Dass man bei gleichzeitig vorhandenen Schling- und Athembeschwerden die Einführung eines Schlundschlauches, respective Schlundrohres besser unterlässt und sich auf die Anwendung von Nährklystiren beschränkt, lehrt der oben (S. 46) von Bircher mitgetheilte Fall.

Anhangsweise sei noch der gelegentlichen Entwicklung von Enchondromknoten in der Schilddrüse gedacht, welche jedenfalls sehr selten vorkommt, da die meisten Autoren, so z. B. auch Lücke, ihrer gar nicht erwähnen. Ich finde nur einen von Esquardo beschriebenen Fall. Hier wurde bei einem 10jährigen Kinde eine halbseitige, orangegrosse Geschwulst exstirpirt, von der sich bei der histologischen Untersuchung ergab, dass es sich um wuchernde Enchondromknoten handelte. Endlich ist auch noch das Vorkommen von Chondrosarkomen — gleichfalls seltene Bildungen

in der Drüse — anzuführen, welchen, wie den Enchondromen weit mehr ein
pathologisch-anatomisches wie ein klinisches Interesse zukommt, indem
sie sich in ihrem Krankheitsbilde nicht von den einfachen Sarkomen
unterscheiden.

Die Echinokokkengeschwulst, Syphilis und Tuberculose der Schilddrüse.

Echinococcus der Schilddrüse wird nur selten angetroffen. Die
Geschwulst kann einen erheblichen Umfang annehmen und zu den dadurch
bedingten mechanischen Störungen Veranlassung geben. Auch Perforation
in die Trachea mit sofortigem tödtlichen Ausgang ist berichtet (Lienhard
und Gooch). Besondere specifische Symptome kommen den Echinokokken
der Thyreoidea nicht zu, vielmehr sind sie in ihrer Entwicklung und
ihren Erscheinungen, respective Folgezuständen in nichts von den verschiedenen Formen des Cystenkropfes (s. unten) unterschieden. Ihre
Diagnose ist nur durch eine eventuelle Punction und die Untersuchung
des herausgebrachten Inhaltes zu ermöglichen. Finden sich darin Haken-
kränze, Lamellen, eventuell Bernsteinsäure, so ist die Diagnose allerdings
gesichert, gleichviel, ob der Cysteninhalt wasserklar oder eitrig ist. So
berichtet Oser über einen derartigen Fall, in welchem deutliche Fluctuation
des Kropfes bestand und die Punction einen dickflüssigen, mit vielen
kleinen und grossen Blasen untermischten Inhalt ergab, in welchem Scolices
gefunden wurden. Auf Jodeinspritzungen erfolgte Heilung. Zoegge-
Manteufell hat sieben Fälle von *Echinococcus Thyreoideae* gesammelt,
von denen drei durch Perforation in die Trachea und Erstickung tödtlich
endigten. Auch dieser Autor kommt zu dem Schlusse, dass die Diagnose
auf Echinococcus ohne Untersuchung des Geschwulstinhaltes nicht möglich
ist. Von Interesse dürfte übrigens noch der Umstand sein, dass von der
bei Punction der Leber-Echinokokken relativ häufig auftretenden Urticaria
— die übrigens auch bei Echinokokken an anderen Stellen beobachtet ist
— bei den Schilddrüsen-Echinokokken, beziehungsweise ihrer Punction
nichts berichtet wird.

Die Syphilis der Schilddrüse ist eine äusserst seltene Erkrankung
und kommt, so weit die heutigen Erfahrungen reichen, nur als Theilerscheinung gleichzeitiger visceraler Syphilis vor. Birch-Hirschfeld [1]
und Demme [2] berichten über das Vorkommen von gummösen Knoten in
der Schilddrüse syphilitischer Kinder, die Hirsekorn- bis Erbsengrösse
erreichen, grau-röthlich oder grau-gelb sind und die charakteristische
Structur der Gummigeschwülste haben. Ueber einen Fall von syphilitischer
Neubildung in der Thyreoidea des Erwachsenen berichtet E. Fränkel.

---

[1] Birch-Hirschfeld, Lehrbuch der pathologischen Anatomie, S. 683.
[2] Demme, Gerhardt's Handbuch der Kinderkrankheiten, Bd. III, 2, S. 413.

Auch hier handelt es sich um einen Nebenbefund bei gleichzeitiger Syphilis der Trachea, der Lungen, der Leber und der Knochen, welcher *i. vitam* keinerlei Symptome machte. Das Gewebe war am Uebergang zwischen Isthmus und rechtem Lappen in der Höhe von 2 *cm* und der Dicke von 1 *cm* in eine ziemlich derbe, gelblich-graue Masse umgewandelt, welche ohne scharfe Grenze in das umgebende Parenchym überging. Mikroskopisch erwies sich die Neubildung im interfolliculären Gewebe gelegen und aus einer üppigen Zellwucherung bestehend, die das umgebende Parenchym theils durch Compression, theils durch directes Eindringen schädigte, aber — im Gegensatze zu den Tuberkelherden — geringe Tendenz zum Zerfall zeigte. In Schnittpräparaten konnten, wenn auch in „äusserst spärlicher Zahl", die von Lustgarten beschriebenen Syphilisbacillen nachgewiesen werden.

Da dies, so weit bekannt, bisher der einzige Fall von syphilitischer Erkrankung der Thyreoidea beim Erwachsenen ist, so würde sich demnach die Schilddrüse eines hohen Grades von Immunität gegen das syphilitische Virus erfreuen.

Anders steht es mit der Tuberculose der Schilddrüse, da die Thyreoidea nach neueren Erfahrungen häufiger, als man früher glaubte, Sitz von Tuberculose ist. Noch Virchow („Geschwülste", Bd. II, S. 679, und Bd. III, S. 63) betonte die Seltenheit der Tuberculose, Cohnheim, Chiari und E. Fränkel sprechen übereinstimmend von einem geradezu regelmässigen Vorkommen, so dass der Letztere „bei Fällen acuter Miliartuberculose Schilddrüsentuberkel niemals vermisst hat", und sowohl Chiari wie Fränkel auch bei chronischer Tuberculose die Thyreoidea erkrankt fanden. Ersterer begegnete unter 100 Fällen siebenmal, letzterer unter 50 Fällen sechsmal tuberculösen Affectionen der Schilddrüse, die zumeist als miliare Knötchen auftraten, während grössere verkäste Herde, respective Knoten viel seltener angetroffen werden. Eine Vergrösserung der Drüse findet dabei nicht oder nur in ganz geringem Masse statt. Die Tuberkel haben das bekannte charakteristische Gefüge, besitzen meist die Langhans'schen Riesenzellen und nehmen ihre Genese aus dem interstitiellen, die einzelnen Follikel des Organes trennenden Gewebe. Die letzteren sind stellenweise comprimirt, ihre Wandungen auseinandergepresst und der Follikelinhalt ist in mehr weniger vorgerücktem Stadium regressiver Veränderung bis zu völligem Schwund des Parenchyms. Baumgarten nimmt mit Cornil und Ranvier an, respective überzeugte sich bestimmt davon, dass sich die Follikel auch an der Bildung des Tuberkelgewebes durch Wucherung ihres Epithels und Umwandlung der gewucherten Epithelien zu typischen Riesenzellen betheiligen, während ihnen Chiari und E. Fränkel nur eine passive Rolle zugestehen. Tuberkelbacillen sind vorhanden, aber nach Angabe Fränkel's nur sparsam und ganz besonders selten in den

4*

Riesenzellen angetroffen, in denen sie bekanntlich. auch anderwärts. nur vereinzelt zu finden sind. In dem gleich zu besprechenden Falle von Bruns, dessen histologische Untersuchung durch Baumgarten ausgeführt wurde, durchsuchte Letzterer mehr als 100 Schnitte von verschiedenen Knoten der Drüse ohne Erfolg, obwohl an der tuberculösen Natur der betreffenden Geschwulst, „welche das histologische Bild des verkäsenden Riesenzellentuberkels *in optima forma* zum Ausdruck brachte", nicht zu zweifeln ist. In allen früheren Fällen trat aber die Tuberculose der Schilddrüse stets als secundäre Affection im Anschluss an anderweitige Tuberculose des Organismus, und zwar, wie es scheint, ganz regelmässig bei acuter miliarer Tuberculose, seltener bei Phthisis, auf. Primäre Tuberculose der Schilddrüse ist, abgesehen von einem ganz zweifelhaften Fall Weigert's, erst einmal von Bruns beobachtet.

Bruns hat nämlich über einen Fall von *Struma tuberculosa* berichtet, welche bei einem 41jährigen Manne „wahrscheinlich" primär entstanden war, da sich kein anderer tuberculöser Herd nachweisen liess. Das klinische Bild glich dem einer malignen Struma, und wurde die Exstirpation des Kropfes nothwendig, dessen histologische Structur und ebenso die einer später exstirpirten Lymphdrüse am Halse, wie oben gesagt, zweifellos tuberculös waren. Der Patient wurde nach 10 Tagen geheilt entlassen. Eine absolute Sicherheit für die primäre Natur der Erkrankung ist also nicht gegeben, indessen wird man anerkennen müssen, dass die „Wahrscheinlichkeit" in der That eine sehr grosse ist.

Schliesslich soll nicht unerwähnt bleiben, dass Dumolard unter dem Namen „*Thyroïdite folliculaire*" einen in der Drüse ablaufenden subacuten Entzündungsprocess beschrieben hat, der unter wiederholten Exacerbationen, gefolgt von fistulösen Abscedirungen, einhergeht und für tuberculös gehalten ist. Wir werden, da es sich dabei zunächst um Vorgänge handelt, die in einer bereits bestehenden Struma platzgreifen, bei Besprechung der „Strumitis" darauf zurückzukommen haben.

III

Kropf und Cretinismus.

Historisches.

Es ist zu verwundern, dass eine so auffallende Missbildung wie der Kropf nicht viel eher und in viel umfänglicherem Masse die Aufmerksamkeit der Aerzte erregt hat, wie dies nach den spärlichen Angaben des Alterthums und des frühen Mittelalters der Fall gewesen zu sein scheint. Nur vereinzelte und dürftige Bemerkungen bei Plinius, Vitruv und Ulpian — *tumido gutture praecipue laborant Alpinum incolae propter aquarum qualitatem quibus utuntur* — weisen darauf hin, dass das endemische Vorkommen des Kropfes bekannt war, wie auch gelegentlich die Kropfgeschwulst einzelner Personen erwähnt oder als göttliche Strafe angedroht wird. Marco Polo erzählt in seinen Reisen (XIII. Jahrhundert), dass der Kropf im mittelasiatischen Hochland häufig vorkomme. Aber erst im XIV. und XV. Jahrhundert finden sich eingehende Beschreibungen des Leidens, unter denen die des Paracelsus über die Krankheit im Salzburgischen nicht nur durch gute Beobachtungen, sondern auch dadurch hervorragt, dass darin zuerst der Beziehungen zwischen Kropf und Cretinismus Erwähnung geschieht und genauere Angaben über den letzteren gemacht werden. Wie es scheint, liefert die Literatur des XVI. und XVII. Jahrhunderts wenig Ausbeute, denn Hirsch, dessen Darstellung wir hier folgen, zählt zwar eine Reihe von Schriftstellern auf, die aus den Alpen, aus Ungarn, vom Atlas, den Pyrenäen, aus Peru, Guatemala, Sumatra, dem Pinzgau, dem Harz und dem Riesengebirge u. A. m. über das Vorkommen des Kropfes, beziehungsweise endemischer Kropfherde berichten, aber offenbar keine eingehenderen Studien angestellt und jedenfalls die Frage nicht von grösseren Gesichtspunkten aus behandelt haben. Als erste wirklich wissenschaftliche Bearbeitung wird die von Malcarne.[1]) Turin 1789, genannt, in welcher dieser Autor über seine im Thale von Aosta gemachten Beobachtungen berichtet. 1792 erschien der grundlegende Essay über Kropf und Cretinismus in der Maurienne und im Aostathale von Fodéré und im Jahre 1800 sein „Traité du goitre et du crétinisme", dem dann im Laufe dieses Jahrhunderts eine

---

[1]) Sui gozzi et sulla stupidità ecc., Torino 1789.

überaus grosse Menge von zusammenfassenden Werken und Einzel-
beobachtungen gefolgt ist. aus denen die Monographien und Abhandlungen von Rösch. Maffei, Eulenberg. Lebert. Virchow. St. Lager,
A. Hirsch. Klebs, Lücke, Kocher, Bircher. Wölfler — um nur
einige der hervorragendsten Autoren zu nennen — als besonders beachtenswerthe Beiträge zu der Aetiologie und Pathologie des Kropfes und des
von ihm nicht zu trennenden Cretinismus hervorragen. Es ist hier nicht
der Ort, auf die historische Entwicklung der Lehre vom Kropf und die
Beschreibung der einzelnen Epidemien im Einzelnen und des Näheren
einzugehen. Eine ausgezeichnete und in ihrer Art unübertroffene Darstellung findet sich bei A. Hirsch in seinem Handbuch der historisch-
geographischen Pathologie (Stuttgart 1883) und ein bis auf das Jahr 1893
fortgeführtes umfassendes Literaturverzeichniss in dem „Index Catalogue
of the Library of the surgeon general office. U. S. army", unter den Stich-
worten „Cretinisme“, „Goitre“ und „Thyreoid gland“. welches nicht weniger
als 1857 Veröffentlichungen auf diesem Gebiete aufzählt. Ausserdem nennt
Allara in seiner sonst etwas krausen Monographie „über den Cretinismus"
(Leipzig 1894) eine Anzahl weniger bekannter Autoren. die über Kropf
und Cretinismus in Italien, besonders in den italienischen Alpenländern
geschrieben haben.

Vorkommen des Kropfes.

Der Kropf kommt sporadisch überall vor. endemisch ist er an gewisse
örtlich beschränkte. meist scharf gegen die Nachbarschaft abgegrenzte
Bezirke gebunden, die sich aber über die ganze bewohnte Erdoberfläche
zerstreut vorfinden. Hand in Hand mit dem Kropf geht die Verbreitung
des Cretinismus. so dass sich beide Erkrankungsformen auch hinsichtlich
ihres geographischen Auftretens nicht gut voneinander trennen lassen,
sondern am besten eine gemeinsame Besprechung finden.

Von dem Umfang. welchen die Kropferkrankung und der Cretinismus
betreffenden Ortes annehmen können, mögen die folgenden Zahlen ein
Bild geben.

Die Gesammtzahl der wegen Kropf für dienstuntauglich erklärten
Militärpflichtigen beträgt in der politischen Schweiz jährlich durchschnittlich 1750, und mussten in den Jahren 1875—1881 insgesammt 12277
Mann dieses Leidens wegen zurückgestellt werden. Im Königreich Italien
sind bei den Aushebungen von 1859—1864 wegen Idiotismus, Cretinismus
und Kropf auf je 100000 Einwohner 301 zurückgewiesen. und zwar 209
Idioten und Cretins und 92 Kröpfige (Allara)[1]; die italienische Enquête

---

[1] Hier verschiebt sich das Verhältniss zwischen Kropf und Cretinismus offenbar
dadurch, dass ausserhalb der eigentlichen Kropfterritorien der Idiotismus überwiegt.
während in den Kropfgegenden die Kropferkrankung überall numerisch weit voransteht.

von 1883 ergibt in Piemont auf 100000 Einwohner 154 Cretins, in der
Lombardei 205 und in Venetien 23 oder in den genannten Provinzen
mit einer Gesammtzahl von 9565038 Seelen 12882 Cretins und 128730
Kröpfige. In der Provinz Mailand sind auf 1125543 Einwohner 3757 Kröpfige
und 995 Cretins ermittelt (Bericht der Special-Commission von 1883). In
Welsch- und Deutschtirol kommen nach einer von der österreichischen
Regierung 1883 erhobenen Statistik auf 797040 Einwohner 930 Cretins,
in Deutschtirol allein auf 267261 Einwohner 272 Cretins. (Die Zahl der
Kröpfigen ist nicht angegeben.) Im cisleithanischen Oesterreich werden
auf eine Bevölkerungszahl von 21840112 Seelen 12815 Cretins. d. h. 71
pro 100000 angegeben, doch würden in dem am stärksten befallenen District
Murau in Steiermark 1045 Cretins auf je 100000 Einwohner kommen. In
Frankreich stellten sich die Zahlen nach dem allerdings auf das Jahr 1873
zurückgelegenen Rapport von Baillarger folgendermassen: Die Gesammtzahl der in Frankreich lebenden Kröpfigen über 20 Jahre betrug 370403,
die der Cretins und Idioten circa 120000, d. h. es betrug die Zahl der
Kröpfe 10·4 pro mille, die der Cretins und Idioten 3·3 pro mille der
Gesammtbevölkerung von rund 36 Millionen. Diese Zahlen ändern sich
aber ausserordentlich. wenn die noch zu nennenden Departements. die den
Hauptsitz der Endemien bilden. für sich genommen werden. wo dann
z. B. im Departement Savoie 133·7 pro mille Kropf und hier wiederum
in den Thälern der Maurienne und Tarantoise 22·7. respective 14·5 pro
mille Cretins gezählt sind.

Diese Angaben mögen genügen. die sociale und wissenschaftliche
Bedeutung der in Rede stehenden Krankheitsformen zu zeigen. die danach
in der That eine fressende Flechte an dem Leib der betroffenen Bevölkerung, beziehungsweise der betreffenden Staaten bilden. woraus sich
das lebhafte Interesse. welches man denselben zugewandt hat, von selbst
rechtfertigt. Um eingehendere und weitere. die Gesammtheit der in Frage
kommenden Länder. d. h. mit anderen Worten: die gesammte bewohnte
Erde umfassende Darlegungen kann es sich hier nicht handeln. vielmehr müssen wir dieserhalb auf die Quellenwerke verweisen.

Hirsch hat in seinem Handbuch der historisch-geographischen
Pathologie die über die Verbreitung des Kropfes bekannten Erfahrungen
auf das Genaueste zusammengetragen und versucht. die einzelnen Kropfdistricte sowohl räumlich möglichst abzugrenzen. als auch gleichzeitig die
Intensität der Erkrankung. d. h. die Höhe der Krankenziffer, auf Grund
amtlicher und anderer Angaben zu ermitteln. Gehen wir an der Hand
dieses bewährten Führers die einzelnen Länder durch. so finden wir, ohne
uns zu oder in Details zu verlieren. folgende Verhältnisse:

Es gibt in Europa einen Mittelpunkt stärkster Verbreitung von
Kropf und Cretinismus. das Gebiet der Centralalpen. von dem aus die

Krankheit nach den verschiedenen Richtungen hin gleichsam auszustrahlen
scheint. Daneben finden sich noch eine Anzahl kleinerer Centren, ebenfalls an Gebirgserhebungen gebunden oder im Verlauf tief eingeschnittener
Flussthäler gelegen, die die von jenem Hauptherd räumlich entfernten
Gegenden versorgen, wie z. B. für Galizien und Nachbarländer die
Karpathen, für Mittel- und Norddeutschland die deutschen Mittelgebirge,
für die Grenzdistricte von Frankreich und Spanien die Pyrenäen u. s. f.

Aber auch innerhalb dieser grossen Bezirke ist die Krankheit keineswegs gleichmässig verbreitet, sondern kommt sprungweise vor und hält
sich an bestimmte, meist durch besondere orographische Verhältnisse ausgezeichnete Districte. So finden wir in der deutsch-französischen Schweiz
vornehmlich den Canton Wallis und hier wieder das obere Rhonethal,
im Canton Uri das Reussthal, im Aargau das Aarthal stark betroffen, obgleich kein Canton vollständig von der Krankheit verschont ist. Von der
italienischen Schweiz sind es besonders die vom Montblanc ausziehenden
Thäler bis hinein in die Lombardei, von den savoyischen Alpen die
benachbarten Departements der Basses-Alpes, der Alpes-Maritimes. Haute-
Garonne etc., in welchen Kropf und Cretinismus gefunden werden. Bis zu
22—50 Percent der Schuljugend und bis zu 15—30 Percent der Recruten
sind nach Bircher in den Gemeinden des rechten Aarufers an Kropf erkrankt.

Aehnlich wie in der Schweiz finden sich auch in Tirol zahlreiche
Herde von Kropf und Cretinismus über das gesammte Land zerstreut.
Das Inn- und Salzachthal, die Thäler von Hallein und Pinzgau und viele
andere beherbergen Kröpfe und Cretinen, während die Kropfdistricte des
Gross-Arlthales und des Thales von Gastein von Cretinismus frei sind und
so eine Ausnahme des üblichen Zusammengehens beider Erkrankungen
bilden. Ebenso wie das Land Tirol ist Kärnten und Steiermark von Kropf-
und Cretinendistricten durchsetzt. Ueberall steigt das Leiden von den
Bergen aus in das flache Land hinunter und taucht bald hier, bald dort
in den Flussthälern der Donau, der Leitha, der Enns u. A. in einzelnen
Herden auf.

Es würde zu weit führen und dem, was der Leser an dieser Stelle
zu suchen berechtigt ist, nicht entsprechen, wenn wir die geographische
Verbreitung des Kropfes in Europa in ihre Einzelheiten verfolgen wollten.
Eine gute Uebersicht gibt die am Schlusse dieses Bandes beigefügte, der
Monographie von Bircher, „Der endemische Kropf und seine Beziehungen
zur Taubstummheit und zum Cretinismus", mit gütiger Erlaubniss des
Autors entnommene Karte.

Von besonderer Bedeutung ist aber, dass der Kropf die norddeutsche
Tiefebene sowie die Niederlande, ferner Dänemark und Norwegen ganz
verschont, in Schweden und den schottischen Hochlanden (Berry) nur
ganz vereinzelt auftritt, so dass 1867 in dem ganzen Lande nicht mehr

als 628 Kröpfige gezählt wurden, von denen 579 auf einen einzigen beschränkten Kreis, den District von Falun, kamen. Auch im europäischen Russland wird der Kropf endemisch nur in wenigen Gouvernements angetroffen, während er eine grössere Verbreitung in Sibirien im Gouvernement Tomsk und an den chinesischen Grenzgebieten, entsprechend den Abhängen des Kaukasus, des Altaigebirges und den nördlichen Ausläufern des Himalaya, hat. Nach Westen hin zeigt unsere Karte, dass sich in Belgien ein grosser Herd findet und verhältnissmässig stark England und Schottland zu leiden haben, während Frankreich, so weit es nicht in seinen Grenzdistricten unter dem Einflusse der Alpen steht, mit einigen vereinzelten Herden, vornehmlich in der Auvergne, davonkommt.

Von aussereuropäischen Ländern wird aus Indien, den nördlichen Provinzen von China, den Hochlanden von Afrika, aus Nord- und Südamerika über das Bestehen von Kropfterritorien berichtet, welche einerseits im Gebiet des Himalaya, andererseits in Centralamerika im Gebiete der Cordilleren und ihrer Ausläufer, nördlich über Mexiko, südlich über Chile hinaus, eine stärkere Ausdehnung erreichen und an In- und Extensität den Krankheitsherden in den Alpen an die Seite gestellt werden können. An allen diesen Stellen sind die Küstenstriche, die Niederungen der grossen Flussläufe und ihre Deltas sowie überhaupt die alluvialen Ebenen frei vom endemischen Auftreten unserer Affectionen. Dagegen beschränkt sich der Kropf und wahrscheinlich auch der Cretinismus nicht auf die grossen Continente, sondern kommt auch auf den Inseln, wie Ceylon, Madagaskar, den Azoren, Java, Sumatra, in vereinzelten Herden vor.

Ueberall, wo man das Auftreten von Kropf und Cretinismus andauernd verfolgen konnte, ist ein Schwanken in der Intensität der Erkrankung constatirt worden, bald so, dass Abnahme und Zunahme in grossen Zeiträumen abwechselten, bald, dass eine allmälige Abnahme erfolgte, bald aber auch, dass die Endemie zunahm oder gar an Orten auftrat, wo vorher Kropf und Cretinismus unbekannt gewesen waren. So hat in Piemont und an vielen Orten der Schweiz, in den Pyrenäen, manchen Departements von Frankreich, in den Rheinlanden, in Franken, Harz und Thüringen die Zahl der Kröpfe in den letzten Decennien entschieden abgenommen. Denny theilt mit, dass in Pittsburg zur Zeit der ersten französischen Niederlassung Kropf ganz unbekannt gewesen sei, dass die Krankheit in der Folge so häufig geworden war, dass man im Jahre 1798 auf 1500 Einwohner 150 Kröpfe zählte, dass sich die Krankheit bis zum Jahre 1806 auf dieser Höhe erhalten habe, alsdann aber allmälig wieder abgesunken sei. Auch aus Spanien (Granada) wird von Thälern berichtet, in die der Kropf erst Anfang dieses Jahrhunderts, dann aber in sehr ausgedehnter Weise seinen Einzug gehalten hat; in gewissen Bezirken von Brasilien (Natividad, Rio Grande del Sul) soll er

erst mit dem 30. Jahre dieses Jahrhunderts aufgetreten sein u. s. f. Da
diese Angaben, durch zuverlässige Beobachter verbürgt, übrigens so simpler
Natur sind, dass ein Irrthum dabei ausgeschlossen ist, kommt ihnen eine
hohe Bedeutung für die Genese des Kropfes zu, denn sie zeigen, dass
die letzte Ursache für das Auftreten der Krankheit keine gleichbleibende,
der betreffenden Localität ein- für allemal immanente sein kann, sondern
mindestens zu einem Theile in schwankenden, bald wachsenden, bald
abnehmenden Momenten gesucht werden muss.

Höchst eigenthümlich ist das zeitweilige Auftreten von Kropf
in Form einer Epidemie, also die gehäufte Erkrankung in einem bis
dahin freien Bezirk, beziehungsweise Kreise der Bevölkerung. Beobachtungen dieser Art stammen erst aus neuerer Zeit, etwa dem Anfang dieses
Jahrhunderts. Eulenberg gibt an, dass Knobel in den Allgemeinen
med. Annalen vom Jahre 1800 zuerst eine solche acute Kropfepidemie
besprochen habe.

Lebert theilt nach Valentin [1]) folgenden Bericht über eine derartige Epidemie aus Nancy mit, wie denn überhaupt gleich bemerkt sei,
dass die Mehrzahl der bis jetzt beobachteten Epidemien auf französischem
Boden stattgefunden haben. Im Anfang des Jahres 1783 kam ein aus
vier Bataillonen bestehendes Infanterie-Regiment, das fünf Jahre lang in
Caen gestanden hatte und in welchem sich nur wenige, in Folge eines
früheren Aufenthaltes in Besançon mit Kropf behaftete Individuen befanden, nach Nancy, wo der Kropf niemals endemisch geherrscht hat und
auch selten sporadisch vorkommt. Schon im Winter desselben Jahres,
das durch eine auffallend ungünstige Witterung und namentlich durch
den starken Temperaturwechsel ausgezeichnet war, zeigte sich bei mehreren
(38) dieser neu einmarschirten Truppen der Kropf. In den nächstfolgenden
vier Jahren steigerte sich aber die Zahl der von der Krankheit Ergriffenen
so sehr, dass im Jahre 1785 205, im Jahre 1786 425 und 1787 257,
1788 132 kröpfig geworden waren und einschliesslich der 43 noch im
Jahre 1789 Erkrankten das Uebel 1006 Soldaten des Regimentes ergriffen
hatte, während bei denjenigen Truppen, die schon im Orte gestanden
hatten (mit Ausnahme einzelner Fälle in einem Cavallerie-Regiment) kein
Fall von Kropf vorkam. Und zwar beschränkte sich die Krankheit in jenem
Regiment ausschliesslich auf die Gemeinen, während die Officiere, Sergeanten
und Corporale, welche dieselben Kasernen bewohnten und dasselbe Wasser wie jene tranken, ganz verschont blieben.

Aehnlich lauten die Nachrichten über andere Epidemien, die bis
in die neueste Zeit hineinreichen. An manchen Stellen, so z. B. in Neu-
Breisach, Besançon, Clermont-Ferrand, Briançon, sind sie zu wiederholten-

---

[1]) Simonin, Recherches Topographiques sur Nancy.

malen in ziemlich weit auseinanderliegenden Jahren aufgetreten, so z. B. in letzter Garnison 1812, 1819, 1826 (134 Fälle), 1841, 1842—1850, 1857—1860 und 1863, worüber Collin berichtet hat. In Clermont-Ferrand und Auvillac sind, wie Marvaud mittheilt, noch im Jahre 1890 zwei solche Epidemien beobachtet worden. In Belfort zählten Vigny und Richard im Jahre 1877 in einer Garnison von 5300 Mann nicht weniger wie 900 acute Fälle! Die meisten dieser Epidemien fanden im Sommer oder Herbst statt, weshalb man wohl auch von einem *Goître aestival* gesprochen hat, und zeichneten sich durch ihre locale Beschränkung aus. So sah Augieras 1889 in Clermont-Ferrand 18 Fälle in einem Flügel eines Pavillons und einen anderen Herd im dritten Stockwerk einer Kaserne, die mit einem Bataillon Infanterie belegt war.

In Deutschland finden wir derartige Vorkommnisse zuerst vom Jahre 1820 aus der Garnison Silberberg in Schlesien von Haneke berichtet, wo im Laufe eines Jahres in einem neu eingerückten Bataillon von 380 Mann 310 kropfkrank wurden. Eine zweite im Jahre 1861 auf 1862 stattgehabte Epidemie wird von Lebert eingehend beschrieben. Sie war ungleich milder, betraf von 531 Mann nur 90, darunter aber auch 2 Officiere, 3 Unterofficiere und 1 Sergeant; nur bei wenigen dieser Leute war der Kropf so stark, dass er eine Dienstbehinderung zur Folge hatte. Ein gehäuftes Auftreten von Kropffällen in der Stadt, in der überhaupt nur wenig Kropf bestand, hatte nicht statt. Dieses Vorkommniss scheint übrigens in Deutschland vereinzelt geblieben zu sein, wenigstens ist mir keine weitere Epidemie unter dem Militär bekannt geworden. Reuss hat über eine acute Kropfepidemie in einem Seminar in Stuttgart aus dem Jahre 1824 berichtet, wo von 34, beziehungsweise 47 Kindern im ersten Jahre 16, im zweiten 39 erkrankten, und solcher acuter Epidemien liesse sich noch eine Anzahl anderer aus Strassburg, Lausanne, Lenzburg im Aargau u. s. f. anführen.

Die meisten dieser Epidemien traten in Kasernen, einzelne in Seminarien oder Pensionen auf, waren also immer an bestimmte Localitäten gebunden; Epidemien der Gesammtbevölkerung werden nicht berichtet. Sie traten meist an Orten auf, wo Kropf endemisch ist, und betrafen nur zugezogene Individuen, respective Truppenverbände.

Wohl zu unterscheiden von diesen acuten Epidemien ist die in Kropfgegenden gut bekannte Thatsache, dass sich leicht Strumen bei frisch zugereisten Personen entwickeln, die entweder schon nach längerem Aufenthalt an der betreffenden Kropflocalität oder, sobald sie die Gegend wieder verlassen, spontan zurückgehen. Das ist in der Schweiz bei den Recruten, die in Kropfdistricte eingezogen werden, im Waadtland bei den Pensionären, die von auswärts in die dort so zahlreichen Pensionate kommen, so häufig, dass davon kaum Notiz genommen wird. Dasselbe

Verhalten ist auch von Thieren, besonders Pferden und Hunden, aber
auch Katzen, Ziegen, Schweinen, Schafen u. A. (Sigand. St. Lager,
Bircher u. A.) bekannt. Sie werden, in Kropfgegenden gebracht, kröpfig,
verlieren aber ihre Struma spontan in einer Zeit, die von acht Tagen bis
zu zwei Monaten schwanken kann, obgleich sie unter denselben Verhältnissen bleiben. Der Revers davon ist die ebenfalls vollkommen sicher-
gestellte Thatsache, dass kröpfige Menschen und Thiere, welche aus einem
Kropfdistrict kommen und sich längere Zeit in einer endemiefreien Gegend
aufhalten, zuweilen (aber nicht als durchgängige Regel) die Struma gänzlich oder theilweise verlieren. Ein Massenexperiment dieser Art ist z. B.
in Russland ausgeführt worden. Als die Kropferkrankungen unter den
Truppen in Kokan (Turkistan) eine besorgnisserregende Höhe erreichten,
wurden dieselben, wie v. Seidlitz berichtet, mit bestem Erfolge nach
der benachbarten Stadt Margelan dislocirt. Aehnliche Beobachtungen an
einzelnen Personen werden vielfach von den verschiedensten Gegenden
mitgetheilt.

Aetiologie des Kropfes.

Das scheinbar so übersichtliche, auf alle Fälle so merkwürdige und
eigenthümliche Auftreten und die Entwicklung von Kropf und Cretinismus
haben von jeher, d. h. so lange man sich überhaupt wissenschaftlich
mit diesen Affectionen beschäftigt hat, das Interesse der Forscher in
hohem Masse in Anspruch genommen. Es gibt kaum eine mögliche
Erklärungsweise von den tellurischen zu den klimatischen, von den
mechanischen, respective physikalischen zu den chemischen, von den
orographischen zu den hydrographischen Ursachen, die nicht herangezogen
wäre und ihren Vertreter gefunden hätte. St. Lager führt nicht weniger
wie 378 Autoren und 42 verschiedene Ansichten über die Genese des
Kropfes an, von denen einzelne, wie z. B. die Beziehungen des Kropfes zur
Witterung, zu Licht und Luft, zur Jahreszeit, zur Temperatur, zu der
äusseren Configuration der befallenen Oertlichkeit, zu Racenverhältnissen,
zu mechanischen Insulten, Traumen, andauernden Zerrungen der Halsgegend
u. s. f., von vorneherein unhaltbar sind und durch die oben angeführten
Thatsachen über die Verbreitung des Kropfes ihre Widerlegung finden.
Sie können höchstens für die Entstehung des sporadischen Kropfes gelegentlich von Bedeutung sein, wie denn allerdings einige nicht ohne
Weiteres abzuweisende Erfahrungen dieser Art mitgetheilt sind, die sich
auf acute oder chronische Hyperämien der Schilddrüsen in Folge der Beschäftigung, Auftreten einer Struma und Verlust derselben, nach Aufgeben
der Beschäftigung, respective Fortfall der betreffenden Schädlichkeit u. A.
beziehen. So soll nach Hahn der unter der weiblichen Bevölkerung von
Luzarches früher sehr verbreitete Kropf fast ganz geschwunden sein, nachdem die daselbst betriebene Spitzenfabrication aufgehört hätte. Indessen

will ich dazu bemerken, dass ich unter den Spitzenarbeiterinnen von
Venedig, respective Mureto keine auffälligen Kröpfe gesehen habe. Bekanntlich wird auch das Tragen von Lasten auf dem Kopfe für die Entstehung von Strumen verantwortlich gemacht — mit welchem Rechte, zeigen
die zahlreichen Frauen aus solchen Gegenden ohne Kropf und gewisse
Districte, in denen trotz dieser Gewohnheit kein Kropf vorkommt. Daher
weist Hirsch diese und ähnliche Beobachtungen, so weit sie zur Erklärung
des Auftretens des endemischen Kropfes herangezogen werden, als unzu-
reichend und höchstens einzelne gelegentliche locale Vorkommnisse an-
gehend zurück und verlangt, dass jede Theorie der Genese des Kropfes,
vor Allem der Eigenart seines Vorkommens, auch durch Heranziehen oder
Beibringen eigenartiger specifischer Momente gesucht werden müsse.

Solche Verhältnisse können nur in der Bodenbeschaffenheit
und dem Wasser der betreffenden Localitäten, an denen der
Kropf endemisch ist, gesucht werden. Das sind die Punkte, auf die
sich die Forschung richten muss und in neuerer Zeit auch ausschliesslich
gerichtet hat, denn hier ist die Möglichkeit gegeben, die ätiologischen
Momente aufzudecken, auf die alle Daten über die endemische Verbreitung
des Kropfes hinweisen.

Die Ueberzeugung von der Bedeutung des Bodens und Wassers und
ihren gegenseitigen Beziehungen hat sich mit mehr oder weniger Bestimmtheit allen Autoren aufgedrängt, die sich innerhalb der letzten
Decennien eingehender mit der Genese des endemischen Kropfes beschäftigt
haben, und wird z. B. von Virchow auf Grund seiner Untersuchungen
über den Cretinismus in Unterfranken in folgende Worte zusammengefasst:
„Danach halte ich allerdings die Beschaffenheit des Trinkwassers für das
Wesentliche und meine, dass für dieses aller Wahrscheinlichkeit nach die
geologische Beschaffenheit des Bodens, aus welchem dasselbe hervorgeht,
von entscheidender Bedeutung ist."

Und Lücke geht noch einen Schritt weiter, indem er das Resultat
der bisherigen Forschungen dahin ausspricht, dass er für die Entwicklung
des endemischen Kropfes neben individuellen und Gelegenheitsursachen
ein Miasma und eine bestimmte Bodenformation, auf welcher dasselbe
gedeihen kann, für nothwendig hält. Kocher endlich steht ganz auf
dem Boden der Trinkwassertheorie, indem er „als den einzig constanten
Factor, durch welchen das Terrain auf die Gesundheit der Bewohner in
dem Sinne der Kropferzeugung schädlich einwirken kann, das Trinkwasser betrachtet".[1])

Im Lichte unserer heutigen Anschauungen und Kenntnisse über die
Infectionskrankheiten, ihr Kommen und Gehen, ihre Abhängigkeit von

---

[1]) Kocher. Deutsche Zeitschr. für Chirurgie, Bd. XXXIV, S. 612, 1892.

gewissen prädisponirenden Zuständen einerseits und der Entwicklung
gewisser Keime und ihrer Uebertragung auf den Menschen andererseits
kann es kaum einem Zweifel unterliegen, dass auch der Kropf und der
ihm eng verwandte Cretinismus in diesem Sinne zu den Infectionskrankheiten zu rechnen sind. Hierfür spricht vor Allem die dauernde Begrenzung
auf bestimmte Districte (wovon nur seltene Ausnahmen verzeichnet sind),
das Schwanken in der Stärke des Vorkommens und das gelegentlich beobachtete epidemische Auftreten des Kropfes.

Nicht zögernd und zagend, wie dies Hirsch noch 1883 that, sondern
mit aller Bestimmtheit, durch die Sprache der Thatsachen gestützt, können
wir sagen, dass hier ein organisches Miasma wirken muss, welches nur
an bestimmten Orten gedeiht und mit dem Wasser in den menschlichen
Organismus gebracht wird. Oder, bakteriologisch ausgedrückt, es muss
sich um einen pathogenen Organismus handeln, der nur auf
einem bestimmten Nährboden und auch hier nicht zu allen
Zeiten gleichmässig wächst und der, wenn er (mit dem Trinkwasser) in den menschlichen Organismus gebracht ist, zur Ent-
faltung seiner pathogenen Eigenschaften noch einer besonderen
Disposition bei den befallenen Individuen bedarf.

Sehen wir nun zu, wie weit das bislang beigebrachte Material diesen
Anschauungen entspricht.

Zunächst die Bodenbeschaffenheit. Wir haben schon oben
bemerkt, dass die äusserliche Gestaltung des Bodens hierbei nicht in Frage
kommen kann, weil sowohl tief eingeschnittene enge Thäler der centralen
Bergstöcke als auch die weiten Halden der Vorberge oder die breiten
Flussthäler der Bergströme, wie das obere Rhonethal, das Aarthal, oder
die Hochplateaus, oder endlich die Ebenen, wie die Rheinebene, Donau-
ebene, oder die Abhänge hügeliger Districte (Frankenwald, Thüringer-
wald u. A.) befallen sind. Ebensowenig kommt die absolute Höhe der betreffenden Territorien in Betracht. Der Kropf ist in den Küsten- und
Seengebieten Englands, Frankreichs und Amerikas ebenso zu finden,
wie in den höchsten bewohnten Regionen der Alpen (im St. Véran bei
2060 m, im Himalaya bei 2000 m, in den Cordilleren sogar bei 4000 m),
und die Ansichten derer, die nach der einen oder der anderen Richtung
hin bestimmte Normen und Grenzen zu finden vermeinten, erklären sich,
wie überhaupt so Vieles, was über die Genese des Kropfes geäussert ist,
dadurch, dass die Beobachter die Erfahrungen eines beschränkten Kreises
zu verallgemeinern suchten.

Bleibt also nichts übrig, wie die geologischen, respective mineralogischen Verhältnisse der betreffenden Oertlichkeiten.

An Mittheilungen und Untersuchungen nach dieser Richtung fehlt
es nicht. Hirsch hat dieselben in einer „tabellarischen Uebersicht über

das endemische Vorkommen von Kropf und Cretinismus auf den verschiedenen geologischen Formationen" zusammengestellt (l. c. S. 115) und
kommt zu dem Schlusse, dass, „worauf bereits Boussignault, die sardinische Commission, Lebert, Grange, Niépce u. A. hingewiesen haben,
keine geologische Formation das Vorkommen von Kropf und Cretinismus ausschliesst, beide Krankheiten aber viel häufiger auf den älteren Formationen
(einschliesslich der Triasgruppe), als auf den jüngeren angetroffen werden".
Dieser Schluss ist aber, wie übrigens Hirsch selbst halb und halb zu-
gibt, nicht bindend, weil seine Grundlagen ungenügend sind. Es fehlt
für die meisten Orte an ausreichend detaillirten geologischen Profilen, so
dass eventuell das gesonderte Vorkommen gewisser Gesteinarten, beziehungsweise Schichtenbildungen in dem Generalcharakter der Landschaft unter-
geht. So kann es z. B. vorkommen, dass ein Ort mitten im Juragebiet
auf Schiefer oder silurischem oder devonischem Gestein liegt, aber wo es
an detaillirten Karten fehlt, mit zum Jura gerechnet wird. Nun ist aber
der Jura, wie sich zeigen wird, kropffrei, das Devon kröpfig. Ist die Thatsache des Vorkommens des letzteren im Jura an dem betreffenden Kropfherd unbekannt, so muss dies naturgemäss zu falschen Schlüssen führen.
Es müssen also solche Erhebungen nicht allein für grössere Strecken
Landes, sondern womöglich für jeden Kropfherd auf das Allereingehendste
ausgeführt werden, und das ist nur dort möglich, wo die geologische Erforschung des Landes eine hohe Durchbildung erfahren hat. Hierfür
bietet die Schweiz einen überaus günstigen Boden, und sind solche Untersuchungen zuerst von Schneider und Bircher angestellt worden. Schon
der Erstgenannte fand bei statistischen Erhebungen über den Idiotismus
im Canton Bern, dass auf dem Jura bloss 1 Cretin auf 614 Bewohner
komme, auf Alpenformation schon 1 : 361, auf der Molasse sogar 1 : 271.
Noch viel prägnanter zeigen die schönen Untersuchungen Bircher's, die
er zuerst auf einem ganz beschränkten Gebiet des Aarthales, nämlich in
der Gegend um Aarau anstellte und später auf die Gesammtschweiz ausdehnte, dass Kropf und Cretinismus in der That auf ganz bestimmte geologische Formationen beschränkt sind oder, um in
dem obigen Vergleich zu bleiben, eines bestimmten Nährbodens bedürfen.

Die äusserst eingehenden und sorgfältigen Erhebungen von Bircher,
die zum Theil auf die persönlich durchgeführte Untersuchung der Schuljugend (über 3000 Kinder) im Bezirke Aarau, zum weitaus grösserem
Theile aber auf die Musterungsrollen der Schweizer Recruten [1]) und die

---

[1]) In der ganzen Schweiz findet die Ausmusterung der dienstuntauglichen Truppen
nach demselben Reglement statt. Die Tauglichkeit oder Untauglichkeit wird von einer
Commission von drei Aerzten ausgesprochen und der Grund der Untauglichkeit protokollirt.
Als Grund der letzteren figurirt sehr häufig der Kropf. Ueber einige Besonderheiten
siehe Bircher, der endemische Kropf etc. Basel 1883, l. c. S. 26. Dabei ergab sich,

geologischen Specialkarten und Werke über die Schweiz gegründet sind,
zeigen, dass sich in der Schweiz der Kropf nur auf Trias, Eocen
und der Meermolasse [1]) findet. Scheinbare Ausnahmen oder Abweichungen von dieser Regel führt Bircher, so weit dies für einen Laien
in Geologicis zu beurtheilen ist, mit überzeugenden Gründen auf besondere
Formationsverhältnisse zurück, welche ins Detail zu verfolgen den uns
gesteckten Rahmen weit überschreiten würde. Wir können nur mit Nachdruck auf die Lectüre des Originals hinweisen, in welchem eine grosse
Summe von Detailstudien zu einer klaren übersichtlichen Darstellung und
gegründeten Schlussfolgerungen verarbeitet ist.

Während es sich hiernach herausstellt, dass die Dörfer auf Meermolasse, auf dem Eocen und der Trias [2]) und deren Alluvien mit Kropf
behaftet sind, bleiben die Dörfer auf den beiden Süsswassermolassen und
auf der Juraformation frei. Ebenso ist das krystallinische Urgebirge, die
Kreideformation und die vulcanische Bildung kropffrei, und wo die Krankheit auf dieser Formation vorkommt, findet sich entweder, dass die betreffende zu Tage stehende Schicht nur eine geringe Dichte hat und
von den Bildungen der Meeresmolasse, der Trias, dem Eocen unterlagert
wird, so dass die Brunnen, respective Quellen bis auf diese herabreichen
— oder die Kropfherde liegen auf eingesprengten Inseln derjenigen Gesteine, auf denen an anderen Stellen des Erdballes, wo sie in grösseren
Zügen auftreten, der Kropf heimisch ist. Umgekehrt wird der Einfluss

dass die Resultate der Untersuchung der Schulkinder im Bezirk Aarau und diejenigen
der Musterungsrollen von 1270 Mann Recruten daselbst sich vollständig deckten. Erst
auf dieses Ergebniss hin wurden die Recrutirungsergebnisse der Gesammtschweiz verwendet.

[1]) Zum besseren Verständniss möge die folgende Uebersicht der einzelnen geologischen Epochen, beziehungsweise ihrer Ablagerungen dienen, welche den Untersuchungen von Bircher zu Grunde gelegt ist:

Alluvium und Erraticum................	quartär
Jura-Nagelfluh	
Obere Süsswassermolasse...............	
Meermolasse........................	tertiär
Untere Süsswassermolasse	
Nagelfluh der Molasseperiode...........	
Eocen ...../......................	
Kreide............................	
Jura	secundär
Trias.............................	
Steinkohlenformation	primär.
Unbestimmtes Schiefergebirge	
Granit, Gneis	Urgebirge.

[2]) Hauptsächlich Muschelkalk, der mit Buntsandstein und Keuper die sogenannte
Triasformation ausmacht.

der genannten Formationen vielfach durch über-
gelagerte Süsswasserablagerungen abgeschwächt oder
ganz zum Verschwinden gebracht. In ausgezeichneter
Weise lässt das nebenstehende Profil der Bodenformation von Aarau bis Mumpf, welches unter Zu-
grundelegung der Specialkarte von Mösch [1]) ge-
zeichnet ist, das Verhältniss des Kropfes zur Bodenformation erkennen. Die senkrechte Schraffirung zeigt
das Gebiet der Trias an, die an zwei Stellen: bei Asp
und an der Staffelegg, den darüber gelagerten Jura
durchbrochen hat. Letzterer ist ganz frei von Kropf,
während die (unterstrichenen) Kropfherde sich nur
im Gebiete der Trias finden.

Indem Bircher seine Studien weiter auf die
europäischen und aussereuropäischen Länder, so weit
dazu eine brauchbare geologische Unterlage vorhanden
war, ausdehnte, ergab sich, dass, abgesehen von den
oben genannten, in der Schweiz vorwiegend vorkommenden Formationen, der Kropf auf silurischen
und devonischen Gesteinen, ferner auf der Kohlen-
formation und dem sogenannten permischen System
(der Dyas) vorkommt, alles Bildungen, welche aus
Meeresniederschlägen abgesetzt sind. So kommt auch
eine in neuester Zeit für England von Berry ausgeführte Untersuchung zu dem Ergebniss, dass der
Kropf daselbst nur dort auftritt, wo sich Kalk und
Sandstein — also triasische Gebilde — finden, auf
den Eruptivgebilden aber fehle.

Die folgende Tabelle gibt eine Uebersicht über
die verschiedenen geologischen Formationen, ihre Entstehung und ihr Verhältniss zum Kropf, während sich
die Verbreitung desselben in Mittel-Europa am besten
und übersichtlichsten aus der am Schlusse dieses Theiles
befindlichen Karte erkennen lässt. Dieselbe ist zwar
älteren Datums, sie stammt aus dem Jahre 1883, doch
sind wesentliche Aenderungen, die sich in dem kleinen
Massstabe derselben eintragen liessen, seit dieser Zeit
nicht aufgetreten.

---

[1]) Beiträge zur geologischen Karte der Schweiz, IV. Lief.

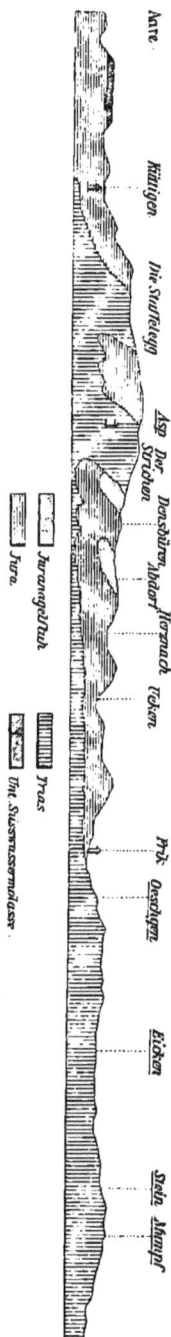

Fig. 3.

Jura. — Jurangelstab — Unt. Suesswassermolasse. — Trias — Unt. Suesswassermolasse.

Aare — Küttigen — Die Staffelegg — Asp — Dorf, Densbüren, Abdorf, Hornussen, Zeihen — Frik — Oeschgen — Eiken — Stein, Mumpf

Perioden	Formation	Verhalten	Entstehung
Quartär	Alluvium und Erraticum, aus kropffreiem Terrain stammend	frei	Fluss- u. Gletscher-transport
	Alluvium und Erraticum, aus Kropfterrain stammend . . .	behaftet	Fluss- u. Gletscher-transport
	Marines Diluvium	frei	Meeresbildung
	Rother u. Korallencray Englands	behaftet?	Meeresbildung
Tertiär	Obere Süsswassermolasse (torton. St.)	frei	Süsswasserbildung
	Obere Meermolasse (helvet.) . .	behaftet	Meeresbildung
	Untere Süsswassermolasse (aquit.)	frei	Süsswasserbildung
	Untere Meermolasse (tong.), Miocen	behaftet?	Meeresbildung
	Eocen	behaftet	Meeresbildung
Kreide	Kreide	frei	Meeresbildung
Jura	Jura	frei	Meeresbildung
	Keuper	frei	grösstentheils Süss-wasserbildung, theilweise marin
Trias	Muschelkalk	behaftet	Meeresbildung
	Buntsandstein	behaftet	Strand- u. Dünen-bildung
Perm oder Dyas	Zechstein	behaftet	Meeresbildung
	Rothliegendes	?	Süsswasserbildung
Kohlenformation	Obere oder productive	frei	Süsswasser-, Sumpf-bildung
	Untere oder Culmform	behaftet	Meeresbildung
Devon	Devon	behaftet	Meeresbildung
Silur	Silur	behaftet	Meeresbildung
Urschieferformation (huronische)	. . . .	frei	Meeresbildung
Urgneisformation (laurentinische)	. . . .	frei	Meeresbildung
Erstarrungkruste an der Erdoberfläche, repräsentirt durch Eruptivgebilde	. . . .	frei	Erstarrung glut-flüssiger Massen

So liesse sich also das Gesammtresultat dieser Studien in folgende Sätze zusammenfassen: 1. der Kropf kommt nur auf marinen Ab-lagerungen vor, und zwar auf den marinen Sedimenten des paläozoischen Zeitalters (Devon, Silur, Kohle, Dyas), der Trias und der Tertiärzeit; 2. frei von Kropf sind die aus dem Innern der Erde glutflüssig aufgestiegenen und an der Oberfläche er-

starrten Eruptivgebilde des krystallinischen Gesteins, die
Sedimente des Jura und Kreidemeeres, des quaternären Meeres
sowie sämmtliche Süsswasserablagerungen.

Kocher hat dann diese Untersuchungen an noch beschränkterer
Stelle wieder aufgenommen und in den Jahren 1883—1884 mit 25 seiner
Schüler im Canton Bern bei 76.606 Schulkindern im Alter von 7—15
Jahren die betreffende Sammelforschung nach einheitlichem Plan durchgeführt. Die Untersuchung der Schulkinder empfiehlt sich vor dem sonst
verwendeten Materiale, wie Dienstpflichtiger, Recruten, deshalb, weil dabei
die Mädchen mit berücksichtigt werden, die gerade am meisten an Kropf
leiden, und die Struma gerade in den genannten Jahren ihre grösste
Frequenz erreicht. Die Ergebnisse sind ganz ins Detail, aber in sehr übersichtlicher Weise in eine grosse geologische Karte des Cantons Bern ein-
getragen. Es zeigte sich, dass in manchen Theilen des Berner Oberlandes
ein Krankenstand bis 80 und 90 Percent der Kinder herrscht — eine Ziffer,
die freilich insofern von Bircher angezweifelt wird, als er glaubt, dass die
Untersucher mit der Diagnose „Kropf" etwas zu freigebig gewesen seien.
Obgleich nun auch Kocher zu dem Ergebniss kommt, dass die jurassischen
Formationen sich einer relativen Immunität gegenüber der grossen Frequenz
des Kropfes auf der Molasse erfreuen, fand sich doch im Gegensatz zu
Bircher, dass erstens der Jura nicht vollkommen frei ist, sondern vielfach die Flussthäler desselben, in denen allerdings auch andere geologische
Bildungen, besonders die Molassen vorkommen, Kropf haben; zweitens,
dass auch die untere und die obere Süsswassermolasse befallen ist. So
weist im Gegensatz zu den Juragebieten im wälschen Theile des Cantons
die Juraformation im Berner Oberland eine intensive Struma-Epidemie auf.
Kocher ist geneigt, diese Abweichungen darauf zurückzuführen, dass
nach dem Geologen Baltzer der Unterschied zwischen dem helleren Jura-
und dem dunkleren Alpenkalke darin besteht, dass der letztere mit Sand,
Kohle, Kiesel und vorzüglich mit viel organischen Stoffen verunreinigt sei.
Das gleiche gilt auch für die Molasse. So sei die Marinemolasse in bestimmten Gegenden des Cantons (am Bielersee) nur mässig behaftet
und auch für die — nach Bircher gar nicht in Betracht kommende
— Süsswassermolasse zeige sich ein Unterschied insofern, als dieselbe im
Jura weniger zahlreiche Kröpfe aufweist, als dieselbe Form im Mittel-
land. Es scheint auch hier das kropferzeugende Agens nicht an der
Molasse als solcher zu haften, sondern an Beimengungen, welche an
verschiedenen Stellen verschieden erheblich sein können. Es sei also
nicht „die mineralogische Bodenbeschaffenheit, nicht die grob-chemische
Beschaffenheit der Gesteine, welche den Ausschlag gibt, sondern es
seien Beimengungen, Verunreinigungen des Gesteins, welche die Haupt-
bedeutung haben".

Bircher bestreitet diese Angaben aus folgenden Gründen: Einmal erkennt er einen Vorzug der von Kocher geübten Untersuchung der Schuljugend, respective einen Nachtheil der von ihm (Bircher) benützten Musterungsergebnisse deshalb nicht an, weil er nachgewiesen hat, dass letztere mit den Resultaten der Untersuchung der Schuljugend parallel gehen und von sachverständigen Aerzten angestellt sind (siehe oben S. 63, Anmerkung). Als solche sachverständige Untersucher will er aber die Gehilfen Kocher's — seine Schüler, junge Mediciner — nicht anerkennen und meint, „dass die Resultate dieser Untersuchung nicht die Kropfendemie des Cantons Bern darstellen, sondern nur beweisen, dass es der Schuljugend dieses Cantons nicht an Schilddrüsen fehlt". Vor Allem aber stehen die Erhebungen Kocher's nicht im Gegensatz zu seinen Anschauungen. Denn wenn der Kropf auch auf der Juraformation vorkommt, so beruht dies darauf, dass sich marine tertiäre Ablagerungen erst an den Thalabhängen finden und auch einen Theil des Alluvium bilden. Diese sind aber gerade von Bircher als kropfführend angegeben. Ebenso sei der von Kocher behaftet gefundene jüngere Gneis fälschlich im Gegensatz zu seinen Anschauungen gestellt, denn derselbe gehöre als metamorphosirte Schichte dem Devon und Silur, d. h. kropfführenden Formationen an, und für das Befallensein der Süsswassermolasse sei massgebend, dass dieselbe an den kropfführenden Stellen entweder von der marinen Molasse überdeckt gewesen sei und Reste von letzterer noch vorhanden wären oder umgekehrt, dass sie von marinen Schichten unterlagert sei. Dann übe sie nicht einen kropferzeugenden, sondern im Gegentheil einen abschwächenden Einfluss aus. So sei z. B. das ganze Pariserbecken, wo niemals marine Ablagerungen mit der Süsswassermolasse concurrirt hätten, kropffrei. Schliesslich sei der von Kocher untersuchte Bezirk geologisch nicht sicher genug erschlossen. Die Schieferbildungen der Alpen seien in ihrer Herkunft unsicher, vielfache Verwerfungen machten bindende Schlüsse unmöglich, so dass seine Ansicht, dass der Kropf an die marinen Ablagerungen des paläozoischen Zeitalters, der triasischen Periode und der Tertiärzeit gebunden ist, nach wie vor zu Recht besteht.

So weit Bircher. Wir können uns nicht für competent halten, in diese Discussion einzugreifen, respective ein Urtheil für oder wider abzugeben, sondern müssen uns darauf beschränken, die beiderseits geäusserten Ansichten vorzutragen. Und dies umsomehr, als diese Untersuchungen von anderer Seite bisher nicht mit gleicher Gründlichkeit vorgenommen sind. Indessen mögen doch die folgenden wenigen Worte gestattet sein: Man hat aus der Lectüre der kleinen Schrift Kocher's den Eindruck, als ob er seine Ergebnisse in einem gewissen Gegensatz zu den voraufgegangenen Ermittlungen Bircher's setzen wolle. Meines Erachtens sind sie aber doch im Wesentlichen als eine schätzbare Bestäti-

gung und dankenswerthe Erweiterung derselben anzusehen. Denn es
handelt sich, wie mir scheint, bei Kocher doch nur darum, dass auf beschränktem Felde und bei eingehendster Nachforschung das Vorkommen
des Kropfes auch auf dem Jura der Centralalpen und der Süsswassermolasse, d. h. an Stellen, die nach den grössere Districte betreffenden
Erhebungen Bircher's im Grossen und Ganzen frei sind, ermittelt
ist, wobei überdies das Verhalten der Molasse zu den tieferen Formationen nicht überall feststeht. Die Vermuthung Kocher's, dass es
bestimmte, der geologischen Formation anhaftende Bodenverunreinigungen
organischer Natur seien, welche das Kropfterrain zu Wege brächten, ist
auch von Bircher ausgesprochen (S. 143) und ergibt sich überdies mit
Nothwendigkeit aus dem ganzen Tenor seiner Anschauungen, wie er denn
auch ebenso wie Kocher ganz besonders betont, dass nicht die mineralogische Bodenbeschaffenheit, sondern die geologische Formation der betreffenden Territorien in Betracht kommt.

Schliesslich scheint mir aber diese ganze Frage nur noch ein secun-
däres und gewissermassen historisches Interesse zu besitzen, insofern sie
dazu beigetragen hat und noch beiträgt, das weite Feld der Kropfätiologie
mit zwingenden Gründen auf das Wasser, als den Träger des Miasmas,
einzuengen. Nach Bircher nimmt dasselbe seinen Ursprung aus bestimmten geologischen Formationen, die natürlich eine specifische Bei-
mischung haben müssen, um die Kropfwässer hervorzubringen. Denn dieselben Bildungen kommen an anderen Orten auch ohne Kropf vor; aber
nur ihnen ist gegebenen Falls die kropferzeugende Verunreinigung eigenthümlich, gerade so wie gewisse Pilze nur auf bestimmtem Nährboden gedeihen. Nach Kocher kann dieser Nährboden in hohem Grade unabhängig
von bestimmten Bildungsformen sein, jedenfalls die von Bircher gestellten
Grenzen überschreiten, und O. Lanz, ein Schüler Kocher's, kommt in
einer neuerlichen Arbeit wieder zu dem freilich nicht genau begründeten
Ausspruch, „geologische Verhältnisse scheinen nicht ausschlaggebend zu
sein", womit dann der Zirkel geschlossen und die oben citirte Anschauung
von Hirsch wieder zu Recht bestehen würde!

In jedem Falle dürfte Bircher das unbestreitbare Verdienst zu-
stehen, diese Frage zuerst gründlich bearbeitet und zu einem gewissen
Abschluss gebracht zu haben.

Wie steht es nun mit dem Einfluss des Wassers' auf die Kropf-
entwicklung?

Nichts spricht mehr für die Beziehungen des Wassers zum Kropf,
als die wohlbekannte und nicht zu bezweifelnde Thatsache, dass das
Trinken von Wasser gewisser Quellen — der Kropfbrunnen — innerhalb
kurzer Zeit Kropf erzeugt oder doch wenigstens erzeugen kann und dass
umgekehrt diejenigen, welche in Kropfgegenden vermeiden, Wasser aus

verdächtigen Quellen zu trinken, vom Kropf verschont bleiben. Der Kropf nimmt ab, respective schwindet, oder entsteht conform mit gewissen, künstlich oder durch Naturereignisse hervorgerufenen Aenderungen der Quellen und Brunnen. Für jede dieser Eventualitäten sind Belege vorhanden. Schon Vitruvius schrieb: *„Acquiculis in Italia et Alpibus, nationi Medullorum est genus aquae, quam qui bibunt efficiuntur turgidis gutturibus"* und hatte dabei das Gebiet der Maurienne im Auge, in der noch heute der Kropf stark verbreitet ist. Bei Plinius[1]) heisst es: *„Guttur homini tantum et suibus intumescit, aquarum quae potantur plerumque vitis."* Im Mittelalter kannte man die Kropfbrunnen sehr wohl und schuldigte z. B. in der Schweiz gewisse Brunnen bei Chur, in Flaach (Canton Zürich), bei Bern u. a. m. an. Aus neuerer Zeit wird von Quellen berichtet, die getrunken werden, um durch die schnell entstehenden Kröpfe vom Militärdienst befreit zu werden, z. B. aus Cavecurta in der Lombardei[2]), Argentine. Pautamafrey und Villard Clément in der Maurienne, aus St. Chaffrey bei Briançon, aus Gräfenbach, aus Treffen u. a. O. (Siehe die betreffenden Angaben bei Bircher und Allara.) Man hat die Zuverlässigkeit solcher Angaben namentlich deshalb bestritten, weil sie verhältnissmässig selten gemacht werden, aber St. Lager, der eine weitere Anzahl solcher Stellen nennt, bemerkt mit Recht, dass die, welche sich dieses Mittels bedienen und deren „Vaterlandsliebe" mit der Abneigung gegen den Militärdienst nicht Schritt hält", wenig geneigt sein werden, ihr Thun und Treiben an die grosse Glocke zu hängen, dass ihm selbst aber von glaubwürdigster Seite, an Ort und Stelle durch Pfarrer, Aerzte, Magistratspersonen u. A., die Sache bestätigt worden sei.

Andererseits sind sowohl einzelne Personen, respective Familien in kröpfigen Gegenden vom Kropf verschont geblieben, wenn sie das „Kropfwasser" vermieden und Cisternenwasser tranken oder das Wasser vor dem Gebrauche abkochten, als auch ganz besonders ganze Ortschaften kropffrei geworden, wenn eine neue Wasserversorgung an Stelle des alten Kropfwassers trat. An manchen Stellen genügte hierzu schon die blosse Canalisirung der Wasserläufe, an anderen die Erstellung einer Wasserleitung, die aus kropffreiem Boden herkam, z. B. in Genf, in Villerné, in Rheims, in Monmeillan, in Bozel: an noch anderen schwand die Kropfepidemie nach Erbohrung neuer Quellen *in loco* z. B. in Saxon (Wallis), Nozeroy (Jura), in Fully und Saillon (Wallis) u. A. m.

Ein besonders schlagendes Beispiel hiefür bietet die schon genannte Gemeinde Bozel in der Tarantaise. „Die sardinische Commission zählte

---

[1]) Plinius, Histor. natur., Lib. XI, 68.

[2]) A Cavecurta vi ha „la fonte del gozzo" ore sogliono andare i giovanni all' epoca della coscrizioni onde acquistare in quindici giorni quel diffetto che li sostrae dal servizio" (Lombroso, pag. 16).

dort im Jahre 1848 auf 1472 Bewohner 900 Kröpfige und 109 Cretinen. Am anderen Thalabhang, etwa 800 Meter entfernt, liegt die Gemeinde St. Bon, welche völlig frei von cretinischer Degeneration ist, aber ganz die nämlichen socialen Verhältnisse in Wohnung, Nahrung, Lebensweise etc. hat. In Bozel, welches an einem Südabhang am breitesten Theil des Thales des Donon gelegen ist, sah man ein, dass zwischen beiden Gemeinden das Trinkwasser der einzig merkliche Unterschied sei, und leitete nun das Wasser vom Hügel von St. Bon herbei. Seitdem ist die Kropf- und Cretinenendemie fast ganz geschwunden. Die französische Commission zählte 1864 nur noch 39 Kröpfige und 58 Cretinen."

Man könnte diese Beispiele beliebig häufen, wie denn z. B. Kocher in seiner citirten Abhandlung deren noch eine Anzahl anführt und hervorhebt, dass er selbst bei seinen Untersuchungen gewisse Inseln kropffreier Individuen fand, die ihr Wasser aus ein und derselben Quelle bezogen. Besonders prägnant ist aber die mir gütigst privatim mitgetheilte Erfahrung von Bircher in der Gemeinde Rupperswyl bei Aarau, die seit 1884 ihr Trinkwasser durch Leitung von jenseits der Aare aus kropffreiem Terrain erhält. Das Vorkommen des Kropfes in der dortigen Schuljugend gestaltet sich danach:

$$1885 \dots\dots\dots\dots\dots \text{mit } 59 \text{ Percent}$$
$$1886 \dots\dots\dots\dots\dots \text{ „ } 44 \text{ „}$$
$$1889 \dots\dots\dots\dots\dots \text{ „ } 25 \text{ „}$$
$$1895 \dots\dots\dots\dots\dots \text{ „ } 11 \text{ „}$$

Wenn dabei auch die letztere Zahl noch einer kleinen Ergänzung und Correctur bedarf, weil z. Z. die Untersuchung von zwei Classen noch aussteht, kann ein wesentlicher Unterschied dadurch doch nicht bedingt werden, und ist das Resultat zweifellos als durchaus im Sinne der Trinkwassertheorie sprechend anzuerkennen.

Scheinbar im Widerspruch mit den oben angeführten Thatsachen steht die anderen Orts gemachte Erfahrung, dass von mehreren in unmittelbarer Nachbarschaft gelegenen Orten, welche ihren Trinkwasserbedarf aus derselben Quelle, oder richtiger gesagt, demselben Wasserlauf beziehen, die einen Kropf haben, die anderen nicht. Solche Vorkommnisse sind aus Württemberg, aus Mittelfranken, Ober- und Niederösterreich, aus dem Jura, aus Siebenbürgen, aus Neu-Granada u. A. berichtet, aber es ist dabei weder angegeben, ob das betreffende Wasser an sich dasselbe geblieben ist oder ob es etwa durch Zuflüsse zwischen dem einen und dem anderen Orte stark verdünnt, beziehungsweise in seiner Beschaffenheit verändert wurde, noch ist der Untergrund an den jedesmaligen Orten ausreichend untersucht worden. Es liegt aber auf der Hand, dass, wenn ein Wasser in seinem oberen Lauf Kropf erzeugt, es diese Eigenschaft weiter abwärts, wenn es durch Zuflüsse verdünnt ist, verlieren kann, und dass stromabwärts Kropf vorkommt, während er stromaufwärts fehlt, weil das Wasser aus einer kropffreien in eine kropfführende Bodenformation gelangen kann.

Sind somit die Beziehungen des Wassers zum Kropf ausser Aller Frage, so fragt es sich, worin dieselben des Näheren zu suchen sind.

Auch hier sind wieder alle denkbaren Möglichkeiten hervorgezogen und — zurückgewiesen worden.

Man hat die Frage bald von der mineralogischen, bald von der geologischen Seite angefasst und dementsprechend auch eine verschiedene Antwort erhalten. Eine Reihe von Untersuchern findet die Kropfquellen im Gebiete der triasischen Gesteine, Muschelkalk, Keuper, im Zechstein, auf der Molasse und dem Schiefer (Boussingault für die Cordilleren von Neu-Granada, Riedle für Württemberg, Falck für Hessen, Rampold, Heyfelder, Dürr für den Schwarzwald, Sigmaringen, Virchow für Unterfranken, Guerdan für Baden, Maffei für die norischen Alpen u. s. f.). Andere aber, wie Mac Clelland (für den Himalaya), Thorel (für Cochinchina), schulden die jurassischen Formationen an, und wieder Andere, als deren Haupt Granger zu nennen ist, der die Verhältnisse in den Pyrenäen, Vogesen und den Italienischen und Schweizer Alpen studirte, halten sich nur an das Vorkommen eines bestimmten Minerals, wobei der oben Genannte den Gehalt an Magnesia, St. Lager und Lebour die Anwesenheit von Schwefeleisen und Kupferkies beschuldigen. Wir haben aber schon oben einen Theil der Gründe angegeben, die dazu führen müssen, diesen Erhebungen nur einen sehr untergeordneten Werth beizumessen.

Dass das Schnee- und Gletscherwasser nicht Schuld sein kann, zeigt ein Blick auf die Karte der Kropfverbreitung, wonach der Kropf an zahlreichen Orten ausserhalb der Schnee- und Gletscherbäche endemisch ist. Dann wurde der Gehalt der betreffenden Quellen an Kalk und Magnesia beschuldigt. Aber es gibt viele Quellen mit reichlichem Kalk- und Magnesiagehalt, die nicht nur keinen Kropf machen, sondern unter deren Gebrauch, wie Zschokke von dem stark kalkhaltigen Bibersteinerwasser und Christener von der bekannten Weissenburger Gypstherme berichten, der Kropf abnimmt. Und umgekehrt sind viele notorische Kropfbrunnen vollständig frei von diesen Substanzen. Das Gleiche gilt von der Ansicht, dass der Gehalt der Wässer an metallischen Bestandtheilen, besonders Eisensulfaten und Kupfer, sowie an Flussspath kropferzeugend sei. Dazu kommt, dass das Thierexperiment, d. h. die Fütterungsversuche mit den genannten Salzen und Metallen, welche von St. Lager, Bouchardart, Maumené (letzterer mit Fluor-Natrium) und Berry in grösserem Massstabe ausgeführt sind, keine Ergebnisse gebracht hat. Hatte man nun in den nachweisbaren Bestandtheilen der Wässer eine durchgreifende Ursache gefunden, so hat man andererseits die Abwesenheit gewisser Stoffe,

die in anderen Wässern absorbirt oder gelöst enthalten sind, in Kropfbrunnen aber fehlen sollen, verantwortlich gemacht. Der Mangel an ab-
sorbirter Luft, Kohlensäure, an Kochsalz und Phosphaten und ganz besonders
der Mangel an Jod sollte den Quellen die fatale Eigenschaft, kropferzeugend
zu sein, beilegen. Wenn man diese und ähnliche Erörterungen liest und
hin- und herdiscutirt findet, kann man sich nur darüber wundern, wie
viel Zeit auf Dinge in der Kropffrage verwendet ist, deren Haltlosigkeit
auf der Hand liegt. Virchow[1]) hat mit Recht erklärt, „es ist kaum
glaublich, dass ein activer, ja ein irritativer Process nur durch einen
Mangel oder nicht vielmehr durch eine positive Substanz oder Mischung
bedingt sei"; aber abgesehen von diesem aprioristischen Bedenken, sprechen
auch hier wieder die leicht zu constatirenden thatsächlichen Verhältnisse
gegen die genannten Annahmen. Es kommt z. B. Kropf an vielen Stellen,
so in der Po-Ebene, im Thal von Aosta, im Thal der Isère u. A., vor,
wo die Wässer stark jodhaltig sind, und umgekehrt gibt es tausende von
jodfreien Quellen, in deren Bereich man vergeblich nach Kröpfen und
Cretinismus suchen wird.

Wir dürfen uns daher sicherlich des näheren Eingehens auf diese
Dinge überheben und kommen so *per exclusionem* zu dem Schlusse,
dass, wenn das Wasser von Einfluss auf die Entstehung des
Kropfes ist — und das ist es zweifellos — der Grund nur in
der Anwesenheit eines *Contagium vivum*, eines organischen
Krankheitsgiftes, gesucht werden kann.

Das wurde schon lange vermuthet. Hirsch führt als Ersten, der
sich in diesem Sinne oder wenigstens in dem Sinne, dass Kropf und
Cretinismus den Infectionskrankheiten zugezählt werden müssten, ausgesprochen habe, A. v. Humboldt an und zählt eine Reihe von Namen, von
denen wir nur Vest, Bramley, Schaussberger, Troxler, Virchow,
Köberle nennen und Hirsch selbst anfügen wollen, als Vertreter dieser
Theorie auf. Freilich konnten Anschauungen dieser Art, so lange ihnen
die bakterielle Grundlage fehlte, sich nur in ziemlich vagen Vermuthungen
bewegen. So hält es Virchow[2]) „für im höchsten Grade wahrscheinlich,
dass möglicherweise in den Wasserdämpfen, welche sich der Luft bei-
mischen, eine Substanz enthalten ist, die wie ein Miasma in den Körper
aufgenommen wird".

Aehnlich äussern sich die anderen genannten Autoren, denen noch
der von Hirsch auffallenderweise nicht genannte Lücke anzureihen ist.
Erst unsere neuen Erfahrungen über die Genese der Infectionskrankheiten lassen uns, wie ich schon eingangs dieses Capitels ausführte,

---

[1]) Virchow, „Geschwülste", III, S. 59.
[2]) Virchow, „Geschwülste", III, S. 60.

eine bessere Einsicht in die hier stattfindenden Vorgänge gewinnen und
gewähren uns die Möglichkeit, die mannigfachsten Schwierigkeiten, die
sich sonst einer Erkenntniss der Genese des Kropfes entgegenstellen,
zu überwinden und diese scheinbar so verworrene Materie unter einen
generellen Gesichtspunkt zu bringen.

Nun fangen unsere Befunde freilich in bakteriologischem Sinne
gewissermassen vom umgekehrten Ende an. Wir haben nämlich die
Existenz eines bestimmten Nährbodens, d. h. die oben genannten geologischen Formationen, auf dem unser supponirter Infectionskeim gedeihen
kann, und ebenso das Vorhandensein eines bestimmten Infectionsträgers,
als welchen wir das Wasser erkannt haben, nachgewiesen. „Fehlt leider
nur das geistige Band“, d. h. in unserem Falle der sehr körperliche
Nachweis eines bestimmten inficirenden Keimes, der im Wasser enthalten
ist, und zwar nur in Wasser, welches auf Kropfboden entspringt oder
fliesst und der eben diesem Wasser die inficirenden Eigenschaften ver-
leiht, welche bei disponirten Individuen Kropf verursachen. Man kann
diesen Nachweis direct und indirect zu führen versuchen, indem man
den betreffenden Organismus direct im Wasser der Kropfbrunnen sucht
oder indirect wenigstens die Impffähigkeit solchen Wassers erprobt, indem
man es kropffreien Thieren auf kropffreiem Terrain zu trinken gibt.
Dass eine solche Impffähigkeit für die Bewohner der Kropfterritorien
besteht, dürfte durch die oben erwähnten Erfahrungen über die ab-
sichtliche Acquisition von Kröpfen ausser Zweifel stehen. Selbstverständlich wäre nur der directen Züchtung und den mit Reinculturen des
fraglichen Organismus angestellten Impfungen zwingende Beweiskraft zu-
zusprechen. Man hat bereits beide eben genannten Wege mit einigen
wenigen Versuchen beschritten, freilich ohne damit bis jetzt vollgiltige
Resultate zu erzielen.

Die Tränkversuche, welche Klebs und Bircher anstellten, waren
sowohl der Zahl als der Ausführung nach ungenügend und deshalb
resultatlos. Klebs sah bei einem bereits kropfigen Hunde, der aus dem
Pinzgau, d. h. einer Kropfgegend, stammte, nach Tränkung mit St. Johann-
wasser und directer Einspritzung desselben in die Drüsenlappen letztere
stark anschwellen — ein Versuch, dem wir nach unseren obigen Auseinandersetzungen keine Beweiskraft zusprechen können. Bircher fütterte
fünf junge kropflose Hunde fünf Monate lang mit Kropfwasser, indem er
der Nahrung, die in condensirter Milch bestand, den Bodensatz von
Kropfbrunnen beimengte. Die Thiere blieben aber, wie die Section lehrte,
kropflos, vielleicht deshalb, wie Bircher meint, weil sie zu kurze Zeit
Kropfwasser erhielten und zu jung waren, da thatsächlich beim Menschen
der Kropf erst nach dem fünften Lebensjahre zur Entwicklung kommt.
Uebrigens gibt Bircher nicht an, von wo die Thiere herstammten; ver-

muthlich doch aus dem Wohnorte Bircher's, d. h. einem Kropfterrain.
Da nun Thiere in Kropfgegenden zuweilen und gar nicht so selten Kropf
bekommen, so würde sein Versuch, auch wenn er positiv ausgefallen
wäre, wenig bewiesen haben. Diesen Fehler haben Lustig (Cagliari)
und Carle (Turin) vermieden und Kropfwasser an Thiere gegeben, die
aus einer nichtkröpfigen Gegend stammten und auf einem immunen
Terrain (Turin) gehalten wurden. Zum Versuche dienten ein Pferd und
eine Anzahl Hunde, als Tränkwasser das Wasser verschiedener Quellen
des Aostathales. Das Pferd, welches in ausgezeichneten Verhältnissen
gehalten wurde, zeigte in Folge Tränkung mit dem als kropfbildend ver-
mutheten Wasser nach einigen Wochen eine langsame und progressive,
deutliche Vergrösserung der einen Schilddrüse. Dieselbe wurde exstirbirt,
worauf sich auch bei fortgesetzter Tränkung die andere Schilddrüse vergrösserte und wieder bis zur Unfühlbarkeit abnahm, als das Wasser
wieder fortgelassen wurde. Dreizehn, meist junge Hunde erhielten dasselbe Wasser des Buthier (eines Giessbaches des Aostathales). Von diesen
Thieren zeigte nur eines eine unbestreitbare Vergrösserung zuerst des
linken Lappens und nach Exstirpation desselben auch des rechten Lappens,
die zurückging, als man den Thieren statt des genuinen, filtrirtes Wasser
gab. Zehn weitere gesunde Thiere, welche ausschliesslich filtrirtes und
gekochtes Buthierwasser bekamen, blieben kropffrei. Ein junger, aus einer
Kropfgegend stammender kropfiger Hund bekam Kropfwasser, und sein
Kropf, von dem ein Stück zur mikroskopischen Untersuchung exstirpirt
war, fuhr fort zu wachsen. Als das Thier aber filtrirtes Wasser bekam, verschwand der Kropf nach einigen Monaten vollkommen.

. Auch diesen Versuchen, die auf dem ersten Blick recht überzeugend
scheinen, stehen gewisse Bedenken entgegen. Zunächst, dass sie an Zahl
zu gering sind gegenüber der Thatsache, dass der Kropf bei Thieren,
wie wir schon oben gesehen haben, auch spontan, und zwar in verhältnissmässig kurzer Zeit zurückgeht, wenn sie aus einer kröpfigen
in eine kropffreie Gegend gebracht werden oder umgekehrt. Dann aber
auch der Umstand, dass von den 13 Hunden nur ein einziger zweifellos
durch das Wasser kröpfig wurde, wobei freilich nicht zu übersehen ist,
dass der Hund nach übereinstimmender Angabe der Autoren wenig zur
Kropfbildung disponirt ist.

Wie dem auch sei, Lustig und Carle selbst sind in ihren Schlüssen
sehr vorsichtig und behaupten nur, dass das geprüfte Wasser kropferzeugend ist. Ob diese Fähigkeit einem bestimmten, durch das Filtriren
des Wassers aus demselben entfernten Mikroorganismus zukommt, wollen
sie zunächst noch unentschieden lassen.

Solche Mikroorganismen sind aber in der That gefunden und ihnen
eine specifische Bedeutung beigelegt worden.

Klebs fand im Wasser von Kropfquellen aus dem Salzburgischen, aus Böhmen, aus dem berüchtigten Brunnen des Schlosses Lenzburg gewisse Infusorien, die er als Naviculae bezeichnete und in Beziehung zu den specifischen Eigenschaften dieser Wässer setzte, von denen er wenigstens eines auch experimentell prüfte (s. oben). Bircher untersuchte mit Rücksicht auf die Beziehungen des Kropfes zur Bodenformation nicht weniger wie 30 Brunnen aus der Molasse, 18 aus der Juraformation, 16 aus der Trias und 6 aus dem krystallinischen Gesteine und war erstaunt über das häufige Vorkommen einer Diatomee, der Encyonema, in den Wässern der Kropfgegenden, im Gegensatz zu den spärlichen Exemplaren derselben in den Wässern der Juraformation und des Granites am Rhein. Begleitet war dieselbe in den Wässern aus kropfführendem Gestein von bald bacillen-, d. h. stäbchen-, bald kommaförmigen Organismen mit schlängelnder Eigenbewegung, denen Bircher ätiologische Beziehungen zum Kropf und Cretinismus zuschreiben möchte, die er aber nicht genauer beschrieben und mit den Hilfsmitteln moderner Technik nicht weiter untersucht hat. Tavel hat aus dem Wasser einer Kropfquelle, die ein schönes, klares Wasser hatte, nicht weniger wie 33 verschiedene Arten von lebenden pflanzlichen Organismen gezüchtet, während er in einem Controlwasser nur 9 dergleichen fand. Doch handelt es sich hier, wie es scheint, bisher nur um eine vereinzelte Beobachtung. Dagegen haben Lustig und Carle 25 verschiedene Wässer aus dem Aostathal mit den heutigen bakteriologischen Methoden bearbeitet. Zunächst konnten sie die Klebs'schen Mikroorganismen nie beobachten. Alle Wässer waren aber reich an verschiedenen Bakterien, „von denen besonders ein Mikroorganismus in allen von uns untersuchten Wässern constant, wenn auch in verschiedener Menge, vorkam". Er verflüssigt die Gelatine, wächst mit charakteristischer Ausbreitung auch bei höherer Temperatur, findet sich nicht in anderen Wässern, ist aber in Reincultur, Thieren eingeimpft, nicht pathogen. Der Versuch, durch Impfung filtrirten, d. h. bakterienfreien Wassers die Specifität dieses noch etwas fragwürdigen Organismus sicherzustellen, ist, wie wir schon oben gesehen haben, zunächst nicht gelungen. Weitere Untersuchungen nach dieser Richtung liegen bis jetzt aber nicht vor, was zu der Wichtigkeit der Sache und dem Uebereifer, der sonst auf bakteriologischem Gebiet entwickelt wird, in auffallendem Gegensatz steht.

Wir müssen uns also, wie die Dinge im Augenblick liegen, damit bescheiden, dass wenigstens die ersten Schritte zum Nachweis der mikroparasitären Genese des endemischen Kropfes gethan sind, wenn sie auch bislang noch nicht zum Ziel geführt haben. Es ist dies aber unseres Erachtens nur noch eine Frage der Zeit, die ihre Lösung sicher in dem Sinne finden wird, in dem alle bekannten Thatsachen sprechen und aus dem sie sich insgesammt ungezwungen erklären lassen: in dem Sinne der Infection durch einen organischen, an bestimmte tellurische Gestaltungen gebundenen und durch das Wasser dem Menschen übermittelten Krankheitskeim.

Ganz anders liegen die Verhältnisse für das sporadische Vorkommen des Kropfes, d. h. das gelegentliche Befallensein einzelner Personen in Gegenden, in welchen sonst Kropf nicht oder nur hin und wieder, jedenfalls nicht endemisch, vorkommt. Wir sehen z. B. hier in Berlin, von dem Niemand behaupten wird, dass es ein endemischer Kropfherd sei, jahraus jahrein, abgesehen von zugewanderten Kröpfen, eine Anzahl Strumen bei jungen und älteren Personen, die nie aus dem Weichbilde der Stadt herausgekommen sind. Diese Kropfbildungen, die meist nur leichter Art und gewöhnlich mit einem gut Theil Chlorose bei früh entwickelten Mädchen verbunden sind, haben mit einer specifischen Infection nichts zu thun. Hier wirken Gelegenheitsursachen, Traumen, Gravidität, die Art der Arbeit (wovon wir bereits oben S. 60 ein gutes Beispiel mitgetheilt haben) und ähnliche Dinge, die zu einer dauernden oder doch oft wiederkehrenden Hyperämie der Drüse führen. Hier mag auch, wie Virchow anzunehmen geneigt ist, eine besondere Prädisposition, namentlich eine ursprüngliche Bildungsanomalie vorliegen. Es finden sich abweichende Anordnung der Gefässe und einzelner Drüsentheile, Persistenz der Thymus und Vergrösserung derselben. Virchow fand bei angeborenem Kropf eine grosse Thymus, Bednar[1]) fand sie siebenmal unter acht Fällen von angeborenem Kropf. Eulenberg und Lebert erwähnen die Persistenz der Thymus bei kröpfigen Kindern und Erwachsenen. Dass hier in der That Bildungsanomalien *ab ovo* vorliegen können, scheint mir auch der Umstand zu zeigen, dass ich mehrfach Kropf bei Geschwistern, deren Mutter selbst nicht kröpfig ist, beobachtet habe.

Indem wir uns vorbehalten, die Einwirkung der oben besprochenen specifischen Infection auf den Organismus, insofern sie bald zum Kropf, bald zum Cretinismus in seinen verschiedenen Formen, bald zu einem gemeinsamen Vorkommen beider Erkrankungsformen führt, in einer Schlussbetrachtung zu erörtern, wenden wir uns zunächst der speciellen Pathologie des Kropfes zu.

Der Kropf. Struma, Goître, Goitre, Gozzo, Wen, Derby neck.

Als Kropf oder Struma bezeichnen wir heutzutage nicht mehr, wie die alten Aerzte, alle möglichen Drüsenanschwellungen,[2]) sondern ver-

---

[1]) **Bednar**, Die Krankheiten der Neugeborenen und Säuglinge, Wien 1852, Bd. III, S. 77.

[2]) Siehe die historischen Angaben in **Virchow**, Geschwülste, III., S. 2 u. ff.

stehen darunter eine bestimmte krankhafte Veränderung der Schilddrüse, die sich meist in einer mehr oder weniger starken Vergrösserung des Organs nach aussen kenntlich macht. Neben sehr geringen, kaum merkbaren Andeutungen kann die Drüse *in toto* oder in einem ihrer Lappen eine so gewaltige Anschwellung erreichen, dass sie wie ein Beutel am Halse herunterhängt und nicht nur die gesammte vordere Halsgegend, sondern auch den grösseren Theil der oberen Brustgegend und selbst noch tiefere Theile bedeckt. Daher soll sich denn nach Hedenus der Name „Struma" aus *struere* und *ruma* herleiten, weil die Alten die Brust auch *ruma* nannten und von dem Kropfe sagten, dass er *„struere rumam sen propedentem de collo mammam"*. Synonym mit Struma finden sich die Ausdrücke *„guttur tumidum s. turgidum"* und „Bronchocele" bei den älteren Schriftstellern, wie Galen, Celsus, Plinius u. A., obgleich sie nicht ausschliesslich für den jetzt „Kropf" genannten Zustand, sondern gelegentlich für verschiedenerlei Geschwülste am Halse gebraucht werden. Erst Kortum hat die „Struma" auf die Geschwulst der Schilddrüse beschränkt.

　　Man unterscheidet, je nachdem die Entwicklung der Kropfgeschwulst nach der einen oder der anderen Richtung vorwiegt, einen unilateralen, bilateralen oder medianen Kropf. Entwickelt sich der letztere nach unten gegen die *Incisura sterni* und tritt hinter das Brustbein, so entsteht der substernale Kropf, der bei tiefer Inspiration in das vordere Mediastinum heruntersteigen und ganz oder fast ganz verschwinden, bei der Exspiration am Zungenbein wieder zum Vorschein kommen kann. Das ist der schon von Fodéré beobachtete *Goitre en dedans* oder *plongeant* der Franzosen. Die Struma kann aber auch in der Tiefe entweder ganz oder zu einem Theil abgeschnürt, respective festgehalten werden, wo sie dann meist hinter dem Sternoclaviculargelenk der ersten Rippe sitzt und gelegentlich die heftigsten Compressionserscheinungen und erhebliche diagnostische Schwierigkeiten verursachen kann, besonders wenn der Sack noch weiter in das Mediastinum, in den Supraclavicularraum oder gar in die Pleurahöhle hineinragt. So führt Virchow an, dass ihm eine über faustgrosse, multiloculäre Cystengeschwulst gebracht wurde, die man in dem Pleurasack eines Invaliden gefunden und nicht erkannt hatte. Erst die mikroskopische Untersuchung der Cystenwand ergab, dass darin comprimirte Schilddrüsenfollikel in Menge eingeschlossen waren. Adelmann sah das linke Horn vor den Gefässen und Nerven und hinter dem Schlüsselbein und der unteren Rippe in die Brusthöhle verlängert, wo es die linke Lunge bedeutend zurückdrängte und bis zum Aortenbogen reichte.

　　Der submaxillare Kropf kommt dagegen durch Wachsthum der Schilddrüse nach oben zu Stande, deren Hörner hinter den Winkel des Unterkiefers, ja selbst bis an den *Processus mastoideus* reichen, aber

zuweilen sich so verbergen, dass sie kaum von aussen zu bemerken sind.
Diese Form findet sich namentlich bei Kindern und stellt eine der wichtigsten Arten der *Struma congenita* vor (Virchow).

Unter wanderndem Kropf versteht Wölfler diejenige Form der
Struma, welche in Folge einer abnormen Excursionsfähigkeit des Kehlkopfes und der Trachea vorübergehend retrosternal zu liegen kommt,
zu anderen Zeiten aber wieder an die richtige Stelle hinaufsteigt. Was
also beim *Goitre plongeant* im regelmässigen Typus der Respiration geschieht, kommt bei dem wandernden Kropf nur zu gewissen Zeiten und
unabhängig von Athembewegungen vor. Uebrigens ist das Heruntersinken
der Kropfgeschwulst und ihre Beweglichkeit zum Theil auch dadurch
ermöglicht, dass die Struma zuweilen an einem Stiel hängt, der von dem
ursprünglichen Anheftungspunkt der Thyreoidea ausgeht und einen bindegewebigen, mit Gefässen und Nerven versehenen Strang bildet, dessen
Entstehung wohl hauptsächlich auf den Zug der Geschwulst zurückzuführen ist. Vorwiegend werden sich also solche Stiele bei grossen Kröpfen
herausbilden, doch kommen auch kleine, fibröse Kröpfe mit Stiel vor
(Wölfler).

Die Grösse der Kröpfe wechselt ausserordentlich: von leichteren,
kaum bemerkbaren Anschwellungen bis zu sackartigen Geschwülsten, die
bis an den Bauch (Ferrus) ja bis auf die Oberschenkel (Alibert) herabreichen. Wenn solche extreme Wachsthumsverhältnisse wirklich beobachtet
sind, so sind sie jedenfalls sehr selten, da der Regel nach Kröpfe nicht
grösser wie stark mannsfaust oder kleinkinderkopfgross werden und
Strumen, die bis zur Mitte der Brust heruntergehen, selbst in den Kropfgegenden, wo die grösseren Bildungen im Ganzen häufiger sind, schon
zu den seltenen Vorkommnissen gehören.

Befällt die Geschwulst nur einen Lappen, so ist dies nach den übereinstimmenden Angaben der Autoren (Tourdes, Trousseau, Ancelon,
Gouget, Lebert, Lücke u. A.) der rechte Lappen, welcher nach Brunet
überhaupt meist Ausgangspunkt der Strumenbildung ist, weil der venöse
Rückfluss aus demselben wegen seiner Lage zum Herzen schon in der
Norm schwieriger als aus dem linken, respective Mittellappen sei.

Mit dem Wachsthum der Geschwulst, die zuerst nur wie eine kleine
Halbkugel dem Muskelhals aufsitzt, verstreichen die Contouren des Halses
mehr und mehr, und nimmt er an Umfang zu. Die Halsmuskulatur, die
Sternohyoidei, Sternothyreoidei, die Sternokleidomastoidei werden nach
vorne, respective den Seiten gedrängt und in der Mehrzahl der Fälle mit
der Zeit atrophisch. Zuweilen werden sie aber im Gegentheil hypertrophisch
und drücken den Kropf gegen die tiefen Halstheile. Wir werden noch
später sehen, dass dadurch eine Ursache des sogenannten Kropftodes gegeben sein kann.

Die Haut auf der Oberfläche der Geschwulst ist fest und glatt, je nach der Grösse derselben von zahlreichen ectatischen Venen durchzogen. Verwachsungen mit der Nachbarschaft finden unter gewöhnlichen Verhältnissen nicht statt und treten meist erst nach secundären entzündlichen Vorgängen ein.

Die kröpfige Entartung der Schilddrüse ist ihrem Wesen nach eine Hypertrophie und Hyperplasie der gesammten Drüsensubstanz, die, zunächst aus einer Hyperämie des Organs hervorgegangen, ihre weitere Entwicklung nach verschiedenen Richtungen nehmen kann, je nachdem dabei die einzelnen Componenten des Drüsengewebes, Bindegewebe, Parenchym, Gefässe, Follikelinhalt, mehr oder weniger betheiligt sind.

Eine bald kürzere, bald längere Zeit dauernde Hyperämie der Drüse, wozu dieselbe wegen ihres grossen Gefässreichthums besonders disponirt ist, und eine darauf beruhende Anschwellung derselben kann sowohl als Ergebniss eines acuten Reizes, einer vorübergehenden Anstrengung, einer Kreislaufstörung u. A. auftreten, als auch physiologischer Natur sein und steht dann mit dem Geschlechtsleben der Frau in Verbindung. Die Schwangerschaft, die Menstruation, ja selbst die Defloration bringt eine derartige Anschwellung zu Wege, und Freund hat in der Strassburger geburtshilflichen Klinik auch bei pathologischen Zuständen der Sexualorgane eine Tumefication der Schilddrüsen beobachtet. Das noch heute manchen Orts und besonders im Orient beliebte Verfahren, der jungen Frau vor und nach der Hochzeitsnacht den Hals zu messen, greift bis ins Alterthum zurück.[1]) Dass sich mit dem schwangeren Leib der Hals rundet, ist eine in Kropfgegenden bekannte Erscheinung.

Aber diese Hyperämien sind im Sinne obiger Definition nicht als eigentliche Struma, als *Struma hypcraemica*, zu bezeichnen, weil bei ihnen eine gewebliche Alteration der Drüsensubstanz zunächst nicht zu Stande kommt.

Von wirklichen Strumen haben wir nach der alten, von den meisten Autoren innegehaltenen Eintheilung eine

> *Struma parenchymatosa seu follicularis,*
> *Struma fibrosa,*
> *Struma vasculosa,*
> *Struma colloides seu gelatinosa*

zu unterscheiden. Ihnen reihen sich die *Struma cystica* und *Struma carcinomatosa* an, die sich im Verlaufe einer der genannten Formen ausbilden können und denselben einen eigenartigen, wohlausgeprägten und eine eigene

---

[1]) Catull, *Epigram. I, 95: „Non illam genetrix orienti luce revisens Hesterno poterit collum circumdare filo.“* Bekannt ist die Stelle in den Venetianischen Epigrammen Goethe's.

Benennung rechtfertigenden Charakter verleihen. Diese Aufstellung beruht im Wesentlichen auf der von Virchow in seinen „Geschwülsten", 1867, gegebenen Darstellung der Kropfgeschwülste. Seitdem hat die feinere Anatomie der normalen und kranken Drüse durch die Arbeiten von Biondi, Langendorf, Langhans, Podbelsky, W. Müller, Gutknecht, Zielinska u. A. eine nicht unwesentliche Erweiterung und Vertiefung erfahren, und Wölfler ist auf Grund seiner Untersuchungen über die Beziehungen embryonaler Bildungsreste zu den strumösen Processen zu einer neuen und vollkommen abweichenden Anschauung gekommen. Nichtsdestoweniger werden wir die oben gegebene Reihenfolge, beziehungsweise Eintheilung festhalten, weil sie den Vorzug grösster Uebersichtlichkeit und Folgerichtigkeit besitzt.

Betreffs Beschreibung der gröberen und feineren anatomischen Verhältnisse der Schilddrüse, also des Bodens, auf dem sich die verschiedenen Formen krankhafter Um- und Neubildung derselben entwickeln, verweisen wir auf den ersten Abschnitt.

Pathologische Anatomie.

Die *Struma parenchymatosa seu follicularis* entsteht durch eine Hyperplasie der Follikel, deren Zellen sich durch Theilung vermehren und solide Zapfen oder Stränge bilden, die in das interstitielle Gewebe eindringen und sich dort verästeln. Daneben finden sich kleine leere Drüsenbläschen mit Cylinderepithel, auch wohl mit cubischem, bei zunehmender Grösse der Follikelbildungen abgeplattetem Epithel und colloidem Inhalt. An manchen Stellen kommt es nach Verdünnung der Septa und Schwund des Epithels zum Zusammenfliessen der kleineren Bläschen und Bildung grösserer, unregelmässig gestalteter, colloidhaltiger Alveolen. Zielinska will die colloiden Massen auch in den Venen und, was besonders auffällig, in den Arterien gesehen haben. Das Stroma ist, abgesehen von starker Gefässentwicklung, im Ganzen wenig verändert. Nur gelegentlich wird durch interstitielle Reizung eine stärkere Ausbildung der Stromabalken und dadurch bedingte Abschnürung einzelner Drüsenknoten veranlasst.

Im Ganzen haben diese Kröpfe eine weiche Beschaffenheit, erreichen selten einen grösseren Umfang und neigen zu fettiger Entartung, respective Zerfall ihres Inhaltes.

Es ist einleuchtend, dass zwischen dieser Form und der *Struma colloides seu gelatinosa* nur ein gradueller Unterschied besteht, der durch die stärkere Colloidentwicklung und Erweiterung, respective Verschmelzung der Follikel bedingt ist. Dieselbe kann auf einzelne Partien der Drüse, respective auf einen Lappen beschränkt sein, sie kann aber auch die ganze Drüse angreifen und zu beträchtlicher Vergrösserung derselben führen.

Nimmt die colloide Inhaltsmasse des oder der Follikel immer mehr und mehr zu, so kommt es durch Druckatrophie der Wand und Verflüssigung des Follikelinhaltes zur Bildung grösserer cystischer Räume, es entsteht die *Struma cystica*, wie sie die nebenstehende, den „Geschwülsten" Virchow's entnommene Abbildung in vorzüglicher Weise veranschaulicht. Hier bilden sich grosse, oft sehr unregelmässig gestaltete Hohlräume, die unter Umständen den ganzen Kropfknoten in eine einzige grosse Cyste verwandeln. Nach den Untersuchungen von Gutknecht hätten wir dabei einen zweifachen Entstehungsmodus zu unterscheiden: eigentliche Dilatationscysten durch Zusammenfliessen der Follikel, und Erweichungscysten, welche durch hyaline (colloide) Degeneration des normalen Stromas, seltener des sklerotischen Bindegewebes entstehen sollen. Dies setzt voraus, dass sich das interstitielle Gewebe nach beiden Richtungen hin verändern kann und einen ziemlich breiten Platz in dem Knoten beansprucht. Die Cystenbildung geschieht alsdann sowohl durch Zusammenfliessen des bindegewebigen Gerüstes mit dem Colloid der Follikel, als durch eine centrale Erweichung der sklerotischen Bindegewebsfelder. Beide Modalitäten werden von Gutknecht eingehend beschrieben. Uns kommt es hauptsächlich auf Wand und Inhalt dieser Cysten an.

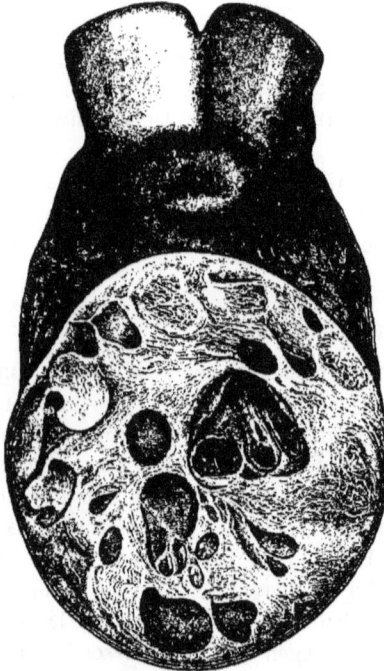

Fig. 4. *Struma gelatinosa cystica*, aus dem Mittelstück der Schilddrüse entwickelt. Durchschnitt des Knotens in einer der Vorderfläche des Körpers parallelen Ebene. Man sieht alle Uebergänge von einer mässigen Gallertinfiltration bis zu immer grösserer Cystenbildung. Letztere überall mit hämorrhagischer Pigmentirung. (Nach Virchow, Die krankhaften Geschwülste, Bd. III, 1. Hälfte, pag. 33.)

Erstere besteht aus der fibrösen, respective bindegewebigen Kapsel des ursprünglichen Knotens, die in jüngeren Bildungen mit den Resten des vormaligen Drüsenepithels ausgekleidet ist. Letzterer bildet eine trübe Flüssigkeit, die fettigen Detritus, allerlei zelliges Material, degenerirte Blutkörperchen, Körnchenkugeln, blutkörperchenhaltige Zellen, Riesenzellen und Reste von Blutfarbstoff, respective dessen Zersetzungsproducte (Hämatin, Cholepyrrhin) enthält und dadurch braun-roth oder grünlich gefärbt wird. Es finden sich Kalkkrystalle (oxalsaurer Kalk), Cholostearinmassen, phosphorsaure Ammoniak-Magnesia, Chlornatrium, Chlorkalium (Schlossberger) oder auch (Stoerk) weisse, glänzende, aus Colloidkörpern bestehende Breimassen. Diese Befunde sprechen dafür, dass gelegentliche Blutungen in den Cysteninhalt stattgehabt haben, die nicht nur zur Vergrösserung einer bestehenden Cyste beitragen, sondern wohl auch zum ersten Anlass zur Entstehung einer solchen (s. unten) werden können. Bei älteren Cysten sind Verkalkungen und Verknöcherungen der Wand nicht selten, die derselben, wenn sie grössere Platten bilden, eine so grosse Härte und Festigkeit geben, dass die aufgeschnittene Cyste nach Entleerung ihres Inhaltes nicht zusammenfällt. Die Knochenbildung ist bald platten-, bald balkenförmig, und Lücke führt zwei Fälle an, in denen es zu gut ausgebildeten Knochen mit Knochenkörperchen und Markräumen kam.

So weit die Wand der Cyste nicht vollkommen in fibröses, respective knöchernes Gewebe umgewandelt ist, sondern ihr noch Reste von Drüsengewebe und Gefässen geblieben sind, kann sie ein seröses, respective hämorrhagisches Secret absondern, welches sich oft in grosser Menge bildet und nach einer etwaigen Punction schnell ergänzt. Dadurch wird der Cystensack mehr und mehr ausgeweitet und kann schliesslich die schon oben erwähnte kolossale Ausdehnung der sogenannten Riesenkröpfe annehmen.

Aus der Genese der Cystenkröpfe ergibt sich, dass sie sowohl multiloculär wie uniloculär sein und Hohlräume jeder Grösse bis zum vollständigen Aufgehen des ganzen Knotens in eine einzige Cyste enthalten können, welche alsdann durch die allmälige Verschmelzung der einzelnen Cysten entsteht, deren Scheidewände übrig bleiben und als ein Fächerwerk bindegewebiger Maschen den neu entstandenen Hohlraum durchziehen. Diese Art von Cysten pflegen gemeiniglich sehr viele Gefässe zu enthalten, wesentlich auch varicös ausgedehnte Venen, welche gern zu bedenklichen Blutungen Anlass geben.

Die *Struma fibrosa*, der Faserkropf oder Knotenkropf, die *Struma cirrhosa* älterer Schriftsteller, kommt durch Hyperplasie und Sklerose des interstitiellen Gewebes zu Stande, und zwar gewöhnlich in einer bereits bestehenden oder gleichzeitig sich entwickelnden *Struma follicularis*. Es findet sich im Innern des Strumaknotens ein sehnig aussehender, ins Gelbliche oder Bläuliche spielender, transparenter, glänzender oder fester, bindegewebiger Kern von geradezu knorpelartiger Härte. Manchmal bleiben diese Knoten vereinzelt und gehen diffus in das benachbarte Drüsengewebe über. In dem eigentlichen Faserkropf erreichen sie aber eine beträchtliche Grösse, so dass diese Form, wie Virchow sagt, ausgezeichnet knotig oder grosslappig zu sein pflegt. Selten wird die ganze Drüse davon eingenommen, sondern es sind partielle Strumen, die nur an einem

Horn oder an einzelnen Stellen beider Hörner sich entwickeln. Jeder Knoten erscheint wie eine Balggeschwulst mit festerem Kern, indem rings umher schwieliges Bindegewebe läuft, von welchem aus nach innen weisse Faserzüge ausgehen, die in einem centralen oder excentrischen Kern von sklerotischer Beschaffenheit zusammentreffen. Zwischen den Maschen dieser radiären, vielfach untereinander verfilzten Faserzüge finden sich wohl auch eingelagerte Follikel, die nach aussen hin an Zahl zunehmen und den peripherischen, nicht indurirten Theil der Knoten zusammen mit spärlichem, aber festem Bindegewebe bilden. Die Gefässe sind sparsam entwickelt. Nur zuweilen findet sich eine reichlichere Vascularisation vorwiegend capillärer Natur, die Anlass zu grösseren Blutungen, Ablagerung von braunrothem Pigment und eventuell Cystenbildung (siehe oben) gibt. In diesem sklerotischen Gewebe kann es nach Gutknecht sowohl im Centrum wie in der Peripherie zu colloider Degeneration und zur Verkalkung kommen.

Derselbe Autor beschreibt aber noch eine zweite Form der Entartung des Stromas und seiner Gefässe, welche er als hyaline Degeneration desselben bezeichnet. Sie befällt oft ganze Knoten, bald nur einen Theil derselben, und führt in ihrem Verlauf zu einer ausgesprochenen Colloidmetamorphose des interstitiellen Gewebes, welches dann mit den gleichfalls colloidentarteten Follikeln zu grossen Flächen zusammenfliessen kann. Zunächst „windet sich das Stroma noch in Form glasheller schmaler Streifen zwischen den besonders in der Peripherie zahlreichen, mehr weniger entarteten Follikeln durch", bis dann im Centrum die gegenseitige Verschmelzung eintritt. Dabei scheint es sich nicht nur um ein Aufquellen der Fibrillen des Stromas, sondern auch um die Ablagerung einer neuen Substanz in die Spalten des lockeren Gerüstes zu handeln. Gleichzeitig findet sich eine Veränderung der Capillaren und kleinsten Arterien, die wesentlich in einer Erweiterung, Endothelschwund und hyalinen Wandverdickung besteht, wodurch teleangiektatische und cavernöse Tumoren entstehen können. Höchst auffallend ist die von Gutknecht und Zielinska übereinstimmend gemachte Beobachtung, „dass das Blut sowohl im Innern von Gefässen mit normaler oder degenerirter Wand als auch in Extravasaten Veränderungen eingeht, deren Endproducte dem schwach glänzenden homogenen oder feinkörnigen und dem stark glänzenden homogenen Colloid entsprechen" und die ihre Entstehung einer Umwandlung der Blutkörperchen verdanken. Hinsichtlich der feineren Vorgänge dieses Vorganges muss auf die Beschreibung Gutknecht's verwiesen werden. Der Autor unterlässt es, irgend welche allgemeine Schlüsse daran zu knüpfen; es scheint aber kaum anders möglich, als dass dasselbe Agens, welches die colloide Degeneration des Follikelinhaltes hervorruft, auch von der Gefässwand aus seinen Einfluss ausübt.

Auch diese Form geht die cystische Erweichung ein, und so kommt
es, dass, wie Virchow sagt, „wenn die Entwicklung der Struma überhaupt eine lappige oder knotige gewesen ist und an verschiedenen Theilen
der Drüse strumöse Massen sich gebildet haben, nebeneinander auch eine
ganze Reihe von verschiedenen Zuständen existiren kann. An einer Stelle
findet sich die frische Follicular-Hyperplasie, an einer anderen Stelle
gallertartige, an einer dritten cystische, an einer vierten Stelle hämorrhagische, an einer fünften indurative Zustände", und wir können schliesslich ein sehr buntes Bild verschiedenartiger Degenerationen in ein und
derselben Kropfgeschwulst antreffen.

Was nun schliesslich das Verhalten der Gefässe anbetrifft, so
ist dabei wohl zu unterscheiden zwischen den zeitweiligen bereits erwähnten Hyperämien und einer dauernden Veränderung der Gefässe.
Letztere besteht entweder in einer mehr gleichmässigen Ektasie der Arterien und Venen oder in einer varicösen Schlängelung der letzteren, die
zu blasigen, sackigen oder rosenkranzförmigen Ausbuchtungen Veranlassung
gibt. Ersterenfalls pulsirt der Tumor, schwillt gelegentlich an und ab,
ist auch wohl compressibel und lässt laute Gefässgeräusche hören. Das
ist bei der zweiten Form, die gemeinhin nur partiell auftritt, nicht in dem
Masse der Fall. Dafür findet sich hier aber eine stärkere und ausge-
dehntere Schwellung der Gefässe ausserhalb der Drüse, besonders auch
der äusseren Halsvenen, die in Form dicker, stark geschlängelter Stränge
hervortreten. Man hat diese Telcangiektasien als *Struma aneurysmatica*
und *Struma varicosa* bezeichnet, obgleich es sich dabei nicht um echte
aneurysmatische Bildungen, sondern bestenfalls um das *Aneurysma cir-
soides* Virchow's handelt. Die Gefässentwicklung kann hierbei eine
solche Mächtigkeit annehmen, dass das eigentliche Drüsengewebe bis auf
geringe Reste zum Schwund kommt; soweit es aber überhaupt noch vorhanden ist, pflegt es nach einer der schon beschriebenen Richtungen hin
entartet zu sein.

In seltenen Fällen ist, zuerst von Friedreich, später von Beckmann, Virchow u. A., amyloide Degeneration der Gefässe beobachtet
worden, die *Struma amyloides*, die dem Kropfknoten auf dem Durchschnitt ein homogenes, blass-graurothes, wachsartiges Aussehen gibt,
welches die von Beckmann eingeführte Bezeichnung „Wachskropf"
rechtfertigt. Da diese Entartung nur partiell, meist bei gleichzeitigem
Follicular- oder Gallertkropf, vorkommt, so hat sie nur nebensächliches
Interesse.

Während die im Vorstehenden gegebene Darstellung der einzelnen
Formen des Kropfes wesentlich descriptiver Natur ist und sich an das
vorliegende Material hält, ohne auf die Entwicklungsgeschichte desselben
anders einzugehen, als dies bei jeder Geschwulstbeschreibung geschieht,

hat Wölfler auf Grund umfassender embryonaler Studien über die
Anlage der Schilddrüse und die Beobachtung hin, dass sich auch in der
Thyreoidea Erwachsener bis ins Greisenalter Reste embryonalen Drüsengewebes finden, eine andere Eintheilung der Kropfgeschwülste gegeben. Er
unterscheidet: 1. *Struma hypertrophica*. 2. *Struma vasculosa*. 3. *Adenoma
foetale thyreoideae*. 4. *Adenoma gelatinosum thyreoideae*.

Von diesen Formen beruht die *Struma hypertrophica* (1) auf der
Vergrösserung und Vervielfältigung der Follikel nach Art des normalen
Wachsthums, unterscheidet sich also ebenso wie die *Struma vasculosa* (2)
nicht von den auch von anderen Autoren mit demselben Namen belegten
Formen. Dagegen bezeichnet Wölfler als fötales Adenom (3) diejenige
Form des Kropfes, welche histologisch eine epitheliale Neubildung darstellt
und aus atypisch vascularisirtem embryonalem Drüsengewebe entsteht. Sie
entwickelt sich entweder unter Wahrung dieses embryonalen Charakters
oder geht mit zunehmendem Wachsthum in normales Drüsengewebe über,
d. h. durchläuft alle diejenigen Stadien, die sich auch beim Wachsthum
der normalen Drüsen finden. Dieses Adenom bildet entweder einen einzigen
oder mehrere in das Drüsengewebe eingelagerte Knoten, welche das normale
Gewebe verdrängen und zur Atrophie bringen. Auch das gelatinöse
Adenom (4) charakterisirt sich als atypische Gewebsneubildung, aus
grösseren und kleineren neugebildeten colloidhaltigen Drüsenbläschen zu-
sammengesetzt, welche die ganze Drüse oder Theile derselben einnimmt.
Es ist also am letzten Ende nichts Anderes wie die oben vermerkte *Struma
gelatinosa*, wenn auch die Entstehung des Processes nicht wie dort aus
der Veränderung normalen Gewebes hergeleitet wird. Und darin liegt der
neue und originelle Standpunkt Wölfler's, dass er entgegen älteren Anschauungen nicht nur eine degenerative, sondern eine heterogene
Um-, respective Neubildung als Typus der Strumenbildung
statuirt und ähnliche Anschauungen auf beschränktem Felde vorbringt,
wie sie Cohnheim derzeit für die allgemeine Geschwulstlehre in seiner
bekannten Auffassung von der Bedeutung des persistirenden embryonalen Restes für die Genese der Geschwülste zur Discussion gestellt hat.
Die weitere Forschung wird die Berechtigung dieser Anschauung festzustellen haben.

Gehen wir aber auf die ältere, bisher noch immer gebräuchliche
Classification der Strumen zurück, so ist schliesslich besonders hervorzuheben, dass die verschiedenen daselbst geschilderten Formen des Kropfes,
die *Struma parenchymatosa*, die *Struma fibrosa*, *gelatinosa* etc., keineswegs stets für sich allein bei einem Individuum vorkommen und das Auftreten der einen Gewebsveränderung das der anderen ausschliesst, sondern
dass sie sich miteinander combiniren und so zu den mannigfaltigsten
Bildern Veranlassung geben können.

Als secundäre Veränderungen der Kropfgeschwulst, die sich in jeder Form derselben entwickeln kann, ist die acute Entzündung, die *Struma inflammatoria acuta,* die Strumitis, zu nennen, die im Gegensatze zu den irritativen Vorgängen, welche zur Entwicklung eines Kropfes nach einer Thyreoiditis führen, in der bereits fertigen Geschwulst platzgreift. Dabei schwillt der Kropf sehr schnell an und kann durch seine Grössenzunahme gefährlich werden, wofür Lebert und Virchow typische Beispiele anführen. Die Entzündung geht in Eiterung über, es bilden sich Abscedirungen, die eventuell nach aussen aufbrechen oder zu diffuser Infiltration führen, Peristrumitis, und es treten Schwellungen auf, die mehr auf exsudativen Processen beruhen. Letzteres findet besonders in den Cysten statt, die sich nach Entleerung ihres Inhaltes unter entzündlichen Erscheinungen oft überraschend schnell wieder füllen, wobei sich dann auch hämorrhagische Ergüsse einstellen.

Als Ursache dieser Strumitis gelten seit Langem Traumen, Verwundungen, Quetschungen und Erkältungen. In jüngster Zeit ist aber die Aetiologie dahin geklärt, dass es sich in vielen Fällen um eine primäre oder secundäre (metastatische) bakterielle Infection handelt. Wir haben schon oben (S. 38) bei Besprechung der Aetiologie der Thyreoiditis, die sich in mancher Beziehung nur schwer von der Genese der Strumitis absondern lässt, auf diese Verhältnisse hingewiesen. Hier sei noch Folgendes bemerkt.

Nachdem schon Kocher zu der Ueberzeugung gelangt war, dass jede acute Strumitis eine metastatische, respective infectiöse Entzündung sei, hat Brunner in einem Falle von acuter, eitriger Strumitis das *Bacterium coli* in Reincultur nachgewiesen, von dem er annimmt, dass es vom Darm aus eingewandert sei. Henke, der eine gleiche Beobachtung machte, konnte das *Bacterium coli* sogar im Pharynx nachweisen.

Am eingehendsten hat sich aber Tavel, welcher 18 Fälle von Strumitis untersuchte, mit dieser Frage beschäftigt. Er konnte nicht weniger wie acht Bakterienarten aus dem durch Punction oder Einschnitt erhaltenen Inhalt solcher entzündeten Strumen, respective Cysten züchten, und zwar wurden unter allen Cautelen und mit allen Erfordernissen der Technik nachgewiesen der *Streptococcus lanceolat.* und *pyogenes,* der *Staphylococcus pyogenes* — ein Staphylococcus, der dem *Staphylococcus albus* nahe steht, der *Bacillus typhi,* der *Bacillus coli commun.* und zwei eigenthümliche Bacillen, als *Bacillus strumitis* α und β bezeichnet, die Tavel mit keiner der bekannten Formen zu identificiren vermochte. Nur in drei Fällen war die Strumitis primär oder spontan, und hier wurden keine Mikroorganismen nachgewiesen. In dem anderen handelt es sich um secundäre Infection, die zumeist den Charakter einer Mono-, selten einer Mischinfection trägt. Als primäre Erkrankung werden Typhus, Pneumonie,

acute Katarrhe vom Magen und Darm, Puerperium, Osteomyelitis und
Pyämie, Angina, Coryza, Proktitis etc. nachgewiesen oder, genauer
gesagt, die betreffenden Kranken hatten ihre Strumitis im Verlauf oder
unmittelbar nach den genannten Krankheiten acquirirt, und aus dem Vorkommen des für die betreffende primäre Erkrankung charakteristischen
Mikroorganismus in der Struma wird auf die secundäre Infection geschlossen,
die in diesen Fällen dann als Resorptionsinfection aufzufassen ist.

Klinisch ist diese primäre oder secundäre Entzündung der Kropfgeschwulst seit Langem bekannt und der Natur der Sache gemäss vornehmlich in den Kropfgegenden beobachtet worden. Lebert berichtet über
vier Beobachtungen aus Zürich, während ihm in Breslau kein einziger Fall
vorkam. Als Complication tritt die Strumitis besonders häufig bei Typhus
auf. Hoffmann und Liebermeister haben unter 1700 Typhen 15 Fälle
von Strumitis gesehen, darunter sechs mit Ausgang in Abscess. Griesinger
erwähnt vier Abscesse der Thyreoidea unter 118 Typhussectionen; Kocher,
Lichtheim, Détrieux u. A. berichten über derartige Fälle, und wurde
der Eberth'sche Bacillus von Colzi, Baatz, Kocher, Dupraz, Tavel
und von Jeanselme im Eiter der abscedirenden Drüse bakteriologisch
sicher nachgewiesen, von einigen Forschern (Chantemesse, Jeanselme,
Spirig, Tavel) das Vorhandensein einer Mischinfection (Staphylokokken
u. A.) constatirt.

Auch nach Cholera (Cruveilhier), nach Diarrhoe (Roesch), nach
Gastrointestinal-Katarrhen, Anginen (Détrieux und Tavel) ist Strumitis
beobachtet. Dass sich dieselbe im Verlauf von Erkrankungen der Respi-
rationswege findet, ist bei den engen Beziehungen der letzteren zu der
Circulation der Thyreoidea leicht verständlich. Navarro und Jeanselme
sahen Streptokokken-Thyreoiditis in Folge einer Laryngotracheitis auf-
treten, Roux nach Influenza, Lebert, Baumann, Hirschfeld u. A. bei
Pneumonie, woselbst von verschiedenen Untersuchern (Gérard-Marchant,
Tavel, Lion und Bansaud, Durante) der Pneumonie Diplococcus im
Drüseneiter nachgewiesen ist. Als Complication der puerperalen infectiösen
Erkrankungen ist oft Strumitis beobachtet worden und muss als eine
Manifestation einer von dem Genitalapparat ausgehenden Infection an-
gesehen werden, die übrigens nicht immer mit einem puerperalen Fieber etc.
verbunden zu sein braucht, da sie auch bei anscheinend normal ver-
laufenden Geburten, ja selbst ohne solche, nur nach Unregelmässigkeiten
der Menstruation, aufgetreten ist (Lücke). Auch hier ist der Streptococcus
gefunden (Basso, Baatz). Endlich kommen auch bei den exanthematischen
Erkrankungen, bei Scharlach und Rötheln (Demme), auch bei Masern
(Lionville) mehr weniger ausgeprägte entzündliche Anschwellungen von
Strumen (und intacten Schilddrüsen, siehe oben bei Thyreoiditis) vor. Es
bedarf kaum der ausdrücklichen Erwähnung, dass es sich bei diesen

Manifestationen nur um eine Localisation des betreffenden inficirenden Agens, nicht um selbstständige Erkraukungen der Drüse handelt und dass der Modus der Propagation, sei dieselbe metastatischer oder, was wohl meist der Fall sein wird, resorptiver Natur, auf dem Wege der Gefässbahnen und nicht durch directe Contagion erfolgt.

Es bleibt uns noch die Verkalkung oder Verknöcherung, die *Struma ossea*, zu erwähnen. Schon oben haben wir gesehen, dass Kalkeinlagerungen in die Wand der Cysten stattfinden. Aber auch nicht cystische, folliculäre und besonders fibröse Kröpfe zeigen diese Umwandlung, wobei die Verknöcherung wesentlich das Zwischengewebe und auch die Gefässwände betrifft. So kommen also Kropfknoten mit Balken und Knollen von knöcherner Beschaffenheit gerade so wie Cysten mit knöcherner Schale vor. Die Verkalkung ist meist auf einzelne Herde oder Centren beschränkt, so dass grosse Abschnitte des Kropfes von der Verknöcherung frei bleiben. Bald ist die gebildete Knochenmasse porös, brüchig, bald auch so fest, dass sie nur mit der Säge geschnitten werden kann. Ueber eine andere secundäre Veränderung der Struma, die *Struma carcinomatosa*, wird später zu sprechen sein.

Symptomatologie des Kropfes.

Der Kropf ist entweder angeboren, *Struma congenita*, oder erworben. *Struma acquisita.*

Die **Struma congenita** wird fast ausnahmslos im Gebiete der Kropfendemien beobachtet, und zwar meist bei Kindern kröpfiger, selten bei solchen kropffreier Eltern. Hierbei handelt es sich gewöhnlich um die rein hyperplastische Form, doch hat Demme, einer der erfahrensten Beobachter auf diesem Gebiete, auch Cysten- und gemischte Kröpfe beobachtet. Das Gewicht der Schilddrüse des Neugeborenen schwankt zwischen 2—5 *gr* (Schönemann, Vierordt's Tabellen) und steigt bei der strumösen Entartung auf 10—30 *gr*. Nach Naumann soll die Drüse sogar so gross werden können, dass ein Geburtshinderniss dadurch bewirkt wird. Nicht selten ist das Wachsthum dieser Strumen, die fast immer retroösophageal gelegen sind, sehr schnell und hat Erscheinungen von Trachealstenose oder andere Beschwerden, selbst den Tod durch Compression der Luftröhre zur Folge. Immerhin ist die *Struma congenita* gegenüber dem erworbenen Kropf selten. Unter 642 kröpfigen Kindern fand sie Demme nur 37mal vertreten.

In der Mehrzahl ist also der Kropf erworben, **Struma acquisita,** und entsteht hauptsächlich in der Zeit bald nach oder um die Pubertät, doch kommt er auch noch später, selbst bis in die Vierzigerjahre zum Ausbruch. Eine vorhandene Struma kann sich bis in das höchste Alter weiter entwickeln. Nach Frey kommen auf 1013 Schüler der unteren

vier Schulclassen in Bern 282 kröpfige = 28 Percent, auf 869 der oberen
Classen 306 = 35 Percent; Bircher fand ein ähnliches Verhältniss, nämlich 25·6 gegen 41 Percent. Marthe hat nicht nur die Schulen in Bern,
sondern auch die in Oberhofen am Thuner See und in Lauterbrunnen aus-
gemustert und ebenfalls das Ansteigen der Zahl der Kröpfigen gegen
die Pubertät festgestellt. Ausserdem lassen seine Tabellen bereits deutlich
das Ueberwiegen des weiblichen Geschlechtes erkennen. So haben Knaben
von 6 bis 8 Jahren 29·6 Percent, Mädchen im gleichen Alter 41·5 Percent
Strumen; Knaben von 11 bis 15 Jahren 67·3, Mädchen 75·3 Percent
u. s. f. Noch viel erheblicher ist der Unterschied in dem Alter zwischen
20 und 50 Jahren. Bircher berechnet aus den Zahlen von Baillarger,
welcher die Resultate der französischen Enquête von 1861 veröffentlichte,
die das Alter von 13.090 Kröpfigen erhoben hatte, für die einzelnen Lebens-
dekaden auf je 1000 Köpfe der Bevölkerung

bei Männern: 1·8,   7·9, 12·6, 11·6, 14·0, 12·2, 12·3,   6·2 Kröpfe,

bei Frauen: 2·2, 11·5, 15·4, 24·6, 30·4, 29·0, 27·4, 19·9   „

Ganz dieselben Resultate geben die anderen Statistiken von Tourdes
(aus der Tabaksmanufactur in Strassburg), Billiet, Poulet u. A. In
Deutschland soll die Anzahl strumöser Männer im Mittel 15 Percent der
Kropfkranken betragen. Kurzum alle Erhebungen stimmen darin überein,
dass das weibliche Geschlecht besonders prädisponirt für Kropf ist. Wir
haben bereits auf die Beziehungen der Schilddrüse zum Geschlechtsleben
der Frau hingewiesen, die zweifellos auch hier in Frage kommen.

Die Entwicklung des Kropfes kann eine acute und chronische sein.

Die *Struma acuta* ist bedingt durch die bereits besprochene Hyperämie der Schilddrüse, wie sie sich in Folge von Anstrengungen beim
Geburtsact, bei Hustenanfällen oder nach dem Trinken von Kropfwasser u. s. f.
entweder ganz plötzlich, in wenigen Stunden oder doch innerhalb weniger
Tage oder Wochen herausbilden kann. Auf diese Weise entsteht z. B.
auch der schon erwähnte *Goître aestival* und der epidemische Kropf.
Dieser acute Kropf betrifft gewöhnlich die ganze Drüse, selten einzelne
Lappen derselben, und documentirt seine vasculäre Entstehung durch die
besonders bei Kindern häufig lauten Gefässgeräusche. Er kann eine
beträchtliche Grösse erreichen, zu Druck- und Stauungserscheinungen,
Dyspnoe u. A. Veranlassung geben, bildet sich aber entweder von selbst
oder unter Anwendung geeigneter Mittel gewöhnlich leicht zurück. Zuweilen recidivirt er und wird zum bleibenden Kropf.

Bei der *Struma chronica* beginnt die Anschwellung langsam, unmerklich, entweder zunächst auf einen Lappen beschränkt oder die ganze Drüse
betreffend, und schreitet entweder continuirlich bis zur höchsten Entwicklung fort oder schwankt im Verlaufe mit Ab- und Zunahme des Tumors.
Zuerst treten kaum andere Erscheinungen dabei auf, als dass sich vornehm-

lich bei Frauen leichte vorübergehende Gesichtshyperämien — sogenannte
fliegende Hitze — einstellen und sich die Entstellung der Halsgegend
merkbar macht. Je grösser aber der Kropf wird, desto mehr bringt er
schwere Störungen, die zum grössten Theil rein mechanischer Natur sind,
mit sich.

Zunächst treten selbst bei kleinen und mittelgrossen Kröpfen
Stauungen des venösen Rückflusses in den tiefen Venen mit ihren
Folgen für die lymphatischen Bahnen auf, wodurch es zu Weichtheils-
schwellung und Venenektasie am Halse, Cyanose des Gesichtes, welches,
besonders bei Anstrengungen, bei copiösen Mahlzeiten etc. blau-roth wird
Kopfschmerzen und Angsterscheinungen kommt — Momente, welche, wie
alle noch zu besprechenden Erscheinungen, zwar selbstverständlich mit
der Grösse des Kropfes wachsen, gelegentlich aber auch trotzdem vollkommen fehlen können. Je mehr die Struma gestielt ist, desto wenige
treten übrigens, in Folge des schwierigeren Blutzuflusses, diese Störungen
der Circulation und die Verzerrungen, respective Dislocationen der Gefässe
auf. Mit der Zeit schwellen die Venen immer mehr und bilden im Innern
der Kropfgeschwulst und auf ihrer Aussenseite mächtige, zuweilen daumen-
dicke Stränge und vielfach geschlängelte, engmaschige Geflechte, die kaum
einen Zwischenraum zur Ausführung einer eventuellen Punction zwischen
sich lassen. Um diese Circulationsstörungen zu ermöglichen, kommt aber
noch ein zweites Moment in Betracht, und das ist die Erschwerung
der Exspiration durch den Druck der Kropfgeschwulst auf die Trachea
oder die in gleichem Sinne wirkende Lähmung der Glottiserweiterer
durch Compression des Recurrens. Dadurch muss der venöse Druck
beträchtlich gesteigert werden — er kann so hoch steigen, dass eine an-
geschnittene Vene wie eine Arterie spritzt — während er umgekehrt nach
einer eventuellen Tracheotomie und der dadurch ermöglichten Restitution
der Athmung schnell herabsinkt. Die gelegentlich beobachtete Compression
der *Vena anonyma* oder des *Bulbus Venae jugularis* hat an einer solchen
Drucksteigerung weit geringeren Antheil, als man von vorneherein vermuthen sollte, weil durch die äusseren Venen ein Collateralkreislauf ge-
schaffen wird. Auch ist es von nicht allzu grosser Bedeutung, wenn durch
den Zug und Druck der Geschwulst ganz auffallende Verschiebungen der
Gefässe am Halse zu Stande kommen. Die *Vena jugularis interna* wird
gegen die Mittellinie und die *Arteria carotis communis* nach aussen gezerrt,
so dass letztere eventuell am äusseren Rande des Kopfnickers, ja hinter
dem Ohre auf einer Strecke von 10—12 *cm* zu sehen und zu fühlen ist.

Herzklopfen, gesteigerte Frequenz und Unregelmässigkeit der
Herzaction sind eine gewöhnliche Erscheinung. Bei jüngeren Individuen,
namentlich bei Mädchen um die Pubertätszeit durch Chlorose bedingt,
hat dieser Symptomencomplex in vielen Fällen eine directe Ursache in

einer Reizung der vom Vagus sich abzweigenden *N. accelerantes* oder in einer Lähmung des Herzvagus selbst. So berichtet Wölfler über einen Fall von Herzneurose, in dem die Obduction eine Compression der *Rami cardiaci Vagi* durch eine retrosternale Struma nachwies.

Von ganz besonderer Bedeutung sind die Respirationsstörungen.

Dieselben können einmal directer Natur durch mechanische Compression der Luftröhre, das anderemal indirect durch Nervenreizung oder Lähmung bedingt sein.

Die Athembeschwerden, welche durch das erstgenannte Moment, die Trachealstenose, bedingt werden, wachsen mit dem Wachsthum der Geschwulst. Sie treten anfangs nur vorübergehend auf, wenn sich ein Trachealkatarrh einstellt oder der Kropf plötzlich anschwillt oder durch Laufen, Lasttragen, Steigen und Anderes eine Blutstauung bewirkt und so ein zwar schon vorher vorhandenes, aber nicht sinnfälliges Hinderniss plötzlich gesteigert wird. Dann stellt sich ein vorübergehender Stridor ein, der sich oft schon *par distance* bemerkbar macht und Jedem, der in Kropfgegenden gereist ist — um nicht von den Eingesessenen zu sprechen — wohl bekannt sein wird. Je mehr der Druck auf die Trachea zunimmt, desto mehr steigert sich der Stridor

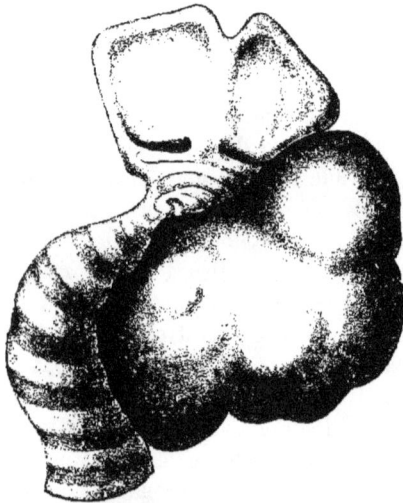

Fig. 5. Durch eine Kropfgeschwulst seitlich dislocirte Trachea. (Nach Lücke im Handbuch der allgemeinen und speciellen Chirurgie, Bd. III, Abth. 1.)

und wird zu dauernder inspiratorischer Athemnoth. Solche Personen müssen dann selbst beim ruhigen Sprechen von Zeit zu Zeit tief Athem holen oder benützen die Exspiration, um schnell einige Worte hervorzustossen, denen dann eine mühsame, lang hingezogene, schnarrende oder pfeifende Inspiration folgt. Tritt unter solchen Umständen ein Kehlkopf- oder Lungenkatarrh hinzu, so kann es zu den schwersten Anfällen von Dyspnoe und Asphyxie kommen, die eventuell die Tracheotomie bedingen, respective den Tod zur Folge haben.

Eine eigenthümliche Rolle spielt hierbei der schon oben erwähnte *Goître plongeant*, die substernale Struma. Indem sie nämlich einerseits wegen ihres Hinuntertretens hinter das Sternum die Trachea zwischen Sternum und Wirbelsäule besonders fest comprimirt, hört dieser Druck andererseits auf, sobald sie wieder am Halse emporsteigt und dort vom Patienten durch Anspannung der Halsmuskeln festgehalten wird. Das geht natürlich nur so lange, als der Kropf noch beweglich ist. Sitzt er in der Tiefe fest und ist er gar hinter dem Sternum verborgen, so können die heftigsten dyspnoetischen Anfälle auftreten, ohne dass zuweilen die Ursache derselben zu erkennen ist.

Aber wir finden auch das umgekehrte Verhalten, wenn ein intrathoracisch gelegener Kropf bei forcirter Athembewegung hoch steigt und sich in dem unnachgiebigen knöchernen Ring der oberen Thoraxapertur einkeilt. Auch dann werden Erstickungs-anfälle ausgelöst, die der Patient, wie in einem von Krönlein mitgetheilten Fall, eventuell dadurch aufheben kann, dass er den Kropf durch energischen Druck von der Supraclaviculargrube aus wieder in sein intrathoracisches Bett hinabstösst.

Dass die comprimirende Wirkung der Kropfgeschwulst vielmehr die Trachea wie den Larynx betrifft, ist durch die Lage dieser Gebilde, durch den festen Bau des Larynx und den Umstand bedingt, dass sich die Geschwulst, ihrem Wachsthum entsprechend, von demselben weit eher abhebt als ihn zusammenpresst. Daher kommt es meist nur zu einer Verzerrung desselben.

Die Trachea wird aber gewöhnlich zu gleicher Zeit comprimirt und nach der einen oder der anderen Seite, je nach der Entwicklung des Kropfes, dis-locirt oder auch ganz von der Geschwulst umwachsen. Dabei wird das

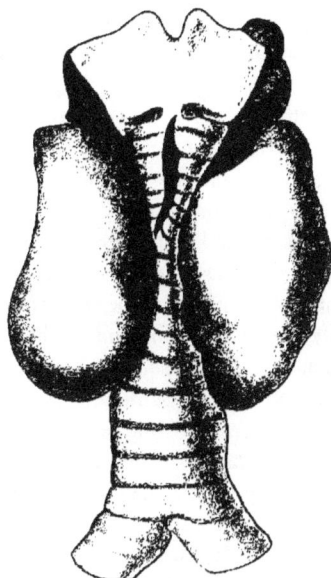

Fig. 6. Doppelte seitliche Compression der Trachea, durch welche die Tracheo-tomie bedingt wurde. (Nach Lücke im Handbuch der allgemeinen und speciellen Chirurgie, Bd. III, Abth. 1, pag. 58.)

Lumen der Luftröhre in entsprechender Weise verändert, quer oder längsgestellt, auch wohl geradezu torquirt oder die berüchtigte säbel-scheidenförmige Krümmung (Demme) veranlasst. Zuweilen findet sich unterhalb der Stenose eine ampullenförmige Erweiterung der Luftröhre, die wohl durch den exspiratorischen Druck zu Stande kommt. Die oben-stehenden Abbildungen (Fig. 5 und 6) gewähren eine gute Vorstellung von den hier in Betracht kommenden Verhältnissen.

Die Wand der Luftröhre, Knorpelringe und bindegewebigen Theile sind im Zustande der Druckatrophie und Erweichung, die je nach dem

Wachsthum der Geschwulst stärker oder schwächer sind, ja ganz fehlen
können. Dann wird wohl auch eine Hypertrophie der betreffenden Theile
gefunden. Ist Ersteres der Fall, so fällt die Wand zusammen und wird,
soweit es die Lage der Geschwulst erlaubt, bei jeder Exspiration aufge-
blasen, während sie bei der Inspiration durch den Luftdruck zusammen-
gepresst wird. Es entsteht die lappige Erweichung, der Luftschlauch,
oder wenn die Wände vollständig aneinander liegen, das Luftband E. Rose's.
Es bedarf kaum der Erwähnung, dass daraus eine besondere Schwierigkeit
und Gefahr für die Respiration nach Exstirpation eines Kropfes erwachsen
kann, die so weit geht, dass Kocher in einigen solchen Fällen genöthigt war, die Wandungen der Luftröhren mit spitzen Haken ausein-
anderzuhalten und dass man nach dem Vorgange von Rose, der zuerst
auf diese Verhältnisse hinwies, darin eine Ursache plötzlichen Kropftodes
(siehe unten S. 102) finden kann.

Uebrigens kommt es in einzelnen Fällen zum Eindringen eines
Schilddrüsentumors in das Innere des Kehlkopfes und der Luftröhre auch
ohne eine besonders starke Entwicklung des Kropfes nach aussen, wobei
dann ebenfalls hochgradige Respirationsstörungen entstehen. Paltauf beschreibt einen solchen Fall, eine 26jährige Magd betreffend, die wegen
starker Athemnoth tracheotomirt werden musste. Man sah später unterhalb
des rechten Stimmbandes einen walzenförmig gestalteten, lebhaft gerötheten
Tumor. Die Person starb, und es zeigte sich, dass der betreffende Tumor
ein unter der Schleimhaut gelegener bohnengrosser Knoten von Schilddrüsengewebe (mikroskopisch bestimmt) war.

Derartige Abnormitäten bilden sich im extrauterinen Leben durch
Eindringen des Schilddrüsengewebes zwischen die Interstitien der Knorpelringe des Kehlkopfes oder der Trachea, wenn die Schilddrüse am Ringknorpel, an den Interstitialmembranen und den oberen Trachealringen
unmittelbar angewachsen ist. Gewöhnlich ist dabei, wie aus den sechs
bisher beobachteten Fällen hervorgeht, eine Vergrösserung der Schilddrüse
in Form einer parenchymatösen Struma vorhanden, doch ist diese Propagation
auf den Kehlkopf von der im Vorhergehenden besprochenen Usur des
Kehlkopfes, respective der Trachea durch das excessive Wachsthum einer
Struma wohl zu unterscheiden.

Zum Anderen entstehen Respirationsbeschwerden dadurch, dass der
N. recurrens von der Geschwulst betroffen wird und entweder eine
entzündliche Verdickung des Perineuriums, ein Reizzustand der Nerven
oder häufiger eine Druckatrophie und daraus resultirende Paralyse und
Parese der Stimmbänder die Folge ist. So sollen nach Wölfler Paresen
oder Paralysen der Stimmbänder bei 10 Percent, nach Meyer-Hüni bei
7 Percent der Fälle vorkommen, wobei dann Sprache und Athmung verändert, respective erschwert sind. Man kann diese Zustände als Kropf-

asthma bezeichnen. Es treten unter Umständen hochgradige Suffocationserscheinungen auf, die durch die Verschmälerung der *Rima glottidis*
und die gleichzeitige Verengerung der Trachea durch die comprimirende
Geschwulst bedingt sind. In einem Fall von Scheinmann nahm der
Patient, wenn dies eintrat, eine eigenthümliche Körperhaltung an, um
sich Linderung zu verschaffen. Er stützte im Sitzen die Ellenbogen auf
die Stirn, beugte den Kopf weit nach vorne und machte nun mühsam,
mit stark· gebeugter Halswirbelsäule, tiefe, langsame inspiratorische Bewegungen. Die laryngoskopische Untersuchung ergab, dass es sich einmal um eine Lähmung der rechtsseitigen Adductoren handelt, indem das
rechte Stimmband unbeweglich in Cadaverstellung stand, und zweitens
um eine Parese des linken *Musc. crico-arytaenoid. post.*, wodurch das
linke Stimmband während der Inspiration in Medianstellung statt in
seiner normalen Aussenstellung verblieb. Bei der Phonation aber ging
das linke Stimmband durch die Contractionswirkung der functionstüchtigen
Adductoren über die Mittellinie gegen das rechte Stimmband hinüber und
ermöglichte so die auffallenderweise ganz gut erhaltene, wenn auch etwas
leise Sprache des Patienten. Die später vorgenommene Section zeigte,
dass beide Recurrenten in der Kropfgeschwulst untergegangen waren.
Aehnlich liegen die Verhältnisse in anderen Fällen, ohne dass es stets
zu so hochgradigen Störungen kommt. Ja, meist handelt es sich nur um
geringe Respirationsstörungen, und die Störung der Sprache, die rauhe,
heisere tonlose Stimme, die sogenannte Kropfstimme, beherrscht das Bild.
Krönlein fand unter 191 Kropfpatienten 49 mit deutlichen Stimmstörungen
vor der Operation. Hievon konnten aber nur 7 gespiegelt werden, weil
bei den Anderen die laryngoskopische Untersuchung wegen der bestehenden
oder entstehenden Dyspnoe nicht ausführbar war. Diese 7 hatten einseitige Stimmbandlähmungen, von ihnen hatten 4 Erstickungsanfälle gehabt,
3 nicht. Von den 191 Kranken hatten 62 Erstickungsanfälle und 49 Stimmstörungen, während 42 Fälle der ersten Kategorie keine Störungen der
Sprache hatten. Von den 49 Fällen mit Stimmstörungen hatten 20 Erstickungsanfälle erlebt. Man muss aber diese Erstickungsanfälle, die meist
plötzlich, ohne Vorboten und in überwiegender Mehrzahl Nachts auftreten, von der vulgären chronischen Dyspnoe und ihren langsam eintretenden Steigerungen wohl unterscheiden. Sie dauern nur wenige —
5, 10 bis 15 — Minuten, auch wohl eine halbe Stunde und klingen dann
wieder ab oder bereiten dem Kranken auf der Höhe des Anfalles ein jähes
Ende. So kommt Krönlein zu dem Schlusse, dass diese dyspnoetischen Paroxysmen eine Erscheinung *sui generis* sind und sich mit den gewöhnlichen
Respirations- und Phonationsstörungen der Kropfkranken keineswegs decken
— eine Ermittlung, die für die Auffassung des später zu besprechenden
Kropftodes von besonderer Bedeutung ist. Zuweilen wäre aber, wie

Lücke meint, das Kropfasthma eine nervöse Erscheinung, die mit einer materiellen Nervenläsion gar nichts zu thun, sondern eine allgemeine Neurose, Hysterie etc. zur Ursache hat.

Als schliessliche Folge dieser chronischen Respirationsstörungen müssen sich alsdann katarrhalische Zustände der Luftröhre, Lungenkatarrh, Emphysem, Stauungserscheinungen im venösen Kreislauf, Wassersuchten u. s. f. herausbilden.

Ausser dem Recurrens kann auch der *Nervus auricular. post.* bei hoch hinaufwachsender Geschwulst lädirt werden und Schmerz hinter dem Ohre die Folge sein.

Auch der Sympathicus soll zuweilen in Mitleidenschaft gezogen werden. Zum wenigsten bringt Vetlesen das häufige Vorkommen von Hemicranie bei Strumakranken — in 21·4 Percent seiner 117 Fälle — damit in Verbindung. Doch macht Naumann, dem wir diese Notiz entnehmen, mit Recht darauf aufmerksam, dass es sich höchst wahrscheinlich nur um eine Coincidenz handelt, zumal auch von den Angehörigen dieser Kranken 37·6 Percent an periodischer Hemicranie litten. Demme bezieht das Auftreten eines Exophthalmus auf Sympathicusreizung.

Der *Nervus accessor. Willisii* soll in einem Falle von Koch durch Strumadruck gereizt sein und klonische Krämpfe im Kopfnicker verursacht haben.

Viel wichtiger als diese letztgenannten Erscheinungen ist die durch Compression der Speiseröhre bedingte Dysphagie.

Dieselbe kann von geringfügigen Schlingbeschwerden bis zu totaler Unfähigkeit, zu schlucken, respective Speisen hinunterzubringen, zunehmen, so dass gelegentlich ein Bissen im Halse stecken bleibt und von dem Arzte mit der Schlundsonde hinunter befördert werden muss; ja, es soll selbst zum Hungertode gekommen sein. Lücke's Ausspruch, dass Schlingbeschwerden nur bei Strumitis oder malignen Neubildungen vorkommen, ist durch die Beobachtungen von Wölfler, Naumann u. A. widerlegt. Die Dysphagie kommt auch bei gutartigen, besonders retropharyngealen Kranken zu Stande. Wölfler fand sie in 13 Percent gutartiger Kröpfe und erwähnt einen Fall, wo die Speiseröhre derartig verwachsen und verdünnt war, dass er bei der Operation den Kranken aus der Narkose erwecken und Schluckbewegungen machen lassen musste, um den Oesophagus überhaupt aufzufinden. Es ist einleuchtend, dass die Beschwerden am stärksten sind, wenn sich, wie früher erwähnt, ein Lappen zwischen Speise- und Luftröhre schiebt oder eine Verkalkung der Geschwulst eintritt. Es tritt dann auch eine Steigerung der Athemnoth in dem Momente, wo der Bissen den Halstheil des Oesophagus passirt, ein. Unter Umständen wächst der Kropf nur nach hinten und macht Schlingbeschwerden, ohne dass man zunächst die Ursache derselben erkennen und eine primäre Oesophagusgeschwulst ausschliessen kann. Dann sind diagnostische Irrthümer möglich, wie ich selbst vor vielen Jahren einen solchen Irrthum auf der Frerichs'schen Klinik erlebt habe, dem überdies die Seltenheit derartiger Kropfformen in Berlin zur Entschuldigung dienen mag.

Schliesslich kommt es bei lange bestehenden Kröpfen auch zu einer Veränderung der Physiognomie des Kranken. Der Kopf wird nach hinten getragen, der Hals gestreckt, die Submaxillargegend wird verstrichen, der Mund verbreitert sich und wird in den Winkeln nach abwärts gezogen, wodurch das Gesicht einen eigenthümlich stupiden Ausdruck bekommt. Letzteres mag aber oft auch dadurch bedingt sein, dass intellectuelle Schwäche und geistige Defecte, selbst Epilepsie bei den Kropfkranken beobachtet sind. Hierüber und über die ebenfalls gelegentlich vorhandene Taubstummheit zu sprechen, wird die Frage nach den Beziehungen des Kropfes zum Cretinismus Gelegenheit geben.

Diagnose, Verlauf und Ausgang.

Unter gewöhnlichen Verhältnissen ist die Diagnose eines Kropfes nicht schwierig, sobald derselbe eine gewisse Grösse erreicht hat und nicht substernal oder retropharyngeal gelegen ist.

Eine an Stelle der Schilddrüse befindliche Geschwulst, die sich mit der Respiration bewegt und die Carotis zur Seite drängt, die geschwollenen Halsvenen, die im vorhergehenden Abschnitte geschilderten Folgeerscheinungen, eventuell die sackartige oder pendelnde Gestaltung sichern die Diagnose. Hierzu kommt das langsame Wachsthum und bei gutartigen Kröpfen das Fehlen von Geschwulstmetastasen. Indessen ist selbst unter diesen Umständen die Differentialdiagnose gegen Lymphome der Halsdrüsen besonders, gegen das Lymphosarkom und die Drüsenschwellungen bei der Hodgkin'schen Krankheit nicht immer ohne Weiteres zu stellen. Die seitlich vom Halse gelegenen Drüsen können derart gegen die Mitte zu wachsen, dass sich, wie mir das noch letzthin in einem Falle begegnet ist, nicht mehr sagen lässt, welches der Ausgangspunkt der Geschwulst war. Doch lassen diese Tumoren meist auf lange Zeit hinaus durch ihren gelappten Bau ihre Entstehung aus einzelnen Drüsen erkennen. Dieser Umstand und das Fehlen anderweitiger Drüsentumoren, der langsame Verlauf, die fehlende Kachexie, die normale Blutbeschaffenheit beim Kropf werden in solchen Fällen die Diagnose bestimmen können. Die anderen etwa noch in Betracht kommenden Geschwülste der Halsgegend, die Cysten, knöchernen Geschwülste und Aneurysmen, mögen erstere dann von der Submaxillar- oder Sublingualgegend ausgehen, oder endlich die bereits erwähnten Speiseröhrengeschwülste bieten bei sorgsamer Untersuchung genügende Anhaltspunkte für die Diagnose dar, so dass eine Verwechslung mit dem gewöhnlichen Kropf nicht vorkommen sollte.

Sehr schwierig, unter Umständen sogar unmöglich kann aber die Diagnose der retrosternalen, retroclaviculären und retropharyngealen Strumen und derjenigen Kröpfe werden, die aus einer accessorischen Drüse stammen, zumal unter solchen Verhältnissen die Geschwulst bei fehlendem Isthmus den Larynxbewegungen nicht mehr folgt und letzteren Falles, da die accessorischen Drüsentumoren eine ausgesprochene Neigung zum Wandern haben, an ganz ungewöhnlichen Stellen liegen kann.

Für die Diagnose solcher festsitzenden substernalen und retroclaviculären Strumen gibt Wölfler an, dass sie zu Erstickungsanfällen, besonders in der Nacht und bei Druck auf das Jugulum, respective beim Senken des Kopfes, führen; dass sie ein Gefühl von Druck in der Thoraxapertur, eventuell Dämpfung über dem Sternum verursachen; dass linksseitige Recurrenslähmung, einseitiger Exophthalmus und Pupillenträgheit gefunden werden; dass der Kehlkopf fixirt, das Innere der Trachea verringert ist und eventuell durch Auscultation nachgewiesen werden kann, dass die Luft bei Compression eines Bronchusstammes nicht mehr in den zugehörigen Theil der Lunge eintritt. Endlich kann bei grösseren Geschwülsten ein Unterschied in der Pulsation der Carotis, respective der Radialis beiderseits zu finden sein, auch kann die Struma, sofern sie überhaupt zu fühlen ist, eine von den grossen Gefässen übermittelte Pulsation zeigen.

Retropharyngeale Strumen sind nur dann zu diagnosticiren, wenn sie mit einer äusseren Struma in Zusammenhang stehen und den Bewegungen der letzteren beim Schlingen oder bei passiver Verschiebung folgen. Anderenfalls gibt erst eine eventuelle Operation über das Vorhandensein derselben Aufschluss, wo sie sich durch ihren oberflächlichen Venenreichthum auszeichnen. Dasselbe gilt auch von den Strumen der accessorischen Drüsen, sobald sie nicht mit der Mutterdrüse in Zusammenhang stehen.

Endlich können diagnostische Schwierigkeiten auch durch Blutungen unter die Kapsel der Struma entstehen. Es bilden sich dann durch Bersten derselben eigenthümliche pyramidenförmige Geschwülste, die die ursprüngliche Struma, wie Wölfler an einem bezüglichen Beispiel zeigt, vollkommen maskiren können.

Auch darauf sei noch einmal hingewiesen, dass substernale Strumen zur Verwechslung mit Carcinoma oder mit anderweitigen Speiseröhrengeschwülsten, mit Aneurysmen und Geschwülsten des Mediastinums Anlass geben können. Ebenso, dass eine sarkomatös oder carcinomatös degenerirte Struma unter Umständen von den gleichen in den Halsdrüsen zur Entwicklung kommenden Processen nicht zu scheiden ist.

Diese letztbesprochenen Verhältnisse sind indessen Ausnahmen. Im Allgemeinen ist die Diagnose des Kropfes, wie schon gesagt, nicht schwierig und wird in Kropfgegenden von jedem Laien gestellt. Es handelt sich daher gewöhnlich nicht um die Frage, ob ein Kropf besteht, sondern welcher Natur derselbe ist.

Hiefür dienen folgende Anhaltspunkte:

Die **einfachen Hyperämien** der Schilddrüse sind mit der veranlassenden Ursache, Menstruation, Schwangerschaft u. s. w., schnell vorübergehend. Der Hals wird rund und verstrichen, der Kehlkopf prominirt nicht mehr, die Kopfnicker maskiren sich wenig oder gar nicht. Man fühlt undeutlich die Contouren der leicht geschwollenen Drüse, die sich selbst etwas weich, teigig anfühlt, aber in ihrer Gestalt nicht wesentlich verändert ist. Die ganze Veränderung ist so gering, dass die Frauen sie sehr gut mit der Kleidung verdecken können.

Die *Struma parenchymatosa* ist von weicher Consistenz, mässiger Grösse und scharfer Begrenzung. Sie kann bis Taubenei- oder höchstens Hühnereigrösse wachsen und macht sich dann auch äusserlich als kugelige Hervorragung bemerklich, während kleinere Formen, besonders wenn sie in den Seitenlappen sitzen, durch die allgemeine Schwellung der Weichtheile des Halses verdeckt werden. Da sich diese Form des Kropfes mit Vorliebe in einzelnen Lappen entwickelt, so lassen sich bei der Palpation einzelne deutlich abgegrenzte, knotenartige Bildungen in der Drüse unterscheiden.

Die *Struma vasculosa* und *aneurysmatica* erreicht ebenfalls keine besondere Grösse. Sie ist durch Fingerdruck compressibel wie ein Schwamm und füllt sich nach dem Auspressen mehr weniger stossweise wieder an. Eventuell sind deutliche Gefässgeräusche und seitliche — nicht von den Halsgefässen oder der Aorta fortgeleitete — Pulsationen vorhanden.

Die *Struma colloides* bringt es zu einer gleichmässigen Vergrösserung der Drüsenlappen, die sie gewöhnlich *in toto* befällt, wobei besonders die seitlichen Lappen als platte Geschwülste, über denen die Haut glattgespannt ist, imponiren. Das Jugulum ist ausgefüllt. Die Consistenz der Geschwulst ist weich, fast teigig.

Die *Struma fibrosa* ist durch das frühe Auftreten einzelner Knoten von besonderer Härte ausgezeichnet, die von Erbsen- bis Hühnereigrösse vereinzelt oder zu mehreren zusammen gelagert sind. Durch ein Conglomerat solcher Knoten kann dann der Kropf eine erhebliche Grösse erreichen, stets aber lassen sich die einzelnen harten Knollen deutlich gegen einander, respective gegen das Parenchym abgrenzen und verschieben. Durch Kalkeinlagerungen wird die derbe Consistenz dieser Strumen noch erheblich vermehrt, die häufig in der schon früher beschriebenen Weise, indem sich nämlich die breite Basis, mit der sie aufsitzen, zu einem stielartigen Gebilde auszieht, lang herunterhängende Geschwülste bilden. Manchmal kann ein solcher Stiel so lang werden, dass die Geschwulst von der Brust über die Schulter fort nach dem Rücken gelegt werden kann.

Die **gemischten Kröpfe** bilden die grössten Exemplare und pflegen im Allgemeinen zu den hängenden Kröpfen zu gehören. Sie sind nach den vorher angegebenen Kriterien zu beurtheilen.

Dasselbe gilt zum Theile von den **Cystenkröpfen**, die sich aus den einfachen Strumen, besonders den parenchymatösen und colloiden Formen, entwickeln. Diese Kröpfe erreichen gleichfalls sehr beträchtliche Grössen, bis Kindskopfgrösse und darüber, wachsen aber langsam, sind glatt, rundlich, mit breiter Basis aufsitzend, nicht hängend. Gekennzeichnet sind sie durch die etwaige Fluctuation des Cysteninhaltes, die aber von der Spannung der Blasenwand abhängig ist und bei sehr starker Spannung oder grösserer Wanddicke fehlen oder allenfalls einen elastischen Widerstand gewähren kann. Zuweilen hat man die Cysten durchscheinend für Licht gefunden, gewöhnlich aber ist ihr Inhalt zu trübe dazu. Reste des ursprünglichen Parenchyms lassen sich besonders bei grossen uniloculären Cysten nur dann erkennen, wenn sie dem Cystenbalg seitlich aufsitzen oder der Wand der Cyste eine verschiedene Consistenz ertheilen. Multiloculäre Cysten sollen bei Anschlag eine kurze, uniloculäre Cysten eine durchgehende breite Fluctuationswelle geben.

Als allgemeine Regel ist aber bei der Palpation dieser und aller übrigen Kröpfe darauf zu achten, dass die Geschwulst gehörig fixirt wird — am besten durch einen Assistenten, der sie von hinten her umgreift — damit sie dem Untersucher nicht unter den Händen entschlüpft und sich dann scheinbar verkleinert oder fluctuirt.

Den sichersten Aufschluss über die Natur der Struma wird stets die Probepunction liefern, sobald sie mit ausreichend dicken Troicarts vorgenommen wird. Die noch von Lücke als bedenklich erachtete Gefahr einer Infection dürfte für die heutige Technik, respective Antisepsis kaum mehr in Betracht kommen und sich jedenfalls nur auf eine etwaige Infection durch den Cysteninhalt beziehen. Dies sind aber, wie die Literatur zeigt, seltene Ausnahmsfälle. Dagegen dürfte die Scheu vor Blutungen, die bei dem reichen Gefässnetze der Strumen allerdings leicht eintreten können, wohl ins Gewicht fallen. Sind doch subcutane Blutergüsse, die sich bis in die Unterbauchgegend ausdehnten, beobachtet worden! Da man aber im Allgemeinen nur da punctiren wird, wo es sich um die etwaige Sicherstellung eines Cysten- oder Colloidkropfes handelt, und gerade hier die Vascularisation nicht übermässig stark zu sein pflegt, so verliert auch dieses Bedenken an Gewicht, zumal gewöhnlich die Punction unter Umständen vorgenommen wird, wo sich eine Radicaloperation unmittelbar anschliessen kann oder soll.

Es ist in den vorstehenden differentialdiagnostischen Angaben die alte pathologisch-anatomische Eintheilung der Kropfgeschwülste beibehalten worden, die mir übersichtlicher und praktisch brauchbarer als das früher (S. 86) dargelegte Schema von Wölfler zu sein scheint. Thatsächlich finden sich hier wie dort dieselben anatomischen Bilder, und wird es leicht sein, die oben gegebenen Kriterien auf die verschiedenen von diesem Autor aufgestellten Kropfformen zu übertragen.

Der **Verlauf** des uncomplicirten Kropfes ist ein überaus langsamer, der sich von der frühesten Jugend bis in das Greisenalter hinziehen kann. Besondere Gefahren sind bedingt durch die Art des Wachsthums, die Verletzungen, respective Entzündungen und die bösartigen Neubildungen in der Geschwulst.

Ersterenfalls treten die zuvor beschriebenen Störungen auf, welche den Patienten eventuell veranlassen, chirurgische Hilfe nachzusuchen. Ueber die Zeit, welche bis dahin verstreichen kann, gibt die folgende, von Krönlein über 130 seiner Operationsfälle aufgestellte Tabelle Aufschluss. Es datirten nämlich die Entstehung ihres Kropfes zurück

auf das Kindesalter (1. Decennium) . . . . 59 Patienten

„ „ 2. Decennium 57

„ „ 3. „ 9

„ „ 4. bis 6. Decennium 5

wobei zu bemerken, dass von den überhaupt ausgeführten 191 Operationen 69 Operationen in die Zeit bis zum 20. Jahre und weitere 69 vom 20. bis zum 30. Jahre fallen, d. h. dass die zu schweren Erscheinungen führenden Kröpfe bereits in der Mehrzahl im Kindes- und Pubertätsalter ihre Entwicklung nehmen, respective vorkommen.

Ausgang. Acute Kröpfe bilden sich spontan oder bei Anwendung innerer Mittel oder bei Ortsveränderung, Trinken anderen Wassers u. s. f. schnell zurück, ihre Prognose ist also im Allgemeinen eine günstige.

Ist aber ein ausgebildeter Kropf noch spontan rückbildungsfähig? Hierüber gibt die Erfahrung, dass selbst ältere Kröpfe bei Fortgang aus einer Kropfgegend zurückgehen oder wenigstens in ihren Beschwerden nachlassen, bejahenden Aufschluss. Was die sporadischen chronischen Kröpfe betrifft, so sind mir Angaben darüber, ob sie sich spontan zurückbilden, in der Literatur nicht bekannt geworden. A priori dürfte ein derartiger Rückbildungsprocess unwahrscheinlich sein.

Bei den älteren Kröpfen richtet sich der Verlauf nach der Art der Lage und eventuell dem Alter des Tumors einerseits und andererseits nach dem Gesammtzustande des betroffenen Individuums. Es bedarf kaum der Erwähnung, dass junge, kräftige Personen die Folgen einer Kropfgeschwulst besser als alte, eventuell mit anderen chronischen Krankheiten behaftete Leute ertragen und die ersteren auch etwaige intercurrente Krankheiten leichter überstehen werden.

Der Tod tritt entweder durch die acute oder chronische Steigerung der directen Folgen des Wachsthums der Struma in loco oder durch die secundären Erkrankungen in zweiter Reihe betheiligter Organe, vor Allem Herz und Lunge, ein. Sind letztere geschwächt, in ihrer Resistenzfähigkeit herabgesetzt und unfähig, selbst vorübergehende Störungen, wie sie der Zufall mit sich bringen kann, zu überwinden, so kommen plötzliche Todesfälle an Erstickung, Venenstase oder an Herzparalyse vor. Als Typus kann hier ein Fall von Rotter gelten, in dem die verengte Trachea durch einen Schleimklumpen verlegt wurde, den der Patient nicht mehr die Kraft hatte auszuhusten. Oder wir haben es mit chronischer Kohlensäure-Intoxication oder endlich mit den Folgeerscheinungen des Emphysems oder der allgemeinen Ernährungsstörung und dem Tod an Marasmus zu thun. Das sind vollkommen durchsichtige Geschehnisse, die sich nach dem früher Mitgetheilten ohne Weiteres verstehen lassen.

Einer besonderen Deutung bedarf nur der mehrfach erörterte acute Kropftod, der die Folge einer plötzlich einsetzenden paroxismalen Dyspnoe ist.

Hier standen sich bis vor Kurzem wesentlich zwei Erklärungen gegenüber.

Die eine, als deren Vertreter E. Rose zu nennen ist, sieht die Ursache in einem acuten Luftröhrenverschluss, der dadurch zu Stande kommt, dass die Trachea, wie schon oben angeführt, auf eine längere Strecke hin durch Druckatrophie ihrer Knorpelringe den normalen Halt verliert und wie ein Schlauch zusammenfällt, den man beliebig falten, ja in extremen Fällen um den Finger wickeln kann. Dann wird die Trachea allenfalls noch durch die forcirten Respirationsbewegungen auseinandergebläht, aber durch eine plötzliche Drehung oder Knickung vollständig verschlossen, so dass unweigerlich der Tod durch Asphyxie eintritt.

Aber die überwiegende Zahl späterer Untersucher — ich nenne Wölfler, Krönlein u. A. — hat das Vorkommen einer solchen ausgedehnten Tracheomalacie nicht bestätigen können; Krönlein hat sie z. B. unter 202 Kropfoperationen niemals gefunden, und damit dürfte dieser Anschauung der wesentlichste Boden entzogen sein.

Viel plausibler erscheint dem gegenüber die Ansicht Wölfler's, dass der Tod in diesen Fällen als Folge plötzlicher Steigerung der Trachealcompression durch Blutergüsse in die Struma oder plötzlicher Vermehrung des Inhaltes eines Cystenkropfes eintritt. Aber abgesehen davon, dass dies immerhin seltene Ereignisse sind, werden sie kaum — besonders das Anwachsen der Cysten — so schnell erfolgen, um zu den in Rede stehenden acuten Anfällen Anlass zu geben.

Eine andere Erklärung verlegt die Ursache in die Glottis, wobei es sich bald um einen paretischen, bald um einen spastischen Zustand handle. Danach würde also eine Läsion der Recurrenten in Frage kommen. Nach Seitz sollen die Abductoren paretisch werden und die Schliesser dadurch das Uebergewicht erlangen. Kommt es dann noch zu einem Krampf der letzteren, den die Oeffnungsmuskulatur nicht zu überwinden vermag, oder legen sich die ersteren, wenn die Luft in der Trachea durch starke Inspirationsbewegungen verdünnt wird, durch den auf ihnen lastenden äusseren Luftdruck wie ein Ventil vor, so muss es zu Asphyxie kommen. (Siehe auch den oben S. 95 ausführlich mitgetheilten Fall von Scheinmann.) In ähnlicher Weise werden bekanntlich auch die Erstickungsanfälle bei *Tussis convulsiva* und *Spasmus glottidis* erklärt. Indessen ist die Vorbedingung hierzu nämlich eine beiderseitige Recurrensaffection, respective die Annahme, dass bei Läsion des einen Recurrens der andere reflectorisch in gleichem Sinne leidet, zum mindesten nicht immer vorhanden, beziehungsweise noch keineswegs erwiesen. Jedenfalls setzt diese Theorie die Annahme voraus, dass die Fasern, welche die Glottis eröffnen, also die zu den *Crico-arytlenoideis postic.* gehenden, eher gelähmt werden als die Adductorenfasern, wofür allerdings die Arbeiten von Hooper, Semon, Horsley, Rosenbach, Onody u. A. eine experimentelle und klinische Unterlage beigebracht haben. Es handelt sich dann auch, was die Verengerung der *Rima glottidis*, beziehungsweise die Medianstellung der Stimmbänder betrifft, nicht um eine spastische, sondern um eine paralytische Contractur, ähnlich den Zuständen, wie wir sie bei den Kehlkopflähmungen, der Tabes finden. Die acuten Athemnothparoxysmen müssten dann durch einen plötzlichen Reiz bedingt sein, der diesen Rest der Innervation der Adductoren in Anspruch nimmt. Aber woher kommt dieser plötzliche Reiz, und kann er in diesem Sinne wirken? Darauf fehlt noch die Antwort.

Eine ganz abweichende Anschauung hat sich Krönlein nach dem Ergebniss seiner Beobachtungen und den *post operationem* angestellten Erhebungen bei 191 Kropfkranken gebildet. Er fand, dass Erstickungsanfälle bei ganz normalen Kehlkopf- und Stimmbandverhältnissen vorkommen, ja dass sogar Kranke mit constatirter einseitiger Stimmbandlähmung jahrelang an Kropfdyspnoe leiden können, ohne einen Erstickungsanfall durchzumachen. Letztere werden aber mit Sicherheit durch eine Operation behoben, die den gegen die Trachea drückenden Theil des Kropfes entfernt, gleichgiltig, ob Stimmbandlähmung besteht oder nicht. Das ursächliche Moment muss also in der Compression der Trachea gelegen sein. Aber keineswegs bedingt die letztere stets Erstickungsanfälle. Es muss vielmehr noch ein besonderer Umstand hinzukommen, der nach Krönlein in einem plötzlich vermehrten Druck des Kropfes gegen die nachgiebige

Trachealwand besteht. Denn obwohl Krönlein die totale Erweichung
Rose's nicht bestätigen konnte, ist eine partielle Nachgiebigkeit derselben an der Stelle, wo sie durch die Struma eventuell säbelscheidenförmig
comprimirt wird, anzuerkennen. Eine anatomische Grundlage hiefür dürfte
überdies in der von Eppinger in einem solchen Falle constatirten fettigen
Infiltration der Knorpelzellen und bindegewebigen Atrophie der peripher
gelegenen Zone der Trachealknorpel gegeben sein. Nun besteht aber in
den meisten Fällen als Folge der chronisch forcirten Athemmechanik
eine Hypertrophie der Halsmuskulatur, *in specie* der Kopfnicker, der
Scaleni und der *M. M. sternohyoidei* und *sternothyreoidei*, die in einer
fortlaufenden Serie von 65 Kropfoperationen 26mal hypertrophirt gefunden
wurden und den Kropf gewissermassen zusammenpressen. Wird nun,
besonders in der Nacht, durch eine unbequeme Lage, durch angesammelten
Schleim u. A. ein plötzliches gesteigertes Athembedürfniss hervorgerufen,
so kommt es zu einer stärkeren Contraction der Halsmuskulatur, die den
Kropf gegen die Trachea presst und den Luftdurchgang erschwert. In
Folge dessen tritt automatisch eine stärkere Action der genannten Muskeln
ein, die, statt Erleichterung zu schaffen, das Uebel steigert und den Kropf
krampfhaft gegen die Luftröhre presst. Dadurch Steigerung der Athemnoth
und wiederum stärkere Contraction der Halsmuskeln. So entsteht die
Asphyxie, und der Kranke geht entweder gewissermassen durch Selbst-
mord zu Grunde oder die Muskeln erschlaffen, der Anfall geht vorüber,
indem die Athemmechanik zum gewohnten Rhythmus zurückkehrt.

So weit die Anschauung des Züricher Chirurgen. Allen Fällen
dürfte sie, schon weil nicht immer eine derartige Hypertrophie der Muskeln nachzuweisen ist, auch nicht gerecht werden. Es bleibt zudem eine
offene Frage, ob in solchen Fällen nicht eher ein Selbstschutz des Organismus durch Erschlaffung der Muskeln eintritt, ehe es zum Aeussersten,
dem Tod durch Asphyxie, kommt. Vielmehr wird man mehrere Möglichkeiten für das Zustandekommen des Kropftodes statuiren müssen und in
manchen Fällen überhaupt um eine greifbare Ursache in Verlegenheit
bleiben.

Verletzungen der Struma, sei es durch Zufall oder Absicht, führen
zu Zerreissung der Substanz und Blutungen, die sich entweder in das feste
Gewebe oder bei Cystenkröpfen in die cystischen Hohlräume ergiessen.
Die Wunden der Kröpfe sind wegen der dabei entstehenden Blutungen
zu fürchten, und zwar sind dieselben gefährlicher bei festen Kröpfen
als bei Cysten.

Die Entzündung der Struma, die Strumitis, ist durch die oben genannten Verletzungen oder durch bakterielle Infection — und hierher gehören auch die metastatischen Formen, bei Pyämie, Typhus, Pneumonie,
acuten Katarrhen des Magendarmcanales, Puerperium u. s. w. (s. oben) —

oder durch unbekannte Ursachen veranlasst. Auch bei Rheumatismus und Malaria ist Strumitis beobachtet. Gegenüber den seltenen Entzündungen der gesunden Schilddrüse ist die Strumitis als häufig zu bezeichnen.

Der Verlauf ist meistens ein acuter, selten ein subacuter. Die Krankheit beginnt mit Fieber und anschwellenden Schmerzen in Nacken- und Schultergegend, Schwellung der Struma und diffuser oder circumscripter Schmerzhaftigkeit bei Druck; Athmungsbeschwerden und Stauungserscheinungen in den Gefässen treten hinzu oder wachsen in dem Masse, als die Struma vermöge ihrer Lage dazu disponirt. Die oberflächlichen Halsvenen sind stark geschwollen, Hals und Gesicht turgescent und geröthet, seltener sind Schlingbeschwerden. Da die Struma, namentlich der Cystenkropf, unter diesen Verhältnissen oft zu kolossal schnellen Anschwellungen kommt, pflegen auch die Symptome dem entsprechend heftig zu sein. Die Athemnoth wächst schnell zu beträchtlicher Grösse, das Gesicht wird cyanotisch, der Schweiss perlt von der Stirne, der Mund kann nicht geschlossen werden, der Kopf wird nach hinten gehalten, der Puls ist frequent und klein. Als besonderes Symptom meldet Singer eigenthümliche Parästhesien, ziehende Schmerzen und ein Vertaubungsgefühl in den Fingern, welche in den von ihm beobachteten fünf Fällen mit der Entleerung des Eiters schwanden.

Die Ausgänge sind: Zertheilung, Eiterung, Brand, Tod.

Eine Rückbildung kann selbst nach mehrtägigem Bestand heftiger Entzündungserscheinungen eintreten. Sie geht dann glatt oder mit Remissionen vor sich, die darauf deuten, dass kleine secundäre Eiterungsprocesse stattgefunden haben.

Kommt es unter Fortbestehen des Fiebers und der Entzündungssymptome zur Eiterung, so macht sich dieselbe zuvörderst durch das Auftreten einer teigigen Schwellung, Klopfen im Kropf, eventuell Bildung eines äusserlich erkennbaren Eiterherdes kenntlich. Diese Abscesse, die solitär oder multipel sein können, brechen, wenn sie nicht in seltenen Fällen zu spontaner Vertheilung kommen, entweder nach aussen oder nach innen in das Halsgewebe auf. Ersterenfalls kommt es unter Röthung der Haut zum Durchbruch des Eiters und es bildet sich entweder eine glatte Abscesshöhle, die bald schneller, bald langsamer ausheilt, oder es entstehen Fistelgänge, die, wenn sie nicht rechtzeitig geöffnet werden und zu Verhaltungen führen, den Heilungsprocess in die Länge ziehen. Schliesslich aber erfolgt die Heilung mit narbiger Verkleinerung des Kropfes und Hinterlassung einer adhärenten Narbe. Im anderen Falle bilden sich, zumal wenn der Eiter seinen Weg hinter den Kropf nimmt, tiefe Zellgewebsabscesse mit ihren deletären Folgen aus; dann kommt es zu hohem Fieber, enormen Schwellungen, Druck auf die Trachea, Oedem,

Venenthrombosen. Glottisödem, arteriellen Blutungen. und die Patienten gehen an der einen oder der anderen dieser Complicationen zu Grunde. Selbst Durchbruch in die Trachea (Baillie, Hedenus) und in den Oesophagus, Exfoliation der Kehlkopfknorpel (Grötzner), Senkungen bis in das vordere Mediastinum und die Pleura (Lebert), Arrosion der *Vena jugularis* sind beobachtet. Treten derartige Processe in retrosternal gelegenen Strumen oder an der hinteren Wand sehr grosser Kröpfe auf, so sind sie zuweilen überhaupt nicht zu erkennen. In einzelnen wenigen Fällen (citirt bei Lebert) ist es sogar zu Gangrän, wie Lebert meint, als Folge einer Thrombose der *A. thyreoidea*, gekommen.

Eine solche Entzündung kann sich sowohl in Parenchym- wie Cystenkröpfen entwickeln. Letzterenfalls kann sie, zumal wenn der Balg alt oder verkalkt ist, einen schleichenden Verlauf nehmen und schliesslich in die Bildung einer Fistel ausgehen, die lange Zeit einen stinkenden Eiter absondert, der gelegentlich selbst Gewebefetzen und Kalk- oder Knochenfragmente mit sich führt.

Auch in malignen Kropfgeschwülsten stellen sich, wenn auch selten, partielle Entzündungen ein. Roux theilt zwei Fälle von Strumitis bei Sarkom mit und Trötsch sah sie bei Carcinom der Thyreoidea auftreten.

Als **Peristrumitis** werden um die Struma gelegene, entweder von ihrer Kapsel oder von dem umgebenden Gewebe ausgehende Entzündungen und Abscedirungen beschrieben.

Es liegt auf der Hand, dass der Entscheid, ob es sich um eine wahre Strumitis oder um eine Peristrumitis gegebenen Falls handelt, von praktischer Bedeutung ist. Die klinischen Anzeichen: Hebung der Geschwulst beim Schlucken, Verlagerung der Carotis, Verschiebung von Larynx und Trachea, Fieber etc., können beiden Affectionen gemeinsam sein, so dass sich aus ihnen eine Trennung beider Processe nicht ermöglichen lässt. Dann kann aber das von Tavel urgirte bakteriologische Verhalten von Bedeutung werden, indem nämlich die Strumitis als hämatogene Infection eine Monoinfection ist, die Peristrumitis aber als Continuitätsentzündung durch eine Mischinfection entsteht. Das heisst, man findet im ersteren Falle nur einen, im zweiten mehrere Mikroben, die dann häufig ihren Ursprung aus dem Munde oder Pharynx direct oder auf dem Wege der Lymphgefässe und Drüsen herleiten. Auch die acute Struma lässt sich von der Strumitis durch den Mangel von Bakterien diagnostisch unterscheiden, und dasselbe hat auch für die *Struma haemorrhagica* und *Struma maligna* Giltigkeit, die ebenfalls in ihren Symptomen die grösste Aehnlichkeit mit der Strumitis aufweisen können.

Die **malignen Neubildungen,** die secundär in einer Struma entstehen, unterscheiden sich in keiner Weise von den primären Affectionen gleicher Art dieses Organes, und kann deshalb auf den der Beschreibung dieser

Zustände gewidmeten Abschnitt (S. 40 u. ff.) verwiesen werden. Aber
während das primäre Carcinom und Sarkom der Schilddrüse, wie wir
gesehen haben, ein immerhin seltenes Vorkommniss ist, entwickeln sich
diese Geschwulstformen und besonders der Krebs verhältnissmässig häufig
in strumös erkrankten Drüsen, deren bereits entartetes Gewebe einen
günstigeren Boden für die Entwicklung der Geschwulst darzubieten scheint.
So kommt es dann — oder besser gesagt, wir entnehmen obigen Schluss
aus der folgenden Thatsache — dass die malignen Neubildungen der
Thyreoidea in kropffreien Gegenden ebenso selten beobachtet werden, wie
sie im Bereiche der Endemie häufig anzutreffen sind. Es liegt auf der
Hand, dass auch die klinischen Erscheinungen jeweils die gleichen sein
werden, vielleicht bei vorbestandener Struma noch schneller und schwerer
als bei einer primären Neubildung verlaufend. Auch bezüglich der Diagnose
können wir deshalb auf das an früherer Stelle Gesagte verweisen.

Behandlung des Kropfes und seiner Folgezustände.

Es kann an diesem Orte nur von der hygienisch-prophylaktischen
und medicamentösen Behandlung die Rede sein. Die chirurgische, d. h.
operative Behandlung des Kropfes gehört nicht in unser Bereich.

Die beste Prophylaxe des Kropfes besteht in Vermeidung der
Gegenden, in denen Struma einheimisch ist. In Kropfgegenden ist das
Wasser notorischer Kropfbrunnen oder -Quellen zu vermeiden, respective
durch abgekochtes oder filtrirtes oder Regen- (Cisternen-) Wasser oder
Leitungen aus kropffreien Districten zu ersetzen. Wir verweisen dieserhalb auf die Einleitung dieses Abschnittes, wo wir diesen Punkten eine
eingehende Betrachtung gewidmet haben.

Sodann ist Sorge für die Verbesserung der allgemeinen hygienischen
Verhältnisse zu tragen. Die Berichte über die Abnahme des Kropfes
in Orten, wo aus den oder jenen Gründen eine durchgreifende Besserung
der socialen Lage und im Gefolge davon ein grösserer Aufwand für
Wohnung, Nahrung, Kleidung und Körperpflege stattfand, und der günstige
Einfluss, den die Assanirung des Bodens ausübt, sprechen in diesem Sinne.
So nahm die Epidemie in der Robertsau bei Strassburg nach Drainirung
des Bodens bedeutend ab; so wissen wir von vielen anderen ursprünglich
schweren Kropfherden, dass die Endemie mit der Hebung des allgemeinen
Wohlstandes, durch Anlage von Strassen, durch Entstehen einer gesunden
Industrie, durch Zuzug von Individuen aus kropffreien Districten etc. ab-
genommen hat oder gar ganz erloschen ist.

Die in vielen Abhandlungen wiederkehrende Mahnung, alle Gelegenheitsursachen, die Congestionen zur Schilddrüse machen können, möglichst
zu vermeiden, ist leichter gesagt wie gethan, da diese Ursachen doch
zunächst in dem Geschlechtsleben der Frau begründet und also nicht

einzustellen sind. Höchstens kann man während dieser Zeiten ein festes Halstuch tragen lassen, wenn man nicht etwa an die Wirkung eines beliebten Volksmittels, einen Faden um den Hals zu schnüren, glaubt.

Wo aber die Prophylaxe nicht direct, beziehungsweise der Lage der äusseren Verhältnisse nach überhaupt nicht wirken kann, ist die medicamentöse Behandlung, und zwar je früher, je besser, anzuwenden. Denn es ist eine unbestrittene Thatsache, dass dieselbe desto mehr Aussicht auf Erfolg hat, je früher sie begonnen wird, während sie bei alten, eingewurzelten und in ihrer Structur degenerirten, d. h. bindegewebigen und cystischen Strumen gar keine Wirkung mehr hat..

Die medicamentöse Behandlung der Struma lässt sich in ein Wort zusammenfassen: Jod.

Was daneben angewendet und empfohlen ist, gehört entweder zu dem therapeutischen Nonsens, wie die Schwefelleber oder gar das Schiesspulver, in Roggenbrot gebacken (Knebel), oder hat, wie die Digitalis, die Quecksilber- und Fluorpräparate, nur eine beschränkte Verwendung gefunden.

Das Jod spielt in Form der *Spongia usta* seit Alters in der Volksmedicin seine Rolle. Säckchen mit gepulvertem Meerschwamm wurden oder werden als Amulet um den Hals getragen, wobei vielleicht das eingeathmete Jod von Wirksamkeit ist.

In die wissenschaftliche Medicin wurde das Jod im Jahre 1819 durch Jean François Coindet in Genf und bald darauf durch Rolley und Formey eingeführt und errang sich bald den Ruf eines Kropfmittels *par excellence*.

Man hat das Jod als Jodkaliumsalbe mit Zusatz geringer Mengen reinen Jodes oder einiger Tropfen Jodtinctur verwendet, als Protojodür und als Tinctur, aufgepinselt und innerlich genommen, als Jodkalium in der Form des Jodeisens und als *Spongia usta* gegeben, ferner die jodhaltigen Quellen von Saxon, Krankenheil, Hall, Zwonicz etc. verordnet. Auch das Jodoform, am besten in Pillen zu 4 *cgr*, dreimal täglich vor dem Essen, ferner die *Solutio superjodeti kalici* in der Dosis von 10—15 Tropfen, dreimal täglich (Rosander), werden gerühmt. Heutzutage wird wohl ausschliesslich das Jodkalium, allenfalls das Jodeisen bevorzugt, während der früher viel beliebte Gebrauch des Meerschwammes wegen der Unzuverlässigkeit seines Gehaltes an Jod so ziemlich aufgegeben sein dürfte. Nothwendig ist, dass die Medication freies Jod enthält, respective dasselbe daraus abspaltbar ist, weswegen auch der erwähnte Zusatz von Jod zur Jodkaliumsalbe erforderlich ist, denn die reine Jodkaliumsalbe enthält bekanntlich kein freies Jod und wird erst wirksam, wenn sie gelb geworden ist, d. h. sich zersetzt hat. Der Kropf schwindet unter dem Gebrauch des Jodes sehr schnell, und es ist bemerkenswerth, dass relativ kleine Dosen bei Er-

wachsenen, anfangs nicht mehr wie 15 cgr, zweimal am Tage, völlig ausreichen.[1])

Darüber, wie lange man das Jod geben soll und über die Frage,
ob der Kropf nach Aussetzen der Jodmedication wieder wächst, habe ich
merkwürdigerweise in der Literatur, mit Ausnahme der unten angeführten
Bemerkung von Arnd, keine Angabe gefunden.

Viel gefürchtet war früher die Erscheinung des Jodismus, welche
zunächst in einer allgemeinen Abnahme des Fettpolsters, Herzklopfen, allgemeinem Uebelbefinden, eventuell mit Fieber, bestand und die entweder
nach Aussetzen des Mittels nur langsam sich zurückbildet oder sogar in
Marasmus übergehen kann. Eingehende Darstellungen dieser Zustände
finden sich bei Rilliet, Prevost und anderen Genfer Aerzten, Roeser in
Bartenstein und bei Lebert. So erzählt der Letztere, dass der berühmte
Botaniker de Candolle im Jahre 1836 durch starke Dosen Meerschwamm
bei raschem Schwinden seines Kropfes in den vollständigsten Marasmus
verfiel, aus dem er sich bis zu seinem fünf Jahre später an einer Herzkrankheit erfolgten Tode nicht wieder erholte. Auffallend ist, dass diese
Erscheinungen meist nur bei schnellem Rückgehen des Kropfes, dann
aber selbst bei sehr geringen Joddosen vorkommen, dass die mit grossen
Dosen längere Zeit behandelten Kranken diese Zufälle im Allgemeinen
nicht zeigen und dass sie bei nicht kröpfigen Personen nur ganz ausnahmsweise zu beobachten sind. Rilliet und Lebert theilen eine Reihe
von Erfahrungen mit, die darauf hinweisen, dass das Jod als solches mit
diesen Erscheinungen nichts zu thun hat. Denn es widerstrebt, wie
schon Lebert sagt, allen pharmaco-dynamischen Gesetzen, dass eine Substanz umso toxischer wirken soll, je kleiner die Dose ist. Vielmehr kann
in dem Lichte unserer neueren Erfahrungen über die *Cachexia strumipriva*
darüber kein Zweifel sein, dass es sich hier um ähnliche Zustände wie
dort, d. h. um die Folgen des Kropfschwundes an und für sich und nicht um
eine eigentliche directe Jodwirkung handelt. Es ist interessant, dass Lebert
schon im Jahre 1866 auf S. 143 seines Buches schreibt: „Ich bin nämlich
der Meinung, dass die rasche Resorption der Kropfmasse oder eines
anderen, vielleicht ähnlichen Gewebes durch atomistische Umsetzung
sich so verändern könne, dass sich im Organismus toxische Substanzen
entwickeln, welche jene vorübergehende, aber tiefe Perturbation mit den
Erscheinungen des Marasmus herbeiführen.“

Uebrigens ist der Gebrauch der Jodpräparate in Kropfgegenden
nicht nur ein sehr grosser, sondern auch ein erfolgreicher. Dr. Arnd

---

[1]) Coindet sagt am Schlusse seiner Abhandlung: „La dose de trois fois vingt
gouttes de teinture d'iode (10 pour cent = 0·18 iode *pro die*) m'a suffit pour dissiper
les goîtres les plus volumineux, lorsqu'ils n'étaient qu'un développement excessif du
corps thyroïde sans autre lésion organique.“

(citirt bei Kocher, Schweizer Correspondenzblatt, 1895, Nr. 1) gibt
an, dass 90 Percent aller Kropffälle durch die Jodbehandlung so gebessert
werden, dass ein chirurgischer Eingriff nicht nöthig ist, und dass die
Erfolge, wo sie überhaupt eintreten, bleibende zu sein pflegen, während
allerdings bei mangelhafter Wirkung Recidive die Regel sind, besonders
da, wo sich grössere cystöse oder colloide Knoten herausgebildet haben.

Will man das Jod äusserlich verwenden, so steht neben der Salbe
die Tinctur zu Gebote, die sich aber wegen ihrer Reizwirkung auf die
Haut nicht empfiehlt. Besser dürfte die Aufpinselung einer Lugoll'schen
Lösung, die statt des Wassers auch ein Gemisch von Wasser und Glycerin
enthalten kann, sein. Dabei tritt aber, wenn die Bepinselung des Abends
vorgenommen wird, leicht Jodismus ein, weil der Patient aus einer verhältnissmässig ruhigen Atmosphäre von Joddämpfen athmet; das ist, wenn
die Bepinselungen des Morgens gemacht werden, weniger zu befürchten.

Ueber den Nutzen des Jods bei epidemischer Struma sind die Ansichten getheilt; einige Autoren sprechen demselben jede Wirkung ab,
andere, wie z. B. Lücke, wollen günstige Erfolge davon gesehen haben.

Die parenchymatösen Jodinjectionen, d. h. die Einspritzung
von Jodtinctur in das Parenchym der Struma, wurden bei Cystenkröpfen
schon 1842 von Velpeau, bei Parenchymkröpfen zuerst von Sköldwerg
1855 ausgeführt. Zwar hatte der Letztere das Missgeschick, dass nach
der Injection eine Entzündung mit Eiterbildung auftrat, aber nach Heilung
derselben konnte eine Verminderung der Geschwulst auf ein Drittel ihres
früheren Umfanges constatirt werden. Die Sache ruhte aber und blieb
vereinzelt, bis sie ganz selbstständig von Luton 1863 und Lücke 1868
in die Praxis eingeführt wurde. Sie schien vor Allem den Vorzug zu
besitzen, dass sie eine energische und schnelle Wirkung *in loco*, bei verhältnissmässig leichter Ausführung, gestattete und dass sie bei sämmtlichen
Formen von Kropf anwendbar erschien. In Folge dessen gewann sie
schnell eine grosse Beliebtheit, doch wurde ihre Indication durch die
Mittheilungen von Lücke und Kocher bald eingeschränkt, indem keineswegs alle Kropfformen ein gleich günstiges Feld für die parenchymatöse
Injection bieten. Am besten sind die Erfolge bei *Struma follicularis*
und bei beginnender colloider Degeneration; auch die *Struma fibrosa*
soll nach Lücke günstige Erfolge aufzuweisen haben. Dagegen wird die
weiche Struma, d. h. der ausgebildete Colloidkropf und die *Struma
gelatinosa*, als ungeeignet bezeichnet, weil durch die Einspritzung ein
gesteigerter Zellenzerfall, Vereiterung und Blutung eintrete. Dasselbe muss
auch von den grossen Cystenkröpfen gelten. Dass die Grösse der Geschwulst,
wenn sie mit parenchymatösen Injectionen behandelt werden soll, überhaupt innerhalb einer bestimmten Grenze liegen muss und dass es aussichtslos ist, die grossen alten Kropfgeschwülste mit Jodinjectionen zu

tractiren, bedarf wohl kaum der besonderen Betonung. Ja, es ist heutzutage, nachdem sich die Erfahrungen gehäuft haben und andere, theils weniger differente, theils radicaler wirkende Mittel, respective Eingriffe zu Gebote stehen, zweifelhaft, ob die Parenchym-Injectionen überhaupt zu verwenden sind, da immerhin die Möglichkeit besteht, dass das Jod, respective sein Lösungsmittel in ein Blutgefäss injicirt wird und auf diese Weise die schwersten Consequenzen hat. Man kann dieselben auf ein Minimum einschränken, wenn man die Vorsicht gebraucht, erst die Canüle ohne Spritze unter möglichster Vermeidung aller Hautgefässe einzustossen und zuzusehen, ob Blut aus derselben austräufelt, und nur wenn dies nicht der Fall ist, die Einspritzung zu machen. Man bedient sich zur Injection einer Pravatz'schen Spritze und weist den Patienten an, ruhig zu athmen und die Muskeln nicht krampfhaft zu contrahiren, damit die venösen Gefässe der Haut und der Geschwulst möglichst abschwellen. Dass die letztere dabei gehörig fixirt sein muss, eventuell durch die Hand eines Assistenten, ist selbstverständlich.

Lücke schlug die Gefahren dieser Injection sehr gering an. Schwalbe rechnete aber auf 1000 Injectionen einen Todesfall durch Embolie, und Heymann beschrieb 1889 einen Fall, der seinerzeit viel Aufsehen machte. Es handelte sich um eine 35jährige Frau, welche seit vier Monaten zweimal wöchentlich Jodeinspritzungen in eine Struma bekommen hatte. Unmittelbar nach einer erneuten Einspritzung klagte sie über heftige Schmerzen nebst Eingeschlafensein des rechten Armes und Beines, ging aber noch in ihre Wohnung zurück. Dort bekam sie Erbrechen, wurde bewusstlos, mit rechtsseitiger Hemiplegie, mit wiederholten allgemeinen Krämpfen und Anschwellung der rechten Seite des Halses und Gesichtes und ging zwei Tage später, ohne das Bewusstsein wieder erlangt zu haben, zu Grunde.

Heymann hat schon damals aus der Literatur 16 Todesfälle nach parenchymatösen Jodeinspritzungen zusammenstellen können, und Rose berichtet, dass er beiläufig sechs Fälle dieser Art kenne. Der Tod kann dabei blitzartig schnell oder, wie in dem von Heymann mitgetheilten Fall, unter langsamer Zunahme der schweren Erscheinungen erfolgen und wird wohl meist durch Embolie bedingt sein, wie dies in einzelnen Fällen direct durch das Sectionsergebniss erwiesen ist. Die deletären Folgen der Jodinjection in eine Vene hat Horsley überdies experimentell nachgewiesen. Er injicirte 15 cm^3 Jodtinctur in die *Vena jugularis externa* eines Hundes, der unmittelbar danach starb und das ganze rechte Herz durch ein mächtiges Blutcoagulum ausgefüllt zeigte. Indessen nicht immer hat die Obduction in solchen Fällen einen verwerthbaren Befund ergeben. So berichtet Smith über einen Fall dieser Art, in dem die Section keine Todesursache aufdeckte. In diesen Fällen handelt es sich offenbar um eine

Recurrens-, beziehungsweise Vagusreizung, und darf an die Beobachtungen von Paul Bert erinnert werden, nach dem eine heftige Reizung der Enden des *Nervus laryngeus superior* und des Vagus unter gewissen Verhältnissen den Tod durch Synkope veranlassen kann.

Uebrigens können, auch wenn die Sache nach den Jodinjectionen nicht so schlimm ausgeht, Zellgewebsentzündungen um die Struma herum auftreten oder Strumitis oder endlich ausstrahlende Schmerzen nach dem Kiefer und dem Ohre zu die Folge sein.

Unter diesen Umständen hat sich die Begeisterung für die parenchymatösen Jodinjectionen in den letzten Jahren sehr abgekühlt, und sie würde wohl ganz abgesetzt werden, wenn die Ansicht einiger Autoren, z. B. Mas, dass die Einreibung oder innerliche Anwendung von Jod dasselbe leiste, sich als durchgehend begründet erweisen sollte. Das ist aber nicht der Fall, denn gerade Luton, dessen wir schon oben gedacht haben, hat die von ihm ausgeführten Injectionen, und zwar zum Theil mit Erfolg, bei Fällen gemacht, die vorher bereits mit anderen Jodmitteln vergeblich behandelt waren.

Ueber die Technik sei nur noch erwähnt, dass in der Regel 10 bis 15 Tropfen einer *Tinctura jodi* eingespritzt werden, wovon 2—3—20 und noch mehr Injectionen nothwendig sind, die man, so lange keine Reaction eintritt, täglich machen kann; von Thiroux ist eine Lösung von Jodoform in Aether, jeden dritten Tag eine Spritze voll, von Mosettig-Moorhof Jodoform: 1, Aether: 5, *Ol. oliv.* 9 empfohlen, in Zwischenräumen von 3—8 Tagen einzuspritzen.

An Stelle der Jodtinctur ist auch Eisenchlorid (Erichsen, Alquié, Mackenzie, Luton und Thomas), Arsenik (Grumach, Dumont), Alkohol und Ergotin (Pepper, Bouvens und Debaisieux, Coghill) zu Einspritzungen verwendet worden. Indessen hat man mit diesen Injectionen weder einen besonderen Vortheil hinsichtlich der Rückbildung des Kropfes erzielt, noch die dem Jod eventuell zukommenden Complicationen vermieden. Das erstgenannte Mittel bringt vielmehr ganz entschiedene Nachtheile mit sich, indem ihm die Gefahr unmittelbarer Blutcoagulation und eventueller Embolie in erhöhtem Masse anhaftet.

Schliesslich darf nicht ausser Acht gelassen werden, dass die parenchymatösen Injectionen, man mag sie noch so vorsichtig und sorgfältig ausführen, gelegentlich unberechenbare und unvermeidbare Zufälle zur Folge haben und der Arzt sein Thun und Lassen nicht mit der nöthigen Sicherheit controliren kann.

Nur mit zwei Worten sei noch eines anderen gegen die Struma angewendeten Präparates gedacht.

Von Woakes wurde der Fluorwasserstoff in halbpercentiger Lösung in Dosen von 20—25 Tropfen, anfangs weniger, später mehr, gegeben.

Von 20 so behandelten Patienten genasen 17, darunter solche, welche früher Jodmittel innerlich und äusserlich ohne Erfolg gebraucht hatten.[1])

Auch Engdahl in Calmar (Schweden) hat gute Erfolge von dieser Medication gesehen und hält sie für wirksamer als Jodkalium.

Einen neuen Weg hat die Therapie mit der Erkenntniss beschritten, dass gewisse Folgezustände der Schilddrüsenerkrankung durch Verabfolgung von Schilddrüsensubstanz, respective ihrer wirksamen Bestandtheile behoben oder wenigstens ganz erheblich abgeschwächt werden können.

Wir werden am Schlusse der Capitel „Cretinismus" und „Myxödem" eine ausführliche Darlegung der Entstehung und therapeutischen Wirksamkeit dieser Behandlungsmethode geben und beschränken uns daher an dieser Stelle darauf, dasjenige anzuführen, was bisher über die Anwendung von Schilddrüsenpräparaten beim Kropf ermittelt ist. Zuerst machte Reinhold die Beobachtung, dass die Verfütterung von Schilddrüsensubstanz bei kropfleidenden Geisteskranken einen derartigen Einfluss auf ihre etwa vorhandenen Strumen ausübte, dass der Halsumfang der Betreffenden bis zu 4 cm abnahm. Dies trat bei 5 von 6 geisteskranken strumösen Frauen ein. Er liess die frischen Hammelschilddrüsen in Butterbrot mit Leberwurst, und zwar zu 6—7·5 gr pro dosi, in Zwischenräumen von 10 bis 14 Tagen oder länger, nehmen.

Bruns konnte bereits kurze Zeit danach über ähnliche Erfolge bei kröpfigen Personen, die nicht geisteskrank waren, berichten und sah unter 12 Fällen bei 4 Kindern im Alter von 4—12 Jahren binnen vier Wochen den Halsumfang um 2½—5 cm abnehmen. In einem fünften Falle blieb bloss ein cystischer Rest zurück, in einem sechsten bildete sich nur die eine Seite zurück, während ein hühnereigrosser Knoten der anderen Seite bestehen blieb. Nur in drei Fällen war die Behandlung gänzlich wirkungslos, und musste die Operation vorgenommen werden. In einer zweiten Veröffentlichung theilte Bruns eine weitere Reihe einschlägiger Erfahrungen mit, wonach er im Ganzen in 60 Fällen 34mal einen wesentlichen Erfolg, 9mal Besserung und 17mal eine Reaction auf das Mittel zu verzeichnen hatte. Als Gesammtergebniss zeigt sich, dass vorwiegend die hyperplastische Form des Kropfes bei jugendlichen Individuen rückbildungsfähig ist, während die cystische, colloide und fibröse Form wenig oder gar nicht reagirt. Des Weiteren berichten Kocher und Ewald über ähnliche Beobachtungen. Ersterer hat 7 poliklinische und 5 stationäre Fälle behandelt und theils die Schilddrüse in Substanz, theils Pillen aus Schilddrüsenextract verabfolgt. Letzterer hat bei 8 poliklinischen Fällen

---

[1]) Der Fluorwasserstoff muss durch Umdestilliren der Handelswaare hergestellt werden, und zwar nur in kleinen Mengen, da das Präparat leicht verdirbt. Die Flüssigkeit wird in Guttaperchaflaschen, die mit einem Kork gut verschlossen werden, aufbewahrt.

(ihre Zahl hat sich seit der ersten Publication auf 19 gesteigert) die Tabloids von Burroughs, Wellcome & Co., London, verwendet.

Auch Kocher sah im Allgemeinen ein Zurückgehen des Kropfumfanges nach Dicken-• und Breitendurchmesser, so dass die Patienten selbst erklärten, besser athmen zu können, doch war von einem Verschwinden der Struma bei keinem Einzigen die Rede, vielmehr hatte dieselbe im Grossen und Ganzen ihre Form behalten, und wenn auch einzelne Knoten kleiner erschienen, so war die Hauptwirkung an dem die Knoten verbindenden und einbettenden hyperplastischen Kropfgewebe eingetreten. Im Allgemeinen scheinen, wie auch Reinhold und Mikulicz angeben, cystische Kröpfe sowie grosse Colloidknoten längerer Dauer unbeeinflusst zu bleiben. Bruns nahm an, dass die Behandlung desto wirksamer sei, je jünger die Individuen wären, während Kocher angibt, keinen besonderen Einfluss des Alters bemerkt zu haben, und dies würde auch den Erfahrungen von Ewald entsprechen. Allerdings trat die überhaupt beobachtete höchste Abnahme des Halsumfanges, nämlich $4\frac{1}{2}$ cm, bei einem 13jährigen Mädchen auf, aber Abnahmen von 4 cm kamen bei Personen von 23 Jahren, 17 Jahren und 14 Jahren vor, während andererseits wieder ein 15jähriges Mädchen nur 1 cm Abnahme aufwies. Die älteste der von uns überhaupt in Behandlung genommenen Patientinnen (33 Jahre) zeigte nach dreiwöchentlicher Behandlung einen Rückgang des Halsumfanges von 34 cm auf $32\frac{1}{2}$ cm, also um $1\frac{1}{2}$ cm. Uebrigens geht daraus hervor, dass sich unser Material nur aus jugendlichen Individuen zusammensetzt, und es scheint mir a priori wahrscheinlich, dass, wie Bruns angibt, der etwaige Erfolg desto geringer ist, je älter die Struma ist. Die höchste Tagesdosis schwankte in unseren Fällen zwischen 1—7 Tabloids; der erste Rückgang des Halsumfanges trat in einigen Fällen schon nach 2 Tabletten, in der Mehrzahl nach 5—7 Tabletten, in einem Falle nach 16, in einem erst nach 20 Tabletten auf. Das Maximum der Abnahme fanden wir auch sehr verschieden: in 2 Fällen bereits nach 2 Tabletten (d. h. es trat später keine weitere Verkleinerung ein), in anderen dagegen erst nach grösseren Dosen, einmal erst nach 29, ein andermal erst nach 33 Tabletten (7 Tabletten pro die). Nach unseren (Ewald's) und Bruns' Erfahrungen tritt die Reduction des Halsumfanges gewöhnlich schon nach den ersten 14 Tagen ein; was bis dahin nicht erreicht ist, wird auch bei längerer Fortsetzung der Behandlung nicht erzielt. Meine Erfahrungen beziehen sich aber im Wesentlichen nur auf die Struma hyperaemica, wie sie bei jungen, meist etwas chlorotischen Individuen vorkommt, während mir über die typischen Parenchymkröpfe nur wenige Beobachtungen sporadischer Fälle zu Gebote stehen. Hier liegt offenbar eine Differenz in Bezug auf die therapeutische Beeinflussung, und zwar zu Ungunsten der letzteren, vor, die wir, namentlich bei Personen vorgerückteren Alters, wenn überhaupt, so nur in geringem Masse der Schilddrüsenbehandlung zugänglich fanden. Etwas Aehnliches scheint auch, soweit die bisherigen spärlichen Angaben schliessen lassen, für den endemischen Kropf Geltung zu haben. Koeher vergleicht die Erfolge der Jod- und der Thyreoideabehandlung miteinander und kommt zu dem Ergebniss, dass sich dasselbe, wie mit der letztgenannten, auch mit der Abstinenz von ungekochtem Wasser aus Kropfquellen und mittelst zeitweiliger Jodtherapie erreichen lasse. Hierzu muss ich bemerken, dass wir bei einem 14jährigen Mädchen, das vier Wochen lang mit *Solut. Fowleri* und *Ungt. kalii jodat.* behandelt wurde, ebenfalls eine der überhaupt erzielten höchsten Abnahmen, nämlich 4 *cm*, beobachteten. Wenn dies aber der Fall ist, so dürfte die Thyreoideatherapie auf diejenigen Patienten, welche das Jod aus irgend einem Grunde nicht vertragen, beschränkt bleiben, während man anderenfalls die billigere und zugänglichere Jodtherapie bevorzugen wird.

Schliesslich ist anzuführen, dass in neuester Zeit Mikulicz noch einen Schritt weiter in dieser sogenannten Organotherapie des Kropfes gegangen ist und statt der Schilddrüse die Thymus, und zwar, wie gleich bemerkt sein mag, mit ähnlichem Erfolg wie die Schilddrüsenpräparate, verwendet hat. Zur Begründung dieses auf den ersten Blick scheinbar rein willkürlichen Verfahrens müssen wir mit wenigen Worten auf die Theorie eingehen, die man betreffs der Wirkung der Schilddrüsenpräparate beim Kropf aufstellen kann. Dass es sich bei der Abnahme des Halsumfanges nicht etwa um eine grobe Täuschung handelt, die durch die Wirkung der Thyreoideapräparate auf den Fettschwund bedingt wäre, ist wohl ausgeschlossen. Weder tritt am übrigen Körper, noch an den anderen Halspartien eine Fettabnahme, noch überhaupt eine Gewichtsabnahme ein, vielmehr beschränkt sich die Verkleinerung deutlich sichtbar und tastbar auf die strumöse Geschwulst. Es liegt nahe, diese so auffallende Erscheinung in dem Sinne zu erklären, dass die in Folge einer gesteigerten Thätigkeit hyperplastische Drüse durch die Thyreoideafütterung entlastet wird. Schon v. Bruns hat in seiner ersten Publication diesen Gedanken ausgesprochen. Wir haben oben (S. 28) unsere Anschauungen über das Wesen der Thyreoideawirkung dahin zusammengefasst, dass die Drüse ein Secret absondert, welches sich aus dem Blute bildet und im Blut den toxischen Producten des Stoffwechsels gegenüber antitoxisch wirkt. Es ist denkbar, dass die Drüse unter gewissen Bedingungen eine vermehrte, mit einer hyperplastischen Volumszunahme verbundene Thätigkeit ausüben muss und dass diese Hyperplasie zurückgeht, wenn ihr ein Theil der Arbeit durch anderweitige Zufuhr der Drüsensubstanz, respective des Drüsensecretes in den Organismus genommen wird, ähnlich wie die nach der Geburt geschwollenen Brustdrüsen der Frau zurückgehen, wenn sie nicht selbst nährt. Indessen kann dies, wenn überhaupt, nur bis zu einem gewissen Masse der Fall sein, denn wie oben bemerkt, macht sich die Abnahme der Struma nur in den ersten Zeiten der Behandlung bemerkbar und hört auf, bevor die strumöse Schwellung vollständig zurückgegangen ist. Mikulicz macht andererseits geltend, dass das Organ, wenn es sich lediglich um eine functionelle Entlastung handelt, nach Aussetzen der Thyreoideafütterung wieder anschwellen müsste, was zunächst wenigstens nicht der Fall ist. Er spricht daher die Vermuthung aus, dass bei der Wirkung der Thyreoidea gegenüber dem Myxödem einerseits und dem Kropf andererseits zwei Stoffe in Frage kämen, „von denen der bei Myxödem wirksame in dem Sinne specifisch ist, dass er nur von der Schilddrüse geliefert wird, da ihre Function bekanntermassen durch kein anderes Organ substituirt werden kann. Von dem anderen Stoffe wäre es denkbar, dass er auch in anderen Organen gebildet würde." Er wendet sich an die Thymus, die in genetischen Beziehungen der Thyreoidea nahe steht — sie stammen beide aus dem Epithel der Schlundspalte — und auch in Bezug auf die Function, indem sie zweifellos die Wachsthumsvorgänge des kindlichen Körpers beeinflusst, zur Thyreoidea eine gewisse Verwandtschaft hat. Auf so schwachen Füssen diese Argumentation auch ruht, der Erfolg scheint ihr recht gegeben zu haben. Mikulicz berichtet,[1] dass nach seinen an zehn Fällen (im Alter von 13—28 Jahren) von Kropf gewonnenen Erfahrungen „der Erfolg der Thymusfütterung bei Kröpfen derselbe oder wenigstens ein ähnlicher wie bei der Schilddrüsenfütterung ist". Es wurde die frische, rohe Hammelthymus in Gaben von 10—25 gr, dreimal wöchentlich, allmälig ansteigend, gegeben, so dass einzelne Patienten im Laufe von 5 Wochen bis 300 gr Drüsensubstanz erhielten. 1mal verschwand die diffuse Hyperplasie in zwei Wochen, 6mal trat eine sehr erhebliche Verkleinerung des Kropfes auf, 2mal war ein unbedeutender Erfolg innerhalb 2—3 Wochen, 1mal gar kein Erfolg zu constatiren. Auffallend ist, dass in einem Fall (deutlich pulsirende, zum Theil substernale Struma bei einem 25jährigen Mann) die Thyreoideafütterung ohne Erfolg blieb, während die später instituirte Thymusfütterung eine starke Abschwellung des Kropfes zur Folge hatte. Allerdings muss bemerkt werden, dass die Thyreoidea in zu grossen Dosen gegeben wurde und sich alsbald die Symptome des Thyreoidismus (s. unten) einstellten. Wir (Ewald)[2] haben die Thymus vom Hammel und Kalb bis jetzt in 5 Fällen gegeben. Bei einem 15jährigen Mädchen wurde Kalbsmilch 5 Wochen lang mit dem Erfolge eines Rückganges um 1 cm, in

---

[1] Berliner klin. Wochenschr., Nr. 16, 1895, 22. April.
[2] Für die Durchführung dieser Versuche bin ich meinem Assistenten Herrn Dr. Kuttner zu Dank verbunden.   *E.*

einem zweiten Falle Hammelthymus 6 Wochen mit $1\frac{1}{2}$ cm Abnahme gegeben. In einem dritten Falle war der Erfolg in 12 Tagen gleich $1\frac{1}{2}$ cm. In den beiden letzten Fällen ist $\frac{1}{2}$ und $1\frac{7}{10}$ cm Abnahme verzeichnet, doch wurden hier zwischendurch auch Tabloids gegeben. So grosse Rückgänge wie mit den Tabletten sind also nicht erreicht worden. Wie dem auch sei, es scheint, dass auch mit Thymusfütterung ein Einfluss auf parenchymatöse hyperplastische Kröpfe zu erzielen ist.

Wie weit es sich dabei um eine specifische Wirkung handelt, wie weit um eine Eigenschaft, die den verschiedensten Drüsenparenchymen zukommt, bleibt abzuwarten.

Der Cretinismus.

Die Beziehungen zwischen Kropf und Cretinismus sind so ausgesprochen und von uns bereits in Vorhergehendem so häufig angezogen worden, dass sich eine Erörterung des Cretinismus an dieser Stelle nicht umgehen lässt. Sagt doch Virchow: „die allerwichtigste Beziehung der Strumose ist die zum Cretinismus" und fasst seine und seiner Vorgänger Beobachtungen dahin zusammen, „dass der eigentliche endemische Cretinismus regelmässig auf Kropfterritorien vorkommt und dass wir bis jetzt keine Region auf der Erde kennen, wo Cretinismus in einer wirklich endemischen Verbreitung existirte, wo nicht zugleich Kropf in grosser Ausdehnung vorhanden wäre". Dieser Satz sowie die weitere Ausgestaltung desselben, dass nicht überall, wo Kropf vorkommt, auch Cretinismus gefunden wird, ist unzweifelhaft richtig und auch in der Folge immer wieder bestätigt worden, obgleich der Begriff des Cretinismus heutzutage im Ganzen enger gefasst wird, wie früher, wo man echten Cretinismus und Idiotie vielfach zusammengeworfen hat. Thatsache ist, dass der Cretinismus ebenso wie der Kropf über die ganze Erde verbreitet gefunden wird, und da beide Krankheiten an die gleichen Localitäten gebunden sind, dürfte schon *a priori* der Schluss nicht ungerechtfertigt erscheinen, dass sie beide auch dieselben Ursachen haben. Wir brauchen also, was die Verbreitung des Cretinismus betrifft, nur auf die Angaben über das Vorkommen des Kropfes (s. S. 54) zu verweisen. Mit geringen Ausnahmen gehen Kropf und Cretinismus Hand in Hand.

Deshalb glaubte schon Foderé, enge Beziehungen zwischen beiden Krankheiten statuiren zu sollen, dahin gehend, dass „der Kropf der erste Grad einer Degenerationserscheinung sei, deren letzte Stufe der Cretinismus bildet". In der Folge hat sich die Mehrzahl der guten Beobachter in diesem oder einem sehr ähnlichen Sinne ausgesprochen. Nur die sogenannte sardinische Commission hat seinerzeit die Behauptung aufgestellt, dass der Kropf kein wesentliches Symptom des Cretinismus bilde

und dass das Zusammenauftreten beider Krankheiten ein rein acciden-
telles sei.

Wenn darunter die Thatsache zu verstehen ist, dass viele Cretins
keinen Kropf haben, so wird sie durch die tägliche Erfahrung bestätigt;
wenn aber damit gesagt sein soll, dass die Kropfendemie und die cretinöse
Degeneration vollkommen unabhängig voneinander seien und nur zufällig
auf gemeinsamem Boden vorkämen, so ist das eine unhaltbare Auffassung,
die übrigens kaum noch irgend einen Anhänger finden dürfte. Wenn es
schon äusserst gezwungen erscheint, die ätiologischen Beziehungen
zwischen zwei Krankheiten in Abrede zu stellen, von denen die eine, der
endemische Cretinismus, nie ohne das gleichzeitige Vorkommen der anderen
angetroffen wird, mit anderen Worten, dass es keinen Cretinismus ausserhalb der Kropfendemie gibt, und wenn es schon zum mindesten in hohem
Masse auffallend sein muss, dass der Percentsatz des Cretinismus in allen
Kropfdistricten ein sehr hoher ist und endemischer Cretinismus und endemischer Kropf räumlich zusammenfallen, so weist der Umstand, dass die
Cretins, nach einer von Fodéré gemachten und bisher nicht widerlegten
Angabe, ausnahmslos Kropf in der Antecedenz — bei den Eltern oder
entfernteren Vorfahren — haben und dass andererseits Cretins mit Kropf
behaftete Kinder zur Welt bringen, doch unumstösslich auf die nahen
Beziehungen beider Erkrankungen hin.

Lombroso sagt: „Man kann behaupten, dass überall, wo Kropf auftritt, sich früher oder später — wenn er nicht bereits vorhanden ist —
Cretinismus zeigen wird", und führt zum Beweise an, dass in den durch
die Aushebungen und Kriege von 1789 bis 1873 ihrer felddienstfähigen
Jugend beraubten französischen Departements und Districten von Rheims,
Gisoul, Hautes-Alpes, Worms und am Niederrhein der Cretinismus erst
nach dieser Zeit, als Product der Ehen der zurückgebliebenen mit Kröpfen
behafteten Individuen (und der durch die Kriege verschlechterten socialen
und hygienischen Zustände), aufgetreten sei. Fabre und ebenso Allara
geben an, dass in den höchsten Alpendörfern die daselbst befindlichen
Cretinen ausschliesslich von mit Kropf behafteten Eltern abstammen.
Jedenfalls steht fest, dass, obgleich es Cretinen ohne Kropf gibt, doch
die Struma bei ihnen das am meisten verbreitete Uebel ist. Die lombar-
dische Commission zählte auf 3600 Cretins 1125 Kröpfige. Die sardinische
fand ein Viertel der Väter und zwei Fünftel der Mütter der Cretinen stark
mit Kropf behaftet. In den unteren Pyrenäen stammten nach Auzony
von 20 Cretinen 14 von kröpfigen Eltern, in Corrèze von 75 nach Roque
52. Im Canton De la Marche kamen sogar auf 35 Cretins 30, die kröpfige
Eltern hatten.

Das Zusammengehen von Kropf und Cretinismus lässt sich allüberall
ziffernmässig belegen. Wir haben eine Reihe derartiger Angaben schon

bei der Besprechung des Kropfes gegeben. Hier mögen die folgenden, die sich leicht um das Vielfache vermehren liessen, genügen:

In Savoyen sind von 900.000 Einwohnern 40.000 kröpfig und 14.400 Cretinen (16 pro mille). Das Departement Hautes-Alpes zählt 8166 Kröpfige und 180, d. i. 22 pro mille, Cretinen. Im Aostathal gibt es 26·5 pro mille Kröpfige und 4 pro mille Cretinen. In der Provinz Sondrio sollen diese Zahlen sogar auf 48, beziehungsweise 2·8 pro mille steigen.[1] Für Frankreich stellt sich das Verhältniss im Jahre 1873 nach Baillarger auf 10·4 Kropf und 3·3 Cretinismus und Idiotie pro mille der Gesammtbevölkerung. In den Arrondissements von Lyon und Villefranche kommen pro mille der Bevölkerung 1·5—2·4 Kröpfige und 0·4—1·0 Cretins. In der Schweiz finden sich ca. 10(?) pro mille Kropf und 1·7 pro mille Cretins u. s. f. Ueberall, wo Kropf endemisch ist, findet sich auch Cretinismus, und die scheinbaren Ausnahmen von der Regel, wie z. B. einzelne Districte von Baden, Thüringen, dem Harz u. A., sind dadurch bedingt, dass der früher dort vorhandene Cretinismus im Laufe der Jahre erloschen und nur noch die leichtere Kropferkrankung als schwächere Aeusserung des inficirenden Agens zurückgeblieben ist. Wo kein endemischer Kropf vorkommt, wie in der norddeutschen Tiefebene und den Niederlanden, tritt auch der Cretinismus niemals in endemischer Form auf.

Wenn auch in allen diesen Statistiken offenbar Cretinismus und Idiotismus vielfach zusammengeworfen sind und deshalb die absoluten Zahlen nicht immer vollkommen stimmen mögen — so fand die französische Enquête von 1873, dass sich in einer mit Kropf behafteten Bevölkerung auf 13 Familien eine findet, in der ein oder mehrere Cretins vorkommen, dagegen in einem kropffreien District dasselbe erst auf 367 Familien zutrifft, eine Angabe, die nur unter obiger Annahme verständlich ist — die nahen Beziehungen zwischen Kropf und Cretinismus zu erweisen, sind sie vollkommen ausreichend.

Wie der Kropf, tritt auch der Cretinismus in einer endemischen und sporadischen Form auf.

Fassen wir zunächst die erstere ins Auge.

Der endemische Cretinismus

ist eine chronische Erkrankung, welche sich durch Wachsthumsstörungen des Körperskelets und der äusseren Weichtheile, eine dadurch bedingte charakteristische Veränderung der Physiognomie, durch ein Stehenbleiben der Entwicklung auf dem infantilen Typus und durch schwere Störungen der Sinnesorgane und des Intellectus auszeichnet. Fast immer findet sich die Schilddrüse erkrankt. Sie ist entweder kröpfig degenerirt oder um-

---

[1] Zahlreiche Angaben über die einzelnen Provinzen Norditaliens bei Allara, op. c.

gekehrt bis auf einen kleinen Rest atrophirt. Zuweilen fehlt sie ganz,
während sie am seltensten scheinbar unverändert ist.

In einzelnen Fällen erscheint die Krankheit angeboren, in den meisten
kommt sie erst mit dem fünften bis achten Monat, zuweilen noch später
zur Entwicklung.

Pathologische Anatomie und Krankheitserscheinungen.

Die cretinische Degeneration äussert sich nach drei, respective
vier Richtungen: sie betrifft 1. das Knochenwachsthum, 2. die Haut-
beschaffenheit (inclusive Genitalsphäre) und 3. die geistigen Fähigkeiten,
respective die Leistung der Sinnesorgane.

Die Erkrankung des Skelets. Schon auf den ersten Blick zeigt
sich, dass das Längenmass der Cretinen fast ausnahmslos stark herabgesetzt ist, so dass die meisten Cretins einen zwerghaften Eindruck
machen. Während die Körperlänge des normalen erwachsenen Mannes rund
172 cm, die des Weibes 160 cm beträgt, gibt Wagner Längenmasse an
von 119·5 cm bis zu 89 cm bei ausgewachsenen Personen; Bircher
116 cm bei einer 38jährigen Person, deren Arme 60 cm, deren Beine
90 cm massen. Maffei fand 22 von 25 Cretinen oder, wie er sie nennt,
Fexen unter 140 cm und unter diesen mehrere nicht über 95 cm. Bei
11 cretinoiden Individuen wurden auf der Berner geburtshülflichen Klinik
135—146 cm gemessen. Selten oder nie pflegen Cretins das Militärmass
(153 cm) zu erreichen. Aber nicht nur ungenügendes Wachsthum, auch
eine Verzögerung desselben über die gewöhnliche Altersgrenze hinaus
wird berichtet. Es zeigt sich, dass die Röhrenknochen der Extremitäten
plump, dick, ohne deutliche Ossificationspunkte und verkürzt, zuweilen
sogar verkrümmt sind und bei oberflächlichem Zusehen eine auffallende
Aehnlichkeit mit den rhachitischen Deformitäten haben. Klebs hat
eine Abplattung der Gelenkköpfe des Femurs beschrieben, Bircher fand
den Schenkelhals kurz und dick, den Kopf entsprechend breit und circa
1 cm von der Oberfläche entfernt die Reste des Epiphysenknorpels.
Indessen fehlen die charakteristischen Zeichen der rhachitischen Knochenerkrankung: die Proliferation in der Wucherungszone des Epiphysenknorpels, die verstärkte Richtung und Reihenbildung der Knorpelzellen,
statt derer im Gegentheil ein Wachsthumsstillstand in dieser Zone
auftritt. In dem Intermediärknorpel fehlt, wie dies Grawitz von einem
typischen Falle beschreibt, jede Andeutung der reihenförmigen Anordnung
der Knorpelzellen, während die Abschnitte des allseitig wachsenden
Knorpels ihre normale Grösse und Entwicklung zeigen und das Wachsthum vom Periost aus ganz normal von Statten geht, so dass dasselbe
aussen immer neue Schichten anbildet und innen resorbirt. Dadurch
kommt eine der Rhachitis ähnliche Auftreibung zu Stande, die sich

übrigens nicht nur auf die langen Röhrenknochen, sondern auch auf die Rippen erstreckt und umso eher zu der Annahme einer Rhachitis Veranlassung geben kann, als auch das Becken häufig nach allen Richtungen verengt gefunden wird. Maffei beschreibt dasselbe als im geraden Durchmesser verkürzt und P. Müller führt das in Bern so häufige allgemein verengte Becken für einen Theil der Fälle auf cretinische Ursachen zurück.[1]) Wagner zieht zur Erklärung dieser Verhältnisse eine andere Knochenerkrankung, nämlich die sogenannte *Rhachitis foetalis*, Achondroplasie (Parrot), *Osteogenesis imperfecta* oder Chondrodystrophie, heran, bei der die Knochenbildung vom Periost aus nicht gestört, sondern sogar oft gesteigert ist, während auch hier die Wucherungsprocesse am Primordialknorpel ausbleiben. Auch würde zwischen Cretinismus und fötaler Rhachitis insofern eine Analogie bestehen, als bei letzterer häufig ein angeborener Kropf und Verdickung der Haut mit sulziger Beschaffenheit des Unterhautzellgewebes gefunden werden. Barlow schlägt daher in seinem Artikel „Rhachitis", in Keating's Cyclopaedia of the diseases of children, 1889, pag. 253, für diese Zustände ganz direct den Namen „fötaler Cretinismus" vor, während sie Klebs als „cretinoide Dysplasie" bezeichnet. Eine weitere Analogie, auf die auch Wagner hinweist, ist nun darin gegeben, dass sowohl beim Cretinismus wie bei der sogenannten fötalen Rhachitis als eine besondere Eigenthümlichkeit eine Synostose der Knochen der Schädelbasis besteht, die aus knorpeliger Anlage hervorgegangen sind, während sich die aus bindegewebiger Anlage entstehenden Knochen des Schädelgewölbes ungehindert entwickeln. Hierdurch ist aber in der That eine weitere Beziehung zum Cretinismus gegeben, da sich der Cretinenschädel häufig, wenn auch nicht constant, durch eine Verknöcherung der Sphenooccipitalfuge auszeichnet. Virchow constatirte zuerst an einem neugeborenen Cretin die frühzeitige Verschmelzung der drei Knochen, des Grundbeines und der beiden Scheitelbeine, die er als eine prämature Synostose bezeichnete. Dasselbe Verhalten hat Grawitz bei einem siebenmonatlichen Fötus beschrieben. Frühzeitige Verwachsung des *Os tribasilare* (vorderes und hinteres Keilbein und Grundbein) bedingt eine Entwicklungshemmung, d. h. eine Verkürzung des Schädelgrundes. Das vordere und hintere Keilbein verwächst normalerweise „in der ersten Zeit des extrauterinen Lebens", das hintere Keilbein mit dem Hinterhauptbein etwa im 12. bis 13. Lebensjahr. Entzündliche Processe oder mangelhafte Entwicklung einzelner Hirnabschnitte (besonders des Kleinhirns) mit secundärer Verschmelzung der Nachbarknochen müssen als ätiologische Momente für die prämature Synostose gelten. Die directen Folgen der letzteren, d. h. der Wachsthumshemmung an der Schädelbasis, äussern sich in einer

---

[1]) Citirt bei Bircher l. c.

starken Einziehung der breiten Nasenwurzel, sowie in dem Vortreten der
Kieferknochen, der Prognathie.

Virchow hat diese letzteren Eigenthümlichkeiten in der Gesichtsbildung für die Cretinenphysiognomie charakteristisch gehalten und umgekehrt „aus der cretinösen Physiognomie eine Hemmung in der Ausbildung
der Schädelbasis oder, anders ausgedrückt, eine Verkürzung der Schädelbasis" gefolgert. Es ist aber durchaus unrichtig, wenn man behauptet,
er habe die Ursache des Cretinismus einzig und allein in der frühzeitigen
Tribasilarsynostose suchen wollen. Virchow verwahrt sich selbst auf das
Entschiedenste gegen diese Behauptung.[1]) Die Verkürzung der Basis kommt
allerdings meistens bei dem cretinischen Process vor, ist aber niemals für
ihn pathognomisch.

Klebs hielt den Process für ein Ausbleiben oder Zurückbleiben
der Knorpelwucherung, an deren Stelle eine frühzeitige Verkalkung träte.
Indessen ist diese Synostose, wie schon gesagt, ein keineswegs constantes
Vorkommen. Nièpce und Stahl fanden auch nach dem 20. Jahre das
Keilbein und Grundbein eines cretinischen Schädels noch nicht knöchern
verbunden, und Bowlby theilt mit, dass bei vier Fällen cretinischer Wachsthumsstörung seiner Beobachtung bei Föten jegliche prämature Synostose
an der Schädelbasis fehlte. In der Berner pathologisch-anatomischen
Sammlung befindet sich nach Bircher der Schädel eines 24jährigen
Cretinen mit persistirender Fuge der Schädelbasis. Nach Virchow beschränkt sich diese Synostosenbildung übrigens keineswegs auf die genannten
Knochen, sondern es hängt die sehr wechselnde Form des Cretinenschädels, der bald von vorn und hinten, bald von der Seite abgeplattet
erscheint und bald eine Prominenz des Hinterhauptes, bald eine Abplattung desselben zeigt, auch wohl andere Kanten und Höcker trägt,
von der von Fall zu Fall wechselnden Verschmelzung der Nähte ab.
Höfler untersuchte 125 Schädel aus den Beinhäusern und 107 lebende
Personen der Tölzergegend und fand, dass hierunter 42 Percent
hyperbrachycephal und 10·3 Percent typische Rundköpfe waren. Der
Längenbreitenindex der dortigen Bevölkerung (85) wächst umsomehr,
je ausgesprochener die cretinische Form ist. Thatsache ist, dass eine
Verkürzung der Schädelbasis des Cretinenschädels besteht, die sich allerdings am besten durch die frühzeitige Verknöcherung der Basalknochen
und die dadurch hervorgerufene Störung ihres Längenwachsthums erklären
lässt. Dann behält der Schädel die Form, die ihm um die Mitte des
uterinen Lebens eigen ist, d. h. der Schädelgrund ist nach oben gebogen, der Vereinigungswinkel zwischen Keilbein und Grundbein ist klein,
der Clivus steil. Die Felsenbeine werden mehr flach und quer gestellt,

---

[1]) Fötale Rhachitis, Cretinismus und Zwergwuchs. Virchow's Archiv, Bd. XCIV.

die grossen Keilbeinflügel bleiben schmal. Jochbeine, Kiefer und Nasen-
rücken werden vorgeschoben, die Nasenwurzel wird breit und erscheint
eingedrückt und die Augenhöhlen sind weiter voneinander entfernt, die
mittlere Schädelgrube wird verengt. Meist wird der Schädel compensatorisch
erweitert, am öftesten nach der Breite, seltener als Spitzkopf: es entsteht die basilar-synostotische Schädelform. Es lässt sich aber
nicht leugnen, ja es muss sogar für die Fälle mit Verkürzung der Schädelbasis ohne Tribasilarsynostose zugegeben werden, dass die geschilderten
Schädeldeformitäten auch durch eine primäre Wachsthumsstörung der
Knochen bedingt sein können. Deshalb wird die Frage, ob frühzeitige
Nahtverschmelzung oder abnorm lange Persistenz der Knorpelfugen bestehe,
von den neueren Autoren (Wagner, Kocher) als nebensächlich betrachtet.

Der Unterschied zwischen einem normalen dolichocephalen Schädel
und einem Cretinenschädel wird sich am besten aus den beiden unten-
stehenden, dem Werke von Iphofen entnommenen Zeichnungen ergeben.

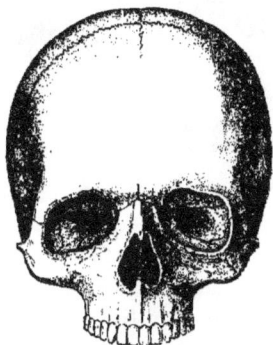

Fig. 7. Normaler Schädel. (Nach Iphofen.)   Fig. 8. Cretinenschädel. (Nach Iphofen.)

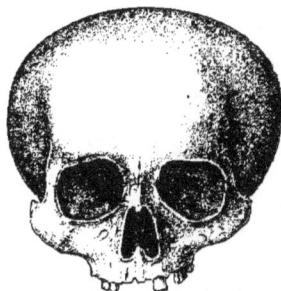

Jedenfalls bekommt die Physiognomie des Cretinen und der ganze
Habitus desselben durch diese Anomalien der Knochenbildung ein ganz
besonderes, specifisches Aussehen.

Die Stirne ist meist niedrig, selten hoch, weicht nach hinten zurück,
die Nasenwurzel ist eingezogen, abgeflacht, die Nase breit, kurz, auf-
gestülpt, mit grossen Nasenlöchern, die mehr weniger nach vorne sehen —
eine Stumpfnase in ihrer hässlichsten Form. Die Wangenknochen stehen
stark vor und geben dem Gesichte im Vereine mit der platten Nase und
den meist kleinen Augen ein breites, dem Eskimotypus ähnelndes Aussehen. Die Lippen sind wulstig; in dem grossen Mund sitzt eine dicke
Zunge, die für die Mundhöhle zu gross ist und Zahneindrücke zeigt. Der
Unterkiefer ist stark und breit, der Hals kurz und dick, die Brust bei
Frauen auffallend abgeflacht, der Bauch schlaff, vorgetrieben, die Arme

und Beine sind kurz, schlaff, muskelschwach; erstere baumeln an dem
kurzen Körper herab, letztere sind in den Knien gebogen. Der Gang ist
bald watschelnd, bald nur und besonders beim schnellen Gehen oder
Laufen unsicher. In den höchsten Graden des Leidens kriechen die
Kranken nur auf allen Vieren kurze Strecken und bewegen sich schliesslich gar nicht mehr fort. Auch die Arme werden nicht mehr gebraucht;
die elenden Wesen müssen gefüttert werden und schlingen die Bissen,
ohne sie zu kauen, herunter.

Fig. 9. Physiognomie einer Cretine höheren   Fig. 10. Physiognomie einer Cretine höheren
Grades. (Nach Bircher.)   Grades. (Nach Bircher.)

Ganz hervorragend ist die Veränderung an der Haut, respective
dem Unterhautzellgewebe der Cretinen. Dieselbe zeigt in ausgesprochenem
Masse den Charakter der *Cachexie pachydermique*, d. h. eine eigenthümliche
sulzige Beschaffenheit, die sich mit einer Verdickung und Schlaffheit ver-
bindet, so dass die Haut am Kopfe, besonders an der Glabella, sich in
dicke Falten legt, die Augenlider verschwollen sind, die Backen schlaff
herunterhängen und auch am Rumpf, an Hand und Fussrücken dicke,
schlaffe Schwellungen, ähnlich Fettwülsten, entstehen. Von einzelnen
Beobachtern sind gerade wie beim Myxödem (Middleton) teigige Infiltrationen der Rachengebilde, des Zäpfchens und weichen Gaumens
beobachtet. Höchst auffallend ist die fahle, blasse, zuweilen kreideweisse
Hautfarbe, auf der sich etwaige Pigmentflecke oder diffuse gelbliche
und bräunliche Verfärbungen, die sich namentlich im Gesichte, aber auch
an anderen Körperstellen zeigen, scharf abheben. Diese Blässe und Welk-
heit der Haut, welche dem Cretin mit 20 Jahren das Aussehen eines
Greises gibt, ist eine Folge der Anämie, an der die Cretinen trotz ihrer
Gefrässigkeit leiden. Schwitzen thun die Cretins nur ausnahmsweise,
gewöhnlich ist die Haut trocken, spröde, schilfernd; die Nägel sind kurz,
rissig, unförmlich, die Haare kurz und borstig steif, am Körper sehr
spärlich, an den Geschlechtstheilen gänzlich fehlend.

Hierzu kommt die mangelhafte Entwicklung des Genitalapparates, der in ausgesprochenen Fällen auf einer kindlichen Stufe bleibt. Es fehlen die Pubes, Achsel- und Barthaare. Die Männer haben einen winzigen Penis und kleine, verkümmerte Hoden, die Frauen die Labien kleiner Mädchen und einen infantilen Uterus. Die Periode fehlt ganz oder ist höchst unregelmässig. Der Geschlechtstrieb fehlt. Bei weniger hochgradigen Cretins kommt es indessen zu besserer Entwicklung der sexuellen Apparate und Functionen, so dass selbst Zeugungsfähigkeit vorhanden ist, wenn auch die etwaigen Kinder meist verkümmert, mit Hydrocephalus und ähnlichen Anomalien behaftet sind, bald sterben oder todt zur Welt kommen. Uebrigens ist in jedem Fall die Entwicklung eine verlangsamte, so dass man die meisten Cretins in den Zwanzigerjahren noch mit unentwickelten Genitalien findet, die erst in den Vierziger- und Fünfzigerjahren besser ausgebildet sind.

Ein wesentliches Interesse beansprucht das Verhalten der Schilddrüse. Die Angaben darüber stammen erst aus der letzten Zeit,[1]) weil sich erst in letzter Zeit die Aufmerksamkeit auf dieses Organ besonders gelenkt hat, und so findet sich noch bei Virchow das Verhalten der Thyreoidea bei den Cretinen mit keiner Silbe erwähnt. Die seltenen Formen angeborenen Cretinismus sind gewöhnlich durch Fehlen der Drüse ausgezeichnet. bei den später zur Entwicklung kommenden cretinischen Degenerationen wird das Verhalten der Schilddrüse verschieden, bald als normal, bald als fehlend, bald als kröpfig vergrössert angegeben. Bircher fand bei 20 erwachsenen Cretinen die Drüse 4mal normal, 15mal in verschiedener Weise kröpfig entartet und einmal unfühlbar. Aber er spricht sich, worin ich ihm vollständig beipflichten muss, über das „Fühlen" oder „Nichtfühlen" der Schilddrüse sehr skeptisch aus. So leicht es ist, die auch nur mässig vergrösserte Thyreoidea zu palpiren, so unsicher sind die Resultate, wenn es sich darum handelt, Fehlen oder Vorhandensein des normal grossen oder gar etwas kleinen Organes zu constatiren. Ich habe seit Jahren bei den verschiedensten Fällen, eine Zeit lang überhaupt bei jedem Status, die Schilddrüse palpirt, respective zu palpiren versucht; ich muss mich noch heute für incompetent erklären, gegebenen Falls mit Bestimmtheit zu sagen, ob die Drüse fehlt oder nicht, zumal wenn es sich um Personen mit fettem, respective starkem Hals handelt.

Bei 61 Zöglingen einer Idiotenanstalt mit den Zeichen cretinischer Degeneration war in 62 Percent derselben eine Struma vorhanden, in

---

[1]) Die von Kocher citirte Bemerkung Troxler's, „dass uns die Bedeutung der Schilddrüse noch werde klar werden durch die Ergründung des Cretinismus," datirt allerdings schon aus dem Jahre 1830.

6·5 Percent war die Schilddrüse nicht zu fühlen. Von Neumann und Scholz wird in je einem Fall das Vorhandensein der Drüse erwähnt. Curling, Fagge und Bourneville beschrieben das Fehlen der Schilddrüse bei Cretins.

Endlich sind auch die Sinnesorgane und mit ihnen die geistigen Fähigkeiten der Cretinen hochgradig gestört, respective herabgesetzt. Um mit dem Minderwerthigen anzufangen, so sind Geruch und Geschmack stark beeinträchtigt. Die Kranken sind für schlechte Gerüche unempfindlich, und ihr Geschmackssinn steht kaum auf der Stufe eines höheren Thieres. Gefrässig, schlingen sie ohne Auswahl und gierig hinunter, was sie bekommen können, gleichgiltig, ob es appetitlich oder unappetitlich, frisch oder angegangen ist. Allenfalls wird bei sehr scharfen Sachen, z. B. starkem Schnaps, ein Unbehagen geäussert. Ebenso ist der Tastsinn und das Gefühl für geringere Schmerzempfindung herabgemindert, während heftigere Schmerzen ein thierisches Gebrüll veranlassen. Ich hörte vor einigen Jahren einen Cretin im Wallis, der von einem Stier etwas unsanft über den Haufen gerannt wurde, in ein durch die offenbare Uebertreibung geradezu komisch wirkendes Geheul ausbrechen.

Vor Allem sind aber Gehör und mittelbar Sprache betroffen, und dies mag zum grössten Theile die Schuld an der überaus geringen geistigen Entwicklung der Cretins sein. Dass die Cretinen in der Mehrzahl taub oder wenigstens nahezu taub sind, und dass sich da, wo viele Cretins sind, auch viele Taubstumme finden, ist statistisch festgestellt. Wagner gibt an, dass im Jahre 1889 in Oesterreich auf je 100000 Einwohner 74 Cretins kommen, die Minima aber in Kärnten, Salzburg und Steiermark mit 293, 276 und 218 auf 100000 Einwohner sind. In Dalmatien und Istrien finden sich die Maxima mit 26 und 27. Nun sind in demselben Jahre insgesammt 110 Taubstumme auf je 100000 Einwohner der Monarchie verzeichnet, wovon aber auf Kärnten, Salzburg und Steiermark 324, 163 und 163, dagegen auf Dalmatien und Istrien 49 und 86 kamen! Die Schweiz hat nach St. Lager 5000 Cretinen und 3976 Taubstumme, allein im Canton Bern werden 1306 Cretinen und 1955 Taubstumme gezählt. Da sich nun Kropf und Cretinismus, wie wir früher gesehen haben, ebenfalls gemeinsam vorfinden, so ist an dem Zusammengehen dieser drei Störungen nicht zu zweifeln, und da die erstgenannten endemisch vorkommende Erkrankungen sind, so müssen wir auch die Taubstummheit, soweit sie hier in Frage kommt, zu den Endemien zählen, d. h. es gehören die Fälle sogenannter erworbener oder sporadischer Taubstummheit, sei es, dass dieselbe als gelegentlicher angeborener Bildungsfehler des Gehörorgans auftritt oder die Folge später acquirirter entzündlicher Vorgänge, acuter Infectionskrankheiten, Traumen und Aehnliches ist, nicht hierher. In der That haben diese Fälle mit dem Cretinismus gar nichts zu thun und geben, selbst wenn sie mit geistiger Schwäche verbunden sind, ein ganz anderes Krankheitsbild. Bircher hat sich bemüht, auch die territorische Uebereinstimmung zwischen endemischem Kropf, respective Cretinismus und Taubstummheit nachzuweisen, worauf wir noch zurückkommen werden.

Jedenfalls ist die Sprache bei den meisten Cretins in höchstem Masse geschädigt, so dass sie überhaupt nicht mehr in articulirten Tönen sich ausdrücken, sondern ihre jeweiligen Affecte, Behagen, Zorn, Furcht etc., durch unarticulirtes Grunzen, Heulen oder Schreien äussern. Auch das Sprachverständniss ist ganz mangelhaft oder fehlend und dementsprechend die Intelligenz auf einer äusserst niedrigen Stufe. Es gilt schon als etwas Besonderes, wenn der Cretin die dürftigsten häuslichen Verrichtungen, etwa Holztragen, Wasserholen und Aehnliches oder gar einen kurzen Weg ausser dem Hause zu machen lernt; gewöhnlich beschränkt sich seine Ausbildung darauf, dass ihm durch eine Art Dressur die Reinhaltung seines Körpers und allenfalls seiner Kleider beigebracht wird. Nur den gröbsten Affecten: Zorn, Furcht, Hass, auch wohl einer Art Zuneigung und Dankbarkeit zugänglich, gibt er den gewöhnlichen thierischen Trieben: Hunger, Durst, Wärme, Kältegefühl, mit bestimmten, seiner Umgebung verständlichen Lauten Ausdruck.

Eine gute Anschauung von diesem aufs Höchste verblödeten Cretinentypus wird durch die angefügte Abbildung gewonnen.

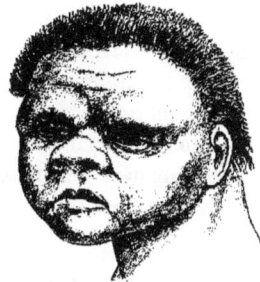

Fig. 11. Cretin höchsten Grades. (Nach Iphofen.)

Eine kleine Minderzahl bringt es zu einer Art Sprache, d. h. etwas mannigfaltigeren, bestimmte Dinge bezeichnenden Laut- oder Wortäusserungen, bei denen freilich die Consonanten höchst unvollkommen differenzirt sind, immerhin aber ein gewisser sprachlicher Verkehr mit der Umgebung ermöglicht wird. Damit ist dann auch eine höhere Stufe des Intellectes verbunden. Freilich bleibt sie, absolut genommen, immer noch äusserst niedrig. Nur die gröbsten Sinneseindrücke werden aufgenommen und allenfalls miteinander combinirt. Von einer eigentlichen Begriffsbildung, von einer Abstraction, von irgend welchen Schlüssen und Urtheilen ist keine Rede. Diese Cretinen werden als Halbcretinen bezeichnet. Ihnen schliesst sich als wenigst ausgesprochene Stufe die cretinische Degeneration an mit mässig erhaltener Intelligenz und Sprache, aber den physischen Zeichen des Cretinismus. Es ist klar, dass sich eine bestimmte scharfe Grenze zwischen diesen Gruppen nicht ziehen lässt und nur die Extreme mit Sicherheit der einen oder der

anderen zuzuzählen sind.[1]) Alle Versuche, die Cretinen durch Unterweisung
geistig und damit auch in einem gewissen Masse körperlich zu fördern,
haben kläglich Fiasco erlitten. Wagner meint freilich, dass die Cretins
sprechen lernen würden, wenn der Unterricht nach der in Idioten-Anstalten
geübten Methode ertheilt würde. Dann „könnte ihnen eine Welt von Vorstellungen eröffnet werden". Der Versuch ist seinerzeit von Dr. Guggen-
buhl auf dem Abendberg gemacht, aber gänzlich gescheitert. Die ganze
Angelegenheit hängt mit der Frage zusammen: Was ist die Ursache der
Taubheit der Cretinen? Eine Affection des Hörapparates scheint der Regel
nach nicht vorzuliegen — ausgedehnte Untersuchungen fehlen — und
die neueren Autoren, in erster Reihe Kocher, nehmen eine Störung der
centralen, *in specie* der corticalen Centren an, die sich nach Art der
auditiv-sensorischen Aphasie äussern würde. Es fehlt nicht die Erregung
des peripheren Endapparates durch den Schall, wohl aber die Fähigkeit,
dieselbe central zu registriren, in Vorstellungen umzusetzen und diese
wiederum nach aussen zu leiten und ihnen den entsprechenden sprach-
lichen Ausdruck zu geben. Nur Wagner glaubt, wesentlich auf die Beobachtung hin, dass das Gehörvermögen mancher Cretinen nach Angabe
der Angehörigen wechselnd, bald besser, bald schlechter, sein soll und
dass Prof. Habermann bei zwei Cretinen leichterer Art eine beträchtliche
Wucherung der Rachentonsille gefunden hat, „grösstentheils" eine periphere
Erkrankung des Gehörorgans annehmen zu sollen. Auch hier müssen

---

[1]) Virchow sagt in einer kleinen Notiz über fötale Rhachitis, Cretinismus und
Zwergwuchs (l. c., S. 183), „dass er unter der nichtkröpfigen, sonst wohlgebildeten
Bevölkerung des Kerenzer Berges am Walensee nicht selten Individuen angetroffen habe,
welche bei kleinem Wuchs zugleich etwas abweichende Gesichts- und Körperform zeigen,
die mehr oder weniger an die cretinistische erinnert. Keines der Individuen war
idiotisch oder auch nur auffallend geistesschwach. Nichtsdestoweniger besteht eine gewisse physiognomische Verwandtschaft zu den Cretinen." Ich habe zufällig diesen Sommer
eine ähnliche Erfahrung im Adelboden (Schweiz) gemacht. Ich hatte im Hôtel einen Träger
zu einer Bergpartie bestellt, und als der Betreffende kam, war ich etwas erstaunt, ein
Individuum mit „Zwergwuchs und cretinösem Gesicht" vor mir zu sehen, 18 Jahre alt
und wie ein Zwölfjähriger aussehend, breit und plump, mit breiten Backenknochen,
platter Nase und wulstigen Lippen. Nichtsdestoweniger oder gerade deshalb nahm ich
den Jungen und hatte den ganzen Tag Zeit, mich mit ihm zu unterhalten. Er war
durchaus intelligent, auch verhältnissmässig kräftig und wusste sehr wohl, dass er in
der Entwicklung zurückgeblieben sei. Es war keine Spur myxödematöser Schwellung
vorhanden, die Schilddrüse palpabel. Der Arzt des Thales sollte ihm gesagt haben, dass
er es als Kind zu schlecht und ärmlich gehabt habe (er war eine Waise) und deshalb
nicht vorwärts gekommen sei. Kropf und Cretinismus kommen in der ganzen Dorfschaft
nicht vor. Ich habe nur einen Fall in einem Seitenthal gefunden. Solcher Individuen,
die also nur „eine gewisse physiognomische Verwandtschaft zu den Cretinen haben",
gibt es gewiss viele. Sie werden je nach der Gründlichkeit der Untersuchung statistisch
verwerthet oder bei Seite gelassen werden.

weitere Untersuchungen abgewartet werden. *A priori* dürfte aber Alles gegen diese Auffassung sprechen und viel eher die endemische Taubstummheit und mit ihr die Sprach- und Intellectstörung der Cretinen die Folge einer allgemeinen Degeneration sein, welche die Centren der Sprache und des Gehörs betrifft. Gerade das endemische Vorkommen dieser Störungen spricht gegen die locale, periphere Ursache, die wohl gelegentlich, sporadisch, aber nicht als durchgängige typische Erscheinung auftreten kann.

Das Gesicht functionirt von allen Sinnesorganen noch am besten. Freilich ist es schwer, darüber bestimmte Erhebungen zu machen. Jedenfalls werden grelle Lichteindrücke auch in den höheren Graden des Leidens wahrgenommen, obgleich andererseits auch angegeben wird, dass sich ein Cretin öfters stundenlang die Sonne direct auf das Gesicht scheinen lässt, ohne dadurch belästigt zu sein.

Schliesslich ist allen Cretinen die grosse Neigung zur Unthätigkeit, zum Schlaf, zum Hinbrüten eigen. Im Gegensatz zu der Unruhe vieler Geisteskranken haben sie einen grossen Beharrungstrieb. Man findet sie, wenn man stundenlange Ausflüge gemacht hat, bei der Rückkehr noch an derselben Stelle sitzen, wo man sie zuerst getroffen hat, als ob sie für die Welt und Alles, was sie umgibt, abgestorben wären.

Der endemische Cretinismus ist, wie vielseitig beobachtet, gewissen Wechselfällen unterworfen. Er steigt und fällt in seiner Extensität und kann bei seinem ersten Erscheinen zuweilen sehr schnell, zuweilen langsam um sich greifen. In einzelnen Fällen liess sich der Zusammenhang mit der Wasserversorgung unschwer nachweisen (s. unten).

Neben dem in gehäufter Zahl vorkommenden, an bestimmte locale Verhältnisse gebundenen endemischen Cretinismus kommt eine ihm äusserlich fast vollkommen gleichende Erkrankung auch zerstreut, gelegentlich hier und dort auftretend, vor:

Der sporadische Cretinismus.

Die wesentlichen Symptome desselben stimmen mit denen der endemischen Form in dem Masse überein, dass man dem betreffenden Krankheitsbild danach seinen Namen gegeben hat. Wir können also auf bereits Gesagtes verweisen und uns auf die Aufzählung einiger Besonderheiten beschränken.

Zunächst gehören die sporadisch auftretenden Fälle meist dem jugendlichen Alter, bis zum Beginn der Dreissigerjahre, an. Von den zahlreichen Fällen sporadischen Cretinismus, welche in den letzten Jahren bekannt gegeben sind, hat kein Einziger das dritte Lebensdecennium überschritten, während wir echte Cretins, d. h. solche innerhalb des Bereiches der

Endemie, von 50 und 60 Jahren antreffen. Dem epidemischen Cretinismus gegenüber ist die schleimige oder myxödematöse Beschaffenheit der Haut ganz besonders häufig ausgesprochen, während sich die Störung des Knochenwachsthums vornehmlich in dem Zurückbleiben des Längenwachsthums, aber nicht in anomaler Schädelbildung, respective Gesichtsbildung äussert. Die grosse Fontanelle bleibt auffallend lange offen, die Verknöcherung der Nähte bleibt aus, die frühzeitige Synostose der Tribasilarknochen fehlt im Gegensatz zum Cretinenschädel, der Schädel ist vielmehr plagiocephal, mit hochstehendem Hinterhaupt (s. oben).

Das Gesicht zeigt übrigens den classischen Habitus des Cretins: die aufgestülpte, an der Wurzel eingedrückte Nase, aufgeworfene Lippen, eine dicke, häufig zum Munde herausbängende Zunge, herunterhängende Wangen mit zahlreichen Runzeln, die dem Gesicht etwas Thierisches und Greisenhaftes geben. Diesen Eindruck verstärkt der sparsame oder stellenweise ganz fehlende Haarwuchs, die kaum vorhandenen Augenbrauen, die halb geschlossenen Augen mit gewulsteten Lidern, die dicken Ohrläppchen. Aus dem halb geöffneten Munde rinnt, besonders beim Essen, der Speichel. Die Zähne sind cariös, die Bissen fallen beim Essen aus dem Munde. Das Ganze sitzt auf einem kurzen, plumpen Hals und einem kurzen, unförmigen Körper mit dicken, wulstigen Armen und Beinen. In der Halsgegend fast regelmässig, zuweilen auch an anderen Körperstellen finden sich fettartige Wülste. H. Fagge betrachtete sie als specifische Eigenthümlichkeiten, die den sporadischen vom endemischen Cretinismus unterscheiden sollten, was umsoweniger begründet ist, als Mac Clelland dieselben Fettanhäufungen auch beim endemischen Cretinismus gesehen hat. Osler hat das Verhalten der Schilddrüse in 11 Fällen sporadischen Cretinismus zusammengestellt, darunter drei von ihm selbst genau untersuchte Fälle. Es ergibt sich aus den betreffenden Krankengeschichten, dass die Thyreoidea normal und fühlbar (?) war in 1 Fall, nicht vergrössert in 3 Fällen, nicht fühlbar in 3 Fällen, „offenbar" fehlend oder atrophisch in 2 Fällen, vergrössert, und zwar der linke Lappen mehr wie der rechte, einmal und unsicher zu fühlen einmal. Lassen wir den letzten Fall ausser Betracht und nehmen die Fälle der ersten und zweiten Kategorie, die keinen Unterschied darbieten, zusammen, so ergeben sich 4 normale gegen 5 verkleinerte und nur 1 vergrösserte Drüse. Noch eindeutiger lauten die Angaben von Fletcher-Beach, wonach in 14 von ihm beobachteten Fällen das Fehlen der Thyreoidea 13mal zu constatiren war (wie oft durch Autopsie, ist nicht ersichtlich), so dass wir also jedenfalls sagen können, dass die Schilddrüse in der Mehrzahl der mitgetheilten Fälle verkleinert war oder fehlte, in einigen normal, in ganz wenigen sogar leicht geschwollen war. Grössere Kröpfe scheinen überhaupt nicht beobachtet zu sein. — Der Gang des Kranken ist unbeholfen oder das Gehen überhaupt unmöglich. Nur mühsam können die Individuen am Stuhle stehen. Der Leib ist aufgetrieben, in vielen, aber nicht in allen Fällen besteht eine Nabelhernie. Bary fand in drei Fällen gesteigerte Sehnenphänomene, Osler in einem Fall gesteigerte Patellarreflexe, während von anderen Autoren keine Angaben darüber gemacht werden. Einigemal wurde „eine fliegende Röthe" der Wangen und Nase beobachtet, obgleich die Körpertemperatur, wie immer in diesen Fällen, normal oder subnormal war.

Urin und Stuhl werden freiwillig entleert.

Hautsensibilität und elektrische Erregbarkeit sind nicht verändert. Die Haut oder besser das Unterhautzellgewebe hat häufig, aber keineswegs ausnahmslos, einen geschwollenen ödematösen (myxödematösen) Charakter. Es handelt sich offenbar um eine starre Infiltration der Gewebsmaschen mit einer mehr zähen wie wässrigen Flüssigkeit (s. unter „Myxödem"), deren Natur noch nicht ausreichend studirt ist. Die nächstliegende Annahme, dass es eine mucinartige Substanz sei, ist keineswegs sicher erwiesen, trotz mannigfacher Untersuchungen. So haben Bourneville und Briçon in einem Fall von sporadischem Cretinismus die betreffende Prüfung der Haut durch Thabuis vornehmen lassen, der zwar nach der Methode von Eichwald einen mucinartigen Körper nachweisen konnte, aber in so geringen Mengen, dass, wie die Verfasser selbst sagen, ein bindender Schluss daraus nicht zu ziehen ist.

Das Wesen der Kranken ist träge und apathisch, vollkommen indolent. Die Individuen sprechen entweder gar nicht oder ihr Sprechen beschränkt sich auf einige Silben und ihr Mienenspiel auf ein blödes Lächeln, besten Falls auf den Ausdruck von Furcht und Schrecken oder Behagen. Epileptiforme und epileptische Anfälle werden von einem Falle (Meltzer) berichtet, kommen aber offenbar nur ausnahmsweise vor.

Die Entwicklung ist eine ausserordentlich langsame. Die Dentition ist stark verzögert. Um die Zeit der Pubertät fehlt jede Andeutung der betreffenden Zeichen. Die Hoden sind kaum vorhanden, die Pubes, die Achselhaare fehlen, die Menstruation tritt nicht ein und der Geschlechtstrieb erwacht nicht. Ausdrücklich wird in manchen Krankenberichten auch die mangelnde Neigung zum Onanismus erwähnt. So gleichen die Individuen mit 20 und mehr Jahren in vieler Beziehung acht- und zehnjährigen Kindern.

Die Krankheit ist nicht oder nur überaus selten angeboren. Vielmehr setzt die Hemmung der Wachsthumsbildung und der geistigen Entwicklung erst kürzere oder längere Zeit nach der Geburt, zuweilen nach einer directen Schädigung, einem Trauma, Fall u. dgl. ein. Meist aber entwickelt sie sich so langsam und schleichend, dass die Eltern geraume Zeit, d. h. bis in das zweite und dritte Jahr hinein, keine Ahnung von dem schweren Leiden ihrer Kinder haben.

9*

Als ausgezeichneter Typus dieser Erkrankungsform sei hier ein von Osler (Transact. Americ. Physicians, Vol. VIII, 1893) beschriebener Fall eingeschaltet.

M., 2 ¼ Jahre alt. Eltern (rechte Vettern) gesund und kräftig. Keine hereditäre Belastung; kein Kropf in der Familie. Patientin ist das zweite Kind und war wohl bis zum Ende des ersten Jahres. Während des zweiten Jahres blieb sie in der Entwicklung zurück, lernte nicht Sprechen und Gehen und schien ungewöhnlich still und stupid. Erst mit dem Ende des zweiten Jahres kamen die Schneidezähne heraus. Patientin wurde bleich, wachsartig, Gesicht und Extremitäten leicht geschwollen. Lächeln, Versuche, „Mama" und „Papa" zu sagen, sind die einzigen Ausdrücke ihres Intellectes.

Status praesens. Kleines Kind, bleich, mit offenem Mund, vorgestreckter und verdickter Zunge, aufgetriebenen Lippen, fast hängenden Wangen. Langes, schlichtes Haar, blaue Augen, blasse Skleren, geschwollene, verdickte Augenlider. Stirne breit, Schädel gut geformt, Hinterkopf etwas prominent. Grosse Fontanelle nicht ganz geschlossen. Sieht gutmüthig aus, lächelt zuweilen, aber ist sonst nicht regsam. Der Gesichtsausdruck ist idiotisch. Die Muskeln der Arme sind schwach entwickelt, das Unterhautzellgewebe infiltrirt, die Hände geschwollen, wie mit prallem Oedem, schwer eindrückbar. Die Beine sind gross, dick, die Schenkel zeigen verschiedene Falten. Die Haut ist infiltrirt, besonders am Fussrücken, wo sie prall ist und kaum den Fingerdruck hält. Abdomen aufgetrieben mit venöser Injection. Leberrand palpabel, etwa 6 cm unterhalb des Rippenrandes. Milz nicht vergrössert, nicht palpabel. Thorax

Fig. 12. Sporadischer Cretinismus. 9 Jahre altes Mädchen. (Nach Northrup.)

gut entwickelt, ohne Zeichen von Rhachitis, die auch nicht an den langen Röhrenknochen vorhanden sind. Anämisches, systolisches Geräusch am Herzen. Keine Herzvergrösserung, keine Vergrösserung der Lymphdrüsen oder der Thyreoidea. Ueber dem Sternum lauter, heller Percussionsschall. Leichte Vermehrung der weissen Blutkörperchen. Ordo: Jodeisen, Sirup. — 1 Jahr, 2 Monate später: Kind hat zugenommen, 75 cm hoch, sieht intelligenter aus und versucht einige Worte herauszubringen und mit Unterstützung einige Schritte zu gehen. Anämie und Oedem sind geringer geworden, dennoch sieht das Kind immer noch breit und gedunsen aus und macht den Eindruck eines cretinoiden Habitus. Der Kopf hat 51·5 cm Umfang (wie gemessen?), der Leib 54·5 cm. Nacken dick und kurz, mit einer starken, quer verlaufenden Fettfalte. Thyreoidea nicht palpabel, die Trachea kann von der *Cartilag. thyreoid.* bis zur *Incisura sterni* ganz genau abgetastet werden.

(Eine einmonatliche Behandlung mit Thyreoidea-Extract vom Schaf hatte bis zur Zeit der Publication keine Veränderung erzielt.)

Der Tod erfolgt meist an intercurrenten Krankheiten: Erysipel, Pericarditis mit Rheumatismus, Lungenödem, Hydrothorax und Hydropericard, Pneumonie etc.; Convulsionen werden angegeben. Dass die betreffenden Individuen ein höheres Alter jenseits des dritten Decenniums erreichen, scheint nur ganz ausnahmsweise vorzukommen.

Die Erörterung der **pathologisch-anatomischen Verhältnisse** hat, soweit sie die Veränderungen am Knochensystem und die Störung des Wachsthums anbetrifft, schon oben (S. 120) ihre Stelle gefunden, so dass wir nicht noch einmal darauf zurückzukommen brauchen.

Auf die Frage nach dem Verhalten des Nervensystems und speciell von Hirn und Rückenmark und ihren anatomisch nachweisbaren Beziehungen zu den in Obigem geschilderten Störungen der Intelligenz und der gesammten Entwicklung hat die Forschung bisher nur höchst dürftige Antwort gegeben. Von einigen Seiten (Schiffner, Nosse, Sewes, Nièpce) sind am Acusticus, Facialis, Vagus und Olfactorius degenerative Processe, nämlich atrophische Veränderungen, Erweichung, rothe und graue Anschwellung der Nervenstämme, beschrieben. Langhans und Kopf fanden eine Dilatation der Lymphspalten unter dem Perineurium, eine Bildung von blasigen und spindelförmigen Gebilden, Verdickung der Gefässwände und herdförmige Fibrillenlagen an der Innenfläche des Perineuriums. Aber diese spärlichen Angaben können die Mannigfaltigkeit der Erscheinungen umsoweniger erklären, als Aehnliches von Rénaut und Wein auch bei gesunden Einhufern und Hunden gefunden ist (s. S. 17). Ebenso dürftig und geringfügig sind die Mittheilungen über die Veränderungen am Gehirn, soweit sie mehr als die durch die Schädeldeformation bedingte grobe Verkümmerung, besonders an den Basaltheilen, betreffen. Schon Bircher beklagt den gänzlichen Mangel an Sectionsberichten und ganz besonders an Untersuchungen mit Berücksichtigung der Localisation und führt nur an, dass Valentin bei der Section eines vierjährigen Mädchens das Gehirn auf „früher fötaler Bildungsstufe" stehen geblieben fand. In den Schriften von Virchow, Klebs, Kocher, Demme, Horsley u. A. fehlt es durchaus an bezüglichen Angaben, und einer der neuesten Autoren, Bury (in der Cyclopaedia of the diseases of children), begnügt sich mit der Bemerkung: „descriptions of the brain are also far from satisfactory and good microscopical observations still a desideratum". Fagge fand in einem Fall von sporadischem

Cretinismus eines Erwachsenen das Gehirn scheinbar normal und auch das
Cerebellum nicht so klein, wie man es nach der geringen Entwicklung
der Occipitalgrube hätte erwarten sollen. Barlow beschreibt bei einem
Cretinenfötus die „Hirnschenkel, den Pons und die Medulla senkrechter
als normal stehend und den Pons seitlich comprimirt. Das Kleinhirn war
in höherem Masse vom Grosshirn überlagert und mehr nach oben wie
bei normalen Föten des betreffenden Alters gewachsen." Auch die minu-
tiöse Beschreibung, welche Bourneville und Briçon von dem Centralnervensystem und speciell dem Gehirn eines im 24. Jahre verstorbenen
Cretinen (Idiot mit *Cachexia pachydermica*) geben, die an Ausführlichkeit
und Genauigkeit der makroskopischen Verhältnisse nichts zu wünschen
übrig lässt, ergibt nichts weniger als charakteristische Veränderungen. Die
Windungen waren im Allgemeinen klein, die Furchen unregelmässig, und
es fand sich die Hypophysis deutlich vergrössert; im Uebrigen in der
Rinden- und Marksubstanz keine Besonderheiten nachweisbar. Hier kommt
mit Rücksicht auf die Beziehungen zwischen Thyreoidea und Hypophysis
(s. oben S. 30) und den Umstand, dass im vorliegenden Fall „l'absence
de toute trace de glande thyroïde" constatirt wurde, der Vergrösserung
der Hypophysis noch das meiste Gewicht zu, aber über specifische und
für unsere Zwecke verwerthbare Veränderungen sagt das Protokoll nichts
aus. Man wird zugeben, dass auch mit diesen Daten nicht viel zu machen
ist und dass auf diesem Felde noch eine grosse, ihrer Deckung harrende
Lücke klafft.

Von den übrigen Organen nimmt das Verhalten der Thyreoidea das
Hauptinteresse in Anspruch. Leider sind auch hier wieder genauere und
brauchbare Angaben, die über die Constatirung einer etwa vorhandenen
Kropfgeschwulst hinausgehen, kaum vorhanden.

Zunächst ist einer Beobachtung an Lebenden zu gedenken. Schon
oben haben wir der von Osler und Fletcher-Beach gemachten Angaben
Erwähnung gethan. Bircher fand Gelegenheit, drei mit grossem Struma
behaftete Cretinen zu operiren, und überzeugte sich, dass der nicht strumös
entartete Rest der Drüse aus normalem Gewebe bestand, welches in dem
einen Fall den ganzen rechten Lappen einnahm.

Umgekehrt fand Hanau in drei Fällen von Cretinismus, die zur
Section kamen, die Schilddrüse viel kleiner als normal, ihre Gestalt im
Ganzen regelmässig. Das specifische Drüsengewebe liess einen bald mehr,
bald weniger stark ausgeprägten Schwund mit relativer, zum Theile auch
absoluter Zunahme des Bindegewebes erkennen, welches in ausgesprochenen
Fällen durch seine Armuth an Kernen auffiel. In den Lücken desselben
liegen die Reste der in Klümpchen zusammengesinterten, geschrumpften
Drüsenzellen. Daneben finden sich Hohlräume, die mit Colloid und einem
unvollständigen Belag abgeplatteter Epithelzellen angefüllt sind.

Fletcher-Beach, der über acht Autopsien bei sporadischem Cretinismus auf dem Berliner Congress von 1891 berichtete, erwähnt merkwürdigerweise gar nicht des Verhaltens der Thyreoidea, sondern gibt nur
an, einen Excess von Mucin in der Haut und eine Vermehrung des fibrösen
Gewebes in Leber, Lunge, Milz und Nieren gefunden zu haben.

Fassen wir diese Angaben mit dem über das Verhalten der Thyreoidea
in vivo Bekannten zusammen, so ergibt sich daraus der für die Pathogenese
des Cretinismus — und zwar sowohl der endemischen wie der sporadischen
Form desselben — ausserordentlich wichtige Schluss, dass die Entartung
der Schilddrüse, sei sie strumöser oder atrophischer Natur,
kein unumgängliches Attribut der Krankheit ist, wenn sich auch
in der Mehrzahl der Fälle eine pathologisch-anatomisch nachweisbare
Erkrankung des Organs vorfindet, die zu einer mehr weniger umfänglichen Degeneration desselben geführt hat.

Die **Diagnose des Cretinismus** ist in ausgesprochenen Fällen jedem
Laien geläufig und scheinbar leicht zu stellen. In Wahrheit kommen gewisse
Schwierigkeiten in Betracht, die sich nur bei eingehender Untersuchung beheben lassen. Am meisten ist dies der Fall, wenn Zwergwuchs und Idiotie sich
verbinden und es sich darum handelt, diese Zustände gegen echten Cretinismus
oder, was eventuell noch schwieriger sein kann, gegen Halbcretinen und cretinoide Degeneration abzugrenzen. So hat man namentlich früher, wie schon
eingangs gesagt, vielfach Idiotie und Cretinismus zusammengeworfen. Indessen
dürfte hier die Berücksichtigung folgender Punkte ausschlaggebend sein:

1. Cretinen kommen — abgesehen von den selteneren sporadischen
Fällen — nur da vor, wo gleichzeitig Kropf endemisch ist.

2. Beim Zwergwuchs fehlt die typische Veränderung des Skelets
und meist auch der Weichtheile, die dem Cretinen eigenthümlich sind.
Ersterer ist charakterisirt durch die verzögerte Knochenausbildung, geringe
oder fehlende Missbildung des knöchernen Schädels, Offenbleiben der
Knorpelfugen und Nähte, mangelhaftes, respective nicht vollendetes Wachsthum oder Fehlen eigentlicher Missbildung, besonders an Rumpf und
Extremitäten. Fehlen der trophischen Störungen der Tegumente.

3. Beim Idiotismus liegt der Schwerpunkt der Affection auf Seiten
des Intellectes, während die körperlichen Veränderungen dem gegenüber
zurücktreten und ein endemisches Vorkommen nicht beobachtet wird.

Nichtsdestoweniger kann es im concreten Falle geradezu unmöglich
werden, eine bestimmte Entscheidung zu treffen, umsomehr, als von einzelnen namhaften Autoren, z. B. Bircher, Idiotie und Taubstummheit
in directe Beziehung zum Cretinismus gesetzt und als die schweren
Formen der cretinischen Degeneration betrachtet werden, die ihre Ursache
in der mangelhaften Gehirnentwicklung wegen Beschränkung der vorderen
und mittleren Grube haben.

Aetiologie.

Entgegen dem üblichen Brauch, die Besprechung der Aetiologie der Symptomatologie etc. voranzustellen, schien es uns im vorliegenden Falle geeigneter, erst nach der Erörterung der anatomischen und klinischen Symptome des Cretinismus auf die ursächlichen Momente desselben einzugehen.

Die Entwicklung des Cretinismus ist jedenfalls durch das Zusammengehen mehrerer Ursachen bedingt und das ursächliche Moment der cretinischen Degeneration nicht mit einem Worte erledigt.

Dass die cretinische Degeneration ebenso wie die strumöse Entartung den chronischen Infectionskrankheiten zugehört, kann so wenig bezweifelt werden, wie die weitere Thatsache, dass das specifische Agens dem Organismus mit dem Wasser zugeführt wird.

Diesen Beweis noch einmal zu führen, scheint uns, nachdem wir die einschlägigen Verhältnisse bei Besprechung der Aetiologie des Kropfes eingehend behandelt haben, überflüssig zu sein. Wenn Kropf und Cretinismus, entsprechend der älteren Virchow'schen Auffassung, wie wir dies mit zahlreichen Beweisen belegt haben, zusammengehörige Erkrankungen in dem Sinne sind, dass die eine den höchsten Entwicklungszustand einer Schädlichkeit in Form einer Allgemeinerkrankung darbietet, von der die andere nur die ersten Anfänge, und zwar local beschränkt, zeigt, und wenn wir nachgewiesen haben, dass überall, wo Kropf endemisch auftritt, die Wasserversorgung als nächste Ursache angesehen werden muss, so erübrigt es, denselben Beweis noch einmal auch für den Cretinismus zu führen. Er ist in dem, was wir über die Aetiologie des Kropfes gesagt haben, enthalten.

Aber nicht alle Individuen, welche Wasser trinken, dessen Genuss notorisch die cretinische Degeneration mit sich bringen kann, werden Cretins. Ebenso ist es notorisch, dass in gewissen Gegenden der Cretinismus sich vermindert, ja selbst so gut wie aufgehört hat, ohne dass in der Wasserversorgung eine besondere Veränderung eingetreten wäre So wichtig also die letztere als erste Ursache auch ist, es bedarf offenbar noch anderer Bedingungen oder Schädlichkeiten, die, wie wir das schon bei Besprechung der strumösen Erkrankungen auseinandergesetzt haben, die eigenartige Disposition schaffen.

Letztere können einmal persönlicher und zweitens allgemeiner Natur sein.

Dass bei ersteren hereditäre Einflüsse massgebend sind, zeigt das Vorkommen der ausgeprägten Formen des Cretinismus bei Kindern, deren Eltern nur an den leichteren Graden der Degeneration litten, und die statistisch erhärtete Thatsache, dass kröpfige Eltern mehr als andere taubstumme und idiotische Kinder, respective Cretins erzeugen (Bircher). Ebenso sollen die Ehen unter Blutsverwandten, wie sie bekanntlich zu allgemeiner Degeneration der Race tendiren, die Entwicklung der cretinischen Degeneration fördern (Allara). Wie weit besondere Entwicklungsstörungen, die schon im Fötalleben angebahnt oder entwickelt sind, aber erst mit zunehmendem Wachsthum zum Ausdruck kommen — hierbei sind die Störungen im Knochenwachsthum, vielleicht auch eine bereits intrauterin angelegte Störung der Schilddrüsenentwicklung in Betracht zu ziehen — hiermit Hand in Hand gehen, lässt sich schwer sagen, doch dürften die Fälle sogenannten fötalen Cretinismus, wie sie von Virchow, Grawitz u. A. (s. oben S. 121) beschrieben sind, hiefür sprechen.

Die Ursachen allgemeiner Natur sind in den hygienischen und socialen Verhältnissen der betroffenen Bevölkerungskreise zu suchen. Auch dieser Satz bedarf nach Allem, was bisher ausgeführt ist, nicht noch einer besonderen Besprechung und Begründung. Nicht nur in die finsteren Schluchten und engen Wildthäler des Hochgebirges mit ihrer auf kärglichste Nahrung und Bettung angewiesenen Bevölkerung haben in dieser Beziehung zunehmender Wohlstand und eine, wir möchten sagen, menschlichere Lebensführung merkbare Besserung der fraglichen Verhältnisse hineingetragen, auch anderen Orts lässt sich der Einfluss dieser Factoren auf die Ausbreitung oder vielmehr das Zurückgehen der cretinischen Degeneration schlagend nachweisen. So sind z. B. im deutschen Schwarzwald, im Wiesenthal, am Feldberg, in der Gegend von Homberg, in Ambuch die Cretins ganz ausgestorben, obwohl in der Wasserversorgung dieser Orte keine Aenderung stattgefunden hat. In Freiburg im Breisgau gab es vor 30—40 Jahren in einem bestimmten ärmlichen Theil der Stadt Cretinen, dort „kleine Männele" oder „Poppele" genannt, die jetzt verschwunden sind; auch hier ist die Wasserversorgung dieselbe geblieben. Und so liessen sich noch verschiedene andere Orte anführen, wo ein gleiches Verhalten statt hat. Hier ist die Ursache des Rückganges des Cretinismus in der Besserung der socialen Verhältnisse, der grösseren Wohlhabenheit, grösseren Sorgfalt der Lebensführung, Besserung der hygienischen Verhältnisse in und ausser dem Hause u. s. f. zu suchen, welche die individuelle Disposition auf ein Minimum beschränkt oder ganz beseitigt haben.

Indessen, das Alles sind doch nur, wenn wir so sagen dürfen, Gelegenheitsursachen. Das innerste Wesen der cretinischen und strumösen Degeneration wird durch dieselben nicht aufgedeckt und selbst, wenn wir zu dem, unserer Auffassung nach, gesichertsten Schluss gekommen sind, dass die Infection dem disponirten Organismus durch das Wasser zugetragen wird — welcher Art ihr erster Angriffspunkt im Körper ist, wie überhaupt ihre Wirkung zu Stande kommt, ob sich die Infection dem

gesammten Organismus mittheilt, ob sie ein einzelnes Organ befällt und
alle Erscheinungen erst als Folgen dieser gewissermassen centralen Erkrankung auftreten, das Alles bleibt uns zunächst noch völlig verborgen.

Gestützt auf die neueren Erfahrungen über die Folgen der Athyreosis,
ist man jetzt geneigt, auch die Entwicklung der cretinischen Degeneration
auf die Missbildung, beziehungsweise Functionsstörung der Thyreoidea,
auf eine *Athyreosis chronica*, zurückzuführen. Kocher, der Hauptvertreter
dieser Ansicht, meint, dass dieselbe Schädlichkeit, welche beim Erwachsenen
zu den Erscheinungen des Myxödems und der *Cachexia strumipriva* führt,
wenn sie im Kindesalter, beziehungsweise im Fötalleben einwirkt, die cretinische Degeneration veranlasst. Diese Schädlichkeit ist gegeben in dem
Ausfall der Functionen der Schilddrüse, mag derselbe durch Atrophie oder
anderweitige Degeneration des Organes bedingt sein, und die Ursache des
Cretinismus würde demgemäss in letzter Instanz eine zunächst und direct
die Thyreoidea betreffende und erst secundär, von dort aus, den Gesammt-
organismus schädigende sein. Man könnte diese Infection von dem kropferzeugenden Agens trennen und als eine *causa sui generis* ansehen, wenn
nicht in den schon so oft hervorgehobenen Beziehungen zwischen Kropf
und Cretinismus die Annahme der gleichen Ursache gewissermassen mit
zwingendem Hinweis gegeben wäre. Wir würden dann zu folgender Anschauung kommen:

Das dem Organismus direct oder durch Vererbung zugeführte, auf
die Schilddrüse einwirkende Agens äussert sich in seiner leichteren Form
zunächst im Sinne eines nutritiven Reizes, der mit der Zeit die strumöse
Hyperplasie und Hypertrophie zu Stande bringt. Es kommt zur Strumenbildung in ihren verschiedenen Formen und Graden. Bei der Mehrzahl
der in Kropfdistricten lebenden Menschen hat es dabei sein Bewenden.
Sie tragen zeitlebens ihren Kropf, der dann in mannigfacher Weise ent-
arten und zu den bekannten Folgeerscheinungen Anlass geben kann.
Unter diesen Umständen muss entweder die Drüse selbst, soweit sie nicht
entartet ist, oder ein vicarirendes Organ die Functionen der normalen
Drüse in einer für den Organismus ausreichenden Weise zu leisten im
Stande sein und ein ähnlicher Ersatz eintreten, wie er auch unter normalen Verhältnissen im Alter stattfinden muss, wo bekanntlich die Drüse
atrophirt wird und einem Schrumpfungsprocess unterliegt (s. oben S. 8).

Wenn aber in seltenen Fällen die Infection in einer besonders schweren Form erfolgt und besonders disponirte Individuen trifft, so kommt es schon entweder während des
Fötallebens oder sehr bald nach der Geburt zur Athyreosis,
d. h. zum Aufhören der Drüsenfunction, sei es, dass die Thyreoidea
bereits äusserlich sichtbar atrophirt oder dass die scheinbar normale oder
im Laufe der Zeit sogar strumös entartete Drüse kein normales Secret ab-

sondert. St. Lager erzählt, obwohl zu seiner Zeit von solchen Erwägungen, wie die eben angestellten, noch keine Rede war und der Natur der Sache nach auch nicht sein konnte, ein Beispiel, welches nicht besser für diese Anschauung sprechen könnte: Im Dorfe Antignano (Asti) waren drei Quellen, von denen zwei den giftigen Stoff in verschiedenem Grade enthalten zu haben scheinen, die dritte völlig frei davon war. Die Familien, welche die erste Quelle benützten, hatten zahlreiche Kröpfige und Cretinen aufzuweisen, die, welche näher bei der zweiten wohnten, hatten nur Kröpfige, der Rest des Dorfes, der aus der dritten Quelle trinkt, ist völlig von beiden Uebeln verschont geblieben. Allara, der auf diese Beobachtung gleichfalls zurückgreift, aber sich darauf beschränkt, den Einfluss des Trinkwassers daran zu zeigen, führt fort: „Hier haben wir also ein geradezu classisches Beispiel: dasselbe Klima, dieselbe Höhenlage, dieselben atmosphärischen Verhältnisse, gleiche Nahrung, gleiche Kleider, dieselben Sitten in Beschäftigung, Gewohnheit, Lebensführung — nur das Trinkwasser ist verschieden." In unserem Sinne würde diese Beobachtung aber noch die weitere, für die Entwicklung von Kropf und Cretinismus bedeutungsvolle Auslegung erlauben, dass in der ersten Quelle eine besonders intensive Noxe enthalten, vielleicht auch eine besondere Disposition bei den betreffenden Familien vorhanden war und dass dadurch die höchste Potenz der thyreoiden Degeneration, der Cretinismus, bedingt wurde, während sich der Genuss der zweiten Quelle nur in der schwächeren Schädigung, der Strumose, merkbar machte.

Die Folge der Athyreosis bei jugendlichen Individuen (beziehungsweise während des Fötallebens) ist die cretinische Degeneration, die Folge der Athyreosis bei Erwachsenen das Myxödem und die *Cachexia thyreopriva*. In der That lassen sich die vornehmlichsten Symptome der cretinösen Degeneration, wie wir in der physiologischen Einleitung dargelegt haben, experimentell durch die Thyreoidektomie hervorrufen und decken sich zum Theile mit den beim Menschen zu beobachtenden Erscheinungen der eben genannten Erkrankungen.

Diese Auffassung stimmt mit der alten Fodéré-Virchow'schen Lehre darin überein, dass auch sie Kropf und Cretinismus auf eine gemeinsame Ursache zurückführt, dass, wie Virchow sagt, „dieselben Einflüsse den Cretinismus machen, welche auch die Strumose erzeugen". Sie gibt ebenfalls der Thatsache Ausdruck, dass der Cretinismus in seinen ersten Anfängen in das Embryonalleben zurückreicht, also auf congenitalen Störungen beruht, wenn sich dieselben auch erst Monate nach der Geburt manifestiren, und sie lässt sich recht gut sowohl mit der in Kropfländern vorkommenden Erblichkeit des Leidens, als mit dem congenitalen und hereditären Auftreten der Struma in Einklang setzen. Sie geht darin über die früheren Anschauungen hinaus, dass sie den ursächlichen „Einflüssen" eine greifbare Unterlage gibt und die Beziehungen zwischen Strumose und Cretinismus darin gegeben sieht, dass beide Male zunächst dasselbe Organ durch die gleichartige (aber nicht gleich starke) Noxe afficirt wird, aber in ersterem Falle eine mildere und langsamere Reaction, meist erst im extrauterinen und späteren Leben, eintritt, in letzterem Falle eine intensive Infection bereits im fötalen Zustande oder in der frühesten Kindheit zur Geltung kommt.

Beide Male handelt es sich um endemische, an bestimmte Territorien gebundene Einflüsse.

Der Umstand, dass wir im Myxödem und der *Cachexia thyreo-* und *strumipriva* Krankheitsbilder kennen lernen werden, bei denen sich thatsächlich als Folge der Athyreosis ein dem Cretinismus in vielen Zügen sehr ähnliches Symptomenbild entwickelt, gibt dieser Theorie eine starke Unterlage.

Aber es lässt sich nicht leugnen, dass dieser Auffassung, welche zunächst viel Bestechendes und den Vorzug grosser Einfachheit hat, verschiedene Bedenken entgegenstehen. Ich habe dieselben in dem letzten Abschnitte bei Besprechung des Myxödems und der *Cachexia strumipriva* zusammengefasst und will mich hier nur auf zwei Punkte beschränken.

1. Für mich persönlich ist die Aehnlichkeit zwischen Myxödem und Cretinismus nicht so gross, als dass ich mich nicht getrauen sollte, ausgesprochene Fälle, wie ich deren von beiden Krankheitstypen gesehen habe, zu unterscheiden. Auch ein schwer myxödematös erkrankter Mensch nähert sich nicht in seinem Aussehen und Gebahren so sehr dem Thiere, wie der Cretin. Und doch soll beide Male eine functionslose Schilddrüse die Schuld allen Uebels sein, die doch in dem einen wie dem anderen Falle nicht mehr wie veröden, beziehungsweise functionsunfähig werden kann.

2. Kommt in Betracht, dass Cretinismus, Myxödem und Kachexie trotz scheinbar weitgehender äusserer Uebereinstimmung ihrer inneren Wesenheit nach keineswegs übereinzustimmen brauchen. Hierbei kann freilich nicht der Umstand angezogen werden, den Bircher hervorhebt, dass die letzteren, unabhängig von bestimmten Localitäten, allerwärts künstlich zu erzeugen oder als Folge gelegentlicher krankhafter Verkümmerung oder Functionsverlustes der Drüse zu beobachten sind, mithin subacute oder chronische Ausfallserscheinungen der Drüsenfunction darstellen. Was hier zufällig, scheinbar spontan, vereinzelt oder künstlich hervorgerufen auftritt, kann sich dort recht gut als Folge einer endemischen Noxe einstellen. Aber es fehlt vor der Hand noch am Besten: an dem an Cretinen geführten Beweis, dass wirklich eine Degeneration der Schilddrüse mit Functionsverlust derselben als regel-

mässiger Befund constatirt werden kann. Es ist zunächst nicht
ausgeschlossen, dass die Verhältnisse auch ähnlich dem liegen können,
was wir bei *Cholera nostras* und *Cholera asiatica* finden: Fälle sporadisch
auftretender Sommerdiarrhoen, die durchaus das Ansehen der echten
Cholera haben und doch nach Ausweis der bakteriologischen Untersuchung
toto coelo ätiologisch verschieden sind.

Kocher hat sich bemüht, nachzuweisen, „dass gerade sehr typische
und vorgeschrittene Fälle von Cretinismus mit starker Atrophie der Schilddrüse vergesellschaftet sind, welche in solchen Fällen bloss noch aus
einigen derben, verkalkten oder sklerosirten Knoten besteht" und „dass
ein Kropf nicht bloss die gesunde Schilddrüsensubstanz in ihren Functionen
beeinträchtigen kann, sondern dass auch eine solche secundäre Hyper-
oder Atrophie der Schilddrüse durch Heredität auf die Kinder übergehen
kann, ohne dass bei diesen irgend etwas von Kropf vorhanden zu sein
braucht". Wir haben oben gesehen, dass sich die cretinische Degeneration
bei Individuen findet, deren Schilddrüsen entweder gar keine äusserlichen
Veränderungen nachweisen lassen oder doch nur Veränderungen zeigen,
die, wenn sie ausserhalb des Gebietes der Endemie vorkommen, ihren
Träger nimmermehr zum Cretin machen. Angenommen, die oben wieder-
gegebene Ansicht Kocher's ist richtig und die Drüse, ohne ausreichende
anatomische Veränderung, functionell dauernd untüchtig, so müsste doch
in diesen Fällen noch ein Etwas hinzukommen, was bei gleichem äusseren
Ansehen des Organes das einemal seine Function vernichtet, das anderemal
nicht. Wir würden also trotz alledem nicht um den Einfluss eines ganz
specifischen „Drüsengiftes" herumkommen.

Es liegt übrigens auf der Hand, dass mit der Anerkennung eines
anatomisch nicht zum Ausdruck kommenden Versiegens der Drüsenthätigkeit jede Beziehung zwischen dem anatomischen Verhalten des Organes
und dem Cretinismus umgangen werden kann und dass dann überhaupt
die ganze pathologisch-anatomische Grundlage für das Myxödem sowohl
wie für den Cretinismus zusammenbricht.

Wenn aber Bircher, dessen umfassende Sorgfalt in dem Studium
dieser Fragen jedenfalls alle Beachtung verdient, zu der Ansicht neigt,
dass Cretinismus, respective Zwergwuchs und Chondrodystrophie in keinem
ätiologischen Zusammenhang mit den Functionen der Drüse stehen und
wenn er dies unter Anderem damit begründet, dass ein von ihm operirter
Cretin nach totaler Exstirpation der Struma doch noch der *Cachexia
strumipriva* verfiel, so scheint mir dies in der That kein stringenter Beweis
dafür zu sein, dass die Schilddrüse nichts mit der Aetiologie des Cretinismus
zu thun hat. Vielmehr möchte ich Hanau darin zustimmen, dass dies
ebenso verständlich ist, wie dass ein Individuum mit chronischer Nephritis
urämisch wird, wenn man es doppelseitig nephrotomirt.

Wir werden, wie schon oben gesagt, noch einmal auf diese Frage zurückkommen müssen. Zunächst liegt darin noch viel Hypothetisches, dessen Begründung einer vielleicht nicht allzufernen Zukunft überlassen bleiben muss. Wenn aber der Werth einer Hypothese darin liegt, dass sie uns das Verständniss der Thatsachen erleichtert, so hat dieselbe zweifellos viel für sich.

Denn damit dürften sich auch die Fälle von sogenanntem sporadischen Cretinismus und von Zwergwuchs mit Idiotie und den Erscheinungen der *Cachexia pachydermica* dem Verständniss näher bringen lassen. Es handelt sich hier entweder um Zustände, denen durch die Degeneration der Schilddrüse der besondere cretinische, beziehungsweise cretinoide oder sagen wir lieber myxödematöse Charakter aufgedrückt wird, welcher sich einem zu Grunde liegenden, bereits vorhandenen Zustand von Idiotie (und Zwergwuchs) als Complication hinzugesellt, oder um ein im jugendlichen Alter bei sonst gesunden Kindern auftretendes Myxödem, welches in seinen Aeusserungen mit dem sporadischen Cretinismus identisch ist. Zum wenigsten ist kein durchgreifender Unterschied zwischen sporadischem Cretinismus und infantilem Myxödem zu finden, d. h. es handelt sich um dieselbe Krankheit, aber um verschiedene Namen für ein und dieselbe Sache. Wie weit hierbei Bildungsanomalien oder Defecte ins Spiel kommen, die sich entweder schon im Fötalleben oder unmittelbar nach der Geburt, respective mehr weniger lange Zeit nach derselben geltend machen, wie weit es sich um *post partum* acquirirte Schädigungen handelt, lässt sich, wie bereits hervorgehoben, in der Mehrzahl der Fälle nicht entscheiden. Von grösster Bedeutung ist aber, dass die sogenannte *Cachexia strumipriva*, wie sie nach der operativen Entfernung der Schilddrüse oder des Kropfes eintritt, im Kindesalter das typische Krankheitsbild des sporadischen Cretinismus zur Folge hat. Am besten beweist dies ein von Bruns (Grundler) mitgetheilter Fall, einen 28jährigen Mann betreffend, dem im Alter von 10 Jahren die ganze Schilddrüse wegen Kropf entfernt worden war und der seitdem allmälig — er war vorher ein ganz normales Kind gewesen — zum zwerghaften Cretin mit allen charakteristischen Zeichen des Myxödems degenerirt war. Aehnliche Beispiele finden sich bei Kocher, Juillard und Lanceroux u. A. Sie zeigen auf das Unzweideutigste, dass die Entfernung der Schilddrüse bei Kindern einen Zustand zur Folge hat, der sich zum mindesten in allen Aeusserlichkeiten mit dem sporadischen Cretinismus deckt. Der Schluss ist nicht abzuweisen, dass es sich um identische Zustände handelt. Selbst wenn es sich herausstellen sollte, dass diese Degeneration nur dort eintritt, wo gleichzeitig Kropf und Cretinismus endemisch herrschen — und auffallenderweise stammen alle bisher veröffentlichten Beobachtungen aus Orten im Bereiche der Endemien — würde dies der Bedeutung der Beobachtungen keinen Abbruch thun. Zu-

nächst erklärt sich dies Verhalten wohl ohne Zwang damit, dass eben
nur in Kropfterritorien Gelegenheit und Nöthigung zur Entfernung der
Schilddrüse bei Kindern gegeben ist.

So hätten wir denn eine continuirliche Reihe von Erkrankungen, denen eine chronische Störung, respective ein Ausfall
der Function der Schilddrüse zu Grunde liegt, welche sich
vom Myxödem der Erwachsenen bis zum infantilen Myxödem
(sporadischen Cretinismus) und zum endemischen Cretinismus
verfolgen lässt.

Es ist das unbestreitbare Verdienst von W. Gull und F. Semon,
zuerst mit klarem Blick diese Verhältnisse erkannt und verfolgt zu
haben.

Wenn nun aber die engen Beziehungen zwischen Myxödem und
sporadischem Cretinismus unzweifelhaft und meines Erachtens ganz sicher
gestellt sind, so kann man sich doch andererseits nicht verhehlen, dass
zwischen dem letzteren und dem endemischen Cretinismus gewisse Differenz-
punkte bestehen, die, ganz abgesehen von dem sporadischen Vorkommen
hier, der endemischen Verbreitung dort, nicht übersehen werden dürfen.

Hierher gehört in erster Linie der durchgreifende Unterschied im
Knochenwachsthum, vor allem im Wachsthum der Schädelknochen (prämature Synostose), der rasche Aufbrauch der Knorpelmatrix beim Cretin,
während in den Fällen von Idiotismus mit *Cachexia pachydermica*, z. B.
in dem Sectionsbericht des „Pascha" von Bourneville und Briçon, ausdrücklich das Offenbleiben der Fontanelle und die mangelnde Verkalkung
der Nähte, d. h. also eine Verzögerung der Ossification, angegeben ist.
Ferner der Verlauf der Krankheit, die bei den Cretinen nach einer gewissen
Zeit stationär bleibt, mit langer Lebensdauer einhergeht, beim sporadischen
Cretinismus progredient ist und meist zu frühem Tode führt; das fehlende
oder wenigstens nicht besonders ausgesprochene Myxödem bei den echten
Cretinen im Gegensatz zu den sporadischen Fällen; der Unterschied in den
Händen, die dort verhältnissmässig wohlgestaltet, hier tatzenförmig und
plump sind, und endlich auch der Umstand, dass sich bei ersteren bis
jetzt eine specifische Therapie als unwirksam erwiesen hat. Nun kann man
freilich sagen, dass diese Unterschiede zum Theil durch das Alter der
Personen bedingt sind und dass der junge Cretin im Gebiete der Endemie
dem an infantilem Myxödem leidenden Kinde durchaus ähnlich ist; man wird
aber nicht darüber fortkommen, dass das gehäufte Vorkommen dieser Fälle
in Gestalt einer Endemie noch eine besondere Ursache erfordert, die
auf localen, respective territorialen Ursachen beruht.

Ebenso wie die gelegentlich auftretenden Kröpfe ihrer Ursache
und ihren Erscheinungen nach wesentlich von den epidemischen Kröpfen
verschieden sind, so ist es auch das Verhältniss des sporadischen

Cretinismus und des, *sit venia verbo*, operativen Cretinismus zu dem endemischen Cretinismus.

Idiotismus mit Zwergwuchs und Myxödem ist noch kein Cretinismus, wenn er auch der äusseren Aehnlichkeit wegen so genannt wird, und ebensowenig sind die ähnlichen, auf operativem Wege entstandenen Zustände, selbst wenn die Kinder im Knochenwachsthum zurückbleiben, wie dies von Kocher, Juillard und Lanceroux beobachtet ist, und ein cretinenhaftes Aussehen und Verhalten erleiden, mit dem echten Cretinismus identisch.

In England gibt es nach Ausweis der Kropfkarten ziemlich viele Herde von Kropf, und Hirsch zählt die Grafschaften auf, in denen Kropf **und** Cretinismus endemisch sind. Nichtsdestoweniger finden sich doch nur spärliche Fälle von „sporadischem Cretinismus mit Myxödem", auf welche unzweifelhaft im Augenblicke die Aufmerksamkeit, der Substitutionstherapie wegen, besonders gerichtet ist. Mit anderen Worten: das Fehlen der Schilddrüse drückt diesen Fällen einen eigenthümlichen cretinoiden, dem Cretinismus ähnelnden Charakter auf, aber es macht sie nicht zu wahren Cretins.

Umgekehrt müsste folgerichtig kein Cretin eine Schilddrüse haben, respective die Drüse müsste total functionsuntüchtig, z. B. total strumös entartet, sein. Aber Bircher hat bei drei Cretinen grosse Strumen entfernt und in den nicht degenerirten Theilen vormals Drüsengewebe, in einem der Fälle den ganzen rechten Lappen normal gefunden. Der zweite Fall erkrankte erst nach der Operation an *Cachexia strumipriva* und wurde vorübergehend durch Schilddrüsen-Implantation gebessert, und der dritte ging nach zehn Tagen an Tetanie zu Grunde.

Man kann freilich diesen letzten Fällen gegenüber, wie wir dies schon oben gethan haben, den Einwand machen, dass die spätere Kachexie nicht beweist, dass die Drüse vorher gesund war, aber selbst wenn sie alterirt und von mangelhafter Function war, so dürfte man in dieser Störung zunächst noch nicht die Ursache des Cretinismus sehen, denn, wie wir schon in dem Abschnitte über den Kropf auseinandergesetzt haben, die Struma an sich ist nicht Anlass des Cretinismus.

Man würde sich also hier wieder mit der Annahme helfen müssen, dass beim Strumösen ein Ersatz durch vicarirende Organe eintritt, der beim Cretin fehlt.

Wir kommen demnach zu dem Schlusse, dass der endemische Cretinismus einen Zustand physischer und intellectueller chronischer Degeneration darstellt, der abhängig ist von localen Ursachen und einer durch sie herbeigeführten Degeneration der Schilddrüse. Indem sich die letztere unter dem Einflusse der ersteren ausbildet, hat sie

eine besondere typische Krankheitsform zur Folge, die
als die Resultante beider eben genannten Factoren
anzusehen ist. Der sporadische Cretinismus (das infantile
Myxödem) und das Myxödem der Erwachsenen sind
einzig und allein bedingt durch eine gelegentliche Erkrankung der Schilddrüse, sie stellen sozusagen subacute Ausfallserscheinungen dar. Das infantile Myxödem
ist dem endemischen Cretinismus nahe verwandt, aber
deckt sich nicht vollkommen mit demselben.

Der **Verlauf** des echten Cretinismus ist ein überaus chronischer,
durch Jahrzehnte sich hinziehender, so dass Cretins ein relativ hohes
Alter erreichen können, wenn sie nicht durch intercurrente Krankheiten
fortgerafft werden. Die Fälle sporadischen Cretinismus pflegen gemeiniglich
eine kürzere Lebensdauer zu haben und, wenn es hoch kommt, das dritte,
ganz selten das vierte Decennium zu erreichen. Der Tod tritt in der
Regel durch Pneumonie, Nieren- und Blasenaffectionen u. A. ein.

Die **Prognose** ist generell, d. h. in Bezug auf die Möglichkeit,
die Endemie einzuengen, respective abzuschwächen, wie sich aus dem
folgenden Abschnitt über die Therapie ergeben wird, nicht absolut
ungünstig. Die individuelle Prognose, die bis vor Kurzem noch eine
ganz aussichtslose war, hat sich durch die Entdeckung der Heilkraft der
Schilddrüse wesentlich umgestaltet, wofür ebenfalls die Belege in dem
Abschnitt über die Therapie zu suchen sind.

Therapie.

Die Bekämpfung des Cretinismus kann eine individuelle, das einzelne
Individuum betreffende, und eine allgemeine, gegen die allgemein giltigen
Ursachen der Krankheit gerichtete sein.

In beiden Fällen kommen wesentlich prophylaktische Massnahmen
in Betracht, da wir ein Heilmittel, welches die Degeneration, wenn sie
einmal ausgebildet ist, zu beeinflussen im Stande wäre, zunächst nicht
kennen. Im Gegensatz zum Kropf bildet sich der ausgebildete Cretinismus
durch Fortzug aus dem Gebiet der Endemie nicht zurück, wenigstens ist mir
in der umfänglichen Literatur kein Beispiel dieser Art bekannt geworden;
dagegen lässt sich möglicherweise die erste Anlage der Krankheit, wenn
sie früh genug erkannt wird oder wenn genügende Verdachtsmomente
(Heredität, verlangsamte Entwicklung des Neugeborenen, respective in den
ersten Lebensjahren etc.) dafür vorhanden sind, dass die Degeneration über
kurz oder lang zum Ausbruch kommen könnte, dadurch in ihren Keimen
bekämpfen, dass die betreffenden Individuen aus der Gegend der Endemie
heraus und an einen der Infection nicht ausgesetzten Ort gebracht werden,

wo sie unter gleichzeitiger Behandlung mit Schilddrüsenpräparaten (s. unten) heranwachsen können.

Auf diese Weise dürfte es möglich sein, der cretinischen Degeneration, der prämaturen Synostose der Schädelknochen, den Veränderungen am Skelet, den Störungen der Sinnesorgane und des Intellectes vorzubeugen oder dieselben auf einer geringen Stufe festzulegen und ihre weitere Entwicklung zu hindern. Dass dies nur in staatlichen Anstalten, die natürlich nicht im Bereich der Endemie gelegen sein dürfen, möglich und mit Aussicht auf Erfolg durchführbar ist, ergibt sich aus der Natur der in Frage kommenden Verhältnisse von selbst, ist aber eine Forderung der allgemeinen Menschlichkeit, der sich die betroffenen Staaten auf die Dauer nicht entziehen werden können.

Je nach dem Standpunkte, den die Autoren rücksichtlich der Aetiologie des Cretinismus eingenommen haben, sind nun in ähnlicher Weise wie bei der strumösen Degeneration gewisse therapeutische Agentien, vor Allem das Jod und die Jodsalze, sodann Magnesia und Kalksalze, Arsen, Chinin empfohlen worden. Es lohnt sich nicht, auf diese mehr wie fragwürdige Therapie, deren Nutzen noch niemals sichergestellt ist, einzugehen. Nur des Curiosums wegen sei erwähnt, dass Vicenzio Allara, ein Arzt in Veltlin, in einer Monographie über den Cretinismus, in der er sich über die mikroparasitäre Aetiologie mit mehr wie kühnem Sprung hinwegsetzt, zu dem Schlusse kommt, „dass ein Silicat mit erdig-alkalischer Base die Ursache des Cretinismus sein muss", und deshalb den Gebrauch von Chlornatrium anräth, „um die Silicate zu trennen und das Silicium niederzuschlagen" (sic!) — ein chemisches Kunststück, auf dessen Erfindung Herr Allara stolz sein kann.

Ernsthafter ist der Vorschlag zu nehmen, methodische Versuche mit der Darreichung von Thyreoideapräparaten zu machen, weil er sich auf die ätiologischen Beziehungen der Schilddrüsenerkrankung zum Cretinismus stützt. Es würde der etwaige Erfolg einer solchen Therapie, wenn sie consequent bei den von der cretinischen Degeneration bedrohten oder von ihren ersten Anfängen befallenen Individuen durchgeführt wird, zu gleicher Zeit der beste Beweis für den etwaigen ätiologischen Zusammenhang zwischen Schilddrüsenerkrankung und Cretinismus sein. (Siehe das Nähere über die Anwendung der Thyreoideapräparate unter „Myxödem".)

Die beste und sicherste Prophylaxe bleibt unter allen Umständen die Verbesserung des Trinkwassers oder der Ersatz des verdächtigen Wassers durch ein gutes. Ersteres kann man erreichen durch Absetzenlassen, durch Abkochen des Wassers und durch Filtriren. Während sich die letztere Massregel gar nicht, das Abkochenlassen nur schwer durchführen lässt, da man immer bedenken muss, dass es sich vielfach um vereinzelte Gehöfte und Anwesen handelt, deren Bewohner, auch wenn sie gesund sind, auf einer niedrigen, intellectuellen Stufe stehen und allen Neuerungen, zumal den mit geringen Kosten verbundenen, schwer zugänglich sind, so ist der Gebrauch, das Wasser vor der Benützung stehen zu lassen, damit sich die in ihm enthaltenen erdigen Bestandtheile absetzen, vielfach in Uebung. Zum Beispiel führt Boussignault eine Familie an, die in einer von der Endemie heimgesuchten Gegend nur dadurch von Kropf und Cretinismus verschont blieb, dass sie die Vorsicht gebrauchte, das Trinkwasser vor dem jedesmaligen Gebrauch zwei Tage lang stehen zu lassen.

Viel sicherer ist der Gebrauch des Cysternenwassers, von dessen Nutzen zahlreiche Beispiele angeführt werden. Wir haben eine Anzahl derselben bereits bei der Prophylaxe des Kropfes angeführt. Dr. Mottard berichtet aus St. Jean (Maurienne), dass ein Bürger durch die Errichtung einer Cysterne seine Familie inmitten der Endemie freigehalten habe. Nach Baillarger wurden die Bahnangestellten in Grozon nach kurzer Zeit von Kropf befallen, der vollständig schwand, als auf ihre Beschwerde hin die Eisenbahngesellschaft eine Cysterne errichtete. In Alberteville hatte die Schuljugend bei Gebrauch der Pumpbrunnen 30 Percent Kröpfige und wurde völlig frei, als der Gebrauch von Cysternenwasser eingeführt wurde. Sehr bekannt ist das Beispiel aus dem Fort de L'Ecluse (Dr. Gauthier). Die Garnison des oberen Fort, welche Cysternenwasser trinkt, ist vom Kropf verschont, während die des unteren Fort, welche ihren Trinkwasserbedarf aus dem Quellwasser des Bodens entnimmt, kröpfig wird. Dies sind zwar Beispiele, welche sich nicht direct auf den Cretinismus, sondern auf den Kropf beziehen, die aber bei der nahen Beziehung zwischen Kropf und Cretinismus auch für den ersteren Giltigkeit haben dürften.

Noch radicaler ist unzweifelhaft die Zuleitung neuen Wassers aus unverdächtigen Quellen, nur ist es schwer, da wir über die Natur des inficirenden Agens noch so völlig im Unklaren sind, anders als durch die praktische Erfahrung zu wissen, ob ein Wasser gut oder schlecht ist. Nicht immer liegen die Verhältnisse so glücklich wie in der Gemeinde Bozel (s. oben S. 70), welche sich ein Trinkwasser zuleiten konnte, das sich durch langen Gebrauch als frei von Miasma erwiesen hatte. Die Gemeinde Bonnet in der Auvergne brachte durch den Wechsel des Trinkwassers die beabsichtigte Verminderung der Endemie nicht zu Stande, vielmehr trat eine Verstärkung derselben auf. Doch sind dies Verhältnisse, welche den jedesmaligen localen Erwägungen und Untersuchungen überlassen bleiben müssen. Thatsache ist, dass an vielen Orten die Endemie durch Zufuhr gesunden Wassers nicht nur zum Abnehmen, sondern sogar zum Schwinden gebracht ist.

Dasselbe gilt von der Sanirung des Bodens und der Verbesserung der allgemeinen hygienischen Verhältnisse: der Wohnung, der Kleidung,

der gehörigen Lüftung, gesunder, guter Kost, Beseitigung der Unreinlich-
keiten — kurzum der Hebung der allgemeinen socialen und hygienischen
Zustände. Wo in Folge des grösseren Volkswohlstandes Wein, Bier und
andere gegohrene Getränke das früher ausschliessliche Wassertrinken
einschränkten, hat die Endemie bezüglich der Häufigkeit der Fälle und

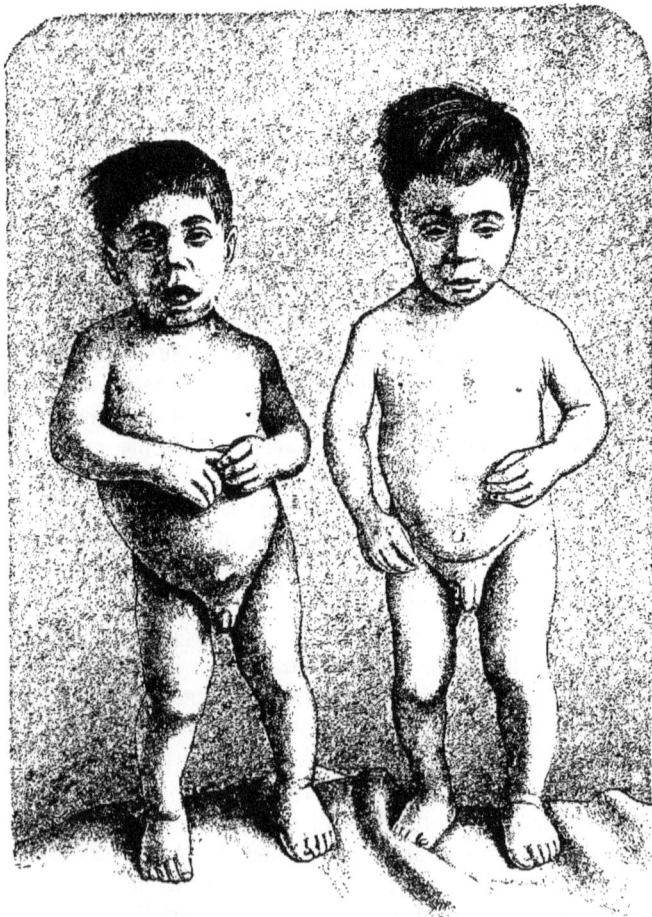

Fig. 13.

der Intensität ihres Auftretens abgenommen. Auch der Bau guter Strassen,
die den Verkehr und damit die Bildung und den Wohlstand heben und
die Ehen zwischen den Bewohnern weiter auseinanderliegender Orte er-
leichtern, gehört zu den günstig wirkenden Momenten. So wird von
Dr. Taurion aus Marsillac d'Aveyron, von Dr. Espagne aus Moyenvic,

Marsal und Vic, von St. Lager aus Chirouble, von Baillarger aus Domène, aus Rheims, Pittsburg, Salto di Tucuma über günstige Einflüsse dieser Art berichtet. Dass sie nicht immer zur Geltung kommen, beweist das Beispiel von Sérécourt (Vogesen), wo trotz aller hygienischen Fortschritte keine erhebliche Abnahme der Endemie constatirt werden konnte. Dies spricht ganz in unserem oben ausgeführten Sinne dafür, dass die Ursache des Cretinismus nicht in einem einzigen Agens allein gesucht

Fig. 14.

werden kann, sondern dass demselben eine complexe, aus mehreren Factoren sich zusammensetzende Schädlichkeit zu Grunde liegt.

So viel aber scheint aus allen bisher bekannten Thatsachen und Erfahrungen hervorzugehen, dass die cretinische Degeneration eine Volksendemie ist, die sich durch geeignete Massregeln ebenso bekämpfen und eindämmen lässt, wie sich der Aussatz aus seiner früheren weiten Verbreitung auf gewisse verhältnissmässig unbedeutende Herde hat beschränken lassen. Und wie die Autoren, welche sich eingehend mit dem Studium der Lepra beschäftigt haben — ich nenne nur Goldschmidt in Madeira und Armauer Hansen in Bergen — zu der Ueberzeugung gelangt

sind, dass die Lepra eine Infectionskrankheit ist, deren Bestehen durch
hygienische und sociale Missstände unterhalten wird, deren Ausrottung bei
Anwendung geeigneter Massregeln aber erreichbar ist, so dürfen wir
auch die tröstliche Hoffnung hegen, dass sich die cretinische Degeneration
in dem Masse vermindern, ja vielleicht ganz zum Schwinden bringen
lassen wird, als die Aufklärung und die Fortschritte der Cultur ihre
Wohlthaten auch in die entlegensten Alpenthäler tragen und sich überhaupt mehr und mehr verbreiten werden.

Viel besser liegen die Dinge hinsichtlich des sporadischen Cretinismus, dem gegenüber wir nicht mehr von Hoffnungen, sondern von
zweifellosen Erfolgen sprechen können. In der That lag es nahe, sobald
sich die Ueberzeugung von dem ätiologischen Zusammenhang zwischen der
Erkrankung der Schilddrüse und dem sporadischen Cretinismus Bahn
gebrochen hatte und der Erfolg der Thyreoidea-Therapie beim Myxödem
der Erwachsenen zweifellos geworden war, Versuche mit Schilddrüsenpräparaten auch beim infantilen Myxödem anzustellen. Dies ist, und zwar
besonders von Seiten englischer und amerikanischer Aerzte — Carmichael,
Murray, Byrom-Bramwell, Ord, Hellier, Peterson, Osler, Northrup,
Crary u. A. — vielfach und meistens mit vortrefflichem Erfolge geschehen.
Unter dem Gebrauch der Thyreoidea besserten sich die geistigen und
körperlichen Defecte der betreffenden Personen in einer geradezu überraschenden Weise, und es bedarf nur eines Blickes auf die voranstehenden,
den Mittheilungen von Smith und Railton entnommenen Bilder (Fig. 13
und 14, S. 148 und 149), welche ein Cretinengeschwisterpaar vor und
nach der Behandlung mit Thyreoideatabletten wiedergeben, um den
eminenten Unterschied des Vor- und Nachher zu sehen. Ueber die dazu
gehörigen Krankengeschichten werden wir bei der zusammenfassenden
Besprechung der Schilddrüsen-Therapie berichten. Hier sei nur als allgemeines Ergebniss dieser Behandlung nach Thomson angeführt: 1. eine
Beschleunigung der Wachsthumsenergie bei Kindern und ein Wieder-
beginn desselben bei etwas älteren Personen, 2. schnelles Schwinden der
abnormen Schwellung, 3. Steigerung der Temperatur des Körpers, 4. entschiedene Besserung der geistigen Fähigkeiten, und 5. eine Abmagerung
nebst einer gewissen Muskelschwäche während der ersten 2—3 Monate
der Behandlung. Allerdings ist der Erfolg der Therapie kein absolut
sicherer, vielmehr sind auch einige Fälle berichtet, so z. B. von Osler,
in denen die specifische Wirkung ausblieb — warum, ist nicht recht ersichtlich — und es ist auch vorläufig noch nicht zu ersehen, wie lange
der etwaige Erfolg anhält.

Auch darf man nicht glauben, dass diese Personen nun zu wirklich
brauchbaren und activen Mitgliedern der menschlichen Gesellschaft werden,
aber wenn sie auch nur um ein Gewisses aus ihrem ursprünglichen

thierischen Zustande herausgehoben und damit eine geringere Last für ihre Umgebung und selbst weniger hilflos werden, so ist damit schon ausserordentlich viel gewonnen.

Wir werden aber über diese und ähnliche Fragen, sowie über die gewonnenen Einzelheiten der Schilddrüsen-Therapie bei Gelegenheit der Behandlung des Myxödems eingehend zu sprechen haben, so dass wir an dieser Stelle, um Wiederholungen zu vermeiden, darauf verweisen können.

IV

Myxödem und Cachexia strumipriva.

Die Geschichte des Myxödems gehört ausschliesslich den letzten Jahrzehnten an. Es ist das besondere Verdienst Sir William Gulls, zuerst auf Grund von fünf Fällen im Jahre 1873 einen Symptomencomplex beschrieben zu haben, der in seinen grossen Zügen das Vorkommen eines sich ohne erkennbare Ursache entwickelnden cretinoiden Zustandes bei erwachsenen Frauen darbot und von ihm demgemäss unter der Bezeichnung: „On a cretinoid state supervening in adult life in women" (Clinic. societ. transact., Vol. VII) beschrieben wurde. William Ord theilte 1877 seine Beobachtungen über eine weitere Zahl derartiger Fälle mit und fasste sie als einheitliche Krankheitsgruppe zusammen, die er wegen der eigenthümlichen, von ihm als ödematös-schleimig bezeichneten Beschaffenheit der äusseren Hautdecken „Myxödem" nannte.

In der That sehen die betreffenden Patienten auf den ersten Anblick so aus, als ob sie an hochgradigem Oedem litten. Als sich aber Gelegenheit bot, die Obduction eines solchen Falles zu machen, zeigte sich, dass die in Stücke zerschnittene Haut, welche bei gewöhnlichem Oedem ihre pralle Beschaffenheit verliert, ebenso prall wie bei Lebzeiten blieb, und eine von Shaw angestellte Analyse ergab einen 50mal grösseren Schleimgehalt, als er in einem zur Controle untersuchten gesunden Hautstück gefunden wurde.

Ord discutirte bereits eingehend die Beziehungen zwischen Myxödem und dem sporadischen und epidemischen Cretinismus und konnte an einem zur Section gekommenen Fall gewisse auffallende Veränderungen der Organe und speciell der Schilddrüse nachweisen. Letztere mussten umso grösseres Interesse erwecken, als schon vor Ord durch Curling und Hilton Fagge auf die Atrophie, respective Abwesenheit der Thyreoidea bei sporadischem Cretinismus aufmerksam gemacht worden war.

Charcot belegte die Krankheit 1879 mit dem meines Erachtens viel zutreffenderen Namen der *Cachexie pachydermique*. Savage (1880) war der Erste, der das Myxödem, welches bisher nur bei Frauen beobachtet war, auch bei einem Manne antraf.

Während man aber bis zu dieser Zeit die engen Beziehungen der Thyreoidea zum Myxödem allenfalls vermuthet, aber nicht scharf ausgesprochen hatte, stellte Hadden im Jahre 1880 zuerst die Verkleinerung der Schilddrüse als ein wichtiges Symptom der Krankheit hin, führte erstere aber auf einen angiospastischen Zustand des Organes zurück. Wenn auch diese Deutung unrichtig war, die Thatsache, dass Schilddrüsenatrophie und Myxödem so überwiegend häufig gemeinsam gefunden werden, dass an einem Causalnexus nicht zu zweifeln ist, haben die weiteren Beobachtungen, die vornehmlich in der englischen und amerikanischen Literatur niedergelegt sind, nur bestätigen können. Eine erste Zusammenstellung derselben findet sich in dem Report der Myxödem-Commission der „Clinical Society" zu London im Jahre 1888. Eine letzte, 150 Fälle enthaltende, aber nicht erschöpfende Aufzählung gibt Heinzheimer (1894).

Mittlerweile hat die Casuistik noch um ein Erkleckliches zugenommen, ohne dass gerade besondere neue Kenntnisse daraus erwachsen und neue Gesichtspunkte für die Beurtheilung der Krankheit gewonnen wären. Wir können daher im Folgenden von einer Berücksichtigung, beziehungsweise ausdrücklichen Anführung eines erheblichen Theiles der betreffenden Veröffentlichungen umsomehr absehen, als wir dieselbe in dem angefügten Literaturverzeichnisse möglichst vollständig zusammengestellt haben.

Das Myxödem ist eine eminent chronische Krankheit. Langsam und fast unmerklich schleicht sie sich in den Organismus ein und erreicht gewöhnlich erst nach Jahren ihren Höhepunkt und damit das charakteristische und eigenthümliche Bild des Leidens. So kann es geraume Zeit währen, dass man die Krankheit nur vermuthen, aber nicht mit Sicherheit diagnosticiren kann, weil sie anderen kachektischen Zuständen ähnelt. Wir (Ewald) beobachten jetzt seit zwei Jahren eine 51jährige Frau, bei der sich die entsprechenden Symptome so zögernd und so wenig prägnant entwickelt haben, dass es schlechterdings unmöglich war, den Zustand von einer gewöhnlichen Alterskachexie zu unterscheiden, bis sich erst in jüngster Zeit das typische Bild des Myxödems herausgebildet hat.

Die ätiologischen Momente sind sehr unsicherer Natur. Es werden Gemüthsbewegungen, Sorge und geistige Aufregung, Traumen, besonders am Kopf, ferner zahlreiche Geburten, beziehungsweise Fehlgeburten und endlich schwere Blutungen *intra partum* angeschuldet. Prudden berichtet auch über Fälle, in denen ein hereditäres, respective familiäres Moment wahrscheinlich war, indem einmal Mutter und Kinder, das anderemal Bruder und Schwestern erkrankten. Putnam sah Myxödem in ausgesprochener Form bei dem Neffen und der Tante einer von ihm behandelten Dame. W. Ord gibt an, drei Fälle hereditären Myxödems gesehen zu haben. Ersterer beziffert darnach die directe Heredität auf 8 Percent — eine Zahl, die selbstverständlich durch neue Beobachtungen in jedem Augenblicke eine Aenderung erleiden kann und auf die ich keinen grossen Werth legen möchte. Nur so viel geht aus der Gesammtheit der bisher beobachteten Fälle (circa 200) hervor, dass Nervenkrankheiten in der Antecedenz ziemlich häufig, in etwa 25—30 Percent, vorkommen.

Pel macht auf das häufige Vorkommen von Tuberculose in den Familien der Myxödematösen aufmerksam. Ein von ihm vorgestelltes Kind verlor vier Brüder und eine Schwester an Tuberculose. Es hatte elf Geschwister, von denen aber nur noch vier am Leben waren. Eine andere Patientin hatte den Vater, die Grossmutter und eine Tante an Lungentuberculose verloren. Schon vorher bemerkte Byrom-Bramwell in seinem „Atlas of clinic. Medicine": „Tuberculose scheint in den Familien der Myxödematösen häufiger als in der grossen Masse der Bevölkerung".

Greenfield und Byrom-Bramwell heben hervor, dass unter den Todesursachen der Myxödematösen des Oefteren Tuberculose angegeben ist, und Letzterer berichtet, einen 70jährigen, von Myxödem befallenen Mann an Tuberculose der Lungen und des Peritoneum verloren zu haben. Darnach dürfte allerdings das Vorkommen der Tuberculose auch in den Familien solcher Patienten nicht auffallend sein; ob es aber ein besonders häufiges ist, muss dahingestellt bleiben.

Ob Alkohol und Syphilis eine ätiologische Rolle spielen, bleibt zweifelhaft. R. Köhler sah in einem Fall gleichzeitig Myxödem und Syphilis auftreten.

Ersteres manifestirte sich durch geistige Indolenz, Trockenheit der Haut, Verlust der Fähigkeit zu schwitzen, erschwerte Sprache, durch das Gefühl, als ob Zunge und Gaumen geschwollen seien, und durch myxödematöse Schwellung des Gesichtes, der Halshaut und der Hände, welch letztere später abschwollen. Die Syphilis hatte zu einem missfarbigen Geschwür und einem Gumma an dem vorderen Hals geführt, der ausserdem von einer derben schwartigen, mit vielen harten Faserzügen durchsetzten Haut bedeckt war.

Auf Jodkalium gingen alle Symptome zurück, und Köhler, welcher annimmt, dass es sich um eine syphilitische Erkrankung interstitieller Natur der Thyreoidea gehandelt habe, kommt zu dem Schlusse, „dass Myxödem gelegentlich auch auf syphilitischer Basis beruhen und geheilt werden kann".

Pospelow will Myxödem mit *Diabetes insipidus* auf luetischer Basis durch eine antisyphilitische Behandlung geheilt haben und lässt das Myxödem von einer syphilitischen Cirrhose der Schilddrüse abhängen.

Wenn ich mich bei diesen Fällen jeden Urtheils über die Zuverlässigkeit der Diagnose „Myxödem" enthalte und nur auf die gelegentlichen Schwierigkeiten derselben hinweisen will (s. „Diagnose"), so ist der folgende, gleichfalls von R. Köhler beobachtete Fall, den ich selbst gesehen habe, meines Erachtens nicht anzuzweifeln. Hier entwickelte sich ein typisches

Myxödem bei einem 25jährigen Mädchen, deren Schilddrüse durch eine Aktinomycesgeschwulst wie durch einen Frontalschnitt halbirt war. Der myxödematöse, stark ausgesprochene Zustand hatte sich mit der Entwicklung der Schilddrüsenerkrankung eingestellt und schwand, als die Geschwulst entfernt und die Wunde verheilt war. Es scheint demnach, dass der Rest der Drüse, so lange die Geschwulst noch vorhanden war, aufgehört hatte, zu functioniren, dann aber wieder seine Thätigkeit in ausreichender Weise aufnahm, ähnlich wie Neudörfer nach Exstirpation eines adenoid erkrankten rechten Drüsenlappens die Erscheinungen des Myxödems zurückgehen sah.

Frauen werden bei Weitem häufiger wie Männer betroffen. Unter 150 Fällen aus der Literatur, welche Prudden bereits im Jahre 1888 sammeln konnte, befinden sich 32 Männer und 113 Frauen. Die Zusammenstellung von Heinzheimer (1894) besagt, dass in 150 Fällen von Myxödem 10 Männer und 117 Weiber waren — 23mal fehlt die Angabe des Geschlechtes — während unter 39 Fällen von sporadischem Cretinismus 10 Männer und 16 Frauen — bei 13 ist kein Geschlecht angegeben — sind. Uebrigens scheint auch die Fruchtbarkeit der Frauen, respective die Häufigkeit der Geburten nicht ohne Belang zu sein, zum wenigsten bringen es 64 verheiratete Frauen mit Myxödem (Hun und Prudden) auf die ansehnliche Zahl von 300 Kindern und 29 Aborten, wobei gewiss nicht alle Aborte von den Patienten angegeben sind. Unter 78 Fällen befanden sich überhaupt nur 14 unverheiratete Patientinnen.

Was das Alter betrifft, so sind die Jahre zwischen 20 und 50 am häufigsten befallen; darnach kommt die Altersstufe von 50—60 Jahren, während das jugendliche Alter, wenn man sich auf das typische Myxödem beschränkt und von dem sporadischen Cretinismus absieht, nur selten von der Krankheit ergriffen wird. Zum wenigsten geben die sparsamen Beobachtungen dieser Art, z. B. die von Escherich, von Rehn (Demonstration eines Falles von Myxödem im Kindesalter) oder Northrup, keine Gewähr, dass typisches Myxödem und nicht sporadischer Cretinismus vorlag. Wir werden übrigens später die Frage, ob es berechtigt ist, zwischen Myxödem und sporadischem Cretinismus eine scharfe Grenze zu ziehen, noch eingehend discutiren. Je nach der Antwort wird sich auch die Altersgrenze für das Myxödem verschieben müssen.

Am häufigsten beginnt die Krankheit mit einer allmäligen Schwellung der Haut, unvermerkt und schleichend. Zuweilen gehen neuralgische Affectionen, Convulsionen, auch Attaken von Geistesstörungen voraus, einmal ist das Auftreten von Tetanus beobachtet, in anderen Fällen ist von vorhergegangenem Ekzem, Erysipel, Psoriasis berichtet; alles Zufälle, welche so häufig ohne nachfolgendes Myxödem auftreten, dass man sie kaum in directe Beziehungen zu demselben bringen kann. Die An-

schwellung der Hautdecken macht sich zunächst am Gesicht am bemerk-
barsten. In der Gegend des Kinns und um die Augenlider herum bilden
sich Wülste, Lippen und Nase erscheinen aufgeworfen und verdickt, die
Augenlider selbst schwellen an, die Lidspalte wird verkleinert, die Backen
hängen herab und das Gesicht erhält dadurch einen eigenthümlichen
stupiden Ausdruck, der zunächst an das Aussehen eines Lappen oder
Eskimos erinnert, sehr bald aber dem Gesicht einen cretinenhaften Ausdruck gibt. Die Zunge ist dick und plump, an den Seiten mit Zahn-
eindrücken, übrigens roth und feucht, ohne Belag. Auch die Extremitäten
erscheinen unförmlich gedunsen, die Hände plump, die Finger geschwollen
und klauenartig gekrümmt, der Handrücken aufgetrieben, so dass die
Hände wie Tatzen oder als ob die Person Fausthandschuhe anhätte, aussehen. Beine und Füsse sind dick, gross; weiteres Schuhwerk und grössere
Handschuhe werden nöthig. Die Nägel sind in der Mehrzahl der Fälle
längsrissig und brüchig. Ueber den Clavikeln, am Nacken, auch wohl an
anderen Stellen, über der Brust, an den Ober- und Unterarmen treten
klumpige Infiltrationen auf.

In wenigen Fällen ist eine Schwellung der Gebilde der hinteren
Rachenwand, besonders der Uvula, notirt (Middleton). Auch die Ary-
knorpel und die *Regio interarythenoidea*, sowie die falschen Stimmbänder
fanden sich geschwollen. Bei Kinnicut ist eine chronische hypertrophische
Rhinitis notirt.

Die gesammte Haut ist blass und anämisch, wie Alabaster, über den
Armen und Beinen manchmal marmorirt, an Händen und Füssen blauroth,
kalt, unelastisch und fühlt sich etwa so an, wie harter Speck. Presst man
mit dem Finger darauf, so kann man zwar einen leichten Eindruck erzielen,
aber die Stelle bleibt nicht stehen.

Schleimig kann ich die Beschaffenheit der Haut nicht finden, und,
wie schon an anderer Stelle hervorgehoben, finde ich die von Charcot
gebrauchte Bezeichnung *Cachexia pachydermica* viel charakteristischer
als den von Ord seinerzeit eingeführten Namen „Myxödem". Letzterer hat
aber den Vorzug grösserer Kürze und hat sich das allgemeine Bürgerrecht
erworben.

Die Haut ist stets trocken, rauh und schilfert ab, manchmal so
stark, dass sich beim Ausschütteln der Bettwäsche am Morgen ein kleien-
artiges Pulver auf dem Boden ansammelt. Transpiration kommt weder von
selbst, noch durch Medication zu Stande. Es ist einleuchtend, dass damit
die Wasserabgabe durch die Haut in hohem Masse verringert sein muss,
und in der That fand Leichtenstern die *Perspiratio insensibilis* um
circa 40—60 Percent gegenüber der Norm herabgesetzt.

Diese Trockenheit erstreckt sich in einzelnen Fällen auch auf die
Schleimhäute, namentlich auf die Nasenschleimhaut, aber auch über das

Gefühl der Trockenheit im Munde wird geklagt. Feuchte Haut gehört zu den allerseltensten Ausnahmen und ist in der gesammten Literatur nur zweimal erwähnt.

Die Thränensecretion wird einigemal als verringert bemerkt. Die Zähne sollen zuweilen lose werden, cariös erkranken und leicht ausfallen. Ein fast constantes Symptom ist der Haarschwund, der bis zur Kahlköpfigkeit führt. Auch die Augenbrauen fallen aus. Die Scham- und Achselhaare lassen dagegen für gewöhnlich keine merkbare Aenderung erkennen.

In einer kleinen Zahl von Fällen findet sich die Hautempfindlichkeit normal, in der Mehrzahl ist sie herabgesetzt, doch muss bemerkt werden, dass sich Sensibilitätsprüfungen an den verdickten Hautdecken schlecht anstellen lassen und es jedenfalls wiederholter und sorgfältiger Prüfung bedarf, um das betreffende Verhalten festzustellen. Ueber den Temperatursinn der Haut finde ich keine Angaben. In einem von Erb mitgetheilten Fall war die Sensibilität für alle Qualitäten der Empfindung — also wohl auch für den Temperatursinn — normal.

In den von mir beobachteten Fällen war derselbe ebenfalls für die grobe Prüfung auf Wärme und Kälte erhalten.

Die Reflexe, auch die Sehnenreflexe, sind meist vorhanden, zuweilen nur träge; in einzelnen Fällen fehlten dieselben. Ebenso gestaltet sich die elektrische Erregbarkeit. Sie wird mehrmals als herabgesetzt angegeben. Aber auch hier dürften wesentlich die starren Hautdecken von Bedeutung sein; wenigstens erschwerten dieselben in meinem Fall die Reaction ganz erheblich, und es ist nicht zu übersehen, dass ein Neuropathologe wie Erb in zwei meines Erachtens nicht anfechtbaren Fällen ein vollkommen normales Verhalten der elektrischen Prüfung gegenüber gefunden hat.

Obgleich die Patienten jede Bewegung ausführen können und von einer eigentlichen Muskellähmung keine Rede ist, so sind sie doch in ihrer Mimik und in ihrer Körperbewegung theils durch die Schwellung der Haut, theils durch ihr geistiges Verhalten in hohem Masse beeinträchtigt. Sie bewegen sich langsam und mit Anstrengung, der Gang hat etwas Plumpes, Watschelndes, Hippopotamusartiges (Bramwell), und die Kranken können sich, wenn sie liegen oder sitzen, nur mühsam erheben. Die Sprache ist verlangsamt, aber keineswegs stotternd oder monosyllabisch; die Verlangsamung beruht weit mehr auf einem verlangsamten Denkvermögen, als auf dem Ausfall der Begriffe oder der Wörter, beziehungsweise der Wortbildung. Dabei ist die Stimme häufig heiser und hat einen eigenthümlich rauhen, tiefen Klang. Auch von den Sinnesorganen werden Veränderungen notirt. Hören und Sehen werden in beinahe der Hälfte der Fälle als geschwächt angegeben (chronischer Katarrh der *Membr.*

Tympani); in einigen Fällen ist eine Gesichtsfeldbeschränkung notirt, in anderen ist Atrophie der Optici und Oedem der Retina angegeben. Geruch und Geschmack sollen in einem Dritttheil der Fälle gestört sein, über perversen Geschmack findet sich nichts angegeben; dagegen wird Herabsetzung des Geschlechtstriebes und (bei Frauen) Schmerz beim Coitus berichtet. Hervorragend in dem Krankheitsbilde ist die Störung der cerebralen Functionen. Zu Beginn stellen sich Kopfschmerzen ein, auch wohl ein Gefühl von Bangigkeit und von Schwere in den Gliedern. Die Kranken werden langsam und träge in ihrem Denkvermögen, es fehlt ihnen an jeder geistigen Energie, so dass sie stunden- und tagelang sozusagen hindämmern, aus eigenem Antrieb gar nicht sprechen, sondern nur auf directe Fragen kurze und langsame Antworten geben. Nur den Entschluss zu einer Thätigkeit zu fassen, ist zu viel. Die Kranken heben einen aus der Hand geglittenen Gegenstand nicht wieder auf oder sitzen stundenlang mit einem Schuh am Fuss und dem anderen in der Hand, ohne ihn anzuziehen. Das Gedächtniss hat meist gelitten, häufig derart, dass sich die Patienten auf die letzte Vergangenheit nicht mehr besinnen können, während sie an die Zeit vor ihrer Krankheit eine deutliche Erinnerung bewahren. So bieten sie im Ganzen einen durchaus stupiden oder wenigstens eigenthümlich stillen und beschränkten Eindruck dar. Trotzdem ist das Vermögen, Begriffe zu bilden und dieselben auszudrücken, keineswegs erloschen.

So war z. B. meine sehr gebildete Kranke noch recht gut im Stande, kurze Sätze zu schreiben, wenn auch mit veränderter, d. h. plumper Handschrift, etwa wie ein Mensch schreibt, der nur selten zum Schreiben kommt.

Der Schlaf ist gut und wird nur durch gelegentliche Träume gestört.

Insgesammt lassen sich die vom Nervensystem ausgehenden Störungen in folgender Reihe aufzählen:

1. Hinterhaupt- und Scheitelkopfschmerz, der mit dem Beginne der Krankheit einsetzt und während der Periode geistiger Apathie andauert.

2. Ausgesprochene Gedächtnissschwäche.

3. Langsamkeit des Denkens, der Auffassung, der Bewegungen und Empfindungen.

4. Verminderte Coordinationsfähigkeit.

5. Ab und zu auftretende Sinnestäuschungen (des Geschmacks, des Gefühls, Gehörs oder Gesichts), melancholische Zustände (Savage).

6. Gelegentliche Convulsionen und Koma, Demenz (Savage).

7. Störungen der Reflexerregbarkeit.

8. Das Unvermögen, die Körpertemperatur gemäss den Schwankungen der äusseren Temperatur zu regeln.

Vielleicht ist unter die nervösen Symptome auch die von Landau
gemachte Beobachtung zu rechnen, dass bei Schluss der Augenlider deren
Muskulatur von einem deutlichen Tremor befallen wurde, und die von
Ord erwähnten Contracturen der Flexoren der Hände und der Füsse.
Jedenfalls ist das Hervortreten der nervösen Erscheinungen vielfach ein
so starkes, dass daraufhin von Horsley ein besonderes „neurotisches
Stadium" (der Tetanie) unterschieden wurde, welches zunächst eintritt
und von einem myxödematösen und schliesslich von einem cretinischen
Stadium gefolgt wird. Indessen ist ein solcher Verlauf und eine auch nur
annähernd ausgesprochene Folge derartiger Stadien keineswegs regelmässig vorhanden.

Beinahe regelmässig findet sich eine niedrige Körpertemperatur,
die zwischen 36 und 37 Grad in der Achselhöhle schwankt; in einzelnen
Fällen ist sogar eine Temperaturdifferenz zwischen rechter und linker
Achsel zu Gunsten der rechten Seite angegeben. Die Kranken klagen
über ein constantes Kältegefühl, finden sich bei warmem Wetter besser
wie bei kaltem und haben den Wunsch, sich möglichst warm anzuziehen,
unter dicken Federbetten zu schlafen und im Winter die Stube recht
warm zu haben.

Der Puls ist klein, niedrig, schwach, aber nicht beschleunigt oder
auffallend verlangsamt. Die Herztöne sind rein, das Herz nicht vergrössert. In der gesammten Literatur findet sich nur ein einziger, von
Godart berichteter Fall, in welchem gleichzeitig Ascites bestand, der
eine Punction (zwölf Liter einer Flüssigkeit, die das gewöhnliche Aussehen des Ascites hatte) benöthigte. Das Herz war ohne nachweisbare
Anomalien, auch sonst keine directe Ursache für den Ascites zu entdecken; die Haut myxödematös und schuppend. Im Urin Spuren von
Eiweiss. Der Ascites kam nach der Punction bald wieder und verschwand
erst nach Einleitung einer specifischen Behandlung (Thyreoideatabletten),
so dass circa einen Monat später angeblich keine Spur mehr vorhanden
und die Kranke auch sonst geheilt war. Abgesehen von dieser immerhin
etwas fragwürdigen Beobachtung, sind an den Parenchymorganen, wenn
wir etwaige zufällige Erkrankungen nicht in Betracht ziehen, keine
specifischen Veränderungen gefunden. Die einzige Ausnahme hievon
macht die Schilddrüse, welche einen atrophischen Zustand zeigt, respective ganz fehlt. In der übergrossen Mehrzahl der Fälle wird die
Thyreoidea als verkleinert angegeben, nämlich in circa 80 Percent, und
in einem Bruchtheil derselben, etwa der Hälfte, soll sie überhaupt nicht
vorhanden gewesen sein. Eine Vergrösserung des Organes ist bisher nur
selten beobachtet worden. Macking Jones fand die Schilddrüse leicht
geschwollen. Ebenso Schwass und Scholz. Myxödem mit gleichzeitig
bestehendem Kropf wird von Cunigham, Robinson und Corkhill be-

richtet. Indessen fand sich, soweit ein Sectionsbericht in diesen Fällen
vorliegt, z. B. bei Schwass, die Drüsensubstanz degenerirt und die
Volumszunahme durch interstitielles Wachsthum bedingt. Auch ist nicht
immer mit Sicherheit zu ersehen, ob bei den betreffenden Individuen
Myxödem oder Cretinismus vorgelegen hat, so dass auf diese Fälle meines
Erachtens kein allzugrosser Werth zu legen ist. Was aber umgekehrt die
Feststellung betrifft, ob die *Thyreoidea intra vitam* fehlt oder verkleinert
ist, so muss daran erinnert werden, dass, wie wir schon oben (S. 125) aus-
führten, diesen Angaben immerhin nur ein bedingter Werth beizumessen
ist, zumal wenn es sich, wie bei den myxödematösen Personen, um eine
mehr oder weniger starke Schwellung des Halses handelt. Mir sind deshalb die Sectionsergebnisse, auf die wir gleich zu sprechen kommen
werden, viel beweisender als die auf die Untersuchung des Lebenden
begründeten Angaben, denen von Skeptikern immer ein mehr weniger
berechtigter Zweifel entgegengehalten werden kann.

Der Urin zeigt in seiner Beschaffenheit keine wesentlichen Abweichungen von der Norm. Das specifische Gewicht schwankt um 1015,
die Salze scheinen nach den spärlichen, bis jetzt vorliegenden Untersuchungen nicht wesentlich geändert. Etwa in einem Sechstel der Fälle
ist in späteren Krankheitsstadien Eiweiss gefunden. Einigemale hielt
diese Eiweissausscheidung einen intermittirenden Gang ein, in seltenen
Fällen wurden Harncylinder, einmal auch Blut, einmal ein ungewöhn-
licher Schleimgehalt (Holman) gesehen. Die Harnstoff-, respective *N*-Aus-
scheidung ist von mehreren Untersuchern vermindert gefunden. Hadden,
Fournier, Horsley, Davies, Mendel geben einen täglichen Harnstoff-
umsatz von 11—14 *g pro die* an, haben aber allerdings keine einwand-
freien Untersuchungen angestellt, d. h. weder die *N*-Einfuhr noch die
Abgabe durch die Fäces bestimmt. Immerhin dürfte das Factum selbst,
wenn auch die absoluten Zahlen nicht genau sind, zu Recht bestehen.

Im Blut war für gewöhnlich die Zahl der rothen Scheiben etwas
herabgemindert. 3—4 $\frac{1}{2}$ Millionen im Cmm., in einzelnen Fällen fand
sich eine leichte Leukocytose. Zuweilen war gleichzeitig eine Verminderung der rothen und eine Vermehrung der weissen Blutkörperchen
vorhanden.

Der Hämoglobingehalt schwankt zwischen 40—60 Percent, eine
merkliche Oligocythämie besteht nicht. Hämorrhagien auf die Schleimhäute, besonders von Nase und Mund, sind nicht selten, und Nachts findet
sich ein blutig gefärbter Ausfluss aus letzterem, der braune Flecken auf
dem Bettzeug macht. Wegen der Schwellung der Nasenschleimhaut
athmen die betreffenden Patienten mit offenem Mund, schnarchen laut.
Rheumatische Schmerzen sind nicht selten in den Hand- und Fuss-
gelenken, auch wohl im Rücken vorhanden.

In einzelnen Fällen waren die Schwellungen wechselnd, an einem Tag stärker, an einem folgenden schwächer, so dass die Schuhe bald zu eng, bald zu gross waren.

Die Menstruation ist in vielen Fällen als unregelmässig, einigemale als sehr profus, anderemale als spärlich oder ganz fehlend angegeben, auch wird über vorzeitiges Climacterium berichtet (Landau). Die Tendenz zu Blutungen aus den Schleimhäuten oder unter die Haut wird wiederholt hervorgehoben. Blutungen aus dem Zahnfleische, respective nach Extraction ganz lose sitzender Zähne (Davies), Purpura und andere Ekchymosen, auch Hämoptyse (Shelswell, Laycock) werden aufgeführt.

Einen mit der Erkrankung selbst in Beziehung stehenden Befund scheint das hin und wieder beobachtete Vorkommen einer Synovitis des Kniegelenks (Ord, Putnam) zu bilden, die sich in Folge von an und für sich unbedeutenden Traumen herausbildet, aber auch gelegentlich als Folge der Thyreoideamedication berichtet wird (Crary).

Die Krankheit nimmt einen progredienten Verlauf, falls ihr nicht durch die weiter zu besprechende Therapie ein Halt geboten wird, und die Kranken gehen entweder an zunehmender Kachexie oder häufiger an intercurrenten Krankheiten, Pneumonie, Pleuritis, Herz- und Nierenaffectionen etc. zu Grunde.

Pathologische Anatomie.

Der Umstand, dass wir über verhältnissmässig wenig Sectionen verfügen, ist wohl dadurch zu erklären, dass, seitdem sich die Aufmerksamkeit in höherem Masse auf die Erkrankung gerichtet hat, die therapeutischen Massnahmen so früh eingeleitet wurden, dass in den letzten Jahren nur selten Gelegenheit zur Obduction gegeben wurde. Die Myxödem-Commission verfügte im Jahre 1888 über 31 tödtliche Fälle, von denen aber nur 20 zur mehr weniger eingehenden mikroskopischen Untersuchung kamen und nur von 15 ein vollständiger Sectionsbericht vorliegt. Das wesentlichste Interesse nimmt, wie aus dem Vorhergehenden erhellt, der Zustand der Thyreoidea in Anspruch.

Unter 15 Fällen, in denen in den Obductionsberichten der Zustand der Thyreoidea angegeben ist, wurde dieselbe sechsmal atrophisch und jedesmal verkleinert gefunden, von bleicher, gelblich-weisser Farbe, hart, fibrös, ohne feinere Structur. In einigen Fällen war der Process in einem Lappen mehr wie in dem anderen entwickelt. Es kommt zu einer bindegewebigen Wucherung, welche zu einer Verödung des Parenchyms führt. Gleichzeitig wird eine Neubildung des lymphatischen Gewebes angegeben. In einem von Buchanan (1892) mitgetheilten Fall waren beide Drüsenlappen auf die Hälfte verkleinert und in ein kernarmes, fibröses Gewebe verwandelt, dessen Fasern geschwollen und verdickt

aussahen. An einzelnen Stellen befanden sich Herde von Rundzellen, an
anderen Stellen Reste von Drüsensubstanz, während die noch erhaltenen
Blutgefässe eine verdickte Wand zeigten. Ganz ähnlich ist der Befund von
Hun und Prudden, Hale White, Barling, Urghart, Hirsch u. A.,
welche in der atrophischen, zum grössten Theil aus festem Bindegewebe
bestehenden Drüse nur noch hie und da Haufen von körnig zerfallenem
Epithel als den einzigen Ueberresten der Alveolen vorfanden. In einem
Lappen sah Prudden eine kleine Cyste, die offenbar aus dilatirten
Alveolen entstanden war und Fetttröpfchen, verfettete Zellen und Chole-
stearin enthielt. Hanau fand die Drüsenalveolen, so weit sie noch erhalten
waren, mit geschrumpftem Epithel besetzt oder mit Zelltrümmern und
colloider Substanz angefüllt. Hie und da sollen kleine Herde jungen
Schilddrüsengewebes (?) eingelagert sein.

Aehnlich lauten die anderen bis jetzt mitgetheilten Sectionsergebnisse. Es handelt sich um einen atrophirenden, offenbar äusserst
langsam verlaufenden Process, in dem die entzündlichen Vorgänge
eine nur untergeordnete Rolle spielen. Wesentlich ist die Verödung des
Parenchyms. Selbst in den wenigen Fällen, in denen sich eine Vergrösserung der Thyreoidea vorfand, ist die Alveolarsubstanz zu Grunde
gegangen und die betreffende Volumszunahme, respective fehlende Verkleinerung durch interstitielles, strumöses Wachsthum bedingt (Schwass,
Scholz u. A.).

Die Beschaffenheit der Haut ist wiederholt untersucht worden.
Das Bindegewebe des Coriums, dessen einzelne Fasern verdickt und hyper-
plastisch sind, ist auseinandergezerrt. Die Zellkerne und die fibrillären
Elemente der gallertigen Substanz zwischen den einzelnen Fettlappen sind
vermehrt. Das ganze Gewebe hat ein transparentes Aussehen. Es ist, als
ob die Haut mit einer flüssigen oder halbflüssigen Substanz durchtränkt
wäre. Hirsch und E. Cushier haben eigenthümliche, glänzende, stark
lichtbrechende Körper gefunden, deren Natur und Bedeutung unklar ist.

Auch in den Muskeln und dem Bindegewebe einzelner Organe, z. B.
der Niere, soll sich nach Scholz eine Hyperplasie und Hypertrophie,
sowie eine mucinoide, ödemartige Durchtränkung vorfinden.

Ob dieselbe wirklich wesentlich aus Schleim, beziehungsweise aus einer
stark mucinhaltigen ödematösen Flüssigkeit besteht oder den Charakter der
ödematösen Infiltration hat, ist nicht mit Sicherheit anzugeben; jedenfalls
ist der Mucingehalt der Haut nicht in allen Fällen gleich. Einmal wurde von
Hun und Prudden 50mal so viel Schleim wie in einer gleichen Menge
ödematöser Haut gefunden, zu anderen Malen hat man gar keinen oder
nur einen sehr geringen Schleimgehalt nachweisen können, wobei zu
bemerken ist, dass die Untersuchungsmethoden noch durchaus unsicher
sind. Daher wird von manchen Seiten überhaupt an der mucinösen

Beschaffenheit der Haut gezweifelt und die Eigenthümlichkeit derselben, den Fingerdruck nicht zu halten, respective ihm nicht nachzugeben, dadurch erklärt, dass das Oedem sich in den obersten Hautschichten befindet, wo die Maschen des interstitiellen Gewebes sehr eng sind, so dass die infiltrirende Flüssigkeit nicht leicht ausweichen kann.

Diese Erklärung erscheint mir nicht nur als solche gezwungen, es liegt auch beim typischen Myxödem gar keine Ursache zur Entstehung eines serösen Oedems vor. Weder ist eine nachweisbare Kreislaufstörung, noch eine irgend erhebliche Nierenaffection, noch eine besondere Veränderung des Blutes vorhanden. Die Angaben von Kräpelin, respective A. Schmidt, welche eine Erhöhung des specifischen Gewichtes von Blut und Serum und dabei eine Herabsetzung des Fibringehaltes in zwei von ihm untersuchten Fällen gefunden haben, dürften jedenfalls für eine so hochgradige Aenderung, d. h. eine Desorganisation bis zur Oedembildung, nicht ausreichen, vielmehr spricht Alles dafür, dass es sich um eine trophische Störung, und zwar um eine Degeneration des Fettgewebes oder um ein Beharren des embryonalen Schleimgewebes, handelt und hierin die Ursache der eigenthümlich schleimigen oder speckigen Beschaffenheit zu suchen ist.

Von sonstigen Befunden ist besonders der einer diffusen Neuritis, die wiederholt von den grossen Nervenstämmen angegeben ist, zu erwähnen. Whitewell beschreibt Veränderungen im Gehirn, die allerdings ziemlich vager Natur sind. Die Nervenzellen sind unregelmässig geformt, ihre Fortsätze in geringerer Zahl und weniger sichtbar als in der Norm, die Kerne schlecht färbbar; manche Zellen enthalten Vacuolen, die hin und wieder den Zellleib ganz ausfüllen. Die Neuroglia der grauen Substanz ist vermehrt. Von den meisten Autoren wird aber weder für das sympathische, noch für das cerebrospinale Nervensystem ein von der Norm abweichendes Verhalten angegeben.

Wiederholt sind Veränderungen an den Gefässen in Form einer atheromatösen und amyloiden Degeneration und einer obliterirenden fibrösen Arteriitis gesehen worden. Auch leichte Hämorrhagien um die Gefässe fanden sich vor.

Endlich ist noch eine fettige Degeneration der Nebennieren beschrieben (Urghart).

Fassen wir diese Befunde zusammen, so ergibt sich als einigermassen constantes und ausgesprochen anatomisches Vorkommniss nur die Veränderung der Haut und die Erkrankung der Schilddrüse, während die übrigen Befunde offenbar mehr gelegentlicher und nebensächlicher Natur sind.

Hier ist übrigens der Ort, noch der Beziehungen zu gedenken, die das Greisenalter, insoweit darunter nicht das vorgerückte Alter, sondern

die senile Degeneration verstanden ist, zu dem Myxödem hat. Schon in
der Einleitung haben wir die Befunde von Horsley erwähnt, nach denen
die Thyreoidea im Alter atrophisch wird, die Drüsenbläschen schrumpfen
und in den Epithelien retrogressive Processe auftreten. Horsley meint
geradezu, dass sich diejenigen eines „green old age" erfreuen, deren
Drüse gesund bleibt. In der That haben viele Erscheinungen der Alterskachexie eine auffallende Aehnlichkeit, wenn nicht Uebereinstimmung mit
denen des Myxödems, so dass man, wie Vermehren sagt, die Senilität
theilweise einer Degeneration der Schilddrüse zur Last legen und sie als
ein exquisit chronisches Myxödem charakterisiren, wie umgekehrt das
Letztere als prämature Senilität auffassen kann. Schon im äusseren Habitus,
in den Veränderungen des Gesichtes, dem Ausfallen der Haare, dem
Verlust der Zähne, der zunehmenden Corpulenz und späteren Abmagerung,
dem Trockenwerden der Haut wegen mangelnder Function der Haut-
drüsen, erinnert der eine Zustand an den anderen. Dasselbe gilt von
den Functionen des Nervensystems, sowohl in Bezug auf die motorische
Sphäre wie hinsichtlich des sensitiven, sensoriellen und intellectuellen
Verhaltens. In beiden Fällen ist der Stoffwechsel verlangsamt und ein
kleiner, schwacher Puls, niedrige Temperatur, Kältegefühl vorhanden.
Selbst das Resorptionsvermögen scheint nach einer Beobachtung von
Vermehren beim Myxödem herabgesetzt zu sein. Auch eine gewisse
Uebereinstimmung in den pathologisch-anatomischen Veränderungen ist
insofern vorhanden, als die bindegewebige Degeneration in den Alters-
veränderungen eine hervorragende Rolle spielt und namentlich die Gefässveränderungen in Form der obliterirenden Arteriitis und der bindegewebigen Umbildung der Capillarwand hier wie beim Myxödem beobachtet
sind. Die Untersuchungen von Demange und Oettinger lassen die letzteren im Greisenalter, die von Ord und Mahomed beim Myxödem als
nahezu typisch erscheinen.

Man sieht also, dass die Ansicht, welche die senile Kachexie als
ein chronisches Myxödem aufführt, manche Beweisstücke beibringen kann;
nur eines fehlt, und gerade das Hauptstück: Es ist die Atrophie des In-
testinaltractes, die eine der wesentlichsten und bedingenden Ursachen der
Alterskachexie ist und im Mittelpunkte derselben steht, die wir aber beim
Myxödem vollständig vermissen. Meines Erachtens handelt es sich bei dem
Marasmus des Greisenalters um eine allgemeine Ernährungsstörung, welche
durch die organischen Veränderungen des Magen-Darmtractus in erster
Linie bedingt und deshalb irreparabel ist, beim Myxödem um functionelle
Störungen, die mit der verdauenden und resorbirenden Thätigkeit von
Magen und Darm höchstens indirect zu thun haben und deshalb durch
eine geeignete Therapie zu beheben sind. Andernfalls würde die logische
Consequenz obiger Auffassung dahin führen, allen älteren Leuten die

Schilddrüsensubstitutionstherapie anzurathen, vielleicht auch noch den *suc testiculaire* zu verordnen und so den *Marasmus senilis* ein- für allemal aus der Welt zu schaffen!

Die *Cachexia strumipriva.*

Die Besprechung des Myxödems lässt sich von zwei anderen Krankheitszuständen nicht trennen, dem sporadischen Cretinismus, dessen wir schon in dem Abschnitt über den endemischen Cretinismus gedacht haben, und der *Cachexia strumipriva* (besser *Cachexia thyreopriva*), welche auch operatives Myxödem genannt wird.

Was ersteren angeht, so verweisen wir, um Wiederholungen zu vermeiden, auf den betreffenden Abschnitt (S. 129). Nur sei hier nochmals gesagt, dass unserer Meinung nach die Bezeichnung „sporadischer Cretinismus" eine ungeeignete, auf eine rein äusserliche Aehnlichkeit hin gewählte ist und weit besser durch Idiotismus mit Myxödem oder, wie bei den Franzosen, durch *Idiotismus* mit *Cachexia pachydermica* zu ersetzen ist. Damit wird diesen Fällen ihre Beziehung zum Myxödem und zugleich die Möglichkeit, ihnen durch eine specifische Therapie beizukommen, auch durch den Namen zugesprochen, während es ein Unding ist, dass eine Erkrankung, deren eigenstes Wesen in der Zugehörigkeit zu einer bestimmten Localität liegt, „sporadisch" auftreten soll.

Auf die *Cachexia strumipriva* ist nahezu gleichzeitig von Kocher in Bern und Reverdin in Genf die Aufmerksamkeit gelenkt worden. Die Publicationen beider Autoren folgten so schnell aufeinander und unter so eigenthümlichen Umständen, dass sich ein Prioritätsstreit darüber erhoben hat, wem das Verdienst, die Kachexie erkannt und gewürdigt zu haben, zukommt — ein Streit, der unseres Erachtens nach genauer Kenntnissnahme der Literatur und auf Grund der Angaben von Kocher (Zeitschr. für Chirurgie, Bd. XXXIV, S. 580) und Eduard Lardy (Contribution à l'histoire de la Cachexie thyréoprive) zweifellos zu Gunsten des Berner Chirurgen entschieden werden muss,[1] wenn auch ein erster Hinweis

---

[1] In der That tragen die bezüglichen Publicationen folgende Daten: Reverdin, Revue méd. de la Suisse romande, 15. Octobre 1882, pag. 539. Communication à la Société méd. de Genève, 13. Septembre 1882. Hier wird allerdings zuerst auf die Folgen der Kropfexstirpation aufmerksam gemacht. Die Mittheilung schliesst mit den Worten: „En présence de ces résultats Monsieur Reverdin a modifié sa pratique. Autrefois il ouvrait le corps thyroide en entier quand c'était possible. Aujourd'hui il respecte la membrane enveloppante ou conserve une partie de la glande. Dans un cas où il n'a enlevé qu'un lobe du corps thyroide il n'a pas eu d'accidents consécutifs." 4. April 1883, Mittheilungen von Kocher auf dem Chirurgen-Congress zu Berlin (Archiv für klin. Chirurgie, Bd. XXIX, Heft 2), in welchen über 18 Fälle berichtet und das Bild der *Cachexia strumipriva* zum ersten Male als ein constant wiederkehrendes und klinisch wohl charakteristisches hingestellt wird. 15. Mai und 15. Juillet

von Seite Reverdin's bereits circa sechs Monate vor der Mittheilung
Kocher's auf dem Chirurgen-Congress zu Berlin erfolgt ist. Das Verdienst,
das gesammte Krankheitsbild und damit die Tragweite der Folgen der
Thyreoidektomie klar erkannt und mit allem Nachdruck zur Geltung gebracht zu haben, wird, je länger, je mehr, an den Namen Kocher
geknüpft bleiben.

Wenn wir auf Grund des vorliegenden Materiales die *Cachexia
strumipriva* zu schildern haben, so tritt auch hier wieder die Identität der
Erscheinungen mit denen des Myxödems auf das Schlagendste hervor und
rechtfertigt die Bezeichnung derselben als „operatives Myxödem". Vorausgeschickt sei, dass sich die Störungen nur entwickeln nach totaler
Exstirpation der Schilddrüse, nicht etwa nach der Exstirpation einer
Struma, welche nur einen Theil der Thyreoidea befallen hat, dass also,
streng genommen, stets von einer *Cachexia thyreopriva* zu sprechen wäre.
Da man aber die Gesammtdrüse doch nur bei totaler Entartung, und zwar in
der Regel wegen einer Struma, entfernen wird, so mag der Name *Cachexia
strumipriva* bleiben, nur muss man wissen, was darunter zu verstehen ist.
Die Kachexie kann zu sehr verschiedener Zeit nach der Operation von
wenigen — sechs bis acht — Tagen bis zu Monaten und Jahren auftreten.

1883, J. und A. Reverdin: „Du myxoedeme par exstirpation de la thyroide". Revue
méd. de la Suisse romande. — In diesem Aufsatz wird über 17 Totalexcisionen des
Kropfes berichtet, aber nur ein einziger Fall mitgetheilt, bei welchem dauernde Störungen
constatirt wurden, deren Aehnlichkeit mit dem Myxödem auffiel. In drei Fällen waren
die Symptome nur theilweise, ja selbst so wenig ausgesprochen, dass sie als „troubles
bizarres ou hystériques" bezeichnet werden, der Rest der Fälle befand sich aber in
„parfaite santé" oder in einem „état général excellent". Es ist auffallend, wie wenig
diese Erfahrungen mit den sechs Monate vorher urgirten Folgen der totalen Exstirpation
und dem von uns wörtlich citirten Ausspruche Reverdin's harmoniren, und um so
auffallender, als man denken sollte, dass die aufgezählten glücklich verlaufenen Fälle,
also 12, respective 13 von den 17, den Autor zu einer ganz anderen Ansicht bringen
mussten, jedenfalls das typische Eintreten der *Cachexia strumipriva* nicht vor Augen
führen konnten. In der That hat Reverdin trotz obiger Warnung auch noch nach
dem Herbst 1882, wie aus den später mitgetheilten (Mai bis Juli 1883) Krankengeschichten hervorgeht, die totale Exstirpation ausgeführt und für gewisse Fälle für
indicirt gehalten. Die classische Mittheilung Kocher's lag aber zeitlich gerade zwischen
Reverdin's erster und zweiter Veröffentlichung, respective fällt in die einzelnen Abschnitte der letzteren hinein, deren letzter augenscheinlich unter dem Einfluss derselben
steht. Man wird es deshalb Kocher und seinem Schüler zugestehen müssen, dass sich
Reverdin zur Zeit seiner zweiten Publication über die typische Bedeutung der
Cachexia strumipriva noch nicht klar war und es mehr einer glücklichen, durch
eine vorgängige mündliche Mittheilung Kocher's wohl nicht unbeeinflussten Wortung,
als einer dauernden Beobachtung und wohlbegründeten Analyse seines Krankenmateriales
verdankt, wenn er sich die Priorität in dieser wichtigen Frage mit einem Schein des
Rechtes zuschreibt und Autoren, welche der Sache nicht auf den Grund gegangen
sind, wie z. B. Bourneville und Briçon (l. c., pag. 359), seine Partei nahmen.

Ferner ist zu bemerken, dass die im Alter vorgeschrittensten Patienten weniger stark als die jüngeren Leute bis zu 20 Jahren befallen werden, dass aber die Störungen desto stärker werden, je längere Zeit sie andauern. Wir schliessen uns im Folgenden den classischen Darstellungen an, welche Kocher, Baumgärtner, Bruns und Reverdin vor nunmehr zwölf, respective zehn Jahren gegeben haben, denen durch die weiteren Beobachtungen nur in nebensächlichen Punkten eine Ergänzung, in allen Hauptsachen aber vollkommene Bestätigung geworden ist.

Die Kranken fühlen zuerst Müdigkeit, Schwäche und Schwere in den Gliedern, zuweilen mit eigenthümlichen Schmerzen, Zittern in den Armen und Beinen und einem Gefühl von Kälte verbunden. Es tritt Abnahme der geistigen Regsamkeit, Gedächtnissschwäche, Langsamkeit der Gedanken, des Sprechens und der gesammten Körperbewegungen ein. Mit einem Wort, es tritt ein Zustand geistiger Verkümmerung ein, der durchaus an das gleiche Verhalten bei Myxödem erinnert. Indem die Individuen selbst diesen zunehmenden Defect empfinden, werden sie scheu, schweigsam und in sich gekehrt oder ärgern sich und klagen auch wohl darüber. Dann erscheinen zunächst flüchtige Anschwellungen im Gesicht, in Händen und Füssen nach Art des *Oedema fugax*, aber von den Oedemen der Wassersucht dadurch unterschieden, dass sie besonders des Morgens auffällig sind. Allmälig werden diese Anschwellungen stationär und führen zu Plumpheit und Gedunsenheit des ganzen Körpers. Die Haut verliert ihre Geschmeidigkeit, wird infiltrirt, dabei trocken und schilfrig. Die Kopfhaare fallen aus und der Rest derselben ist dünn und wenig geschmeidig, so dass, wie Kocher sehr richtig sagt, bei jüngeren Individuen der Körper einem Kinde, der Kopf einem alten Mann anzugehören scheint.

In manchen Fällen kommt es zu einer Stenose des Kehlkopfes und dadurch bedingter Behinderung der Respiration, welche auf einer Annäherung der Stimmbänder, meist in Folge von Parese der Abductoren, beruht, aber nichts mit dem eigentlichen Wesen der Kachexie zu thun hat, vielmehr durch eine bei der Operation gesetzte Verletzung der Recurrenten bedingt ist oder durch Compression derselben durch das Narbengewebe entsteht. Diese Glottisstenose kann so hochgradig werden, dass sie, wie in 5 von Baumgärtner operirten Fällen zweimal, die Tracheotomie erforderlich macht.

Es besteht allgemeine Anämie, Blässe der Schleimhäute, ein kleiner, fadenförmiger Puls, aber kein Herzgeräusch, dagegen eine Oligocythämie[1])

---

[1]) In einer mir während der Correctur obiger Zeilen zugegangenen Arbeit von Formanek und Haskovec wird in Uebereinstimmung mit früheren Autoren (s. S. 19) berichtet, dass bei 15 Hunden nach totaler Thyreoidektomie mit wenigen Ausnahmen

mit relativer Vermehruug der weissen Elemente des Blutes. die im Allgemeinen desto stärker ist, je höhere Grade die allgemeine Kachexie erreicht hat. Als seltenere Complicationen wurden von Kocher Kopfschmerzen,
Schwindel, epileptische und tetanische Zustände betrachtet; die Folgezeit
hat gelehrt, dass gerade die letztere Complication durchaus nicht so selten
auftritt und zuweilen das erste und jedenfalls frappanteste Symptom ausmacht. Albert, Billroth, Schönborn, Weiss, Reverdin, Szumann,
Hieguet, Schramm u. A. haben später derartige Mittheilungen veröffentlicht.

Höchst auffallend war bei den Individuen, die zur Zeit der Operation
in der Periode starken Wachsthums standen, dass die Längsentwicklung
des Körpers in ausgesprochener Weise zurückblieb.

In dem bekannten Fall von Grundler — im zehnten Jahre Totalexstirpation, im achtundzwanzigsten Jahre Tod an apoplektiformem Insult
— zeigte sich, dass die Epiphysengrenze der Knochen erhalten und die
Epiphysenenden zum Theil noch knorpelig waren, d. h. ein Zurückbleiben
des Knochenwachsthums zu constatiren war.

Anderweitige auffallende Veränderungen, welche mit der Kachexie
in Beziehung zu bringen wären, sind aus den Obductionsberichten nicht
zu ersehen, was speciell rücksichtlich des Blutbefundes *in vivo* für Milz
und Knochenmark hervorgehoben sei.

Wie bereits gesagt, hat sich die *Cachexia strumipriva* trotz anfäng-
licher Zweifel und Widersprüche als ein typischer und gut umschriebener
Krankheitsprocess erwiesen, welcher den Chirurgen massgebend dafür
geworden ist, die Totalexstirpation des Kropfes nicht mehr vorzunehmen.
Das Für und Wider, welches dieser Frage von chirurgischer Seite geworden
ist, hier abzuhandeln, kann nicht unsere Aufgabe sein.

---

eine erhebliche Herabminderung der Zahl der rothen Blutkörperchen und des Hämo-
globingehaltes des Blutes, gleichzeitig mit geringer Leukocytose, eintrat. In den wenigen
Fällen gesteigerten Hämoglobin-, respective Blutkörperchengehaltes war aber das Blut
während eines tetanischen Anfalles entnommen, und Verfasser weisen nach, dass die Tetanie
als solche die Menge der rothen Blutkörperchen in den peripheren Gefässen vermehrt, indem
das Gleiche auch nach Strychninvergiftungen auftritt. Damit lassen sich die divergenten
Befunde der Autoren, von denen einige, wie d'Amore, Falcone und Giofredi (Riforma
medic., 1894), überhaupt keine wesentliche Veränderung des Blutes constatiren konnten,
erklären. Es hängt die grössere oder geringere Verarmung des Blutes davon ab, ob die
Untersuchung desselben zur Zeit der thyreopriven Tetanie oder des Zustandes reiner
Kachexie vorgenommen wird. — Diese Beobachtungen will ich nicht anzweifeln. Wenn
aber die Verfasser daraus das Wesen der *Cachexia thyreopriva* erklären zu können
glauben und sagen, es sei möglich, dass die Blutstörungen schliesslich eine Veränderung
des Stoffwechsels mit dem Resultat einer Autointoxication zur Folge hätten, so ist daran
zu erinnern, dass wir zahlreiche Krankheitsbilder schwerer und schwerster Anämien
kennen, die nicht im Mindesten der *Cachexia thyreopriva* gleichen.

Aber es muss doch auch an dieser Stelle bemerkt werden, dass eine numerisch nicht unbeträchtliche Zahl von totalen Exstirpationen gemacht ist, ohne dass sich die Erscheinungen der Kachexie angeschlossen hätten. Schon in der bemerkenswerthen Discussion, welche sich in der Deutschen Gesellschaft für Chirurgie an die erste Mittheilung Kocher's anschloss, wurden solche Beispiele mitgetheilt. Baumgärtner hat später unter 11 Patienten mit Totalexstirpationen, deren Befinden er längere Zeit *per operationem* verfolgte, nur fünfmal die Erscheinungen der Kachexie auftreten sehen (1886).

Nach den Ermittlungen des Londoner Comités (1888) wurde nur nach 27 Percent der Totalexstirpationen (69 von 255 Fällen) Myxödem, respective die *Cachexia strumipriva* beobachtet und seitdem sind noch weitere Mittheilungen dieser Art von A. Köhler, Dionisio, Omboni und Bramwell gemacht worden. Auch war es mehreren Beobachtern (Baumgärtner, Reverdin, Vollmann) aufgefallen, dass die Kachexie in einzelnen Fällen keine fortschreitende war, sondern stationär blieb, ja dass die strumipriven Symptome wieder abnahmen und der Patient sich besserte. Reverdin bezeichnete diese Zustände als *„Myxoedem fruste"* und war umsomehr davon überrascht, als er sie auch nach partiellen Exstirpationen antraf und gleichzeitig das Auftreten einer deutlichen Schwellung in dem zurückgebliebenen Schilddrüsenrest constatiren konnte. Auch Zesas, Bircher, Kocher, Sonnenburg und Berry berichten über Fälle, in denen nach partieller Exstirpation eine, wenn auch meist nur leichte Kachexie eintrat, und diese Erfahrung scheint den obigen Ansichten von der Bedeutung der totalen Exstirpation zu widersprechen.

Das sind Thatsachen, die auf den ersten Blick stutzig machen können und Zweifel an der ursächlichen Bedeutung der Schilddrüsenentfernung als solche aufkommen lassen. Daher warf Baumgärtner die Frage auf, ob nicht krankhafte Veränderungen des Sympathicus, welche von der Operationswunde aus durch die hier stattgefundenen reichlichen Insulte der Nervenverzweigungen den Sympathicus treffen, Ursache der Kachexie wären? Indessen diese Bedenken verlieren sich nicht nur völlig, wenn wir uns der experimentell festgestellten Bedeutung der Nebenschilddrüsen für den Ersatz der Hauptdrüse erinnern, sie sind auch durch die praktische Erfahrung in eben diesem Sinne geklärt. Das Fehlen des *Myxoedema operativum* oder das Auftreten des *Myxoedem fruste* ist bedingt durch das Einsetzen eines Strumarecidivs in einem versehentlich zurückgelassenen Lappen oder durch die vicarirende Thätigkeit der accessorischen Drüsen, die, wie wir schon früher gesehen haben, nicht selten an Stellen gelegen sind, z. B. in der Trachea oder hoch oben am *Processus pyramidalis* oder unten innerhalb der Thoraxapertur, wo sie sich der äusseren Erkenntniss völlig entziehen. Ein classischer Zeuge dafür ist der von Vollmann berichtete Fall. Hier bestand nach einer Totalexstirpation eine Kachexie, welche während zweijähriger Dauer allmälig zurückging. Der Patient starb an Tuberculose, und die Section zeigte einen Rest von intactem Schilddrüsengewebe, welcher zwischen Zungenbein und Schildknorpel eingelagert war. In anderen Fällen angeblich totaler Exstirpation mag schon bei der Operation ein Stück Drüse, obgleich es nicht anormal gelagert war, zurückgelassen sein, weil es dem Chirurgen, besonders wenn ihm eine grössere Erfahrung abgeht, leicht begegnen kann, dass er einen Knoten für die ganze Drüse ansieht.

Woher kommt es, dass ein in Strumenoperationen so geübter Chirurg wie Bruns in allen seinen Fällen die Kachexie folgen sah und andererseits Berry zwei eclatante Fälle mittheilt, in denen angeblich die Totalexstirpation ohne Kachexie gemacht war und die spätere Untersuchung erwies, dass sich ein kleiner Kropf gebildet hatte? Weniger durchsichtig sind die Fälle von partieller Thyreoidektomie mit nachfolgender Kachexie, deren das Londoner Comité unter mehr als 550 Operationen nur sechs notiren konnte. Wie schon gesagt, war die Kachexie meist gering und bildete sich bald zurück. In einzelnen Fällen hielt sie mehrere Jahre an, doch ist nur ein Todesfall (bei Berry) berichtet. Wenn man eine Beobachtung Kocher's verallgemeinern darf, der nach einer partiellen Exstirpation den anderen Lappen atrophisch fand, so dürfte es sich in allen diesen Fällen um ungenügende Function des stehengebliebenen Restes handeln und damit auch das Eintreten des sogenannten *Myxoedem fruste* erklärt sein. Welcher Lappen der Drüse oder ob der Isthmus entfernt wird, ist nach den übereinstimmenden Erfahrungen der Autoren gleichgiltig; die Kachexie bleibt aus, wenn nur ein — gleichviel welches — Stück functionsfähiger Drüsensubstanz oder eine accessorische Drüse zurückbleibt.

Die Prognose der *Cachexia strumipriva* ist keine absolut tödtliche. Wenn sie auch in den meisten Fällen unter fortschreitendem Marasmus in längstens 4—5 Jahren zum Tode führt, so sind doch Fälle von Reverdin und Berry mitgetheilt, in denen die Patienten 12 und mehr Jahre nach der Operation am Leben waren und an intercurrenten Krankheiten (Gehirnapoplexie) starben.

Die ausserordentliche Aehnlichkeit, ja, man darf ohne Weiteres sagen, die Indentität zwischen der *Cachexia thyreopriva* der Thiere, der *Cachexia strumipriva* beim Menschen, dem sporadischen Cretinismus und dem Myxödem springt in die Augen. Auf Grund dieser Analogie hatte Felix Semon bereits im Jahre 1883 die Anregung zur Bildung einer Commission in der Londoner klinischen Gesellschaft gegeben, welche die Beziehungen zwischen den genannten Krankheitsprocessen erörtern sollte. Sie hat ihre Ergebnisse im Jahre 1888 in einem auf 109 sorgfältig analysirte Fälle gegründeten, ausgezeichneten, bereits wiederholt von uns angezogenen Bericht niedergelegt, der als „Report der Myxödem-Commission" bekannt ist, und kommt zu dem Schlusse:

„dass die klinischen und pathologischen Beobachtungen mit Bestimmtheit ergeben, dass der einzige, allen Fällen von Myxödem gemeinsame Befund einer krankhaften Veränderung der Thyreoidea" und

„dass das bei Erwachsenen beobachtete Myxödem mit dem sporadischen Cretinismus und mit der *Cachexia strumipriva* wahrscheinlich identisch ist und eine ausserordentlich nahe Verwandtschaft zwischen Myxödem und endemischem Cretinismus besteht".

Wir können uns auch heute auf Grund weiterer umfangreicher Erfahrungen und vornehmlich auf Grund der therapeutischen Erfolge der jüngsten Zeit mit obigen Sätzen des „Reports", der für alle Zeiten das Muster einer klinischen Untersuchung und ein Markstein in der Geschichte dieser Krankheit sein wird, in ihrem vollen Umfang einverstanden erklären, wenn wir das Wörtchen „wahrscheinlich" aus dem ersten Theil des Schlusssatzes fortlassen.

Es ist keine Frage, dass Myxödem und *Cachexia strumipriva* in ihrer Wesenheit identische, scharf charakterisirte und folglich auch gut zu erkennende Zustände sind, die ihre Ursache in mangelnder, respective fehlender Function der Schilddrüse haben. Die Beweise hiefür sind zum Theil im Vorstehenden geliefert, zum Theil ergeben sie sich aus den gleich zu besprechenden Erfolgen der Therapie. Wer jemals den zauberhaften Einfluss der Thyreoideabehandlung auf die genannten Erkrankungen gesehen und verfolgt hat, kann sich dieser Thatsache nicht mehr verschliessen.

Ferner ist es zweifellos, dass dem myxödematösen Idiotismus als besonderes Merkzeichen das Fehlen der Schilddrüse zukommt und dass die *Cachexia strumipriva* bei jugendlichen Individuen zu einem Zustand führt, der diesem myxödematösen Idiotismus analog ist. Insofern, als man diese Fälle dem sporadischen Cretinismus zuzählt, ist also das Fehlen der Schilddrüsenfunction auch als Ursache des sporadischen Cretinismus anzusehen.

Auch in der vorsichtigen Fassung: „dass eine ausserordentlich nahe Verwandtschaft zwischen Myxödem und endemischem Cretinismus besteht", hat sich die Commission unseres Erachtens sehr richtig geäussert. Unsere Ansicht über diesen Punkt haben wir am Schluss des Capitels über Kropf und Cretinismus entwickelt.

Diagnose.

Die Diagnose des Myxödems ist in ausgesprochenen Fällen auf der Höhe der Krankheit verhältnissmässig leicht zu stellen und gründet sich auf die oben (S. 155 u. ff.) besprochenen charakteristischen Symptome.

In den Entwicklungsstadien wird sie meist nur vermuthungsweise ausgesprochen werden können.

Ich sage ausdrücklich „verhältnissmässig leicht", denn Irrthümer
sind auch hier möglich und, wie mir scheinen will, auch begangen worden.

Was zunächst das am meisten und zuerst zur Diagnose „Myxödem"
veranlassende Symptom betrifft, die myxödematöse Schwellung des Patienten,
so ist selbstverständlich, dass zunächst die groben Verwechslungen mit
chronischen Oedemen aus sonst bekannten Ursachen — Nierenentzündungen,
Herzfehler, maligne Geschwülste — auszuschliessen sind. Dies kann, was
erstere betrifft, durch das gelegentliche Vorkommen von Eiweiss und
Cylindern bei Myxödem erschwert werden, doch geben der Charakter der
ödematösen Schwellung, ihr Sitz, die Entwicklung derselben, beziehungsweise die anderen Zeichen der genannten Krankheiten bei sorgfältiger
Beobachtung ausreichende Anhaltspunkte für die Differentialdiagnose.

Viel schwieriger wird unter Umständen die Entscheidung sein, ob
ein sogenanntes specifisches oder induratives Oedem auf syphilitischer Basis
(Fournier) oder ob ein stabiles Oedem nach habituellem Erysipel, ein
stabiles erysipeloides Oedem (Lassar), vorliegt, besonders dann, wenn sich
diese Zustände bei Personen mit schwachem Intellect, etwaigen, durch
Alter oder sonstige Veranlassungen bedingten Haarschwund und trockenen,
spröden Hautdecken entwickelt haben. Von ersterem sagt Landau: „Dieselbe Art entzündlicher, im Unterhautgewebe und in den tiefen Schichten
der Cutis sich abspielender Bindegewebsneubildung wie bei Myxödem findet
auch hier statt. Die Theile sind gleichfalls prall, glatt und bilden sich
häufig erst viele Jahre nach einer primären syphilitischen Affection heraus."
Lassar macht darauf aufmerksam, dass auch in Fällen von stabilem
erysipeloiden Oedem ein stupider Gesichtsausdruck durch das Verstrichen-
sein der Musculatur zu Stande kommen und einen Defect der Intelligenz
vortäuschen kann. Lambros beobachtete die Veränderungen des Integu-
mentes auch an Stellen, die niemals vom Erysipel ergriffen wurden, und
da er in seinem Fall (21jähriges Mädchen mit Erysipelattaquen des
Kopfes, Halses und des rechten Armes, die seit elf Jahren bestanden und
anfänglich fast alle vier Wochen auftraten) eine allmälige Verkleinerung
der Schilddrüse constatiren zu können glaubte, so wirft er die Frage
auf, ob das Erysipel zu einer Thyreoiditis und consecutiven Atrophie der
Drüse mit Myxödem geführt habe. Meines Erachtens mit Unrecht, denn
die dem Aufsatz beigegebene Abbildung der Patientin zeigt keineswegs
das charakteristische Ansehen des Myxödems, vielmehr geben die sack-
artig und im Verhältniss zu dem übrigen Gesicht sehr stark prominirenden
Augenlider dem Gesicht den Typus, den man bei erysipelatösen Schwellungen sieht und ohne Schwierigkeit von der gleichmässigen Schwellung
des Myxödems unterscheiden kann. Es ist schwer, zu beurtheilen, wie

weit dies auch für die anderen Fälle der eben genannten Kategorie zutrifft, ich möchte aber doch bemerken, dass viele Autoren der Diagnose
„Myxödem" gegenüber in derselben Lage sind wie der Blinde bei den
Farben; sie haben nie einen typischen Fall von Myxödem gesehen,
und doch ist gerade die richtige Erkenntniss dieses Zustandes im concreten Falle schwer aus Beschreibungen, respective Abbildungen anderer
Fälle zu entnehmen, weil ausserordentlich viel nicht nur auf den Ge-
sammthabitus, sondern auch auf die kleinen, intimeren Züge des Bildes
ankommt.

Auch scheinen noch andere Zustände beobachtet zu sein, die sich
dem typischen Myxödem, besonders auch in Hinsicht auf das Verhalten
der Thyreoidea, nähern, ohne doch dem classischen Bilde des Myxödems
zu entsprechen.

So haben Dercum und Henry drei Fälle beschrieben, die durch
eine weit verbreitete, erhebliche Hyperplasie des subcutanen Fettgewebes,
besonders an gewissen Stellen des Körpers ausgezeichnet waren, mit der
gleichzeitig die Erscheinungen einer Neuritis (Schmerz und Muskelatrophie)
auftraten. Die Perspiration war verringert oder fehlte ganz, die Thyreoidea
liess bei zwei von den Patienten eine Verhärtung und Infiltration mit
kalkigen Ablagerungen erkennen. Doch war weder die charakteristische
Physiognomie noch die Alteration der Sprache, noch die Veränderung
der Hände, noch endlich das eigentliche Myxödem bei diesen Kranken
vorhanden, so dass die Abgrenzung gegen echtes Myxödem nicht schwer
fallen konnte, wie denn auch Dercum diese Fälle als eine „Dystrophie
des subcutanen Bindegewebes der Arme und des Rückens, verbunden mit
Symptomen, welche an Myxödem erinnern", beschrieben hat. (A subcutaneous connective-tissue dystrophy of the arms und back, associated
with symptoms resembling Myxoedem.) Einen ähnlichen Fall habe ich
selbst beobachtet und gelegentlich meiner Veröffentlichung „über einen
Fall von Myxödem etc." erwähnt. Da indessen nicht alle Fälle echten
Myxödems die ganze Scala der zugehörigen Symptome darbieten, zumal
dann nicht, wenn die Krankheit noch in der Entwicklung begriffen ist,
so wird es unter Umständen auch gegenüber den eben angeführten Processen schwer, ja zunächst unmöglich sein, einen bestimmten Entscheid
zu fällen. Wir wiederholen noch einmal: Die myxödematöse Degeneration ist eine Affection, die sich nur aus der Gesammt-
erscheinung der ausgebildeten Krankheit mit Sicherheit erkennen lässt, während ihre Diagnose zu gewissen Zeiten des
Verlaufs, d. h. während der Entwicklungsperiode, zwar aus
dem Gange der Erscheinungen und der Art derselben mit bald
grösserer, bald geringerer Wahrscheinlichkeit vermuthet, aber
nicht mit völliger Sicherheit erschlossen werden kann.

Schliesslich sei noch bemerkt, dass auch gewisse atypisch verlaufende
Fälle allgemeiner Paralyse, besonders bei Frauen, bei denen fortschreitende
Demenz mit gleichzeitigen Störungen der Coordination und der feineren
Bewegungen, sowie der Reflexe und Verlust oder Abschwächung der
mimischen Bewegungen eingetreten sind, eine gewisse Aehnlichkeit mit
Myxödem haben können, die aber bei genauer Untersuchung kaum zu
Verwechslung führen dürfte. Umgekehrt macht F. Semon darauf aufmerksam, dass der Laryngologe gelegentlich wegen Verstopfung der Nase,
wegen Ansammlung von Schleim im Nasenrachenraum und Halse, einem
Gefühl, als ob die Zunge für den Mund zu gross sei, wegen verlang-
samter Articulation beim Sprechen und des „lederartigen", dumpfen Klanges
der Stimme consultirt werde und es sich dann bei näherer Betrachtung
um Fälle von Myxödem handle.

Die Prognose, welche früher eine fast absolut ungünstige war,
ist in neuerer Zeit in Folge der specifischen Thyreoideabehandlung eine
fast ebenso günstige geworden. Wir gehen nunmehr zur Besprechung
dieser Therapie über.

Die Therapie des Myxödems und die Schilddrüsenbehandlung.

Als das Myxödem zuerst als ein abgeschlossenes Krankheitsbild hingestellt und von ähnlichen Krankheitsprocessen gesondert wurde, glaubte
man es mit einer unheilbaren Affection zu thun zu haben. In der That
erwiesen sich die den Stoffwechsel erregenden oder umstimmenden Mittel,
wie die Jodpräparate, das Arsen, das Pilocarpin, Eisen, Chinin, Jaborandi,
Pilocarpin, Jodkalium, Ergotin, Nitroglycerinpräparate im Allgemeinen
vollständig wirkungslos. Einzelne Ausnahmsfälle, auf die wir noch zu
sprechen kommen werden, dienen nur dazu, die Regel zu bestätigen.
Auch Diätcuren, heisse Bäder, Massage, Elektricität, andauernde Bettruhe
konnten, wenn überhaupt, nur vorübergehende Erfolge erzielen. In welcher
Form und in welchen Dosen auch die genannten Mittel verabfolgt wurden,
sie blieben auf den Gang der Krankheit meist ohne Einfluss. Erst als
man die Beziehungen des Myxödems zu der *Cachexia thyreopriva* erkannt
und als man auf Grund der Thierversuche die Heilung, respective die
Besserung derselben durch Implantation gesunder Drüsen und Injection
von Schilddrüsensaft (siehe die physiologischen Vorbemerkungen) festgestellt hatte, konnte die gewonnene Erfahrung auch beim Menschen verwerthet werden.

Das Verdienst, diesen Gedanken gefasst und zuerst in die That um-
gesetzt zu haben, gebührt unzweifelhaft Bircher, welcher zuerst, am
16. Januar 1889, die Implantation der Schilddrüse bei einem an schwerster
Cachexia strumipriva mit epileptoiden Anfällen leidenden Mädchen ausführte, indem er Stücke einer unmittelbar vorher exstirpirten mensch-

lichen Struma in die Abdominalhöhle verpflanzte. Der Erfolg war zunächst ein sehr günstiger, die Patientin erholte sich in kurzer Frist, begann sich wieder mit ihrer Umgebung zu beschäftigen, nachdem sie vorher voll-kommen theilnahmslos gewesen war, und besserte 'sich innerhalb vier Wochen derart, dass man von einer vollständigen Heilung sprechen konnte und nur die Reste der Hautschwellung und die Trockenheit der Haut noch an das Myxödem erinnerten. Anfangs März aber trat ein Recidiv mit erneuten epileptiformen Anfällen ein, und es wurde am 19. März eine neue Implantation vorgenommen. Ob die erst eingebrachte Drüsensubstanz vollständig resorbirt oder was sonst aus ihr geworden war, ist nicht gesagt und liess sich auch nicht ermitteln, weil nur ein ganz kleiner Schnitt ins Peritoneum gemacht wurde. Wahrscheinlich darf wohl Ersteres angenommen werden. Auch diesmal heilte die Wunde *per primam*, und bereits anfangs Mai war die Reconvalescenz wieder so weit fortgeschritten, dass die Patientin als Küchenmagd beschäftigt werden konnte. Die Menses, welche ein volles Jahr cessirt hatten, traten im Juni wieder ein und die Kranke erfreute sich bis Abschluss der Beobachtung im Herbst desselben Jahres eines guten Gesundheitszustandes.

Unabhängig von Bircher empfahl Horsley auf dieselben Er-wägungen hin ebenfalls die Implantation der Schilddrüse, und zwar rieth er, dazu die Drüse vom Affen oder von Schafen zu nehmen, welche histo-logisch der menschlichen Drüse am nächsten stehen. Es wurde nun in der nächsten Zeit eine Reihe derartiger Implantationen ausgeführt, bei welchen zum Theile die implantirte Drüse nicht in die Bauchhöhle, sondern unter die Haut der Brust (Bettencourt und Serrano, H. Fenwick, Harris und Wright, Gibson) oder an die Stelle der fehlenden Drüse (Rehn) eingepflanzt wurde. Der Erfolg war in vielen Fällen ein guter, aber selbst da, wo zunächst, wie in dem classischen Fall von Bircher, Heilung, respective Besserung eintrat, hielt dieselbe nicht lange an, und erst nach wiederholter Operation war anhaltende (?) Besserung die Folge. In anderen Fällen gelang es dagegen nicht, eine Einheilung zu erzielen, der Erfolg blieb aus. Es handelt sich dabei um die wichtige Frage, ob die Drüse nur als Fremdkörper vorübergehend einheilt, also in ihrer Wirkung nur eine in die Länge gezogene subcutane, respective parenchymatöse In-jection darstellt oder ob sie in organischen Gefässzusammenhang mit dem Körper tritt und auf die Dauer zur Spenderin des specifischen Secretes wird und ihre specifische Wirkung ausübt. Nach Analogie von Implantations-versuchen mit anderen Organen und Gewebsstücken, welche von Leopold und von Zahn angestellt sind, scheint ein Erfolg im letztgenannten Sinne, d. h. eine wahre Einheilung kaum zu erhoffen, zumal wenn sie mit älteren Organen oder Organstücken versucht wird, während aus den Untersuchungen Leopold's hervorgeht, dass dem embryonalen Gewebe noch am ehesten eine

gewisse Tendenz zur echten Einheilung zukommen dürfte. Indessen hat
Eiselsberg Versuche, welche die Implantation der Thyreoidea bezweckten,
mit positivem Erfolg ausgeführt. Der von Robin, Horsley und v.
Gernet geäusserte Gedanke, mit Rücksicht auf die schwere und vorgeschrittene
Kachexie der Kranken, welche die Einheilung der Drüse wahrscheinlich
hindert. die Operation erst nach einer vorgängigen internen oder subcutanen
Thyreoideabehandlung vorzunehmen, nachdem „der erste Hunger des
Körpers nach der Thyreoidea gestillt sei," und möglichst junge Drüsen zu
nehmen, verdient daher immerhin eine gewisse Beachtung, obgleich, wie
wir alsbald sehen werden, die Behandlung der Krankheit durch die interne
Darreichung präparirter Drüsensubstanz ausserordentlich erleichtert ist und
ein unabweisbares Bedürfniss für das immerhin umständliche und in seinen
Erfolgen fragliche operative Verfahren nicht mehr vorliegt. Andererseits
liegt es auf der Hand, dass die Implantation, wenn sie gefahrlos wäre, stets
gelänge und anhaltende Erfolge hätte, die ideale Methode der Behandlung
sein würde. Das ist aber bis jetzt noch nicht erreicht worden, und so
musste man sich nach anderen Verfahren umsehen.

Einen Schritt vorwärts that G. R. Murray, der zuerst einen Glycerin-
Carbol-Extract thierischer Schilddrüsen mit ausgezeichnetem Erfolg zu
subcutanen Injectionen verwendete, nachdem schon vorher Pisenti, Gley
und Vassale (siehe den physiologischen Abschnitt) bei Thieren das
Gleiche erfolgreich versucht und Brown-Séquard und d'Arsonval dasselbe für den Menschen empfohlen hatten. Hale White empfahl den Zusatz
von Thymol statt des immerhin etwas reizenden Carbols. Vermehren erhielt durch Präcipitation des Glycerin-Extractes mit Alkohol einen Nieder-
schlag, der, getrocknet, in Pulver- oder Pillenform verabfolgt wird (Vermehren's Thyreoidinum) und besonders in Dänemark viel gebraucht ist.

Es sei hier übrigens in Parenthese bemerkt, dass die Schilddrüsenbehandlung des Myxödems nur den äusseren Schein mit der von Brown-
Séquard inaugurirten Organotherapie gemein hat. Denn bei der ersteren
handelt es sich um eine mit logischer Consequenz ausgeführte Uebertragung
sichergestellter physiologischer Versuche auf den Menschen und um eine der
bedeutendsten und glänzendsten, dabei in ihren Erfolgen durchaus sichergestellten
Errungenschaften der Wissenschaft, während der *suc testiculaire* des französischen Forschers sowohl in seiner wissenschaftlichen Begründung als in seinen
praktischen Erfolgen auf schwachen Füssen steht und von dem festen Boden
der Thatsachen in den schwankenden Nebel der Phantasie sich verliert.

Bald zeigte es sich, dass auch die Aufnahme der Schilddrüse vom
Magen aus, d. h. die Fütterung mit rohen, ja selbst mit gebratenen, ge-
sottenen und gekochten Drüsen von Erfolg war, wie das zuerst Howitz,
Fox und Mackenzie mittheilten. Selbst vom Darm aus erwies sich
Leichtenstern die im Klysma verabfolgte, passend zubereitete Drüse
wirksam. Edw. E. Schäffer theilte sogar mit, dass die wirksame Sub-

stanz des Thyreoidea-Extractes selbst durch Kochen mit 10percentiger Salzsäure oder Kalilauge nicht vernichtet wird.

Immerhin waren diese Methoden mit mannigfachen Uebelständen verknüpft. Nicht nur, dass die Beschaffung der frischen Drüsen, welche man bald nicht mehr ausschliesslich vom Schaf, sondern auch vom Kalb und Schweine nahm — Lanz hat über die Verwendbarkeit der Schweinsdrüse erst kürzlich in bejahendem Sinne auf Grund sorgfältiger Prüfung berichtet — manche Schwierigkeiten hat, dass ferner viele Patienten die rohe oder gekochte Drüse nur mit Widerwillen zu sich nehmen, die Hauptschwierigkeit dieser Darreichung war, dass man nicht immer sicher sein konnte, in der That die Schilddrüse geliefert zu bekommen. Manche Misserfolge mögen durch Verwechslung der Thyreoidea mit der Thymus oder mit den Submaxillardrüsen bedingt sein. Die Bestrebungen mussten daher darauf gerichtet sein, ein trockenes und haltbares Präparat darzustellen, und dies ist auch durch Compression der getrockneten Drüsensubstanz vollständig gelungen.

Nielsen formirte die getrocknete und mit Aether ausgezogene Drüsensubstanz zu Pillen (*Pilulae glandulae Thyreoidae siccatae*), aber allgemeiner Verbreitung erfreuten sich erst die zumeist von englischen Firmen, besonders von Borrough, Wellcome & Co., in den Handel gebrachten Tabletten comprimirter trockener Thyreoidea, die sich vortrefflich bewährt haben. Die Drüse, und zwar die Schafsdrüse, wird von sachverständigen Händen unter aseptischen Cautelen unmittelbar nach der Tödtung des Thieres herausgenommen und daraus trockene Tabletten von je 0·33 *gr* Schilddrüsensubstanz (5 *grains*) angefertigt.

Diese „Tabloids" haben sich als vollkommen constant in ihrer Wirkung bewiesen und können als ein durchaus zuverlässiges Präparat empfohlen werden. Da dieselben für Viele einen unangenehmen Geschmack haben — ich finde, dass sie ganz leidlich, wie altes getrocknetes und stark gesalzenes Fleisch schmecken — so werden sie am besten in Milch, Wein, Suppe und Aehnlichem genommen, wobei die Dosis. je nach Bedürfniss und individueller Reaction, von $1/_4$—5 und mehr Tabloids per Tag schwankt. Derartige Tabletten sind auch anderwärts hergestellt, auch ist ein weiteres Präparat, unter der Aegide Kocher's in Bern angefertigt und „Thyradeu" genannt, in den Handel gebracht worden.[1]) Zumeist werden Hammelschilddrüsen verwandt. Auch die Schweinsschilddrüsen (Extracte und Trockenpräparate) hat Lanz, wie oben bemerkt, wirksam

---

[1]) Ich sehe von einer Aufzählung der Bezugsquellen, die sich täglich ändern können, absichtlich ab und habe als Repräsentanten nur die oben genannte Firma von Weltruf angeführt. Man wende sich im Gebrauchsfalle direct an eines der bekannten grossen Häuser und lasse sich nicht auf die Anpreisungen kleiner Handlungen, respective Officinen ein.

178 Myxödem und Cachexia strumipriva.

gefunden. Ueber ihre Güte habe ich kein Urtheil; vor allen Dingen muss die Garantie gegeben sein, dass die Präparate von gesunden Thieren stammen, aseptisch gewonnen sind und dass in der That die Schilddrüse des Thieres zur Verarbeitung gekommen ist. (Siehe übrigens die im Folgenden bei Besprechung des sogenannten Thyreoidismus zu machenden Angaben.)

Jedenfalls steht es fest, dass die Tabloids bisher die besten und constantesten Resultate ergaben, während die Extract-Injectionen und die Fütterungen der frischen Drüse manche Misserfolge zu verzeichnen haben, deren Ursachen nicht ganz klar sind, am wahrscheinlichsten wohl auf die schon erwähnte Verwechslung der Schilddrüse mit anderen Drüsen in ihrer Nachbarschaft zurückzuführen sind, denn es ist auch für einen Geübteren gar nicht leicht, die Drüse beim Thiere zu erkennen.

Allen diesen Präparaten, mögen sie nun in dieser oder jener Form vorliegen, haftet aber ein sehr erheblicher Missstand dadurch an, dass wir über die Menge des in ihnen enthaltenen wirksamen Principes durchaus nichts wissen. *A priori* darf man annehmen, dass dasselbe in den einzelnen Drüsen und ferner in den einzelnen Theilen einer Drüse in verschiedener Menge vorhanden sein kann, so dass man mit ein und derselben Quantität Drüsensubstanz, sei sie nun roh oder im Auszug oder im getrockneten Zustande verabfolgt, sehr verschiedene Wirkungen erzielen kann. Das dringendste Postulat ist daher, den specifischen Stoff zu isoliren und in eine verwendbare Form zu bringen. So lange dies nicht der Fall ist, werden wir uns immer mit einem mehr weniger empirischen Vorgehen begnügen müssen. Ueber die Natur dieses Stoffes können wir zur Zeit nur Vermuthungen hegen. Der merkwürdige Umstand, dass die Drüse vom Magen aus, roh oder gekocht, ihre Wirksamkeit thut, zeigt, dass es sich nicht um ein organisches Ferment handeln kann. Vielleicht wird man auf dem von mir früher angegebenen Wege (Berliner klin. Wochenschr., 1894, Nr. 2) der künstlichen Pepsinverdauung und nachträglichen Dialyse weiter kommen können. Neuestens wird angegeben, dass einem russischen Forscher (Notkin) die Darstellung eines specifischen Stoffes aus der Schilddrüse gelungen sei, der eine sehr erhebliche Giftwirkung besitzt. Es handle sich um eine albuminoide Substanz, welche er „Thyreoproteïd" benennt, die besonders Thieren gegenüber, denen die Schilddrüse vorher entfernt worden ist, toxisch wirken soll. Es müsse demgemäss in der Schilddrüse ausser diesem Toxin noch ein entsprechendes Antitoxin gebildet werden. Diese Mittheilung scheint uns vorläufig noch dringend der weiteren Ausarbeitung und Bestätigung zu bedürfen; indessen haben wir nicht unterlassen wollen, sie wenigstens zur Sprache zu bringen.

Dagegen dürfte eine neueste Angabe von E. Fränkel alle Beachtung verdienen, weil sie offenbar auf gründlichen Untersuchungen beruht. Es handelt sich darum, dass Fränkel aus dem von Eiweiss- und Leimstoffen befreiten Macerationsdecoct von Schilddrüsen einen alkoholisch-ätherischen Auszug gewonnen hat, welcher im Vacuum krystallisirte. Die Krystalle zeigten gewisse Alkaloidreactionen und eine Zusammensetzung, die es wahrscheinlich machte, dass sie der Guanidinreihe angehören; indessen stehen genauere Daten darüber noch aus. Wichtig ist aber, dass es Fränkel gelang, durch subcutane Injectionen seiner Substanz dem Eintritt von tetanischen Krämpfen bei thyreoidektomirten Thieren vorzubeugen oder dieselben, wenn sie eintraten, abzuschwächen, respective zu beseitigen. Er nennt die Substanz deshalb „Thyreoantitoxin". Indessen gingen die Thiere trotz Aufhörens der Tetanie an zunehmender Depression und Kachexie zu Grunde, und somit erhellt, dass bei dem von Fränkel isolirten Körper nur ein Theil der Wirkung der Thyreoidea in Frage kommt, ein Factor herausgegriffen ist, aber die ganze Summe, um in dem Vergleich zu bleiben, nicht zur Kenntniss gelangt ist. Vielleicht ist ein weiteres wirksames Princip in dem Rückstand enthalten. Jedenfalls dürfte von Fränkel ein Weg betreten sein, der zu weiteren Erfolgen führen wird.

Es ist hier auch der Ort, einer anderen, zunächst noch mit Skepsis aufzunehmenden Mittheilung zu gedenken. Poncet in Lyon behandelte einen Fall von infantilem Myxödem bei einem 14jährigen Mädchen in der Weise, dass er die Schilddrüse, die zwar verkleinert, aber angeblich nicht krankhaft verändert war, freilegte und sie zwischen den Wundrändern hervorzog, ohne ihre Adhärenzen zu lösen. Die Drüse wurde dann nur mit Jodoform bestreut, „um das bislang nicht functionirende Parenchym zu reizen und zur Secretion wirksamen Saftes zu veranlassen". Daraufhin soll sich das Myxödem in wenigen Tagen zurückgebildet und nach vier Wochen auch der geistige Zustand der Patientin eine auffallende Besserung gezeigt haben. „Exothyreopexie" nennt der Autor dies Verfahren, dem wenigstens eine gewisse Aehnlichkeit mit der Heilung der Bauchfelltuberculose durch Laparotomie nicht abgesprochen werden soll. Die Exothyreopexie stammt aus dem Jahre 1893, scheint aber bisher noch keine Freunde gefunden zu haben. Das Letztere dürfte auch von der mehr wie überflüssigen Empfehlung Menzies', einen „Schilddrüsen-Lanolincream" äusserlich anzuwenden, gelten, denn die Nebenwirkungen haben mit der Art der Application gar nichts zu thun.

Trotzdem wir uns also hinsichtlich des wirksamen Princips bei der Thyreoideabehandlung, die wir wohl am besten kurzweg als „Substitutionstherapie" bezeichnen, noch ganz im Unklaren befinden — die Erfolge der Behandlung stehen ausser allem Zweifel und sind so überraschend, dass sie beinahe ausnahmslos von allen Autoren mit den Ausdrücken höchster Befriedigung gepriesen werden. Wir haben in der That in der Thyreoidea, wie Murray sagt, „a new and wonderful remedy" in Händen!

Bei einer erfolgreichen Cur des adulten oder infantilen Myxödems gehen alle die früher geschilderten Symptome zurück. Die Haut schwillt ab, wird warm, weich und feucht, das Abschuppen hört auf, das Gesicht verliert seinen gedunsenen Habitus. Die dicken Augenlider nehmen ihre gewöhnliche Stärke an, die Augen werden wieder frisch und glänzend, die dicke, unförmliche Zunge wird kleiner, das Haupthaar wird länger, dichter und weicher und die unbehaarten Stellen werden zunächst mit leichten Wollhaaren bedeckt. Bei den cretinoiden Personen sprossen Achselhaare und die Haare an den Pubes hervor. Die Mädchen bekommen regelmässige Menstruationsblutungen und bei männlichen cretinösen Individuen kommt es noch in vorgerückten Jahren, z. B. im 18. Jahre in einem Falle von Murray, zur Bildung neuer Zähne. Das Allgemeinwachsthum steigert sich um ein Bedeutendes. Das Blut wird reicher an Hämoglobin und rothen Blutkörpern, der Puls voller und regelmässig. Die Urinmenge vermehrt sich und mit ihr die Stickstoffausscheidung. Die vorher subnormale Temperatur hebt sich, ja lässt nicht selten zu Anfang der Behandlung einen Anstieg bis zu leichter Fieberhöhe, 38—38½ Grad, selbst 39 Grad, erkennen. Das geistige Leben wacht sozusagen auf, die Apathie verliert sich und die verlorenen Interessen, Fähigkeiten und Kenntnisse kehren bei den Myxödematösen zurück und fangen, wenigstens in einer Anzahl von Fällen bei den Cretinösen, an, sich zu zeigen — mit einem Wort, es tritt ein so erstaunlicher Umschwung in dem ganzen Verhalten des Kranken ein, dass derselbe thatsächlich ein anderer Mensch geworden zu sein scheint und wie neu verjüngt oder verwandelt ist.

Die Figuren 15, 16 und 17 geben einen ausgezeichneten Beleg für das oben Gesagte.

Es handelte sich um eine 52jährige Dame, die mit allen Zeichen typischen Myxödems vom 28. Mai bis zum 5. October 1893 im Augusta-Hospital zu Berlin von mir behandelt wurde. Sie erhielt zuerst Glycerin-Extract ohne sonderlichen Erfolg, welcher sich auch nicht zeigte, als eine reine Milchdiät vier Wochen lang durchgeführt wurde. Erst der Gebrauch der Tabloids brachte zunächst schnelle Besserung und schliesslich vollkommene Heilung herbei, die bis heute (Herbst 1895) angehalten hat. Der Zustand der Patientin vor, während und

Fig. 15.

nach der Krankheit, beziehungsweise Cur ist aus den hier reproducirten photographischen Aufnahmen deutlich ersichtbar. Dass sich von Zeit zu Zeit wieder leichte Recidive einstellten, welche schnell durch einige Tabloids beseitigt wurden. und dass sich in den Endstadien der ersten Behandlungsperiode eine bis heute gebliebene Mell](inurie einstellte, von der die Patientin übrigens gar keine subjectiven Beschwerden hat, sind Vorkommnisse, auf die wir noch zurückkommen werden (s. S. 185 und 188).

Nun ist freilich nicht immer ein so continuirlich fortschreitender und glänzender Erfolg erzielt worden, und wenn sich auch manchen, ja den hervorstechendsten Symptomen gegenüber erhebliche Besserung oder Heilung zeigte, so wurden andere wenig oder gar nicht beeinflusst. So betont Prudden, dass die myxödematösen Schwellungen zurückgingen, die Anämie aber blieb. Osler und A. F. Hofmann hatten in je einem Falle völlige Misserfolge bei sporadischem Cretinismus zu melden. W. Alexander, Béclère, Michell Clarke, Macpherson, Shattuck haben bei Myxödem entweder gar keine oder nur eine inconstante Besserung oder gar eine Verschlimmerung gesehen. Indessen, in allen diesen Fällen ist entweder die rohe oder gekochte Drüsensubstanz,

Fig. 16.

welche sich die betreffenden Aerzte selbst verschafft hatten, verfüttert oder implantirt oder der Saft derselben injicirt worden, so dass ein Zweifel an der Wirksamkeit des Präparates nicht ganz ausgeschlossen ist. Auch machen diese Misserfolge, Alles in Allem genommen, nur einen sehr geringen Bruchtheil — noch nicht 2 Percent — aller behandelten Fälle aus.

Je jünger das in Behandlung genommene Individuum ist, desto rascher und energischer scheint die Wirkung einzutreten; indessen auch ältere Personen reagiren in vollem Masse, und man hat alle Erfolge und alle

Complicationen der Behandlung auch bei Kranken bis zu den Sechziger-
und Siebzigerjahren hinauf gesehen. Kirk gibt z. B. an, eine 72jährige
Frau, die seit 26 Jahren myxödematös gewesen war, in drei Monaten geheilt zu haben! Höchst auffällig ist es aber, dass sich, ganz entgegen
unseren sonstigen therapeutischen Erfahrungen, die Behandlungsweise desto
wirksamer zeigt, je länger die Krankheit gedauert hat und je stärker sie
ausgebildet ist, während sich frische und unentwickelte Fälle viel un-
zugänglicher erweisen. Für diese dem sonst üblichen Verhalten so wenig

Fig. 17.

entsprechende Erschei-
nung finden sich in der
Literatur zahlreiche Be-
lege. Es liegt am näch-
sten, die Erklärung da-
für darin zu suchen,
dass die Thyreoidea-
darreichung auf gesunde
Individuen häufig gar
nicht oder nur in ein-
seitiger Weise einwirkt
und dass etwas Aehn-
liches auch bei Per-
sonen, denen noch mehr
oder weniger grössere
Mengen functionstüch-
tigen Parenchyms ihrer
Thyreoidea zu Gebote
stehen, eintreten mag.[1]
Das Geschlecht der Pa-
tienten ist von keiner
Bedeutung, die Empfind-
lichkeit derselben gegen
die Thyreoidea aber eine
durchaus differente. Ein-
zelne Personen reagiren schon auf kleinste Gaben. Byrom-Bramwell

---

[1] In einer kurzen Bemerkung zur Discussion über einen von Rie vorgestellten
Fall von Myxödem (Wiener med. Presse, 1895, Nr. 27) sagt Rosenberg, „dass die
Schilddrüsentherapie bei den rudimentären Fällen von Myxödem die glänzendsten Erfolge
verspricht". Unter „rudimentär" scheint Rosenberg die von uns auf S. 153 und 174 bezeichneten Fälle langsamer oder atypischer Entwicklung zu verstehen. Es geht aber aus
obigem Satze nicht hervor, wie weit sich seine therapeutische Prognose auf Vermuthung
oder Thatsachen bezieht. Letzteren Falles steht sie mit den Beobachtungen der Autoren,
wie aus dem im Text Angegebenen hervorgeht, im Widerspruch.

hatte eine Kranke, die schon auf Einnahme von $^1/_8$ Tabloid $= ^1/_{30}$ Schilddrüse intensiv reagirte. Eine von mir behandelte myxödematöse Kranke fühlte nach Einnahme von einer, ja sogar von einer halben Tablette unverkennbar die Wirkung in einer Pulsbeschleunigung und in Wallungen des Blutes nach dem Kopf. In Fällen von parenchymatöser Struma habe ich bis sieben Tabletten *pro die* ohne jede subjective Beschwerde nehmen lassen. Einigemale sind irrthümlicherweise ungewöhnlich grosse Dosen zur Verwendung gekommen. Eine Patientin von Smith bekam auf einmal zehn Schafsdrüsen. Es folgten Uebelkeit, fliegender Puls und eine acute Dermatitis der Hände. Nicht weniger wie die kaum glaubliche Zahl von circa 30 Drüsen, d. h. 92 *gr* Extract, soll eine Kranke von Béclère (citirt bei Gley) zu sich genommen haben, welche dann allerdings sehr schwere Erscheinungen von Thyreoidismus bekam, zuletzt jedoch genas. So berichtet Becker, dass ein $2^1/_2$jähriges Kind 90 Stück Döpper'sche Thyreoidea-Tabletten (à. o. 3) auf einmal verzehrte, ohne irgend welche beängstigende Symptome davonzutragen. Die von derselben Firma bezogenen Tabletten sollen sich bei anderen Personen (Fettleibigen) als wirksam erwiesen haben. Umgekehrt wird von Foulis nach nur $^3/_4$ *gr* ($^1/_4$ Lappen einer Schafsdrüse) bei einer Myxödematösen plötzlicher Tod unter profusen Diarrhoen innerhalb 24 Stunden berichtet. Es ist höchst wahrscheinlich, dass es sich hier um ein verdorbenes Präparat gehandelt hat, wie denn auch von anderer Seite auf die Gefährlichkeit der Verwendung kranker, respective nicht aseptisch gewonnener Drüsen aufmerksam gemacht ist (Napier, Wiechmann und Küthe, auch Lanz [s. unten]).

Die Diät spielt während der Thyreoideabehandlung offenbar eine nicht zu unterschätzende Rolle. Wir haben schon in den physiologischen Vorbemerkungen (S. 22) die einschneidende Bedeutung derselben für die *Cachexia thyreopriva* hervorgehoben. Auch aus den neuesten Versuchen von Lanz (Erfahrungen über die Schilddrüsentherapie bei thyreoidektomirten Hunden, Basel 1895) geht der ungünstige Einfluss der Fleischnahrung auf die *Tetania thyreopriva* und der günstige Erfolg der vegetabilischen Kost deutlich hervor, und was hier das Experiment mit seinen *ad maximum* gesteigerten Erscheinungen lehrt, hat zweifellos in dem gleichen Masse für das langsamere Abklingen der Erscheinungen am myxödematösen Menschen Geltung. Die Extractivstoffe des Fleisches sind nach den früher angeführten Versuchen von Breisacher in besonders hohem Masse für den thyreopriven Zustand schädlich. Auch die operirten Hunde von Lanz bekamen, obgleich sie unter Zufuhr von Thyreoideapräparaten standen, tetanische Anfälle bei reiner Fleischkost und verloren dieselben, wenn sie mit Milch gefüttert wurden. Das weist darauf hin, die Myxödemkranken auch während einer Schilddrüsencur auf möglichste Milch- und Pflanzen-

kost zu setzen. Und in der That sind die besten Erfolge bei einer Diät
erzielt worden, die ihren Nachdruck auf die vegetabilische und Milchkost
legte, ja es scheint, dass in leichten oder besonders gearteten Fällen schon
allein die Aenderung der Diät in dem genannten Sinne Besserung, selbst
Heilung herbeiführen kann, wofür wir später noch Belege beibringen
werden. Mehrere Beobachter wollen die Erfahrung gemacht haben, dass
bei kalter Witterung grössere Dosen erforderlich waren (Shattuk, Macphil
und Bruce). Darin stimmen alle Autoren überein, dass man das Mittel,
selbst wenn scheinbare Heilung eingetreten ist, nicht ohne Weiteres aussetzen darf, sondern zunächst, ähnlich wie bei der Salicylsäure-Therapie
des Gelenkrheumatismus, über diesen Zeitpunkt hinaus mit der Medication
fortfahren muss, wenn man nicht sofort einen Rückfall erleben will. Dessen
ungeachtet kommen später fast ausnahmslos leichte Symptome der Krankheit wieder zu Tage, die aber nach Gebrauch einiger Thyreoideagaben
wieder zurückgehen. Dies hatte z. B. in dem oben von mir berichteten
Falle statt.

Um sich gegen eine etwaige suggestive Wirkung zu sichern, haben
Wiechmann und Fenwick im Verlauf der Cur Wassereinspritzungen an
Stelle des Extractes vorgenommen und sofortiges Aufflackern der Symptome
beobachtet. Auch der Umstand, dass man apathischen und blödsinnigen
Cretins die Drüse ohne ihr Wissen mit gutem Erfolg zu essen gegeben
hat, lässt den Gedanken an eine Suggestivwirkung, wenn es überhaupt
einer Zurückweisung desselben bedürfte, als unhaltbar erscheinen.

Man wird von den Tabletten täglich von einem Bruchtheil bis
zu 4—7 und mehr Stück geben können, die Injectionen mit Glycerin-
extract zu 10—20 Tropfen und mehr, je nach der erfolgten Reaction ein-
bis zwei- und dreimal in einer Woche, machen und sich ebenso mit den
anderen Präparaten und der Verabfolgung der rohen Drüse verhalten, von
der von $\frac{1}{8}$—$\frac{1}{4}$—1 und selbst 2 Drüsen per Tag in verschiedener Form,
auf Brot, in Reis, mit Milch und Aehnlichem, gegeben ist.

Mit der Zeit tritt, wenn sich kein Thyreoidismus, d. h. die mit der
Darreichung der Thyreoideapräparate gelegentlich verbundenen Nebenerscheinungen (s. unten), einstellt, eine gewisse Anpassung ein, die eine
allmälige Steigerung der Dosis nöthig macht. Der Massstab hiefür, wie
überhaupt für die Bemessung der Dosis ist in der Reaction des Organismus,
sowohl beziehentlich des Zurückgehens der Erscheinungen als des Auftretens des Thyreoidismus, gegeben. In der Regel tritt aber eine solche
Gewöhnung an das Mittel nur für die erste continuirliche Periode der
Behandlung ein, denn im weiteren Verlaufe, d. h. zu der Zeit, wo nur
hin und wieder Tabletten etc. genommen werden, um etwa auftauchende
Erscheinungen im Keime zu ersticken, lassen die freien Intervalle eine Abschwächung nicht aufkommen. Meine erste Patientin hat jetzt zwei Jahre

seit ihrer ersten Cur hinter sich, und doch hat jedesmal, wenn wieder
leichte Schwellungen oder andere myxödematöse Erscheinungen mildester
Art auftreten, dieselbe Dosis, d. h. $\frac{1}{2}$—1 Tablette, prompten Erfolg. Umgekehrt musste Lanz an einem thyreoidektomirten Hunde innerhalb eines
halben Jahres die ursprüngliche Schilddrüsenmenge ungefähr auf das Acht-
fache steigern, um die Ausfallserscheinungen zu decken.

Vermehren hat 30 Fälle, von denen einige mit frischer Drüse,
andere mit Präparaten behandelt wurden, derart aus der Literatur zusammengestellt, dass die verschiedensten Dosen, von $\frac{1}{100}$ Drüse bis zu
2 Drüsen pro Tag, in ihnen repräsentirt sind. Daraus ergibt sich, dass
sowohl die eigentliche Heilwirkung der Thyreoidea wie der Thyreoidismus
mit der Stärke der Dose im Allgemeinen schneller und stärker werden.
Indessen scheint diese Steigerung eine gewisse Grenze nach oben zu
haben, über welche hinaus keine weitere Wirkung mehr statt hat. So
traten z. B. in drei von Howitz mitgetheilten Beobachtungen, Frauen
im Alter von 44—47 Jahren betreffend, mit 7- bis 10jähriger Dauer
des Myxödems, die ersten Erscheinungen der Besserung jedesmal am
fünften, respective sechsten Tage auf, obgleich die eine Kranke nur 1 *gr*
Drüsensubstanz, die andere 3—4—10 *gr*, die dritte gar zwei ganze Drüsen
täglich erhalten hatte. Von allen drei Kranken wurden etwa die gleichen
Nebenerscheinungen, Anorexie, Gliederschmerzen, Oppressionsgefühle,
Dyspnoe, Herzklopfen und stenocardische Anfälle gemeldet. Vermehren
nimmt deshalb eine bestimmte, aber individuell wechselnde Maximaldose
an, welche dann erreicht ist, wenn, nach seiner gleich zu besprechenden
Anschauung, die „normale Toxicität" des Organismus neutralisirt ist. Was
darüber hinaus gegeben wird, hat überhaupt keine Wirkung und wäre
als „Luxusgabe" anzusehen.

Gibt man die Schilddrüse in Substanz oder in Extract an gesunde
Menschen oder Thiere, so ist häufig überhaupt keine auffallende Erscheinung zu constatiren; doch scheint hier Vieles — wie bereits in den
physiologischen Vorbemerkungen ausgeführt — von der Art der Verabfolgung, der Grösse der Dose, der Dauer der Behandlung abzuhängen.
Johnston und Maude beobachteten bei Versuchen an sich selbst Herzklopfen, Zittern und Schwäche sowie Hinterkopfschmerz, d. h. wesentlich
nervöse Erscheinungen. Buschan nahm in einem Selbstversuch in kurzer
Zeit 250 Tabletten zu sich und hatte ausser einem mässigen Gewichtsverlust
keine Störungen, besonders keine Steigerung des Pulses oder der Temperatur
zu vermerken. Wir finden also im Ganzen ein sehr wechselndes Verhalten.
und dasselbe gilt auch vom Stoffwechsel nach der Schilddrüsenfütterung.
Vermehren fand bei drei älteren Individuen von 52 und 60 und 62 Jahren,
die an Alkoholismus und Emphysem litten, einen vermehrten Umsatz der
stickstoffhaltigen Bestandtheile im Harn mit gesteigerter Diurese. Subjective

Beschwerden oder sonstige alarmirende Symptome traten nicht ein. Bei drei im jugendlichen Alter stehenden Personen konnte er dagegen keine Veränderung der N-Ausscheidung und nur eine leichte Steigerung der Diurese beobachten. Dasselbe Resultat erhielt Scholz in einem exact durchgeführten Versuch, der sich freilich nur auf die viertägige Darreichung von je 5 Tabletten an einem gesunden 30jährigen Mann beschränkte. Eine Mehrausscheidung von Stickstoff, die nur auf einen Verlust von Körpereiweiss bezogen werden konnte, wird von Wendelstadt und Bleibtreu, sowie von Nielsen nach Selbstversuchen berichtet, wobei der Erstere allerdings, nachdem er wochenlang bis zu 18 Tabletten am Tage genommen hatte, einen Gewichtsverlust von 8 kg erfuhr.

Dennig hat bei drei, respective vier Individuen unter Beachtung der nothwendigen Cautelen Stoffwechselversuche angestellt, welche eine Steigerung der Stickstoffabgabe bis auf 15 und 16 Percent erwiesen, indessen bei den verschiedenen Individuen sehr verschiedene absolute Werthe ergaben und selbst bei ein und derselben Person grosse Schwankungen zeigten. Es müssen also, allen diesen Ergebnissen zufolge, individuelle Unterschiede im Körperhaushalt bestehen, derart. dass der Stoffwechsel des Einen bei der Schilddrüsenfütterung sehr bedeutend beeinflusst wird, während ein Anderer das Mittel unbeschadet in grösseren Dosen zu sich nehmen kann. Welcher Art aber diese individuellen Unterschiede sind. d. h. welche Ursache ihnen zu Grunde liegt, bleibt vorläufig noch vollkommen dunkel. Auch scheint es mir aus diesen Gründen, dass Vermehren darin zu weit geht, wenn er die von ihm gefundene Steigerung der N-Ausscheidung bei Greisen einerseits und bei Myxödemkranken andererseits auf einen Boden stellen will und zur Stütze seiner früher besprochenen Ansicht, dass das Myxödem eine prämature Senilität sei (s. oben S. 164). heranzieht. Dazu sind die Ergebnisse, wie gesagt, zu inconstant und die thatsächlichen Befunde an Zahl zu gering.

Im Wesentlichen darf man die Erfolge der Thyreoideabehandlung auf einen Umschwung in den Stoffwechselverhältnissen, und zwar eine Steigerung des Gesammtstoffwechsels der betreffenden Individuen zurückführen, welche zunächst mit den gewöhnlichen Ursachen, als da sind: Muskelarbeit, gesteigerte Zufuhr, Dyspnoe, Anregung der Drüsenthätigkeit durch specifische Drüsengifte, nichts zu thun hat. Es ist nicht zu verwundern, dass sich dieser Umschwung unter einer Reihe subjectiver und objectiver Erscheinungen vollzieht, die in ihren milderen Formen noch als innerhalb der normalen Reaction stehend angesehen werden können, in ihrer Steigerung aber einen bedrohlichen Charakter annehmen und so ausgeprägt sind, dass sie als **Thyreoidismus** bezeichnet werden.

Zunächst die Erscheinungen am Puls. Derselbe wird frequenter. stärker gespannt, bis zu 110 und 120 Schlägen; bei fortgesetztem Gebrauch steigert sich die Pulszahl mehr und mehr, es treten unter fieberhaften Temperaturbewegungen Herzpalpitationen auf, die zu schleunigem Aussetzen des Mittels veranlassen müssen. So sind denn auch mehrfach üble Erfahrungen bei Kranken mit Herzklappenfehlern oder *Myocarditis chronica* berichtet, und stenocardische Anfälle während dieser Zeit werden wiederholt erwähnt (Murray, Hearne und J. Thomson).

In Laienkreisen ist man jetzt auf Grund der Veröffentlichungen über die Wirkung des Thyroidin gegen Struma und Obesitas sehr geneigt, die Tabletten mit oder ohne ärztliche Anweisung zu gebrauchen und eventuell in zu hohen und zu lange fortgesetzten Dosen zu nehmen. Die Folgen machen sich dann gemeiniglich zunächst am Gefässapparat in Form von Herzklopfen, Schwächegefühl, selbst Ohnmachtsanwandlungen und von nervösen Symptomen (Zittern, Schlaflosigkeit u. s. f.) bemerkbar. So suchte mich erst vor Kurzem eine junge, etwas fettleibige Dame aus Russland auf, der von Bekannten, angeblich auf Grund meiner Veröffentlichung (Berliner klin. Wochenschr., 1895, Nr. 2), angerathen war, Thyreoidea-Tabletten zu gebrauchen. Die Dame hatte allerdings erheblich an Gewicht abgenommen, aber einen Zustand eingetauscht, der sie glauben machte, einen Herzfehler zu haben. Es war in der That noch am Tage der Untersuchung, circa acht Tage nach dem Aussetzen der Tabletten, von denen sie mehrere Wochen 4—5 *pro die* genommen hatte, ein intermittirender und wechselnder Puls vorhanden, der Herzapparat aber völlig intact. Der Zustand bildete sich dann alsbald völlig zurück. Indessen darf nicht vergessen werden, dass mehrere Fälle bekannt sind, in denen der Tod an Herzsynkope — allerdings bei Personen mit nachweislich degenerirtem Herzmuskel — während der Thyroidinbehandlung erfolgte (Murray, Thomson), Vorsicht in dem Gebrauche der Tabletten also durchaus anzurathen ist.

In Uebereinstimmung mit der gesteigerten Herzaction dürfte die gesteigerte Diurese stehen, obgleich es von vornherein noch nicht ausgemacht ist, ob dieselbe cardialen oder renalen Ursprunges ist. Dass die erstere Annahme mehr für sich hat, scheint aus dem Umstande hervorzugehen, dass Dennig bei seinen oben citirten Versuchen bei gesunden Personen in denjenigen Fällen keine Steigerung der Harnmenge beobachtete, in denen keine Steigerung der Pulsfrequenz auftrat, während in dem Falle, in welchem sich die Herzaction von 72 auf 88, ja auf 136 Schläge erhob, eine vermehrte Diurese eintrat, die allerdings bald aufhörte, während die erhöhte Pulsfrequenz bestehen blieb.

Im Urin ist von Verschiedenen eine Vermehrung der Stickstoffausscheidung gefunden worden (Napier, Ord und White, Mendel, Vermehren; siehe auch die Versuche von Roos, S. 23), und diese Ermittlung ist, obgleich die Versuche, mit Ausnahme der von Vermehren,

nicht nach dem strengen Schema der Stoffwechselversuche ausgeführt sind,
a fortiori beweisend, da ausdrücklich das Gleichbleiben der Diät versichert
wird. Aber auch hier scheinen Schwankungen vorzukommen und die gesteigerten Werthe der Stickstoffausfuhr wesentlich davon abzuhängen, ob
gleichzeitig ein Verlust an Körpergewicht stattfindet oder nicht. Auftreten
von Eiweiss ist mehrfach beobachtet, so von Laache, Schotten und
Schmidt (citirt bei Reinhold), welch' Letzterer einen typischen urämi-
schen Anfall erlebte. In den oben (S. 114) von mir erwähnten 19 Fällen
meiner Beobachtung ist dreimal vorübergehende Albuminurie, und zwar
bei 4, bei 5 und 7 Tabloids *pro die*, notirt. Indessen ging die immer
nur geringe Eiweissausscheidung schnell, trotzdem die Tabletten nicht ausgesetzt wurden, vorüber, Cylinder wurden niemals gefunden, und handelt
es sich augenscheinlich nur um eine vorübergehende Reizerscheinung.
Von Anderen sind aber auch Cylinder im Harn gesehen worden. Zucker
ist bis jetzt zweimal bei Kranken (über den Befund bei Thieren s. oben
S. 22) beobachtet, einmal von Dale James bei einem 45jährigen Arzt
mit Psoriasis, welcher längere Zeit 1—4 Tabletten täglich genommen hatte.
Er bekam Depressionen, Herzklopfen, einen Puls von 132, verminderte Harnmenge mit Zucker und hohem specifischem Gewicht. Nachdem die Cur ausgesetzt war, war der Zucker nach neun Tagen verschwunden. Der zweite
Fall ist von mir veröffentlicht. Hier kam es zunächst zu einer intermittirenden
Zuckerausscheidung, d. h. der Zucker verschwand, sobald die Tabletten ausgesetzt wurden, und kam wieder mit erneutem Gebrauch derselben. Dabei
wurden zeitweise bis 5 Percent Zucker ausgeschieden. Später blieb die
Zuckerausscheidung dauernd, trotz antidiabetischer Diät, bestehen, war
aber in ihrer Menge erheblichen Schwankungen, von 1—7 Percent (!),
unterworfen. Es handelte sich hierbei um reine Dextrose, weder Pentosen
noch Acetessigsäure oder Aceton waren vorhanden. Das Allgemeinbefinden
der Patientin, die von dem Myxödem vollständig geheilt war, wurde durch
den Diabetes nicht gestört, und nur nach einer grösseren körperlichen und
geistigen Anstrengung, z. B. einer grösseren Reise, fühlte sie sich etwas
angegriffen und meinte, „sich Derartiges noch nicht zumuthen zu dürfen".
Sie war vorher aber hochgradig myxödematös-kachektisch gewesen. Endlich
hat Dennig an sich selbst nach Einnahme von 93 Tabloids eine Melliturie
beobachtet, die dadurch ausgezeichnet war, dass der Urin alle Zucker-
reactionen gab, aber die Ebene des polarisirten Lichtes nicht drehte.
Nach einer Schmelzpunktbestimmung der mit Phenylhydrazin dargestellten
Krystalle (194 bis 195° C.) glaubte Dennig, dass es sich um Galaktose
gehandelt habe und gleichzeitig ein linksdrehender Körper im Harn vorhanden gewesen sei, der die derselben zugehörige Rechtsdrehung aufgehoben habe. In den zahlreichen Fällen, die ich bisher bei mehr weniger
langem Gebrauche der Thyreoidea-Tabletten untersucht habe, hat sich in

keinem Falle wieder eine Zuckerreaction gezeigt. Offenbar ist also diese Eventualität als eine recht seltene anzusehen.

Mackenzie machte zuerst auf die gelegentlich eintretende Erhöhung der Respirationsfrequenz aufmerksam, welche ohne nachweisbare Alteration der Lunge oder ein in den Respirationswegen gelegenes Hinderniss auf 30—40 Athemzüge in der Minute steigen kann. Auch die Erhöhung der Temperatur und die Abnahme des Körpergewichtes dürfen hier noch einmal erwähnt werden.

Von weiteren Beschwerden sind eigenthümlich ziehende rheumatoide Schmerzen im Kopf, im Stamm und den Gliedern (Crary berichtet über acute Anfälle von Gelenksentzündung), ferner Uebelkeit, Brechreiz, Appetit- und Schlaflosigkeit, starker Durst, Mattigkeit, Herzklopfen, *Angina pectoris*, auch wohl Schwindel, selbst soporöse Zustände bis zur Bewusstlosigkeit zu nennen. Gelegentlich ist auch Hautjucken, Urticaria, Erythem und Ekzem, ferner Speichelfluss (Elam, Murray) gesehen.

Alle diese Erscheinungen fallen, wie schon gesagt, zum Theil noch in den Bereich der therapeutischen Wirkung, zum Theil aber müssen sie als Intoxicationssymptome aufgefasst werden. Sie schwinden in der Regel sofort nach dem Aussetzen des Mittels, und wir haben schon oben bemerkt, dass sie sich in dem Masse seltener zeigen, als man mit der Dosirung und Bereitung des Präparates vorsichtiger geworden ist und, sobald sich alarmirende Symptome zeigen, sofort mit demselben aussetzt. Besondere Vorsicht ist aber jedenfalls bei Herz-, Nieren- und Leberkranken geboten.

Es fragt sich, worauf die Erscheinungen des Thyreoidismus beruhen? Sind es, wie Leichtenstern zuerst aussprach, Folgen der Einwirkung der Schilddrüsenfütterung auf den Stoffwechsel, etwa besondere Toxine oder Leukomaine, welche als unliebsame Zugabe auftreten und als Herz- und Nervengifte wirken? Oder sind es Verunreinigungen, die den Präparaten selbst anhaften und auf Zersetzungsvorgänge in den verarbeiteten Drüsen zurückzuführen sind, also durch Verabfolgung ganz frischer Drüsen oder Extracte, die unter Wahrung aller antiseptischen Cautelen angefertigt sind, vermieden werden könnten? Auf Grund controlirender Thierversuche, welche mit frischem Drüsenextract (Haaf) und mit den Präparaten von Borrough, Wellcome & Co. und solchen von Merck ausgeführt wurden, spricht sich Lanz, allerdings mit einer erheblichen Einschränkung, in letzterem Sinne aus. Die frische Drüse riecht nicht schlecht und hat zunächst keinen widerwärtigen Geschmack; erst bei längerer Darreichung pflegt sie den Patienten widerlich zu werden. Wir haben oben erwähnt, dass die englischen Tabletten wie stark gesalzenes Fleischmehl schmecken, während Andere angeben, dass ihr Ge-

schmack unangenehm bitter sei. Es müssen also offenbar Differenzen
hierin vorkommen. Lanz konnte in den englischen Tabletten Bacillen
nachweisen, die den Typus der Bacillen des malignen Oedems zeigen.
Ihre Giftwirkung war Mäusen und Kaninchen gegenüber viel grösser, als
die der frischen Drüse oder des frischen Extractes. So konnten Mäuse
von frischer Drüse bis zu 50 *gr* vertragen, während schon Gaben unterhalb
1 *gr* des englischen Präparates den Tod der Thiere zur Folge hatten.
Trotzdem trat ersteren Falles schliesslich auch eine Intoxication ein und
demgemäss muss nach Lanz der Thyreoidismus in zwei Componenten
zerlegt werden, eine für die Thyreoidea specifische Giftwirkung und
eine durch die eventuelle Verarbeitung zersetzten Materials bedingte
Schädigung. Erstere, für welche Lanz die Bezeichnung „Hyperthyreosis"
einführt, ist je nach der Provenienz des Drüsenmateriales und je nach der
specifischen, bei verschiedenen Individuen verschieden stark auftretenden
Empfänglichkeit bald mehr, bald weniger stark, bald gar nicht ausgesprochen.

Wenn dem so ist — es ist dies aber noch keineswegs ausgemacht,
vielmehr lassen sich auch andere Ursachen für die Verschiedenheit der
Wirkung der betreffenden Präparate denken, z. B. die Zerstörung eines
in der frischen Drüse enthaltenen Antitoxins durch die Herstellung der
Tabletten, eine Peptonisirung des Eiweisses, auf welche eventuell der bittere
Geschmack zu beziehen ist, und Aehnliches — so ist doch zu betonen,
dass die überwiegende Mehrzahl der Patienten keine oder nur Spuren von
Thyreoidismus bei vorsichtiger und trotzdem der Heilwirkung keinen Ein-
trag thuender Behandlung zeigt, mithin die oben angezogene zweite
Componente, die Schädigung durch zersetztes Material, keine erhebliche
oder überhaupt ins Gewicht fallende sein kann.

Vermehren spricht sich in seinem „Studier over Myxoedemet"
(Kjobenhavn 1895) dahin aus, dass zwischen den Heil- und Nebenwirkungen des Thyroidins keine Unterschiede in dem Sinne bestehen,
dass man den Thyreoidismus als die Wirkung eines besonderen, von der
Drüse gebildeten Giftstoffes, als eine besondere Componente, die neben
und getrennt von der eigentlichen Heilwirkung ihre Existenz führe, anzusehen habe. Vielmehr findet sich bei diesem Autor folgende — wie ich
bekennen muss — ebenso geistreiche wie beachtenswerthe Theorie ausgesprochen:

Thatsache ist, dass der Stoffwechsel bei Myxödemkranken und bei
einer Anzahl gesunder Individuen (darunter besonders ältere, senile Personen) eine erhebliche Steigerung nach Thyroidin erfährt. Beidemale
stellen sich bei wechselnden Dosen und durchaus nicht regelmässig, bei
dem Einen früher, bei dem Anderen später, bei einem Dritten überhaupt
nicht, die Symptome des Thyreoidismus ein. Auch der *Morbus Basedowii*

kann als ein Zustand chronischen Thyreoidismus angesehen werden, bei dem nach den Untersuchungen von F. Müller und Lustig eine Steigerung der *N*-Zersetzung, nach den Respirationsversuchen von Lewy eine Steigerung des Oxydationsprocesses des Körpers angenommen werden kann (obgleich neueste Versuche von Scholz auch hier wieder ein inconstantes Verhalten zu beweisen scheinen. — *E.*).

Der Schlüssel zur Lösung der Frage, warum bei diesen scheinbar und thatsächlich so differenten Typen trotzdem die Symptome des Thyreoidismus auftreten, wäre in folgender Betrachtung zu finden:

Bei Ausfall des normalen Thyreoideasecretes bilden sich offenbar gewisse Toxine, die den Stoffwechsel herabdrücken und die An- und Neubildung der Gewebe in anormaler Weise verlaufen lassen. Aber dieselben sind keine absolut neuen, erst bei dieser Gelegenheit in den Körper gelangten, beziehungsweise gebildeten Producte, vielmehr existiren dieselben auch bei normalem Ablauf des Stoffwechsels, wenn auch in viel geringerer Menge. Sie haben die Eigenschaft, den Stoffwechsel zu beeinflussen, etwa wie der Vagus die Herzthätigkeit regulirt, und ihr Ausfall lässt eine Hyperactivität des Stoffwechsels entstehen, ebenso wie nach Lähmung des Vagus eine Hyperaction des Herzens eintritt. Man würde also, wenn ich Herrn Vermehren recht verstehe, die Wirkung dieser Toxine mit einer Feder vergleichen können, die auf einem sich drehenden Rade schleift und dasselbe, je stärker sie angezogen wird, desto langsamer laufen lässt. Ein gewisser Druck auf dasselbe, d. h. eine gewisse mittlere Umlaufsgeschwindigkeit würde dem Zustande des normalen Stoffwechsels entsprechen; zu grosse Anspannung hat einen abnorm verlangsamten, zu grosse Lockerung einen abnorm beschleunigten Umlauf, *id est* Stoffwechsel zur Folge. Die Thyreoidea ist die Kraft, welche die Feder bald mehr, bald weniger anzieht und auf diese Weise den Stoffwechsel regulirt, indem sie die fraglichen Toxine mehr weniger unschädlich macht; das Aussetzen ihrer Functionen hat das krankhafte Anwachsen der Toxine und damit die höchste Verlangsamung der Stoffwechselvorgänge, d. h. die Entstehung des Myxödems und der *Cachexia thyreopriva* zur Folge. Bei normaler Function, also unter gesundhaften Verhältnissen, bleibt eine gewisse Menge „normaler Toxicität", wenn dieser Ausdruck gestattet ist, dem Körper erhalten. Bei der Hyperthyreoidisation wird auch diese Menge zerstört, und es tritt eine abnorme Beschleunigung des Stoffwechsels (*Morbus Basedowii*, Thyreoidismus der gesunden Menschen und Thiere) oder sagen wir lieber der Zersetzungs- und Verbrennungsprocesse ein, mit welcher der Organismus nicht Schritt halten kann. Hierbei dürfte nach Vermehren übrigens nicht nur eine Steigerung der Zersetzungs- und Verbrennungsprocesse und ein gesteigertes Calorienbedürfniss, sondern vielleicht auch eine Verschiebung in dem Verhältniss der einzelnen Componenten zu einander, also z. B. der Harnsäure zum Harnstoff u. dgl. m., von Einfluss sein. Es treten die Erscheinungen des Thyreoidismus auf, d. h. Erscheinungen von Seiten des Herzmuskels und des Nervensystems, die auf eine abnorme Inanspruchnahme durch die geforderten Mehrleistungen und eine Schwächung dieser Organe hindeuten. Es liegt auf der Hand, dass sich dieser Zustand beim Myxödemkranken, mit seinem in vielen Stücken degenerirten Organismus und niedrig eingestellten Stoffwechsel, sehr bald neben der eigentlichen Heilwirkung einstellen wird und dass er beim Gesunden, bei den Fettleibigen, Hautkranken u. A. m. in der Zeit seines Eintretens und in der Art seines Verlaufes individuelle Schwankungen zeigen muss, die davon abhängen, wie weit die Compensationsvorrichtungen des betreffenden Organismus dem Plus von Thyroidin, welches eingeführt wird, gewachsen sind und bei welcher Dosis dieses Mehr, d. h. die Neutralisation der „normalen Toxicität", erreicht ist. Mit letzterem ist das Maximum der schädlichen Thyroidinwirkung eingetreten, und wir haben einen Zustand vor uns, der im *Morbus Basedowii* zum dauernden geworden ist. Daher kann man den Thyreoidismus durch sehr allmäliges Vorgehen in der grossen Mehrzahl der Fälle vermeiden, und wirklich schwere Zufälle treten nur da auf, wo es sich von vorneherein um einen hochgradig degenerirten Herzmuskel, wie z. B. in den letal geendeten Fällen von Murray, handelte.

Wie leicht ersichtlich, beruht diese Theorie Vermehren's auf zwei Voraussetzungen, für die es zunächst noch an einer festen Unterlage fehlt. Einmal die Annahme der Regulation (nicht etwa der Beeinflussung, die unleugbar ist) des Stoffwechsels durch die Thyreoidea, und zweitens die Behauptung, dass der abnorm gesteigerte Stoffwechsel genüge, um auch beim Gesunden die Symptome des Thyreoidismus hervorzurufen. Es ist klar, dass die Dinge so einfach nicht liegen und dass alle die in unserer einleitenden physiologischen Uebersicht zusammengestellten Thatsachen darauf hinweisen, dass für die Function der Thyreoidea eine Summe von Erscheinungen in Betracht kommt, in der die Veränderung des Stoffwechsels nur einen Factor darstellt. Wenn die Dinge sich so verhielten, wie Vermehren annimmt, wozu dann der Umweg der Annahme eines Antitoxins? Warum nicht die Annahme einer directen Regulation des Stoffwechsels durch das Drüsensecret, die schliesslich ebenso viel für oder gegen sich hat wie die andere Anschauung, welche die Drüse indirect durch die Toxine regieren lässt? Man weiss von dem Einen ebenso wenig wie von dem Anderen. Aber man weiss ganz genau, dass man den Stoffwechsel, d. h. die Eiweisszersetzung bei gesunden Individuen durch andere Mittel, wie Schilddrüsenfütterung, hochgradigst steigern kann, ich erinnere an die künstliche Dyspnoe, ohne damit Symptome zu veranlassen, die denen des Thyreoidismus gleichkommen, und dass viele Erscheinungen des letzteren, so z. B. die Anorexie, die Schwächezustände, Schwindel, Rücken- und Lendenschmerzen, Oppressionsgefühle, stenocardische Anfälle u. s. f., weit eher einem in seinen Functionen herabgesetzten, wie gesteigerten Organismus zukommen. Es scheint mir also, dass auch diese Theorie, so glatt sie sich zunächst anhört, noch nicht als eine befriedigende, aus der die Thatsachen ohne Zwang erklärt werden können, anzusehen ist.

Die Thyreoideapräparate werden zur Zeit in ziemlich erheblichen Mengen verbraucht, wozu nicht zum wenigsten ihre Wirkung gegen die Fettsucht (s. unten S. 198) beigetragen hat. Sie können in jeder Apotheke und Droguenhandlung, im sogenannten Handverkauf, ohne Weiteres erhalten werden, und es liegt nahe und ist auch in der That eingetroffen, dass ein directer Missbrauch damit von unkundiger Laienhand getrieben wird. Wir haben schon oben ein Beispiel eigener Erfahrung hiervon mitgetheilt. Eulenburg hat deshalb die Forderung erhoben, dass die Thyroidinpräparate nur auf ärztliche Verschreibung ausgefolgt werden sollten — eine Massregel, der wir vollkommen zustimmen würden. Immerhin kommt dem „wilden" Thyroidingebrauch der Umstand zugute, dass die toxischen Symptome allmälig auftreten und der Betreffende bei Zeiten dadurch gewarnt wird und nicht, wie bei vielen anderen im Handverkauf erhältlichen Substanzen, z. B. bei *Kalium chloricum*, acute schwere Vergiftungen eintreten.

Aehnliche Wirkungen wie bei dem classischen Myxödem der Erwachsenen erzielt die Substitutionstherapie bei den verwandten Zuständen der *Cachexia strumipriva* und dem **myxödematösen Idiotismus**, dem infantilen Myxödem. Wir brauchen nur auf die früheren Auseinandersetzungen hinzuweisen, um dem Leser die Belege dafür an die Hand zu geben. Ein besonders glänzendes Beispiel dieser Art ist von Leichtenstern mitgetheilt worden. Es handelte sich um eine 38jährige Frau, bei welcher vor 12 Jahren die Totalexstirpation einer Struma ausgeführt worden war. Schon innerhalb der ersten Tage nach der Operation traten Anfälle von Bewusstlosigkeit mit Opisthotonus und allgemeinen Convulsionen auf und allmälig entwickelte sich ein ausgesprochenes *Myxoedema operativum*, welches dann unter Gebrauch von Thyreoidea-Extract und Schilddrüse in Substanz zu vollständiger Heilung gebracht wurde. Sonnenburg sah einen gleichen Erfolg in einem Fall, der auch dadurch bemerkenswerth ist, dass sich die Symptome der Kachexie oder des operativen Myxödems sehr schnell nach der Operation einer Struma einstellten — innerhalb der ersten drei Wochen — obgleich „der rechte kleine Lappen" zurückgelassen wurde.

Nicht so glänzend sind die Erfolge bei dem sporadischen Cretinismus. Allerdings werden auch hier, so besonders in der englischen und amerikani-

schen Literatur, sehr bedeutende Besserungen gemeldet. Unter 39 von
Heinsheimer bis zum Jahre 1895 gesammelten Fällen ist 35mal Zurückgehen des Myxödems, vermehrtes Knochenwachsthum, Gewichtszunahme,
zunehmende Behaarung, Erwachen, respective Steigerung der Intelligenz,
Wiedereintritt der Menses notirt, und wird gelegentlich von einem „wonder-

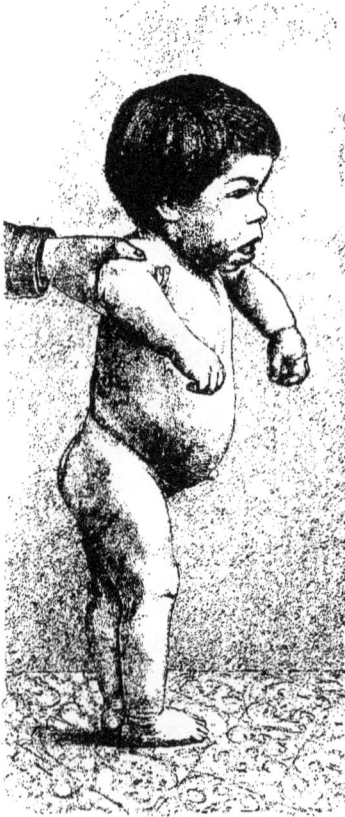 

Fig. 18.   Fig. 19.

ful success" gesprochen, aber über eine wirkliche Heilung können auch
die begeistertsten Vertreter der neuen Behandlung — ich nenne vor Allem
Byrom-Bramwell, Anson, Vermehren — bis jetzt nichts berichten, obgleich die ersten Mittheilungen dieser Art zum Theil zwei, respective
drei Jahre zurückliegen. Es wird eben immer nur von einer grossen
Besserung oder einem erheblichen Erfolg, aber nie von wirklicher Heilung
gesprochen. In dieser Beziehung unterscheidet sich also — und das entspricht ganz meinen früher auseinandergesetzten Anschauungen — der

sporadische Cretinismus wesentlich von dem Myxödem und der *Cachexia strumipriva*. Gewisse Erscheinungen gehen zurück und damit bessert sich auch der Allgemeinzustand, aber der eigentliche Kern der Sache wird nicht getroffen. Es verhält sich damit, wenn dieser Vergleich gestattet ist, wie mit gewissen Begleiterscheinungen der Tabes, die auch bei bestimmten therapeutischen Massnahmen sich erheblich bessern, beziehungsweise zurückgehen können, ohne dass dadurch die Sklerose geheilt würde. Ist es aber zu verwundern, wenn eine so tiefe und so weit in das früheste Kindesalter zurückgreifende Störung auch zu so hochgradiger Degeneration des Organismus führt, dass sich neben einer Reihe von Erscheinungen, welche durch die Ersatztherapie beseitigt werden können, anderweitige Schädigungen ausgebildet haben, welche irreparabler Natur sind?

Dass sich nichtsdestoweniger äusserst auffallende und günstige Erfolge auch hier erzielen lassen, möge man aus den nebenstehenden photographischen Reproductionen ersehen. Fig. 18 und 19 ist einem Aufsatz von Northrup: „Infantile Myxödema",[1]) entnommen und zeigt einen 12jährigen Knaben mit ausgeprägtem Typus sporadischen Cretinismus, welcher sich nach sechswöchentlicher Behandlung mit Crary's Thyroidextract — und zwar per Tag 0·18—0·3 *gr* — dem Ausweis der Photographie nach sehr erheblich gebessert hat. „Er ging überall allein hin und seine aufrechte Haltung, sein etwas wiegender Gang (rocking gait) und sein freundliches Gesicht waren höchst bemerkenswerth. Er sprach selten; er schien sich bewusst, dass er beim Sprechen sehr langsam war." Uebrigens fährt Northrup fort: „Wir gehören nicht zu den Enthusiasten der Cretinenbehandlung, aber wenn es uns auch nur gelingt, etwas Licht in diese Gehirne zu bringen und sie auf die Stufe von zwei oder drei Jahre alten Wesen zu erheben, so ist damit schon viel gewonnen." Scheinbar viel weitergehend sind die von Smith und Railton erzielten Erfolge, welche gleichfalls durch die oben auf Seite 148 und 149 wiedergegebenen Photographien illustrirt werden.

Es wurde ein an ausgeprägtem sporadischem Cretinismus leidendes Geschwisterpaar zunächst mit frischer roher Drüse, später mit Tabloids behandelt. Es sind die Knaben D. B., 10 Jahre alt, und G. B., 14 Jahre, bei welchen die ersten Krankheitssymptome in ihrem zweiten, beziehungsweise ersten Jahre begannen. Abgesehen von dem Gesammtbilde des Cretinismus, ist zu bemerken, dass beide Knaben eine fühlbare, kleine, feste Thyreoidea hatten. Die Substitutionstherapie wurde bei D. B. am 27. März 1893 mit einem Viertellappen frischer Drüse angefangen und bis zum 6. Juli fortgesetzt. Dann heisst es: „D. B. ist wunderbar frisch, spricht gern und beantwortet Fragen. Hat ein kleines Gedicht gelernt. Ist schlank geworden (es heisst sogar im Original ‚very thin'!), mit Ausnahme des Gesichtes, und bekommt zwei untere Schneidezähne."

---

[1]) Transactions of the American pediatric-society, Vol. VI, Washington 1894, pag. 109.

Als aber die Therapie bis zum September ausgesetzt wurde, trat ein Rückfall ein, so dass vom 16. September ab bis Februar 1894 wieder täglich ein Tabloid gegeben wurde, mit dem Erfolg, dass der Vater sagte: „Ich finde, dass mein Sohn sich ausserordentlich (very much) gebessert hat. Er ist frischer, freundlicher und intelligenter wie je zuvor in seinem Leben." Eine vorher bestehende Nabelhernie ist ganz geschwunden, der Patient schwitzt wieder, hat eine Körpertemperatur von durchschnittlich 37 Grad (vor der Behandlung 35 Grad) und zeigt nur noch geringe Zeichen von Cretinismus.

Aehnliches gilt von dem Bruder G. B., welcher von April 1893 bis Juni 1894, allmälig aufsteigend, zuerst bis Mitte Mai rohe Drüse, von da ab Tabloids, und zwar bis zum November 2, von da ab 3, dann 4, dann 5 Tabletten per Tag erhielt. Thyreoidismus trat nicht ein. Die Stickstoffausscheidung stieg beträchtlich an, die Temperatur, welche in den ersten Tagen 39 Grad erreichte, fiel alsbald und hielt sich um 37 Grad. Er war um 4 Zoll in diesem Jahre gewachsen, während er in den vorhergehenden zwei Jahren ³/₄ Zoll gewachsen war; die Haut war nicht mehr geschwollen und trocken und die geistigen Fähigkeiten hatten sich so erheblich gebessert, dass sie etwa dem eines 3jährigen Kindes entsprachen — ein in Anbetracht des jahrelangen Brachliegens aller geistigen Functionen und der damit sicherlich verbundenen materiellen Degeneration immerhin äusserst merkwürdiges Resultat.

Die oben ausgesprochene Einschränkung hindert also nicht, die grossartigen Erfolge der Thyreoideabehandlung, die längst aus dem Stadium des Versuches heraus und ein gesicherter Besitz unseres therapeutischen Rüstzeuges geworden ist, voll und ganz anzuerkennen und diesen Erwerb als eines der bedeutsamsten Ereignisse der letzten Zeit auf pathologischem und therapeutischem Gebiet zu bezeichnen, umsomehr, als es sich nicht um einen blinden Empirismus, sondern um ein zielbewusstes, auf biologische Erkenntniss aufgebautes Vorgehen handelt.

Aber, wird man schliesslich fragen, wie lässt sich mit einer solchen specifischen Wirkung der Schilddrüse gegen das Myxödem der Umstand zusammenreimen, dass zweifellose therapeutische Erfolge auch ohne die Thyreoideamedication erzielt sind? Wir haben schon oben einen Fall von Grainger-Stewart angeführt, in welchem heisse Bäder, Massage, die Anwendung der Elektricität und eine bestimmte, hauptsächlich vegetabilische Diät einen vollen Erfolg erzielten. Aehnliches berichtet Strich. Er verordnete einem 21jährigen myxödematösen Mädchen zunächst eine Kost, welche nur aus Milch, Weizenschrotbrot, Obst, Eiern und jungen Gemüsen bestand, sorgte für reichlichen Luftgenuss, gab nasse Einpackungen mit darauffolgender Ganzmassage und zweimal wöchentlich eine Schwitzpackung mit folgendem Halbbad von 15½ Grad. Ausserdem wurden täglich circa 15 Minuten lang Widerstandsbewegungen vorgenommen. Unter dieser einfachen Behandlung sah er binnen zwei Monaten sämmtliche Erscheinungen des Myxödems spurlos verschwinden. Derartige erfolgreiche Curen sind auch schon früher gelegentlich verzeichnet worden, doch sind sie immer gelegentliche geblieben, constante und durchgreifende Resultate haben sie nicht erzielt. Dass die angegebenen Massnahmen zunächst symptomatisch von Einfluss sein können, ist sehr wohl denkbar und erhellt aus dem, was wir früher über den Einfluss der Diät auf den thyreopriven Zustand gesagt haben. Ein gewisser günstiger Einfluss der Diät auf das Myxödem muss daher ohne Weiteres zugestanden und die diesbezüglichen Angaben können nicht bei Seite geschoben werden; es handelt sich aber unter solchen Umständen um eine symptomatische, nicht um eine causale, den eigentlichen Kern der Erkrankung treffende Therapie.

Es erübrigt noch, wenigstens in einer kurzen Uebersicht diejenigen Erkrankungen anzuführen, bei denen theils auf Grund der Beobachtung der Einwirkung der Thyreoidea auf den menschlichen Organismus, theils aber auch nur auf mehr weniger kühne Speculationen hin eine Thyreoideabehandlung versucht worden ist.

1. Der Umstand, dass die Haut bei der Thyreoideabehandlung der Myxödematösen zuweilen in grossen Fetzen abschilfert und sich zweifellos eine Besserung in der Ernährung der Haut einstellt, gab Veranlassung, die Thyreoidea bei Hautkrankheiten, besonders bei der *Psoriasis vulgaris*, ferner bei Lepra, bei *Ekzema vulgare, Lichen planus, Acne rosacea*, Xeroderma, Ichthyosis, *Adenoma sebaceum, Urticaria chronica*, Prurigo, Erysipel anzuwenden.

Indem wir hier ebensowenig wie bei den weiter aufzuzählenden Krankheitsprocessen in eine genauere Darlegung des bislang Geschehenen und Erreichten eintreten, vielmehr auf die betreffenden Specialcapitel verweisen müssen, wollen wir nur aus eigener Erfahrung berichten, dass in der Poliklinik des Augusta-Hospitals ein 9jähriger Knabe in dieser Weise mit entschiedenem, aber doch nicht vollkommenem Erfolge behandelt ist. Der kleine Patient hat eine alte, seit mehreren Jahren bestehende Psoriasis, die sich besonders am Rumpf, Ober- und Unterarm und den Oberschenkeln in Form grosser confluirender Eruptionen zeigte. Unter der Thyreoidea-behandlung ging die Psoriasis am Stamm und an den Armen, nachdem sie vorher den verschiedensten Behandlungsweisen getrotzt hatte, ganz zurück und es blieb nur eine Pigmentation der Haut übrig, wie dies die zu verschiedenen Zeiten aufgenommenen Photographien erhärten. Es ist allerdings bekannt, dass die Psoriasis gelegentlich die Tendenz zur spontanen Rückbildung hat und dass Acerbationen und Remissionen des Processes vorkommen. In dem eben erwähnten Falle war aber etwas Derartiges in jahrelangem Bestehen nie eingetreten, und so wird man bei aller Skepsis doch nicht umhin können, eine eigenartige Heilwirkung des Mittels zuzugeben. Allerdings ist die folgende Beobachtung geeignet, zu zeigen, dass auf die betreffende Heilwirkung der Thyreoidea nicht immer und unter

allen Umständen zu rechnen ist. Es handelt sich um einen 47jährigen
Mann, der auf der inneren Abtheilung des Augusta-Hospitals seit Wochen
wegen Fettleibigkeit täglich 4, respective 5 Thyreoidea-Tabletten, in Summa
215, bekommen hatte, die sein Körpergewicht von 83·5 auf 80·7 *kg* herab-
gebracht hatten. Am Schlusse seines Aufenthaltes im Hospital brach
auf der Brust des Patienten eine etwa handtellergrosse, unzweifelhafte,
durch brettartige Erhabenheit, Schuppenbildung und Neigung zu capillären
Blutungen charakterisirte Psoriasis aus, die sich also, trotzdem der Körper
„thyreoidisirt" war, entwickeln konnte. Es ist doch zum mindesten auffallend, dass eine Medication, welcher die Fähigkeit zugeschrieben wird,
die ausgeprägte Affection zu heilen, den Ausbruch derselben nicht verhindern kann, wenn sie aus anderen Gründen angewendet worden ist.

2. Der auffallende Gewichtsverlust nach Thyreoideadarreichung führte
dazu, dieselbe gegen Fettsucht anzuwenden. Schon 1893 berichtet
Putnam über Fälle von Obesitas, die Barron, Coggeshall und er selbst
mit gutem Erfolge, d. h. Gewichtsverlusten bis zu 47 engl. Pfund, durch
Thyroidin behandelt hatten. Yorke Davies, Leichtenstern, Ewald u. A.
sahen ähnliche, wenn auch nicht so starke Gewichtsabnahmen. Leichtenstern behandelte 25 Fälle, von denen nur drei keine Einwirkung zeigten,
während die anderen bis zu 20 Pfund in sechs Wochen abnahmen. Meine
Erfahrungen lassen mich eine Durchschnittsabnahme von 8—10 Pfund
in 3—4 Wochen bei nicht excessiv fetten Personen als das Gewöhnliche
annehmen. Bei zehn fettleibigen Personen im Alter von 25—65 Jahren
mit einem Gewicht von 81·5—115 *kg* wurden bei vier- bis fünfwöchent-
licher Darreichung von 1—5 Tabloids *pro die* in dieser Zeit Abnahmen
von 4·5—5·5 *kg* erzielt. Dieselben hielten, ohne dass eine besondere Diät
oder Veränderung der Lebensweise während oder nach der Cur eingehalten
wurde, noch längere Zeit nachher an, und betrug z. B. in einem Fall
(65jährige Frau) das Gewicht zu Anfang 83·5 *kg*, nach vierwöchentlichem
Thyreoideagebrauch 78 *kg*, nach vier Monaten 78·5 *kg*. Das Körpergewicht
meiner Kranken ist übrigens, absolut genommen, nicht allzu hoch, nichtsdestoweniger waren die Individuen stark fettleibig, denn da es sich zumeist
um kleine Frauen mit schwacher Muskulatur handelte, so hatte das Fett
den Hauptantheil an dem überhaupt erreichten Gewichte. Bei Einzelnen
waren die subjectiven Beschwerden der Adipositas gering, bei Anderen
bestand leichte Athemnoth und Herzklopfen, besonders bei Bewegungen.
Diese Beschwerden gingen, wo überhaupt eine deutliche Gewichtsabnahme
eintrat, schon in den ersten Zeiten der Behandlung zurück. Eine ähnliche
Beobachtung hat auch Meltzer gemacht, die ihn die Vermuthung aussprechen lässt, dass das Herz der Ort sei, wo das Fett zu allererst und
schon bei kleinen Dosen zu verschwinden beginne. Indessen sind keineswegs
alle Fettleibigen durch Thyroidin in ihrem Fettbestand zu beeinflussen. Ich

habe auch totale Misserfolge zu verzeichnen, z. B. den Fall einer 40jährigen Dame von 84 kg Gewicht, die zunächst längere Zeit auf anderweitige Empfehlung frische Schilddrüse gegessen, dann circa 80 Stück Tabloids ohne jede Abnahme ihres Fettes verbraucht hatte, wohl aber Erscheinungen von Thyreoidismus bekam, die zweimal zum Aussetzen der Tabloids zwangen. Derartige Erfahrungen habe ich mehrfach gemacht, ohne eine bestimmte Ursache dafür zu finden. Es liegt nahe, zunächst die verschiedenen Typen der Fettleibigkeit daraufhin anzusehen. Bekanntlich gibt es Fettleibige, die sich ihr Fett künstlich anzüchten, die Mastfetten, und solche, die trotz eines möglichst strengen, gegen die Fettleibigkeit gerichteten diätetischen und hygienischen Regime fett werden, respective fett bleiben, die Constitutionsfetten. Letztere bekomme ich hier, besonders bei Damen, fast ausschliesslich in ärztliche Behandlung,[1]) und es muss bei ihnen, da sie trotz einer kohlehydratarmen Nahrung reichlich Fett ansetzen, die Fettbildung, beziehungsweise der Fettverbrauch der Norm gegenüber gestört sein. Sollte man nicht erwarten dürfen, dass in diesen Fällen die Thyreoidea, deren Einfluss auf den Stoffwechsel zweifellos ist, von besonderem Erfolg sei, im Gegensatz zu den anderen, den Mastfetten, die nichts Krankhaftes im Sinne des Stoffwechsels haben?

Indessen habe ich nicht gefunden, dass die eine Kategorie von Fettleibigen vor der anderen hinsichtlich der Thyreoideawirkung besonders bevorzugt wäre, und es ist mir nicht gelungen, bei den von mir untersuchten Fettleibigen eine besondere Anomalie der Schilddrüse abzutasten, was allerdings, wie schon früher erwähnt, durch den fetten Hals besonders erschwert oder unmöglich gemacht wird. Man wird also weitere Erfahrungen in dieser Richtung abwarten müssen; so viel ist aber sicher, dass, wo überhaupt eine Entfettung eintritt, der letzte Grund derselben nur in einer Steigerung der Verbrennungsprocesse im Körper, die, ausreichende Nahrung vorausgesetzt, einzig und allein zu Fettschwund führen, gesucht werden kann.

Die von Magnus-Lewy an einer mässig fettleibigen Person angestellten Respirationsversuche ergaben, dass bei einer 19tägigen Tablettendarreichung (bis zu 5 Tabletten am Tage) die absoluten Sauerstoff- und Kohlensäurewerthe durchwegs eine wenn auch nur geringe Steigerung erfuhren, d. h. dass ein Theil des erzielten Körperverlustes von 3·7 kg auf Fettverbrennung zu beziehen war. Im Zusammenhalt mit dem, was wir früher über die Steigerung des N-Stoffwechsels nach Thyreoideagebrauch kennen gelernt haben, ergibt sich also, dass die Thyreoideazufuhr gegebenen Falls eine Steigerung des Gesammtstoffwechsels zur Folge hat.

---

[1]) C. A. Ewald im „Handbuch der Ernährung" von Munk und Ewald, III. Theil, S. 561.

Dass man bei diesen Curen mit der Thyreoidea vorsichtig sein muss, beweist der schon früher angezogene Fall einer jungen Dame, welche wegen Fettleibigkeit Thyreoidea-Tabletten gebraucht hatte, in kurzer Zeit $2\frac{1}{2}$ kg abgenommen, aber nun so starke Herzpalpitationen bekommen hatte, dass sie mich wegen eines befürchteten Herzleidens consultirte. Derartige Erfahrungen sind in letzter Zeit wiederholt gemacht worden.

3. Der Umstand, dass Myxödem und Tuberculose häufig miteinander bei demselben Individuum beobachtet sind (Mackenzie fand unter 71 Myxödemkranken 20 Tuberculöse), respective dass viele Myxödemkranke an Tuberculose starben, ehe die Thyreoideabehandlung bekannt war, hat zur Anwendung der Thyreoidea in den Initialstadien der Tuberculose und — auf Grund der Beziehungen zwischen Lupus und Tuberculose — auch zu Versuchen bei Lupus geführt (Byrom-Bramwell, Morin u. A.), die aber noch viel zu gering an Zahl sind, als dass sich ein Urtheil über Werth oder Unwerth der Behandlung daraus bilden liesse. Die wenigen Fälle, über welche der erstgenannte Autor unter Beigabe von Photographien der behandelten Personen Mittheilung macht, lassen allerdings ein Rückgehen der lupösen Affection erkennen.

4. Noch schlechter steht es um die Behandlung der Rhachitis mit Thyroidin, welche daraufhin versucht ist, dass das infantile Myxödem eine gewisse Verwandtschaft mit der Rhachitis zu haben scheint, die aber, wie wir gesehen haben, nur in Aeusserlichkeiten besteht und nicht in dem Wesen der Sache begründet ist. Hier wird, wie vorauszusehen war, über einen völligen Misserfolg der Schilddrüsentherapie berichtet (Knöpfelmacher).

5. Die Akromegalie ist auf Grund der Beziehungen zwischen Hypophysis und Schilddrüse (siehe die physiologischen Vorbemerkungen) der Thyreoideabehandlung unterworfen.

6. Endlich hat man auch bei dem *Morbus Basedowii*, der *Struma exophthalmica*, Thyreoideapräparate gegeben. Das sieht zunächst paradox aus, denn ein Theil der Erscheinungen der genannten Krankheit hat bekanntlich die grösste Aehnlichkeit, ja deckt sich geradezu mit den Erscheinungen des Thyreoidismus. Man sollte also meinen, dass, wenn man anders nicht auf homöopathischen Bahnen wandeln will, die Thyreoideapräparate nur Oel ins Feuer giessen würden. Bei dem Thyreoidismus wie bei dem Basedow besteht Tachycardie, Unregelmässigkeit des Pulses, Temperaturerhöhung, Schlaflosigkeit, Unruhe, beschleunigte Athmung, vorübergehendes Zittern in den Armen (Béclère) u. s. f. Hat man doch den *Morbus Basedowii* geradezu als Dysthyreoidismus bezeichnet. Die Symptome des Thyreoidismus sind — das kann nicht geleugnet werden — die Folge der Schilddrüsenfütterung, wie kann man sie beim Basedow mit Schilddrüsenpräparaten zu bekämpfen versuchen? Einen Ausweg aus diesem Dilemma hat man in der Annahme finden wollen, dass die Drüse ein

krankhaftes Secret oder ungenügende Mengen eines normalen Secretes absondert, oder auch umgekehrt eine „progressiv gesteigerte Secretionsthätigkeit, verbunden mit einer noch unbekannten qualitativen Veränderung (erhöhten Toxicität) des Secretes" (Eulenburg) besteht. Doch haben die Structurverhältnisse der bei *Morbus Basedowii* exstirpirten Schilddrüsen keine genügende Unterlage dafür gegeben, wenn auch, nach den Angaben von Rénaut (Bertoys) Veränderungen interstitieller, hyperplastischer und chronischer entzündlicher Natur vorkommen sollen, die Eulenburg im Sinne seiner eben genannten Anschauung verwerthet. Indessen haben die meisten Autoren — wir nennen von Deutschen v. Recklinghausen, Virchow, Hensinger, Eger, Fr. Müller — nur eine einfache Hyperplasie gefunden, die in den Beobachtungen von Müller jedenfalls nicht durch Anhäufung von Colloid bedingt, also nicht von gesteigerter Secretionsthätigkeit begleitet war. Es steht hier eben noch Hypothese gegen Hypothese, und es kann wenig ausmachen, auf die Begründung, respective den Werth derselben an dieser Stelle einzugehen. Eine genaue Darlegung dieser Verhältnisse wird vielmehr bei Abhandlung der genannten Krankheit gegeben werden müssen. Thatsache ist, dass die bisherigen Beobachter, zu denen ich selbst zähle, wenig Günstiges über die Erfolge der Schilddrüsentherapie beim *Morbus Basedowii* zu berichten wissen.

7. Der Ideengang, welcher dazu führte, die Thyreoideabehandlung schliesslich auch bei Tetanie, Epilepsie und Geisteskrankheiten anzuwenden, liegt auf der Hand. Das, was darüber bis jetzt gemeldet wird, ist spärlich und lässt ein sicheres Urtheil nicht zu (Gottstein, Reinhold u. A.).

Alles in Allem genommen, sind die Ergebnisse der Thyreoideabehandlung, soweit sie die letztgenannten Krankheiten betreffen, zum mindesten wechselvoller Natur, und es fehlt uns zur Zeit noch durchaus an bestimmten Kriterien, um im Einzelfalle vorauszusagen oder auch nur zu vermuthen, welchen Erfolg die angewandte Therapie haben wird.

Schlusswort.

Wenn wir das Facit aus alledem ziehen, was wir in den vorstehenden Blättern über die Function der Thyreoidea im normalen und kranken Organismus beigebracht haben, müssen wir uns sagen, dass, so sehr wir den Zuwachs unserer Kenntnisse in den letzten Jahren anerkennen dürfen, eine klare Einsicht in die Function der Thyreoidea und die zum Theil so räthselhaften Erfolge der Thyreoideabehandlung noch nicht gewonnen ist. Aber so weit reichen unsere heutigen Erfahrungen doch, dass wir uns für berechtigt halten müssen, ja geradezu die Verpflichtung vorliegt, zunächst auf dem Wege der Empirie weiterzuschreiten. Erst wenn eine grössere

Summe von Beobachtungen vorliegt, wird sich die Spreu von dem Weizen
scheiden lassen und wird sich zeigen, was auf Rechnung von vorschnellem
Enthusiasmus zu setzen und was als gesicherter Erwerb anzusehen ist.

Man kann sich nicht verhehlen und empfindet es bei Durch-
arbeitung des vorliegenden Materials in empfindlicher Weise, wie dunkel
das Gebiet noch ist, auf dem wir uns in diesen Fragen bewegen. Es
handelt sich um Dinge, die mehr oder weniger alle noch im Fluss begriffen sind. Es konnte nur meine Aufgabe sein, dieselben im gegenwärtigen Augenblick zu fixiren und mit möglichster Objectivität an sie
heranzutreten. Ich bin sicher, dass Erweiterungen und Beschränkungen
des hier behandelten, trotz oder vielleicht wegen seiner Lücken jedenfalls
hochinteressanten Capitels der Pathologie nicht ausbleiben werden.[1])

Berlin, 1. December 1895.

---

[1]) Obiger Ausspruch hat sich schnellstens bestätigt. Soeben veröffentlicht Baumann
(Zeitschr. für Physiologie, Bd. XXI, S. 319, vom 28. December 1895) die höchst inter-
essante Thatsache, dass in der thierischen und menschlichen Schilddrüse nicht unbeträchtliche Mengen — circa 0·2—0·5 Percent des Gewichtes der frischen Drüse — einer
organischen Jodverbindung enthalten sind, welcher er den Namen Thyrojodin beigelegt hat. Nach Versuchen von Roos ist dasselbe annähernd ebenso wirksam, als die
entsprechende Menge der frischen Schilddrüse. Der Jodgehalt des Thyreojodins ist ein
sehr hoher, indem bis zu 9·3 Percent Jod darin gefunden wurden. Mit der Methode
von Baumann habe ich selbst aus 100 Tabloids von Borrough, Wellcome & Co.
eine starke Jodreaction erhalten, und ist die Thatsache des Jodgehaltes der Drüsen
als vollkommen sicher anzusehen. Baumann weist darauf hin, dass im Lichte dieses
Befundes manche Erscheinungen in der Pathologie und Therapie der Thyroidea, so
besonders die meist schnelle Wirkung der Schilddrüsenpräparate im Gegensatz zu der
allmäligen Einwirkung der Jodbehandlung, verständlich erscheinen. Denn wenn, wie
man annehmen muss, die Schilddrüse die merkwürdige Eigenschaft besitzt, die minimalen
Jodmengen, welche dem Organismus unter gewöhnlichen Verhältnissen zugeführt werden,
in einer besonderen Verbindung in sich aufzuspeichern, so dürfte auch das therapeutisch
gegebene Jod erst einer derartigen Umbildung im Körper unterliegen und damit seine
verzögerte Wirkung gegenüber der directen Schilddrüsenfütterung zu erklären sein.
Wie weit andererseits die fernere Untersuchung, die sich an den Nachweis des Thyro-
jodins anknüpfen muss, auf Theorie und Therapie der Schilddrüsenkrankheiten von
Einfluss sein wird, lässt sich in diesem Augenblick noch nicht sagen. Zunächst werden
unsere im Text dargelegten Ansichten dadurch nicht berührt. (Nachschrift bei der
Correctur vom 8. Januar 1896. — E.)

Literaturverzeichniss.

Im Folgenden ist wesentlich nur die neuere Literatur berücksichtigt, während man die älteren Schriftsteller, besonders auch die statistischen Veröffentlichungen, soweit sie hier nicht angegeben sind, in den Werken von St. Lager, Friedreich, Virchow, Hirsch finden wird. Die Citate über Anatomie und Physiologie der Schilddrüse beschränken sich mit wenigen Ausnahmen auf die im Text genannten Autoren, wohingegen die Literatur der Schilddrüsenerkrankungen und der Schilddrüsentherapie so ausführlich wie möglich zusammengetragen wurde. Daher enthält das Literaturverzeichniss viele Namen, respective Veröffentlichungen, auf die im Text nicht zurückgegriffen ist, theils weil sie nichts bemerkenswerthes Neues enthalten, theils weil eine zu grosse Häufung von Namen den Gang der Darstellung ungebührlich verschleppt hätte. Doch schien es wünschenswerth, an dieser Stelle eine leicht zugängliche Quellenangabe für das in den letzten Jahrzehnten auf unserem Gebiet (mit Ausnahme des *Morbus Basedowii*) Geleistete zu geben.

Die specifisch chirurgische Literatur, soweit sie Operationsmethoden etc. betrifft, ist nicht berücksichtigt.

Die Autorennamen sind in sich alphabetisch geordnet.

Abbott C. E., A case of myxoedema. British med. Journal, June, 26., 1886.

Abelous und **Langlois**, La semaine médicale, 1893, No. 3.

Abercrombie, A case of myxoedema in a young subject. Transact. clinic. soc., 1890, Vol. 23, pag. 240.

Abraham P. S., The thyroid treatment in skin diseases. British med. Journal, December, 15., 1894.

Abrahams R., Myxoedema treated with thyroid-extract. Report and presentation of case. New-York med. Record, April, 6., 1895.

Ackermann, Ueber die Cretinen, eine besondere Menschenart in den Alpen, Gotha 1790.

Adam R. L. M., Exophthalmic goitre as a sequel of influenza: strophantus as a remedy and the effects of overdoses of thyroid-extract. New-York med. Journal, February, 10., 1894.

Adam Ph., Ueber das enzootische Vorkommen des Kropfes bei Pferden in Augsburg, 1875.

Adelmann, Ueber den parenchymatösen Kropf. Wochenschr. für die gesammte Heilkunde, Berlin 1845.

Affleck betheiligt sich an der Discussion on myxoedema (Medico-chir. soc. of Edinburgh, February, 15., 1893). Edinburgh med. Journal, May 1893.

Affleck, Myxoedema. Discussion and exhibition of patients (Edinburgh medico-chir. soc.). British med. Journal, February, 25., 1893.

Albert E., Ueber die Diagnose der Struma maligna. Allg. Wiener med. Zeitung, 1889, Bd. XXXIV, S. 55.

— Beiträge zur operativen Chirurgie. Wiener med. Presse, 1877, Nr. 20.

— Lehrbuch der Chirurgie, 4. Aufl., Wien 1890.

— Zur Casuistik der Kropfexstirpationen. Wiener med. Presse, 1882, Nr. 3 und 6.

Albertoni et Tizzoni, Sugli effetti dell' estirpazione della tiroide. Archivio per le scienze med., 1886, Vol. 10.

Alexander J. W., Note on a case of myxoedema occurring in an insane patient. Medical chronicle, June 1893.

Allan J., Myxoedema. British med. Journal, 9. February 1884.

Allara Vincenzio, Der Cretinismus. Leipzig, W. Friedrich, 1894.

— Sulla causa della discrasia bronchocelica. Lo Esperimentale, 1881.

— Sulla estirpazione d. tiroide. Lo Esperimentale, 1884.

Alonzo, Sulla fisiopatologia della ghiandola tiroide. Riform. med., 1891.

Anderhub J. C., Die Struma cystica und ihre Behandlung etc. Dissertation, München 1889.

Anderson M., The treatment of myxoedema. Practitioner, January 1893.

Andersson O., Die Nerven der Schilddrüse. Verhandlungen des biologischen Vereines in Stockholm, 1891, Bd. IV.

Andersson O. A., Zur Kenntniss der Morphologie der Schilddrüse. Archiv für Anatomie und Physiologie, 1894, 3. Heft.

Andriezen, Origin and evolution of the thyroid function. British med. associat. August 1893. British med. Journal, September, 23., 1893.

Angerer, Cachexia thyreopriva. Besserung durch Verfüttern roher Schafschilddrüse. Münchener med. Wochenschr., 1894, Nr. 28.

Anson G. E., Myxoedema. New-Zealand med. Journal, 1893, pag. 169.

— Result of a Year's treatment of a case of sporadic cretinism by thyroid juice. Lancet, April, 28., 1894.

Arsdale N. N. van, The operative treatment of goitre. Quals of surgery, Vol. 12, pag. 161—202.

Arthaud G. et Magon L., De la thyroidectomie. Gaz. méd. de Paris, 1891, No. 43.

Atkinson, Read notes on a case of myxoedema. British med. Journal, March, 21., 1885, pag. 602.

Audebert, Thyroidite aiguë typhoide et cyste hématique du corps thyr.; ponction simple; guérison. Journal de Bordeaux, 1887, Bd. XVII, pag. 589.

Auld A., On the effect of thyroid-extract in exophthalmique goitre and in psoriasis. British med. Journal, July, 7., 1894.

Autokratow, Internationales Centralbl. für Laryngologie, 1888, Nr. 10.

Ayres L., Myxoedema treated with sheep's thyroid. New-York med. Record, June, 16., 1894.

Baatz, Wiener med. Presse. Nr. 43, 1892.

Baber, Contributions to the minute Anatomy of the thyroid of the dog. Philos. Trans., 1876, Vol. 166.

— Researches on the minute structure of the thyroid glandula. Phil. Trans., 1881. Vol. 172.

— Feeding with fresh thyroid glands in Myxoedema. Brit. med. Journal, January, 7., 1893.

Babington, Guy's Hosp. Reports, 1836.

Bach. Des différentes espèces du goître. Mem. de l'acad. de med., tome XIX, Paris, 1855.

Baginsky A., Zur Kenntniss der congenitalen Makroglossie und der Beziehungen zwischen Makroglossie, Cretinismus und congenitaler Rhachitis. Henoch's Jubelschrift, 1890, S. 514.

— Carcinom der Thyreoidea und Mitbetheiligung des Larynx. Veröffentlichungen der Hufeland'schen Gesellschaft zu Berlin, 1891, S. 86.

Baillarger, Rapport de la commission d'enquête sur le goître et le crétinisme en France. Recueil des Travaux du comité consult. d'hygiène de France, Paris, 1873.

Baillie M., A series of engravings etc., Fasc. II, Pl. 1, Fig. 3.

Baiordi D. D., Asportatione totale di voluminoso gozzo iperplastico. Gaz. delle cliniche, 1878, No. 11.

Balder Fr., Ueber einen Fall von Struma sarcomatosa. Dissertation, München, 1891.

Baldwin W., Some cases of Graves' disease succeeded by thyroid atrophy. Lancet, January, 15., 1895.

Ball, A. Brayton, Two cases of myxoedema, with remarks on the pathology of the disease. New-York med. Record, Juli, 10., 1886.

Ballet, Cachexie pachydermique. Progr. Méd., 1880, Nr. 30.

Ballet G. und Enriquez, Goître expérimental par injections souscutanées d'extrait thyroidien. Bull. de soc. méd. des hôpit., 16. Novembre 1894.

Balmanno Squire, The treatment of psoriasis by thyroid extract. Brit. med. Journ., Nr. 1723, January, 6., 1894.

Bally F., Beitrag zur operativen Behandlung des Kropfes. Bruns Beiträge zur klin. Chirurgie, Bd. VII, S. 509.

Banti, Carcinome primitivo della tiroide con ripetizioni nella mucosa delle trachea e dei bronchi. Arch. di anatom. norm. e pathol. Firenze, 1889, pag. 131.

Barber C., Feeding with fresh thyroid glands in myxoedema. Brit. med. Journ., January, 7., 1893.

Bardeleben A., Ueber Kropfexstirpation. Verhandlungen der deutschen Gesellschaft für Chirurgie, 1883.

— De gland. thyreoid. structura. Dissertation, Berlin 1847.

— Ueber Kropfexstirpation. Verhandlungen der deutschen Gesellschaft für Chirurgie, 1883.

— Fall von Strumitis. Berliner klin. Wochenschr., 1893, Nr. 22.

Barelmann D., Ueber einen Fall von Kropftod. Dissertation, München, 1885.

Barling, Necropsy of a case of myxoedeme. Lancet, 1886, Nov. 20.

— Suppuration in the thyroid gland, drainage, recovery. Birmingham, Rev. 1890, pag. 151.

Barlow, Acute Thyroiditis. London, Clinic. soc., 1887.

— Th., On a case of acute enlargement of the thyroid gland in a child. Transact. clinic. soc. of London, Vol. XXI, 1888, pag. 67.

Barth, Un cas de thyreoidite caséeuse, affectant la forme du goître suffocant. La France méd., Paris 1884, pag. 549.

Barron A., Two cases of myxoedema treated by thyroid injections. British med. Journ., 24. December 1892.

— Cit. bei Putnam, Amer. Transact., 1893, pag. 355.

Barton J. K., Case of Myxoedema treated by Injection of Sheep's Thyroid at Mentone Dublin, Journ. Med., May 1893, pag. 431.

Basset, Tumeur du corps thyroide qui s'étend depuis les ganglions sousmaxillaires jusqu'aux premières ramifications bronchiques. Bull. Soc. anat., Paris, 1855, Bd. XXX, pag. 148.

Bassi E., Di un caso di mixoedema operativo curato con successo col trattamento tiroideo. Reggio nell' Emilia, 1894.

Basso A., Des thyroïdites aigues. Paris 1892, 4°.

Bauchet, De la thyroïdite (goître aigue) et du goître enflammé (goître chronique enflammé). Gaz. hebd. de méd. et de chir. Tome IV, Paris, 1857, 4°, Nus. 2, 4, 5 et 6.

Baumann, Ueber Vereiterung der Schilddrüse. Dissertation. Zürich 1856.

Baumgärtner, Ueber Kropfexstirpationen etc. Aus der chirurgischen Section der 54. Naturforscherversammlung. Centralbl. für Chirurgie, 1881, S. 680.

— Zur Cachexia strumipriva. Verhandlungen der deutschen Gesellschaft für Chirurgie, 1884.

— Ueber Cachexia strumipriva. Deutsche med. Wochenschr., Nr. 50, 1886.

Beadles Cecil F., The Treatment of Myxoedema and Cretinisme being a review of the treatment of these diseases with the thyroid. gland. With a table of 100 published cases. Journal of Mental Science, 1893, Juli und October. (Hier finden sich zahl-reiche Citate aus der englischen Literatur und eine Tabelle über 100 Fälle von Myxödem und 11 Fälle von sporadischem Cretinismus.)

— A case of myxoedema with insanity treated by the subcutanevus injection of thyroid extract. British med. Journal, December, 24., 1892.

— Treatment of myxoedema. Journal of Mental Science, 1893, Bd. XXXIX.

— Thyroid extract and its effects. Lancet, September, 30., 1893.

— Thyroid treatment of myxoedema associated with insanity. Lancet, February, 17., 1894.

Bean, Jodoform in the treatment of goitre. Northwestern Lancet, January, 15., 1885, pag. 121.

Beatty W., A case of myxoedema successfully treated by massage and hypodermic injections of the thyroid gland of a sheep. British med. Journal, March, 12., 1892.

— Case of myxoedema. Lancet, May, 27., 1893.

Béclère, Toxic effects of thyroid feeding. New-York med. Record, December, 1., 1894.

— Gefahren der Schilddrüsenfütterung. Münchener med. Wochenschr., Nr. 5, 1895.

— Thyreoidism; its relations to exophthalmic goître and to hysteria. New-York med. Journal, November, 10., 1894.

Beck K. J., Ueber den Kropf etc. Freiburg 1833.

Becker, Beitrag zur Thyroidinwirkung. Deutsche med. Wochenschr., 1895, Nr. 37, pag. 600.

Beckmann O., Virchow's Archiv, Bd. XIII, S. 95.

Bégoune A., Ueber die Gefässversorgung der Kröpfe mit besonderer Berücksichtigung der Struma cystica. Deutsche Zeitschr. für Chirurgie, 1884, Bd. XX, 3. und 4. Heft.

Benisowitsch N., Zur Physiologie der Schilddrüse. Jeschno, Russ med. Gaz., 1894, Nr. 3.

Bennett, Acute menstrual goître. The med. Press. and circular, 1879, No. 3.

Benzon J. H., Case of myxoedema of long standing treated by administration of thyroid extract by mouth. British med. Journal, April, 15., 1893.

Bérard, Goître congénital. Bull. de la soc. de Chir. 1861.

Bercsowsky S., Ueber die compensatorische Hypertrophie der Schilddrüse. Ziegler's Beiträge zur pathologisch. Anatomie, Bd. XII, 1892.

Berg John, Fall of struma colloides, exstirpation, Hygiea, 1881, pag. 533.

— Om strumaexstirpation. Hygiea, 1884, pag. 291.

Berger, Vereiterung der Schilddrüse und Erguss des Eiters in die Luftröhre. Med. Zeitung, Berlin 1855.

— P., Examen des travaux rec. sur l'anat., la physiol. et la patholog. du corps thyr. Archiv. gén. de méd., Paris 1874, Vol. 2.

— Thyroïdite aiguë terminée par résolution (services Prof. Verneuil). La France méd. Paris 1876, tome XXIII, pag. 533.

Bergeret M., Influence des sulfats sur la production du goitre. Gaz. hebd. de méd. et de Chir. 1873.

Berggren And., Embetsberättelse för. 1875.

Bergh C. A., Exstirpation of struma. Hygiea, 1885, pag. 740.

— Totalexstirpation of struma. Hygiea, 1887, pag. 756.

Bericht des italienischen Ackerbauministeriums über das Vorkommen von Kropf und Cretinismus in den zwanzig Provinzen des Piemont, der Lombardei und von Venetien. 1883. Mitgetheilt bei Allara l. c.

Bernard, Die Cretine Pöhl. Ein Beitrag zur Kenntniss der Cretinen. Inaug.-Dissertation, Würzburg 1892.

Bernays A. C., The origin of the foramen coccum linguae as shown by an operation on a rare tumor of the root of the tongue. St. Louis med. and surg. Journ., October 1888, pag. 201.

Berry J., Lectures on goître, its pathology, diagnosis and surgical treatment. British med. Journal, June, 13., 1891.

Bettencourt und Serrano, Sur un cas de myxoedème amélioré par la greffe thyroidienne. Virchow-Hirsch, Jahresbericht, 1890, II., S. 339.

Betz, Die Cholestearinablagerungen in der Schilddrüse. Württemberg. ärztliches Correspondenzbl., 1851, Bd. XXI, pag. 172.

— Ueber den Kropf des Neugeborenen. Zeitschr. für rationelle Medicin, Bd. IX, 1850.

— Begleiterscheinungen beim Gebrauch von Schilddrüsenextracttabletten. Memorabilien, Bd. XXXIX, 3. Heft, 1895.

Billig A., Struma congenita, ein Geburtshinderniss. Heidelberg 1892.

Billroth Th., Ueber fötale Drüsengewebe in Schilddrüsengeschwülsten. Archiv für Anatomie und Physiologie, 1856.

— Ueber die Ligatur der Schilddrüsenarterien behufs Einleitung der Atrophie von Kröpfen. Wiener kln. Wochenschr., Nr. 1, 1888.

— Ueber Scirrhus glandulae thyreoideae. Wiener med. Wochenschr., Nr. 20, 1888.

— Carcinom der Schilddrüse. Deutsche Klinik, 1855.

Biondi, Beitrag zur Structur und Function der Schilddrüse. Berliner klin. Wochenschr., Nr. 47, 1888.

Bircher, Die malignen Tumoren der Schilddrüse. Volkmann's Sammlung, Nr. 222, 1882.

— Der endemische Kropf und seine Beziehungen zur Taubstummheit und zum Cretinismus. Basel 1883.

— Das Myxödem und die cretinoide Degeneration. Volkmann's klin. Vorträge, Nr. 357, 1890.

Blake E., A new method of giving thyroid extract. New-York med. Record, October, 6., 1894.

Blanc, Semaine méd., 1893, pag. 8.

Bleibtreu und Wendelstadt, Stoffwechselversuch bei Schilddrüsenfütterung. Deutsche med. Wochenschr., Nr. 22, 1895.

Bloch, Thyreoiditis subseq. Pyaemia. Bericht des Krankenhaus Wieden pro 1872, Wien 1874, S. 140/142.

Boccardi, Di alcune consequenze dell' ablazione della tiroide nei cani. Rif. med., 1894, Bd. III, pag. 386.

Boéchat S. A., Des sinus lymphat. du corps thyroide. Compte rendus, Vol. 70.

— Goître sarcomat. énorme. Gaz. des hôp., 1884.

Boeck, Un cas de myxoedème avec troubles psychiques traité par les injections de suc thyroidien. Journal de Médecin, Bruxelles, 9 Juill. 1892.

B o e c k e l, Du goitre rétro-pharyngien et de son exstirpation. Bull. de chir. de Paris, tome V, No. 4.

B ö c k e l C., Goître sarcomatcale énorme. Exstirpation. Guérison parfaite pendant plus de trois ans. Puis recidive du sarcome dans la cicatrice. Nouvelle exstirpation et guérison. Gaz. des hôpit., 1884, pag. 1100.

B o e g c h o l d, Zwei Fälle von Strumitis metastatica. Deutsche med. Wochenschr., 1880, Nr. 12.

B o n n c t, Mém. sur les goîtres qui compriment et déforment la trachée-artère. Bull. soc. de chir. de Paris 1852/53, pag. 608.

B o o b, Du goître congénital, Thèse de Strassbourg, 1867.

B o o t h J. A., The thyroid theory in Graves' disease. Two cases treated by thyroidectomy. New-York med. Records, June, 16., 1894.

B o p p, C. A. F., Ueber die Schilddrüse. Dissertation, Tübingen 1840.

B o r e l F., Zur Statistik der Kropfexstirpation seit 1877. Correspondenzbl. für Schweizer Aerzte, 1882, Nr. 13.

B o r e l - L a u r e r, Sur l'exstirpation du goître plongeant. Correspondenzbl. für Schweizer Aerzte, 1878.

B o s e H., Die künstliche Blutleere bei Ausschälung von Kropfknoten. Centralbl. für Chirurgie, 1889, Nr. 1.

B o t a z z i, Ueber einige Veränderungen der rothen Blutkörperchen nach der Thyreoidektomie. Archives ital. de Biologie, Bd. XXIII, 3. Heft.

B o u c h a r d and C h a r r i n, Subcutaneous injections of thyroid extract as a remedy for myxoedema (Pariser Bericht). Lancet, October, 1., 1892, pag. 806. Auch Sémaine méd., 1892, pag. 382.

B o u c h c r L., Thyreoidite suppurée suite de fièvre typhoide. Archiv de méd. et pharm. milit., Paris 1886, VII, pag. 353.

B o u c h e t, De la Thyreoidite et du goître enflammé. Paris 1857. Gaz. hebdom., 1857, 2 Juin.

B o u c h e t, Exothyreopexie, mort. Soc. anatom. de Paris, 9 Novembre 1894.

B o u i s s o n, Polysarcie congenitale. Myxoedème. Goître. Lésions cérébrales. Bull. de la soc. anat. de Paris, 1887, Mars.

B o u l l e y, Tumeur ossiforme de la glande thyroide. Bull. Soc. anat. Paris, 1851, Bd. XXVI, pag. 206.

B o u r n e v i l l e et B r i ç o n, De l'idiotie compliquée de Cachexie pachydermique. Arch. de Neurolog., Septembre 1886, Bd. XII.

B o u r s i e r A., De l'intervention chirurgicale dans les tumeurs du corps thyroide. Thèse de Paris, 1880.

B o u t a r e s c o, Goître kystique double rétrosternal suffocant. Congrès français de chirurgie. IV session de 7 au 12. Octobre 1889. Revue de chir., 1889, No. 11.

B o w l b y, Four cases of sporadic cretinism, with remarks on some points in the pathology of the disease. Transactions of the patholog. Society, London 1884.

B o y c e R., Enlargement of the hypophysis cerebri in myxoedema etc. Journal of patholog., 1891.

B r a m w e l l B., A case of thyroidectomy. British med. Journal, 1886, May, 29.

— The treatment of psoriasis by the internal administration of the thyroid extract. British med. Journal, August, 26., and October, 28., 1893.

— The clinical features of myxoedema. Edinburgh med. Journal, May 1893.

— Clinical features of myxoedema. Treatment of myxoedema (Edinburgh medico-chirurgical Soc. February, 15. and 16., 1893). British med. Journal, February, 25., 1893, pag. 410.

— The clinical features of myxoedema. Edinburgh med. Journal, May 1893.

Bramwell B., Thyroid feeding in skin affections (August, 26., 1893). The treatment of psoriasis by the internal administration of thyroid extract (British medical association, October, 28., 1893). British med. Journal, August, 26., and October, 28., 1893.

— Case of psoriasis treated by thyroid extract. British med. Journal, 1894, March, 24.

— Lecture on two cases of lupus treated by thyroid extract. British med. Journal, April, 14., 1894.

Brandes, Un cas de myxoedème, Comptes rend. du Congrès international de Copenhague, 1881.

Braun, Fall von Lymphosarcom der Schilddrüse. Langenbeck's Archiv für klin. Chirurgie, Bd. XXIV, S. 228.

Braun F. X., Ein Fall von Struma sarcomatosa. Dissertation, Würzburg 1884.

Braun H., Beiträge zur Anatomie der Struma maligna. Langenbeck's Archiv, Bd. XXIV und XXVIII.

— Beiträge zur Kenntniss der Struma maligna. Archiv für klin. Chirurgie, Bd. XXVIII, S. 291. (XI. Congress der Deutschen Gesellschaft für Chirurgie, 1882.)

Breisacher L., Untersuchung über die Glandula thyreoidea. Archiv für Anatomie und Physiologie, Suppl.-Bd., 1889, pag. 509.

Brière V., Du traitement chirurg. des goîtres parenchymat. etc. Berner Dissertation, Lausanne 1871.

Brieger L., Ueber die Complication der Diphtheritis mit Entzündung der Schilddrüse. Charité-Annalen, Bd. VIII, 1883, pag. 124.

Bresson, Epidemie de Thyroidite aiguë observée à St. Etienne parmi 60 enfants de troupe du 9. régiment. Rec. de mémoire de méd. milit. Paris, 1864, XII, pag. 273.

Bristowe J. S., Clinical lecture on a case of substernal bronchocele. Med. times 1871.

Brooke, Thyroid feeding in psoriasis. British med. Journal, January, 13., 1894.

Browne P. O., Acute bronchocele following influenza. British med. Journal, June, 8., 1895.

Brown und Allison, Sur le traitement du myxoedème (Association médicale britannique, section de médecine). Mercr. méd., 1893, pag. 447.

Brown-Séquard und d'Arsonval, Recherches sur les extraits liquides retirés des glandes etc. Archiv der Physiologie, 1891, pag. 491. Le mercredi méd., 1893, pag. 221.

Browne, Congenital enlargement of the thyroid etc. Lancet 1889.

Bruberger, Ueber die Exstirpation des Kropfes nebst einem geheilten Falle von Totalexstirpation einer grossen, mit breiter Basis aufsitzenden Struma hyperplastica und statistischen Bemerkungen. Deutsche militärärztliche Zeitschr., 1876, 8. und 9. Heft.

Bruce and Fraser stellen vor: A case of myxoedema treated by thyroid feeding (Medico-chir. soc. of Edinburgh). Edinburgh med. Journal, May 1893.

Bruce, Note sur l'étiologie du goître. Compte rend., tome LXIX.

Bruch, Bericht über die Verhandlungen der Naturforscher-Gesellschaft in Basel, 1852, S. 183.

Brunet, Du traitement du goître parenchymateux par les injections de teinture d'iode. Archiv clin. de Bordeaux, 1895, No. 2.

Brunner C., Ein Fall von acuter eitriger Strumitis, veranlasst durch das Bacterium Coli. Schweizerisches Correspondenzbl., 1892, Nr. 10.

v. Bruns, Bemerkungen über Schilddrüsenkrebs. Deutsche Klinik, Berlin 1859, Bd. XI, S. 83.

Bruns P., Ueber den gegenwärtigen Stand der Kropfbehandlung. Volkmann's Sammlung, Nr. 244 (Chir. III, Nr. 76), 1884.

— Zur Frage der Entkropfungskachexie. Bruns' Beiträge zur klin. Chirurgie, 1887, Bd. III, S. 317.

Bruns P., Ueber die Kropfbehandlung mit Schilddrüsenfütterung. Deutsche med. Wochenschr., 1894, Nr. 41, S. 785.

— Weitere Erfahrungen über die Kropfbehandlung mit Schilddrüsenfütterung. Beiträge zur klin. Chirurgie, 1895, Bd. XIII, 1. Heft.

Brüning, Ueber retro-pharyngo-ösophageale Strumen. Dissertation, Würzburg 1886.

Bryant W. H., A case of myxoedema. New-York med. Record, November, 13., 1886.

Bubnow N. A., Beiträge zur Untersuchung der chemischen Bestandtheile der Schilddrüse. Zeitschr. für physiologische Chemie, Bd. VIII.

Buchanan, Case of myxoedema with microscopic examination of the thyroid gland. Glasgow med. Journal, November 1892.

— Ein Fall von Myxödem in einem frühen Stadium. Glasgow med. Journal, Juni 1893.

Bucher, Des Kystes congénitaux du cou. Thèse de Paris, 1868.

v. Burkhardt, Ueber die Kropfkapsel. Centralbl. für Chirurgie, Nr. 29, 1894.

Burkhardt H., Ueber die Exstirpation der Kropfcysten. Centralbl. für Chirurgie, 1889, S. 713.

Burghagen, Ein Fall von Struma congenita. Dissertation, Berlin 1888.

Buschan, Kritik der Schilddrüsentheorie der Basedow'schen Krankheit (Versammlung deutscher Naturforscher und Aerzte in Wien, 24. bis 30. September 1894). Therapeutische Monatshefte, 1894, Nr. 11.

— Vom sogenannten Tyreoidismus. Deutsche med. Wochenschr., Nr. 44, 1895.

Buzdygan N., Zwei Fälle von Myxödem. Wiener klin. Wochenschr., 1891, Nr. 31.

Cadéac und Guinard, Quelques modifications fonctionelles relevées chez les animaux ethyroides. Soc. de biologie, 1894, pag. 509.

Callender, Proceedings of the royal Society, 1867, Nr. 94, pag. 24 und 183.

Calvert ist citirt in einem Artikel „Thyroid extract in myxoedema" und „showed a case of myxoedema treated with the fried thyroid gland of the sheep (Clinical society of London)". British med. Journal, February, 4., 1893.

Cambria, Ueber die Schilddrüsenresection nach Mikulicz. Wiener med. Wochenschrift, 31. Juli 1886.

Campbell W. M., Case of myxoedema with glycosuria treated with thyroid extract. Liverpool med. chir. Journal, July 1894.

v. Camerer, Angeborne Hypertrophie der Schilddrüse. Centralbl. für die med. Wissenschaft. 1866.

Canizzaro, Sulla funzione della glandula tiroide. Bollet. dell' Acad. di Catania, 1891.

— Ueber die Function der Schilddrüse. Deutsche med. Wochenschr., 1892, S. 184.

Canter, Myxoedème et goître exophthalmique. Annales de la Soc. med. chir. de Liège, January 1894.

— Demonstration d'un cas de myxoedème guéri par l'ingestion de glandes thyroides fraiches du mouton. Annales de la Soc. med. chir. de Liège, February 1894.

Capobianco, Sulle fine alterazione dei centri nervosi e delle radici spinali seguite alle tiroidectomia. Riforma med., 1892, pag. 589.

Carle, La Riforma med., 1888, pag. 191. Centralbl. Physiol., 1888, Nr. 9, S. 213.

Carmichael, Cretinism treated by the hypodermic injection of thyroid extract and by feeding. Lancet, March, 18., 1893.

Carter E., A case of myxoedema with insanity treated by injection with extract of thyroid gland. British med. Journal, April, 16., 1892.

Carron, Journal d. médec., de chirurg. et de pharmac. p. Sédillot, Bd. XLI, Paris, Janvier 1814. Thyroiditis mit Zertheilung und Heilung.

Caselli, Ueber Kropfoperationen. Bericht über die VI. Versammlung der italienischen chirurgischen Gesellschaft. Bologna 1889.

Cavafy, Discuss. on myxoedema. British med. Journal, 1881, Vol. II, pag. 1017; 1883, Vol. II, pag. 1073.

Chaboureau, Traitement du goître suffocant. Thèse de Strassbourg, 1869.

Chantemesse und Marie, Les glandes parathyroidiennes de l'homme. Mercr. med., 1893, 136 (292).

Chantreuil, Thyroidite aiguë dans l'état puerpéral. Gaz. des hôpit., Bd. LXXXIII, 1866, pag. 125.

Chapell W. J., Case of tuberculosis of the thyroid gland. Marhattan, Eye and ear Hospit. Rapp, January 1894.

Charasse T. F. (Birmingham), On the thyroidectomy. Remarks on the operation with a report of four successful cases. Annales of surgery, 1887, Vol. VI, pag. 1—7.

Charcot, Myxoedème, cachexie pachydermique on état crétinoide. Gaz. des hôpit., 1881, Nr. 10.

— Etude clinique sur les goîtres sporadiques infectieux. Revue de chir. Paris, 1890, pag. 701—730.

Charpentier, Nouveau cas de Myxoedème ou cachexie pachydermique. Progrès med., 1882, 4 Février.

Charvot, Etude clinique sur les goîtres sporadiques infectieux. Revue de chirurg., 1890, No. 9.

Chassaignac, Cas remarquable de suffocation produite par un prolongement du corps thyroide devenu cancéreux dans la trachée et l'oesophage. Gaz. des hôpit., Paris 1849, pag. 488.

Chevalier, Mémoire sur la Thyroidite. Rec. de mémoire de méd. milit. de Paris, 1830.

Chiari O., Ueber Tuberculose der Schilddrüse. Oesterreichisches med. Jahrbuch, 1878, Bd. LXIX.

— Ueber retropharyngeale Strumen. Wiener med. Zeitung, 1881.

Chopinet, Myxoedème ou cachexie pachydermique observée chez une jeune fille de vingt-trois ans. Guérison presque complète au moyen des injections sous-cutanées d'extrait liquide du corps thyroide de mouton. Soc. de Biol. iv. 1892. Séance du 2 Juillet.

— Traitement du myxoedème. Mercr. med., pag. 326, 1892.

Chrétien H., De la Thyroidectomie. Thèse de Paris, 1888.

Christiani, Sur les glandules thyreoid. chez le rat. Compte rend. hebd. de la Soc. de biol., Sér. IX, tome IV, 1891.

— De la thyroidectomie chez le rat pour servir à la physiologie de la glande thyroide. Arch. de physiol., tome V, 1893, pag. 39.

— Étude historique de la greffe thyroidienne. Rev. méd. de la Suisse roman, 1894, 11 Heft.

— Effets de la thyroidectomie chez les serpents. Revue med. de la Suisse rom., Janvier 1895.

Church, Two cases of myxoedema (Medico-chir. soc. of Edinburgh). Edinburgh med. Journal, May 1893.

Clark A. C., Case of myxoedema with tumour of the brain. Edinburgh Journal, May 1891.

Clarke M., Discussion on myxoedema. British med. Journal, August, 27., 1892.

Classen W., Zur Casuistik der Kropfexstirpation. Dissertation, Berlin 1885.

Clouston, The mental symptoms of myxoedema and Thyroid treatment. Journal of ment. scienc., January 1894.

Cocking, Myxoedema (Sheffield medico-chir. soc.). British med. Journal, April, 15., 1893.

Coghill, The hypodermic treatment of bronchocele by ergotine. Lancet, 1877, Bd. II, pag. 158.

14*

212   Literaturverzeichniss.

Cohn H., Ueber die Ursache des Todes bei Kropfopcrationen. Dissertation, Berlin 1890.
Cohnheim, Vorlesungen über allgemeine Pathologie, 2. Aufl., Bd. I, pag. 769.
Coindet, Découverte d'un nouveau remède contre le goître. Bibl. univ. de Genève, 1820.
Collier M. Majo, Large tumour of the thyroid gland; removal; recovery. Lancet, September, 23., 1893.
Collin, Gazette hebdomad, 1. November 1861.
Colzi F., Sulla estirpazione della tiroide. Lo Sperimentale, 1884, Fasc. 7.
— Contributo allo studio della strumite acuta suppurativa „post tiphum". Lo Speriment, II, pag. 93, 1892.
Combe, Glandes a sécretion interne et leur emploi thérapeutique. Organotherapie. Revue med. de la Suisse romande, May 1895.
Comby, Myxoedème chez une fillette de deux ans et demi. Méd. infant., 1894, pag. 578.
Conradi, Commentatio de Cynanche Thyroid. Göttingen 1824.
Corbin T. W., On myxoedema. Australian med. Gaz., May, 15., 1894.
Corkhill, Myxoedema, with enlarged thyroid, treated by subcutaneous injections of thyroid extract: recovery (British medical association). British med. Journal, January, 7., 1893.
Cornil, Sur le développement de l'épitheliome du corps thyroidien. Arch. de phys., 1875.
Costanzo, U caso di cachessia strumipriva curato colla nutrizione della glandola tiroide. Rivist. venet. di scienz. med., Bd. XX, 2. Heft.
Cowles, A case of myxoedema treated by thyroid extract. Boston med. and surg. Journal, Vol. CXXX, No. 7.
Cramer F., Beitrag zur Kenntniss der Struma maligna. Archiv für klin. Chirurgie, 1887, Bd. XXXVI, 2. Heft.
Craig J., An unusual case of Graves disease. Dublin Journal of med. Science, June 1894.
Crary G. W., Myxoedema, acquired and congenital and the use of thyroid extracts, New-York med. Record, December, 2., 1893.
— The thyroid treatment of psoriasis and other skin diseases. New-York med. Record, October, 6., 1894.
— A case of myxoedema treated with thyroid extract by the stomach and a description of the method of preparing the extract. New-York med. Record, June, 17., 1893.
Credé, Vorstellung eines jungen Mannes, dem vor 2¼ Jahren ein circulärer Kropf entfernt worden ist. Verhandlungen der deutschen Gesellschaft für Chirurgie, 1884.
de Crignis M., Ueber den Kropf. Dissertation, München 1868.
Cruveilhier J., Traité d'anatomie pathologique général, tome II, Paris 1849—1864.
— Inflammation de la glande thyroide et du tissu cellulaire environnant survenue dans la convalescence d'un choléra. Gaz. des hôp. civ. et mil., tome I, Paris 1849, pag. 220.
Cullen G. M., The earlier literature of the thyroid gland. Edinburgh med. Journal, 1892, pag. 531.
Cunigham, Myxoedema associated with goitre. British med. Journal, December, 10., 1892.
Curling, Med. chir. Transact., Bd. XXXIII, pag. 303.
Curtis H. H., The throat appearences in myxoedema. Journal americ. med. Assoc., September, 29., 1894.
Cushier Elizabeth, Case of myxoedema with a p. m. examination. Archives of med., VIII, 1882, pag. 203.
Czernicki, De la non-transmissibilité du goître aigu épidémique. Gaz. hebd. med. et chir., 1880.
Czerny V., Exstirpation eines retro-ösophagealen Kropfes. Centralbl. für klin. Chirurgie, 1877, pag. 433.

Daake, Oxalsaurer Kalk in der Schilddrüse. Zeitschr. für rationelle Medicin, 1864.

Dale James W., Glycosuria following the administration of thyroid extract. New-York med. Journal, June, 30., 1894.

Dalziel, Präparate eines operativ entfernten cystischen Adenoms der Schilddrüse. Glasgow med. Journal, May 1894.

D'amore, Tiroidectomia. Progr. med. Napoli, 1894, pag. 216.

Darapsky J., Casuistische Beiträge zur Exstirpation der Strumen. Dissertation, Erlangen, 1883.

Dardel, Des cystes hydatiques du corps thyroide. Thèse de Paris, 1883.

Darses J., Du goître chez la femme etc. Thèse Montpellier, 1875.

Davies A., Thyroid treatment in myxoedema and skin disease. British med. Journal, December, 9., 1893.

— Showed: three cases of myxoedema treated by thyroid extract. (Clinical society of London.) Lancet, February, 4., 1893.

— Communicated: a case of myxoedema treated by the subcutaneous injections of the sheeps thyroid juice extract. British med. Journal, August, 27., 1892. (British medical association, Juli, 26., 27., 28., 29., 1892.)

— Myxoedema (Hunterian society, Wednesday, 13. April). British med. Journal, April, 30., 1892.

— The haemorrhagic tendency in Myxoedema. Lancet, January, 14., 1888.

— Myxoedema treated by thyroid extract. (Clinical society of London.) Lancet and British med. Journal, February, 4., 1893.

Davies Yorke, Thyroid Tabloids in obesity. British med. Journal, Juli, .7., 1894.

Debove, Myxodème. Annales de méd., 4. Juli 1894.

— Goître exophthalmique. Annales de méd., 20. Juni 1894.

Delore, Du goître suffocant etc. Bull. gén. de thérap., Paris 1868.

Defaucamberge J., Contribution à l'étude du corps thyroidien. Paris 1868.

Deininger, Ueber die Nachtheile der Jodbehandlung des Kropfes. Bayerisches ärztl. Intelligenzblatt, 1873, Nr. 26, S. 261.

Demange, Étude clinique sur la vieillesse. Paris 1886.

Demme, Zur Lehre der Struma pulsans (Lücke). Bericht aus dem Kinderspitale in Bern, 1880, Bd. XVII, S. 60.

— Die Krankheiten der Schilddrüse. Handbuch der Kinderkrankheiten. III, 2. Hälfte, Bern 1879.

— Jahresbericht des Jenner'schen Kinderspitales zu Bern 1876, 1879.

— Beiträge zur Kenntniss der Tracheostenosen per compressionem. Würzburger med. Zeitschr., Bd. II, 1861; Bd. III, 1862.

— XIX. medicinischer Bericht über die Thätigkeit des Jenner'schen Kinderspitales in Bern im Jahre 1881. Bern 1882.

Deroum F. X., A subcutaneous connectiv tissue dystrophy etc. Americ. Journal med. sciences, November 1892.

Derrien A., Étude histor. et critique sur le traitement des myxoedèmes par les injections du liquide thyroidien. Thèse de Paris, 1893.

Detrieux, Considérations sur la thyroidite. Thèse de Paris.

Deutsch A., Ueber die Exstirpation von Strumen etc. Dissertation, Berlin 1879.

Dickson Ch. H., Notes on goitre and improvements in the apparatus for its treatment. New-York med. record, October, 13., 1894.

Diethelm A., Ueber angeborene Strumastenose. Dissertation, Zürich 1890.

Dieu, Calcification complète du corps thyroide chez un homme de 75 ans. Bullet. soc. anat. de Paris, 1865, Bd. XL, pag. 173.

Dionisio F., Reproduzione di un neoplasma tiroideo. Estirpazione. Guorgione. Gazetta delle cliniche Torino, 1886, pag. 362.
— Estirpazione di gozzo etc. Osservatore Torino, 1879.
Dittrich, Intrathoracischer Tumor etc. Prager med. Wochenschr., XII, 1887.
Dobbin W., Report of a case of myxoedema treated by hypodermic injections of thyroid juice. (North of Ireland branch.) British med. Journal, February, 4., 1893.
Dockrell, Lancet, January, 13., 1894. British med. Journal, 1894, Vol. II, pag. 1112.
Doleris, Sarcome primitif du corps thyroide; compression du récurrent gauche; aphonie complète. Bull. soc. anatom. Paris, 1876, Bd. LI, pag. 225.
Drewitt, A typical case of myxoedema. British med. Journal, 1883, Vol. II, pag. 1072; ibid. 1885, pag. 602.
Drobeck, Ueber die parenchymatösen Arsenik-Injectionen bei Kröpfen. Correspondenzbl. der Schweizer Aerzte, 1884, Nr. 9.
Drobnik, Experimentelle Untersuchung über die Folgen der Exstirpation der Schilddrüse. Archiv für experimentelle Pathologie und Pharmacie, Bd. XXV, 1888.
Duke E., Myxoedema. Birmingham med. review., August 1893.
Dumolard, Contribution à l'histoire de la Strumite. Lyon médic., 1878, No. 44.
v. Dumreicher, Adenom der Schilddrüse. Jahrbuch der chirurgischen Klinik Dumreicher, Wien 1871, S. 26.
Dunlop G. H. M., Six cases of myxoedema treated by thyroid feeding. Edinburgh med. Journal, May 1893.
Dunn, British med. Journal, 1885, March, 21., pag. 602.
Duplay, Du goitre suffocant rétrosternal. Gaz. des hôpitaux, 1878.
Dupraz, Deux cas de suppurations (thyroidite et ostéomyélite) consécutives à la fièvre typhoide et causés par le bacille d'Eberth. Arch. de méd. expériment. Janvier 1892.
Durant, Thyroidite suppurée à pneumocoques. Soc. anatom. de Paris, 14. Juillet 1894.

Eberson J. H., Over thyreoid therapie. Nederl. Tijdschr. v Geneesk., 1895, II, 1.
Eberth, Die fötale Rhachitis und ihre Beziehungen zum Cretinismus. Leipzig 1878.
— Zur Kenntniss des Epitheliums der Schilddrüse. Virchow's Archiv, 1892, Bd. LV, S. 254.
Ecker A., Versuch einer Anatomie der primitiven Formen des Kropfes, gegründet auf die Untersuchungen des normalen Baues der Schilddrüse. Zeitschr. für rationelle Medicin von Henle & Pfeuffer, 1847, Bd. VI.
Edes R. T., Clinical lecture of a case of myxoedema. Boston. med. and surg. Journal, April, 24., 1884.
Editorial comments, The possibilities of thyroid therapy. Philadelphia. med. news May, 19., 1894.
Edwards W. A., Acute enlargement of the thyroid gland. angio-neurotie Oedema. Intern. med. Gazette, Philadelphia, 1892, Bd. I, pag. 242.
Ehrenberg Chr., De Struma. Dissertation, Halae 1832.
Eiselsberg, Tetanie nach Kropfoperation (pag. 477), Sammelforschung über Myxödeme (pag. 478). Centralbl. für Chirurgie, 1890, pag. 26.
— Ueber erfolgreiche Einheilung der Katzenschilddrüse in der Bauchdecke etc. Wiener klin. Wochenschr., 1891.
— Ueber vegetative Störungen bei jungen Schafen und Lämmern nach Schilddrüsenexstirpation. Verhandlungen der deutschen Gesellschaft für Chirurgie, XXII. Congress, 1893.
— Ueber Tetanie im Anschlusse an Kropfoperationen. Sammlung med. Schriften Wien 1890.

Eiselsberg, Ueber physiologische Function einer im Sternum zur Entwicklung gekommenen krebsigen Schilddrüsenmetastase. Archiv für klin. Chirurgie, Bd. XLVIII, März 1894.

Elam, A case of myxoedema treated with thyroid extract. Lancet, September, 9., 1893.

Englisch, Thyreoiditis suppurativa. Bericht der Rudolf-Stiftung, Wien 1876.

Epidemischer Kropf. Zur Geschichte des acuten Kropfes in den Armeen. Preussische militärärztliche Zeitung, 1862.

— 1862 in Clermont (Courcelle in Rec. de mémoires de méd. milit., 1864).

— in Kolmar 1862 und 1863 (Gouyet, Rec. de mém. etc., 1862 und 1863).

— in Embrum 1863 (Departement Hautes-Alpes). (Hédoin, Rec. de mém. etc., 1864.)

— Hoffmann, Aerztl. Intelligenz-Blatt, 1862.

— Worbe, Epidemie de goître épidém., Rec. de mém. etc., 1867.

— in St. Etienne 1873 (Michaud, Gaz. méd. de Paris, 1874).

— Neu-Breisach 1869/70 (Muller, Rec. de mém. de méd. milit., 1871).

— Belfort 1877 (Viry et Richard, Gaz. hebdom. de Paris, 1881).

— Chonet, Étude critique sur l'étiologie du goître en général, à propos des epidemies de goître aigu dans la garnison Clermont-Ferrand. Recueil etc., 1881.

Erb W., Ueber Myxödem. Berliner klin. Wochenschr., 1887.

Ernst G., Bericht über 25 von Riedel operirte Fälle von Kropfgeschwülsten. Dissertation, Jena 1892.

Escherich, Ein Fall von infantilem Myxödem, mit Schilddrüse behandelt. Wiener med. Wochenschr., Nr. 8, 1895.

Esquerdo, Rivista di med. Barcelona, Settembre 1891. Ref. Internat. laryngolog. Centralbl., 1893, pag. 46.

Eulenberg, Anatomisch-pathologische Untersuchung über die Schilddrüse. Archiv des Vereines für gemeinschaftl. Arbeiten etc., Bd. IV, Göttingen 1860, S. 311 und 368.

Eulenburg A., Basedow'sche Krankheit und Schilddrüse. Deutsche med. Wochenschr., Nr. 40, 1894.

— Ueber den Missbrauch der Thyreoideatabletten. Deutsche med. Wochenschr., 1895, Nr. 33.

Ewald C. A., Ueber einen durch die Schilddrüsentherapie geheilten Fall von Myxödem nebst Erfahrungen über anderweitige Anwendung von Thyreoideapräparaten. Berliner klin. Wochenschr., Nr. 2, 1895; Münchener med. Wochenschr., Nr. 30, 1894.

— J. R., Versuch über die Function der Thyreoidea des Hundes. Berliner klin. Wochenschrift, Nr. 2, 1887.

— C. Ueber Trachealcompression durch Struma und ihre Folgen. Vierteljahrsschr. für gerichtliche Medicin, VIII. Supplement, 1894.

— J. R. und Rockwell F., Exstirpation der Thyreoidea an Tauben. Pflüger's Archiv, Bd. XLVII.

Fabre J. P. A., Traité du goître et du crétinisme et des rapports qui existent entre ces deux affections, Paris 1857.

Fagge C. H., On sporadic cretinisme occurring in England. Med. chir. Transact., IX., 1870.

Falck, De Thyreophymate, Marburgi 1843.

Falkenberg, Zur Exstirpation der Schilddrüse. Verhandlungen des X. Congresses für innere Medicin, Bd. X, 1891.

Fano Z. und Zanda L., Contirbuto alla fisioligia del corpo tiroide. Archivio med., Vol. XIII, pag. 365.

Fayrer J., On bronchocele, Lancet 1873.

Fenwick V., The subcutaneous injection of thyroid juice in myxoedema. British med. Journal, September, 10., 1892.

— Myxoedema treated by injections of thyroid juice (Pathological society of London, October, 18., 1892). Lancet 1892, II., pag. 941. British med. Journal, October, 22., 1892.

Feurer G., Paradoxe Strumametastase. Festschrift zum Jubiläum von Th. Kocher, 1891, pag. 273.

Fick, Sitzungsbericht der physiologisch-medicinischen Gesellschaft zu Würzburg, 1887, pag. 100.

Finlayson, Patient aged five years the subject of sporadic cretinism and improving under thyroid treatment. Glasgow med. Journal, August 1894.

Finley und Lediard, Ten consecutive cases of operation for diseases of the thyroid gland. Lancet, September, 27., 1894.

Fiorani, L'esportatione del gozzo per mezzo del laccio elastico. Gaz. degli ospitali, 1881, No. 6.

Fischer G., Topographische Anatomie des Halses. Pitha und Billroth's Handbuch der Chirurgie, 1880.

Fischer H., Ueber die Kropfoperationen an der Tübinger Klinik. Bruns' Mittheilungen aus der chirurgischen Klinik zu Tübingen, 1883., Nr. 80—130.

Flatau T. S., Ueber die Behandlung des Kropfes. Dissertation, Berlin 1882.

Fletcher-Beach, Note of a case of sporadic cretinism. Journal of Mental scienc., 1876, Bd. XXII, pag. 261.

Fleury, Gazette médic., 10 Août 1861.

Floystrup A., Om myxödem. Medicinsk Aarsskrift, Köbenhavn 1893, pag. 48—60.

Fodéré F. E., Traité du goitre et du crétinisme, précédé d'un discours sur l'influence de l'air humide sur l'entendement humain. Paris, an VIII (1800).

Foerster, Die Geschwülste der Schilddrüse. Würzburger med. Zeitschr., 1860, Bd. I, S. 24.

Forgue, Contribution à l'étude de la Thyroidite typhique. Arch. de méd. et de pharm. milit., Paris 1886, VII, pag. 113.

Formanek und Haskovec, Beitrag zur Lehre über die Function der Schilddrüse. Klinische Zeit- und Streitfragen, Wien 1895.

Forneris Dom., Einiges über die Function der Schilddrüse. Gaz. sardinia, 1858.

Fossion, De la dérivation du sang, et des fonctions de la rate, du corps thyroide etc. Bull. de l'acad. de Belge, 1867, Nr. 2.

Foulis betheiligt sich an der Discussion: on myxoedema (Medico-chirurgical society of Edinburgh). Edinburgh med. Journal, May 1893.

Fournier A., Un cas de myxoedème et quelques reflexions sur la pathogénie de cette affection. Gaz. hebdom. de méd. et de Chir., 1882, No. 4.

Foville, Goître et crétinisme. Annales d'hyg. et de méd., II série, tome XLVI, 1876.

Fox E. L., A case of myxoedema treated by taking extract of thyroid by the mouth. British med. Journal, October, 29., 1892.

— Use of Thyroid Gland in the Treatment of diseases of the skin (Medical Society of London. January, 8., 1894). Lancet, January, 13., 1894.

Fraenkel E., Ueber Schilddrüsentuberculose. Virchow's Archiv, Bd. CIV, 1886, S. 58.

— Ueber Tracheal- und Schilddrüsensyphilis. Deutsche med. Wochenschr., 1887, Bd. XXIII, S. 1035.

Francis A. G., read notes and showed photographs of six cases of congenital myxoedema or sporadic cretinism (East York and North Lincoln Branch). British med.-Journal, April, 8., 1893.

Frank J. P., De curandis hominum morbis epitome. Lib. VI, Viennae 1820. (Eigene Beobachtung von Schilddrüsenabscess, an dem er beinahe erstickt wäre. Mutter lässt durch Barbier einschneiden.)

Frank Jos., Praxeos med. universae praeceptae. Leipzig 1823, Part. II, Vol. II, Sect. I.

Frank, Bericht über die im Krankenhause „Friedrichshain" vom Jahre 1883/87 ausgeführten Kropfexstirpationen. Berliner klin. Wochenschr., 1888, Nr. 41/42.

Fraser D., A case of myxoedema with recovery, which was marked by profuse perspiration. Medic. Times, October, 25., 1884.

Freund H. W., Die Beziehungen der Schilddrüse zu den weiblichen Geschlechtsorganen. Deutsche Zeitschr. für Chirurgie, 1883, Bd. XVIII, 3. und 4. Heft

Frey, Verbreitung des Kropfes im Canton Aargau. Dissertation, Bern 1873.

— Die Lymphbahnen der Schilddrüse. Vierteljahrsschr. der Naturforscher-Gesellschaft in Zürich, Bd. VIII, 1863.

Friedreich, Die Krankheiten der Schilddrüse. Virchow's Handbuch der spec. Pathologie und Therapie, Bd. V, Erlangen 1858.

Froebelius, Angeborene Hypertrophie der Schilddrüse. Petersburger med. Zeitschr., 1865.

Fürbringer, Ueber die moderne Behandlung von Krankheiten mit Gewebsflüssigkeiten (Hoden-, Schilddrüsen-, Pankreas-, Nerven-, Herz- und Nierensaft). Deutsche med. Wochenschr. 1894, 13 und 14.

Fuhr F., Die Exstirpation der Schilddrüse. Archiv für experimentelle Pathologie und Pharmakologie, 1886, Bd. XXI.

— Der Kropf im Alterthum. Virchow's Archiv, Bd. CXII, 1887.

Galisch, Struma accessoria baseos linguae. Deutsche Zeitschr. für Chirurgie, Bd. XXXIX, 5. und 6. Heft, 1894.

Gallois, Recherches sur le corps thyroide. Thèse de Paris, 1853.

Galtier H., De la thyroidite aiguë primitive, état actuel de la question. Thèse de Paris, 1881.

Gangolphe M., Trachéotomie pour goître suffocant; isolement et soulèvement d'une partie plongeante réstrosternale, traitement général; canule à demeure; guérison. Lyon méd., 2. April 1894.

Garré C., Zur Injectionsbehandlung der Strumen. Correspondenzbl. für Schweizer Aerzte, 13. Heft, 1886.

— Die intraglanduläre Ausschälung der Kropfknoten. Centralbl. für Chirurgie, 1886, pag. 769.

— Myxödem beim Kinde. Bruns' Beiträge zur klin. Chirurgie, 1890, Bd. VI, pag. 748.

— Zur Kropfbehandlung mit parenchymatösen Einspritzungen. Beiträge zur klin. Chirurgie, 1894, XII. 2.

Garrigou F., L'endemie du goître et du crétinisme, envisagée dans les Pyrénées au point de vue de ses rapports avec la nature géologique du sol. Gaz. hebd., 1874, Nr. 17/18.

Garrod A., The thyroid treatment of cretinisme. British med. Journal., November, 17., 1894.

— Drei Fälle von Cretinismus, mit Schilddrüse behandelt. Wiener med. Wochenschr., 1895, Nr. 9.

Gaubria, Asphyxie produite par le passage des deux nerfs récurrents à travers une dégénérescence encéphaloide du corps thyroide. Bullet. soc. anatom., Paris, 1841, Bd. XVI, pag. 128.

Le Gendre, De la thyroide. Thèse de Paris. 1852.

Georgiewsky, Zur Frage über die Wirkung der Schilddrüse auf den Thierkörper. Centralbl. für die med. Wissenschaft, 1895, Nr. 27.

Gérard-Marchant, Thyroidite à pneumocoques Congr. franc. de chirurgie. Procès verb., Paris 1891. Auch Arch. internat. de laryngologie, Paris 1891, Vol. IV, pag. 129.

Gerhardt, Casuistische Mittheilungen über Krankheiten der oberen Luftwege. Jenaer Zeitschr. für Medicin, Bd. III, 1866.

Gerlach A. C., Medullarsarkom der Schilddrüse des Pferdes. Hannover. Jahresbericht 1869.

v. Gernet. Beitrag zur Behandlung des Myxödems. Deutsche Zeitschr. für Chirurgie, 1894, Bd. XXXIX, 5. und 6. Heft.

— Zur Casuistik der Kropf-Enucleationen nach Socin. Deutsche Zeitschr. für Chirurgie, 1894, Bd. XXXV, 5. und 6. Heft.

— Archiv für klin. Chirurgie, Bd. XLI, Heft 3.

— Ein Beitrag zur Behandlung des Myxödems. Deutsche Zeitschr. für Chirurgie, Bd. XXXIX, S. 455.

— Ueber die Verbreitung der Strumen in den Ostseeprovinzen. Petersburger med. Wochenschr., 1894, Nr. 3.

Gibson, J. Lockhart, read a paper on the functions of the thyroid gland. (Intercolonial medical congress of Australia.) British med. Journal, November, 12., 1892.

Gibson, The function of the thyroid gland, with observations on a case of thyroid grafting. British med. Journal, January, 14., 1893.

— The blood-forming organs and blood-formation. Journal of Anat. and Physiology, 1886.

Giorgi, Tetania e struma tiroideo. Riv. ven. d. sc. med., 1894.

Given, Acute Thyroiditis, Lancet 1892, Bd. II, S. 935.

Gley E., Des troubles tardifs consécutifs à la thyroidectomie chez le lapin. Gaz. de Paris, 1891, No. 43.

— Contribution à l'étude des conséquences de la thyreoidect. chez le chien. Arch. de physiol., tome IV.

— Sur les effets de l'extirpation du corps thyroid. Gaz. de Paris, 1892, No. 43.

— Glandes et glandules thyroides du chien. Société de biologie, 25. Février 1893.

— Accidents consécutifs à la thyroidectomie chez deux chèvres. Soc. de biologie, 2 Juin 1894.

Gluck, Struma bei persistirender Thymusdrüse. Deutsche med. Wochenschr., 1894, Nr. 12.

Godart, Recherches sur la transplantation progressive de la glande thyroide chez le chien. Journal de méd. et chir. et de Pharm., 1894, No. 4.

— Un cas de myxoedème avec ascite. Soc. roy. des sciences médec. Bruxelles, 13 Juillet 1895.

Godart et Glosse, Premières recherches sur les fonctions du corps thyroid. Journal de médec. de Bruxelles, 13 Février 1892.

Goehtz, Ein Fall von Struma maligna. Dissertation, Greifswald 1889.

Göttinger H., Die Veränderungen der Struma und des Halsumfanges der Recruten während des Militärdienstes. Inaug.-Dissertation, Basel 1892.

Goodsir, Philosophical transact., 1846.

Gordon J., Myxoedema following upon removal of the thyroid gland. Lancet, July, 10., 1886.

— Treatment of psoriasis (syphilitic) by thyroid extract. British med. Journal, January, 27., 1894.

Gordon-Dill, Notes on five cases of skin disease treated by thyroid gland. Lancet, January, 6., 1894.

Gosse, Ueber die Aetiologie des Kropfes und des Cretinismus. Schweizer Zeitschr. für Medicin, Chirurgie und Geburtshilfe, Zürich 1853, pag. 73—102.

Gottstein, Versuche zur Heilung der Tetanie mittelst Implantation von Schilddrüse etc. Deutsche Zeitschr. für Nervenheilkunde, Bd. VI, pag. 177.

Gourlay F., The proteids of the thyroid and the spleen. Journal of physiology, Bd. XVI, pag. 23.

Gowan B. C., Myxoedema and its relation to Graves disease. Lancet, February, 23., 1895.

Gowans M., History of a case of myxoedema. British med. Journal, May, 27., 1882.

Grawitz, Ueber Wachsthumsstörungen der Knochen bei Cretinismus. Deutsche med. Wochenschr., 1885, pag. 126.

Gray, Philosophical transactions, 1852, pag. 295.

Greco Francesco, Il Morgagni, XIII, 8 and 9, pag. 653, 1872. Reproduction in Schmidt's Jahrbuch der gesammten Medicin, Vol. 157, 1873, pag. 251.

Greenfield W. S., Some diseases of the thyroid gland. Lancet, December, 16. and 23., 1893.

Grocco P., Il mixoedema et la malattia de Bright. Annal. univ. di Med. e Chir. Gennajo 1883.

Groetzner, Ueber die Entzündung der Schilddrüse und deren wichtige Beziehung zum Athmungsorgan. Med. Zeitschr. vom Vereine für Heilkunde in Preussen, 1847, Nr. 33, 34.

Grón K., Postmortale Veränderungen bei Myxödem. Norsk. Magazin for Lägevidens-kaben, 1894, pag. 734.

Gruber W., Ueber die Glandulae thyroideae accessoriae. Virchow's Archiv, Bd. LXI.

Grundler R., Zur Cachexia strumiprivia. Mittheilungen aus der chirurgischen Klinik zu Tübingen, 1884, 3. Heft, pag. 420.

Grützner, Zur Physiologie der Schilddrüse. Deutsche med. Wochenschr., 1887.

Guérin, Traitement du myxoedème. Thèse de Paris, 1894.

Guerlain, Cachexie pachydermique consecutive à un traumatisme de cou. Bull. de la Soc. de Chirurg., 1883, VIII, pag. 779.

Günther C. G., Die Entzündung der Schilddrüse, eine selten beobachtete, noch seltener aber beschriebene Krankheitsform. Zeitschr. für Chirurgie, 1846, Vol. III.

Güttinger H., Die Veränderung der Struma und des Halsumfanges bei Recruten während des Militärdienstes. Dissertation, Zürich 1891.

Guhl, Plötzlicher Erstickungstod durch Blutung in einem alten Cystenkropfe. Corre-spondenzblatt für Schweizer Aerzte, Basel 1894, 19. Heft.

Guillot N., De l'hypertrophie de la glande thyr. des femmes enceintes. Gaz. des hôpit., Paris 1860.

Gull W., On a cretinoid state supervening in adult life in women. Transactions of the Clin. Soc. of London, 1874, pag. 180 (October 1873).

Gurlt E., Ueber die Cystengeschwülste des Halses, Berlin, pag. 62.

Gutknecht, Die Histiologie der Struma. Virchow's Archiv, 1885, Bd. XCI, 2. und 3. Heft.

Guyon, Thyroidite aiguë dans l'état puerpéral. Gaz. des hop., 1866, pag. 493.

— Hypertrophie subite du corps thyroide. Arch. de physiolog. norm. et pathol., Paris 1870, tome III, pag. 167.

Hadden W. B., cited the effects on two patients under his treatment of the subcutaneous injection of thyroid juice. (Pathological society of London, October, 18., 1892.) British med. Journal, October, 22., 1892.

— The nervous symptoms of myxoedema, Brain 1882, pag. 188.

Hadden W. B., Myxoedema, its Pathology. Internationaler Congress zu Kopenhagen, 1886, Bd. VIII, Section de médecine, pag. 61.

Haderup, Myxoedema saerling som Tandsygdom. Skand. Tandläkarefor. Tidsskr., Aarg. II, 4. Heft.

Hagen-Torn, v., Ein Fall von hämorrhagischer Kropfcyste. Méd. obsérv., 1894, No. 16.

Hahn E., Ein Verfahren, beliebig grosse Stücke aus Kröpfen ohne Tamponade und Blutverlust zu entfernen. Langenbeck's Archiv, Bd. XXXVI, Jahrg. 1887.

Hale G. E., Four cases of myxoedema treated by injections of thyroid extract. British med. Journal, December, 31., 1882.

Hale White W., A case of myxoedema with a post mortem examination. British med. Journal, 1883, pag. 381.

— A case of myxoedema with a post mortem examination. British med. Journal, February, 28., 1885.

— On the nacked eye and microscopical variations of the human thyroid body. British med. Journal. March, 17., 1888.

Halliburton, Report of chemic. investigations of the tissues and organs from cases of myxoedema in men and animals. Report on Myxoedema. London 1888, pag. 47.

— Mucin in myxoedema. Further Analyses. Journ. of. Pathol., 1892, Vol. I, No. 1, pag. 90.

Hallin O., Om struma. Hygiea. Stockholm 1867.

Halsted, Report of the John Hopkins University. Pathologische Abtheilung von Professor Welch. 1892.

Hamburger, Ueber die Beziehungen zwischen Struma und Tuberculose. Prager Vierteljahrsschr., 1852, Bd. XXXIV. S. 75.

Hamilton, A case of myxoedema, with a consideration of the neurotic origin of the disease. New-York med. Record, December, 9., 1882, pag. 645.

Hanau A., Cretinism and myxoedema, British med. Journal, October, 4., 1890.

— Demonstration mikroskopischer Präparate von Atrophie der Schilddrüse bei Cretinismus, mit Bemerkungen über das Verhältniss von Cretinismus zu Myxödem. Verhandlungen des X. internationalen Congresses zu Berlin, Bd. II, S. 128.

Handfield-Jones, Case of myxoedema with profuse menorrhagia. British med. Journal, 1887, November, 5., pag. 997.

Handford H., Myxoedema (Nottingham medico-chirurgical society, December, 14., 1892). British med. Journal, December, 31., 1892.

Hanel P., Ueber versprengte Strumen. Dissertation, Berlin 1889.

Harl Caspar, Zur Pathologie und Therapie der Struma. Dissertation, Würzburg 1880.

Harley J., The pathology of myxoedema as illustrated in a typical case. Medico-chir. Transact., Vol. LXVII, pag. 189.

Harold, Cases of myxoedema treated by thyroid gland. Practitioner, August 1894.

Harris und Wright, Myxoedema treated by thyroid grafting. Lancet, April, 9., 1892.

Hartley C. A., Thyroid gland feeding in certain skin diseases. British med. Journal, September, 30., 1893.

Hausleutner, Ueber Erkenntniss, Natur und Heilung des Kropfes. Horn's Archiv, Bd. X, 1810.

Haw, Myxoedema. Lancet, January, 7., 1888.

Hawkins, Med.-chir. Transact., Vol. XXVII, 1844.

Hayem, Un cas d'affection thyroidienne avec leucémie. Bull. et mém. Soc. méd. des hôpit. de Paris, 1887, Vol. III.

Hearn, Treatment of myxoedema with thyroid juice (British medical association, 26. to 29. July). British med. Journal, August, 27., 1892.

Hearn, Case of myxoedema with restless melancholia treated by injections of thyroid juice: recovery (British med. association). British med. Journal, August, 27., 1892.

Heath, Cystic goitre, tapped, injected with jodine and iron, suppuration, cured. Med. times and Gaz., October, 12., 1878.

— Spindel-celled sarcoma of the thyreoid etc. Med. times and Gaz., 1879.

Hecker, Asphyxie bei Struma congenita. Monatsschr. für Geburtshilfe, 1868.

Hedenus, Tractatus de glandula Thyroidea tam sana quam morbosa etc. Lips. 1822.

Heidenreich F. W., Der Kropf. Ansbach 1845.

Heinsius J. M., De strumis. Dissertation, Jenae 1687.

Heise A., Ueber Schilddrüsentumoren im Innern des Kehlkopfes und der Luftröhre. Brun's Beitrag, Bd. III, 1. Heft.

Hellier J. B., A case of sporadic cretinism treated by feeding with thyroid extract. Lancet, November, 4., 1893.

Hellin, Struma und Schilddrüse. München 1893.

Helling, Beobachtung eines veralteten Kropfes. Magazin für die gesammte Heilkunde, Berlin 1821.

Henke W., Topographische Anatomie des Menschen. Berlin 1884.

Henle J., Anatomie des Menschen, II. Aufl., Braunschweig 1873.

Henrohay, Thyroidite suraiguë au cours d'une infection puerperale. Soc. belge de gynécol. Séance de Fév, 1894.

Henrot, Des lésions anatomiques et de la nature du myxoedème, Reims 1882, 25 pp.

— Des lésions anatomiques et de la nature du myxoedème. Gaz. des hôpit., 1883, No. 23.

Henry F. P., Journal of nervous and mensal diseases, March 1891.

— A case of myxoedema cured by thyroid extract. British med. Journal, April, 8., 1893.

Hentner W., Die Schilddrüse. Müller's Archiv, Bd. LXXX, 1853.

Herb, Beitrag zur Casuistik der Struma sarcomatosa. Münchener Dissertation, 1892.

Herrmann F., Ueber einen Fall von totaler Exstirpation des Kropfes. Dissertation, Berlin 1881.

Herzen A., A quoi sert la thyroide? La Semaine médicale, 1886.

Heschl, Vortrag in der k. k. Gesellschaft der Aerzte zu Wien am 8. April 1880. Ref. von Wölfler in dessen Werk: „Ueber die Entwicklung und den Bau des Kropfes", pag. 759.

Hess K. J., Ueber den Kropf etc. Dissertation, Würzburg 1854.

Heymann P., Zur Jodbehandlung der Struma. Verhandlungen der LXII. Versammlung deutscher Naturforscher und Aerzte, 1889.

Hierokles, Ein Fall von Tumor colli congenitus. Dissertation, Berlin 1886.

Higguet, Sur trois cas de thyroidectomie. Bull. de l'acad. Roy de méd. de Belg. 1883, tome XVII, No. 9.

Hilton Fagge, On sporadic cretinism occurring in England, 1876.

Hingston Fox, Exhibited a case of recent myxoedema cured by treatment with crude sheep's thyroid gland. (Hunterian society, April, 12., 1893.) British med. Journal, May, 6., 1893.

Hinterstoisser H., Beiträge zur Lehre vom Nebenkropf. Wiener klin. Wochenschr., 1888.

Hirsch A., Kropf und Cretinismus. Handbuch der historisch-geographischen Pathologie, Stuttgart 1883.

Hirsch, Ein Fall von Myxödem. Berliner klin. Wochenschr., 1888, Nr. 10.

Hirsch S., Ueber substernale Kröpfe. Dissertation, Würzburg 1888.

His W., Der Tractus thyreoglossus und seine Beziehungen zum Zungenbein. Archiv für Anatomie und Physiologie, 1892, pag. 26.

Hitzig (Burgdorf), Beiträge zur Histologie und Histogenese der Struma. Archiv für klin. Chirurgie, Bd. XLVII, 2. Heft, 1894.

Hochgesand L., Die Kropfoperationen an der chirurgischen Klinik zu Heidelberg in den Jahren 1878—1888. Bruns' Beiträge zur klin. Chirurgie, Bd. VI, pag. 646.

Hodgkinson, Sporadic cretinism. British med. Journal, April, 18., 1885.

Höfler, Ueber die cretinistischen Veränderungen an der lebenden Bevölkerung des Bezirkes Tölz, 1881.

Hoffa A., Ueber die Folgen der Kropfexstirpation. Verhandlungen der phys.-med. Gesellschaft zu Würzburg, 1887, Bd. XXI, Nr. 3.

Hoffmann F. A., Myxödematöser Idiotismus. (Leipziger med. Gesellschaft, 28. November 1893.) Münchener med. Wochenschr., 13. März 1894.

Hoffmeister, Experimentelle Untersuchungen über die Folgen des Schilddrüsenverlustes. Beiträge zur klin. Chirurgie, 1894, Bd. XI, 2.

Hofmeister, Zur Physiologie der Schilddrüse. Fortschritte der Medicin, 3. April 1892.

Hofmokl, Zur Pathologie der Kropfgeschwülste. Wiener med. Presse, 1869.

Hofrichter B., Ueber den Nutzen der Schilddrüse. J. Meckel's Archiv, 1821.

Hogner R., Tvenne struma exstirpationer, Eira, 1883, pag. 171.

Holger Mygind, Thyroiditis acuta simplex. Journal of Laryngologie, March 1895.

Holman C., Case of myxoedema treated by thyroid feeding. British med. Journal, January, 21., 1893.

Holz, Thyreoiditis acuta nach Influenza. Berliner klin. Wochenschr., 1890, S. 88. Sitzung der Berliner med. Gesellschaft vom 8. Januar 1890.

Hopmann, Operatives Myxödem schwerer Art von ungewöhnlich langer Dauer. Deutsche med. Wochenschr., 1893, Nr. 51.

Horcicka J., Beiträge zur Entwicklungs- und Wachsthumsgeschichte der Schilddrüse. Zeitschr. für Heilkunde, Prag 1880.

Horne R. M., The blood vessels of the thyreoid. gland. in goître. Lancet 1883, Vol. I.

Horsley V., Relation of thyroid to general nutrition. Lancet 1883, Vol. I.

— The patholog of the thyroid gland. Lancet 1884.

— The thyroid gland., its relation to the pathology of myxoedema and cretinism; to the question of the treatment of goître and to the general nutrition of the body. Med. times and Gaz., December, 20., 1884, No. 1799, and British med. Journal, 1885.

— Further note on the possibility of curing myxoedema. British med. Journal, 1889.

— Note on a possible means of arresting the progress of myxoedema, cachexia strumipriva and allied diseases. British med. Journal, 1890, pag. 287.

— Further note on the possibility of curing myxoedema. British med. Journal, 1890, II, pag. 202.

— Die Function der Schilddrüse. Eine historisch-kritische Studie. Festschrift für R. Virchow, Bd. I, Berlin 1891.

· Die Function der Schilddrüse. British med. Journal, 1892, pag. 215, 265 und 1113.

— Discussion on the pathology of the thyroid gland. (British medical association.) British med. Journal, 23. September 1893.

— Tuke's Dictionary of psychological Medicine. Art. „Cretinism".

Houel, Tumeurs du corps thyr. Thèse de Paris, 1876.

Hounsell F. C. W., Case of myxoedema successfully treated with sheep's thyroid. (South-Western Branch.) British med. Journal, March, 6., 1893.

Howitz. Dessen Versuche über Le traitement du myxoedème par l'ingestion de glande thyroidienne werden besprochen von Ehlers: A propos du traitement du myxoedème par l'ingestion du corps thyroïde. Semaine méd., 8 Février 1893.

Howitz, citirt bei Vermehren „über die Behandlung des Myxödems". Deutsche med. Wochenschr., Nr. 11, 1893.

Hüpenden F. O. K., De affectionibus inflammatoriis glandula thyroideae. Heidelberg 1823.

Hürthle, Ueber den Secretionsvorgang in der Schilddrüse. Deutsche med. Wochenschr., Nr. 12, 1894.

— Beiträge zur Kenntniss des Secretionsvorganges in der Schilddrüse. Pflüger's Archiv, 1894, Bd. LVI, 1.

Humboldt A. v., Beobachtungen über einige wenig bekannte Erscheinungen, welche der Kropf darbietet. Rust's Magazin, Bd. XXXVII.

Hun H. and T. Mitchell Prudden, Myxoedema. Americ. Journal, July and August 1888.

Hunt, Psoriasis cured by thyroid extract. British med. Journal, March, 10., 1894.

Hunter W., Myxoedema. (Nottingham medico-chirurgical society.) British med. Journal, December, 31., 1892.

Hurwitz M., Die Behandlung des Kropfes mit Unterbindung der zuführenden Gefässe. Dissertation, Würzburg 1887.

Huss M., Om Sverges endemiska sjukdomar. Stockholm 1852.

Ibraisch C. H. M., Notes on a case of accessory thyroid gland projecting into the mouth. British med. Journal, December, 1., 1894.

Immerwol, Du myxoedème infantile. Méd. inf. 1894, pag. 558.

Iphofen, Der Cretinismus. Dresden 1817.

Jaboulay, Exothyropexie. Province méd. Lyon, 1894, pag. 169.

— Goître exophthalmique. Méd. moderne, 1894, pag. 275.

Jackson J., Schilddrüsenverfütterung bei Hautkrankheiten (Thyroid feeding in diseases of the skin). Intern. Centralbl. für Laryngologie, December 1894.

Jacoby E. H., A case of myxoedema. Lancet, May. 31., 1884.

James A., Showed a man, aged 50, suffering from myxoedema. British med. Journal. February, 18., 1893.

Jankowski Fr., Lähmungen der Kehlkopfmuskeln nach Kropfexstirpation. Deutsche Zeitschr. für Chirurgie, Bd. XXII, 1. und 2. Heft.

Janpitre, Tumeurs du corps thyroide. Thèse de Paris. 1876.

Jeaffreson C. S., Thyroid secretion as a factor in exopthalmic goitre. Lancet, November, 11., 1893.

Jeanselme E., Thyreoidites et strumites infectieuses. Gaz. des hôp., 2 Février 1895.

— Infectious thyreoiditis. New-York med. Journal, December, 2., 1893.

Joffroy, Des troubles nerveux consécut. aux lésions du corps thyroide. Gaz. hôpit., Paris 1891, Bd. LXIV, pag. 518.

Johannesen A., Strumaets aetiologiske forhold og udbredelse i Norge. Kristiania 1889.

Johne, Diffuse Hypertrophie der Schilddrüse mit seitlicher Compression der Trachea. Bericht des Veterinärwesens im Königreich Sachsen, 1885.

Johnson C. J. B., Myxoedema (Midland medical society, March, 22.). British med. Journal, May, 6., 1893.

Johnson F. S., Exophthalmic goitre. Trans. Illinois m. Soc., XLIII, pag. 193.

Jones S., Enlargement of thyroid gland. Removal of Isthmus. Atrophy of lateral lobes. Lancet, November, 24., 1883.

— The treatment of psoriasis by thyroid extract. British med. Journal, December, 30., 1893.

Jones Makeig, Myxoedema. British med. Journal, February, 4., 1888.

Jones R. and Thomas W. P., Thyroid adenoma and cystic accessory thyroid. Removal. Lancet, November, 10., 1894.

Julin, Valeur morphologique du corps thyroide des vertébrés, Bull. de l'Acad. des sciences de Belgique, 1887, pag. 295.

Julliard G., Trente et une exstirpations de goîtres. Revue de chir., 1883, No. 8.

Jurasz A., Ueber phonischen Stimmritzenkrampf. v. Ziemssen's Archiv, Bd. XXVI.

Jürgens M., Myxödem. Petersburger med. Wochenschr., 1888.

Kadyi, Ueber die accessorische Schilddrüse in der Zungenbeingegend. Archiv für Anatomie und Physiologie, 1872.

Kahn A., Ueber Struma ossea. Dissertation, Berlin 1886.

Kaskovech, Altérations de divers organes chez les chiens thyroidectomisés. Compt. rend. hebd. de Biologie, 1893, No. 12.

Kaufmann C., Die Struma maligna. Deutsche Zeitschr. für Chirurgie, 1878, Bd. XI, 5. und 6. Heft, pag. 401 und 485, ibid. Bd. XIV, 1880, pag. 25.

— Sechs weitere Fälle von Struma maligna. Deutsche Zeitschr. für Chirurgie, 1881, Bd. XIV, pag. 25.

— Die Struma retro-pharyngo-oesophagea. Deutsche Zeitschr. für Chirurgie, 1883, Bd. XVIII, 3. und 4. Heft.

— Die Cachexia strumipriva. Correspondenzbl. für Schweizer Aerzte, Nr. 8, 1885.

— Selbstbehandlung einer grossen Struma. Correspondenzbl. für Schweizer Aerzte, 1890, Nr. 21.

— Untersuchungen über fötale Rhachitis. Berlin 1892.

Kebell, Case of calcification of the thyroid gland, Lancet 1877, II, pag. 125.

Keck B., Ueber Strumabronchotomien. Dissertation, Zürich 1880.

Kemperdick C., Experiment über die Folgen der Elimination der Schilddrüse etc. Dissertation, Bonn 1889.

Keser C., l'Enucléation ou Exstirpation intraglandulaire du goître parenchymateux. Thèse de Paris, 1887.

Kieninger, Myxödem in Folge angeborenen Schilddrüsenmangels. Der praktische Arzt, Nr. 2, 1895.

Kiffen J., Acute bronchocele following influenza. British med. Journal, January, 22., 1895.

Kihn H., Zur Lehre von der intraglandulären Enucleation der Kröpfe. Dissertation, Würzburg 1887.

Killicher J., Abhandlung über den Kropf. Prag 1821.

Kimball R. B., A case of myxoedema with unusual features and rapid recovery. New-York med. Record, December, 23., 1893.

King P. W., Ueber die Structur und Function der Schilddrüse. Ref. in Schmidt's Jahrbuch, Bd. XXIV, 1839.

— Guy's Hospit. Reports., ser. I, Vol. I, 1835.

Kinnicut, Putnam, Thompson, Shattuck, Myxoedema. Philad. med. news, June, 10., 1893.

Kinnier D. F., The history of myxoedema. With the report of a case. New-York med. Record, January, 24., 1885.

Kirk R., Case of myxoedema with recurrent acute oedema of the lips, tongue and soft palate. Glasgow med. Journal, January 1894.¶

— Death of a cretin aged twenty yeares. Lancet, March, 11., 1893.

— Case of tetanic spasm during lactation in a cretinoid women. Lancet, June, 16., 1888.

Klaussner F., Ueber Tracheocele und Blähkropf. Münchener med. Wochenschr., 1895, Nr. 43.

Klebs E., Ueber Cretinismus und Mikrocephalie. Verhandlungen der Würzburger physiolog.-med. Gesellschaft, XVIII. Sitzungsbericht, 1873.

— Beobachtungen und Versuche über Cretinismus. Archiv für experimentelle Pathologie, Bd. II, 1873.

— Studien über die Verbreitung des Cretinismus in Oesterreich sowie über die Ursache der Kropfbildung. Prag 1877.

Klingelhofer A., Ein Fall von Struma sarcomatosa substernalis. Dissertation, München 1891.

Kloth A., Zur Behandlung der Struma. Bonn 1885.

Knaffl, Compression der Luftröhre durch die verhärtete Schilddrüse, die bei hinzugetretener Lungenentzündung den Tod verursachte. Oesterreichisches med. Jahrbuch, 1840, Nr. 7, Bd. XXXII, pag. 56.

Knecht R., Die intracapsuläre Ausschälung von Struma cystica. Dissertation, München 1888.

Knight, Acute idiopathic inflammation of the normal thyroid gland. Arch. Laryngol., No. 4, 1880, I, pag. 155.

Knobel, Allgemeine med. Anatomie, Februar 1800.

Kobler, Ein Fall von Sarkom der Schilddrüse mit multiplen Hirnhämorrhagien. Wiener med. Wochenschr., 1886, Bd. XXXVI, pag. 295.

Koch Th., Ueber zwei Exstirpationen suffocatorischer Kröpfe. Münchener med. Wochenschr., 1890, Nr. 3, 4.

Kocher Th., Exstirpation einer Struma retro-oesophagea. Correspondenzbl. für Schweizer Aerzte, 1878, Nr. 23.

— Zur Pathologie und Therapie des Kropfes, 3. Abschnitt. Ueber Entzündung des Kropfes. Deutsche Zeitschr. für Chirurgie, Bd. X, 3. und 4. Heft.

— Ueber Kropfexstirpation und ihre Folgen. Verhandlungen der deutschen Gesellschaft für Chirurgie, XII. Congress 1883. Archiv für klin. Chirurgie, Bd. XXIX, pag. 254.

— Ueber die Behandlung der Compressionsstenosen der Trachea nach Kropfexcision. Centralbl. für Chirurgie, 1883, pag. 649.

— Kropfsonde. Illustr. Monatsschr. der ärztl. Polytechnik, Januar 1884.

— Vorkommen und Vertheilung des Kropfes im Canton Bern. Ein Beitrag zur Kenntniss der Ursachen der Kropfbildung, Bern 1889.

— Bericht über weitere 250 Kropfexstirpationen. Correspondenzbl. für Schweizer Aerzte, 1889, Nr. 1.

— Zur Verhütung des Cretinismus und cretinoider Zustände nach neueren Forschungen. Deutsche Zeitschr. für Chirurgie, Bd. XXXIV.

— Die Schilddrüsenfunction im Lichte neuerer Behandlungsmethoden verschiedener Kropfformen. Correspondenzbl. für Schweizer Aerzte, Nr. 1, 1895.

Köhler A., Zur Myxödemfrage. Berliner klin. Wochenschr., 1889, pag. 903.

Köhler R., Myxödem, auf Syphilis beruhend. Berliner klin. Wochenschr., 1892, S. 743.

Koehler, Guérison d'un myxoedème. Thyroidectomie partielle. Le mercredi méd., 1891, pag. 543.

Kölliker, Entwicklungsgeschichte, 1879.

Kohlrausch, Müller's Archiv, 1853, S. 142.

Kohn A., Ueber Strumitis und Thyreoiditis. Allgemeine Wiener med. Zeitung, 1885, Nr. 14, neue Folge.

Kolaczek P., Ein seltener Fall einer zum Theil intrathoracalen Struma. Berliner ärztliche Zeitschr., Nr. 2.

Kopf C., Ueber den Kropf etc. Dissertation, Sulzbach 1839.

Kopp, Veränderungen im Nervensystem, besonders in den peripheren Nerven des Hundes nach Exstirpation der Schilddrüse. Virchow's Archiv, Bd. CXXVIII, 1892.

Koppe, Thyroiditis idiopathica. Ausgang in Zertheilung und Genesung in vier Tagen. St. Petersburger med. Zeitschr., 1868, XV, pag. 287.

Koranyi F., Ueber die acute Entzündung der Schilddrüse. Pester med.-chir. Presse, 1892, Nr. 20, 21.

Kotschovits, Erfolge der operativen Behandlung der Struma maligna. Dissertation, Jena 1887.

Kräpelin, Ueber Myxödem. Deutsches Archiv für klin. Medicin, Bd. XLIX, 6. Heft, 1892.

Kratter J., Der alpine Cretinismus, Graz 1884.

Krauss, Observations on a case of myxoedema. Journal of nervous and mental diseases, October 1893.

Krebel, Bemerkungen über den Kropf, Materialien etc., Bd. I, Abth. 2, S. 347.

Kretschy P., Verschliessung der Vena anonyma dextra durch eine Struma substernalis. Wiener med. Wochenschr., 1877, Nr. 1.

Kribben (Erlangen), Beitrag zur operativen Behandlung des Kropfes. Dissertation, Aachen 1887.

Krieg, Plötzlicher Tod nach Injection von zwei Tropfen Jodtinctur in eine Struma. Württembergisches med. Correspondenzbl., 1884, Bd. LIV, S. 145.

Krönlein U., Ueber Struma intrathoracia retrotrachealis. Deutsche Zeitschr. für Chirurgie, Bd. XX, 1. und 2. Heft.

Krügelstein, Die Kunst, die Krankheiten der Schilddrüse zu heilen. Gotha 1827.

Küthe F. Ph., Extractum thyroidii siccum en extractum thymi siccum. Nederl. Tijdschr. v. Geneesk, 1895, I, 4.

Kummer und Favel, Zwei Fälle von Strumitis hämatogenen Ursprungs. Ihre Ursache und Behandlung. Wiener Presse, 1891, S. 1620.

Laache, Ueber Myxödem und dessen Behandlung mit innerlich dargereichter Glandula thyreoidea. Deutsche med. Wochenschr., 1893, Nr. 11.

Labbé, Goître retrosternal. Bull. de la Soc. de méd., 1870.

Lacauchie, Traité d'hydrotomie, pag. 120 (siehe Schiff).

Lager, St., Deuxième série d'études sur les causes du crétinisme etc. Lyon 1868.

Lahl J. O., Myxoedema (Clinical society of London). Lancet, December, 1., 1883.

— On a case of myxoedema, with remarks upon the etiology of the disease. Lancet, July, 14., 1883.

Lalouette, Recherches anatom. sur la glande thyr. Mém. de math. et de phys. prés. à l'acad. roy. des sciences, 1750.

Lambros, Ein Fall von hochgradigem stabilen Oedem nach habituellem Erysipelas. Wiener klin. Wochenschr., 1892, Nr. 11, pag. 165.

Lamm A., Struma vasculosa, behandladt medelst galvanism. Hygiea, 1870, Förh. sid. 29.

Landau, Ueber Myxödem. Berliner klin. Wochenschr., 1887, pag. 284.

Landouar J. B., Une observation de myxoedème. Thèse de Paris, 1887.

Lang, Acute inflammation of the thyroid gland. Med. Record, 1885, No. 4, pag. 65.

Langendorff O., Aeltere und neuere Ansichten über die Schilddrüse. Biolog. Centralblatt, Bd. IX, 1889/90.

— Beiträge zur Kenntniss der Schilddrüse. Dubois-Reymond's Archiv für Anatomie und Physiologie, 1889.

Langhans, Ueber Veränderungen etc. bei Cachexia thyreopriva des Menschen und Affen sowie bei Cretinismus. Virchow's Archiv, Bd. CXXVIII, 2. und 3. Heft, 1892.

Lannelongue, Der erste Versuch, eine Thierschilddrüse auf den Menschen zu übertragen. Wiener med. Blätter, Nr. 13, 1890.

Lannois M., De la cachexie pachydermique. Arch. de méd. expir. 1889, No. 3 et 4.

Lanz O., Zur Schilddrüsenfrage. Volkmann's Sammlung, Leipzig 1894.

— The thyroid gland and its relation to myxoedema. Phil. med. news, October, 6., 1894.

— Zur Schilddrüsentherapie des Kropfes. Schweizer Correspondenzbl., 1895, Nr. 2.

— Ueber Thyreoidismus. Deutsche med. Wochenschr., 1895, Nr. 37.

— Zur Schilddrüsentherapie. Sind die Präparate der Schweinsschilddrüsen wirksam? Schweizer Correspondenzbl., 1895, Nr. 10.

— Beiträge zur Schilddrüsenfrage. Mittheilungen aus klinischen und medicinischen Instituten der Schweiz, III. Reihe, 8. Heft, Basel 1895.

Larder H., Myxoedema. British med. Journal, March, 21., 1885, pag. 602.

Lardy, Contribution à l'histoire de la Cachexie thireoprive. (Separat-Abdruck.) Bern.

Larsen A., Et tilfaelde of Myxoedem, behandlet med Glandula thyreoiden. Hosp. Tid. 11. October 1893.

Laskowski, Lésions du recurrens et cachexie Revue méd. de la Suisse, 1883.

Lassar O., Stabiles erysipeloides Oedem. Berliner klin. Wochenschr., 1888, S. 935. (Discussion zum Fall Manasse.)

Lattey A., Report on a case of myxoedema. Lancet, June, 29., 1882.

Laulanié M., Nouveaux faits pouvant servir à la détermination du rôle des corps thyroides. Gaz. méd. de Paris, tome VIII, 1891, pag. 253.

Laurer A., Beiträge zur Kropfbehandlung. Dissertation, Erlangen 1887.

Lawrie, Two cases of myxoedema (Dorset and West Hants Branch). British med. Journal, May, 20., 1893.

Lebert, Mehrere Fälle von Thyreoiditis. Berliner med.-encyklopäd. Wörterbuch. Suppl.-Band, S. 469.

— Die Krankheiten der Schilddrüse. Breslau 1862.

Lebon, Emploi thérapeutique du corps thyroide. Gaz. des hôpit, 16 Août 1894.

Lediard H. A., Case of myxoedema. Lancet, April, 30., 1881.

Legendre, De la Thyroide (Anatomische Beschreibung der Nerven). Thèse de Paris, 1852.

Leichtenstern, Ein mittelst Schilddrüsen-Injection und -Fütterung behandelter Fall von Myxoedema operativum. Deutsche med. Wochenschr., 1893, Nr. 49/50.

— Myxödem und Entfettungscuren mit Schilddrüsensaft. Deutsche med. Wochenschr., 1894, Nr. 50.

Lejars et le **Roy**, Goître suppuré. Ulceration de la carotide primitive et de la jugulaire interne droite. Ligature de la carotide primitive. Mort. Progrès méd., 1887, No. 3.

Leisring und **Müller**, Handbuch der vergleichenden Anatomie der Haussäugethiere, 6. Aufl., 1885, S. 486.

Lemos A., El boico yel cretinismo en la provincia de Mendoza. Revista medico-quirurgica de Buenos-Ayres, 1877.

Lendon A. A., Myxoedema and sporadic cretinism. Austral. med. Gaz., May, 15., 1894.

Lentz, Thyroidectomie letale. Mecr. méd., 5 April 1893.

Leszynsky M. W., Case of sporadic myxoedematous cretinism. Post Graduate, October 1894.

Letulle et **Meslay**, Cancer primitif de la glande thyroide, phlebite cancéreuse du tronc brachio-cephalique droit. Bull. soc. anatom. de Paris, Mai 1894, pag. 331.

Liebermeister, Ueber eine besondere.Ursache der Ohnmacht etc. Prager Vierteljahrsschrift für die gesammte Heilkunde, 1864.

Liebrecht P., De l'excision du goître parenchymateux. Bull. de l'acad. royal de méd. de Belgique, 1883, tome XVII, No. 3 et 4.

15*

Lindh A., Evidement of struma. Hygiea, 1878, pag. 129.

Lingl C., De glandula thyreoidea. Monachii 1797.

Linhart W., Compendium der chirurgischen Operationslehre. Wien 1874.

Lion et Bensaude, Thyroidite a pneumocoques postpneumonique; guérison. Soc. anatom. de Paris, 8 Juin 1894.

Little J., read an account of a case of myxoedema treated at first by the hypodermic injection and subsequently by the internal administration of thyorid juice (Royal academy of medicine in Ireland). Lancet, May, 27., 1893.

— Sequel of a case myxoedema treated by thyroid juice. Dublin, Journal of med. Science, April 1894.

Lloyd Andriezen, The morphology, original and evolution of the pituitary body. British med. Journal, January, 13., 1894, pag. 55.

Loder, Examen hypoteseos de Glandula thyreoid. usu. Jenae 1797.

Loeb, bei Hoffa. Ueber die Folgen der Kropfexstirpationen. Sitzungsbericht der phys.-med. Gesellschaft zu Würzburg, 1887, S. 109.

Loewenhardt, Einige Bemerkungen über die Entzündung der Schilddrüse (Gangrän. Aehnliche Fälle von Knüppel, Eulenburg, Middeldorpf.) Med. Zeitung vom Verein für Heilkunde, Berlin 1843, Nr. 13.

Loewenthal, Lésions cérébrales des chiens éthyroidés. Rev. méd. de la Suisse romande, 1887.

Loewy, Ein Fall von Myxödem mit cretinartigem Zwergwuchs. Berliner klin. Wochenschrift, 1891, Nr. 47.

Löhlein, Congenital-hereditäre Strumen bei Gesichtslage. Zeitschr. für Geburtshilfe und Frauenkrankheiten, 1874.

Lombard H. C., Étude sur le goître et le crétin et sur leur cause atmosphérg. Bull. soc. méd. de la Suisse rom, Lausanne 1874.

— Sur les fonctions du corps thyr. etc. Ibid. 1883.

Lombroso C., Ricerche sul cretinismo in Lombardia. Gaz. med. ital. lomb. Milano 1859, pag. 253 u. ff.

— Studii clinici e antropometrici sulla microcefalia ed il cretinismo. Riv. clinic. di Bologna, 1873, pag. 193 ff.

Louel, Note sur une malade présentant un état général cachectique particulier (myxoedème) améliorée par des injections d'extrait de corps thyroide. Nouveau Montpellieur méd., 6 Avril 1895.

Lücke A., Die operative Behandlung des Kropfes. Bern, Volkmann's Sammlung klin. Vorträge, 1870, Nr. 7.

— Ueber Struma pulsans acuta. Deutsche Zeitschr. für Chirurgie, Bd. VII, S. 451.

— Die Krankheiten der Schilddrüse (Pitha und Billroth's Handbuch für Chirurgie), Stuttgart 1875.

— Cancroid der Schilddrüse mit sehr acutem Verlauf, Archiv für klin. Chirurgie, 1867, Bd. VIII, S. 88.

Lüders, Ueber Cachexia strumipriva. Kiel, Inaug.-Dissertation, 1890.

Lund H., Three cases of thyroid cyst and adenomata treated by enucleation. Lancet, December, 2., 1893.

Lundle R. A., A case of myxoedema treated with thyroid extract and thyroid feeding. British med. Journal, January, 14., 1893.

Lunn J. R., Cases of myxoedema. British med. Journal, December, 24., 1881.

— W., Cretinismus treated by thyroid extract. British med. Journal, December, 9., 1893.

Lupo, Glandole tiroida. Progr. medic. di Napoli, 1889.

Luschka, Der Hirnanhang und die Steissdrüse des Menschen. Anatomie des Menschen, Bd. I, S. 298.

Lussana F., Mixoedema o sclerodermia? Caso clinico. Annal. univers. di Medic., Settembre 1886.

Lustig, Ueber die Aetiologie des endemischen Kropfes. Verhandlungen des X. internationalen Congresses zu Berlin, 1890, Bd. II.

— Contributo alla conoscensa dell' istogenesi della glandola tyreoide. Le Sperimentale, 1867, pag. 84.

— Untersuchungen über den Stoffwechsel bei der Basedow'schen Krankheit. Dissertation, Würzburg 1890.

Lux F., Beiträge zur Therapie der Struma cystica. Dissertation, Würzburg 1880.

Lydston, Acuta Thyroiditis with abscess. New-Orleans, January 1891, pag. 815.

Maas, De glandula thyreoidea. Dissertation, Würzburg 1810.

— H., Zur Frage von der Asphyxie bei Struma. Berliner ärztl. Zeitschr., 1880.

— Ueber Kropfbehandlung. Verhandlungen der LVI. Versammlung deutscher Naturforscher und Aerzte, Freiburg 1883.

— Zur Veränderung der Trachea durch Kröpfe. Verhandlungen der Deutschen Gesellschaft für Chirurgie, 1883.

Mac-Adam R. L., The effects of overdoses of thyroid extract. New-York med. Journal, 10. February 1894.

Mackenzie, On the etiology of endemic goitre, Med. Exam., London 1877.

— A case of myxoedema treated with great benefit by feeding with fresh thyroid glands. British med. Journal, October, 29., 1892.

— Clinical Journal, April, 25., 1894.

— On the differential diagnosis and treatment of bronchocele, Lancet 1872.

— On treatment of bronchocele. Birmingham med. review., January 1875.

— Fibro-cystic goitre constricting the oesophagus; death. Med. times and gaz., December, 7., 1878.

— On the treatment of goitre. Congrès international des sciences médicales, Copenhague. 1884, Compte rendu, IV, pag. 61.

— Thyroid treatment in obesity and exophthalmic goitre. British med. Journal, July, 21., 1894.

Macphail und Bruce, The effect of thyroid feeding on some types of insanity. Lancet, October, 13., 1894.

Macpherson, Thyroid grafting in myxoedema. Edinburgh med. Journal, Mai 1892.

Madelung V. W., Anatomisches und Chirurgisches über die Glandula thyreoidea accessoria. Archiv für klinische Chirurgie, Bd. XXIV, pag. 71.

Maffei und Rösch, Neuere Untersuchungen über den Cretinismus. I. Theil: Der Cretinismus in Württemberg. Von Dr. Rösch. Mit Anmerkungen von Dr. Guggenbühl. II. Theil: Der Cretinismus in den norischen Alpen. Von Dr. Maffei. Erlangen 1844.

Mahomed F. A., The pathol. and etiolog. of Myxoedema. Lancet, London, December, 24., 1881.

Maignien, Des usages du corps thyroide. Comp. rend. de l'acad. de méd., Paris 1842.

Maistre A. F., Der Kropf. Dissertation, München 1842.

Malard Ch., Sur le goître plongeant ou rétrosternal. Thèse de Paris, 1879.

Malin B., De Struma cystica. Dissertation, Berlin 1855.

Manasse, Ueber Myxödem. Berliner klin. Wochenschr., 1888, Nr. 29.

Mangin G., Interstitial injections of jodine in the treatment of goitre. New-York med. Journal, February, 10., 1894.

Marchesi P., La mecanica respiratoria nei cani tiroidectonizzati. Arch. scienz. med., 1894, XVII, pag. 75.

Marie und Guerlain, Thyroid feeding in myxoedema. New-York med. Record, March, 10., 1894.

Mariner G. P., Myxoedema. New-York med. Record, October, 6., 1894.

Marquet, Interstitielle Injectionen von Jodoformäther bei Kropf. Limousin méd., May, 1894.

Marr C., A case of myxoedema, with insanity, treated by thyroid feeding and thyroid extract. Glasgow med. Journal, August 1893.

Masoin, Toxicity of the urine afher thyroidectomy. New-York med. Record, February, 24., 1894.

Marthe F., Quelques recherches sur le développement du goître. Dissertation, Bern 1873.

Martin C. T. und Rennie G. E., A case of sporadic cretinism treated by thyroid grafting. Austral. med. Gazette, December, 15., 1893.

Martin P., The function of the thyroid body. Proc. roy. Soc., Vol. VIII.

Marvaud, cit. bei Chavot, Étude clinique sur les goîtres infectieux sporadiques. Rev de Chirurg., 1890, pag. 701.

Mathieu A., Sarcome du corps thyroïde etc. Le progrès méd., 1880.

Matignon, Sur un cas de thyroidite survenue au cours des oreillons. Gaz. hebd. des Sciences méd. de Bord., Fevrier 1890.

Maude A., A case of myxoedema and the connection between myxoedema and Graves disease. (South-Eastern Branch.) British med. Journal, May, 6., 1893.

Maumené, Recherches expériment. sur les causes du goître. Compt. rend. de l'acad. des Scien., 1866, LXII.

Maurer, Ein Fall von angeborenem Kropf. Journal für Kinderkrankheiten, 1854, pag. 351.

May, Hooper, showed a case of myxoedema treated by internal administration of thyroid extract and tabloids. (Metropolitan counties branch. North London district.) British med. Journal, May, 27., 1893.

Mayer, Anatomischer Anzeiger, 1888, pag. 97.

Mears, Treatment of cystic goitre. Philadelphia med. times, 1874, No. 147, pag. 741.

Mech J., Sechzehn Kropfoperationen. Dissertation, Erlangen 1864.

Meckel Fr., Abhandlungen aus der menschlichen und vergleichenden Anatomie und Physiologie. (Ueber die Schilddrüse, Nebennieren und einige verwandte Organe.) Halle 1806.

Meltzer S., Ueber Myxödem. New-Yorker med. Monatsschr., April 1894.

Meltzer, Ueber die Geschichte der Schilddrüsentherapie und über deren Anwendung in der inneren Medicin. New-Yorker Monatsschr., Mai 1895.

Mendel, Ein Fall von Myxödem. Deutsche med. Wochenschr., 1893, Nr. 2.

— Drei Fälle von geheiltem Myxödem. Deutsche med. Wochenschr., 1895, Nr. 7.

Menzies, A report on some recent cases of „Malignant" indian syphilis treated with thyroid extract. British med. Journal, 1894, No. 1749.

Merchie Z., Observation de thyroidite aiguë. Arch. belg. de méd. mil., Brüssel, 1852, IX.

Merkel, Anatomie und Physiologie des menschlichen Stimm- und Sprachorgans, Leipzig 1857, S. 98.

Merklen und Walther, Sur un cas de myxoedème amélioré par la greffe thyroidienne. Mercredi méd., 1890, No. 46.

Mertens F., Zur Kenntniss der Schilddrüse. Dissertation, Göttingen 1890.

Mettenheimer, Tracheostenose durch eine compacte Geschwulst der Thyreoidea.

Meuli, Zur Function der Schilddrüse. Pflüger's Archiv für die gesammte Physiologie, 1884, Bd. XXXIII.

Meyer, Hypothesis nova de secund. quadam utilitate glandulae thyr., Utrecht 1785.

Meyer R. B., Beobachtung der Zunahme des Kropfes bei unterdrückter Menstruation. Russische Sammlung für Natur- und Heilkunde, Riga 1817.

Meyer R., Ueber congenitale Struma. Beitrag zur Geburtshilfe und Gynäkologie. Berlin 1874.

— Ueber die Wirkung der Struma auf ihre Umgebung. Correspondenzblatt für Schweizer Aerzte, 1874.

Michaelson, Ueber den Einfluss der Exstirpation der Schilddrüse auf den Gaswechsel bei Katzen. Pflüger's Archiv, XLV, pag. 622.

Michel S. B. A., Considérations physiol. sur le corps thyroide. Thèse de Paris, 1850.

Middleton Geo. S., A case of myxoedema successfully treated with Thyroid gland; Relapse after cessation of treatment and death from tumour of the mediastinum. Glasgow med. Journal, December 1894.

Mikulicz S., Beitrag zur Operation des Kropfes. Wiener med. Wochenschr., 1886, XXXIII.

— Ueber die Resection des Kropfes nebst Bemerkungen über die Folgezustände der Totalexstirpation der Schilddrüse. Centralblatt für Chirurgie, 1885, S. 889.

— Ueber Thymusfütterung bei Kropf und Basedow'scher Krankheit. Berliner klin. Wochenschr., 1895, Nr. 16.

Milla, Influenza della neurina sui cani tiroidectomizzati. Riv. spec. di fren., 1894, Fasc. II.

Miller H. T., Failure of thyroid extract in a case of myxoedema. New-York med. Record., July, 6., 1895.

Miller B. W., A case of myxoedema. British med. Journal, February, 28., 1885.

Molière, Communications à la Société des Sciences méd. de Lyon, 1873.

Mondini, De Bronchocele in foetu octo mensium. Nov. comment. acad. scient. instit. Bononiensis III., Bonon 1839.

Monro T. K., A complicated case of Raynauds disease, local asphyxia with gangrena, accurring at a very early age. Congenital disturbance of general cutaneous circulation congenital hydrocephalus. Tracheocele. Glasgow med. Journal, April 1894.

Morris H., A case of cancer of the thyroid gland. death. necropsy. Lancet, February, 10., 1894.

Monteggia, Fascicula pathologica. Mediolani 1789. Vereiterte Thyreoidea: 1. Durchbruch nach den Luftwegen und Aorta, 2. Durchbruch nach der Brusthöhle.

Morvan, Cachexie pachydermique (Myxoedème). Gaz. d. hôpit., 1881, No. 110.

— Contribution à l'étude du myxoedème. Du myxoedème en Basse-Bretagne. Gaz. hebdom. de méd. et de chir., 1881, No. 34—37.

Montodon G., Contributo all'istologia del gland. thiroide. Napoli 1891.

Moretier, De l'étiologie du goître endémique. Thèse de Paris, 1854.

Morin, Zur Schilddrüsentherapie. Therapeutische Monatshefte, 1895, 11. Heft, pag. 593.

Moscatelli, Beiträge zur Kenntniss der Milchsäure in der Thymus und Thyreoidea. Zeitschr. für physiologische Chemie, 1888, Bd. XII, pag. 417.

v. Mosetig-Moorhof A., Die Behandlung des weichen Kropfes mit parenchymatösen Injectionen von Jodoform. Wiener med. Presse, 1890, Nr. 1.

— Drei Kropfexstirpationen. Wiener med. Wochenschr. 1881, Nr. 85.

Mosler, Ueber Myxödem. Berliner Klinik, 1888.

— Ueber Myxödem. Berliner klin. Wochenschr., 1889.

— Ueber das Myxödem. Berliner klin. Wochenschr., 1890.

— Ueber Myxödem. Therapeutische Monatshefte, September 1891, pag. 461.

Moussu, Des effets de la thyreodectomie experimentale. Soc. de Biologie. 17 Décembre 1892.

— Sur la fonction thyroidienne, Mecredi méd., 1893, pag. 125.

Moussu G., Effets de la thyreoidectomie chez nos animaux domestiques. Gaz. méd. de Paris, 1891.

Mühlbach, Der Kropf. 1823.

Mühlberg, Kropf und Kalk. Correspondenzbl. Schweizer Aerzte, 1878, Nr. 21.

Müller E., Ueber die intracapsuläre Exstirpation der Kropfcysten. Bruns' Mittheilungen aus der chirurgischen Klinik zu Tübingen, 1886, Bd. II, 1. Heft, pag. 77.

— Ueber die Kropfstenosen der Trachea. Mittheilungen aus der chirurgischen Klinik zu Tübingen, 1884, 3. Heft, pag. 371.

Müller Fr., Beiträge zur Kenntniss der Basedow'schen Krankheit. Deutsches Archiv für klin. Med., 1893, II. pag. 335.

Müller M., Ein Fall von Kropftod. Dissertation, München 1878.

Müller N., Der Kropf. Medizinskoje Obosrenje, 1884.

Müller S., Periostale Aplasie mit Osteopsathyrosis unter dem Bilde der sogenannten fötalen Rachitis. München, Lehmann, 1893.

Müller W., Ein Fall von Spindelzellensarkom der Schilddrüse etc. Jenaer Zeitschr. für Medicin und Naturwissenschaft, Bd. VI.

Munk H., Untersuchungen über die Schilddrüse. Sitzungsberichte der preussischen Akademie der Wissenschaft, Bd. XL.

— Weitere Untersuchungen über die Schilddrüse. Sitzungsbericht der königl. preussischen Akademie der Wissenschaft, Berlin 1887.

Murray G., Note on the treatment of myxoedema by hypodermic injections of an extract of the thyroid gland of a sheep. British med. Journal, October, 10., 1891.

— Remarks on the treatment of myxoedema with thyroid juice, with notes of four cases. (British medical association, July, 26., 27., 28.) British med. Journal, August, 27., 1892.

— The treatment of Myxoedema. Lancet, October, 22., 1892.

— Myxoedema treated by Thyroid Extract. (Clinical society of London, January, 27.) Lancet 1893, Bd. I, pag. 248.

— Thyroid secretion as a factor in exophthalmic goitre. Lancet, November, 11., 1893.

Musser, Abscess of the thyroid gland complicating the convalescenz of thyphoid fever. Med. Bullet., Philadelphia 1887, pag. 69.

Myxoedema, Discussion in Edinburgh. med. chirurg. soc., May 1893. British med. Journal, August, 27., 1892; February, 25., 1893.

— in der Glasgow med. chirurg. soc. Glasgow med. Journal, February 1893.

Mygind H., Thyreoiditis acuta simplex. Journal of Laryngology, March 1895, and Hosp. Tidende, 4 R., Bd. II, No. 48, pag. 1181.

Nammack, Psoriasis treated by thyroid extract with negativ result. New-York med. Record, September, 15., 1894.

Napier A., Notes of a case of myxoedema treated by subcutaneous injections of an extract of sheep's thyroid. Glasgow med. Journal, September 1892.

— The thyroid treatment of myxoedema: the selection of thyroid gland for administration. Lancet, I, 1893, pag. 273.

— Diuresis and increased excretion of urea in the thyroid treatment of myxoedema. Lancet, September, 30., 1893.

Naumann G., Struma cystica accessoria retro-oesophagealis. Exstirpatio. Hygiea, 1885, pag. 753.

— Die Struma. Dissertation, Lund 1891.

— Ueber den Kropf und dessen Behandlung. Uebersetzt von Reyter. Lund 1892.

Nauwerk, Beiträge zur Pathologie des Gehirns. Fall 16. Deutsches Archiv für klin. Medicin, Bd. XXIX, 1881, pag. 34.

Nawalichin, Das Lymphgefässsystem der Glandula thyreoidea. Pflüger's Archiv, Bd. VIII, pag. 613.

Neudörfer, Die Cachexia strumipriva (Korber), das Myxoedème opératoire (Reverdin) und die operative Tetanie (v. Eiselsberg). Wiener med. Presse, 1892, Nr. 8, pag. 289.

Neumann E., Ein Fall metastatisirender Kropfgeschwulst. Archiv für klin. Chirurgie, 1879, Bd. XXIII, pag. 864.

Neumeister, Aus dem pathologischen Institut zu Bonn. Experimentelle und histologische Untersuchungen über die Regeneration der Glandula thyreoidea. Dissertation, Bonn 1888.

Nicaise, Deux cas de strumite métastatique, leur étiologie et leur traitement. Bullet. de chirurg., 20 Mai 1892.

Nicholson R. H. B., read a paper on myxoedema, and mentioned a marked case in a lady, aged 56, of sixteen years' duration (East York and North Lincoln Branch). British med. Journal, April, 8., 1893.

Nicolaysen, Partielle Exstirpation der Glandula thyreoidea. Verhandlungen der med. Gesellschaft zu Christiania, 1894, pag. 121.

Nielsen, Ein Fall von Myxödem, durch Fütterung mit Glandulae thyreoideae (von Kälbern) geheilt, nebst einer Hypothese über die physiologische Function dieser Drüse. Monatsheft für praktische Dermatologie, September 1893, pag. 403.

— cit. bei Schotten, Ueber Myxödem und seine Behandlung mit innerlicher Darreichung von Schilddrüsensubstanz. Münchener med. Wochenschr., 1893, Nr. 51.

Nièpce, Traité du goître, Paris 1851.

Nivet, Compt. rend., 1852, I, pag. 289.

— Goître endémique et épidémique. Gaz. hebd. de med., 1873.

— Traité du goître, Paris 1880.

Nixon C. J., Select clinical reports: myxoedema. Dublin Journal, May, 1., 1889.

v. Noorden, Zur Entwicklung der Myxödemfrage. Münchener med. Wochenschr., 1887.

— Der gegenwärtige Stand der Lehre von der Bedeutung der Schilddrüse Münchener med. Wochenschr., 1887.

Northrup W. P., Infantile myxoedema. Med. Record, July, 21., 1894.

Northurn, Infantile myxoedema. Transact. americ. pediatric. soc., Vol. VI, 1894, pag. 109.

Notkin, Beitrag zur Schilddrüsenphysiologie. Wiener med. Wochenschr., 1895, Nr. 19—20.

v. Nussbaum, Kropfexstirpation. Aerztl. Intelligenz-Blatt, München 1883.

— Die Amputation des Kropfes. Eine vorläufige Mittheilung. Münchener med. Wochenschr., 1887, Nr. 15.

Obalinski A., Zur modernen Chirurgie des Kropfes. Wiener med. Presse, 1889, Nr. 30—31.

— Zur Kropfbehandlung. Krakau 1884.

Occhini, Semaine méd., 1886, No. 17.

Ockel R., Zur Casuistik der Strumektomie und der Cachexia strumipriva. Dissertation, Berlin 1887.

Oettinger, Maladies des vaisseaux sanguins. Traité de méd., 1893.

Olier, (et Bourneville). Note sur un cas de cretinisme avec myxoedème. Progrès méd., 1880, No. 35.

Oliver Th., On myxoedema. British med. Journal, March, 17., 1883.

Omboni, Tre gozzi retrosternali guariti colla totale estirpazione. Bollet. del comitato med., Cremonese 1885, VI.

Orcel L., Du cancer du corps thyroide. La province méd., Lyon 1889, No. 26, 28, 30, 31, 33—39.

Ord, On myxoedema, a term proposed to be applied to an essential condition in the
    cretinoid affection occasionally observed in middle-aged women. Medico-chirurg.
    Transactions, Vol. LXI (XLIII), 1878.
— Myxoedema treated by thyroid extract. (Clinical society of London, January, 27.)
    Lancet, February, 4., 1893.
— Myxoedema with flexures. British med. Journal, April, 17., 1886.
— Some cases of sporadic cretinism treated by the administration of thyroid extract.
    Lancet, November, 4., 1893.
— Ueber Myxödem. Wiener med. Presse, Nr. 32, 1890.
Ord und White, Changes in the urine after administration of thyroid extract. British
    med. Journal, September, 23., 1893.
— Myxoedema treated by the administration of Thyroid gland. (Clinical Society of
    London, November, 24.) Lancet, December, 2., 1893.
Oser, Echinococcus der Schilddrüse. Wiener med. Blätter, 1884, Bd. VII, pag. 1570.
Osler W., Note on intrathoracic growths developping from the thyroid gland. Med.
    news, Philadelphia 1889, Bd. LV, pag. 257.
— On sporadic cretinism in Amerika. Transact. americ. physic., Philadelphia 1893,
    Vol. VIII., pag. 380.
— Successful treatment of a case of infantile myxoedema with the thyroid extract. New-
    York med. Journal, November, 20., 1894.
Ottolenghi, Il campo visivo nei cretini. Archiv di Lombroso, 1893, pag. 256.
Oulmont, Infection purulente dans le cours d'une thyroïdite suppurée non ouverte.
    Mort. la France méd., 1880, No. 68, pag. 537.
Owen J. L., showed a case of myxoedema treated with injection of thyroid extract.
    (Sheffield medico-chirurgical society, March, 23., 1893.) British med. Journal, April, 15.,
    1893.

Paladino, Seltener Befund von gestreiften Muskelfasern in der Glandula thyreoidea.
    Rif. med., 29. Marzio 1893.
Palleske, Heilung eines operativ entstandenen Myxödems durch Fütterung mit Schaf-
    schilddrüse. Deutsche med. Wochenschr., 1895, Nr. 7.
Paltauf, Zur Kenntniss der Schilddrüse-Strumosa im Innern des Kehlkopfes und der
    Luftröhre. Beiträge zur patholog. Anatomie und allgem. Pathologie, XI, 1891.
Pankolk Ed., Die Gefahren und Folgen der Strumaoperation. Münchener Dissertation,
    Hamm 1886.
Parchappe, Étude sur le goître et le crétinisme.
Paterson A. G., A case of sporadic cretinism in an infant: treated by thyroid extract.
    Lancet, November, 4., 1893.
Pasteur W., On myxoedema. Clinical Society, January, 27., 1893.
Pastriot J., Étude sur le goître dépendant de la grossesse et de l'accouchement.
    Thèse de Paris, 1876.
Pätiälä F. J., Myxoedemasta. Decodecim, 1893, IX, S. 137, Helsingfors.
Paton, Case of myxoedema. Glasgow med. Journal, December 1887.
Péan, Thyroidectomie suive de la resection du cartilage cricoide et des cinq premiers
    anneaux de la trachée et nouvel appareil pour retablir la phonation. Gaz. des hôpit.,
    3 Mai 1894.
— Leçons de cliniq. chirurg., Paris 1879. (Zwei Fälle von Carcinom der Schilddrüse.)
Pel P. R., Myxoedema. Geneesk Bladen II, Nr. 1, 1895.
Perry, Tuberculosis of the thyroid gland. Transact. pathol. soc., London 1890/91, Bd. XLII,
    pag. 298.

Petrakides A. G., Ein Fall von Struma maligna (carcinomatosa). Dissertation, Würzburg 1892.

Peyron et Noir, Dermographiome du goître exophthalmique. Progrès méd., 1894, pag. 169.

Pflug, Struma congenita. Eine operative Studie. Deutsche Zeitschr. für Thiermedicin u. vergl. Pathologie, Bd. I, 5. und 6. Heft.

Philipeaux, Mémoires sur les goîtres, qui compriment et déforment la trachée-artère etc. Gaz. méd. de Paris, 1851.

Phillips L., Thyroid feeding in skin diseases. British med. Journal, November, 25., 1893.

Piana, Gazett. degli ospidale, 1886, No. 42.

Pick F., Zur Kenntniss der malignen Tumoren der Schilddrüse etc. Prager med. Zeitschr., 1892.

Pietrzikowsky E., Casuistische Mittheilungen aus der chirurgischen Klinik des Herrn Professor Gussenbauer, Prag. Prager med. Wochenschr., 1882, Nr. 46.

— Beiträge zur Kropfexstirpation nebst Beiträgen zur Cachexia strumipriva. Prager med. Wochenschr., 1883, Nr. 1 und 2.

Pigeon H. W., showed photographs of a lady, aged 64, who had myxoedema for three years (East York and North Lincoln Branch). British med. Journal, April, 8., 1893.

Pilliet, Glandule thyroidienne aberrante (p. 292). Le mecredi méd., 1893, pag. 136, 292.

— Die geschlossenen Drüsen am Halse. Tribune méd., 1894, pag. 624.

Pinchaud, Des thyroidites dans la convalescence de la fièvre typhoîde. Thèse de Paris, 1881.

Pisenti, Di una lesione del sistema nervosa centrale negli animali stiroidati. Riv. ven. di sc. med., 1894, No. 4.

Pisénti G. et G. Viola, Beiträge zur normalen und pathologischen Histologie der Hypophyse und des Verhältnisses zwischen Hirnanhang und Schilddrüse. Med. Centralbl., 1889.

Pitt, Sarcoma of left lobe of thyroid, growing round oesophagus and invading left internal jugular vein and left vagus. Transact.patholog.soc., London 1887, Bd. XXXVIII, pag. 398.

v. Ploennies E., Struma maligna. Dissertation, München 1888.

Podack M., Beitrag zur Histologie und Function der Schilddrüse. Dissertation, Königsberg 1892.

Podbelsky A., Ueber das Vorkommen des Colloids in den Lymphgefässen der strumös erkrankten menschlichen Schilddrüse. Prager Wochenschr. 1892, Bd. XVII, pag. 197.

— Ueber das Vorkommen des Colloids in den Lymphgefässen der strumös erkrankten menschlichen Schilddrüse. Prager med. Wochenschr., 1892, Nr. 19.

Poincaré M., Note sur l'innervation de la glande thyroide. Robin's Journal, 1875.

— Contribution à l'hist. du corps thyr. Journal de l'Anat. et de la Phys., 1877.

Polasson, Une observation de goître constricteur coincidant avec un cancer oesophagien. Hypothèse d'une congestion thyroidienne liée à l'évolution du cancer de l'oesophage. Province méd., 1889, 23. Mars, pag. 133.

Poncet, Exothyreopexie. Acad. de méd., 6 Juin 1894.

— Thyroido-éréthisme chirurgical pour myxoedème et perversion mentale. Le mercr. méd., 1893, pag. 465, Lyon méd., Avril 1893.

— Des larges débridements circumthyroidiens dans le cancer du corps thyroide. Congr. français de chirurgie, IV session du 7 au 12 Octobre 1889.

Porcher N. Ch. M., Essai sur le goître dans ses relations avec les fonctions utérines. Thèse de Paris 1880.

Porta L., Delle malattie e delle operazioni della ghiandula tiroidea. Milano 1849.

Pospelow, Ein Fall von Diabetes insipidus und Myxödem syphilitischen Ursprungs. Monatshefte für prakt. Dermatologie, Bd. XIX, Nr. 3.

Potain, Le goître suffocant. Gaz. des hôpit., 1884.

Poumet, Cancer du lobe gauche de la glande thyroide; oblitération de la veine jugulaire interne gauche; ulcération de la trachée artère: ulcération et perforation de l'oesophage et de l'artère carotide primitive gauche; hémorrhagie interne; mort. Bullet. soc. anatom., Paris 1837, tome XII, pag. 327.

Prévost, Cyste suppuré du corps thyroide. Bullet. soc. méd. prat. de Paris, 1881, pag. 118.

Prins A. L., Ueber den Einfluss des Jods auf die Schilddrüse in Verband mit der Injectionstherapie des Kropfes. Dissertation, Freiburg-Utrecht 1895.

Prochaska, Lehrsätze aus der Physiologie, 1797.

Prus, Beitrag zur Physiologie der Schilddrüse. (Polnisch ref. in Virchow-Hirsch Jahresb., 1886, Bd. I, pag. 174.)

Puichard, Des thyreoidites dans la convalescence de la fièvre thyphoide. Paris méd., 1881, No. 5.

Putnam J. T., Cases of Myxoedema and Acromegalia treated with benenfit by sheeps thyroids. Recent observations respecting the pathology of the Cachexia following disease of the thyroid: clinical relationships of Grave's disease and Acromegalia. Americ. Journal med. scienc., August 1893.

Puzey C., A case of malignant goitre. British med. Journal, London 1883.

Pyle J. S., An operation upon an interesting case of cystic degeneration of the thyroid gland, with a report. New-York med. Record., November, 4., 1893.

Quervain de, Ueber die Veränderungen des Centralnervensystems bei experimenteller Cachexia thyreopriva der Thiere. Virchow's Archiv, Bd. CXXXIII, pag. 481.

Quinlan, Tubercular disease of the thyroid gland. Proceed. pathol. soc., Dublin 1871/74.

Quinquaud M. Ch. C., Expériences sur la thyroidectomie. Gaz. méd. de Paris, 1891.

Rabère Cl., Myxoedème. Journal de méd. de Bord., 1881, No. 42—43.

Radek J., Ein Fall von Struma cystica. Przeglad. lekarski, 1875, Nr. 8.

Radestock, Ein Fall von Struma intratrachealis. Ziegler's und Nauwerk's Beiträge zur pathologischen Anatomie, Bd. III.

Raff, Psoriasisbehandlung. Monatshefte für prakt. Dermatologie, 1891.

Ragazzi C., Recherches anatomiques sur le goître. Thèse de Berne, Berlin 1885.

Railton T. C., Sporadic Cretinism. British Journal, March, 28., 1892, and ibid. Juni, 2., 1894.

Rapin, Simple réflexion sur 22 opérations de goître. Revue méd. de la Suisse romande, 1883, pag. 414.

Rapper E., Behandlung des weichen Kropfes mit parenchymatösen Injectionen von Jodoform. Deutsche med. Wochenschr., 1891, Nr. 28.

Rascol A., Contribution à l'étude des thyroidites infectieuses. Paris 1891.

Raven, Myxoedema treated with thyroid tabloids. British med. Journal, January, 6., 1894.

Rehn, Ueber die Myxödemform des Kindesalters und die Erfolge ihrer Behandlung mit der innerlichen Darreichung von Schilddrüsenextract. Monatshefte für prakt. Dermatologie, 1893, II, pag. 540.

Reinhold G., Ueber Schilddrüsentherapie bei kropfleidenden Geisteskranken. Münchener med. Wochenschr., 1894, Nr. 31.

Relazione della commissione nominata d'ordine di S. M. il re di Sardegna per studiare il cretinismo. Turino 1848.

Relazione della commissione de reale Istituto Lombardo di scienz. e lett. del cretinismo in Lombardia. Milano 1864.

Rennie, Myxödema. Austral. med. Gazetta, January, 15., 1894. (Referirt im Centralbl. für Laryngologie, 1894, Nr. 6.)

Report of a committee of the Clinical Society of London, nominate December, 14., 1883, to investigate the subject of Myxoedema. London 1883.

Reuss, Württembergisches Correspondenzbl., VI, pag. 168.

Reuter, Ein Fall von Wanderkropf. Münchener med. Wochenschr., 1892, pag. 452.

Reverdin J. L., Contribution à l'étude du myxoedème consécutif à l'exstirpation totale ou partielle du corps thyroide. Revue méd. de la Suisse romande, 1887.

Reverdin J. L. und Aug., Note sur vingt-deux opérations du goître. Genf, Revue méd. de la Suisse romande, 1883, No. 4—6.

— Revue méd. de la Suisse romande, 1895.

Rewant (Butoye), Thèse de Lyon, 1888.

Ribbert, Ueber die Regeneration des Schilddrüsengewebes. Virchow's Archiv, Bd. CXVII, Centralbl. für Chirurgie, 1890, Nr. 36.

Ribbing S., Yttrande i diskussionen efter Mackenzie's föredrag a kongressen i Köpenhamm, 1884, Compte rendu, IV, pag. 68.

Richardson, Thyroid extract in goitre Lancet, Juni, 23., 1894.

Richelot, Deux observations de thyroidectomie presentées par M. Schwarz. Bull. et mém. de la soc. de chir. de Paris, tome X, pag. 784.

Ricklin, Observations de thyroidite aiguë. Gaz. méd. de Paris, 1885, pag. 448.

Ricou, Mémoire sur l'anatom et la physiol. du corps thyroide et de la rate etc. Rev. de mém. de méd. de chir. et de pharmacie militaires, 1870.

Ridel-Saillard, De la cachexie pachydermique. Gaz. des hôpit., 1881, No. 107.

Rie, Myxödem, mit Thyreoidea-Extract geheilt. Wiener med. Blätter, Nr. 26, 1895.

Riedel, Kropfexstirpation, Lähmung des Recurrens durch Ausspülung der Wunde mit Carbolsäure, schwere Störung analog den bei Vagusaffectionen beobachteten. Tod an Schluckpneumonie. Centralbl. für die med. Wissenschaft, 1882, Nr. 34.

Riess L., Ueber einen Fall von Myxödem. Berliner klin. Wochenschr., 1886, Nr. 51.

Ritter, Ein Fall von Schilddrüsenkrebs. Dissertation, München 1890.

Roberts J. B., Thyroidectomy in the treatment of goitre. New-York med. Journal, January, 12., 1895.

— Suffocative goître. Surg. Penn. Hosp. Philad., 1880.

Robin V., Myxoedème congénit. traité par des injections hypodermiques de suc thyroidien et par la greffe des corps thyroides. Lyon méd., 7 August 1892, No. 32.

Robinson W., Myxoedema associated with goitre. British med. Journal. January, 7., 1893.

Rockwell A. D., The treatment of exophthalmic goitre based on forty-five consecutive cases. New-York med. Record, April, 30., 1893.

Rodman, On sudden dyspnoea associated with thyroidal tumours. British med. Journal, 1890, pag. 1361.

Roellinger L., De la thyroidite aiguë. Thèse de Paris, 1877.

Rogowitsch, Die Veränderung der Hypophysis nach Exstirpation der Schilddrüse. Ziegler's Beiträge zur pathologischen Anatomie, Bd. IV.

— Zur Physiologie der Schilddrüse und der ihr verwandten Drüsen. Medizinskoje obossenje, 1886, Nr. 14.

— Sur les effets de l'ablation du corps thyroide. Arch. de physiol., 1888, pag. 419.

Romain, Thyroidite suppurée consécutive à la fièvre intermittente. Arch. de méd. et pharm. milit., Paris, 1886, pag. 470.

Romme, Tribune méd., 1889, No. 17—18.

Roque, Myxödem bei einem jungen Mädchen. Lyon med., 1893, pag. 615.

Rose E., Ueber die Exstirpation substernaler Kröpfe. Archiv für klin. Chirurgie, 1878, Bd. XXIII, 2. Heft.

— Der Kropftod und die Radicalcur der Kröpfe. Archiv für klin. Chirurgie, 1878, Bd. XXII, pag. 1.

— Ueber eine neue Form der substrumösen Tracheotomie. Correspondenzbl. für Schweizer Aerzte, 1879.

— Die chirurgische Behandlung der carcinomatösen Struma. Archiv für klin. Chirurgie, Bd. XXIII, 1. Heft.

Rosenbach, Fall von Rettung aus Erstickung bei retrosternalem Kropf etc. Berliner klin. Wochenschr., 1869.

Rosenblatt J., Ueber die Todesursache der Thiere nach Entfernung der Schilddrüse. Arch. des scienc. biolog., tome III, No. 1.

Rosenblüth S., Ueber den Kropf, seine Gefahren und Behandlung. Dissertation, Erlangen 1890.

Roser W., Operation einer wandernden Kropfcyste. Centralbl. für Chirurgie, 1888, pag. 571.

Rossander C. J., Evidement of struma. Hygiea, 1875, pag. 601.

— Anförande i diskussionen efter Mackenzie's föredrag a kongressen i Kjöbenhavn, 1884, Compte rendu, IV, pag. 70.

— Om jodbehandling för struma. Nord. Med. Archiv, Bd. XVI, Nr. 23, 1884.

Rotter J., Die operative Behandlung des Kropfes. Mittheilungen aus der chirurgischen Klinik des Professors Maas in Würzburg. Archiv für klin. Chirurgie, Bd. XXXI, 4. Heft.

Routh A., A case of sporadic cretinism with appearance of myxoedema. British med. Journal, March, 22., 1884.

Routh Laycock, Haemorrhage as a sympton attending myxoedema. Lancet 1888, February, 4.

Roux, Remarques sur 115 opérations de goître. Festschr. zum Jubiläum von Theodor Kocher, 1891, pag. 199.

Rozan, Étude sur l'étiologie du goître. Rec. de mém. de méd. mil., III. sér., Vol. X.

Rozycki L. v., Der Kropf. München, 1868.

Rüdinger, Ueber den Einfluss der Schilddrüse auf die Ernährung des Gehirns. Münchener med. Wochenschr., 1888.

Ruhlmann E., Considérations sur un cas de goître cystique rétro-pharyngien. Dissertation, Strassburg 1880.

Russ, Med. and phys. Journal, 1806, Vol. XVI, pag. 193.

Ruyschius, De fabrica glandularum in corpore humano. Leidae 1722.

Rydygier L., Zur Behandlung des Kropfes durch Unterbindung der zuführenden Arterien. Wiener med. Wochenschr., 1888, Nr. 49—50.

— Ueber die Endresultate nach Unterbindung der zuführenden Arterien bei Struma. Verhandlungen der Deutschen Gesellschaft für Chirurgie, 1890.

Sacerdotti v., Die Nerven der Schilddrüse. Internationale Monatsschr. für Anatomie und Physiologie, 1894.

Saillard, Essai sur le goître épidémique. Paris 1811.

Saint-Lager J., Sur les causes du crétinisme et du goître endémique. Lyon 1868.

Sandström J., Om en ny körtel hos menniskan och atskilliga däggdjur. Upsala läkareförenings förhandlingar, Bd. XV, pag. 441.

Sanquirico C. et Canalis P., Sulla estirpazione del corpo tiroide. Gazz. delle cliniche, 1884, No. 29; 1885, No. 11.

Sanquirico, Nuove esperienze sulla estirpazione del corpo tiroide. Atti della r. accad. dei fisiocritici in Siena, 1893, Fasc. 1.

Saundby, showed a patient, aged 57, whom he had treated for myxoedema by the administration of thyroid gland. (Birmingham and Midland counties branch of the British medical association.) British med. Journal, May, 6., 1893.

Sauson, Des tumeurs du corps thyroide etc. Paris 1841.

Saschyn N., Beitrag zur Behandlung des Kropfes. Dissertation, München 1888.

Savage, Myxoedema and its nervous symptoms. Journal of Mental scienc., January 1880.

Savill, Case of myxoedema in a male. British med. Journal, December, 3., 1887, pag. 1216.

Savostitsky G., Strumaexstirpation. Heilung. Protokoll der Moskauer chirurgischen Gesellschaft, 1879, Nr. 1.

Schein, Das Schilddrüsensecret in der Milch. Wiener med. Wochenschr., Nr. 12, 13 und 14, 1895.

Scheinmann, Ueber einen Fall von Carcinom der Thyreoidea. Deutsche med. Wochenschrift, 1890, pag. 263.

Schenk O., Ein Fall von Struma congenita hereditaria. Dissertation, Heidelberg 1891.

Schiff M., Untersuchungen über die Zuckerbildung in der Leber und den Einfluss des Nervensystems auf die Erzeugung des Diabetes. Würzburg 1859.

— Resumé d'une série d'expériences sur les effets de l'ablation des corps thyroides. Revue méd. de la Suisse romande 1884, No. 2 et 8.

Schinzinger, Ueber Cystenkropfoperationen. Memorabilia, 1879, pag. 9.

— Ein Fall von Kropfexstirpation. Verhandlungen der LVIII. Versammlung deutscher Naturforscher und Aerzte in Strassburg, 1885.

Schmalbach, Beitrag zur Casuistik der Struma maligna. Dissertation, Würzburg 1893.

Schmid H., Ein Fall von Cachexia strumipriva. Berliner klin. Wochenschr., Nr. 31, 1886.

Schmidt J., Ueber Myxödembehandlung. Therapeut. Monatsschr., Januar 1895, pag. 38.

— Deutsche med. Wochenschr., Nr. 8, 1884.

Schmidt B., Ueber Zellknospen in den Arterien der Schilddrüse. Virchow's Archiv, Bd. CXXXVII, S. 330.

Schmidtmüller, Ueber Ausführungsgänge der Schilddrüse. Landshut 1804.

Schmitz P. B., Ueber die Indicationen zur Exstirpation der Struma. Dissertation, Würzburg 1885.

Schmuziger, Beiträge zur pathologischen Anatomie der Schilddrüse. Schweizer Correspondenzbl., 1882, Bd. XII, pag. 714.

Schneider, Der angeborene Kropf. Casper's Wochenschr. für die gesammte Heilkunde. 1846.

Schnitzler, Ueber Kropfasthma. Wiener med. Presse, 1877.

Schönemann A., Hypophysis und Thyreoidea. Virchow's Archiv, Bd. CXXIX, 1892.

Schöninger, Fälle von Schilddrüsenentzündung. Schmidt's Jahrbuch der gesammten Medicin, Vol. XXXIV, pag. 383.

Schöninger und Michel, Württemberger Correspondenzbl., 1842, pag. 101.

Schönlein, Pathologie und Therapie, Bd. I, pag. 81.

Scholz L., Ueber fötale Rhachitis. Dissertation, Göttingen 1892.

Scholz W., Ueber den Einfluss der Schilddrüsenbehandlung auf den Stoffwechsel des Menschen. Centralbl. für innere Medicin, 1895, Nr. 43 und 44.

Schorndorff, Beiträge zur therapeutischen Verwendung des Jodols. Dissertation, Würzburg 1889.

Schotten, Ueber Myxödem und seine Behandlung mit innerlicher Darreichung von Schilddrüsensubstanz. Münchener med. Wochenschr., Nr. 51 und 52, 1893.

Schramm, Przyczynki do nanki o wyluszczenin wola. Przeglad lekarski, Kraków 1881.

— Beitrag zur Tetanie nach Kropfexstirpation. Centralbl. für Chirurgie, 1884.

Schranz J., Beiträge zur Theorie des Kropfes. Archiv für klin. Chirurgie, Bd. XXXIV, 1. Heft, S. 92—159.

Schreger B. N. G., Fragmenta anatomica et physiologica. Lipsiae 1791.

Schücking, Enorme cavernöse Geschwulst des Neugeborenen als Geburtshinderniss. Centralbl. für Gynäkologie, Bd. XXIV, 1882.

Schütt, Beitrag zur Lehre von den Schilddrüsenkrebsen. Dissertation, Kiel 1891.

Schuh, Cancer fasciculatus der Schilddrüse. Wiener med. Wochenschr., 1859.

Schuler Carl, Zehn Kropfexstirpationen in der Privatpraxis. Festschr. zum Jubiläum von Th. Kocher, 1891, S. 261.

Schultz O. T., Acute inflammation of the right lobe of the thyroid, resulting in adeno-cystic enlargement, cured by emptying the cyst and by Jodine. The med. Herald, Nr. 1, 1880.

— Ueber die Folgen der Wegnahme der Schilddrüse beim Hunde. Neurolog. Centralbl., 1889, No. 8.

Schwager-Bardeleben, Observationes microscopicae de glandularum ductu excretorio carentium structura, deque earundum functionibus experim. Dissertation, Berlin 1813.

Schwalbe C., Die Ursachen und die geographische Verbreitung des Kropfes, 1879.

Schwartz, Absces tuberculeux du corps thyroide. Archiv de laryngol., No. 6, 1894.

Schwarz H., Experiment zur Frage der Folgen der Schilddrüsenexstirpation. Dissertation, Dorpat 1888.

— Sul valore delle injezioni di succo di tiroide nei cáni tiroidectomizzati. Lo Speriment, Fasc. 1, 1892.

Schwass, Zur Myxödemfrage. Berliner klin. Wochenschr., 1889, Nr. 21.

Sciolla, Di alcune lesioni anatomiche secondarie alla tiroidectomia. Gazz. de Ospid., 1894, No. 102.

Seiffert E., Zwei Fälle von malignen Neubildungen in alten Strumen. Dissertation, Würzburg 1890.

Seitz J., Der Kropftod durch Stimmbandlähmung. Archiv für klinische Chirurgie, Bd. XXIV, 1. und 2. Heft.

Semon, Sitzung der Clinic. Soc. of London vom 23. November 1883. British med. Journal, 1883, Vol. II, pag. 1073.

Senator, Fall von Myxödem. Berliner klin. Wochenschr., Nr. 9, 1887, pag. 154.

Sestini und Baicocchi, Sulla strumite suppurativa nel tifo. Raccogl. med., 1894, No. 13 und 16.

Sgobbo und Lamari, Sulla funzione dei thyreoidea. Rivista di clin. e terap. August 1892.

Shapland B. J. D., The treatment of myxoedema by feeding with the thyroid gland of the sheep. British med. Journal, April, 8., 1893.

Shattuck, Four cases of myxoedema treated by thyroid extract. Boston med. and Surg. Journal, February, 22., 1894.

Shaw Cl., Case of myxoedema with restless melancholia treated by injections of thyroid juice: recovery. (British medical association, July, 26., 27., 28., 29.) British med. Journal, August, 21., 1892.

Shelswell, Cases of hemorrhagic tendency in myxoedema. Lancet, April, 2., 1887.

Sick P., Ueber die totale Exstirpation einer kropfig entarteten Schilddrüse und über die Rückwirkung dieser Operation auf die Circulationsverhältnisse des Kropfes. Württemberger med. Correspondenzbl., 1867.

Sieveking, Zum Capitel der Schilddrüsenerkrankungen. Centralbl. für innere Medicin, Nr. 52, 1894.

Sievers R., Till kärnedomen om Struma i Finland. Helsingfors, 1894.

— Beitrag zur Kenntniss der Struma in Finnland. Finska läkerre ällskapeto Handligar, 1894, Nr. 3.

Silva Amado J. J., Sur un point obscur. de l'histol. de la thyroide. Journ. de l'anat. et de la phys., tome VII, 1870—1871.

Simon J., Comparative anatomy of the thyroid. Proc. Roy. Soc., Vol. V, 1844.

Simon M. O., Contribution à l'étude de l'inflammation aigue de la glande thyroide. Thèse de Paris, 1880.

Simon Ch., Note préliminaire sur l'évolution de l'ébouche thyroidienne laterale chez les mammifères. Soc. de biologie, 1894, pag. 202.

Simon G., Mort rapide par hémorrhagie primitive du corps thyroide. Revue méd. de' l'est, No. 3, 1894.

Simpson, On intrauterin goitre or bronchocele.

Singer, Zur Klinik der Sklerodermie. Wiener med. Presse, 1894, Nr. 46, pag. 1776; Wiener med. Club, Sitzung vom 31. October 1894.

Skene Keith, Electricity in enlarged thyroid. Edinburgh med. Journal, April 1888.

Sköldberg S. E., Struma, behandlad medelst inspontning med. jodtinktur. Hygica, 1856, pag. 306.

Slipewicz T., Ueber die Entstehung des endemischen Kropfes. Gaz. hebd., 1874, No. 2; Centralbl. für Chirurgie, 1874, pag. 137.

Sloan A. Th., Is goitre hereditary? British med. Journal, 1886.

— Goitre on animals. Lancet 1887.

— The geographical distribution of goitre. Edinburgh med. Journal, Mai 1894.

Smeeton C., Acute bronchocele following influenza. British med. Journal, May, 18., 1895.

Smith-Barton J. W., Case of carcinoma of the thyroid. British med. Journal, 1889.

Smith F. J., exhibited a woman with myxoedema of three year's duration. (Hunterian society, April, 12., 1893.) British med. Journal, May, 6., 1893.

Smith J. C., Case of myxoedema treated by subcutaneous injections and feeding with the thyroid gland. Amer. med. surg. Bulletin, June, 1., 1894.

Socin, Ursache der bei Kropfkranken vorkommenden Erstickungsanfälle. Correspondenzbl. für Schweizer Aerzte, Nr. 7, 1894.

Söderlund K. G., Ein Fall von Struma. Gefleb. Dala läkare o. apothekare för. förh., 1893, pag. 76.

Solis-Cohen S., Some of the trophoneuroses associated with abnormity of the thyroid gland. New-York med. Journal, March, 25., 1893.

Sollier, Maladie de Basedow avec myxoedème. Revue de méd., 10. Decembre 1891.

Sonnenburg, Acutes operatives Myxödem, behandelt mit Schilddrüsenfütterung. Archiv für klin. Chirurgie, Bd. XLVIII, 4. Heft, 1894.

Speyer, Thyroidectomie. Mercr. méd., January, 25., 1893.

Ssalisteschew, Zur Casuistik der Nebenkröpfe. Ein neuer wahrer, isolirter, lateraler Nebenkropf. Archiv für klin. Chirurgie, Bd. XLVIII, 2. Heft, 1894.

Stabb W. trägt vor: Case of myxoedema following exophthalmic goitre and treated by thyroid feeding. (South-Western Branch.) British med. Journal, May, 6., 1893.

Stadelmann, Ein Fall seltenen Druckkropfes. Aerztl. Intelligenz-Blatt, München 1879.

— Struma comprimens muscularis. Bayr. ärztl. Intelligenz-Blatt, 1880.

Stalker spricht: Of cases of myxoedema. (Medico-chirurgical society of Edinburgh.) Edinburgh med. Journal, May 1893.

Stalker M. H., Case of myxoedema. Lancet, January, 10., 1891.

Stansfield, Case of myxoedema with restless melancholia treated by injections of thyroid juice: recovery. British med. Journal, August, 27., 1892.

Standenmeyer, Abscess der Glandula Thyreoidea. Zeitschr. für Wundärzte und Geburtshelfer, Stuttgart 1870, pag. 36.

Starr M. Allen, A contribution to the subject of myxoedema; with the report of three cases treated successfully by thyroid extract. New-York med. Record, June, 10., 1893.

— Spontaneous cure of goitre, following an attack of thyphoid fever. Phil. med. times, 1878, pag. 344.

Steiner, Ueber Myxödem. Deutsche med. Wochenschr., 1891, Nr. 37.

Stewart Grainger & Thomson, A case of myxoedema. Edinburgh med. Journal, April 1888.

Stewart Grainger betheiligt sich durch John Thomson an der Discussion on Myxoedema. (Medico-chirurgical society of Edinburgh.) Edinb. med. Journal, May 1893.

Stieda H., Ueber das Verhalten der Hypophyse des Kaninchens nach Entfernung der Schilddrüse. Ziegler's Beiträge, Bd. VII.

Stilling F. R., Osteogenesis imperfecta. Ein Beitrag zu der Lehre von der sogenannten, falschen Rhachitis. Virchow's Archiv, Bd. CXV, 1889.

Stoerk Carl, Beiträge zur Heilung des Parenchym- und Cystenkropfes. Erlangen 1874.

Stokes W., Acute myxoedema following thyroidectomy. British med. Journal, October, 16., 1886.

— Operation on the thyroid gland. Dublin Journal, July, 1., 1891.

Streckeisen, Beiträge zur Morphologie der Schilddrüse. Virchow's Archiv, Bd. CIII, pag. 131 und 215.

Strecker H., Ein Fall von Struma carcinomatosa. Dissertation, Würzburg 1887.

Stukowenkoff N., Strumaexstirpation, Heilung. Protokoll der Moskauer chirurgischen Gesellschaft, 1879, Nr. 1.

Suckling C. W., Case of myxoedema in a woman aged seventy-six. Lancet, May, 16., 1885.

Süskind, Ueber Exstirpation von Strumen. Dissertation, Tübingen 1877.

Sutton, Transactions of the pathological society of London, 1884, Vol. 35, pag. 464.

Suzmann, The treatment of goitre by massage. Philadelphia med. news., September, 9., 1893.

Swayne, Sudden enlargement of the thyroid gland. Dublin med. Press, 1862, Bd. LVIII, pag. 547.

Sydney Philipps, A case of sporadic cretinism. British med. Journal, May, 2., 1885.

Symondo, Ein Fall von Basedow, durch Schilddrüse verschlimmert. Wiener med. Wochenschr., 1894, Nr. 14.

Symonds C. J., On some varieties of bronchocele. Lancet, November, 4., 1893.

Szumann, Ein Fall von Tetanie nach Kropfexstirpation. Centralbl. für Chirurgie, 1884.

Tait, A rare form of cyst of the thyroid. Pacific med. Journal, January 1894.

Tait L., Vergrösserung der Thyroidea während der Schwangerschaft. Referat in Schmidt's Jahrbücher. 1875, Bd. CLXVIII.

Tansini, Contribuzione allo studio del gozzo congenito. Gazette medica ital.-lombard., 1888.

— Sopra una estirpazione totale di gozzo voluminosa. Gazz. med. ital. Lombard, 1884, No. 43.

Tarchanoff, Intern. Physiological Congr., Basel 1889.

Tassi, Archivio ed atti della Societa Italiano di Chirurgia, 1887.

Tassi e Zambianchi, ref. in Semaine méd., 1886, No. 17.

Tauber A. S., Zur Frage über das physiologische Verhältniss zwischen Schilddrüse und Milz. Medisinski Westink, 1883, Nr. 39.

— Zur Frage nach der physiolog. Beziehung der Schilddrüse zur Milz. Virchow's Archiv, 1884, Bd. XCVI.

Tavel, Ueber die Aetiologie der Strumitis. Basel 1892.

Telford-Smith, Case of sporadic cretinism treated with thyroid gland. British med. Journal, Juni. 2., 1894.

Terillon, Goître suffocant etc. Bull. de la soc. de chir., 1880.

Thelliez M., Compression des organes du cou par les tumeurs de la glande thyroïde. Thèse de Paris, 1862.

Thibierge, De la cachexie pachiderm. ou myxoedème, Gaz. de hôpit., 1891, No. 14.

Thilenius M. G., Medicinische und chirurgische Bemerkungen. Frankfurt a. M., 1800.

Thiroux, Contribution à la thérapeutique du goitre. Thèse de Paris, 1884.

Thörl, Cystosarkom der Schilddrüse mit verkalkten Bindegewebsbündeln. Zeitschr. für rationale Medicin, Leipzig 1866, d. R., Bd. XXVI, pag. 180.

Thomas W. P., Cyst in the thyroid gland. Removal. Cure. British med. Journal, December, 1., 1894.

Thomas, Traitement du goître par l'electrolyse. Soc. méd. de Marseille, 16 Mars 1894.

Thompson J. H., An unusaal case of thyroid disease. Lancet, May, 18., 1895.

Thomson J., On a case of myxoedematoid swelling of onehalf of the body in a sporadic cretin. Edinburgh med. Journal, September 1891.

— Note on a case of myxoedema which ended fatally after the commencement of thyroid treatment. Edinburgh med. Journal, May 1893.

— Two cases of sporadic cretinism, both of which were under treatment with thyroid gland. (Medico-chirurgical society of Edinburgh, February, 15., 1893.) Discussion on myxoedema. Edinburgh med. Journal, May 1893.

— A case of sporadic cretinism treated by thyroid feeding. Edinburgh med. Journal, May 1893.

— Further notes of a case of sporadic cretinism treated by thyroid feeding. Edinburgh med. Journal, February 1894.

Thursfield W. N., The etiologie of goitre in England. Lancet, June, 13., 1885, pag. 1074.

Tillaux, Thyroidectomie pour un goître exophthalmique. Guérison. Bull. de l'acad. de méd. Séance, 27 Avril 1880.

— Sarcome du corps thyroïde ayant donné lieu à tous les symptoms du goître exophthalmique: ablation de la tumeur; guérison. Bull. et mém. Soc. de chirurg. de Paris, 1881, Bd. VII. pag. 688.

Tizzoni et Centanni, Sugli effetti remoti d. tiroidectomia nel cane. Archivio per le science mediche, 1890, vol. XIV, pag. 315.

Tomkins H., Acute thyroiditis. Read. in Bristol med. Chir. Soc., February., 13., 1889. British med. Journal, 1889.

Tourdes M. G., Du goitre à Strassbourg, 1854.

Tourtual, Harnstoff in Kröpfen. Müller's Archiv, Berlin 1840.

Towers-Smith, Thyroid Tabloids in obesity. British med. Journal, Juli, 14., 1894.

Trélat, Thyroidite aiguë dans l'état puerperale. Gaz. des hôpit., Paris, 1866, pag. 493.

Trötsch H., Die spontane Strumitis suppurativa. Dissertation, Erlangen 1889.

Trzebicky R. (Krakau), Weitere Erfahrungen über die Resection des Kropfes nach Mikulicz. Archiv für klin. Chirurgie, Bd. XXXVII, pag. 498—510.

Ughetti und Di Mattei. Archivio per le Scienze mediche. Vol. IX, No. 11.

Ughetti und Alonzo, Riforma medica, Octobre 1890.

244 Literaturverzeichniss.

Urghart, Case of myxoedema. British med. Journal, January, 8., 1887.

Usiglio, Sui tumori della tiroide e loro cura. Milano 1895.

Vabutin und Simoni, Recherches topogr. sur Nancy, pag. 411.

Valat, Gaz. des hôpit., 1852, No. 230.

Vassale, Intorno agli effetti dell' injezione intravenosa di succo di tiroide nei cani operati di estirpazione della tiroide, 1890. Rivista speriment. di frenatr., 1891, XVI, pag. 439.

— Ulteriori esperienze intorno alla glandula tiroide. Riv. di Frenatria e Med., Vol. XVIII, 1892.

Vedrènes, Goître suffocant trilobé. Bull. de la soc. de chir., 1879.

Verco Jos. C., Myxoedema, thyroid feeding. Australian med. Gaz., May, 15., 1894.

Vermehren, Stoffwechseluntersuchungen nach Behandlungen mit glandula thyroidea an Individuen mit und ohne Myxödem. Deutsche med. Wochenschr., 1893, pag. 255.

— Studier over Myxoedemet, Kjobenhavn 1895, 286 Stn.

Verneuil, Thyroidite aiguë, terminée par résolution. France méd. Paris, 1876, pag. 533.

Verriest, Cas de myxoedème. Bull. de l'Acad. de Méd. de Belgique, No. 5, 1886.

v. Vest J., Ueber die Function der Schilddrüse etc. Ref. Schmidt's Jahrbuch, Bd. XX, 1838.

Vetlesen H. J., Aetiologisk studier over Struma. Kristiania 1887.

Vierordt, Anatomische etc. Daten und Tabellen, 2. Aufl.

Viola, Beitrag zur normalen und patholog. Histologie der Hypophyse. Centralbl. für die med. Wissenschaft, 1890, Nr. 25 und 26.

Virchow, Ueber Cretinismus namentlich in Franken. Würzburger Verhandlungen. Jahrgang 1851—1856.

— Knochenwachsthum und Schädelformen mit besonderer Rücksicht auf Cretinismus. Virchow's Archiv, Bd. XIII, 1858, pag. 323.

— Die krankhaften Geschwülste, Berlin, 1867, Bd. III, 1. Hälfte.

— Fötale Rhachitis, Cretinismus und Zwergwuchs. Virchow's Archiv, Bd. LXXXXIV.

— Archiv für pathologische Anatomie etc., Bd. II.

— Ueber Myxödem. Berliner klin. Wochenschr., 1887, Nr. 8.

— Discussion über seinen Vortrag „über Myxödem" in der Berliner med. Gesellschaft. Berliner klin. Wochenschr., Nr. 8, 1887.

Vollmann, Ueber einen Fall von geheiltem Myxödem nach Kropfexstirpation. Dissertation, Würzburg 1893.

Vonwiller, Ueber einige angeborene Tumoren. Dissertation, Zürich 1881.

Vulpian, Considérations cliniques et observations. Clinique méd. de l'hop. de la Charité, 1879.

Wadsworth O. F. A., A case of myxoedema with atrophy of the optic nerves. Boston medic. and surgic. Journal, January, 1., 1885.

Wagner, Ueber die Folgen der Exstirpation der Schilddrüse. Wiener med. Blätter, 1884, Nr. 25.

— Weitere Versuche über Exstirpation der Schilddrüse nebst Bemerkungen über den Morbus Basedowii. Wiener med. Blätter, 1884, Nr. 30.

— Ueber den Cretinismus. Mittheilungen des Vereines der Aerzte in Steiermark, 1893, Nr. 4.

Waldeyer, Beiträge zur Anatomie der Schilddrüse. Berliner klin. Wochenschr., 1887, Nr. 14.

Wallace D., Removal of malignant goitre. Edinburgh med. Journal, February 1895.

v. Walther Ph. Fr., Neue Heilart des Kropfes durch Unterbindung der oberen Schilddrüsenschlagadern (Thyreoiditis traumatischen Ursprungs durch Drosseln). Sulzbach 1817.

Warren C., A case of enlarged accessory thyroid gland at the base of the tongue. Americ med. Journal, 1891.

Watson P. H., Excision of the thyroid gland. British med. Journal, 1875, Vol. II, pag. 386.

Weibgen Carl, Zur Morphologie der Schilddrüse des Menschen. Münchener med. Abhandlungen, 1891.

Weidemann F., Die Kropfexstirpation im Augusta-Hospitale zu Berlin während der Jahre 1880—1885. Dissertation, Berlin 1886.

Weil C., Untersuchungen über die Schilddrüse. Med. Wandervorträge, Berlin 1889, Nr. 10.

— Ueber die Schilddrüse. Wiener klin. Wochenschr., 1895, Nr. 2.

Weinlechner J., Ueber einen bemerkenswerthen Fall von Schilddrüsenknoten. Wiener med. Blätter, 1882, Nr. 50.

— Ueber retro-ösophageale Schilddrüsentumoren. Monatsschr. für Ohrenheilkunde etc., 1883.

— Medullares Carcinom der Schilddrüse mit ausgebreiteter gleichartiger Erkrankung der Lymphdrüsen mit Uebergreifen auf die benachbarten Muskeln und Venen. Secundäre Carcinome in den Lungen, Duodenalkatarrh mit leichtem Icterus. Tod. Wiener Allgemeines Krankenhaus, Berichte, 1888, pag. 213.

Weiss A., Ueber Tetanie. Volkmann's Sammlung klin. Vorträge, Nr. 189.

Weitenweber, Ueber die Entzündung der Schilddrüse. Med. Jahrbuch des k. k. österreichischen Staates, Vienna 1845, Vol. LIII, pag. 35.

Wendelstedt, Ueber Entfettung mit Schilddrüsenfütterung. Deutsche med. Wochenschr., 1894, Nr. 50.

Werner, Fälle von Thyreoiditis. Württembergisches Correspondenzblatt, 1858, Nr. 26 und 34.

— Ein Fall von Myxödema. Württembergisches Correspondenzblatt, 1888, Nr. 1.

Werner Ch., Ueber Verkleinerung einer Struma durch Cauterisation. Dissertation, München 1889.

Wessel W., Ein Fall von Struma sarcomatosa. Dissertation, München 1888.

Williams H. T., Two successful cases of thyreoidectomy. New-York State med. Rep., February 1895.

West E. G., A case of myxoedema with autopsy. Boston medic. and surg. Journal, April, 24., 1884.

Wharton, Adenographia, pag. 111.

White, On struma. London 1784. Deutsche Uebersetzung. Offenbach 1785.

Whitwell, The nervous element in Myxoedema. British med. Journal, 1892, J, pag. 430.

White E. W., A case of myxoedema associated with insanity. Lancet, May, 31., 1884.

Wiconer, Ein Fall von Wanderkropf. Münchener med. Wochenschr., 1892, S. 642.

Wichmann, Zur Myxödemtherapie. Deutsche med. Wochenschr., 1893, S. 26 und 259.

Wild G., Beiträge zur Exstirpation von Strumen. Dissertation, München 1880.

v. Willebrand K. F., Om Galvanismen säsom läkemedel. Hygiea, 1846, pag. 697.

Williams W., exhibited a case of myxoedema treated with thyroid extract by the mouth. (Bath and Bristol Branch.) British med. Journal, February, 18.; April, 15., 1893.

Woakes E., The pathogeny and treatment of bronchocele or goitre. Lancet, March, 19., 1881, pag. 448.

Wölfler, Zwei Fälle von maligner Struma. Langenbeck's Archiv für klinische Chirurgie, Bd. XXV, pag. 157.

— Ueber Exstirpation der Schilddrüse. Wiener med. Presse, 1879.

Wölfler, Ueber die Entwicklung und den Bau der Schilddrüse mit Rücksicht auf die Entwicklung der Kröpfe. Berlin 1880.
— Die chirurgische Behandlung des Kropfes. I. Theil: Geschichte der Kropfoperationen. Berlin 1887.
— Die chirurgische Behandlung des Kropfes. III. Theil. Berlin 1891.
— Ueber die Entwicklung und den Bau des Kropfes. Archiv für klinische Chirurgie, Bd. XXIX, 1. und 4. Heft.
— Ueber den wandernden Kropf. Wiener klin. Wochenschr., 1889, Nr. 14.
— Ueber den Effect nach Unterbindung der Arteriae thyreoideae beim Kropfe. Verhandlungen der Deutschen Gesellschaft für Chirurgie, 1887.
— Zur Kenntniss und Eintheilung der verschiedenen Formen des gutartigen Kropfes. Wiener med. Wochenschr., 1883, Nr. 48.
Wörner A., Ueber die Behandlung des Cystenkropfes mit Punction und Jodinjection und ihre Resultate. Bruns' Mittheilungen aus der chirurg. Klinik in Tübingen, 1884, 3. Heft. pag. 332.
Wolff J., Ueber das Verhalten der nicht exstirpirten Kropftheile nach der partiellen Kropfexstirpation. Berliner klin. Wochenschr., 1887, Nr. 27/28.
— Ein Fall von Kropfexstirpation. Berliner klin. Wochenschr., 1887, Nr. 51.
— Ein Fall von Exstirpation des Isthmus des Kropfes. Berliner klin. Wochenschr., 1889, Nr. 14.
— Zur Lehre vom Kropf nebst Discussion in der Berliner med. Gesellschaft. Berliner klin. Wochenschr., 1885, Nr. 19/20.
Wolff R., Ein Fall von accessorischer Schilddrüse. Archiv für klin. Chirurgie, Bd. XXXIV, pag. 224.
Woods J. F., showed a woman suffering from typical myxoedema (Hunterian society). British med. Journal, May, 6., 1893.
Worthington, Congenital goitre. Lancet, May, 5., 1888.
Wright G. A., Notes on thyroid asthma and its surgical treatment. Med. chron., March 1890.
Wurm, Ueber den heutigen Stand der Schilddrüsenfrage. Dissertation, Erlangen 1894.
Wurstdörfer, Erfolge der in der chirurgischen Klinik zu Würzburg ausgeführten Kropfexstirpationen. Dissertation, Würzburg 1894.
Wurzer F. A., De struma. Dissertation, Marburg 1833.
Wyss H. v., Ueber die Bedeutung der Schilddrüse. Correspondenzblatt für Schweizer Aerzte, 1889, Nr. 6, pag. 175.

Yorke Davies, Thyroid tabloids in obesity (Correspondence). British med. Journal, Juli, 7., 1894.

Zambianchi F., Sulla methodica estirpazione del gozzo. Annal. univ. di med. e chir. 1883, Ottobre.
Zanda L., Sul rapporto funzionale fra milza e tiroide. Lo Sperimentale, 1893, 14/22.
Zeiss M., Mikroskopische Untersuchungen über den Bau der Schilddrüse. Dissertation, Strassburg 1877.
Zeissl, Exstirpation des parenchymatösen Kropfes. Wiener med. Presse, Nr. 3, 1880.
Zesas D. G., Ist die Entfernung der Schilddrüse ein physiologisch erlaubter Act? Arch. f. klin. Chir., Bd. XXX, 2. Heft.
— 50 Kropfexcisionen. Ein Beitrag zur chirurgischen Behandlung der Kröpfe. Arch. f. klin. Chir., Bd. XXXVI, pag. 733—752.
— Weitere 50 Kropfexcisionen. Arch. f. klin. Chir., Bd. XXXIV, S. 526—536.
— Ueber den physiologischen Zusammenhang zwischen Milz und Schilddrüse. Arch. f. klin. Chir., Bd. XXXI, pag. 267.

Zesas S., Ueber die Folgen der Schilddrüsenexstirpation beim Thiere. Wiener med. Wochenschr., 1884.

— Die Cachexia strumipriva. Deutsche med. Zeitschr., Bd. VI, 1885.

— Ueber Thyroiditis und Strumitis bei Malaria. Centralbl. f. Chir., Leipzig 1885.

Zielewicz, Ein Fall von Myxödem mit starker Stomatitis und Hepatitis interstitialis. Berliner klin. Wochenschr., Nr. 22, 1887.

— Ein Fall von Struma colloides. Arch. f. klin. Chir., Bd. XXXVIII, S. 211.

Zielinska, Beiträge zur Kenntniss der normalen und strumösen Schilddrüse des Menschen und des Hundes. Virchow's Archiv, Bd. CXXXVI, pag. 170, 1894.

Zipp, Uebergang der Thyroiditis in Gangrän und Abstossen der ganzen Drüse. Siebold's Sammlung seltener und auserwählter chirurgischer Beobachtungen und Erfahrungen, Rudolstadt, 1807, Bd. III.

v. Zoege-Manteuffel, Die Ausbreitung des Kropfes in den Ostseeprovinzen. Deutsche Zeitschr. f. Chir., Bd. XXXIX, 5. und 6. Heft, 1894.

— Ein Fall von Echinococcus der Schilddrüse. Petersburger med. Wochenschr., 1888, pag. 259.

Zoniovitch E., De la thyroidite aiguë rhumatismale. Paris 1885.

Zuccaro, Gaz. degli Ospidale, 1888, No. 47.

Zuböne, Ueber Trachealstenose bei substernalem Kropf etc. Dissertation, Göttingen 1869.

Zwaardemaker H., De functie der schildklier. Nederl. Tijdschr. v. Genesk., 1894, I, Nr. 13, pag. 441.

Zwicke, Thyreoiditis acuta suppurativa nach Diphtherie. Charité-Annalen, IX. Jahrgang, Berlin, 1884, pag. 389.

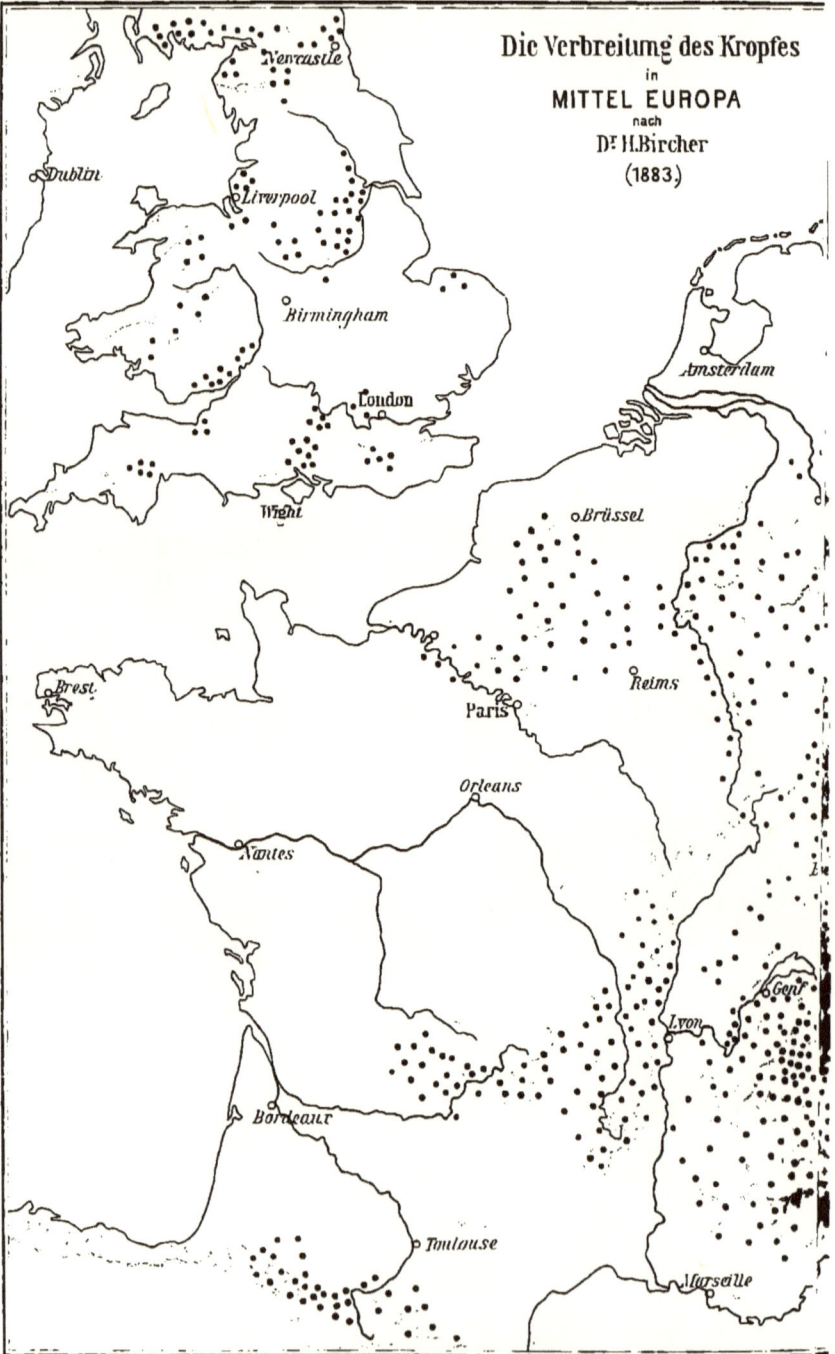

Die Verbreitung des Kropfes
in
MITTEL EUROPA
nach
Dr. H.Bircher
(1883.)

Verlag von Alfred Hölder, k.u.He

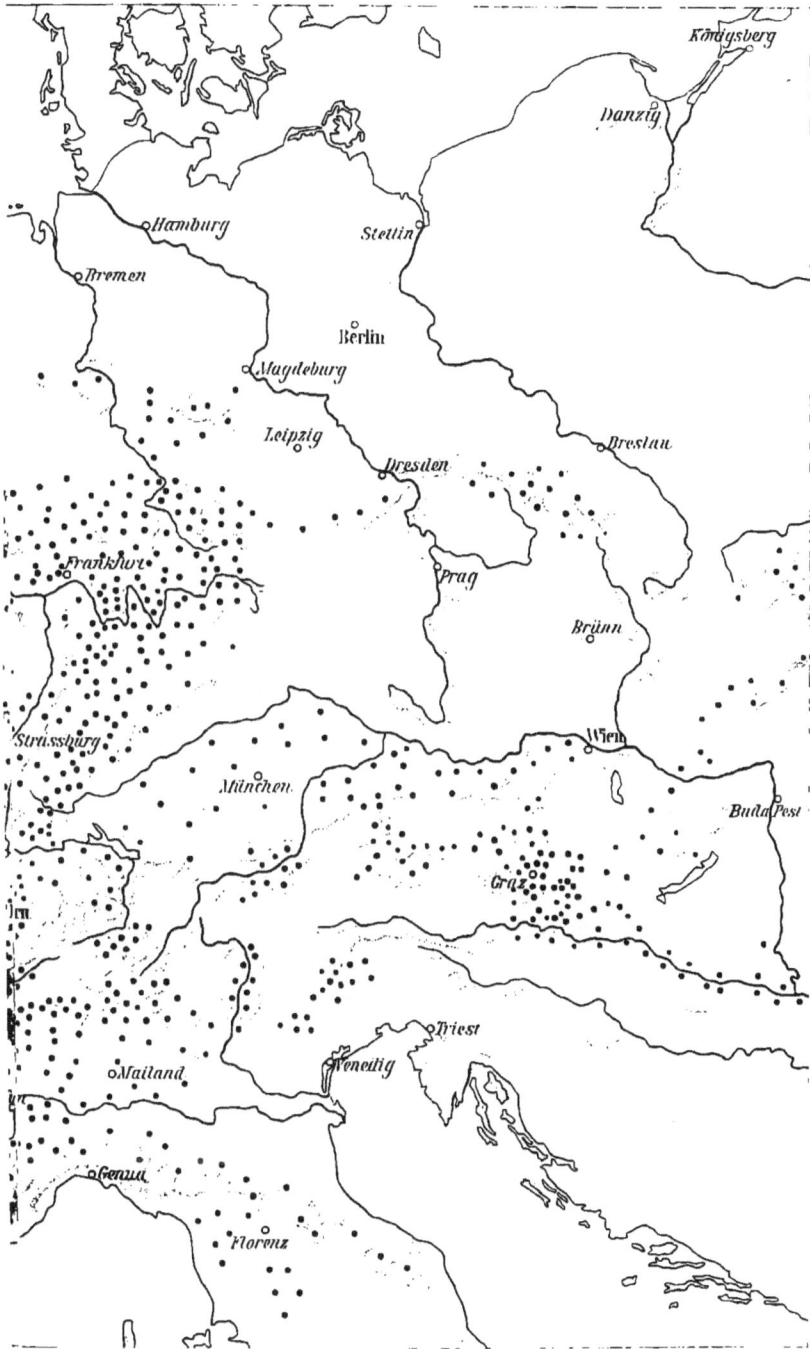

Königsberg

Danzig

Hamburg

Stettin

Bremen

Berlin

Magdeburg

Leipzig

Dresden

Breslau

Frankfurt

Prag

Brünn

Strassburg

Wien

München

BudaPest

Graz

Triest

Venedig

Mailand

Genua

Florenz

DIE

BASEDOW'SCHE KRANKHEIT.

VON

D^R. P. J. MÖBIUS

IN LEIPZIG.

WIEN 1896.

ALFRED HÖLDER

K. U. K. HOF- UND UNIVERSITÄTS-BUCHHÄNDLER

I. ROTHENTHURMSTRASSE 15.

Druck von Friedrich Jasper in Wien.

Inhalt.

Geschichtliches.[1])

Wenn man von vereinzelten, zum grossen Theile recht unklaren Beobachtungen älterer Autoren absieht, erscheint Parry als der Entdecker der Basedow'schen Krankheit. Er fasste das Leiden als eigene Krankheit auf, bezeichnete es richtig als Vergrösserung der Schilddrüse, die mit Palpitationen und Vergrösserung des Herzens verbunden sei, beobachtete in einem seiner Fälle auch Exophthalmus, schilderte die nervösen Störungen. Die erste Beobachtung Parry's stammt aus dem Jahre 1786, seine gesammelten Schriften erschienen freilich erst 1825. Die Italiener nennen das Leiden zuweilen morbo di Flajani nach einem römischen Arzte Flajani, der um 1800 einige möglicherweise als Basedow'sche Krankheit zu deutende Beobachtungen veröffentlicht hat, dessen Angaben aber dürftig und ungenau sind, gar keinen Vergleich mit Parry's Schilderung aushalten. Es folgen im Anfange des Jahrhunderts einzelne Mittheilungen von Adelmann, Demours u. A. Im Jahre 1835 veröffentlichte Graves seine Beobachtungen und beschrieb die Krankheit in zutreffender Weise. Er fasste sie als ein der Hysterie verwandtes Leiden auf. Nach ihm wird sie bei den Engländern Graves' disease genannt. Aus dem Jahre 1835 stammen auch einige vorläufig unverstandene Beobachtungen Brück's, aus dem Jahre 1837 ein Fall Pauli's. Graves' Arbeit war in einer wenig beachteten englischen Zeitschrift erschienen, allgemeiner bekannt wurde sie erst, als 1843 Graves' Vorlesungen in Buchform erschienen. Inzwischen hatte v. Basedow 1840 einen Aufsatz über »Exophthalmus durch Hypertrophie des Zellgewebes in der Augenhöhle« veröffentlicht und darin drei vorzügliche Krankengeschichten gegeben, in denen das nach A. Hirsch's Vorschlage (1858) als Basedow'sche Krankheit bezeichnete Leiden mit grosser Vollständigkeit geschildert wird. Endlich kann man zu den Vätern der

---

[1]) In den neuen Bearbeitungen der Basedow'schen Krankheit, besonders denen von Buschan und Mannheim, sind sehr eingehende historische Erörterungen enthalten. Ich verweise wegen des Genaueren dahin, gebe hier nur einen kurzen Ueberblick.

Basedow'schen Krankheit auch den Engländer Marsh rechnen, der 1841 schrieb. Weiterhin wuchs die Literatur rasch an. In Deutschland blühten besonders theoretische Erörterungen auf. Zumal als Koeben das Leiden als eine Affection des Sympathicus erkannt zu haben glaubte, stritt man sich darüber, ob eine Reizung oder eine Lähmung des Sympathicus vorhanden sei. Verdienstlich waren die Arbeiten A. v. Graefe's, der 1864 das nach ihm benannte Zeichen beschrieb, Chrostek's, der nicht nur elektrotherapeutische Versuche machte, sondern auch das klinische Bild bereicherte, A. Eulenburg's, Stellwag's u. A. Eine Anzahl von Sectionsbefunden wurde bekannt, ohne dass diese etwas Wesentliches gelehrt hätten.

In England und Amerika erschienen zahlreiche weitere Arbeiten, die unsere Kenntnisse in manchen Punkten vervollständigten, aber ihr Werth stand zu ihrer Zahl nicht recht im Verhältnisse.

Dagegen wurde in Frankreich die Basedow'sche Krankheit eifrig und erfolgreich studirt, obwohl dieses Land am spätesten mit der Krankheit bekannt geworden ist. Die ersten Beobachtungen rühren von Sichel und Desmarres her, die beide Augenärzte waren. Der Letztere soll Graefe's Zeichen schon richtig beschrieben haben. Im Jahre 1856 erkannte Charcot zum ersten Male die ihm aus englischen Beschreibungen bekannte Graves' disease an einer Patientin, aber Niemand wollte ihm glauben, dass es eine eigene Krankheit sei. Noch 1862, als Trousseau den goître exophthalmique der Pariser Académie de Médecine ausführlich schilderte, fand er vielen Widerspruch, bald aber drang die Wahrheit durch und seitdem haben die französischen Aerzte sehr viele Beiträge zur Kenntniss der Basedow'schen Krankheit geliefert. Freilich wurde auch in England und Frankreich viel zu viel theoretisirt.

Die erste Monographie verfasste Sattler (1880), eine vorzügliche Arbeit. Sattler's Literaturverzeichniss enthält schon 274 Nummern. Seitdem ist fleissig fortgearbeitet worden und besonders in den letzten Jahren ist eine wahre Literaturfluth eingetreten. Der Gewinn, den die neueren Untersuchungen gebracht haben, ist ein dreifacher. Erstens ist unsere klinische Kenntniss bereichert worden. Die selteneren Symptome sind uns besser bekannt geworden, eine Reihe neuer Zeichen ist entdeckt worden, Bedeutung und Häufigkeit schon bekannter Zeichen sind genauer erörtert worden. So zeigte Charcot's Schüler, P. Marie, dass das früher nur gelegentlich erwähnte Zittern fast stets vorhanden ist und welches seine Art ist. Die Augenmuskellähmungen und andere Lähmungen wurden studirt. Die Insufficienz der Convergenz wurde gefunden. Die früher nur wenig beachteten Hauterkrankungen: Entfärbung, Dunkelfärbung, Feuchtigkeit und Verhalten gegen den galvanischen Strom, Erythem,

Urticaria, Oedem, wurden als häufige und wichtige Zeichen erkannt.
Den Geistesstörungen wurden viele Arbeiten gewidmet u. s. f. Neben
dem vollständigen Bilde der Krankheit suchte man auch die »verwischten
Formen« (formes frustes) kennen zu lernen und sah ein, dass Manches
zur Basedow'schen Krankheit gehört oder mit ihr verwandt ist, was
früher anders gedeutet worden war. Die Erforschung der Erblichkeits-
verhältnisse, der Beziehung der Krankheit zu den Veränderungen der
Geschlechtsorgane und anderer Umstände förderte die Aetiologie.

Zweitens haben wir das Verständniss für die Natur der Krankheit
und den Zusammenhang der Symptome gewonnen. Die älteren Beobachter
mussten in die Irre gehen und waren zu mehr oder weniger unbegründeten
Vermuthungen genöthigt, weil ihnen eines fehlte, die Kenntniss der
Bedeutung der Schilddrüse. Bekanntlich hielt man diese früher bald
für ein überflüssiges Organ, bald für eine mechanische Vorrichtung zur
Regelung des Blutlaufes, bald für sonst etwas. Im Jahre 1873 beschrieb
W. Gull das Myxödem und 1878 fand Ord, dass bei dieser Krankheit
die Schilddrüse atrophisch ist. Im Jahre 1882 entdeckte Reverdin,
dass nach Exstirpation der Schilddrüse ein dem Myxödem ganz ähnlicher
Zustand eintritt, der deshalb Myxoedema operativum genannt wurde, den
Kocher als Cachexia strumipriva bezeichnete. Später erkannte man,
dass sowohl die Krankheit Myxödem als die Cachexia strumipriva durch
Einführung von Schilddrüse in den Körper wieder aufgehoben werden
kann. Die Thatsachen liessen sich nur so deuten, dass man der Schilddrüse eine chemische Thätigkeit zuschrieb, deren Ausfallen eben das
Myxödem bewirkt. Nun war leicht zu sehen, dass die Symptome der
Basedow'schen Krankheit ein Gegenstück zu denen des Myxödems
bilden und da zugleich dort eine Hypertrophie wie hier eine Atrophie
der Schilddrüse gefunden wird, ergab sich der Schluss, dass der Basedow-
schen Krankheit eine krankhafte gesteigerte Thätigkeit der Drüse zu
Grunde liegt, wie dem Myxödem ihre Unthätigkeit. Diesen Schluss
zog ich 1886. Durch die »Schilddrüsentheorie« wurde natürlich die
Auffassung der Krankheit eine ganz andere. Indem die früher den
übrigen Symptomen coordinirte Struma zur primären Veränderung wurde,
erschienen jene als Ausdruck einer Vergiftung des Organismus. Indem
die Basedow'sche Krankheit als besondere Form der Kropfkrankheit
erkannt wurde, verstand man die Vererbung der Krankheit, das überwiegende Betroffenwerden des weiblichen Geschlechts, den Einfluss der
Veränderungen der Geschlechtsorgane, das Hinzutreten der Basedow-
schen Krankheit zu anderweiten Kröpfen, ihren Uebergang in Myxödem,
die Bedeutung operativer Eingriffe an der Drüse.

Die Behandlung der Basedow'schen Krankheit durch Operationen
ist der dritte Fortschritt der neueren Zeit. Sie wurde zunächst (Tillaux

1880) ohne Rücksicht auf theoretische Erwägungen begonnen und vermochte lange Zeit nicht, allgemeinere Anerkennung zu finden, obgleich manche Chirurgen (wie R e h n 1884) von ausserordentlich guten Erfolgen berichteten. Erst als die Erkenntniss, dass die B a s e d o w'sche Krankheit eine Form des Kropfes sei, sich verbreitete, wurden die chirurgischen Unternehmungen häufiger. Obwohl wahrscheinlich die Chirurgie nicht das letzte Wort behalten wird, obwohl auf die Entdeckung einer wirksamen chemischen Behandlung zu hoffen ist, so ist die chirurgische Behandlung der B a s e d o w'schen Krankheit, wie sie sich in den letzten zehn Jahren entwickelt hat, doch als bedeutsamer Fortschritt anzusehen und wird, wenigstens für die Fälle mit secundärer B a s e d o w - Veränderung, einen dauernden Gewinn darstellen. Auch im Uebrigen ist die neuere Zeit an therapeutischen Bestrebungen nicht arm gewesen. —

Zugleich mit dem positiven Fortschreiten der Erkenntniss bildeten sich die alten Theorien zurück und starben ab. Die im Anfange vertheidigten Anschauungen, es handle sich bei der B a s e d o w'schen Krankheit um eine Art von Anämie, oder die Erkrankung des Herzens sei das Primäre, hatte man bald aufgegeben. Mehr und mehr war die Meinung, die B a s e d o w'sche Krankheit sei eine Nervenkrankheit, allgemein geworden. Der Zeitrichtung gemäss hielt man es für das Wichtigste, zu »localisiren«, d. h. die Stelle des Nervensystems zu suchen, deren Läsion primär wäre. Diesem Ziele strebte man durch Erörterungen und durch anatomische Untersuchungen zu. Die Sympathicustheorie liess sich auf die Dauer nicht festhalten, denn es zeigte sich, dass bei Erkrankung des Sympathicus die B a s e d o w - Symptome nicht auftreten, dass bei B a s e d o w'scher Krankheit der Sympathicus ganz normal sein kann, dass die angeschuldigten Läsionen des Sympathicus bei allen möglichen Krankheiten vorkommen. Man suchte dann an anderen Orten. Irreführende Thierversuche schienen auf das verlängerte Mark hinzuweisen, hie und da fand man bei Leichenuntersuchungen diese Stelle verändert, bestätigende Ueberlegungen stellten sich ein, kurz die »bulbäre Theorie« fand viele Anhänger und einzelne von ihnen leben auch jetzt noch. Als man bei der B a s e d o w'schen Krankheit nur an die drei sogenannten Cardinalsymptome: Exophthalmus, Struma und Tachykardie, dachte, da hatte es wohl einen Sinn, die Läsion einer einzigen Stelle des Nervensystems für sie verantwortlich zu machen. Dem vollständigen Bilde der Krankheit mit seiner Fülle der Symptome gegenüber ist ein solches Unternehmen überhaupt aussichtslos. Verständigerweise konnte man daher in neuerer Zeit nur annehmen, die bulbäre Läsion sei das Erste oder das Wichtigste. Nun ist es ein starkes Stück, einen Kropf für die Wirkung einer bulbären Läsion zu halten. Sieht man aber von dieser Ungeheuerlichkeit ab, so liesse sich über die Sache wohl reden,

wenn positive Gründe vorlägen. An diesen fehlt es aber ganz. Bei der
Mehrzahl der anatomischen Untersuchungen ist die Oblongata ganz
normal gefunden worden, die gelegentlich wahrgenommenen Veränderungen sind bedeutungslos, denn kleine Blutungen am Boden des vierten
Ventrikels entstehen auch bei anderen Krankheiten während des Sterbens
und aus der Verkleinerung des solitären Bündels einer Seite vermag auch
die kühnste Phantasie nicht die Ursache der Basedow'schen Krankheit zu machen. Die Behauptung, dass die Störungen des Herzens und
der Blutgefässe auf bulbäre Veränderungen deuteten, ist wohl wenig begründet, eigentlich rein aus der Luft gegriffen, denn die Erkrankung,
beziehungsweise Vergiftung des Herzens und der Gefässe selbst genügt
vollständig. Die meisten Symptome der Basedow'schen Krankheit
lassen auch beim besten Willen keine Beziehung zu den uns bekannten
Leistungen der Oblongata erkennen. Mit einem Worte, die »bulbäre
Theorie« ist vollständige Willkür. Dass die nervösen Symptome der
Basedow'schen Krankheit mit Veränderungen im Nervensystem einher-
gehen müssen, das versteht sich von selbst, die Geistesstörungen mit
Veränderungen der Hirnrinde, die Augenmuskelstörungen mit solchen
der Kerngegend um den dritten Ventrikel u. s. w. Es ist eine Eigenthümlichkeit des Basedow-Giftes, dass es gewöhnlich keine sichtbaren Läsionen hinterlässt. Fände man aber solche, so würden sie einem
Symptome oder einigen entsprechen, nicht eine Erklärung der Krankheit
geben. Das Alles hatten die wohl eingesehen, die dadurch einen Ausweg
aus den Schwierigkeiten suchten, dass sie die Basedow'sche Krankheit
zu einer »Neurose« machten. Das Wort ist vieldeutig und verleitet zu
Missverständnissen, aber wenigstens Charcot und seine Schüler ver-
banden damit einen fassbaren Begriff; sie meinten, die Basedow'sche
Krankheit sei ein Glied der Familie névropathique, d. h. eine endogene
Krankheit, eine Form der durch Vererbung übertragenen Entartung.
Vertheidigungsfähig würde diese Ansicht nur dann sein, wenn man den
Kropf als den in dem Nervensystem vorausgesetzten Veränderungen
coordinirt ansähe, denn eine blosse Nervenkrankheit kann nach unseren
bisherigen Erfahrungen nie und nimmer einen Kropf machen. Ueber
dieses Bedenken haben sich die Anhänger der »Neurosentheorie« leicht
hinweggesetzt, da ihnen zum Theile nicht bekannt war, dass es sich um
parenchymatöse Veränderungen in der Drüse, nicht nur um vermehrte
Blutfüllung handelt. Man müsste also annehmen, dass bei Gliedern
nervenkranker oder »arthritischer« Familien eine Krankheit vorkommt,
bei der neben einander ein Kropf und eine weitverbreitete Läsion des
Nervensystems bestehen, ohne dass doch eines von dem anderen abhängig
wäre. Der einzige Grund, mit dem die Hypothese gestützt werden
kann, ist die Thatsache, dass ein Theil der Basedow-Kranken aus

neuropathischen Familien stammt. Abgesehen davon, dass die Häufigkeit der neuropathischen Belastung arg übertrieben worden ist, dass sehr
viele Basedow'sche Kranke aus relativ ganz gesunden Familien stammen
und vor ihrer Erkrankung ganz gesund gewesen sind, lässt die »Neurosentheorie« nahezu alle Probleme der Basedow'schen Krankheit unerklärt.
Sie scheitert geradezu an dem sogenannten secundären Morbus Basedowii,
bei dem zu einem alten Kropfe die Basedow-Symptome hinzutreten. Gauthier und später Buschan haben versucht, die Theorie
zu retten, indem sie die Neurose Morbus Basedowii oder den genuinen
Morbus Basedowii abtrennten von dem symptomatischen Morbus Basedowii.
Es ist geradezu verwunderlich, dass eine derartige Theorie Vertreter
finden konnte. Zwei Kranke, die nur dadurch unterschieden sind, dass
bei dem einen der Kropf sich mit den übrigen Symptomen zusammen
entwickelte, bei dem anderen schon mehr oder weniger lange vorher
bestand, sollen an ganz verschiedenen Krankheiten leiden. Die Symptome sind bei dem »genuinen« Morbus Basedowii genau dieselben wie
bei dem »symptomatischen« und doch soll dort eine der Hysterie ähnliche
Nervenkrankheit bestehen, hier aber soll es sich um den Druck eines
gewöhnlichen Kropfes auf seine Umgebung handeln. Das Aergste ist
die Behauptung, dass die Basedow-Symptome, z. B. allgemeines Zittern.
die Veränderungen der Hautdecke u. s. w., durch den Druck eines
Kropfes bewirkt werden könnten. Man kann wohl diese jüngste Theorie
als todtgeboren ansehen und voraussetzen, dass in Zukunft der Streit um
die Natur der Basedow'schen Krankheit erloschen sein werde. —

   (Aeltere und ausländische Namen der Krankheit: Glotzaugen-Kachexie,
Morbus Basedowii, Exophthalmic goitre, Exophthalmic bronchocele, Anemic protrusion of the eyeballs, Graves' disease, Cachexie exophthalmique,
Goître exophthalmique, Névrose thyreoexophthalmique, Ataxie cardio-
vasculaire, Cachexie thyroïdienne, Exophthalmia strumosa, Exophthalmus
anaemicus, Cardiogmus strumosus, Tachycardia strumosa exophthalmica,
Gozzo esoftalmico, Morbo di Flajani, Bocio exoftálmico u. s. w.)

Kurze Schilderung der Basedow'schen Krankheit.

Die Basedow'sche Krankheit ist eine Vergiftung des Körpers durch krankhafte Thätigkeit der Schilddrüse. Zu dieser Einsicht sind wir dadurch gekommen, dass wir in den Störungen, die durch Entfernung oder durch Schwund der Schilddrüse entstehen, ein Gegenstück zur Basedow'schen Krankheit erkannten. Mit ihr lassen sich alle unsere übrigen Erfahrungen sehr gut vereinigen und sie macht uns das bisher Unverständliche zu einem grossen Theile verständlich. Wie die Sachen jetzt liegen, können wir den an die Spitze gestellten Satz als genügend begründet ansehen, um auf ihn die Lehre von der Basedow'schen Krankheit zu gründen, ihn der Darstellung zu Grunde zu legen. Wir vergessen nicht, dass die Erkenntniss keine vollständige ist, aber einerseits genügt jener Lehrsatz zur Erklärung des Wichtigsten, andererseits ist das Wissen von der Thätigkeit der Schilddrüse noch so unvollständig, dass ein Ausdruck, der Genaueres sagte als »krankhafte Thätigkeit«, noch nicht zulässig zu sein scheint. Manche nehmen an, dass durch den Stoffwechsel im Körper giftige Stoffe entstehen, die durch die Absonderung der Schilddrüse unschädlich gemacht werden, sei es, dass sie durch den Kreislauf der Drüse zugeführt werden, sei es, dass der Schilddrüsensaft sie im Kreislaufe oder in den Organen aufsuche. Trifft diese Annahme zu, so würden die durch Schilddrüsenmangel entstehenden Krankheiten (die Formen des Myxödems) als Wirkungen jener giftigen Stoffwechselergebnisse anzusehen sein, während die Basedow'sche Krankheit einer übermässigen Abscheidung des Schilddrüsensaftes, einer Ueberschwemmung des Körpers damit entspräche. Die Anhänger dieser Anschauung sprechen von einer »Hyperthyroidisation«. Von vorneherein könnte man auch glauben, dass bei normaler Schilddrüse durch eine Minderleistung an giftigen Stoffwechselproducten ein Ueberschuss an Schilddrüsensaft und damit das Bild der Basedow'schen Krankheit entstehen könnte. Doch scheinen keine Thatsachen vorzuliegen, die darthun, dass dieser Gedanke mehr als ein Einfall wäre. Vielmehr spricht alles dafür, dass die primäre Veränderung immer eine Erkrankung der Schild-

drüse selbst ist. Wenn dies aber der Fall ist, so wird man auch annehmen müssen, dass dieser Drüsenerkrankung nicht nur eine Hyperthyroidisation, sondern auch eine Dysthyroidisation folgt, dass nicht nur
zu viel, sondern auch schlechter Drüsensaft geliefert werde. Man hat sich
vielfach darüber gewundert, dass man durch Fütterung mit Schilddrüse
nur einen Theil der Basedow'schen Symptome hervorrufen kann. Nach
dem Vorausgegangenen jedoch müsste man sich wundern, wenn gesunde
Schilddrüsen die ganze Basedow'sche Krankheit bewirken könnten. Vielmehr können sehr wohl die experimentell hervorgerufenen Symptome dem
»Hyper«, andere dem »Dys« entsprechen (abgesehen davon, dass die
klinischen Vorgänge an sich viel verwickelter sind, als die Bedingungen
des Versuches). Alle diese Erörterungen über »Hyper« und »Dys« sind
vorläufig noch Zukunftsmusik. Wir können uns jetzt damit begnügen, dass
eine krankhafte Veränderung der Schilddrüse der Basedow'schen Krankheit zu Grunde liegt, müssen nur das festhalten, dass es eine eigenartige
Veränderung ist, kurz gesagt die Basedow-Veränderung, dass nicht
jede beliebige Schilddrüsenerkrankung zur Basedow'schen Krankheit
führt, dass vielmehr die Basedow-Veränderung eine Sache für sich
ist, die offenbar bald selbständig auftreten, bald zu anderen Drüsen-
erkrankungen hinzutreten kann.

In der That scheinen alle Formen des Kropfes sich mit
der Basedow-Veränderung verbinden zu können, denn bei allen
Kröpfen beobachtet man gelegentlich Basedow-Symptome in grösserer
oder geringerer Zahl. Obgleich man über den Vorgang nichts Näheres
weiss, so will es uns doch einleuchten, dass in einer schon kranken Drüse
verhältnissmässig leicht eine weitere krankhafte Veränderung zu Stande
komme. Als schwerer verständlich erscheinen uns die anderen Fälle, in
denen eine vorher gesunde Drüse Sitz der Basedow-Veränderung
wird. Am häufigsten werden Gemüthsbewegungen als Ursache bezeichnet.
Denkbar wäre es ja, dass solche die chemischen Vorgänge im Körper
stören und die Thätigkeit einer Drüse verändern könnten. Wahrschein-
licher aber ist es, dass die Gemüthsbewegungen nur bei solchen Menschen
die Basedow'sche Krankheit bewirken können, bei denen schon ein
krankhafter Zustand der Schilddrüse vorhanden war, bei denen aber die
Kräfte des Organismus das Gleichgewicht erhielten, ehe die schädliche
Erschütterung erfolgte. Bei dieser Auffassung versteht man es, dass auch
körperliche Ueberanstrengungen, Erkältungen und andere Umstände, denen
man nur eine im Allgemeinen schädliche, nicht eine örtliche Einwirkung
zuschreiben kann, als Ursachen der Basedow'schen Krankheit genannt
werden. Wie andere Kropfformen kann auch die Basedow-Veränderung vererbt werden und wie jene scheint sie in manchen Gegenden
häufiger zu sein als in anderen. Wie das Eintreten der Pubertät, be-

ziehungsweise die Chlorose, die Schwangerschaft und die Geburt mit einfacher Anschwellung der Schilddrüse verbunden sein können, so kann
mit ihnen auch die Basedow-Veränderung in einem gewissen Zusammenhange stehen. Infectionskrankheiten verschiedener Art können
entzündliche Veränderungen der Schilddrüse und dann die Basedow-
Veränderung bewirken. Alle diese ursächlichen Beziehungen sind noch
der Aufklärung bedürftig und es ist zu erwarten, dass mit dem Verständnisse der Kropferkrankung überhaupt auch das der Basedow'schen
Krankheit wachsen werde.

Das krankhaft veränderte Product der Schilddrüse bei der Basedow'schen Krankheit oder das Basedow'sche Gift schlechtweg wirkt
hauptsächlich auf das Herz und die Blutgefässe, auf das centrale Nervensystem und auf die Hautgebilde. Wenigstens lässt sich die Mehrzahl der
vielen Symptome in diese Gruppen einordnen. Daneben stehen als wichtigste
Allgemeinerscheinungen Abmagerung und Fieber.

Von Anfang an haben neben der Struma besonders die Herzerkrankung und die Vortreibung der Augen die Aufmerksamkeit auf sich
gezogen. Jene zeigt sich lange Zeit als Tachykardie, später als handgreifliche Entartung des Herzmuskels. Der Exophthalmus ist insofern das
pathognostische Symptom der Basedow'schen Krankheit, als es nur bei
ihr vorkommt (natürlich abgesehen von dem Exophthalmus durch mechanisch
wirkende Ursachen, als Geschwülste, Blutergüsse u. dgl.). Wir haben ihn
wahrscheinlich auf eine örtliche Veränderung der Blutgefässe zu beziehen.
Neben diesen beiden Symptomen finden wir Erweiterung und Pulsiren
mancher Arterien, Blutungen, Gangrän und Anderes.

Die Wirkung auf das Nervensystem ist wie bei anderen Giften eine
Wahlhandlung. Wir finden einerseits die Zeichen seelischer Erregung,
als Zittern, Unruhe, Schlaflosigkeit, und weiterhin ernstere seelische
Störungen, andererseits Muskelspannungen und Lähmungen; Sensibilitätsstörungen aber, als Schmerzen, Hyperästhesie, Anästhesie, fehlen in der
Regel ganz. Abgesehen von der Gehirnrinde scheinen am häufigsten
gewisse Gehirnnervenkerne geschädigt zu werden. Das Eingreifen des
Giftes ist auch insoferne charakteristisch, als es die Function der Zellen
ganz und für lange Zeit aufheben kann, ohne dass doch ein Zerfall der
betroffenen Theile einträte.

An der Haut finden wir übermässige Pigmentirung oder Pigmentmangel, gesteigerte Schweissabsonderung, Erytheme, Urticaria, umschriebene Oedeme, Haarausfall und Anderes.

Vielleicht hängt ein Theil der Hautveränderungen mit der Ausscheidung des Giftes zusammen und wahrscheinlich ist dies der Fall bei
den Durchfällen und den Störungen der Nierenthätigkeit.

Da die Basedow-Veränderung der Schilddrüse offenbar durch
verschiedene Ursachen bewirkt werden kann, da ihr Grad sehr verschieden
ist, wird es begreiflich, dass Vollständigkeit und Verlauf der Basedow'schen
Krankheit in den einzelnen Fällen nicht dieselben sind, dass vielmehr alle
denkbaren Variationen vorkommen. Neben acuten Erkrankungen sehen
wir ganz chronische, Besserungen wechseln mit Rückfällen, bald tritt der
Tod ein, bald fast vollständige Heilung. Neben den symptomenreichen
Bildern stehen die verwischten Formen, bei denen oft nur einige wenige
Symptome nachweisbar sind, und wahrscheinlich ist deren Kreis viel grösser
als man denkt, so dass zwischen Basedow'scher Krankheit und Gesundheit eine scharfe Grenze nicht zu ziehen ist. An die Basedow'sche
Veränderung kann sich Schwund des Drüsenparenchyms anschliessen,
daher können Myxödemsymptome zu denen der Basedow'schen Krankheit hinzutreten oder ihnen folgen.

Ursächliches.

Unbestritten ist, dass Weiber häufiger von Basedow'scher Krankheit befallen werden als Männer. Die genaueren Angaben schwanken sehr. Buschan hat 980 Fälle aus der Literatur zusammengetragen, er fand 805 Weiber, 175 Männer (4·6:1).

Auch bei anderen Kropfformen werden Weiber viel häufiger betroffen (nach Mitchell z. B. kommen auf 100 Kropfige 10 Männer). Nach einer schweizerischen Statistik waren unter kropfigen Schulkindern nicht weniger Knaben als Mädchen, ein Hinweis auf die Bedeutung des Geschlechtslebens.

Auch über das Lebensalter hat Buschan Zahlenangaben gemacht. Von 495 Kranken (88 Männern, 407 Weibern) waren 15 jünger als 10 Jahre. Dabei ist freilich zu bedenken, dass die Fälle von Basedow'scher Krankheit bei Kindern ihrer Seltenheit wegen gern veröffentlicht werden. Die Mehrzahl der Kranken (352) war zwischen dem 16. und dem 40. Jahre erkrankt, 163 im 3. Jahrzehnt. Ueber 40 Jahre waren beim Beginne der Krankheit 100, über 50 nur 31, und es ist bemerkenswerth, dass unter den alten Kranken relativ viel Männer waren, nämlich unter 69 Vierzigern 18, unter 31 Fünfzigern 10.

Dass der Stand von Bedeutung wäre, geht aus den Angaben nicht hervor. Die Mehrzahl der Kranken, die Weiber, haben überdem eigentlich alle denselben Stand.

Welche Bedeutung Klima und Rasse haben, ist schwer zu sagen. Man gewinnt den Eindruck, dass die Basedow'sche Krankheit in manchen Gegenden (England, Küstenländern überhaupt) häufiger sei als in anderen, doch kann man vertrauenswerthe Zahlen nicht liefern. Wünschenswerth wäre es, zu wissen, wie sich Kropfgegenden gegen andere verhalten. Man liest zuweilen, in jenen sei die Basedow'sche Krankheit nicht häufiger als sonst, doch ist das kaum richtig. Joffroy behauptet für Frankreich das Gegentheil, Eichhorst betont die Häufigkeit der Basedow'schen Krankheit in Zürich im Gegensatze zu Göttingen. Freilich ist unverkennbar, dass die Basedow'sche Krankheit auch in kropffreien Gegenden relativ häufig sein kann.

Früher galt die Basedow'sche Krankheit für ein sehr seltenes Leiden. Ob sie häufiger geworden ist als früher, wer weiss es? Man sollte es denken, wenn man sich daran erinnert, wie jung ihre Bekanntschaft ist. Aber Charcot, der 1856 die erste Basedow-Kranke in Frankreich beschrieb, betont gerade dieser Krankheit gegenüber, dass die Menschen nur das erkennen, was sie kennen. Jetzt ist die Basedow'sche Krankheit sicher nicht selten. Nach meiner eigenen Erfahrung möchte ich sie etwa zwischen Chorea und Paralysis agitans stellen, sie begegnet mir etwas seltener als jene, etwas häufiger als diese. Für ihre relative Häufigkeit spricht z. B. auch, dass Pässler in dem kleinen Jena, das freilich in einer Kropfgegend liegt, unter 2800 Patienten 58 Basedow-Kranke fand. In einem merkwürdigen Gegensatze dazu steht die grosse Seltenheit des Myxödems, wenigstens in Deutschland.

Besonders von französischer Seite hat man, um die Basedow'sche Krankheit als Glied der Familie nérropathique zu beglaubigen, hervorgehoben, dass die von ihr Betroffenen aus nervenkranken Familien stammen, neuropathisch belastet seien. Der Beweis besteht immer darin, dass man eine Anzahl von Basedow-Kranken aufzählt, bei denen es so war. Eine sehr grosse Reihe solcher Fälle findet man bei Buschan. Es ist aber nicht zu verkennen, dass mit solchen Angaben recht wenig bewiesen wird, und ich glaube, die Bedeutung der neuropathischen Belastung ist sehr überschätzt worden. Die Erfahrung überzeugt mich immer mehr, dass bei vielen Basedow-Kranken kein nennenswerther Grad von jener vorhanden ist und dass andererseits, wenn man nur genau nachsieht, kaum eine Familie ohne irgendwelche degenerirte Glieder existirt.[1]) Immerhin ist etwas Wahres an der Lehre von der Hérédité nerveuse. Wenn man Basedow-Kranke und Tabes-Kranke einander gegenüberstellt, so findet man doch, dass bei jenen neuropathische Belastung viel häufiger ist als bei diesen. Auch spricht dafür die relative Häufigkeit von Hysterie, von degenerativen Seelenstörungen bei Basedow-Kranken. Man muss also wohl sagen, dass die neuropathischen Menschen mehr Anlage zur Basedow'schen Krankheit haben als andere, oder dass die Basedow-Veränderung relativ häufig bei erblich Entarteten vorkomme.

Eindeutiger als das Vorkommen irgendwelcher Nervenkrankheiten in der Familie ist die Wiederkehr der Basedow'schen Krankheit in derselben Familie. Wenn diese auch nicht gerade oft beobachtet wird und

---

[1]) Ueber die Häufigkeit erblicher Belastung bei anscheinend Gesunden vgl. die Angaben von J. Koller im Archiv für Psychiatrie und Nervenkrankheiten, XXVII. 1. S. 268. 1895.

wenn es auch wahrscheinlich ist, dass die Angabe der Kranken, ihre
Mutter oder ihre Schwester habe dieselbe Krankheit gehabt, oft auf Kropf
überhaupt zu beziehen sei, so ist doch wohl daran, dass bei Basedow'scher
Krankheit gleichartige Vererbung vorkommt, nicht zu zweifeln. Als Glanz-
beispiel wird immer der Fall Oesterreicher's angeführt: Von 10 Kindern
einer Hysterischen litten 8 an Basedow'scher Krankheit und eine Tochter
hatte wieder 3 Basedow-kranke Kinder. Bei Rosenberg sollten Grossmutter, Vater, 2 Schwestern des Vaters und 1 Schwester des Patienten
auch an Basedow'scher Krankheit leiden. Andere fanden diese bei
Mutter und Tochter, Vater und Tochter, Mutter und Sohn, Tanten und
Nichten, bei Geschwistern. Dass der Kropf überhaupt sich vererbt, ist
bekannt, es ist daher nicht verwunderlich, dass die Vererbung auch bei
der Basedow'schen Krankheit vorkommt. Bedenkt man, dass in den
Familien einfacher Kropf und Basedow'sche Krankheit einander folgen
können, dass der Basedow-Kranke bald Verwandte mit einfachem
Kropfe, bald solche mit Kropf und einigen später hinzugekommenen
Basedow-Symptomen, bald solche mit vollständiger Basedow'scher
Krankheit hat, so muss man sagen, dass gerade die Vererbungsverhält-
nisse für die nahen Beziehungen zwischen dem gewöhnlichen und dem
Basedow-Kropfe sprechen. Uebrigens verhielt es sich in einigen
Fällen, in denen die Autoren von Vererbung sprechen, so, dass Verwandte
gleichzeitig von Basedow'scher Krankheit befallen wurden. Da könnte
auch die gleichzeitige Schädigung der unter den gleichen Verhältnissen
Lebenden zur Erklärung genügen.

Im Leben der Kranken selbst ist manchmal gar keine Krankheits-
ursache zu entdecken. Man trifft normal entwickelte Leute aus gesunder
Familie mit Basedow'scher Krankheit, bei denen, wie man sagt, das
Leiden ganz von selbst entstanden ist. Alle die von den Autoren ge-
nannten Ursachen verdienen diesen Namen nicht, sondern können nur
Bedingungen genannt werden, sie reichen an sich nicht aus und können
durch andere Einwirkungen vertreten werden. Am häufigsten wird von
Gemüthsbewegungen berichtet, theils von plötzlichen, theils von langsamen.
Man hat wiederholt darauf hingewiesen, dass zwischen dem Bilde der
Basedow'schen Krankheit und dem Ausdrucke heftiger Gemüthsbewegung
eine gewisse Aehnlichkeit besteht. Bei einem starken Schrecken z. B.
schlägt das Herz heftig und rasch, klopfen die Arterien, die weitgeöffneten,
starren Augen treten ein wenig vor, auch die Schilddrüse soll etwas anschwellen, die Glieder zittern, die Haut wird roth oder ganz blass, Schweiss
bricht aus, Erbrechen, Durchfall können folgen. Wenn man auch daraus
nicht schliessen darf, die Basedow'sche Krankheit sei weiter nichts als
eine Art von krystallisirtem Schrecken, so ist die Analogie doch beachtenswerth. Gerade ihretwegen kann dann, wenn die Basedow'sche Ver-

änderung der Schilddrüse vorhanden, aber noch latent ist, ein starker Affect
leichter als andere Einwirkungen die Krankheit zum Ausbruche bringen.
In der That finden wir viele Beobachtungen, in denen unmittelbar nach
einer heftigen Gemüthsbewegung die Zeichen der Basedow'schen Krankheit auftraten: Schreck durch Sturz aus der Höhe oder ins Wasser, durch
Kopfverletzungen, durch plötzliche Todesnachrichten, durch räuberische
Ueberfälle, durch Kriegsgefahr, durch geschlechtliche Angriffe u. A. mehr.
Zuweilen folgt dem Affecte eine acute Entwicklung der Krankheit, zuweilen
der gewöhnliche chronische Verlauf. Häufiger noch als von plötzlichen
berichten die Kranken von langandauernden, wiederholten Gemüthsbewegungen, von Sorgen, von Kummer, von geschäftlichen Aufregungen,
ehelichem Verdrusse u. s. w. Natürlich sind anderweite Schädigungen
meist daneben vorhanden: Hunger, Schlaflosigkeit, körperliche Ueberanstrengung, so bei Krankenpflege, Kriegsstrapazen, wirthschaftlichem Ver-
falle. Andererseits fehlen dann, wenn die Kranken körperliche Ueber-
reizung als Ursache nennen, in der Regel begleitende Gemüthsbewegungen
nicht, so bei übermässiger Berufsarbeit, bei geschlechtlicher Ueberanstrengung. Recht merkwürdig ist der mehrfach gegebene Bericht, dass
die ersten Zeichen der Krankheit nach einer durchtanzten Nacht aufgetreten seien.

Viel seltener als körperliche und geistige Ueberanstrengungen
werden Erkältungen als Krankheitsursache angesehen. Man hat im Allgemeinen in ihnen wohl Gelegenheitsursachen zu sehen, die nur dann
wirken, wenn die Hauptbedingung schon gegeben ist. Manche Beobachtungen legen aber auch den Gedanken nahe, dass bei der Erkältung
eine infectiöse Thyreoiditis entstehen könnte. So berichtet Henoch, dass
am Tage nach einer starken Erkältung Schmerzen in der Gegend der
Schilddrüse aufgetreten seien, 6 Tage später Herzklopfen und Struma.
Die infectiöse Thyreoiditis kann man auch in vielen Fällen vermuthen,
in denen die Basedow'sche Krankheit auf eine Infectionskrankheit gefolgt ist. Nähere Angaben fehlen freilich meist, aber neuerdings hat
Reinhold eine lehrreiche Mittheilung gemacht. Eine 35jährige Patientin
war in der Freiburger Klinik an Influenza erkrankt (Nachweis der Bacillen)
und am dritten Tage war unter Ansteigen des Fiebers eine schmerzhafte
Anschwellung der Schilddrüse eingetreten, die nach einiger Zeit zurückging. Einige Monate später kehrte die Kranke mit den Symptomen des
Morbus Basedowii in die Klinik zurück. Hier bekam also eine nach-
gewiesenermaassen nicht an Basedow'scher Krankheit leidende Person
eine acute »Strumitis« und etwas später Morbus Basedowii. Es steht dahin,
ob nicht ein ähnlicher Zusammenhang öfter beobachtet werden könnte.
Wichtig ist auch die Angabe von Engel-Reimers, dass beim Auftreten
der secundären Syphiliserscheinungen bei jungen Weibern sehr oft An-

schwellung der Schilddrüse eintritt und Basedow-Symptome (Zittern. Pulsbeschleunigung, Insuffieienz der Convergenz) nicht selten sie begleiten. Die Autoren nennen als vorausgegangene Krankheit besonders die Polyarthritis, ferner den Typhus, die Influenza, gelegentlich auch Scharlach. Masern, Pocken, Keuchhusten, Malaria, Lues und andere infectiöse Krankheiten.

Endlich stehen gewisse Vorgänge des weiblichen Körpers in ursächlichem Zusammenhange mit der Basedow-Veränderung, wenn wir auch über das Wie noch im Unklaren sind. Schon früh hat man bemerkt, dass bei Chlorotischen Anschwellung der Schilddrüse und einzelne Basedow-Symptome vorkommen. Neuerdings hat F. Chvostek wieder die Aufmerksamkeit darauf gelenkt. Man weiss bis jetzt zu wenig über die Natur der Chlorose, um ihre Bedeutung für die Basedow'sche Krankheit zu erkennen. Ebenso ist das Verhältniss zwischen Schwangerschaft und Schilddrüse, beziehungsweise Basedow'scher Krankheit nicht klar. Es ist bekannt, dass manchmal während der Schwangerschaft sich ein Kropf entwickelt, dass er nach der Geburt bald weiterwächst, bald zurückgeht. dass er sich manchmal in jeder folgenden Schwangerschaft vergrössert. In gleicher Art kann auch ein Basedow-Kropf entstehen. Man berichtet von Entwicklung der Basedow'schen Krankheit während der Schwangerschaft, von ihrem Zurückgehen nach der Geburt. von ihrer Entstehung im Wochenbette oder während des Stillens, von Verschlimmerung bei jeder Schwangerschaft. Umgekehrt ist in manchen Fällen eine bestehende Basedow'sche Krankheit durch Schwangerschaft und Geburt gebessert. ja wohl gar geheilt worden und Charcot wollte so weit gehen, den Basedow-Patientinnen die Schwängerung als Heilmittel zu empfehlen. Dass mit den geschlechtlichen Vorgängen im Weibe Veränderungen der Schilddrüse verknüpft sind, ist klar, aber weiter reicht unser Wissen nicht. Dass eine normale Schwangerschaft die Basedow-Veränderung hervorrufen sollte, ist wenig wahrscheinlich. da doch ein physiologischer Vorgang nicht solche Folgen haben kann. Es müssen noch weitere Bedingungen erforderlich sein.

Auch Krankheiten der weiblichen Geschlechtstheile sollen auf die Entwicklung der Basedow'schen Krankheit Einfluss haben. Manche Autoren haben oft Parametritis gefunden, andere weisen besonders auf die Uterusfibrome hin. Dass es sich um mehr als um ein zufälliges Zusammentreffen handelt, scheint daraus hervorzugehen, dass durch Entfernung der Fibrome die Basedow-Symptome einigemale wesentlich gebessert oder gar ganz beseitigt worden sind.

Viel Aufheben hat man von dem Einflusse der Nasenkrankheiten gemacht. Schwellungen der Nasenschleimhaut sollen »reflectorisch« Basedow'sche Krankheit hervorrufen können und durch Nasenbrennen soll

die Basedow'sche Krankheit geheilt werden können. Es liegt kein Grund
vor. einen solchen wunderbaren Zusammenhang anzunehmen, vielmehr
erklären sich die vereinzelten Beobachtungen der Nasenärzte, wenn man
an den Einfluss der Gemüthsbewegungen denkt. Bei geringen Graden
der Basedow-Veränderung können eben sehr verschiedene Schädlichkeiten Basedow-Symptome hervorrufen und Beseitigung anderer krankhafter Zustände wirkt auch der Basedow'schen Krankheit entgegen.
Dass gerade auf die Veränderungen am Kopfe, besonders auf den Exophthalmus die Behandlung der Nase Eindruck machen kann, ist bei dem
örtlichen Zusammenhange der betroffenen Gefässgebiete begreiflich.

Als einfache Gelegenheitsursachen sind ferner die von Gauthier
u. A. als »reflectorisch« wirkenden Ursachen anzusehen: Wanderniere,
Darmkrankheiten und Aehnliches.

Ob bei der Basedow'schen Krankheit auch nicht im Körper ent-
standene Gifte eine Rolle spielen, ist unbekannt. Bei anderen Kropfformen
sucht man bekanntlich oft das Gift im Trinkwasser. Thatsachen, die
auch bei der Basedow'schen Krankheit auf Wasser, Boden u. s. w.
zeigten, scheinen nicht vorzuliegen.

Nach alledem wissen wir über die Ursache der Basedow-Veränderung recht wenig. Sie kann bei manchen Menschen leichter eintreten als bei anderen, die Anlage dazu kann angeboren sein, kann wahrscheinlich auch erworben werden. Die Einflüsse, die den Körper überhaupt
schwächen, fördern die Entwicklung der Basedow-Veränderung. am
meisten Gemüthserschütterungen. Anderweite Erkrankungen der Schilddrüse können der Basedow-Veränderung vorausgehen. Als direct auf
die Schilddrüse wirkend kennen wir die Infectionskrankheiten und in gewissem Sinne die oben besprochenen Vorgänge im weiblichen Körper.
Auf jeden Fall ist es nach den vorliegenden Erfahrungen wahrscheinlich,
dass die Basedow-Veränderung auf verschiedene Weise zu Stande
kommen kann.

Mit einigen Worten sei der Thatsache gedacht, dass Basedow'sche
Krankheit auch bei Thieren vorkommt. Man hat sie bei Hunden, Pferden,
Kühen gesehen. Das Bild war ganz ähnlich dem . bei Menschen. Ueber die
Ursachen ist nichts bekannt, nur wird bei einem Rennpferde angegeben, dass
nach starkem Galopp Appetitlosigkeit, heftige Pulsationen, Anschwellung der
Schilddrüse, Oedem der Lider, Schlaflosigkeit eintraten, Erscheinungen, zu
denen später Exophthalmus und Unbeweglichkeit der Augen kamen und die
nach 2 Monaten unter heftigem Fieber zum Tode führten.

Die einzelnen Zeichen.

Die Erkrankung der Schilddrüse.

Die Beschreibung der Struma muss die Fälle, in denen die Basedow-Symptome zu einem alten Kropfe hinzutreten, von den anderen unterscheiden, in denen sich die Struma mit den übrigen Erscheinungen entwickelt. Es scheint, dass Basedow-Symptome bei allen möglichen Formen des Kropfes beobachtet werden können, bei grossen und kleinen, harten und weichen, bei solchen mit Cysten und solchen ohne Cysten, ausnahmeweise auch bei bösartigen Neubildungen in der Drüse. Ob den Kropf Basedow-Symptome begleiten oder nicht, das kann man ihm nicht ansehen. Wenn aber vor dem Eintreten der Basedow'schen Krankheit die Schilddrüse anscheinend normal gewesen ist, so finden wir in der Regel eine weiche, nicht sehr grosse Struma. Diese ist gewöhnlich rechts stärker als links; auch bei der normalen Drüse soll der rechte Lappen grösser sein. Ueber ihre Oberfläche ziehen oft erweiterte Blutgefässe hin und gewöhnlich sieht man, wie die starken Pulsationen der Carotiden sich auf die Drüse fortpflanzen. Beim Zufühlen ist an ihr manchmal ein eigenthümliches Schwirren wahrnehmbar. Auscultirt man, so hört man ein systolisches oder ein andauerndes, mit der Systole sich steigerndes Sausen. P. Guttmann gibt an, man höre nicht nur den Puls der erweiterten Arterien der Drüse, sondern auch, namentlich bei Drehung des Kopfes nach der anderen Seite, ein Venengeräusch. Ursache des arteriellen Strumageräusches seien die Hypertrophie des linken Ventrikels und die ungleichmässige Erweiterung der Drüsenarterien, Ursache des Venengeräusches sei die Anämie. Die Geräusche sind insofern charakteristisch, als sie nur bei der Basedow-Struma vorkommen, jedoch können sie auch bei dieser, wenigstens zeitweise, fehlen. Empfindlich ist die Struma in der Regel nicht, nur ausnahmeweise wird von Schmerzen oder von Druckempfindlichkeit im Anfange berichtet. In einem Falle sah ich lebhafte Schmerzäusserungen bei Druck auf die Struma; es zeigte sich aber, dass die empfindliche Stelle hinter der Drüse lag, dass diese selbst nicht empfindlich war.

Gewöhnlich entwickelt sich die Struma ganz langsam, in einzelnen Fällen soll sie aber auch in wenigen Tagen oder gar im Laufe von Stunden entstanden sein. Je jünger sie ist, um so eher schwankt ihre Grösse, so dass sie bei Steigerung der Tachykardie und anderen Einwirkungen rasch zu-, bei Beruhigung abnimmt. Je länger sie besteht, um so unveränderlicher und um so stärker wird sie. Schon die Thatsache, dass die Basedow'sche Krankheit bei einer Struma, die in wenig Tagen entstanden ist und in wenig Tagen zurückgehen mag, bestehen kann, zeigt, dass die Schwellung nicht das Wesentliche der Drüsenveränderung ist. Offenbar hängt die Schwellung im Anfange zu einem grossen Theile von vermehrter Blutfülle ab, ist secundär. Sie ist für uns von Bedeutung, weil sie uns Nachricht von der Erkrankung der Drüse gibt. Die primären Veränderungen aber sind offenbar solche, die von aussen nicht wahrzunehmen sind. So erklärt es sich, dass in vielen Fällen von Basedow'scher Krankheit im Anfange keine Schwellung der Drüse nachzuweisen ist, in manchen während des ganzen Verlaufes. Allerdings können geringere Schwellungen bestehen, ohne dass sie sicht- und fühlbar wären. Man gibt an, dass eine ziemlich um das Doppelte vergrösserte Drüse noch der Wahrnehmung entgehen könne. Immerhin dürfte wirklich die Schwellung der Erkrankung oft erst nach längerer Zeit nachfolgen. Die meisten Autoren geben an, dass in der Regel die Tachykardie das erste Symptom sei, manche sahen Augenveränderungen, nervöse Symptome und Anderes vorausgehen. Die Regel ist freilich, dass nach einiger Zeit auch die Struma deutlich wird, und die Fälle dürften recht selten sein, in denen sie bei vollentwickelter Krankheit fehlt. Aber thatsächlich sind einige solcher Fälle beschrieben worden.

Drucksymptome verursacht in der Regel die Basedow-Struma nicht, da sie nur mittelgross wird und weich bleibt, doch soll in einigen Fällen durch plötzliche Anschwellung Gefahr der Erstickung eingetreten sein.

Nach dem Tode tritt nicht selten, wie ich selbst gesehen habe, ein Zusammenfallen der Struma ein, was bei dem grossen Gefässreichthume einzelner Kröpfe nicht überraschen kann. In älteren Beschreibungen liest man denn auch, es handle sich bei der Basedow-Struma wesentlich um Gefässveränderungen, das Gewebe sei ziemlich normal. Das ist nicht richtig. Man hat erst in neuerer Zeit genaue Untersuchungen angestellt und hat in jedem Falle beträchtliche Veränderungen des Drüsengewebes gefunden. Das Material haben theils die Sectionen, theils die Resectionen der Drüse geliefert. Dass die Beschreibungen der Befunde sehr verschieden lauten, darf nicht überraschen, denn einmal handelt es sich in einer grossen Zahl der Fälle um Kröpfe mit secundärer Basedow-Veränderung, zum anderen aber müssen den verschiedenen Stadien der Krankheit ver-

schiedene Zustände der Drüse entsprechen. Ob eine Einigung unter den
Schilderungen der Autoren sich jetzt schon erzielen lässt und ob die
beschriebenen Entartungen wirklich der Basedow-Veränderung, sei es
als ihr Ausdruck, sei es als ihre Folge, zuzuschreiben sind, das wage
ich nicht zu entscheiden. William S. Greenfield z. B. hat in sechs
Fällen die anatomische Untersuchung sorgfältig ausgeführt. Er glaubt
in allen Fällen eine eigenthümliche Hyperplasie des Gewebes, die den
Veränderungen beim gewöhnlichen Kropfe nicht gleicht und die auf
vermehrte Function hindeutet, gefunden zu haben. Von übermässiger
Gefässentwicklung sah Greenfield nichts. Der Durchschnitt der Drüse
war blassroth und erinnerte sehr an den einer Speicheldrüse. Zuweilen
waren einige kleine Cysten mit serösem Inhalte vorhanden, zuweilen fehlten
sie. Die mikroskopische Prüfung zeigte, dass das Wesentliche eine
enorme Hyperplasie des absondernden Gewebes war. Die Drüse bei
Basedow'scher Krankheit verhält sich nach Greenfield zur normalen,
wie etwa die milchende Brustdrüse zu der im Ruhezustande. Die Epithelzellen sind cylindrisch geworden und wie in Adenomen gewuchert.
Colloid wird gewöhnlich nicht gefunden. Massen desquamirter Epithelien
liegen im Innern der Acini. Diese sind zum Theile verlängert, so dass
sie an Drüsenschläuche erinnern und sehr gross ist die Zahl der neugebildeten Räume. In typischen Fällen sind diese Veränderungen in
der ganzen Drüse gleichmässig. Hat die Krankheit lange bestanden, so
entstehen fibröse Septa, die allmälig wachsen und das atrophisch werdende
Drüsengewebe verdrängen. Greenfield's Angaben sind von verschiedenen
Seiten bestätigt worden.

Renaut schildert eingehend die von ihm dem Morbus Basedowii
zugeschriebenen Schilddrüsenveränderungen, die er in jedem Falle wieder-
gefunden hat. Die Lymphgefässe in den Drüsenläppchen sind verödet,
während die zwischen den Läppchen übermässig ausgedehnt sind. Innerhalb der Läppchen sieht man (nach geeigneter Präparation) gar keine
Lymphgefässe mehr, dagegen sind die Venen stark erweitert. Im
Uebrigen findet man die »Cirrhose hypertrophique thyroïdienne«, Binde-
gewebewucherung mit Bildung neuer Drüsenkörner und -Schläuche. Diese
Veränderungen sind am stärksten im Centrum der Läppchen, wo die
Lymphgefässe gänzlich fehlen. Ueberdem ist im Innern der Läppchen
das Colloid verändert (färbt sich nicht durch Eosin), es ist dem fötalen
Colloid ähnlich geworden und Renaut nennt es »Thyromucoïn« im
Gegensatze zu dem »Thyrocolloïn« der Erwachsenen. Eine Drüse, deren
Ausführungsgang langsam verödet, kehre zu dem embryonären Zustande
zurück. Dasselbe geschehe mit der Schilddrüse, wenn ihre Ausführungs-
gänge, d. h. die Lymphwege, verlegt werden. Die letzteren bleiben
am Rande des Läppchens erhalten und hier werde auch noch normales

Thyrocolloïn gebildet. Im Innern der Läppchen aber entstehe das
unreife Thyromucoïn und dieses sei das den Morbus Basedowii verur-
sachende Gift. Freilich stehe die Schilddrüse ebenso wie andere Drüsen
unter dem Einflusse des Nervensystems und es könne wohl ein nervöser
Anstoss des Primum movens bei der abnormen Schilddrüsenthätigkeit
des Morbus Basedowii sein. Zunächst handle es sich nur um eine vom
rechten Wege abgewichene, übermässige Function ohne nachweisbare
anatomische Veränderungen. Dieser Zeit entsprechen die Prodrome der
Krankheit: Nervosität, leichtes Zittern, Fiebersteigerungen. Erst durch
die »Hyperthyroïdation« entstehen in der Drüse entzündliche Veränderungen
und durch diese veröden die abführenden Lymphgefässe der Drüsenläppchen. Jetzt wird das Thyrocolloïn nicht mehr reif, es wird Thyromucoïn gebildet, durch die Venen direct dem Blutstrome zugeführt, und
dieses bewirkt die weiteren Symptome des Morbus Basedowii.

Es würde zu weit führen, wenn alle Beschreibungen der Autoren
wiedergegeben werden sollten. Brissaud gibt an, dass bei Erwachsenen
eine normale Schilddrüse überhaupt nicht gefunden wurde. Er hat
25 beliebige Schilddrüsen untersucht und hat stets Cystenbildung und
Bindegewebehypertrophie gefunden, obwohl im Leben kein Zeichen der
Basedow'schen Krankheit bestanden hatte. Auf diese Veränderungen
ist daher kein Gewicht zu legen. Ob die von Renaut geschilderten
Befunde charakteristisch sind, das sei vorläufig dahingestellt. Weitere
Untersuchungen werden Klarheit bringen.

Die Störungen des Herzens und der Blutgefässe.

Die Herzerkrankung bei Basedow'scher Krankheit tritt gewöhnlich
früh ein, fehlt nie und dauert an, solange die Krankheit activ ist.
Wahrscheinlich handelt es sich um eine directe Wirkung des im Blute
kreisenden Giftes auf das Herz, die demnach der Digitaliswirkung zu
vergleichen wäre.

Es treten Beschleunigung, Verstärkung der Herzthätigkeit und
das Gefühl des Herzklopfens ein. In der Regel ist das Herzklopfen,
abgesehen von mehr unbestimmten nervösen Störungen, das erste Zeichen,
durch das sich die Krankheit den Patienten kundgibt. Im Anfange ist
es gewöhnlich nicht immer vorhanden, sondern schliesst sich theils an
Anstrengungen an, zeigt sich theils in anscheinend ursachlosen Anfällen.
Besonders das letztere Verhalten kann diagnostisch wichtig werden.
Dass Jemand nach raschem Laufen, nach Treppensteigen, nach Gemüthsbewegungen leicht Herzklopfen bekommt, das ist nichts Kennzeichnendes;
wenn er aber ruhig im Bett liegend plötzlich von Herzklopfen überfallen
wird, das muss ohne Weiteres an eine Vergiftung denken lassen. Die
Dauer der Anfälle ist sehr verschieden. Mit der Zeit, zuweilen auch

von vorncherein wird das Herzklopfen stetig und nicht selten sehr quälend. Es kann sich mit Angstgefühl, besonders mit der Empfindung des Würgens am Halse verbinden, Schlaf und Thätigkeit stören. Jedoch gibt es auch Kranke, die sehr wenig von dem Herzklopfen leiden, ja einzelne behaupten, nie welches gehabt zu haben, oder geben doch erst auf Befragen an, dass sie ihr Herz mehr als in gesunden Tagen klopfen fühlen. Dass das Herzklopfen nachlässt oder aufhört, pflegt das erste Zeichen oder eines der ersten Zeichen der Besserung zu sein.

Bei der Untersuchung findet man die Zahl der Herzschläge vermehrt. In leichteren Fällen beträgt sie 90—100, in schwereren kann sie sehr gross werden, 120—130—140 findet man oft, man hat aber auch 200 und mehr gefunden. Natürlich machen vorausgehende Beschäftigung, Körperstellung, Tageszeit und Anderes ihren Einfluss geltend und auch ohne nachweisbare Einwirkungen beobachtet man beträchtliche Schwankungen, die theils vom seelischen Zustande abhängen mögen, theils nicht zu erklären sind. Man muss immer festzustellen suchen, wie das Herz vor der Erkrankung gearbeitet hat, da ja auch bei Gesunden die Zahl der Herzschläge sehr verschieden ist und für den einen 90 noch in die Breite der Gesundheit fällt, für den anderen schon eine wesentliche Steigerung ist. Noch mehr als das Herzklopfen bildet die Tachykardie das Maass der Krankheit. Besteht sie fort oder nimmt sie gar zu, so kann man nicht von Besserung sprechen, wenn auch dieses oder jenes Zeichen verschwinden sollte. Wird aber das Herz ruhig und bleibt es ruhig, so haben wir Besserung oder relative Heilung trotz des Fortbestehens anderer Zeichen. Diese Sätze sind praktisch ausserordentlich wichtig, denn die Regel hat wenig Ausnahmen; die Basedow-Kranken leiden und sterben durch das Herz, selten nehmen andere Symptome (Durchfall, acute Manie) die Führung, fast immer ist der Zustand des Herzens massgebend und in der Frage nach der relativen Heilung entscheidet er durchaus.

Wie bei anderen Vergiftungen kann auch hier mit der Zeit zur Beschleunigung die Unregelmässigkeit der Herzarbeit kommen. In den schweren acuten Fällen kann die Asystolie früh auftreten, gewöhnlich aber bleibt es sehr lange, unter Umständen bis zum Tode bei der einfachen Tachykardie, ja in den leichteren Fällen ist die Herzthätigkeit immer regelmässig. Stets ist die Asystolie ein schlechtes Zeichen und oft bedeutet sie den Anfang des Endes.

Der beschleunigte Herzschlag ist gewöhnlich auch verstärkt, er ist in grösserer Ausdehnung sicht- und fühlbar, hebt die Brustwand und beeinflusst das Verhalten der Arterien.

Sehr oft führt die vermehrte Thätigkeit allmälig zu einer Vergrösserung des Herzens. Doch dauert es oft lange, ehe eine solche

nachzuweisen ist, sie bleibt in mässigen Grenzen und nicht selten bleibt
trotz jahrelanger Tachykardie die Herzdämpfung unverändert. Bei jugendlichen Personen sieht man zuweilen auch eine Vorwölbung der Herzgegend. Wovon die Unterschiede abhängen, ist nicht mit Bestimmtheit
zu sagen, wahrscheinlich kommt nicht nur Verschiedenheit der Giftwirkung,
sondern auch die Grösse der individuellen Widerstandsfähigkeit in Betracht.

Häufig sind Herzgeräusche, besonders systolische über der
Basis, seltener an der Spitze. Sie gleichen den Geräuschen bei Anämie,
doch streitet man über die Art ihrer Entstehung.

Herzfehler im engeren Sinne des Wortes stellen wohl immer
eine Complication dar. Natürlich kann auch ein Herzkranker von der
Basedow'schen Krankheit befallen werden. Die Klappenfehler bewirken-
den Krankheiten, Polyarthritis acuta besonders, werden zuweilen in der
Anamnese erwähnt und es ist möglich, dass sie auch die Ursache der
Schilddrüsenerkrankung sein können. Das Herzleiden der Basedow'schen
Krankheit aber führt nicht zu Klappenfehlern, das Gift wirkt offenbar
nicht sowohl auf das Endokard, als auf das Herzfleisch.

Statistische Angaben über die Häufigkeit der Herzgeräusche, der
Herzvergrösserung u. s. w. finden sich bei manchen Autoren. Doch kommt
ihnen kaum grosser Werth zu, da die Zahlen klein sind und je nach dem
Alter der Kranken, dem Alter der Krankheit und anderen Ursachen
das Ergebniss wechseln muss.

Ein recht seltener Zufall ist das Auftreten von Angina pectoris.
Ein Kranker P. Marie's bekam von Zeit zu Zeit Anfälle, die mit einer
Zunahme des Herzklopfens begannen. Der Kranke klagte über Schmerzen
in der Herzgegend, als ob das Herz herausgerissen würde, über Todes-
angst und über Schmerz in der linken Schulter. Zuweilen verlor er das
Bewusstsein, ohne dass doch Krämpfe eintraten. Immer folgte dem Anfalle
ein lebhaftes Harnbedürfniss. Aehnliche Anfälle sind von einigen Autoren
beschrieben worden, doch kann es sich auch um eine Complication gehandelt haben.

Am Gefässsysteme weiterhin ist die auffallendste Veränderung das
starke Klopfen der erweiterten Arterien, das gewöhnlich sowohl
dem Untersucher wie dem Kranken auffällt. Bemerkenswerther Weise ist
in den meisten Fällen das Gebiet der Carotiden allein oder doch stärker
als der übrige Körper betroffen. Der Zustand erinnert oft sehr an den
bei Insufficienz der Aortenklappen, doch schwankt sein Grad sehr. Bald
scheinen nur die grösseren Arterien erweitert zu sein, bald pulsiren auch
die kleinen. Ohne dass sich die Ursache entdecken liesse, ist bald dieser,
bald jener Arterienast stärker als die anderen betroffen, ist die Veränderung bald auf beiden Seiten gleich, bald rechts oder links stärker. Fast
immer sieht man die Carotiden am Halse deutlich pulsiren und die

Stösse der Umgebung mittheilen. Manche Patienten klagen besonders über das Schlagen der Schläfen- und anderer Kopfarterien. Während die meisten Kranken blass sind, haben einzelne ein stark geröthetes Gesicht, schwitzen dabei und sehen immer aus, als hätten sie eben einen Wettlauf hinter sich. Der Arterienpuls der Netzhaut wurde zuerst von Becker beschrieben; er ist zuweilen auf die Papille beschränkt, gewöhnlich aber auch in deren Umgebung zu sehen; auch sind die Gefässe des Augenhintergrundes meist verbreitert und gelegentlich geschlängelt. Veränderungen, an denen auch die Venen theilnehmen können.

Der Radialpuls ist recht verschieden, bald ist er klein und weich, was wohl die Regel bildet, bald klein und hart, zuweilen gross, zuweilen schnellend. P. Marie gibt mehrere sphygmographische Curven, nach denen der Puls dem Pulsbilde bei Tachykardie überhaupt entspricht. Bei 2 Kranken wurde der Blutdruck in der Radialis gemessen, er war normal (170 mm Hg bei aufliegendem Unterarme, 140 mm bei freigehaltenem). Immerhin können diese Angaben nicht schlechtweg gelten und die Behauptung, der Blutdruck sei vermindert, mag in manchen Fällen zutreffen. Hier wie anderwärts bei Basedow'scher Krankheit muss man kategorische Aussagen vermeiden, die Befunde sind gar zu mannigfaltig.

Zuweilen zeigt sich das Arterienklopfen auch an der unteren Körperhälfte. O. Kahler beschrieb eine Kranke, bei der lange äusserst peinliche Pulsation im Unterleibe bestand. Mehrfach ist auf das starke Klopfen der Bauchaorta hingewiesen worden. C. Gerhardt hat wiederholt Pulsation und Vergrösserung der Milz gefunden. Schon früher ist Pulsiren der Leber erwähnt worden.

C. Gerhardt betont ferner, dass ausser der krankhaften Pulsation abnorme Töne bald an diesen, bald an jenen Arterien beobachtet werden.

Hier mögen auch die gelegentlich vorkommenden Blutungen erwähnt werden. Besonders häufig ist Nasenbluten. Manche Autoren haben Lungenblutungen, die angeblich nicht auf Tuberculose zu beziehen waren, Magenblutungen, Hautblutungen beobachtet.

Die Bedingungen, unter denen die Veränderungen des Gefässsystems entstehen, sind offenbar nicht nur die Veränderungen des Herzens einerseits, eine bestimmte Modification des Gefässrohres andererseits, sondern das Charakteristische ist das, dass an den verschiedenen Theilen des Systems der Zustand der Blutgefässe verschieden ist, dass sie scheinbar nach Willkür bald da, bald dort, bald schwach, bald stark erkrankt sind. Auch diese Mannigfaltigkeit spricht, nebenbei bemerkt, dagegen, dass die Symptome der Basedow'schen Krankheit unter der Regierung eines Centrum ständen, deutet vielmehr darauf hin, dass ein im Blute kreisendes Gift peripherisch einwirkt, denn ähnliche Zustände finden wir auch bei anderen Vergiftungen.

Wenn man will, kann man zu den Störungen der Blutgefässe auch die Neigung zum Erröthen, die Erytheme, die Urticaria und andere Störungen, die ich bei den Veränderungen der Haut besprechen werde, rechnen. Ebenso kann man hier die glücklicherweise seltenen Fälle von Gangrän bei Basedow'scher Krankheit erwähnen. Es scheint sich meist um die Beine oder ein Bein gehandelt zu haben und das Bild scheint dem der Altersgangrän ähnlich gewesen zu sein, nur war der Verlauf rascher. Ob die Blutgefässe dabei genauer untersucht worden sind, weiss ich nicht. In einigen Fällen wird erwähnt, dass bei der Section Veränderungen der Gefässe nicht nachzuweisen waren. Einige Autoren haben auffallend rasch eintretenden Decubitus beobachtet.

Nach dem Tode hat man gewöhnlich eine mehr oder weniger grosse Hypertrophie des Herzens, besonders der linken Kammer gefunden. Daneben Dilatation, gelegentlich herdartige oder mehr gleichmässige Entartung des Herzfleisches, relative Insufficienz der Klappen, Verdickungen des Endokards, kurz, Veränderungen, wie sie den im Leben beobachteten Symptomen entsprechen und erwartet werden mussten. Ueber die Blutgefässe ist nicht viel zu sagen; man hat natürlich an ihnen da und dort Atherom beobachtet. Von irgendwie charakteristischen Erscheinungen ist nicht die Rede.

Die Augensymptome.

Wenn ein Mensch sich entsetzt, so reisst er die Augen weit auf, diese blicken starr auf das Entsetzliche, ohne mit den Lidern zu zucken, und treten ein wenig nach vorn; die weitgeöffneten starren Augen scheinen »aus dem Kopfe zu treten«. Dieselben Veränderungen bringt die Basedow'sche Krankheit hervor. Die Erweiterung der Lidspalte und die Seltenheit des Lidschlages pflegt man erst neuerdings als Stellwag's Zeichen zu erwähnen, das Vortreten der Augen, der Exophthalmus hat bekanntlich von vorneherein die Aufmerksamkeit auf sich gezogen. Doch gehört beides zusammen, beide Zeichen bilden das »Glotzauge«. Den alten Beobachtern, die meist Stellwag's Zeichen nicht besonders erwähnen, ist es wohl kaum entgangen, sie werden angenommen haben, dass es eine Theilerscheinung des Exophthalmus sei. Aber die Erweiterung der Lidspalte ist weder eine mechanische Wirkung des Exophthalmus, noch ist dieser immer mit ihr zusammen da. Vielmehr pflegt im Anfange der Krankheit, ja oft während eines beträchtlichen Theiles des Verlaufes Stellwag's Zeichen allein vorhanden zu sein. Beim Gesunden lassen die Lider nur eben die Hornhaut frei. Bei manchen Menschen, besonders bei Nervösen und bei Greisen, sieht man unterhalb der Hornhaut einen Streifen der Sklera, dagegen ist ein solcher Streifen oberhalb der Hornhaut, ausserhalb des Affectes, immer Zeichen eines krankhaften Zustandes.

Man sieht ihn bei krankhaften Affecten, maniakalischen Zuständen und bei der Basedow'schen Krankheit. Der Grad der »Retraction des Lides« ist bei dieser verschieden, er ist zuweilen verschieden an beiden Augen, so dass das Stellwag'sche Zeichen nur auf einer Seite vorhanden zu sein scheint (Gowers z. B. bildet eine solche Kranke ab). Er wechselt auch bei demselben Kranken je nach dem geistigen und dem körperlichen Zustande. Die Seltenheit des Lidschlages steht offenbar in naher Beziehung zu der activen Erweiterung der Lidspalte. Doch gehen beide Erscheinungen nicht gerade parallel, denn bei dem einen Kranken bewegt sich das Lid sehr wenig, obwohl die Augen nicht besonders gross sind, bei dem anderen sieht man einen breiten Streifen über der Hornhaut und doch erfolgt der Lidschlag nicht viel seltener als bei einem Gesunden. Wahrscheinlich spielen da die individuellen Verhältnisse eine Rolle. Die Haupterscheinung ist offenbar die Tendenz zur Erweiterung der Lidspalte, die den das Lid senkenden Antrieben widersteht. Gelegentlich hat man gemeint, es möchte wohl bei Basedow'scher Krankheit eine Parese des Orbicularis palpebrarum vorhanden sein. Aber erstens ist davon in der grossen Mehrzahl der Fälle gar nichts nachzuweisen und zum anderen würde die Schliesserschwäche Stellwag's Zeichen nicht hervorrufen, wovon man sich bei Facialisparesen leicht überzeugen kann.

Stellwag's Zeichen ist eines der frühesten und regelmässigsten Symptome der Basedow'schen Krankheit. Wahrscheinlich fehlt es nie ganz, doch kann es natürlich, wenn es schwach ist, übersehen werden. Wie alle activen Symptome bleibt es (mit Schwankungen) bestehen, so lange die Krankheit progredient ist, lässt nach, wenn der ursächliche Vorgang nachlässt.

Eine Wirkung der Tendenz zur Erweiterung der Lidspalte ist auch Graefe's Zeichen. Dieses besteht darin, dass bei verticaler Veränderung der Blickrichtung das obere Lid dem Augapfel nicht in normaler Weise folgt, sondern zurückbleibt, nur ruckweise folgt. L. Bruns hat hervorgehoben, dass Graefe's Zeichen gewöhnlich nur bei der Senkung des Blickes sich darstelle. Wenn man den Kranken prüft, fordert man ihn auf, auf die hochgehobene Hand des Arztes zu sehen und bewegt dann langsam die Hand abwärts. Ist das Lid zurückgeblieben, so muss, wenn der Blick der sich wieder hebenden Hand folgt, der Augapfel sich ein Stück weit allein drehen, dann erreicht er sozusagen das Lid und beide gehen nun gemeinsam aufwärts. Ist aber das Lid, wenn auch verspätet und ruckweise dem Augapfel gefolgt, so bewegen sich beide in normaler Weise wieder nach oben. Weil eine Tendenz zur Erweiterung der Lidspalte besteht, ist die Abwärtsbewegung des oberen Lides erschwert. Diese abnorme Tendenz muss bei Senkung des Blickes überwunden werden, während sie die Hebung des Lides fördert. Ist jene Tendenz besonders stark, so kann das Lid, das anfänglich dem Auge folgte, zurückschnellen.

Neuerdings haben P. Marie und Andere hervorgehoben, dass
Graefe's Zeichen in vielen Fällen von Basedow'scher Krankheit fehle
und dass es auch ohne diese vorkomme. Das letztere ist natürlich richtig,
da das Zeichen einfach von der Steigerung der lidhebenden Kräfte abhängt, es kann bei Gesunden, die absichtlich »starren«, bei krankhaft
Erregten aller Art beobachtet werden, es kommt auch bei Thomsen'scher
Krankheit vor. Wenn aber behauptet wird, dass Graefe's Zeichen bei
Basedow'scher Krankheit geradezu selten sei, so beruht die Angabe wohl
auf unrichtiger Untersuchung. Prüft man in der angegebenen Weise jeden
Basedow-Kranken zu verschiedenen Zeiten, so wird man das Zeichen
durchaus nicht immer, aber bei den meisten Kranken zu irgend einer Zeit
einmal finden. An einem Tage findet man es, am nächsten vielleicht nicht.
Es ist wahrscheinlich ein gewisser Grad der Lidspannung nöthig und
vielleicht kommen auch noch andere Verhältnisse in Betracht.

Der Exophthalmus entwickelt sich gewöhnlich erst nach Stellwag's,
beziehungsweise Graefe's Zeichen, ja er scheint in manchen Fällen ganz
auszubleiben. Bald bleibt er dauernd mässig stark, bald werden die Augäpfel so weit vorgetrieben, dass die Lider sie nicht mehr bedecken können,
ja dass eine Luxation eintritt. Immerhin scheinen die hohen Grade des
Exophthalmus ziemlich selten zu sein. Sehr häufig ist er auf beiden Seiten
verschieden; er beginnt zuweilen einseitig, bleibt es mehr oder weniger
lange und auch dann, wenn das andere Auge ebenfalls hervortritt, bleibt
ein beträchtlicher Unterschied, oder aber dieser gleicht sich mit der Zeit
aus. Man hat darauf hingewiesen, dass manchmal die Struma vorwiegend
einseitig ist und dann das Auge der gleichen Seite hervorsteht. Doch
ist darauf wohl nichts zu geben, denn es kommt auch vor, dass die eine
Hälfte der Drüse vergrössert ist und das andere Auge Exophthalmus
zeigt. Ueberhaupt besteht kein festes Verhältniss zwischen dem Exophthalmus und den anderen Zeichen.

Gewöhnlich entwickelt sich der Exophthalmus langsam. In einzelnen
Fällen aber, besonders dann, wenn starke acute Schädlichkeiten eingewirkt
hatten, kam er in einigen Tagen zu Stande. Ebenso kann das stetige
Fortschreiten unter solchen Umständen acute Steigerungen erfahren. Zuweilen flammt sozusagen der Process auf: anfallweise schwillt die Schilddrüse stärker an, tritt heftiges Herzklopfen ein, drängen sich die Augen
weiter hervor.

Untersucht man einen Kranken mit Exophthalmus, wenn dieser noch
nicht sehr lange besteht, so kann man durch sanften Druck die Augen
zurückdrängen, ohne wehe zu thun. Später gelingt es nicht mehr. Bei
den Sectionen wird gewöhnlich im Hintergrunde der Augenhöhle ein
starkes Fettpolster gefunden, das unter einem nachweisbaren Drucke steht.
Dies erklärt, dass der Exophthalmus im Laufe der Zeit eine gewisse Selbst-

ständigkeit gewinnt und oft trotz relativer Heilung ziemlich lange fort-
besteht. Auf jeden Fall geht er, wenn er längere Zeit bestanden hat,
langsamer zurück als die übrigen Zeichen. Manchmal tritt nur ein Auge
zurück. Das Fettpolster kann natürlich von vorneherein nicht da sein und
das Vorkommen des acuten Exophthalmus beweist, dass andere Kräfte die
Augen vortreiben. Freilich kann man sich keine rechte Vorstellung davon
machen, wie es geschieht. Muskelkräfte, die dazu tauglich wären, sind
nicht nachzuweisen. Man muss also vermuthen, dass vermehrte Füllung
der Blutgefässe die Ursache sei, und zwar, da kein Grund zur Annahme
einer Stauung vorliegt, vermehrte Füllung der Arterien. Es fehlt uns aber
ein Analogon. Stärkerer Exophthalmus kommt, natürlich abgesehen von
dem durch Geschwülste, Aneurysmen bewirkten, ausserhalb der Basedow'schen Krankheit nicht vor. Es muss also eine ganz eigenartige Einwirkung stattfinden. Immerhin kommt ein gewisser Grad von Exophthalmus
auch bei atheromatöser Erweiterung der Arterien vor. Besonders bemerkenswerth ist eine neuere Beobachtung von Marina. Dieser sah bei
einem 41jährigen Gichtkranken mässigen Exophthalmus mit Graefe's
und Stellwag's Zeichen (merkwürdigerweise auch starke Schweisse).
Der Kranke starb unter bulbären Symptomen und man fand ein Aneurysma der Art. basilaris, sowie Erweiterung aller Gehirnarterien bis in
die feinsten Verzweigungen.

Stärkerer Exophthalmus verursacht peinliche Gefühle von Druck und
Spannung. Die Lider sind cyanotisch und gedunsen, die umgebende Haut
wird wallartig vorgetrieben. Begreiflicherweise ist das vorgedrängte Auge,
dem überdem der Lidschlag fehlt, vielen Schädlichkeiten ausgesetzt. Es
kann zu nekrotisch-entzündlichen Vorgängen kommen, die weiter unten
geschildert werden.

Die inneren Augenmuskeln scheinen bei der Basedow'schen Krankheit nicht gestört zu werden. Fast immer sind Weite und Beweglichkeit
der Pupillen, sowie die Accommodation ganz normal. Natürlich können
bei Basedow-Kranken so gut wie bei anderen Leuten Pupillendifferenz,
Fehler der Refraction und Anderes vorkommen, doch handelt es sich dann
nicht um ein Symptom der Basedow'schen Krankheit.

Besondere Erwähnung verdienen blos die seltenen Fälle, in denen einseitige Sympathicussymptome (Verengerung, beziehungsweise Erweiterung
der Lidspalte und der Pupille) bei der Basedow'schen Krankheit gefunden
werden. Gewöhnlich erklärt man solche Sympathicussymptome, zu denen
sich auch Röthung, Hitze, Schweissabsonderung, beziehungsweise Blässe,
Kühle, Trockenheit einer Gesichtshälfte gesellen können, durch Druck
der Struma auf den Nervus sympathicus am Halse. Es ist aber wahr-
scheinlicher, dass es sich um eine Wirkung des Basedow-Giftes handle,
denn die Struma war meist weich und klein und E. Fränkel fand in

einem solchen Falle bluterfüllte Hohlräume und varicöse Gefässerweiterungen im unteren Halsganglion.

Kast und Wilbrand haben bei ihren Kranken Einengung des Gesichtsfeldes gefunden und haben geglaubt, darin ein Zeichen der Basedow'schen Krankheit sehen zu sollen. Hier liegt wohl ein Irrthum vor. Wirkliche dauernde concentrische Gesichtsfeldeinschränkung ist ein ausschliesslich hysterisches Symptom; kommt sie bei Basedow-Kranken vor, so besteht neben der Basedow'schen Krankheit Hysterie. Vorübergehende Einschränkungen des Gesichtsfeldes, wie sie besonders Wilbrand bei nervenschwachen Leuten nachgewiesen hat, sind ziemlich bedeutungslos, sind nichts als ein Ausdruck seelischer Ermüdung.

Auch Amblyopie ist kein Zeichen der Basedow'schen Krankheit. Einzelne Autoren haben zwar Achromatopsie, Amblyopie durch Atrophie oder Entzündung der Sehnerven und Anderes beschrieben, doch sind diese Dinge durch Complicationen zu erklären. Besonders phantastische Angaben über Augenstörungen durch Dehnung der Ciliarnerven und des Opticus hat Dianoux gemacht.

Im Gegensatze zu dem Verschontbleiben der inneren Augenmuskeln und des Sehnerven steht die Thatsache, dass sehr ernste Erkrankungen der äusseren Augenmuskeln vorkommen. Häufig sind freilich nur unbedeutende Störungen, besonders die sogenannte »Insufficienz der Convergenz«. Ich habe diese zuerst beschrieben und Manche nennen sie deshalb nach Charcot's Vorgange Möbius'sches Symptom. Alle sonstigen Bewegungen der Augäpfel sind frei, soll aber der Kranke auf einen nahen Gegenstand (die eigene Nasenspitze, den vor das Gesicht gehaltenen Finger) sehen, so blicken die Augen nach rechts oder nach links und nur ein Auge sieht den Gegenstand. Am deutlichsten ist das Zeichen, wenn man den Kranken erst nach der Stubendecke und dann auf seine eigene Nase sehen lässt. Nähert man den Finger allmälig, so convergiren zunächst die Augen, bei einem Nahepunkte aber, dessen Abstand vom Auge bei verschiedenen Kranken und bei demselben Kranken zu verschiedenen Zeiten verschieden ist, hört die Convergenz auf und die parallel gewordenen Augenachsen wenden sich seitlich, so dass nur das nach innen gedrehte Auge noch fixirt. Die Kranken wissen von dem Vorgange nichts, haben keine Doppelbilder, klagen nur über ein Gefühl von Spannung, so lange die Augen convergiren. Die Insufficienz der Convergenz steht nicht in geradem Verhältnisse zum Exophthalmus, denn sie kann sehr ausgeprägt sein, während dieser schwach ist, und umgekehrt. Immerhin mag ein gewisser Grad des Exophthalmus sie begünstigen. Sie kommt auch ausserhalb der Basedow'schen Krankheit vor, man sieht sie, in geringerem Grade, bei verschiedenen Schwächezuständen, ich habe sie in hohem Grade bei progressiver Bulbärparalyse gefunden. Wahrscheinlich deutet sie auf eine besondere Schwäche der Augenmuskeln, deren anstrengendste Bewegung offenbar die Convergenz auf nahe Gegenstände ist. Mit der allgemeinen Schwäche geht sie bei Basedow'scher Krankheit nicht parallel, denn sie kann sehr entwickelt sein bei im Uebrigen durchaus rüstigen Kranken und bei Hinfälligen fehlen. Die Angaben über die Häufigkeit der Convergenzschwäche lauten verschieden. Mir scheint sie in der Mehrzahl der Fälle vorhanden zu sein.

Viel seltener als die bisher erwähnten Störungen sind wirkliche Augenmuskellähmungen. Es ist ihrer eine ziemliche Zahl beschrieben worden, weil sie eben als etwas Merkwürdiges erschienen, doch kann man viele Basedow-Kranke sehen, ehe man eine Augenmuskellähmung findet. Ich habe nur einmal Abducenslähmung bei einem Manne gesehen, der höchstwahrscheinlich nicht syphilitisch gewesen war, aber Influenza gehabt hatte; sie bestand vier bis fünf Monate, ging zurück, als die Basedow'sche Krankheit überhaupt zurückging und verschwand vollständig, während die übrigen Zeichen, wenn auch gemildert, durch Jahre weiter bestanden. In diesem Falle, wie in den anderen Fällen von Lähmung einzelner Augenmuskeln (Rectus internus, Rectus externus, Obliquus inferior und Andere), von denen eine ganze Reihe beschrieben worden ist, kann man natürlich nicht sagen, wo die Läsion gesessen haben mag. Dagegen sind andere Fälle bekannt, in denen aus dem klinischen Befunde mit ziemlicher Sicherheit auf eine Erkrankung der Kerngegend geschlossen werden kann. Eine der ältesten und merkwürdigsten Beobachtungen rührt von Stellwag her. Dieser sah Lähmung der Seitwärtswender der Augen (bei parallelen Augenachsen und ungestörter Convergenz) und später wurde daraus Lähmung beider Externi mit Strabismus convergens und Doppeltsehen. Francis Warner beschrieb doppelseitige äussere Ophthalmoplegie (mit Parese des Facialis und des Trigeminus). Jendrassik sah Parese der Kaumuskeln, ausserdem Lähmung der Drehmuskeln beider Bulbi, der meisten Gesichtsmuskeln und der Gaumenmuskeln. Ballet, Liebrecht, Joffroy und Andere beschrieben ebenfalls Ophthalmoplegia exterior. In einem Falle Maude's schien die Läsion sich allmälig über das Gebiet der Augenmuskelnervenkerne und der benachbarten Kerne auszubreiten. Besonders wichtig ist die Beobachtung Bristowe's (an Warner's Patienten): Basedow'sche Krankheit, Ophthalmoplegia exterior, rechtsseitige Hemiplegie, epileptiforme Anfälle, Tod durch Bronchitis, keine anatomischen Veränderungen. Man muss wohl annehmen, dass das Gift in der Kerngegend leichtere, durch das Auge nicht wahrnehmbare Veränderungen bewirkte. Das Fehlen sichtbarer Läsionen zeigt, dass die nucleären Augenmuskellähmungen wirklich Theilerscheinungen der Basedow'schen Krankheit waren, nicht von einer

Complication, etwa von einer Blutung oder der Thrombose eines atheromatösen Blutgefässes abhingen. Bemerkenswerth ist, dass recht oft neben den Augenmuskellähmungen Läsionen anderer Hirnnerven bestanden. Offenbar ist überhaupt die Kerngegend des Mittelhirns in einzelnen Fällen ein Locus minoris resistentiae gegenüber dem Basedow-Gifte. Aus dem Vorkommen zweifellos nucleärer Läsionen könnte man schliessen, dass auch die Lähmungen einzelner Muskeln, beziehungsweise einzelner Nervengebiete nucleärer Art seien. Sicheres lässt sich darüber nicht sagen. Auf jeden Fall ist die Erkrankung peripherischer Hirnnerven bei Basedow'scher Krankheit bis jetzt klinisch nicht bewiesen.

Auch Zittern der Augäpfel ist beschrieben worden. Freund sah es bei einem Soldaten, der ausserdem an Sehschwäche und Schmerzen hinter den Augen litt. Es war »ein permanentes, überaus schnelles Hin- und Hervibriren der Augäpfel, es war beständig begleitet von einem Gefühl von Augenflimmern und die Gegenstände der Umgebung machten dem Zittern entsprechende, überaus schnelle Scheinbewegungen; sie schienen hin- und herzuschwirren«. Das Zittern hörte sofort auf, wenn ein Auge geschlossen wurde. Zuweilen vibrirten auch die oberen Lider. Wegen der eigenthümlichen Art und der sofort nach Galvanisation eintretenden Besserung glaubte ich früher dieses Zittern für hysterisch halten zu sollen. Ich bin aber doch zweifelhaft geworden, ob es sich nicht wirklich um ein Basedow-Symptom gehandelt hat. Das Zittern ist noch einige Male beobachtet worden; bei einer Kranken Bruns' z. B. vibrirten die Augäpfel, wenn sie ins Leere sah, und eine Kranke Mannheim's hatte beständigen Tremor der Bulbi in senkrechter Richtung (150 in der Minute) mit der Klage über Wirbeln aller Gegenstände beim Fixiren.

Bei einem der von Liebrecht beschriebenen Kranken, einem 68jährigen Manne, mit Hornhautvereiterung und fast vollständiger Lähmung der Drehmuskeln der Bulbi, bestand ein ununterbrochener schnellschlägiger Tremor der Augenlider, der durch Druck auf die Umgebung zeitweise unterbrochen werden konnte. Gelegentlich wird auch von anderen Autoren Zittern der Lider erwähnt. Doch ist sowohl dieses als das Augenzittern sicher eine sehr seltene Erscheinung.

Die seltene Verengerung der Lidspalte einer Seite (die sogenannte sympathische Ptosis) ist oben schon erwähnt worden.

Manche Basedow-Kranke klagen über Thränenträufeln. E. Berger glaubt andauerndes Thränenträufeln zweimal als erstes Zeichen der Krankheit gesehen zu haben und bezieht es auf eine nervöse Störung der Thränendrüse. Andere leiten das Thränenträufeln, wenn es bei Kranken mit Exophthalmus vorkommt, davon ab, dass die ungenügend bedeckte und des regelmässigen Lidschlages entbehrende Bindehaut in einen Reizzustand gerathe. Später beschweren sich die Kranken nicht selten über Trockenheit des Auges. Das Epithel im Bereiche der Lidspalte soll trocken und spröde werden, die oberen Zellenschichten bleiben liegen. Zuweilen beobachtet man eine auffallende Unempfindlichkeit der Bindehaut. Ob diese durch die eben erwähnten Veränderungen oder durch nervöse Störungen verursacht sei, steht dahin.

Wiederholt, wenn auch glücklicherweise selten, ist Verschwärung der Hornhaut beobachtet worden. Schon Basedow berichtet über dieses Ereigniss. Bei einem 50jährigen Kaufmanne trat durch Reisen im offenen Wagen »Corneitis« ein und beide Augen gingen unter grossen Schmerzen verloren. »Beide Stümpfe ohne vordere Kammer stehen. wie die Krebsaugen, gestielt zwischen den ganz von einander getriebenen Lidern weit hervor, auf beiden Augen schorft die Narbe der Cornea und ist die Conjunctiva, soweit sie nicht von den Lidern bedeckt ist, sarkomatös geschwollen; auf beiden Augen sieht man durch die Tension der Recti Längenfurchen von vorn nach hinten verlaufen, die den Bulbus, wie die Stricke eines Waarenballens, in vier Wülste theilen möchten.« Kommt es zu Verschwärung der Hornhaut, so zeigen sich zunächst kleine, graugelbe, schlecht begrenzte, oberflächliche Infiltrate der von den Lidern nicht bedeckten und oft unempfindlichen Hornhaut. Die Umgebung der Infiltrate soll trüb und matt, manchmal wachsartig glänzend aussehen. Die Infiltrate bedecken sich mit Epithelanhäufungen und werden nach deren Abstossung zu Geschwüren. Neue Infiltrate treten auf und »es kann schliesslich der grösste Theil oder die ganze Hornhaut in eine gelbe, trockene, mit dicken blätterigen Schorfen bedeckte Masse umgewandelt erscheinen«. Dann kann es auch zur Blosslegung der Iris kommen. Manchmal verläuft der Process langsam, fast ohne Schmerzen, in anderen Fällen bestehen sehr heftige Schmerzen, wie bei dem Kranken Basedow's, und mit ihnen entwickelt sich die das Auge zerstörende eiterige Entzündung. Bisweilen ist frühzeitig Perforation der Hornhaut eingetreten. der hier ebenfalls Verlust des Auges folgte, dort Besserung und Erhaltung des Sehvermögens (durch spätere Iridektomie). In leichteren Fällen ist es nicht zur Zerstörung des Auges gekommen, die umschriebene Hornhautnekrose kann heilen, aber es können auch Rückfälle eintreten und natürlich bleiben starke Trübungen zurück.

A. v. Graefe fand unter vierzehn Fällen von Hornhauteiterung zehn Männer und nur vier Frauen. Ferner war die Mehrzahl der von Graefe und von Anderen beobachteten Kranken dieser Art relativ alt (38 bis 68 Jahre). Meist handelte es sich überhaupt um eine sehr schlimme Form der Basedow'schen Krankheit.

Ueber die nächsten Ursachen der Hornhauteiterung ist schwer etwas zu sagen. Es kommen Fälle von Exophthalmus vor, in denen das Auge

auch im Schlafe nicht geschlossen werden kann und in denen doch
keinerlei Ernährungsstörung beobachtet wird. Umgekehrt war bei manchen
Basedow-Kranken mit Hornhauteiterung der Exophthalmus gering. Die
Trockenheit des Auges kann nicht die Hauptsache sein, denn in einigen
Fällen wird ausdrücklich erwähnt, dass reichliches Thränenträufeln bestand.
Dass Veränderungen im Trigeminus der Nekrose zu Grunde lägen, ist
auch unwahrscheinlich, da anderweite Trigeminussymptome gänzlich
fehlen. Man muss wohl annehmen, dass in schweren Fällen der Krankheit das Gift die Widerstandsfähigkeit aller Gewebe herabsetze und dass
dann die überhaupt unter schwierigen Verhältnissen lebende Hornhaut
durch geringe Schädlichkeiten, die von kräftigeren Individuen leicht
ertragen werden, zu Grunde gerichtet werden könne. Mangelhafter Schutz
durch die Lider mag dann im Vereine mit äusseren Einwirkungen ausreichen. Die verminderte Widerstandsfähigkeit der Hornhaut mag auch
bewirken, dass Staaroperationen bei Basedow'scher Krankheit ungünstig
verlaufen.

Das umschriebene Oedem der Basedow'schen Krankheit zeigt
sich zuweilen auf die Augenlider eines Auges oder beider Augen beschränkt.
Die Pigmentirung ist in der Umgebung des Auges zuweilen besonders
stark und auch Vitiligoflecken können hier zuerst vorkommen.

Die nervösen Störungen.

Der seelische Zustand der Kranken ist fast nie normal. Zum
wenigsten pflegen sie »nervös« zu sein. Wahrscheinlich ist diese vermehrte Reizbarkeit eine der ersten Wirkungen der Basedow-Veränderung.
Sehr oft wird in den Krankengeschichten berichtet, dass die Patienten
schon vor der Basedow'schen Krankheit allerhand Zeichen von Nervosität dargeboten hätten. Mag diese Auffassung auch zuweilen Recht
haben, so ist doch zu vermuthen, dass oft die erwähnte Nervosität das
erste Zeichen der Basedow'schen Krankheit, nicht etwas von ihr Ver-
schiedenes sei. Es könnte wohl auch Formen der Nervosität geben, die
dieselbe chemische Aetiologie hätten wie die Basedow'sche Krankheit,
ohne dass doch je die letztere im gewöhnlichen Sinne des Wortes an
den Patienten zum Vorscheine käme.

Schon früh aber ist es den Beobachtern aufgefallen, dass es sich bei
der Basedow'schen Krankheit recht oft um mehr als um einfache Nervosität handelt, dass es nicht bei dem Mangel an Stetigkeit, der gesteigerten Zugänglichkeit für Affecte sein Bewenden hat, dass vielmehr den
eigentlichen Geisteskrankheiten verwandte Zustände sich
entwickeln. Diese sind nicht immer dieselben, aber immer sind sie mit
Aufregung verbunden. Bald trägt die Aufregung eine maniakalische
Färbung, bald kann man von Zanksucht oder ängstlich-melancholischer

Verstimmung reden. Schon die beiden ersten von Basedow beschriebenen
Patienten »galten als wahnsinnig«. Sie waren in ihren Bewegungen hastig,
konnten nicht ruhig bleiben, die eine war »aufgeweckt und sorglos«, die
andere »unnatürlich heiter«. Basedow kennzeichnet hier mit wenig
Worten sehr gut. Jeder, der eine Anzahl Basedow-Kranke gesehen hat,
wird Aehnliches beobachtet haben. Manche Kranke scheinen sich fortwährend in einem leichten Rausche zu befinden, sie scheinen zu vergessen,
dass sie schwer krank sind und dass ihr Anblick die Umgebung erschreckt,
sie sehen die ganze Welt durch eine rosenrothe Brille an. Eine meiner
Kranken war ihrem Manne, der sie misshandelte, entflohen, sie lebte in
den ärmlichsten Verhältnissen und wurde täglich kränker, aber nichts
störte ihre Heiterkeit. Ich vergesse nicht, wie ich ihr einmal im Winter
begegnete: in verwahrlostem Anzuge, ein Bild des Jammers, stapfte sie
mit gedankenlos lächelndem Gesichte durch Schnee und Schmutz. Zuweilen
werden vorher häusliche Kranke vergnügungssüchtig, putzen sich, laufen
in Gesellschaften, Theater und Concert. Wie der Alkohol nicht immer
lustig macht, sondern manchmal streitsüchtig und zornig oder klagesüchtig,
so gibt sich auch in manchen Fällen der Basedow'schen Krankheit die
Erregung darin kund, dass die Kranken alles übelnehmen, weinen, zanken,
ihre Familie in jeder Weise quälen, oder fortwährend über ihr Elend
jammern, ängstlich hin- und herlaufen, ihre Arbeit und ihre Angehörigen
nicht beachten.

Auch gegenüber den noch tiefer greifenden seelischen Störungen,
den eigentlichen Psychosen bei Basedow'scher Krankheit, ist der
Vergleich mit den Alkoholpsychosen zulässig. Nicht als ob eine wirkliche
Parallelität bestünde, aber in dem Sinne, dass derselbe Giftstoff in Verbindung mit der ererbten und der individuellen Eigenart, sowie den Lebens-
umständen sehr verschiedene Formen geistiger Krankheit hervorrufen kann.
Zwar sind die Basedow-Psychosen nicht häufig. Denn bilden schon die
Fälle mit deutlichen Abweichungen vom normalen psychischen Verhalten
die Minderzahl gegenüber denen mit einfacher Nervosität, so steigert sich
die maniakalische oder andersartige Verstimmung doch nur in relativ
wenigen Fällen zu ausgesprochenem Irresein. Ich selbst habe keinen
zweifellosen Fall von Basedow-Irresein beobachtet, wenngleich ich bei
einigen Kranken, die theils an hallucinatorischer Verwirrtheit, theils an
dem von Kraepelin als Wahnsinn bezeichneten Zustande litten, Struma
und einzelne Basedow-Symptome gesehen habe. Aber die Literatur ist
ziemlich reichhaltig, eine ganze Reihe von Schriften ist dem Irresein bei
Basedow-Kranken gewidmet und das Meiste, was vorkommt, wird wohl
beschrieben sein. Nun freilich sind nicht alle Fälle von Irresein bei
Basedow-Kranken solche von Basedow-Irresein. Manche Autoren, besonders Franzosen, so Joffroy und seine Schüler nehmen an, die bei

Basedow-Kranken beobachteten geistigen Störungen seien überhaupt nicht
Symptome des Morbus Basedowii, sondern Ausdruck der Entartung. In
den meisten Fällen handle es sich um erblich Entartete, bei denen Basedow'sche Krankheit und Geistesstörung nebeneinander bestehen. Manchmal sei die Basedow'sche Krankheit Gelegenheitsursache, wie etwa eine
Pneumonie oder eine andere Organkrankheit seelische Störungen bei Entarteten auslösen könne. Sehr viele der in der Literatur enthaltenen Fälle
müssen in der That so aufgefasst werden. Alkoholdelirien und progressive
Paralyse wird Niemand für eine Wirkung der Basedow-Veränderung
halten, aber auch Folie du doute, sowie andere Zufälle der Entarteten,
circuläres Irresein, Paranoia sind natürlich Complicationen. Zuweilen
wird die Sache fraglich sein. Verfällt ein Basedow-Kranker in einen
melancholischen Zustand oder in einen maniakalischen, so können
beide Leiden unabhängig von einander sein, oder das eine kann für
das andere Bedingung sein, oder endlich die Basedow'sche Krankheit
kann Ursache der Psychose sein. An sich wird die Basedow'sche
Krankheit keinen Schutz gegen anderweitige Erkrankungen gewähren,
man wird gelegentlich fast jede andere Krankheit neben ihr finden.
Oft aber werden die zeitlichen Verhältnisse für einen näheren Zusammenhang sprechen, das Auftreten der Psychose auf einer gewissen
Höhe der Basedow'schen Krankheit, gleichzeitige Besserung oder Verschlimmerung beider. Ein erblich Belasteter hätte vielleicht ohne ernstere
seelische Erkrankung sein Leben hingebracht, wenn er nicht von der
Basedow'schen Krankheit befallen worden wäre. Die Basedow'sche
Krankheit wäre ohne Psychose verlaufen, hätte der Kranke nicht seine
ererbte Anlage mitgebracht. Ob der Zusammenhang in dieser Weise zu
beurtheilen ist, das wird, abgesehen von den zeitlichen Verhältnissen, von
dem Nachweise der Familienanlage, der körperlichen und geistigen Stig-
mata degenerationis, früherer seelischer Störungen abhängen. Wenn aber
ein Mensch, der aus einer gesunden Familie stammt und der früher normal gewesen ist, im Laufe der Basedow'schen Krankheit erst die dieser
eigenthümliche Stimmungsänderung zeigt und dann mit der Verschlimmerung der Krankheit aus der maniakalischen Erregung in wirkliche
Manie oder aus der depressiven Verstimmung in Melancholia agitata übergeht, so wird man doch genöthigt sein, die Basedow'sche Krankheit
Ursache der Psychose zu nennen, obwohl die Form dieser nicht charakteristisch ist und sie ebensowohl unter anderen Verhältnissen vorkommen
könnte. Solche Fälle scheinen, wenn auch recht selten, vorzukommen.
Klarer ist die Sachlage in anderen Fällen. Am wenigsten kann man dann
an dem Vorhandensein eines wirklichen Basedow-Irreseins zweifeln,
wenn gegen das Ende hin Delirien sich entwickeln und der von einzelnen
Irrenärzten als Delirium acutum bezeichnete Zustand auftritt. Besteht dabei

Fieber. so kann man freilich von Fieberdelirien sprechen, aber manche dieser Zustände verlaufen fieberlos, in anderen tritt nur zeitweise Fieber ein. so dass die Selbstständigkeit des Deliriums nicht zweifelhaft sein kann. Besonders die bösartigen acuten Formen der Basedow'schen Krankheit führen das Delirium acutum mit sich. Ganz ähnliche Zustände beobachtet man bei der schweren Chorea. Friedrich Müller hat neuerdings einige Beobachtungen von acuter Basedow'scher Krankheit mitgetheilt. in denen gegen das Ende hin Benommenheit und Angst, Hallucinationen und Verworrenheit auftraten. Es kommen aber auch sonst im Laufe der Krankheit Delirien vor, die auf die Einwirkung des Basedow-Giftes zu beziehen sind. weil sie mit einer Verschlimmerung der Krankheit zusammenfallen und den Charakter einer Giftwirkung an sich tragen. Sie erscheinen als traumhafte Zustände: Einschränkung des Bewusstseins, Verwirrtheit. Sinnestäuschungen, peinliche Affecte, besonders Angst, selten heitere Erregung. gelegentlich Stupor sind die einzelnen Züge. Bekanntermaassen können auch bei degenerativen Geistesstörungen solche Zustände beobachtet werden, beziehungsweise hier durch Stoffwechselproducte entstehen. immer aber wird man ihnen gegenüber zuerst an Intoxication oder Infection denken, da alle Geistesstörungen durch chemische oder bacteriogene Gifte ihre Züge tragen. Je nach dem Wechsel des klinischen Bildes spricht man von Delirien im engeren Sinne. von hallucinatorischem Irresein oder hallucinatorischer Verwirrtheit, von Wahnsinn u. s. w. Wahrscheinlich gehören viele als Manie bei Basedow'scher Krankheit bezeichnete Fälle zu dieser Gruppe.

Endlich werden Gleichgiltigkeit, Stumpfheit. Vergesslichkeit zuweilen unter den Symptomen der Basedow'schen Krankheit genannt. Man wird unterscheiden müssen, ob es sich um Zeichen der Erschöpfung handelt. oder um einen mehr chronischen Zustand und man wird im letzteren Falle zu prüfen haben. ob etwa die Erscheinungen geistiger Stumpfheit oder Schwäche als myxödematöse Symptome anzusehen sind.

Ein fast stets vorhandenes Zeichen der Basedow'schen Krankheit ist ferner Schlaflosigkeit. Sie hängt wohl hauptsächlich von der seelischen Unruhe ab. besitzt aber unter Umständen auch eine gewisse Selbstständigkeit. Man kann nicht immer sagen, wie es kommt. dass manche Kranke ziemlich gut schlafen. andere andauernd über Schlafmangel, unruhigen, unerquicklichen Schlaf mit quälenden Träumen klagen. Gewöhnlich hält die Schlaflosigkeit an, so lange die Krankheit zunimmt.

Schwindel wird oft erwähnt. bald handelt es sich um wirklichen Drehschwindel, bald um Ohnmachtgefühle.

Ueber Kopfschmerz. Kopfdruck, Gefühl der Benommenheit und Aehnliches hört man die Kranken nicht selten klagen. Doch habe ich den Eindruck gewonnen, als gehörte der Kopfschmerz oft nicht eigentlich zu den Symptomen der Basedow'schen Krankheit. Viele Kranke klagen nie über ihn und die, die ihn hatten, waren meist nervöse Personen, die überhaupt zu Kopfschmerz geneigt waren. Wirkliche Migräne ist natürlich stets eine Complication.

Auch die anderen Schmerzen, über die die Autoren gelegentlich, aber doch recht selten berichten, sind, abgesehen von den die Organerkrankungen begleitenden Schmerzen, wohl kaum direct auf die Basedow'sche Krankheit zu beziehen. Am ehesten könnte man die Nackenschmerzen, von denen Cheadle u. A. erzählen, der Krankheit selbst zuschreiben. Dagegen Trigeminusneuralgie, Rückenschmerzen nach Art der Spinalirritation und Aehnliches scheinen Complicationen zu sein. Nach H. W. Mackenzie sind Crampi, d. h. schmerzhafte Muskelzusammenziehungen, sehr häufig bei Basedow-Kranken; er fand sie bei 13 von 15 Kranken und sie befielen Hände und Vorderarme, besonders aber Füsse und Unterschenkel, traten gewöhnlich in der Nacht auf. An Tetanie scheinen sie nicht erinnert zu haben. Ich will durchaus nicht leugnen, dass auch Basedow-Kranke an Wadenkrämpfen leiden können, deren Häufigkeit aber kann ich nicht bestätigen. Hyperästhesie und Anästhesie sind wohl immer hysterischer Art.

Eine Ausnahme macht das Hitzegefühl. Es ist manchmal immer, manchmal nur in der Nacht vorhanden, es ist zuweilen mit Schwitzen verbunden; relativ selten ist auch die Körpertemperatur objectiv gesteigert. Manche Patienten klagen sehr über die unerträgliche Hitze, sie finden alle Kleider zu dick, tragen im Winter Sommerkleider, werfen in der Nacht ihre Decken weg, reissen die Fenster auf, können nicht ruhig liegen. Manche verlangen immer kalte Getränke, nehmen Eis in den Mund. Wie andere Symptome kann das Hitzegefühl im Laufe der Krankheit wieder verschwinden.

Obwohl das Vorkommen von Zittern bei Basedow-Kranken schon früh erwähnt worden war und einzelne Autoren die Häufigkeit dieses Zeichens betont hatten, hat doch erst Charcot's Schüler, P. Marie, das Zittern genauer untersucht und hat gezeigt, dass es zu den Hauptsymptomen gehört. Die Stärke des Zitterns ist sehr verschieden, es kann so stark sein, dass die Kranken nur seinetwegen den Arzt befragen, oder so schwach, dass es nur bei sorgfältiger Beobachtung entdeckt wird. Bald ist es immer vorhanden, bald tritt es zeitweilig auf. Manchmal sieht man es nur an den Händen oder gar nur bei bestimmten Verrichtungen (Nähen u. s. w.), in anderen Fällen ist der ganze Körper ergriffen, so dass man bei Auflegen der Hand auf Kopf oder Schulter das allgemeine Beben fühlt. Bei geringerer Stärke zittern, wie gesagt, vorwiegend die Hände, aber nicht die Finger für sich. Das Zittern der Beine kann so stark werden, dass es die Kranken am Gehen hindert. Die Art des Tremor erinnert an das Zittern bei Alkoholismus; es sind kleine, rasche, rhythmische Bewegungen. Bei ihrer graphischen Darstellung hat Marie gefunden, dass die Oscillationen fast ganz gleichmässige Abstände haben, dass ihre Weite periodisch wechselt, dass 8—9 auf die Secunde kommen. Die Angaben Marie's sind von den neueren Autoren durchweg bestätigt worden. Es ist in der That das Zittern ein sehr häufiges und charakteristisches Zeichen der Krankheit, es tritt oft frühzeitig auf und kann diagnostisch ins Gewicht fallen. Nur ist es nicht bei jedem Kranken zu jeder Zeit vorhanden. Es verschwindet oft bald, wenn Besserung eintritt. Ueber das Augenzittern ist früher schon gesprochen worden. O. Kahler hat neben dem Vibriren ein »choreatisches Zittern« beschrieben. Bei dieser Form sehe man an den sich ruhig verhaltenden Kranken von Zeit zu Zeit ruckweise auftretende, unwillkürliche Bewegungen des Kopfes und des Rumpfes, die sich von denen der Chorea nur durch geringere Grösse unterscheiden. Bei seelischer Erregung, beim Vorstrecken der Hände treten die Bewegungen gehäuft auf und machen den Eindruck des Zitterns. Aeltere sowohl als neuere Beobachter haben wiederholt von choreatischen Bewegungen schlechtweg bei Basedow-Kranken gesprochen.

Auch tonische Krämpfe einzelner Muskeln werden (abgesehen von den Crampi) hie und da erwähnt. Mackenzie spricht von einem der Tetanie ähnlichen Krampfe der Hände, der durch 20 Jahre wiedergekehrt sei. Es ist aber merkwürdig, dass sonst Tetaniesymptome fast nie erwähnt werden.

Viele Autoren nehmen an, dass epileptische Anfälle Symptom der Basedow'schen Krankheit sein können. In den meisten Fällen hat es sich wohl entweder um die Complication mit Epilepsie oder um die mit Hysterie gehandelt. Es bleiben aber doch Beobachtungen übrig, bei denen diese Auffassung nicht zulässig zu sein scheint, und es ist an sich nicht unwahrscheinlich, dass das Basedow-Gift epileptische Zufälle hervorrufen könnte. Ein sicheres Urtheil erlauben die bisher vorliegenden Berichte, glaube ich, nicht.

Mit grösserer Zuversicht kann man von den Basedow-Lähmungen sprechen. Die Augenmuskellähmungen sind schon erwähnt worden und es ist dabei auch bemerkt worden, dass neben ihnen zuweilen Lähmungen anderer Hirnnervengebiete vorkommen: Facialislähmung, Kaumuskellähmung, Zungen-, Schlund- und Kehlkopflähmung. In vereinzelten Fällen hat man auch an anderen Körperstellen umschriebene Lähmung, beziehungsweise Muskelschwund beobachtet. Schwund der Nackenmuskeln, des Kopfnickers, eines Theiles der Armmuskeln, der kleinen Handmuskeln, des Peronaeusgebietes. Es scheint, dass der Schwund sich in der Regel schmerzlos, überhaupt ohne Störungen der Empfindlichkeit entwickelt, dass fibrilläre Zuckungen und spastische Erscheinungen fehlen, dass die elektrische Erregbarkeit dem Schwunde entsprechend vermindert ist. Doch beschreibt Huber in seinem Falle von Armmuskellähmung Entartungsreaction. Welche Läsion diesen Muskelstörungen entspricht, ist nicht sicher. Dass den Augenmuskellähmungen Veränderungen in der Kernregion zu Grunde liegen, ist aus klinischen Gründen ziemlich sicher. Mit Recht wird man auch die anderen Hirnnervenlähmungen, wenn sie mit der Ophthalmoplegie verbunden sind, so deuten. In den anderen Fällen bleibt die Sache ungewiss. Es können umschriebene Schädigungen der Vorderhörner in Frage kommen oder solche motorischer Nervenfasern, aber auch Erkrankungen der Muskeln selbst. Vielleicht hat der Muskelschwund bald diese, bald jene Ursache.

In gewissem Grade charakteristisch ist die zuerst von Charcot genauer beschriebene Paraparese der Basedow-Kranken. Vorläufererscheinung soll das plötzliche Nachgeben, Dienstversagen der Beine sein (effondrement des jambes, giving way of the legs). Die Kranken sind zwar schwach und müde, können aber gehen; plötzlich werden die Beine kraftlos, so dass die Patienten sich anhalten müssen, zusammenknicken oder gar der Länge nach hinfallen. Dergleichen Zufälle wiederholen sich mit unbestimmten Abständen. Inzwischen werden die Beine immer schwächer, es kommt zur Paraparese, ja zur Paraplegie. An den bettlägerigen Kranken findet man schlaffe Lähmung der Beine ohne Störung der Empfindlichkeit, ohne Muskelschwund, ohne Blasenschwäche, aber mit Herabsetzung oder Verlust des Kniephänomens und der Hautreflexe. Es ist bemerkenswerth, dass neuerdings Mackenzie und Revilliod die gleiche Form der Paraparese bei Myxödem beobachtet haben. Die Lähmung kann lange anhalten, kann aber, wenn die Krankheit überhaupt zurückgeht, wieder vollständig verschwinden. Natürlich darf sie nicht mit einer hysterischen Paraplegie verwechselt werden. In Kahler's Falle bestanden Contractur der Beine, Peronaeuslähmung und Symptome von Sklerodermie, also ein Krankheitsbild eigener Art.

Es scheint, dass auch hemiplegische und monoplegische Störungen vorkommen, die von derselben Art wie die Basedow-Paraparese sind. Man hat halbseitige Abmagerung beschrieben. Bei den Beobachtungen dieser Art haben die Autoren, wie es scheint, oft Hysterie und Basedow'sche Krankheit nicht getrennt, in manchen Fällen scheint aber keine Hysterie vorhanden gewesen zu sein.

Die Sehnenreflexe sind bei der Basedow'schen Krankheit gewöhnlich nicht wesentlich verändert. Nicht selten sind sie in Uebereinstimmung mit der allgemeinen Reizbarkeit auffallend lebhaft. Sie können, wie eben erwähnt wurde, fehlen bei der Basedow-Paraparese. Es kommt aber auch eine pathologische Steigerung der Sehnenreflexe vor, die eine gewisse Selbständigkeit zeigt und gewöhnlich nach einiger

Zeit wieder verschwindet. Es tritt z. B. während der Entwicklung der Krankheit das Fussphänomen ein und nach einiger Zeit ist es nicht mehr nachzuweisen. Vielleicht können auch noch ausgeprägtere spastische Phänomene beobachtet werden. —

Ueber die an der Leiche gefundenen Veränderungen des Nervensystems ist viel geschrieben worden. Die wichtigste Thatsache ist die, dass in einer beträchtlichen Zahl von Fällen vertrauenswerthe Untersucher trotz sorgfältiger makroskopischer und mikroskopischer Prüfung nichts gefunden haben. Gäbe es sichtbare Veränderungen, die der Krankheit wesentlich wären, so müssten sie natürlich in jedem Falle vorhanden sein. Ferner sind die Veränderungen, die man gefunden hat, in anderen Fällen trotz der Gleichheit des klinischen Bildes vermisst worden. Hinge ein Symptom von einer bestimmten sichtbaren Veränderung des Nervensystems ab, so könnte diese nie fehlen, wenn jenes vorhanden ist. Mithin sind die positiven Ergebnisse der anatomischen Untersuchung ohne ernstliche Bedeutung, ziemlich gleichgiltig. Ob man etwas findet oder nicht, das wird von der Raschheit des Verlaufes abhängen, von dem Umstande, ob der Kranke durch die Schwere der Basedow-Vergiftung oder durch sonst etwas gestorben ist, von der Art des Todes, vom Alter der Kranken und von anderen Bedingungen. Natürlich hat man bei Basedow-Leichen dieselben Dinge gefunden, die man bei anderen Leichen gelegentlich auch findet: Blutreichthum oder Blutarmuth des Gehirns, Oedem, Verwachsungen, Verkalkungen der Häute, Erweiterungen der Ventrikel, Verschluss des Centralcanales und Aehnliches. Besonderer Erwähnung werth sind die Angaben über besondere Blutfüllung und kleine Blutungen in der Umgebung des vierten Ventrikels. Man darf wohl annehmen, dass diese Veränderungen während des Sterbens entstehen und nicht der Basedow'schen Krankheit eigenthümlich seien. Recht unbefriedigend sind die Schilderungen ganz geringer Veränderungen der Corpora restiformia, eines Solitärbündels, einer Olive oder sonst irgend welcher Kleinigkeiten. Dass ein Angiom der Schädelbasis, dass Syringomyelie, dass tabische Läsionen nichts mit der Basedow'schen Krankheit zu thun haben, auch wenn man sie neben ihr findet, das versteht sich von selbst.

Die peripherischen Nerven sind wenig untersucht worden. Fr. Müller hat in einem Falle, in dem die Krankheit sehr rasch verlaufen war und unter Fieber und Delirien zum Tode geführt hatte, Zerfall der Nervenfasern im Vagus und in den Herznerven beobachtet. Bekanntlich findet man solche Degenerationen bei den verschiedensten Krankheiten. In seinem zweiten und im dritten Falle fand Fr. Müller an den genannten Nerven nichts Abnormes. Auf die Veränderungen des Halssympathicus hat man früher besonders geachtet. Man hat alles Mögliche

entdeckt: die Ganglien waren zu gross oder zu klein, der Nerv war zu
dick oder zu dünn. es waren zu viel Bindegewebe und zu wenig Nervenzellen da. diese waren verunstaltet. geschrumpft. pigmentirt. Es bestanden
kleine Blutungen. Nervenfaserzerfall. Seitdem man erkannt hat, dass bei
älteren Personen überhaupt allerhand regressive Veränderungen am Sympathicus vorkommen. dass bei den verschiedensten Krankheiten dieselben
Veränderungen vorkommen. dass in den meisten Fällen von Basedow-
scher Krankheit nichts Wesentliches am Sympathicus zu sehen ist, seitdem
hat man aufgehört, auf die erwähnten Befunde Werth zu legen.

Die Hautsymptome.

F. Chvostek und R. Vigouroux fanden zuerst. dass bei
Basedow'scher Krankheit der Widerstand der Haut gegen den
Batteriestrom geringer ist als im gesunden Zustande. Martius
unterschied zwischen relativem Widerstandsminimum. d. h. dem bei einer
gegebenen Elementenzahl erreichbaren niedrigsten Werthe des Wider-
standes. und absolutem Widerstandsminimum, d. h. dem durch eine
beliebige Elementenzahl erreichbaren Minimum. das durch weitere
Steigerung der elektromotorischen Kraft nicht kleiner wird. Er fand.
dass bei Basedow'scher Krankheit das absolute Minimum sich nicht
anders verhält als bei Gesunden. dass aber das relative Minimum viel leichter
erreicht wird als sonst. dass auch gesunde Menschen zuweilen sich wie
Basedow-Kranke verhalten. Dass Vigouroux' Symptom nicht patho-
gnostisch ist. zeigte auch A. Eulenburg. Später stellte O. Kahler
genaue Untersuchungen an. Er fand, dass das absolute Minimum bei
Basedow'scher Krankheit so klein sein kann (700—850 S.-E.). wie
sonst niemals. dass der auffallend tiefe Stand des relativen Minimum
ebenfalls der Basedow'schen Krankheit eigenthümlich ist. Sein Schluss
ist der. dass der Leitungswiderstand bei Basedow'scher Krankheit sich
sehr häufig von dem anderer Menschen unterscheidet durch den niedrigen
Werth des absoluten Minimum. durch das Erreichtwerden des letzteren
bei auffallend geringer elektromotorischer Kraft. besonders aber durch
seine überaus leichte Herabsetzbarkeit bei geringer elektromotorischer
Kraft. Die Ursache der Widerstandsverminderung erblickt Kahler mit
Recht in dem Umstande. dass die an Basedow'scher Krankheit Leidenden
häufig und leicht schwitzen. Es mag sich dabei nicht nur um das
eigentliche Schwitzen. sondern auch um Durchfeuchtung der Haut bei
der Perspiratio insensibilis handeln. Die Gefässfülle spielt wahrscheinlich
gar keine Rolle. Die weiteren, diesen Gegenstand behandelnden Arbeiten
brachten nichts wesentlich Neues bei. In praxi muss man sich gegen-
wärtig halten. dass die Verminderung des Leitungswiderstandes bei
Basedow'scher Krankheit fehlen und bei anderen Zuständen vorhanden

sein kann, dass sie aber bei Basedow'scher Krankheit viel häufiger vorhanden ist als sonst und dass sie bei jener viel stärker ist als sonst, somit dass sie entschieden für die Existenz einer Basedow'schen Krankheit spricht. Das Verfahren kann ganz einfach sein. Man setzt die Elektrodenplatten auf Nacken und Brust und lässt den Strom von vier, sechs bis acht Elementen hindurchfliessen. Vergleicht man die bei Basedow'scher Krankheit erhaltenen Ausschläge der Galvanometernadel mit den gewöhnlichen Ausschlägen, so findet man dort oft das Zwei- oder Dreifache. Z. B. geben vier Elemente beim Gesunden vielleicht 2—3 M.-A., beim Basedow-Kranken 4—6 M.-A. Will man Vergleichungen erst ad hoc anstellen, so muss man natürlich Personen des gleichen Geschlechts und des gleichen Alters wählen.

Die vermehrte Schweissabsonderung, die Ursache des Vigouroux'schen Symptomes ist, tritt oft auch sichtbar hervor. Manche Patienten leiden sehr durch sie. Sie kann mit Hitzegefühl verbunden sein, ist es aber nicht immer. Ausnahmsweise beobachtet man auch umschriebenes Schwitzen, entweder so, dass der Kopf oder die Hände oder die Füsse vorwiegend schwitzen, oder aber dass eine Körperseite schwitzt, die andere nicht. Das halbseitige Schwitzen sieht man hier wie anderwärts am ehesten im Gesichte. Basedow erwähnt stark stinkende Nachtschweisse.

Hie und da wird auch über abnorme Trockenheit der Haut berichtet, doch ist diese wohl als Myxödemsymptom aufzufassen.

Die Farbe der Haut ist gewöhnlich bleich. Nicht nur bei den Kranken, bei denen Chlorose und Basedow'sche Krankheit zusammen vorhanden sind, sondern auch bei Erwachsenen sieht man zuweilen wachsbleiche Haut und die Meisten sind wenigstens auffallend blass. Einzelne Patienten haben immer ein stark geröthetes Gesicht und andere wieder sehen ganz normal aus.

Erytheme im eigentlichen Sinne werden auch beobachtet. Sie gehen zuweilen der Bildung von Vitiligoflecken voraus. Diese können am ganzen Körper gefunden werden, beschränken sich zuweilen auf einzelne Stellen: Hals, Gesicht, Augenlider. Viel häufiger als sie findet man Pigmentanhäufungen. Manchmal freilich ist nur die Umgebung der weissen Flecken dunkel, so dass es aussieht, als ob der Farbstoff bei Seite gekehrt worden wäre. Gewöhnlich aber ist die Pigmentbildung selbständig; sie erinnert bei geringer Stärke an Sonnenbrand, bei weiterer Entwicklung an Morbus Addisonii. Bald ist nahezu die ganze Haut dunkel, bald sind besonders die Stellen dunkel gefärbt, die auch beim Gesunden pigmentreich sind, d. h. die Umgebung der Augen, der Brustwarzen, Hals, Achselhöhlen, Unterbauch, oder die einem Drucke ausgesetzt sind: Schnürfurche, Strumpfbandmarken, bald handelt es sich um unregelmässige chloasmaähnliche Flecken. Zum Unterschiede von Morbus Addisonii bleiben gewöhnlich die Schleimhäute frei, nur ausnahmeweise sind auch auf der Mundschleimhaut, der Bindehaut dunkle Flecken gesehen worden. Die Nägel scheinen fast immer frei zu bleiben. Gewöhnlich ist das Gesicht, das geradezu dem eines Mulatten gleichen kann, am stärksten gefärbt. Ist das Gesicht frei, so findet man in der Regel auch am übrigen Körper keine Flecken. Wendet sich die Krankheit zum Besseren, so verschwindet gewöhnlich die Pigmentirung wieder, doch bleiben zuweilen einzelne Flecken zurück. In einzelnen Fällen nahm die Dunkelfärbung mit wechselnder Verschlimmerung und Besserung mehrfach zu und ab. Zuerst scheint F r i e d r e i c h »Addison-sche Verfärbung« beschrieben zu haben; neuerdings hat besonders D. D r u m m o n d genauere Angaben gemacht.

Manche B a s e d o w - Kranke erröthen bei seelischer Erregung, auf-fallend leicht und nachhaltig. Oft bewirken auch mechanische Hautreize eine andauernde Röthe. Es kann bei dieser bleiben, es kann auch zur Bildung von Quaddeln kommen: U r t i c a r i a   f a c t i c i a. Bewirken Striche und Anderes Quaddelbildung, so spricht man bekanntlich auch von Dermographismus oder Autographismus. P e y r o u und N o i r haben letzthin »elektrischen Dermographismus« bei B a s e d o w'scher Krankheit beschrieben. Bei der Patientin bewirkte der Funke der Inductions-maschine Quaddeln, mechanische Reize waren erfolglos; mit der Besserung im Ganzen nahm die eigenthümliche Reizbarkeit der Haut ab. Hie und da sind auch Urticariaausschläge ohne äussere Reize beobachtet worden.

Mit der Urticaria verwandt ist offenbar das u m s c h r i e b e n e O e d e m. Man sieht zuweilen da oder dort am Körper eine derbe Schwellung auftreten, die kurz oder lang besteht und dann wieder ver-schwindet. Die Lider eines Auges, eine Hand, ein Fuss, die Gegend über der Tibia, die Bauchgegend oder sonst irgend eine Stelle kann Sitz des Oedems sein. Schon B a s e d o w spricht von den eigenthümlichen An-schwellungen. Bei seinem dritten Kranken »zeigten sich, trotz grosser Abmagerung, der Leib dick und das Zellgewebe in den Kniekehlen und an den Waden, ohne Oedem des Fusses, steif angeschwollen«. S t e l l w a g sah vorübergehende sackartige Anschwellungen des unteren Lides mit starkem Hervortreten einer blauen Vene und heftigen Schmerzen in Schläfe und Scheitel. Auch Andere beobachteten, dass das Oedem schon nach Stunden wieder verschwand, und sprechen deshalb von dem flüchtigen Oedem der B a s e d o w - Kranken, so A. M a u d e. Doch ist offenbar zwischen dem flüchtigen und dem langdauernden Oedem ebensowenig eine scharfe Trennung möglich, wie zwischen dem engumgrenzten und dem über einen grossen Theil des Körpers verbreiteten. C u f f e r beob-achtete Oedem des Gesichtes und der Glieder, das auf der linken Seite

stärker war und sich hier mit »vasomotorischen« Störungen (Injection
der Bindehaut, Kopfschmerz, Hyperidrosis) verband. Ich selbst habe eine
im höchsten Grade abgemagerte Kranke beschrieben, bei der Bauch,
Ober- und Unterschenkel stark ödematös waren, während die Füsse
fast ganz frei blieben, und bei der das Oedem durch drei Monate bis
zum Tode bestand. In diesem Falle wurde auch durch Einschnitte
in die Haut, beziehungsweise durch Ablaufen des Wassers bewiesen, dass
es sich wirklich um Oedem handelte. Basedow dagegen beschreibt
eine Kranke folgendermaassen: »Arme, Hals, Brust, auch Brustdrüsen
waren gänzlich abgemagert, der Leib ungewöhnlich voll und dick, er
verrieth bei näherer Untersuchung durch die Percussion auf das Be-
stimmteste keinen Tympanites, keinen hydropischen Inhalt und wurden
auch von dem unteren Dritttheil der Oberschenkel an die unteren Extremitäten kolossal dick, doch nicht ödematös, das Zellgewebe vielmehr mit
einer plastischen Sulze angeschoppt, welche manchmal bei Chlorosis angetroffen wird, auf Eindrücken keine Grube hinterlässt und auf Acupunctur
kein Ausfliessen von Serum gestattet.« Mag nun das umschriebene Oedem
kurz oder lang dauern, engbegrenzt oder sehr ausgedehnt sein, auf jeden Fall
gleicht es nicht dem Oedem, dessen Ursache Schwäche des Herzens ist
und das begreiflicherweise bei der Basedow'schen Krankheit ebenfalls
vorkommt. Dieses kann sich auf eine flüchtige Anschwellung der
Knöchelgegend beschränken oder zu allgemeinem Anasarka mit Höhlen-
wassersucht werden, immer ist es symmetrisch, entspricht dem Gesetze
der Schwere und ändert sich mit dem Zustande des Herzens. Das
umschriebene Oedem dagegen ist häufig asymmetrisch, kümmert sich
nicht um die Schwere und das Herz. Offenbar ist es auf örtliche Einwirkungen zu beziehen. Es ist zweifellos verwandt mit den myxödematösen Anschwellungen, vielleicht eine Vorstufe dieser. Andererseits haben
wahrscheinlich die wiederkehrenden Gelenkschwellungen nahe Beziehungen
zum umschriebenen Oedem (vgl. S. 46).

Endlich ist als Hautveränderung bei Basedow'scher Krankheit
das Skleroderma zu erwähnen. Leube hat zuerst an Gesicht und
Händen einer Basedow-Kranken Sklerem beobachtet und dieses nahm
ab mit der Besserung der Basedow'schen Krankheit. Neuerdings haben
Eichhorst, Jeanselme und Andere ähnliche Beobachtungen gemacht.
Nach Ditisheim ist Skleroderma bei Basedow'scher Krankheit in
Zürich besonders häufig. G. Singer glaubt, dass überhaupt die Sklerodermie mit der Erkrankung der Schilddrüse in Zusammenhang stehe, er
hat die Drüse bei gewöhnlicher Sklerodermie erkrankt gefunden. Ich
selbst sah bei Raynaud'scher Krankheit Struma und einzelne
Basedow-Symptome. Hautblutungen, Gangrän sind schon früher erwähnt worden.

In einigen Fällen ist Ausfall der Kopfhaare und der Augenbrauen beschrieben worden. In einem Falle Yeo's sollen mit dem Auftreten des Exophthalmus Augenbrauen und Wimpern erst an einem, dann am anderen Auge ausgefallen sein. Andere Autoren haben Schwund des Bartes, der Achsel- und Schamhaare, auch zuweilen einseitig, gesehen. Am häufigsten ist der Haarschwund am Kopfe, er kann bis zur Kahlheit gehen, kann im Laufe der Krankheit wiederholt auftreten. Einige Beobachter beschreiben auch frühzeitiges Weisswerden der Haare.

Stärkere Veränderungen der Nägel scheinen (abgesehen von den Fällen von Sklerodermie) nicht vorzukommen. Revilliod behauptet, die Basedow-Kranken hätten übermässig gelenkige Finger und die Endglieder wären zugespitzt »wie bei den Madonnen Perugino's und Raphael's«. Ditisheim sah multiple Nagelbetteiterungen an den Füssen.

Erkrankung verschiedener Drüsen, der Knochen und Gelenke, der Athmungs- und Verdauungsorgane.

Um nicht zu viel Ueberschriften zu machen, fasse ich in diesem Abschnitte recht Verschiedenartiges zusammen. Eine rationelle Anordnung der Symptome ist doch kaum möglich.

Auf die Anschwellung mancher Lymphdrüsengruppen hat Gowers aufmerksam gemacht. Gowers betont, dass eine Beziehung der Basedow'schen Krankheit zum Lymphadenom zu bestehen scheine; er fand Lymphadenom bei der Schwester einer Basedow-Kranken. Am häufigsten sind mässig stark geschwollene Lymphdrüsen, die schmerzlos sind und lange Zeit unverändert bleiben können, am Halse zu finden. Zuweilen schwellen die Leisten- und Schenkeldrüsen an. Einigemale schienen fast alle Lymphdrüsen vergrössert zu sein. Bei Sectionen hat man bald die Bronchial-, bald die Mesenterialdrüsen geschwollen gefunden.

Vergrösserung der Milz ist nicht selten. Schon früher wurde auf die Pulsation der vergrösserten Milz hingewiesen. Bei Sectionen ist die Milz bald vergrössert und derb, auch amyloid entartet, bald unverändert gefunden worden.

Merkwürdig ist, dass die Thymus bei Sectionen auffallend oft erhalten gefunden wurde. Markham hat wohl zuerst darauf aufmerksam gemacht. Ich sah 1880 bei der Leiche einer 54jährigen Basedow-Kranken eine apfelgrosse Thymus. Mosler u. A. haben später ähnliche Beobachtungen gemacht und neuerdings hat man in der Voraussetzung, dass die Function der Schilddrüse mit der der Thymus irgendwie in Beziehung stehe, auf diese Befunde Gewicht gelegt. Es wäre wünschenswerth, zu wissen, wie oft überhaupt bei Erwachsenen Thymusreste gefunden werden, ob der mikroskopische Befund immer derselbe ist. Sollte die Grösse der Thymus bei Basedow-Kranken mehr sein als ein zufälliger Befund, so würde damit dargethan, dass angeborene Bedingungen vorhanden sind, wenn auch die Basedow'sche Krankheit erst relativ spät im Leben zu beginnen scheint.

Obgleich offenbar zwischen dem geschlechtlichen Leben und der Basedow'schen Krankheit ein Zusammenhang besteht, findet man doch Störungen oder handgreifliche Veränderungen der Geschlechtsdrüsen nicht gerade oft. Ueber Veränderungen der Hoden ist mir nichts bekannt. Dass geschlechtliches Verlangen und Vermögen oft fehlen, kann nicht überraschen, da wir doch bei vielen Krankheiten das Gleiche finden und der Zustand der Basedow-Kranken ihre geschlechtliche Passivität gewöhnlich als sehr begreiflich erscheinen lässt. Die Menstruation der weiblichen Patienten ist in der Mehrzahl der Fälle annähernd normal. Natürlich trifft man auch Dysmenorrhoe und Amenorrhoe, aber kaum häufiger als bei anderen Kranken. Dass Basedow-Kranke wiederholt gebären, ist gar nichts Seltenes. Wie es kommt, dass bei einzelnen Patientinnen Atrophie der Gebärmutter, der Scheide oder auch der ganzen Geschlechtstheile eintritt und manchmal rasch einen beträchtlichen Grad erreicht, das wissen wir nicht. Cheadle. Kleinwächter u. A. haben solche Fälle beschrieben. Vielleicht hängt das von einigen Autoren erwähnte Ausfallen der Schamhaare mit der Atrophie der Geschlechtstheile zusammen. Die Brüste schwinden zuweilen, wenn der übrige Körper noch gut ernährt ist. Die Mamma-Atrophie kann den Gebärmutterschwund begleiten, kann aber auch selbständig sein. Sie ist manchmal auf der einen Seite stärker als auf der andern. Aber auch ungewöhnlich starke Entwicklung der Brustdrüsen ist beschrieben worden. Bei dem männlichen Patienten Basedow's schwollen beide Mammae an, die linke war mit dunklen Venen bedeckt, man fühlte harte Stränge und Colostrum trat aus der schmerzhaften Drüse.

Die Nieren werden in der Regel nicht beschädigt. Gelegentlich wird von Albuminurie berichtet, die gewöhnlich gering ist und nicht anhält. Ueber Glykosurie und Polyurie wird weiter unten gesprochen. —

Knochen und Gelenke bleiben in der Regel frei. Koeppen u. A. haben auffallende Weichheit der Knochen bei der Section gefunden. In Koeppen's Fälle bestand mässige Kyphoskoliose. Er diagnosticirt Osteomalacie. Auch auf die rasch eintretende Zahncaries, die schon von früheren Autoren erwähnt worden ist, legt Koeppen Gewicht. Neuerdings hat Revilliod betont, dass der Osteomalacie ähnliche Veränderungen bei Basedow'scher Krankheit vorkommen. Er behauptet ausserdem, dass man Kyphose und Skoliose, Hyperostosen aller Art treffe und dass besonders Missgestaltungen der Finger an den Basedow-Kranken bemerkenswerth seien: übermässig bewegliche, überstreckte spitze

Finger wie bei den Madonnen Perugino's und Raphael's«. Mit der Erkrankung der Knochen stehe die Phosphaturie, die Revilliod bei 7 von
14 Basedow-Kranken gefunden hat, im Zusammenhange.

Neben den chronischen Anschwellungen mancher Gelenke, besonders
der Fingergelenke, hat man intermittirende Anschwellungen
der Gelenke als Symptom der Basedow'schen Krankheit beschrieben.
Theils handelt es sich um schmerzhafte Anschwellungen verschiedener
Gelenke, die ohne Regel kommen und gehen, theils um den typischen
Hydrops genu intermittens, der in nahezu regelmässigen Abständen, in
der Regel ohne Schmerzen wiederkehrt. Bis jetzt sind etwa 6 solcher
Fälle bekannt geworden. —

Auch die Störungen der Athemorgane sind Ausnahme.
Natürlich kommt oft Athemnoth vor, die gewöhnlich eine Folge der
Herzstörung ist, selten durch Druck der Struma bewirkt wird, immer
aber secundär ist. Der trockene Husten, an dem viele Basedow-
Kranke leiden, ist auch nichts Eigenartiges, er wird bei allen Kropfformen beobachtet. Er tritt zuweilen in Anfällen auf. Schwäche der
Stimme, Veränderung der Stimmhöhe, Monotonie, Aphonie beschreiben
manche Autoren. Fr. Müller z. B. erwähnt bei einer (tuberculösen?)
Kranken Näseln, Aphonie, mangelhaften Schluss der Stimmritze, Atrophie
der Stimmbänder. In manchen Fällen von Kehlkopferkrankung mag es
sich um Druckläsion des Recurrens gehandelt haben. Siecke berichtet
von Heiserkeit, die nicht auf Recurrensschwäche beruhte, sondern auf
chronischem Katarrh.

Die Amerikaner sprechen von Bryson's Zeichen, als der geringen
Erweiterung des Brustkastens bei der Einathmung. Die Weite bei stärkster
Einathmung soll von der bei stärkster Ausathmung nur um wenige Centi-
meter, 1—2—3—4, verschieden sein. Die Ausdehnung des Brustkorbes
sei in dem grösseren Theile der Fälle verringert. Mit dieser Abnahme
wachse die Geschwindigkeit der Athmung. Je grösser sie sei, umso
schlechter sei die Prognose. Bryson fand als Durchschnittszahl 2·5 cm.
Mannheim beobachtete zwar auch niedrige Zahlen (2—3 cm), als Durchschnittszahl aber 4·2. Grosse Bedeutung scheint Bryson's Zeichen nicht
zu haben. Neuere Autoren sind geneigt, diese Erscheinung als Theil der
allgemeinen Muskelschwäche aufzufassen. Die mangelhafte Ausdehnung des
Brustkorbes soll aber auch bei anderen Kropfkranken beobachtet werden.

Die seltenen Lungenblutungen sind schon früher erwähnt worden. —

Viel wichtiger als die zuletzt besprochenen Symptome sind die
Störungen des Magens und des Darms. Als wirkliches Basedow-Symptom sind besonders die Durchfälle anzusehen. Charcot
hat sie zuerst genauer beschrieben. Der Durchfall tritt ohne nachweisbare
Ursache und schmerzlos auf. Der Kranke ist etwa Früh in gewöhnlicher

Weise zu Stuhle gegangen. nach 2—3 Stunden bekommt er lebhaften Stuhldrang und hat 3—4 Entleerungen. Dann ist wieder Alles in Ordnung. bis sich nach einigen Tagen die Sache wiederholt. Der Appetit wird gewöhnlich nicht gestört. Zuweilen aber hält der Durchfall lange an mit 10 und mehr Entleerungen am Tage und bringt die Kranken sehr herunter, ja er kann mit dem Tode enden. Opium und andere Mittel pflegen erfolglos zu sein. Ich habe eine Kranke gesehen, bei der eine derartige starke Diarrhoe über 4 Wochen anhielt; bald schien es, als ob das eine oder das andere Mittel etwas nütze. dann aber begann das Leiden in gleicher Weise; endlich hörte es ohne nachweisbare Ursache plötzlich auf. Manche Autoren haben einen choleraähnlichen Zustand beobachtet: 30—40 wässerige Entleerungen an einem Tage. Andere haben blutige Durchfälle gesehen. Auch soll manchmal neben dem Durchfalle Fieber bestanden haben. so dass die Beobachter an Typhus dachten. Das Charakteristische sind immer die Schmerzlosigkeit und das ursachlose Beginnen und Enden. Vor einigen Jahren wurde eine Kranke zu mir gebracht. die nur über Kopfschmerzen und Schlaflosigkeit klagte; sie fühlte sich zur Zeit besonders schlecht, da sie 14 Tage lang am Durchfall gelitten habe. der ohne Veranlassung gekommen sei und ganz plötzlich aufgehört habe. Sofort bat ich die Kranke, mir ihren Hals zu zeigen. und in der That fand ich eine kleine Struma. Die weitere Untersuchung ergab auch Tachykardie; erst später stellten sich Zittern und noch andere Basedow-Zeichen ein. Marie fand unter 15 Kranken Durchfälle bei 12: das ist etwas viel. Andere fanden sie seltener, Mackenzie 8 unter 28. Mannheim 7 unter 41. Immerhin gehören die Durchfälle entschieden zu den häufigen Zeichen und kommen besonders bei schwer Kranken oft vor. Viel seltener ist Erbrechen. Dieses kommt entweder mit den Durchfällen zusammen vor, oder es tritt allein auf. Ohne Veranlassung werden schleimige und wässerige Massen erbrochen, denen zuweilen Blut beigemengt ist. Gewöhnlich sind diese »Magenkrisen« schmerzlos. einzelne Autoren berichten aber auch von Schmerzen. Das Erbrechen kann sehr lange anhalten und zu gefährlicher Erschöpfung führen. Eine Kranke A. v. Graefe's erbrach 4 Wochen lang täglich 10—20mal. Bei der Kranken Eger's trat nach einer Gemütsbewegung Erbrechen ein. das bis zu dem 6 Wochen später erfolgenden Tode anhielt. Aehnliche Beobachtungen sind wiederholt gemacht worden.

Höchstwahrscheinlich sind Durchfall und Erbrechen directe Wirkungen des Basedow-Giftes. Ballet und Enriquez beobachteten bei den mit Schilddrüse vergifteten Hunden in der Regel blutige Durchfälle. Man muss wohl annehmen, dass die Anfälle von wässerigen Abscheidungen des Darmrohres Ueberschwemmungen des Körpers mit dem Basedow-Gifte entsprechen. Versuche sind, das Gift auszuscheiden.

Bei leicht Erkrankten sind Verdauung und Stuhlgang oft normal.
Oft besteht auch Verstopfung, die als Darmträgheit oder »Darmatonie«
gedeutet werden mag. Bei »partieller Darmatonie« findet man nach
Federn im Laufe des Dickdarms druckempfindliche und leeren Percussionsschall gebende Stellen; die Kranken sollen dabei nur selten verstopft sein,
oft Durchfall, oft auch regelmässigen Stuhlgang haben.

Als seltene Erscheinungen werden erwähnt Anfälle von Heiss-
hunger, Polydipsie, Speichelfluss, Gelbsucht. Bösartigen
Ikterus, der unter Blutungen und raschem Kräfteverfalle in mehreren
Wochen zum Tode führte und fettige Entartung der Leber hinterliess, hat
als Basedow-Symptom Jaccoud beschrieben. Es sind wohl bestätigende
Beobachtungen abzuwarten.

Fieber. Abmagerung. Stoffwechselstörungen.

Während alle Beobachter darin übereinstimmen, dass zu den häufigen
Zeichen der Basedow'schen Krankheit ein Gefühl gesteigerter Körper-
wärme gehört, lauten die Angaben über thatsächliche Steigerungen der
Körperwärme ziemlich verschieden. Besonders eingehend hat sich H. Ber-
toye mit dem Basedow-Fieber beschäftigt. Er hat unter Renaut's
Leitung bei einer Anzahl von Basedow-Kranken die Temperatur regel-
mässig gemessen. Seine Schlüsse sind folgende. Fieber tritt oft bei
Basedow-Kranken auf. Es zeigt sich entweder als vorübergehender
Fieberanfall oder als längerer Fieberzustand. Die Krankheit kann mit
Fieber beginnen und kann, wenn sie zum Tode führt, mit Fieber endigen.
Im Verlaufe kann das Fieber sich als Ephemera zeigen, oder in der Form
eines remittirenden, beziehungsweise intermittirenden Typhusfiebers auftreten. Besonders in schweren Fällen ist das Fieber hartnäckig. Es wird
zweckmässig mit kaltem Wasser bekämpft. Eine Kranke hat Bertoye
2 Jahre lang mit dem Thermometer beobachtet. Bei ihr bestand ein
Fieber, das an Typhus denken liess und bei Kaltwasserbehandlung aufhörte. Aehnliche Zufälle kehrten in der Folgezeit wieder und die Fieber-
zeiten entsprachen, wie es schien, den Menstruationszeiten der amenor-
rhoischen Kranken. Als später die Regel zurückkehrte, war sie nur von
geringen Fiebersteigerungen begleitet. Ausserdem traten solche Steigerungen auf sehr verschiedene Anlässe hin ein: nach Gemüthsbewegungen,
geringen körperlichen Störungen; zuweilen fehlte jeder nachweisbare Anlass. Die Temperatursteigerung kann bei Basedow-Kranken von den
übrigen Fiebersymptomen begleitet sein oder nicht. Bald ist das Gesicht
geröthet, die Zunge belegt, der Kranke klagt über Hitze, heftigen Kopfschmerz, delirirt wohl auch, ist von Schweiss bedeckt, Appetit und Schlaf
fehlen, der Harn hat die Eigenschaften des Fieberharns. Bald fehlen
einige oder die meisten dieser Zeichen, der Kranke hat keine vermehrten

Beschwerden, schwitzt nicht, sein Puls ist nicht rascher als sonst, der Harn ist klar, sein Gehalt an Salzen ist nicht vermehrt oder gar vermindert.

Die Angaben der übrigen Autoren sind meist nur kurz. Manche geben an, Steigerungen der Temperatur von 1 oder 2 Grad beobachtet zu haben, so Teissier, Cheadle, Eulenburg u. A. Eine genauere Beobachtung von sogenanntem Inauguralfieber, wie Bertoye sagt, rührt von Friedreich her. Strümpell, Gilles de la Tourette u. A. haben neuerdings länger dauernde Fieberzustände beschrieben.

Mir scheint so viel sicher zu sein, dass Bertoye's Angaben über die Häufigkeit des Fiebers übertrieben sind. Es ist ja richtig, dass vorübergehende Temperatursteigerungen der Beobachtung entgehen können, da die meisten Basedow-Kranken nicht in Krankenhäusern beobachtet werden. Aber längeres Fieber würde der Arzt denn doch bemerken. Bei der überwiegenden Mehrzahl der Kranken nun bemerkt man nichts von Fieber und misst man die Temperatur, weil die Kranken über Hitze klagen, so findet man sie normal. Auch Charcot u. A. geben mit Bestimmtheit an, dass Steigerung der Temperatur nur ganz ausnahmeweise vorkomme. H. W. Mackenzie, der sehr viele Basedow-Kranke gesehen hat, beobachtete trotz häufigen Hitzegefühls Steigerung der Körperwärme niemals. Sollten nicht manchmal Verwechslungen mit latenter Tuberculose vorgekommen sein? Auch muss man beim Fieber wie anderwärts zwischen der gewöhnlichen langsam verlaufenden Basedow'schen Krankheit und den schweren acuten, beziehungsweise acut gewordenen Formen unterscheiden. Findet man dort höchst selten Fieber, so scheint es hier relativ oft beobachtet zu werden. Insbesondere während der letzten Zeit treten fieberhafte Zustände ein, die zwar manchmal secundär sein mögen (pneumonische Herde und Anderes), in anderen Fällen aber ein directes Symptom sind. Ob das »Inauguralfieber« häufiger vorkommt, wäre erst noch festzustellen.

Als selbständiges Symptom verdient auch die Abmagerung genannt zu werden. Bekanntlich sinkt das Körpergewicht, wenn Schilddrüse oder Schilddrüsenpräparate genossen werden, und diese Abzehrung ist so auffällig, dass man vorgeschlagen hat, die Schilddrüse als Entfettungsmittel zu verwenden. Es ist durchaus nicht richtig, dass bei der Basedow'schen Krankheit der Zustand der Ernährung von dem der Verdauung abhänge, denn es gibt Kranke, die vortrefflich essen und verdauen und doch erschreckend rasch mager werden. Eine Kranke Fr. Müller's z. B. verzehrte mit Heisshunger ausserordentlich grosse Nahrungsmengen und kam doch rasch herunter bis auf 30·5 kg. Bei einer anderen Patientin desselben Autor sank das Gewicht in mehreren Wochen von 71·5 auf 55 kg. Eine Kranke Mannheim's wog am Ende des Jahres 1891

187 Pfund und 10 Monate später »trotz Erholung in klinischer Behandlung« nur 94 Pfund. Es ist wohl nicht daran zu zweifeln, dass der Abmagerung die durch das Basedow-Gift verursachte Steigerung der Zersetzungsvorgänge im Körper entspricht und dass je rascher und je stärker
das Gift gebildet wird, der Körper umso rascher und stärker abmagert.
Schwerer verständlich ist, warum so grosse Verschiedenheiten stattfinden.
Man sieht dürre und dicke, bleiche, abgezehrte und blühende, vollwangige
Basedow-Kranke. Nicht immer steht die Krankheit bei gutem Er-
nährungzustande still oder geht zurück, sondern manchmal leidet trotz
der Entwicklung anderer Symptome die Ernährung auffallend wenig. Man
muss wohl annehmen, dass die Individualität eine Rolle spiele, vielleicht
auch, dass die Qualität des Giftes nicht immer die gleiche sei. Im Grossen
und Ganzen aber entspricht der Grad der Abmagerung der Acuität des
Processes. In schweren Fällen fehlt sie nie. Man könnte eine initiale und
eine finale Abmagerung unterscheiden. Ist die erste schlimme Zeit über-
standen, so erholen sich die Kranken wieder. Manche machen viele Perioden
der Abmagerung durch, ehe die Krankheit dauernd stillsteht, oder der
endgiltige Verfall, die »Cachexie thyroïdienne« Gauthier's eintritt. Nächst
dem Zustande des Herzens ist das Gewicht der beste Maassstab. So lange
das Gewicht abnimmt, ist von Besserung nicht zu reden, während Zunahme des Gewichts den Arzt mit Zuversicht erfüllt.

In den letzten Jahren sind wiederholt chemische Untersuchungen
an Basedow-Kranken angestellt worden. Fr. Müller machte bei der
vorhin erwähnten stark essenden und rasch abmagernden Kranken Stoff-
wechselprüfungen. Die Ausnützung der Nahrungsmittel war vollständig normal. Dagegen betrug der Ueberschuss an Stickstoff in den
Ausgaben während der fünftägigen Prüfung 4·681 g, was einem Verluste
von 137·6 g Muskelfleisch entspricht. Im Harn, der frei von Zucker und
Eiweiss war, konnte eine beträchtliche Menge Hydrobilirubin nachgewiesen werden. Das Gewicht des Körpers sank in diesen 5 Tagen um
500 g, die Temperatur war normal, der Puls schlug 140—168mal, die
Athmung wiederholte sich 36—50mal in der Minute. Lépine und
Lustig haben ähnliche, nur weniger vollständige Ergebnisse erhalten.

Gilles de la Tourette und H. Cathelineau haben in einem
Falle, in dem die Körperwärme eine Zeit lang gesteigert war (38—39·2⁰ C.),
ohne dass entzündliche Erscheinungen bestanden hätten, ein normales
Verhalten von Harnstoff, Phosphorsäure und Urobilin bei spectroskopischer
Prüfung des Harns gefunden. Während fieberloser Zeit waren nach den
Untersuchungen dieser Autoren Menge und Zusammensetzung des Harns
bei Basedow-Kranken unverändert.

Boinet und Silbert wollen aus dem Harne eines Basedow-
Kranken 3 Ptomaine hergestellt haben, die bei Thieren (Kaninchen

und Fröschen) Herzstörungen, Krämpfe und Anderes bewirkten. Andere Autoren meinen, man könne solche Stoffe aus dem Harne aller möglichen Kranken herstellen.

Chvostek jun. hat bei einer Anzahl von Basedow-Kranken »alimentäre Glykosurie« nachgewiesen, d. h. nach Verabreichung von Traubenzucker waren im Harne kleinere und grössere Mengen von Zucker vorhanden. Ein Verhältniss zwischen der Schwere der Krankheit und der Glykosurie liess sich nicht auffinden, ebensowenig ging diese mit der Tachykardie oder einem anderen Symptome parallel. Bei Kranken mit anderweiter Tachykardie oder Hysterie oder Epilepsie u. s. w. zeigte sich keine alimentäre Glykosurie. Diese ist von der Glykosurie nach Zuckerstich ganz zu trennen (daher auch nicht auf eine Läsion der Oblongata zu beziehen). Die Beziehungen zum Diabetes sind schwer festzustellen; auf jeden Fall unterscheidet der Mangel eines Fortschreitens zum Schlechteren in der Regel die alimentäre Glykosurie auch von den leichteren Formen des Diabetes.

Wiederholt ist bei Basedow-Kranken Diabetes mellitus, d. h. Glykosurie beschrieben worden. In manchen Fällen scheint es sich um eine Complication gehandelt zu haben, in anderen war der Zuckerharn wohl Zeichen der Krankheit selbst; wenigstens hat es nach den Angaben Chvostek's nichts Ueberraschendes, wenn der Harn auch ohne Zuführung von Traubenzucker zuckerhaltig ist. Bei der grossen Mehrzahl der Basedow-Kranken freilich ist der Harn nicht zuckerhaltig.

Endlich mag noch der bald mit vermehrtem Durstgefühl verbundenen, bald ohne dieses vorhandenen Polyurie gedacht werden. Sie scheint ziemlich oft vorzukommen, doch ist sie sicher in einem Theile der Fälle hysterischer Art gewesen.

Bei Untersuchung des Blutes sind von Leclerc, Oppenheimer, Fr. Müller und Vorster keine pathologischen Veränderungen gefunden worden. Fr. Müller hebt hervor, dass die Kranken trotz der Kachexie nicht hydrämisch werden. Nur Vorster fand bei einer geisteskranken Basedow-Kranken mit dunkelgrauer Hautfarbe »blasschocoladenfarbenes« Blut mit einem Hämoglobingehalt von 22%. Hier handelte es sich vielleicht um eine Complication.

Complicationen.

Natürlich können alle möglichen Krankheiten neben Morbus Basedowii vorkommen. Es lohnt sich aber nicht, in der Erörterung zu weit zu gehen; nur die Complicationen, die öfter beobachtet werden, und besonders die, bei denen es zweifelhaft ist, ob zwischen ihren Zeichen und denen der Basedow'schen Krankheit ursächliche Zusammenhänge bestehen, sollen erwähnt werden.

Hysterie kommt oft neben Basedow'scher Krankheit vor. Ihre Symptome sind selbstverständlich hier dieselben wie anderwärts und unterliegen auch gleicher Beurtheilung. Hemianästhesie und andere Formen der Anästhesie sind beschrieben worden. Immer, wenn bei einem Basedow-Kranken Anästhesie gefunden wird, muss man zunächst an Hysterie denken, denn die Basedow'sche Krankheit selbst bewirkt Anästhesie nicht. Eher können bei Lähmungen diagnostische Zweifel entstehen. Es kommt eben alles darauf an, dass der Untersucher weiss, wie eine hysterische Lähmung beschaffen ist. Er wird dann nicht in Gefahr sein, Augenmuskellähmungen oder Lähmungen einzelner Muskeln, solcher Muskelgruppen, die willkürlich nicht allein contrahirt werden können, der Hysterie zuzuschieben. Am leichtesten wird die Basedow-Paraplegie fälschlich für Hysterie gehalten werden. Bei jener fehlt die Anästhesie, verschwindet frühzeitig das Kniephänomen. Von den Contracturen gilt dasselbe wie von der Lähmung. Bei den Anfällen können nur dann Bedenken entstehen, wenn ihre Form denen der Epilepsie gleicht. Bestehen anderweite hysterische Symptome, so ist es doch von vornherein sehr wahrscheinlich, dass auch die etwa vorhandenen Anfälle hysterisch seien. Gewiss sind viele der Fälle von Epilepsie bei Basedow'scher Krankheit solche von Hysterie gewesen. Hier wie bei den örtlichen Krämpfen, die als choreatische Bewegungen oder sonstwie erscheinen können, bei Parästhesien und bei Schmerzen, bei auffallenden Absonderungen u. s. w. gilt es, an die Möglichkeit der Hysterie zu denken und dann die bei dieser geltenden diagnostischen Grundsätze anzuwenden. Der Polyurie z. B. kann man ihre Natur nicht ohne Weiteres ansehen, nur das Vorhandensein hysterischer Erscheinungen und der

Einfluss der Suggestion können zur Erkenntniss helfen. Inwieweit seelische Störungen zur Hysterie gehören, ist manchmal schwer zu sagen. Zwar wird man bei sorgfältiger Beobachtung die Delirien der Basedow-schen Krankheit nicht mit den Delirien des hysterischen Anfalles verwechseln, aber bei den leichteren Störungen, die noch in das Gebiet der Nervosität fallen, kann man wohl manchmal zweifeln, ob sie zur Basedow-schen Krankheit gehören, oder Begleiterscheinungen etwa vorhandener Hysterie sind. L. Boeteau hat versucht, die in Frage stehenden Symptome und noch andere, nämlich Kopfdruck, Schwindel, Verstimmung, Reizbarkeit, Theilnahmslosigkeit, Gedächtnissschwäche, Willenlosigkeit, Funkensehen, Lichtscheu, Ohrensausen, Rückenschmerzen, Impotenz, Menstruations-störungen und Anderes, von den Symptomen der Basedow'schen Krankheit abzutrennen und einer nebenhergehenden »Neurasthenie« zuzuweisen. Es ist kaum zu erwarten, dass dieser Versuch Beifall finden werde, aber manchmal werden wohl diese oder jene der genannten Symptome nicht sowohl der Basedow'schen Krankheit, als der schon vor dieser vorhandenen Nervosität des Patienten zuzuschreiben sein.

Das Verhältniss der Basedow'schen Krankheit zur Hysterie kann so sein, dass eine schon hysterische Person an Morbus Basedowii erkrankt, oder aber es kann nach Charcot's Ausdruck der letztere Agent provocateur sein und dann treten die hysterischen Erscheinungen mit oder nach den Basedow-Symptomen auf, können auch mit diesen verschwinden.

Obwohl das Zusammenvorkommen von Epilepsie und Basedow-scher Krankheit in der Literatur eine Rolle spielt, scheint es mir doch recht selten zu sein, wenn man die Fälle ausschliesst, in denen es sich wahrscheinlich um Complication mit Hysterie gehandelt hat, und die, in denen die Zufälle Symptome des Morbus Basedowii selbst gewesen sind. Trifft man Epilepsie und Basedow'sche Krankheit zusammen, so hat man es nicht nöthig, einen ursächlichen Zusammenhang anzunehmen. Die Epilepsie ist eine so häufige Krankheit, dass gelegentlich unter den an anderen Krankheiten Leidenden auch Epileptiker gefunden werden müssen. Nach den Berichten der Autoren sind manchmal beim Auftreten der Basedow'schen Krankheit die Anfälle weggeblieben, manchmal haben beide Krankheiten einander im ungünstigen Sinne beeinflusst, derart, dass die Anfälle häufiger oder schwerer geworden sind, nach den Anfällen vermehrte Anschwellung der Schilddrüse, vermehrte Herzbeschwerden u. s. w. beobachtet worden sind.

Aehnliches wie von der Epilepsie ist auch von den Formen des Morbus Chorea zu sagen. Geht Chorea der Basedow'schen Krankheit voraus, oder trifft sie einmal mit ihr zusammen, so wird es sich wohl meist um Zufall handeln. Freilich könnten, da Rheumatismus

acutus und Schwangerschaft zu beiden Krankheiten ursächliche Beziehungen haben, auch verwandtschaftliche Verhältnisse vorkommen,
doch weiss ich nicht, ob man aus den meist kurzen Angaben der
Autoren solche herauslesen kann.

Auf die Verbindung der Basedow'schen Krankheit mit Paralysis agitans habe ich zuerst aufmerksam gemacht, jedoch habe ich
mich damals wahrscheinlich in der Diagnose geirrt. Die Patientin mit
Paralysis agitans hatte eine Struma, starren Blick, beschleunigten Puls,
Hitzegefühl, schwitzte stark, war sehr nervös. Wahrscheinlich handelte
es sich um einfache Struma und alle anderen Erscheinungen waren
Symptome der Parkinson'schen Krankheit.

Neuerdings ist von französischen Autoren die Verbindung der
Basedow'schen Krankheit mit Tabes mehrfach besprochen worden.
Die Einen glaubten, der tabische Process könne in der Oblongata die
die Basedow'sche Krankheit bewirkenden Veränderungen hervorrufen,
die Anderen meinten, Basedow'sche Krankheit und Tabes seien Zweige
eines Stammes und erwüchsen beide aus der Hérédité nerveuse. Von
vorneherein könnte es scheinen, als läge kein Grund vor, in der Verbindung mehr als ein Zusammentreffen zu sehen. Es wäre aber doch
möglich, dass die Syphilis auch Ursache einer Schilddrüsenerkrankung
würde, die zur Basedow-Veränderung führt und so diese bewirkt wie
sie die Tabes bewirkt. Freilich ist bis jetzt diese Vermuthung nicht
genügend zu begründen.

Dass in dem Falle von Joffroy und Achard, in dem bei einer
Kranken mit epileptischen Anfällen, choreatischen Bewegungen des linken
Armes, Contracturen und Morbus Basedowii Gliomatosis spinalis
gefunden wurde, die letztere mit der Basedow'schen Krankheit nicht
ursächlich verbunden war, das ist wohl nicht zu bezweifeln.

Es scheint, dass ausser der Glykosurie, die Symptom der Basedow-
schen Krankheit ist, auch wahrer Diabetes neben ihr vorkommen könne.

Die als Complication zu betrachtenden Geisteskrankheiten
sind schon früher besprochen worden.

Myxödem und Sklerodermie können nicht als Complicationen bezeichnet werden. Ihretwegen ist auf S. 63 zu verweisen.

Ueber die Häufigkeit der Tuberculose bei Basedow'scher
Krankheit sind die Ansichten verschieden. Die Meisten glauben, sie
komme oft vor, Greenfield fand sie bei Myxödem häufig, bei Basedow-
scher Krankheit selten.

Chronischer Gelenkrheumatismus kann zufällig die
Basedow'sche Krankheit begleiten, es könnte aber auch einmal Rheumatismus acutus die Ursache sowohl der chronischen Gelenkerkrankung
als der Basedow-Veränderung gewesen sein.

Formen der Krankheit, Verlauf und Ausgang.

Man kann verschiedene Formen der Basedow'schen Krankheit unterscheiden von verschiedenen Gesichtspunkten aus. Je nach dem Verhältnisse der übrigen Symptome zur Erkrankung der Schilddrüse haben wir die Fälle, in denen die Basedow-Symptome zu einem alten Kropfe hinzutreten, von denen zu trennen, in denen die Struma und die anderen Basedow-Zeichen zusammen auftreten; diese können wir als primäre Basedow'sche Krankheit jenen als der secundären Basedow'schen Krankheit gegenüberstellen, wenn wir dessen eingedenk bleiben, dass es sich nicht um verschiedene Krankheiten handelt, dass dieselbe Basedow-Veränderung in einer vorher anscheinend gesunden oder aber in einer schon kranken Schilddrüse auftreten kann. Nach dem Verlaufe zerfallen die Fälle in acute und in chronische (mit Mittelformen). Nach der Zahl der Symptome kann man mehr oder weniger vollständige Formen von unvollständigen (abortiven, verwischten, Formes frustes) abtrennen Die secundäre Basedow'sche Krankheit ist gewöhnlich chronisch und oft unvollständig, die primäre oft acut und symptomenreich, doch kann es auch anders sein und die Eintheilungen decken sich nicht.

Auffallender Weise nahm man früher vielfach an, zwischen gewöhnlichem Kropfe und Basedow'scher Krankheit sei kein Zusammenhang, und erst neuerdings wurde man auf die secundäre Basedow'sche Krankheit aufmerksam. Auch jetzt noch halten Viele die primäre Basedow'sche Krankheit für die Regel, die secundäre für die Ausnahme. Es scheint aber auch hier viel darauf anzukommen, mit welchen Augen man die Dinge ansieht. Seitdem dass mir die Beziehung zwischen Schilddrüse und Basedow'scher Krankheit klar geworden ist, finde ich immer häufiger die secundäre Basedow'sche Krankheit und ich möchte glauben, dass sie überhaupt häufiger sei als die primäre. Bei kleinen Strumen wissen die Kranken, besonders die der unteren Stände, oft nichts von ihnen. Erst wenn man eindringlich fragt und sich auch an die Angehörigen wendet, hört man: »ja, etwas dick war der Hals schon immer« oder: »ja, als junges Mädchen habe ich auch einmal einen dicken Hals gehabt«. Manche behaupten, an ihrem Halse wäre gar

nichts, dann findet man doch eine kleine Struma und nun heisst es:
»Ach, das ist nichts, das ist immer so gewesen.« Grosse Kröpfe sind
überhaupt seltener als kleine. Wahrscheinlich liegt es aber auch in der
Natur der Kropferkrankung, dass sich die Basedow-Veränderung leichter
in einer gering erkrankten als in einer ganz entarteten und zu einer
mächtigen Wucherung gewordenen Drüse entwickelt. Auf jeden Fall
sieht man Basedow-Symptome bei grossen Kröpfen relativ selten. Es
ist schon aus dem Bisherigen ersichtlich, dass man klinisch zwischen
primärer und secundärer Basedow'scher Krankheit nicht eine scharfe
Grenze ziehen kann. Denn bei scheinbar primärer Basedow'scher
Krankheit kann eine kleine Struma schon lange vor den übrigen Symptomen vorhanden gewesen sein, ein Fall, der recht oft vorzukommen
scheint. Man ist auf die Anamnese angewiesen und diese kann täuschen.
Die Untersuchung allein lässt nicht immer zwischen primärer und secundärer Basedow'scher Krankheit entscheiden. Manchmal freilich kann
man aus der Art des Kropfes ohne Weiteres die secundäre Natur der
übrigen Basedow-Symptome erkennen, nämlich wenn es sich um harte,
knollige Strumen handelt. Ist aber die primäre Struma klein und weich
gewesen, so kann sie später vollständig so aussehen, als ob sie erst vor
Kurzem entstanden wäre. Auch die Erfahrungen der Chirurgen ergaben,
dass in vielen Fällen scheinbar primärer Basedow'scher Krankheit alte
Kröpfe zu Grunde liegen. Später wird man vielleicht erkennen, dass in
jedem Falle Basedow'scher Krankheit wahrnehmbare Veränderungen
der Schilddrüse den übrigen Symptomen lange vorausgehen, dass die
Basedow-Veränderung sich überhaupt nur in einer schon kranken
Drüse entwickelt. Auf jeden Fall könnte es so sein und dann würde
der Begiff der primären Basedow'schen Krankheit hinfällig werden.

Mag die Existenz einer primären Basedow'schen Krankheit im
strengen Sinne des Wortes zweifelhaft sein, die der sogenannten secundären ist es nicht. Der Kropf kann viele Jahre bestehen ohne Basedow-
Symptome, diese können mit oder ohne nachweisbare Veranlassung hinzutreten. Es kann sich z. B. in der ersten Schwangerschaft eine Struma
entwickeln. Diese geht nach der Geburt zurück, in den folgenden
Schwangerschaften aber nimmt sie stufenweise zu und schliesslich treten
die Basedow-Symptome in mehr oder minder grosser Zahl hinzu.
Oder ein Kropfträger wird von einer infectiösen Krankheit befallen und
nach dieser entwickelt sich die Basedow'sche Krankheit.

Oft treten nur einige Basedow-Zeichen zu dem alten Kropfe
hinzu, es kann sich aber auch ein sehr reichhaltiges Bild entwickeln,
das dem des sogenannten primären Morbus Basedowii an Vollständigkeit
kaum nachsteht. Vom einfachen Herzklopfen bis zu jener Fülle der
Symptome führen Uebergänge; zwei, drei, vier und mehr Symptome

finden sich zusammen. Man könnte eine Reihe darstellen, die mit dem gewöhnlichen Kropfkranken ohne alle Zeichen der Basedow'schen Krankheit beginnt, während bei den folgenden Gliedern die Zahl dieser Zeichen allmälig wächst (z. B. Kropf mit Herzklopfen und Zittern; mit Herzklopfen, Zittern, Stellwag's Zeichen; mit Herzklopfen, Zittern, Stellwag's Zeichen, Exophthalmus u. s. f.), bis schliesslich das vollständige Bild der Basedow'schen Krankheit erreicht wird.

Natürlich sind die Symptome bei der secundären Basedow'schen Krankheit ebenso beschaffen wie bei der primären. Die Herzstörung, der Exophthalmus, die seelischen Veränderungen, alles ist hier wie dort, gleichgiltig, ob der Kropf ein Jahr oder 15 Jahre vorher schon vorhanden war. Nur können, wenn es sich um einen harten und grossen Kropf handelt, die Druckerscheinungen, die bei dem weichen Kropfe der primären Basedow'schen Krankheit gewöhnlich fehlen, hinzutreten. Entwickelt sich secundär die Basedow-Veränderung, so nimmt man zuweilen auch an der Struma die entsprechenden Veränderungen wahr, es tritt das Schwirren ein und man hört die früher beschriebenen Geräusche. Doch darf man diese Erscheinungen nicht immer verlangen, denn sie können auch bei der scheinbar primären Basedow-Struma fehlen und wahrscheinlich ist bei älteren Strumen die Basedow-Veränderung in der Drüse örtlich beschränkt.

Spricht man von acuter und von chronischer Basedow'scher Krankheit, so muss man bei jener unterscheiden zwischen den Formen, die mit Recht als acuter Morbus Basedowii eine gewisse Sonderstellung beanspruchen, und denen, die nur einen acuten Beginn haben.

Die acute Basedow'sche Krankheit ist glücklicherweise ziemlich selten. Die Krankheit kann scheinbar ganz plötzlich einsetzen, beginnt aber gewöhnlich nicht im strengen Sinne des Wortes acut, sondern sie entwickelt sich in einigen Wochen aus einem leichten Unwohlsein. Bald aber machen die Patienten den Eindruck Schwerkranker, rasch entfaltet sich die Krankheit zu einem vielgestaltigen Symptomenbilde und unaufhaltsam geht es abwärts, obwohl auch hier kürzere Stillstände oder Besserungen eingeschoben werden. Nach einigen Monaten tritt der Tod ein. Natürlich ist es willkürlich, ob man den Begriff acut enger oder weiter fasst. Im letzteren Falle kann man etwa alle innerhalb eines Jahres zum Tode führenden Erkrankungen acut nennen. Andernfalls wird man die über einige Monate hinaus ausgedehnten Erkrankungen als subacute unterscheiden. Als ganz seltene Erscheinungen sind die peracuten Fälle zu bezeichnen, wie die Beobachtung Mackenzie's an einem 16jährigen Jüngling, der nach einer Eisenbahnfahrt erkrankte und nach einigen Tagen starb. In manchen scheinbar peracuten Fällen bestanden leichtere Veränderungen schon längere Zeit. So berichtet

E. Reymond von einer 45jährigen Frau, die vor $1^1/_2$ Jahren stark er-
schrocken war und seitdem zitterte, ohne dass weitere Erscheinungen,
abgesehen von überstarker Menstruation, bestanden hätten. Nach neuer-
licher Aufregung wurde die Frau schwer krank. Man fand Paraplegie
mit Anästhesie, andauerndes Beben des ganzen Körpers, etwas Exophthalmus, Struma, Vergrösserung des Herzens mit Tachykardie, Fieber,
unstillbares Erbrechen, geistige Störung. Nach 14 Tagen starb die
Frau. Die Section zeigte eine Cyste der Schilddrüse, Wucherung der
epithelialen Zellen, Fehlen des Colloids (ausserdem eine grosse Thymus).
Fälle, die nach einigen Monaten tödtlich endeten, haben West, Eger,
Clarke, Fr. Müller und Andere beobachtet. Bei Müller's erster
Patientin, einer 48jährigen Frau, war am 8. März, nach einem Schrecken
rasch zunehmende allgemeine Schwäche mit Herzklopfen, Appetitlosigkeit,
Erbrechen aufgetreten. Am 30. April fand man schon Exophthalmus,
Struma, Vergrösserung des Herzens, Palpitationen, Pigmentirung bei der
bettlägerigen, fiebernden Kranken. Weiterhin: Durchfälle, Zittern, Un-
ruhe, Verwirrtheit, Delirien, Parese der Lippenmuskeln, Lallen. Das
Gewicht sank von 40 auf 32 kg. Am 22. Juni starb die Kranke. Die
von Eger beschriebene Kranke bekam nach einem heftigen Aerger
Erbrechen, rasch entwickelten sich die übrigen Erscheinungen, das Er-
brechen hielt an und nach sechs Wochen erfolgte der Tod. Als subacute
Form betrachtet Müller den Fall eines 25jährigen Mädchens, die nach
Kummer und Sorge im April mit Schmerzen in Kopf und Rücken,
Schlaflosigkeit, Herzklopfen erkrankt war, bei der im Mai Exophthalmus,
Struma, Herzhypertrophie mit Tachykardie, Zittern, Aphonie, Fieber u. s. w.
gefunden wurden, bei der ferner ein Hornhautgeschwür, Doppeltsehen,
starke Schweisse, Heisshunger, Pigmentirung, bulbäre Lähmungen auftraten und die im folgenden Februar starb. Ziemssen beobachtete ein
Mädchen, bei dem sich das Bild der Basedow'schen Krankheit nach
einer stürmisch durchtanzten Nacht in wenig Tagen entwickelte und
die Krankheit nach acht Monaten tödtlich endete. Ditisheim erzählt
von einem 28jährigen Lehrer, der nach einer Bergpartie mit Be-
klemmung, Heiserkeit, Herzklopfen und allgemeinem Unwohlsein erkrankt
war. Am 10. Juni wurde der Kranke in die Züricher Klinik aufgenommen mit Vergrösserung des Herzens und Tachykardie, mit
Stellwag's und Graefe's Zeichen, Exophthalmus, Struma, Vergrösserung
von Leber und Milz, grosser Abmagerung. Weiterhin Skleroderma an
den Beinen, Nageleiterung, Schweisse, Erbrechen, Augenmuskellähmung.
Am 12. October starb der Kranke.

Neben der eigentlichen acuten Basedow'schen Krankheit gibt es
Fälle mit acutem Beginne und weiterhin chronischem Verlaufe. So
sollen bei einer 52jährigen Patientin Trousseau's während einer

Nacht, die sie um den Tod des Vaters weinend zugebracht hatte, Exophthalmus, Struma und Herzklopfen entstanden sein, gleichzeitig mit Unterbrechung der Menstruation und starkem Nasenbluten. Bei einem 21jährigen Kranken v. Graefe's soll sich die Krankheit in wenig Tagen nach einer unter heftiger geschlechtlicher Aufregung verbrachten Nacht vollständig entwickelt haben.

In vereinzelten Fällen glaubt man acutes Entstehen und ebenso rasches Verschwinden der Krankheit beobachtet zu haben. Ueberall wird Solbrig's 8jähriger Knabe citirt, bei dem die Basedow'sche Krankheit in Folge starker Aufregung über eine Preisvertheilung in 2 Tagen entstanden und nach 8 Tagen verschwunden sei.

Der acute Verlauf, beziehungsweise acute Beginn kommt sowohl bei primärer als bei secundärer Basedow'scher Krankheit vor. Gauthier erzählt von einem seit 25 Jahren kropfigen Manne, bei dem plötzlich die bis dahin harmlose Struma anschwoll. Zuerst entstand heftige Athemnoth, diese liess rasch nach, nach einigen Tagen traten Tachykardie, Exophthalmus, Zittern, Schweisse auf und diese Basedow-Symptome nahmen nach 2 Monaten wieder ab. Die Autoren, die acuten Morbus Basedowii beschreiben, nehmen meist an, die Struma sei mit den übrigen Symptomen entstanden, doch sind wahrscheinlich manche Täuschungen mit untergelaufen. In Ditisheim's Falle z. B. wird nur nebenbei erwähnt, dass die Struma schon vor der acuten Erkrankung bestanden habe. Die Kranken selbst sind natürlich geneigt, eine acute Verschlimmerung in Folge einer äusseren Einwirkung als Beginn der Krankheit anzusehen. Bei genauer Prüfung würde es sich aber wahrscheinlich herausstellen, dass zumeist schon vor dem Aufflammen der Krankheit sie geglimmt hat, dass Veränderungen der Schilddrüse und weniger auffällige Basedow-Symptome schon vorher vorhanden gewesen sind.

Vom wirklichen Verlaufe der Dinge kann man sich vielleicht folgende Vorstellung machen. Die Basedow'sche Krankheit entwickelt sich immer schleichend. Gewöhnlich aber bleiben die ersten Zeichen lange Zeit gering. Dies ist die Periode der Vorläufererscheinungen oder, wenn man will, der Latenz. Hat allmälig die Basedow-Veränderung eine gewisse Grösse erreicht, so genügt ein von aussen kommender Anstoss (eine Gemüthserschütterung, eine Ueberanstrengung und sonst Anderes) oder auch irgend ein innerer Vorgang zur Hervorrufung der Hauptsymptome. Je nach der Grösse des Anstosses einerseits, der Basedow-Veränderung und der individuellen Widerstandsfähigkeit andererseits tritt nun eine mehr oder weniger rasche, ja unter Umständen stürmische Entwicklung ein. In schweren Fällen unterliegt der Mensch dem Ansturme, die Krankheit wird immer schlimmer, oder führt mehr oder weniger rasch zum Tode: acute Basedow'sche Krankheit. In leichteren Fällen sehen wir nur einen acuten Beginn oder richtiger eine Exacerbation und weiterhin chronischen Verlauf. In der grossen Mehrzahl der Fälle fehlt zwar ein wirkliches acutes Stadium, aber doch folgt sehr oft auf die Periode der Latenz eine relativ rasche Entwicklung. In bildlicher Darstellung steigt in allen Fällen die Curve von 0 langsam auf einen gewissen Werth, dann erhebt sie sich mehr oder weniger rasch und bleibt auf der Höhe (acuter Morbus Basedowii), sinkt dann rasch (chronischer Morbus Basedowii mit acutem Beginne) oder langsam (gewöhnlicher chronischer Morbus Basedowii) wieder ab. Aber auch in den chronischen Fällen ist, abgesehen von der Periode der Latenz, der Anstieg immer steiler als das Absinken. Das Gleiche meint offenbar Renaut, wenn er drei Perioden unterscheidet, die der Vorläufer, die der Intoleranz und die der Toleranz. Es zeigt aber gewöhnlich die Curve des chronischen Morbus Basedowii nicht nur eine Zacke, sondern eine ganze Reihe solcher. Auf die erste Besserung folgt neue Verschlimmerung und bei jedem weiteren Gipfel ist wieder der aufsteigende Theil der Curve steiler als der absinkende. Nimmt die Krankheit eine günstige Wendung, so senkt sich nach wenigen Erhebungen, unter Umständen wohl auch nach einer, die Curve bis zur Nähe der Abscisse. Im ungünstigen Falle aber kann das, was beim acuten Morbus Basedowii bei der ersten Erhebung eintritt, früher oder später doch erfolgen: die chronische Basedow'sche Krankheit wird zur acuten und führt so zum Tode. In anderen ungünstigen Fällen bringt die Krankheit mit der Zeit Entartungen zu Stande, die mit der Fortdauer des Lebens unverträglich sind, es entwickelt sich ein chronisches Siech-thum, in dem der Kranke zu Grunde geht.

Die Zeitlängen, die bei der chronischen Basedow'schen Krankheit in Betracht kommen, sind sehr verschieden. Meist handelt es sich um Jahre, zuweilen um viele Jahre. Insbesondere die Remissionen oder die Zeiten der Toleranz können sehr lange dauern. Manche Kranke haben 20 und mehr Jahre Basedow-Symptome gehabt. Die Unterscheidung zwischen vollständiger und unvollständiger Basedow'scher Krankheit knüpft eigentlich an die alte Vorstellung an, als bestände die Krankheit aus der Trias: Tachykardie, Struma und Exophthalmus, und ursprünglich nannte man die Formen unvollständig, bei denen eins der sogenannten Cardinalsymptome fehlte, oder zu fehlen schien. Nach unserer jetzigen Auffassung sollte man besser symptomenreiche und symptomenarme Fälle unterscheiden. Die Berichte über unvollständige oder symptomenarme Fälle muss man bei älteren und auch bei manchen neueren Autoren mit Vorsicht aufnehmen, denn bekanntlich sieht jeder nur die Symptome, die er kennt. Ueberdem beziehen sich die Angaben der Autoren oft nur auf den gerade beobachteten Zustand, lassen ausser Acht, dass ein zur Zeit nicht vorhandenes Symptom vorhanden gewesen sein, oder noch auftreten kann.

Man kann fragen, welche Symptome können fehlen, welche fehlen oft, in welcher Reihenfolge und welcher Gruppirung pflegen die Symptome aufzutreten. Alle Symptome werden wohl nie bei einem Kranken gefunden. Welche Symptome müssen aber da sein? Die Erkrankung der Schilddrüse ist natürlich immer da, aber sie ist, besonders im Anfange, nicht immer nachweisbar. Das Cardinalsymptom schlechtweg ist, wie schon früher gesagt worden ist, die Herzstörung. Es wäre nun denkbar, dass die ganze Basedow'sche Krankheit in dieser bestünde. Dass wirklich alle Symptome ausser der Herzstörung fehlen sollten, ist zwar nicht wahrscheinlich, aber es könnten neben ihr nur geringe, nicht charakteristische Zeichen, als Nervosität, Schlaflosigkeit, Schwindel u. s. w. gefunden werden. Eine sichere Diagnose ist dann nicht möglich, aber man kann wohl annehmen, dass es sich in manchen Fällen von »essentieller« Tachykardie oder von »Herzneurosen« um unvollständige Basedow'sche Krankheit gehandelt habe. Natürlich wird man gewöhnlich auf den weiteren Verlauf, auf das Hinzutreten anderer Symptome warten, es kann aber auch eine geringe und vorübergehende Basedow-Veränderung, die sich eben in der Hauptsache nur durch die Herzstörung kundgibt, vorkommen.

Struma allein ist natürlich keine Basedow'sche Krankheit. Cheadle berichtet von einer Kranken ohne Exophthalmus und ohne Herzklopfen. Nur die Struma war vorhanden und die Carotiden pulsirten kräftiger. Zwei Schwestern und die Tante der Kranken litten an Basedow'scher Krankheit. Solche Beobachtungen sind gewiss sehr selten und bei genauer Prüfung werden sich neben einer Struma mit den Charakteren der Basedow-Struma immer noch andere Zeichen finden.

Exophthalmus allein kommt als Rest der Basedow'schen Krankheit vor. In leichteren Fällen können die Zeichen der Krankheit verschwinden. Der Kranke ist geheilt, behält aber auf einem Auge oder beiden Augen etwas Exophthalmus, als ein Zeichen, das seiner Natur nach sich nicht rasch zurückbilden kann.

Fehlen kann die Herzstörung nur in dem Sinne, dass sie während einer Zeit der Toleranz nicht nachweisbar ist. Active Basedow'sche Krankheit ohne sie gibt es nicht. Manche ältere Autoren berichten über Formes frustes, bei denen wohl Struma und Exophthalmus zugegen gewesen wären, die »Palpitationen« aber gefehlt hätten. Es handelt sich aber bei der Basedow'schen Krankheit nicht nur um Palpitationen, denn es kann Jemand eine beträchtliche Herzstörung haben ohne Herzklopfen, das, zum Theile wenigstens, von der individuellen Empfindlichkeit abhängt. Diese Bemerkung bezieht sich auch auf die Fälle, in denen die »Palpitationen« nach Struma und Exophthalmus aufgetreten sein sollen. Sehr merkwürdig ist die Beobachtung Friedreich's an einem 30jährigen Kranken. Die

stürmische Herzthätigkeit beruhigte sich schon nach 9 Tagen, der Puls
sank auf 66—50 Schläge, während das Carotidenschwirren, die pulsirende
Struma und der Exophthalmus noch 3 Monate bestanden.

Darüber, dass ausser der Herzstörung jedes einzelne andere Symptom wenigstens im Anfange der Krankheit fehlen kann, sind alle
Autoren einig. Die Beobachtungen von Basedow'scher Krankheit, bei
denen der Exophthalmus sich erst ziemlich spät entwickelte, sind häufig.
Es gibt auch Fälle, in denen es zum Stillstande der Krankheit gekommen
war, ehe sich Exophthalmus gezeigt hatte. So die Beobachtung Chvostek's
an einem 24jährigen Mediciner, der über Nacht heftiges Herzklopfen und
am Tage darauf Struma bekommen hatte, bei dem aber nach 3 Monaten
»Heilung« erreicht wurde. Hie und da soll der Exophthalmus plötzlich
ein-, richtiger hervorgetreten sein, z. B. nach heftigem Husten und Erbrechen. Basedow'sche Krankheit ohne Zittern oder ohne Graefe's
Zeichen oder ohne deutliche Hautveränderungen u. s. f. trifft man oft
genug. Einzelne nervöse Störungen sind wohl immer vorhanden, doch
sind die Symptome der Nervosität zu vieldeutig.

Die Reihenfolge der Symptome bei der chronischen primären Basedow'schen Krankheit ist gewöhnlich die, dass zuerst das Allgemeinbefinden gestört wird. Die Patienten fühlen sich krank, sind schwach und
reizbar, schlafen schlecht. Fieberbewegungen sollen schon ganz im Anfange
vorkommen. Bald tritt das Herzklopfen auf, d. h. die Herzstörung wird
bemerklich, die Kranken bekommen einen starren Blick, d. h. Stellwag's
Zeichen; Zittern, Arterienklopfen, Struma und Anderes treten hinzu. Es
scheint, dass das Herzklopfen auch das Gefühl vollständiger Gesundheit
durchbrechen kann. Bei der acuten Basedow'schen Krankheit treten
gewöhnlich gleich viele Symptome auf; hier zeigen sich ausser den alten
Cardinalsymptomen frühzeitig Erbrechen, Fieber, Schweisse, Durchfälle,
Verfärbungen der Haut. Auch bei der secundären Basedow'schen
Krankheit ist die Herzstörung das Erste, dann scheinen Zittern und andere
nervöse Störungen zu kommen. Von diesen Andeutungen abgesehen, lässt
sich über die Reihenfolge der Symptome kaum etwas bestimmtes sagen.
Man kann aber frühe und späte Symptome in dem Sinne unterscheiden,
dass jene durchschnittlich früh, diese durchschnittlich spät erscheinen.
Zu jenen gehören Zittern, Stellwag's Zeichen, Graefe's Zeichen, In-
sufficienz der Convergenz, Exophthalmus, Schwitzen, Vigouroux' Zeichen,
Abmagerung, zu diesen Lähmungen, Geistesstörungen, stärkere Oedeme,
Gangrän. Pigmentirungen, Durchfälle nehmen eine Mittelstellung ein.

Manche Symptome treten fast nur in schweren Fällen auf. So das
heftige Erbrechen, andauerndes Fieber, Blutungen, Lähmungen, Delirien.
In den gewöhnlichen leichteren Fällen setzt sich das Bild zusammen aus
der Herzstörung, der Struma, Stellwag's und Graefe's Zeichen, In-

sufficienz der Convergenz, Exophthalmus, Zittern, Nervosität, Hitzegefühl, Neigung zum Schwitzen, Vigouroux' Zeichen, Abmagerung. Dazu treten vielleicht Pigmentirungen, Durchfälle, flüchtige Oedeme. Andere Symptome fehlen in der Regel. Manche Veränderungen kommen leicht zusammen vor. So gibt es Fälle, in denen die Haut besonders betroffen zu sein scheint, man sieht eine Reihe der Hautsymptome. Sind einmal localisirte Nervensymptome da, so bleiben sie nicht allein; zu Augenmuskellähmungen treten andere, bulbäre oder auch spinale Lähmungen.

Das, was im Allgemeinen über den Verlauf gesagt werden kann, ist in den bisherigen Bemerkungen enthalten. Doch muss noch ein sehr merkwürdiges Ereigniss, der Uebergang der Basedow'schen Krankheit in Myxödem erwähnt werden. Bekanntlich findet man bei Myxödem die Schilddrüse atrophisch und bezieht mit Grund die Symptome auf das Fehlen der Schilddrüsenthätigkeit. Sieht man die Ursache der Basedow'schen Krankheit in einer falschen und übermässigen Schilddrüsenthätigkeit, so ist es a priori wahrscheinlich, dass diese zu einer Erschöpfung, zur Atrophie führen könne; der Uebergang der Basedow'schen Krankheit in Myxödem ist eine Art von Postulat der Vernunft. In der That ist schon eine ganze Reihe solcher Fälle beobachtet worden. Zuerst wohl beschrieb Kowalewski Myxödemsymptome bei Basedow'scher Krankheit. Er fand bei einer Epileptischen mit Basedow'scher Krankheit die Haut der Füsse bis zum Knie herauf geschwollen, trocken, schmutziggrau, haarlos, glänzend. Der Fingerdruck hinterliess keine Grube. Eine ähnliche Schwellung fand sich im Gesicht. Die erst aufgeregte, hallucinirende Kranke war stumpf geworden, sie blieb im Bette liegen, antwortete nicht oder falsch. Dieser Zustand dauerte 3 Monate, dann blieben nur die gewöhnlichen Zeichen der Basedow'schen Krankheit zurück. Eine von Joffroy und Achard beobachtete Wäscherin war mit 23 Jahren an Morbus Basedowii mit Struma erkrankt. Nach einiger Zeit waren die Basedow-Symptome zurückgegangen, aber die Schwäche hatte zugenommen, die Haut war, an den Füssen beginnend, dick geworden, der Athem schwer, die Sprache langsam, kurz es entstand das vollständige Bild des Myxödems. Die Kranke collabirte und starb. Man fand das Nervensystem normal, die Schilddrüse aber zu einem 1 cm dicken, fibrösen Lappen geworden, der zwischen Bindegewebe und Fettzellen nur hie und da kleine Zellenhaufen als Reste der Acini enthielt. Aehnliche Beobachtungen haben H. Williams und James J. Putnam, in dessen Falle das auf die Basedow'sche Krankheit folgende Myxödem erfolgreich mit Schilddrüse behandelt wurde, mitgetheilt. Eine ganze Reihe von Fällen hat W. W. Baldwin erzählt: 10jähriger Knabe, mit 6 Jahren Basedow'sche Krankheit, mit 8 Jahren Myxödem; 15jähriges Mädchen, 1887 von Basedow'scher Krankheit befallen, 1888 geheilt, 1890 an

Myxödem erkrankt, 1893 erfolgreich mit Schilddrüse behandelt; 44jähriges
Weib, 1888 Basedow'sche Krankheit, 1890 Myxödem, 1893 erfolgreiche
Thyreoideabehandlung; 14jähriges Mädchen mit schwerer Basedow'scher
Krankheit, 1890 Myxödem, 1893 Behandlung mit Schilddrüse. Neben
den Beobachtungen von Myxödem, das auf die Basedow'sche Krankheit
folgt, stehen die, bei denen von Mischung der Basedow-Symptome mit
denen des Myxödems berichtet wird. So erzählt P. Sollier von einem
31jährigen Mädchen mit Basedow'scher Krankheit ohne Struma, bei
dem Oedem des Gesichtes und der Arme bestand, und von einer 39jährigen
Frau, die ausser vielen Basedow-Symptomen eine enorme Anschwellung
des ganzen Körpers mit Erkrankung der Gelenke zeigte. Bei der letzteren
Kranken nahm mit der Zeit das harte Oedem ab und man konnte dann
fühlen, dass die Schilddrüse klein und hart war. v. Jaksch sah bei einer
Basedow-Kranken derbe Schwellung der Beine und Steigerung der
mechanischen Erregbarkeit des N. facialis. Man muss wohl annehmen,
dass die Schilddrüse in solchen Fällen zu einem Theile atrophisch ist,
während in dem anderen Theile noch die Basedow-Veränderung besteht. Durch diese Auffassung und durch die Kenntniss der Fälle von
Verbindung wirklichen Myxödems mit Basedow'scher Krankheit wird
ein Licht geworfen auf manche Symptome, die in den späteren Stadien
der Basedow'schen Krankheit vorkommen. Ich meine damit die derben
Oedeme, die sulzigen Anschoppungen, von denen Basedow spricht, die
skleromartige Verdickung der Haut, die allmälig sich entwickelnde Stumpfheit und Gedächtnissschwäche, das Ausfallen der Haare, die Schrumpfung
der Brustdrüsen und der weiblichen Geschlechtstheile, bestimmte Gelenk-
und Knochenerkrankungen. Das sind Myxödemsymptome. Insbesondere
scheinen zwischen dem umschriebenen Oedem der Basedow-Kranken und
dem eigentlichen Myxödem Uebergangsstufen vorhanden zu sein. Wie im
Verlaufe der Basedow-Krankheit Myxödemsymptome auftreten können,
so werden zuweilen beim Myxödem einzelne Basedow-Symptome beobachtet. Es ist ersichtlich, dass diese ganzen Verhältnisse bedeutungsvoll sind.
        Das Ende der Krankheit ist relative Heilung oder Tod. Man
streitet, ob eine Heilung im strengen Sinne des Wortes vorkomme. Eine
wirkliche Restitutio in integrum ist nicht wahrscheinlich, andererseits
berichten verschiedene Autoren, dass ihre Kranken nicht nur von den
Zeichen der Krankheit befreit worden, sondern auch sehr lange gesund
geblieben seien. Chvostek, Cheadle und Andere berichten von
20jähriger Dauer der Heilung, Mackenzie, Russell und Andere von
10jähriger. In solchen Fällen darf man allerdings im Sinne der Praxis
von Heilung sprechen, wenn auch leichtere Störungen noch bestanden
haben sollten. Aber man darf nicht vergessen, dass solche Fälle doch
recht selten sind. Was so gewöhnlich Heilung genannt wird, ist eigentlich

nur Besserung, häufig soviel als Erwerbsfähigkeit. Oft bleiben nicht nur ein gewisser Grad von Exophthalmus und wahrnehmbare Veränderungen der Schilddrüse zurück, sondern auch eine dauernde Schwäche des ganzen Körpers. Die »Genesenen« befinden sich sozusagen in labilem Gleichgewichte. Geringe Anstösse machen ihnen Zittern, raschen Puls, sie werden leicht müde, vertragen und leisten weniger als früher. In den meisten Fällen von sogenannter Heilung ist die Dauer der Beobachtung ganz ungenügend. Rückfälle sind die Regel und treten oft nach Jahren noch ein. Vermuthlich wird doch die Schilddrüse nicht wieder so, wie sie vor der Erkrankung war. Wer einmal Basedow-Symptome gehabt hat, bleibt deshalb immer in Gefahr, wieder welche zu bekommen. Mit solchen Vorbehalten muss man die Statistiken betrachten. Wie Sattler angibt, sollen nach den Statistiken von v. Graefe und v. Dusch 20, beziehungsweise 25% genesen, 30, beziehungsweise 46% gebessert werden.

Ueber die Häufigkeit des Todes bei Basedow'scher Krankheit gibt Buschan an, dass unter 900 aus der Literatur zusammengestellten Fällen 105 mit tödlichem Ausgange waren (11·6%), dass andere Autoren theils ähnliche (v. Dusch 12·5%, v. Graefe 12%, Mackenzie 12·5%, Cheadle 9·6%), theils höhere (Bellingham 18·1%, Gaill 21·3%, Charcot 25%) Zahlen erhalten haben. Er hebt mit Recht hervor, dass auch 12% zu hoch gegriffen sei, weil schwere Fälle vorwiegend veröffentlicht werden und weil die leichteren unvollständigen Formen erst in neuerer Zeit richtig beurtheilt worden sind. Andererseits wird auch in vielen Fällen die Basedow'sche Krankheit indirecte Todesursache sein, insofern der von ihr Befallene geschwächt ist und irgend welchen Schädlichkeiten leichter erliegt als ein Anderer. Todesursache ist bei der Basedow'schen Krankheit in der grossen Mehrzahl der Fälle Erlahmung des Herzens. Verhältnissmässig selten scheint plötzliche, unerwartete Herzlähmung (Synkope) vorzukommen. Häufiger finden wir zunehmende Herzschwäche mit Oedem, Albuminurie u. s. w., oder die Kranken sterben an irgend einer Krankheit, die sie befallen hat, deshalb, weil es eben ihr Herz nicht mehr aushält. Auch bei dem sogenannten Marasmus ist doch schliesslich die Erlahmung des Herzens die Hauptsache. Bei acuter Basedow'scher Krankheit sind manche Patienten mit unstillbarem Erbrechen oder in acuter Manie gestorben. Auch Durchfälle haben tödtliche Erschöpfung bewirkt. Einzelne sind mit plötzlichem hohen Fieber gestorben, durch Druck der Struma erstickt, den Folgen der Gangrän erlegen. Die Hilfskrankheit ist wohl am häufigsten eine Pneumonie. Nicht wenige Kranke scheinen der Tuberculose zu verfallen. Bei denen, die nach der Kropfoperation gestorben sind, hat es sich gewöhnlich nicht um Wundkrankheiten, sondern um Herzlähmung gehandelt.

Diagnostisches und Prognostisches.

Selbstverständlich können diagnostische Schwierigkeiten nur in unvollständigen Fällen eintreten. Es wurde schon erwähnt, dass da, wo sich die Herzstörung allein oder mit geringen, nicht charakteristischen Symptomen findet, eine sichere Diagnose nicht immer möglich ist. Gordon Dill hat eine Reihe von Beobachtungen mitgetheilt, um zu zeigen, dass eine strenge Grenze zwischen der Basedow'schen Krankheit und der sogenannten essentiellen Tachykardie nicht existire. Nun zeigen aber gerade diese Krankengeschichten, dass doch in den meisten Fällen eine Entscheidung möglich ist, denn es ist gar nicht zweifelhaft, dass in der Mehrzahl der Fälle wirklich Basedow'sche Krankheit bestand. Bald war die Tachykardie von Zittern begleitet, bald bestand leichte Anschwellung der Schilddrüse, oder Stellwag's Zeichen, oder Graefe's Zeichen, oder Insufficienz der Convergenz oder einige dieser Zeichen. Andererseits waren in den Fällen, in denen alle weiteren Basedow-Symptome fehlten, gewöhnlich die Erscheinungen derart, dass Basedow'sche Krankheit mit ziemlicher Sicherheit ausgeschlossen werden konnte. Wenn man auch die Möglichkeit zweifelhafter Fälle zugeben muss und die Wahrscheinlichkeit, dass zuweilen eine unvollständige Basedow'sche Krankheit verkannt worden sei, so kann man sich doch in praxi mit ziemlicher Sicherheit darauf verlassen, dass zu der Herzstörung der Basedow'schen Krankheit noch andere Symptome hinzutreten. Man muss sie nur suchen.

Der diagnostische Werth der Symptome ist natürlich verschieden. Das Vorhandensein der Struma beweist ohne Weiteres das der Basedow'schen Krankheit, wenn es eine Basedow-Struma in dem Sinne ist, dass das Schwirren und die früher geschilderten Geräusche wahrgenommen werden. Fehlen diese Kennzeichen, so wird trotzdem die Diagnose sicher sein, wenn die Herzstörung charakteristisch ist. Einfache Beschleunigung des Pulses kann freilich auch zufällig mit einer gewöhnlichen Struma zusammentreffen, wie es bei der von mir beschriebenen Kranken mit Paralysis agitans und Struma der Fall gewesen zu sein scheint.

Der Exophthalmus pflegt diagnostisch ausschlaggebend zu sein. Es ist mir nicht verständlich, warum immer und immer wieder behauptet wird, Exophthalmus komme auch ausserhalb der Basedow'schen Krankheit vor. Bei welcher Krankheit denn? Natürlich sind die Fälle von Vortreibung eines Auges oder beider Augen durch Geschwülste, Aneurysmen, Blutungen auszuscheiden. Auch kommen die geringen Grade von Vortreibung, wie sie bei Sympathicusreizung, bei allgemeiner Augenmuskellähmung, scheinbar bei grosser Kurzsichtigkeit beobachtet werden, nicht in Betracht. Aber wirklicher Exophthalmus ist der Basedow'schen Krankheit allein eigen. Da die Ausschliessung des Exophthalmus durch Geschwülste u. s. w. kaum Schwierigkeiten macht, könnten nur bei geringem Exophthalmus und bei einseitigem Exophthalmus Bedenken entstehen. Nun wird man wohl nie neben dem Exophthalmus Stellwag's oder Graefe's Zeichen vermissen, mit einem von diesen aber ist die Diagnose wieder sicher. Zwar kommen auch diese Zeichen gelegentlich bei anderweitigen Zuständen nervöser Erregung vor, doch sind sie neben der Basedow-Herzstörung oder gar neben dieser und Exophthalmus fast durchaus eindeutig, wenn man von solchen Seltenheiten, wie der früher erwähnte Fall Marina's eine ist, absieht.

Das Basedow-Zittern ist diagnostisch auch sehr wichtig. Allein wird es nicht vorkommen, mit der Herzstörung zusammen reicht es aber eigentlich zur Diagnose aus. Freilich muss es charakteristisch sein. Fast immer wird neben Zittern und Tachykardie wenigstens noch ein drittes Symptom vorhanden sein. In Wirklichkeit sind ja die Erörterungen, ob man aus diesen oder jenen zwei Symptomen Basedow'sche Krankheit diagnosticiren könne, wesentlich theoretischer Art. Ich habe noch nie nur zwei Symptome gesehen.

Diagnostisch wichtig sind ferner Vigouroux' Zeichen, die Insufficienz der Convergenz, die Pigmentirungen, die Durchfälle.

Fragt man, mit welchen Krankheiten die Basedow'sche Krankheit verwechselt werden könnte, so ist ausser der Nervosität und der sogenannten essentiellen Tachykardie nicht viel zu nennen. Am leichtesten entstehen Schwierigkeiten, wenn innerhalb anderer Krankheiten Symptome vorkommen, die man auch der Basedow'schen Krankheit zuschreiben könnte. Die Paralysis agitans habe ich schon genannt. Auch die Tabes ist zu erwähnen. Besonders Joffroy hat darauf hingewiesen, dass bei ihr nicht selten Basedow-Symptome beobachtet werden, Beschleunigung des Pulses, kleine Struma, etwas Exophthalmus. Es ist eben die Frage, ob in solchen Fällen nicht doch eine Complication besteht, eine Verbindung der Tabes mit der Basedow-Veränderung und eine Abhängigkeit beider von der vorausgegangenen Syphilis. Recht schwierig ist die Entscheidung manchmal bei acuten oder subacuten

5*

Psychosen. Es kann eine Basedow-Psychose vorliegen, oder eine
Complication von Psychose und Basedow'scher Krankheit, oder es
können einige Symptome, wie Beschleunigung des Pulses, Zittern,
Schwitzen, Fieber, an Basedow'sche Krankheit erinnern, wenn etwa
zufällig eine kleine Struma besteht.

In manchen Fällen, die von älteren Autoren als diagnostisch
schwierig erwähnt werden, sehen wir heute keine Schwierigkeiten, weil wir
einen erweiterten Begriff von der Basedow'schen Krankheit haben
und sie da erkennen, wo den Aelteren etwas anderes in Frage zu
kommen schien.

So erregten früher Fälle, in denen Sympathicussymptome mit denen
der Basedow'schen Krankheit verknüpft waren, Zweifel. Sattler
erwähnt eine Beobachtung Chvostek's an einem 20jährigen Soldaten.
Die rechte Seite war stärker geröthet als die linke, mit Schweiss bedeckt,
die Pupille und die Lidspalte waren rechts verengert. Dabei pulsirten
aber Carotiden und Schilddrüsenarterien, es bestand Struma, der Puls
schlug 88—124mal. Dass Sattler meint, die geringe Steigerung der
Pulsfrequenz und die »Einseitigkeit der meisten Symptome« entschieden
gegen Morbus Basedowii, ist uns jetzt ganz unverständlich; es handelte
sich offenbar um Basedow'sche Krankheit, bei der ausnahmeweise auch
Sympathicussymptome bestanden. Das Gleiche gilt von den bei Sattler
angezogenen Fällen E. Fränkel's und Eulenburg's. Manche neuere
Autoren meinen, in solchen Fällen handle es sich um Druck der Struma
auf den Sympathicus. Das halte ich für höchst unwahrscheinlich, denn
die Struma wird gewöhnlich als weich und klein geschildert; auch
müsste eine Struma, die den Sympathicus zusammendrücken sollte, was
gar nicht so leicht ist, recht beträchtliche anderweite Druckerscheinungen
verursachen.

Den von Rilliet beschriebenen constitutionellen Jodismus hat schon
Trousseau mit Recht, wenn auch nothwendigerweise mit ungenügenden
Gründen der Basedow'schen Krankheit zugerechnet. Bekanntlich hat
das Jod eine eigenthümliche Wirkung auf die Schilddrüse. Ruft es nun
bei manchen Personen quälendes Herzklopfen, rasche Abmagerung,
nervöse Symptome hervor, so geschieht dies offenbar dadurch, dass bei
den Kranken die Basedow-Veränderung besteht.

Was über die Prognose der Basedow'schen Krankheit im
Ganzen zu sagen ist, geht aus dem über den Verlauf Gesagten hervor.
Eine ernste Erkrankung ist sie immer, wenn auch in der grossen Mehrzahl der Fälle auf Besserung zu hoffen ist. Der einzelne Fall ist umso
ernster, je acuter die Entwicklung ist. Rascher Verfall der Kräfte, früh
eintretende Asystolie, unstillbares Erbrechen sind besonders ungünstig.
Doch soll man auch in acuten Fällen nicht zu früh verzweifeln, denn

nicht allzuselten tritt eine Wendung zum Besseren ein und wird der weitere Verlauf chronisch. Im Allgemeinen kann man wohl sagen, dass je langsamer die Symptome sich entwickeln, umsoweniger Gefahr für das Leben besteht. Doch kann auch in ganz chronischen Fällen ein acutes Schlussstadium vorkommen, kann auch ein anfänglich gutartiger Verlauf zur Kachexie führen. Der Uebergang in Myxödem ist nicht zu sehr zu fürchten, da, wenigstens zur Zeit, die Behandlung des Myxödems weiter entwickelt ist als die der Basedow'schen Krankheit.

Wie früher bemerkt wurde, erkennen wir Besserung und Verschlimmerung hauptsächlich aus zwei Symptomen: der Herzstörung und der Abmagerung. Beide gehen gewöhnlich, aber nicht immer parallel. Stets aber ist sowohl Abnahme der Pulszahl und der Stärke der Herzthätigkeit, als Zunahme des Körpergewichtes von der besten Vorbedeutung. Meist wird, wenn nur das eine da ist, das andere bald folgen. Sollte freilich einmal trotz Verminderung der Herzschläge die Abmagerung fortschreiten, so würde wohl jene keine gute Vorbedeutung haben.

Als Mali ominis haben im Allgemeinen zu gelten: starke Pulsationen, Erbrechen, Durchfälle, Hornhauterkrankung, Fieber, Geistesstörungen, Lähmungen. Dagegen sind von keiner schlechten Vorbedeutung: flüchtige Oedeme, Gelenkschwellungen, Pigmentirungen, Zittern. Die Klagen über Kopfschmerzen und andere nervöse Beschwerden dürfen nicht irre führen. Hier spielt offenbar die Persönlichkeit eine grosse Rolle und manche von Haus aus nervöse Patienten klagen viel, ohne schwer krank zu sein, während umgekehrt manche Schwerkranke wenig klagen.

Dass gewöhnlich die Basedow'sche Krankheit bei Männern viel ernster ist als bei Weibern, was v. Graefe zuerst betonte, ist sicher. Weniger zuversichtlich möchte ich mich der Ansicht anschliessen, dass die Schwere der Krankheit mit dem Lebensalter wachse. Gewiss wird im Allgemeinen ein alter Mensch weniger Widerstand leisten als ein junger, man sieht jedoch auch bei relativ Alten ziemlich oft leichte Fälle. Dass endlich Complicationen die Prognose verschlimmern können, versteht sich von selbst und braucht nicht im Einzelnen ausgeführt zu werden.

Behandlung.

Es ist sehr begreiflich, dass bei der Unkenntniss über die Natur der Krankheit, bei der Vielgestaltigkeit dieser in ihrem wechselnden Verlaufe alle möglichen Arten der Behandlung empfohlen und für wirksam gehalten worden sind. Auch heute noch ist es schwer, über die einzelnen Mittel zu urtheilen, weil thatsächlich die Reactionsart der Kranken sehr verschieden ist und weil die Krankheit insoferne einen gutartigen Charakter zu besitzen scheint, als bei ihr in Wahrheit sehr viele Mittel in einem gewissen Grade günstig wirken. Man hat oft den Eindruck, als bedürften die Kranken nur überhaupt irgend einer Behandlung, die nicht gerade schädlich ist. Ob das davon abhängt, dass schliesslich mit jeder Behandlung eine gewisse Ruhe verknüpft ist und jeder vernünftige Rathschläge wegen der Lebensführung beigegeben zu werden pflegen, oder davon, dass die Basedow-Kranken der Suggestion besonders zugänglich sind, oder davon, dass wirklich sehr verschiedene Massregeln den Krankheitsprocess beeinflussen können, das ist schwer zu entscheiden. So viel ist sicher, dass trotz der Seltenheit wirklicher Heilungen die Basedow'sche Krankheit im Allgemeinen kein undankbarer Gegenstand der Behandlung ist.

Es kommt mir an dieser Stelle nicht darauf an, alle Mittel, die empfohlen worden sind, aufzuzählen. Ich will nur die besprechen, die sich mit Recht eines gewissen Vertrauens zu erfreuen erscheinen, oder doch, mit Recht oder Unrecht, oft angewendet werden. In neuerer Zeit hat die chirurgische Behandlung sehr an Bedeutung gewonnen. Immerhin pflegt die Mehrzahl der Kranken der Operation zu entgehen und wird in der Regel auch bei denen, die zur Operation geeignet sind, eine andere Behandlung vorausgeschickt. Es empfiehlt sich daher, zuerst die allgemeinärztliche und die innere Behandlung zu besprechen.

a) Allgemeine Maassregeln.

Ungemein wichtig ist es, den Basedow-Kranken Ruhe zu schaffen. Offenbar besteht im Körper das Bestreben, die schädlichen Stoffe zu über-

winden und auszuscheiden. Der Kraftvorrath aber ist beschränkt. Werden
die Lebenskräfte zum Theile dazu verwendet, äussere Arbeit zu leisten,
beziehungsweise die Einwirkungen der Aussenwelt zu bekämpfen, so wird
es in vielen Fällen dem inneren Feinde gegenüber an Kraft fehlen. Oft
sieht man Besserung eintreten, sobald die Berufsarbeit eingestellt wird.
Auf jeden Fall aber ist Ruhe oder doch Schonung die Grundlage für
weitere Erfolge. Man muss den Begriff der Arbeit nicht zu eng fassen.
Zu ihr gehören auch acute und chronische Gemüthsbewegungen und sogenannte Vergnügungen. Was der Arzt im einzelnen Falle anzuordnen
hat, das ergibt sich gewöhnlich aus den Umständen. Natürlich ist es
nicht dasselbe, ob Jemand etwa schwere Lasten zu bewegen, oder nur
am Schreibtische zu arbeiten hat, ob eine Frau arm ist, dabei für den Mann
und ein halbes Dutzend Kinder zu arbeiten hat, oder in behaglichen Verhältnissen mehr gepflegt wird als pflegt. Der Arzt muss sich nicht nur
um die Berufsverhältnisse kümmern, sondern auch zu erforschen suchen,
ob aus den Verhältnissen in Beruf und Familie peinliche Erregungen
entspringen, ob nachtheilige Gewohnheiten vorhanden sind. Kranke mit
acuten Erscheinungen gehören ins Bett. Wie weit die Bettbehandlung
auszudehnen ist, das lässt sich nicht im Allgemeinen entscheiden. Man
muss da auch mit individuellen Unterschieden rechnen; mancher fühlt
sich, wenn er nicht sehr krank ist, im Bette unglücklich und regt sich
auf, andere liegen sehr gerne einmal ein paar Wochen. Weiterhin wird
in einem Falle die Berufs- oder Hausarbeit ganz zu verbieten, im anderen
nur einzuschränken sein. Vielfach ist es empfehlenswerth, den Kranken
aus seinen bisherigen Verhältnissen herauszunehmen, in eine Heilanstalt,
in einen Curort, auf das Land zu bringen.

Besondere Erwähnung verdient das Gehen, beziehungsweise Steigen.
Es ist mir ein paarmal begegnet, dass Patienten von Erholungsreisen
verschlechtert zurückgekommen sind, und es ergab sich dann, dass sie in
den Bergen herumgestiegen waren. Zwar hat man in einigen Fällen von
sogenannten Oertel-Curen Erfolg gesehen und es mag sein, dass das
Steigen unter ärztlicher Aufsicht nicht immer schädlich ist, aber wenn
die Kranken sich selbst überlassen sind, thun sie des Guten oft zu viel
und ich pflege vor langen Spaziergängen, ganz besonders vor Bergpartien
stets zu warnen. Es kann sein, dass nicht selten auch der Aufenthalt
im »Höhenklima« solchen Kranken, die überhaupt laufen können, deshalb
nicht bekommt, weil sie zu viel herumsteigen. Tanzen ist auf jeden Fall
streng zu verbieten. Geschlechtliche Aufregung ist nach Kräften zu verhindern. Alles, was den Schlaf stören könnte, ist zu beseitigen.

Ueber die Ernährung der Basedow-Kranken kann man nur
sagen, dass man sie so gut wie möglich ernähren solle. Dagegen halte
ich es nicht für richtig, in jedem Falle überreichliche Kost zu verordnen.

Gewiss ist bei abgezehrten Kranken eine Art von Mastcur sehr passend, wenn sie die Nahrung resorbiren können. Zuweilen essen ja die Kranken von selbst auffallend viel, um ihre grossen Verluste auszugleichen. Man kann aber auch hier des Guten zu viel thun und muthet dem Körper unnöthige Arbeit zu, wenn man viel mehr einführt, als verbraucht werden kann. Im Allgemeinen ist eine einfache, vorwiegend vegetabilische Kost, die alle paar Stunden gereicht wird, am besten. Das »Oft-Essen« ist sehr wichtig. Milch und, was aus Milch entsteht, empfehle man neben anderer Kost; eine ausschliessliche Milchdiät ist ungenügend. Schematisiren ist vom Uebel, man probire dies und jenes und halte sich an die Aussagen der Waage: steigt das Körpergewicht, so ist man auf dem rechten Wege. Alkoholhaltige Getränke sind zu verbieten oder nur in ganz kleinen Mengen zu gestatten. Dasselbe gilt von Kaffee, Thee, Tabak, als Stoffen, die auf das Herz wirken. Immerhin wird schwacher Kaffee oder Thee am ehesten zu gestatten sein. Die Furcht vor kohlensäurehaltigen Wässern, »weil die Kohlensäure einen äusserst heftigen Reiz auf das Vasomotorencentrum ausübe«, ist wohl nicht begründet.

Ueber den Einfluss des Klimas ist allerhand geschrieben worden. Insbesondere hat die Erfahrung Stiller's, dass zwei Kranke in Curorten, die über 1000 m hoch liegen, gebessert wurden, die Aufmerksamkeit auf das Höhenklima gelenkt. Manche haben denn auch gute Erfolge gesehen, Anderen schien eine mittlere Höhe wohlthätig zu sein. Wir wissen über die Einwirkung des Klimas überhaupt blutwenig und das Meiste, was gelehrt wird, beruht wohl auf Einbildung. Es kommt auf den Versuch an. Ich habe einige Patienten in hochgelegene Curorte geschickt, doch kann ich nicht sagen, dass besondere Wirkungen eingetreten wären. Mir scheint, dass man an den verschiedensten Orten, in der Höhe und in der Tiefe gute Erfolge haben kann, wenn die Kranken im Curorte das finden, was sie brauchen: reine, frische Luft, Sonnenschein, bequeme Spaziergänge, Abwesenheit von Lärm und anderen Schädlichkeiten, landschaftliche und wirthschaftliche Annehmlichkeiten. Schlecht ist ein Ort, wo es keine guten, ebenen Wege gibt, wo das Wetter den Aufenthalt im Freien nicht erlaubt, wo es sehr heiss ist, wo die Nachtruhe gestört wird, wo es keine guten Betten und nur grobes Essen gibt. Die Hitze vertragen die Kranken gewöhnlich recht schlecht. Vielleicht spielen die kühlen Nächte des Hochgebirges eine Rolle bei der Wirkung des Höhenklimas. Ueber den Aufenthalt an der See sind die Autoren verschiedener Meinung, manche warnen davor, manche haben gute Erfolge gesehen. Der Aufenthalt an der Nordsee scheint manchmal nachtheilig zu sein, sei es, dass das Klima wirklich eine aufregende Wirkung habe, sei es, dass das Brausen der See die Kranken anfrege. Wahrscheinlich spielt dabei die individuelle Empfindlichkeit eine Rolle. Dagegen schien mir der Aufenthalt an der Ostsee unbedenklich und auch vortheilhaft zu sein. Ich möchte der See nicht Unrecht thun, im Zweifelsfalle aber rathe ich den Kranken lieber zu einem Curorte im Binnenlande, denn die Häufigkeit der Basedow'schen Krankheit scheint doch in den Küstenländern grösser zu sein als sonst. Gern berücksichtige ich auch die Neigung des Kranken selbst, denn es wird einem ein Aufenthalt gewöhnlich umso besser bekommen, je mehr er einem gefällt. Dem ist der Anblick der hohen Berge eine Herzensfreude, jener schwärmt für das deutsche Waldland und wieder einer ist nur an der See zufrieden. Die Mehrzahl der Patienten muss auf die grossen Reisen überhaupt verzichten. Doch ist ein einfacher Landaufenthalt auch nicht zu verachten und Manche haben von ihm ebensoviel Nutzen wie Andere von dem Curorte. Den Vortheil, dass die Schädlichkeiten der grossen Stadt, des Berufes, des Hauses aufhören, müssen wir so wie so immer zuerst in Rechnung bringen.

Bäder sind vielfach angewandt worden. Da man sonst bei Herzkranken oft gute Wirkung der kohlensäurehaltigen Soolbäder, besonders der Quellen von Nauheim beobachtet hat, liegt es nahe, die Nauheimer Cur auch bei Basedow-Kranken anzuwenden. In der That sollen die Kranken die Bäder dort gut vertragen. Ausserdem werden die kohlensäurehaltigen Eisenquellen empfohlen: Cudowa, Pyrmont, Schwalbach u. A. Auch die indifferenten Thermen haben Freunde gefunden. Hier wie anderwärts ist es leichter, zu sagen, was schädlich ist, als was wirklich nützlich ist. Heisse und sehr kalte Bäder sind zu vermeiden. Auch Bäder in der offenen See sind entschieden zu widerrathen; sie schaden gewiss nicht in jedem Falle, aber oft, und immer ist der Versuch bedenklich. Dagegen Bäder mittlerer Temperatur, die durch Kohlensäure oder durch ihren Salzgehalt einen Hautreiz ausüben, wirken vielfach beruhigend und wohlthätig anregend; sie dürften auch bei Basedow'scher Krankheit in der Regel nützlich sein. Darauf, welche Salze im Wasser sind, kommt es vielleicht nicht so sehr an.

Mineralwasser-Trinkcuren werden wohl wenig angewandt und ich kann mir auch nicht denken, dass sie gut sein sollten. Will man Eisen, Arsen, Brom anwenden, so kommt man durch Arznei doch sicherer zum Ziele als durch Mineralwässer. Besonders durch Stahlquellen verderben sich die Kranken oft den Magen. Stark abführende Quellen sind ganz unpassend. Natürlich werden unter Umständen Basedow-Kranke auch Trinkcuren ohne Schaden gebrauchen, werden sich, wenn die Umstände sonst günstig sind, dabei erholen.

Fast allgemeinen Beifalls erfreut sich die Hydrotherapie als »milde Wassercur«. Abwaschungen, Einwicklungen, Halbbäder, Sitzbäder, Vollbäder, Regendouchen u. s. w.; der eine empfiehlt diese Combination, der andere jene. Es kommt wohl nicht so sehr auf Einzelheiten

an, als darauf, dass der Reiz den individuellen Verhältnissen angepasst
werde und dass alle überstarken Reize (als wirklich kalte Bäder, Strahl-
douchen u. dgl.) vermieden werden. Die Wasser-, beziehungsweise Kälte-
behandlung kann auch gegen einzelne Symptome gerichtet werden. So
hat Renaut durch Kaltwasserbehandlung das Basedow-Fieber mit Erfolg
bekämpft. Ferner kann man gegen die Herzbeschwerden und das Arterienklopfen Herzflaschen, Eisbeutel, Kühlschläuche verwenden.

Schliesslich hat es auch nicht an Empfehlungen der Gymnastik
gefehlt. Besonders die Zander'schen Maschinen haben auch die Basedow'sche Krankheit in ihr Bereich gezogen. Werden sie recht vorsichtig
angewandt, so ist wohl nichts zu befürchten. F. Bryson hat auf Grund
der wunderlichen Vorstellung, dass Alles an der Athemschwäche liege,
einen durch Dampfkraft getriebenen Einathmer, beziehungsweise Brust-
erweiterer (wie ihn auch Zander liefert) empfohlen. Active Gymnastik
ist fast immer unpassend.

In Kürze kommt es also darauf an, dass man bei Basedow'scher
Krankheit Anstrengung und Aufregung vermeide, für ausreichenden Schlaf
sorge, durch reichliche, leichtverdauliche Kost in häufig wiederholten
Gaben die Ernährung fördere, schädliche Reizmittel (besonders Alkohol)
entferne, für reine, kühle Luft sorge. Diese Behandlung können gewisse
Bäder, kühlende Wasserapplicationen befördern.

b) Die elektrische Behandlung.

Schon früh ist die elektrische Behandlung bei der Basedow'schen
Krankheit angewendet worden. Benedict, v. Dusch, besonders aber
Chvostek haben sie wohl zuerst nachdrücklich empfohlen. Chvostek
benutzte den Batteriestrom und rieth zu folgender Anwendung: Galvani-
sation 1. des Sympathicus, Anode in der Incisura sterni, Kathode am
Kieferwinkel, 1 Minute; 2. des Rückenmarkes, Anode am 5. Brustwirbel,
Kathode im Nacken; 3. stabil quer durch die Processus mastoidei; schwache
Ströme; tägliche Sitzungen. Andere Autoren haben vielfach andere
Methoden angewandt, immer war die Hauptsache, dass schwache Ströme
durch die Halstheile hindurchgeführt wurden. Der grössten Beliebtheit
hat sich die sogenannte Sympathicusgalvanisation, die auch subaurale
Galvanisation genannt wird, erfreut. Bei ihr wird ein Pol hinter dem
aufsteigenden Kieferast aufgesetzt, der andere gewöhnlich im Nacken.
Manche setzten den einen Pol auf die Carotis, manche auf die Struma.
Andere behandelten auch die Augen und die Herzgegend. Als Strom-
stärke kann man nach dem absoluten Maasse etwa 3 Milliampère annehmen.
Die Meisten riethen zu täglichen oder 3mal wöchentlichen Sitzungen.
Cardew meinte, je häufiger, umso besser. Er wendete schwache Ströme

an, 6 Minuten, 2—3mal täglich (die Kranken besorgen die Ausführung selbst, führen die Kathode, während die Anode im Nacken steht, längs der grossen Gefässe des Halses). Fast alle Autoren, die die galvanische Behandlung angewendet haben, rühmen sie sehr. Manche betonen, dass sofort der Puls weicher werde und die Pulszahl sinke. Darauf möchte ich kein grosses Gewicht legen. Winternitz gibt an, er habe nach Zander'scher »Rippenerschütterung« den Puls um 20—30 Schläge abnehmen sehen. Es scheinen überhaupt verschiedene Einwirkungen die Pulszahl vorübergehend vermindern zu können. Wichtiger als die scheinbare Augenblickswirkung der Galvanisation ist, dass nach Angabe fast Aller bei einer durch Wochen und Monate fortgesetzten galvanischen Behandlung fortschreitende Besserung erzielt worden ist und oft überraschende Besserungen beobachtet worden sind.

Im Gegensatze zu der Mehrzahl der Aerzte hat R. Vigouroux die ausschliesslich faradische Behandlung empfohlen. Er will mit ihr in einer sehr grossen Zahl von Fällen fast stets rasch fortschreitende Besserung erzielt haben. Die Methode ist folgende: breite Anode im Nacken, kleine (1 cm²) Kathode zuerst auf den sogenannten Sympathicuspunkt, beiderseits je 1½ Minute, dann auf den motorischen Punkt des M. orbicul. palpebr., die Lider und die ganze Umgebung des Auges, dann etwas grössere Kathode auf Jugulum, Schilddrüse, Herzgegend; Dauer der ganzen Sitzung 10—12 Minuten; einen Tag um den andern durch Wochen und Monate. Später betonte Vigouroux, dass bei Faradisirung der Herzgegend (3. linker Intercostalraum) der positive Pol (4 cm-Platte) eines schwachen Stromes verwendet werden solle, während die Struma mit starkem Strome behandelt wird. Viele Nachfolger scheint Vigouroux nicht gefunden zu haben. Mehrere Autoren erklären, der faradische Strom habe nichts genützt.

Ausserdem sind die allgemeine Faradisation, die Verbindung von Galvanisation mit örtlicher oder allgemeiner Faradisation, das elektrische Bad, die statische Elektricität mit mehr oder minder grossem Erfolge von verschiedenen Autoren angewendet worden.

Ich selbst habe meist die Behandlung mit dem Batteriestrome ausgeführt, habe zwar nicht glänzende Ergebnisse erzielt, aber doch während der Behandlung fast immer Besserung eintreten sehen. Mit Vigouroux' Methode habe ich nur einige Versuche gemacht, auch hier schien die Behandlung nützlich zu sein, doch ist die Vergleichung verschiedener Fälle misslich, wenn nicht grössere Zahlen vorliegen.

Natürlich steht man vor der Frage, wie wirkt die Elektricität? Vermag etwa der Strom auf die Thätigkeit der Schilddrüse einzuwirken, oder sollte er die Nerven so kräftigen, dass sie trotz des Basedow-Giftes sich ermannen? Ist man einmal dahin gelangt, in den Heilerfolgen der Elektrotherapie zumeist Wirkungen der Suggestion zu sehen, so wird man

geneigt sein, auch bei der Basedow'schen Krankheit eine solche Täuschung
zu vermuthen. Es ist ja sicher, dass hier seelische Einwirkungen eine
grosse Rolle spielen. Gemüthsbewegungen rufen oft die schlummernde
Krankheit wach, verschlimmern die schon deutliche sichtlich. Seelische
Beruhigung und freudige Ereignisse sind zweifellos wohlthätig. Dass die
verschiedensten Mittel und Methoden nach den Berichten der Autoren
Nutzen gebracht haben, ist doch auch kaum anders zu erklären, als
dadurch, dass allen Eins gemeinsam war, nämlich der Glaube der Kranken.
Die Vertheidiger der Elektrotherapie pflegen einzuwerfen, dass nicht die
Elektricität überhaupt helfe, sondern nur eine bestimmte Weise der Anwendung, dass sie wohl verschiedene Methoden versucht hätten, dass sich
ihnen aber nur eine erfolgreich gezeigt habe. Das ist ja richtig, aber es
haben sich eben Verschiedenen verschiedene Methoden erfolgreich gezeigt
und die Methode, zu der der Arzt Vertrauen hat, erweist sich als ver-
trauenswerth. Die »verblüffenden« Erfolge Vigouroux' machen doch
recht bedenklich. Vigouroux meinte, die statische Elektricität helfe
nichts und bei Eulenburg half sie. Am besten würde wohl die Wirkung der Suggestion dadurch dargethan werden, dass man Basedow-
Kranke mit Suggestionen in Hypnose behandelte. Ich habe einige solche
Versuche gemacht und es schien mir wirklich eine Besserung, die der
bei elektrischer Behandlung ähnlich war, einzutreten. Kürzlich hat Herr
Dr. O. Vogt auf meinen Wunsch hin einen Basedow-Kranken mit
recht gutem Erfolge hypnotisch behandelt. Immerhin sind meine Erfahrungen noch ungenügend und ich möchte besonders die Aerzte, die die
hypnotische Behandlung als Specialität ausüben, bitten, ihre Aufmerksamkeit der Basedow'schen Krankheit zuzuwenden. Endlich liegen vereinzelte
Berichte vor über Heilungen durch bestimmte Arten der Wachsuggestion.
So erzählt Audry von einer Hysterischen mit Basedow'scher Krankheit,
die durch eine Scheinoperation geheilt wurde; Brandenburg citirt einen
Bericht Boissarie's über eine Heilung in Lourdes.

c) Arzneibehandlung.

In früheren Zeiten wandte man vielfach Eisen an, weil man die
Basedow'sche Krankheit für eine Art von Blutarmuth hielt. Sattler
meint, das Eisen sei bei den milderen Formen der Krankheit angezeigt,
auf der Höhe der Krankheit aber und bei schwereren Formen entschieden
contraindicirt, da es dann die Erregung steigere. Nach v. Graefe sollen
namentlich die Männer Eisenpräparate schlecht vertragen. Trousseau
hat das Eisen schlechtweg für schädlich erklärt. Ich sollte meinen,
Eisen wäre bei Basedow'scher Krankheit nur dann angezeigt, wenn die
Zeichen der Chlorose bestehen, wie denn nicht selten bei jungen Mädchen

Basedow-Symptome und Symptome der Chlorose zusammen vorkommen. Meist handelt es sich ja dabei um leichte Formen, aber diese können auch bei erwachsenen Weibern und bei Männern vorkommen, ohne dass doch hier das Eisen nützlich wäre. Die Heilwirkungen des Eisens ausserhalb der Chlorose sind ja überhaupt recht zweifelhaft.

Natürlich musste man bald auf den Gedanken kommen, die Herzstörung bei Basedow'scher Krankheit mit Digitalis zu bekämpfen. Sie ist in der That viel angewendet worden und merkwürdigerweise haben Einige sie sehr gelobt, während die Mehrzahl der Autoren ihre Nutzlosigkeit, ja unter Umständen Schädlichkeit erkannte. Besonders Trousseau hat die Digitalis, und zwar in grossen Dosen, warm empfohlen. v. Graefe wollte nichts von ihr wissen und die meisten Neueren sind der gleichen Ansicht. Kleine Mengen helfen in der Regel nichts, bei stärkeren Gaben treten die üblen Nebenwirkungen: Appetitlosigkeit, Uebelkeit, Erbrechen, leicht auf und bringen dem Kranken Schaden, ohne dass doch die Wirkung auf das Herz deutlich wäre. Immerhin scheint es Ausnahmen zu geben; besonders dann, wenn Herzschwäche, Dilatation und Asystolie besteht, scheint die Digitalis zuweilen vorübergehend nützlich zu sein. Man hat gemeint, die Erfolglosigkeit der Digitalis bei Basedow'scher Krankheit, als eines auf das Herz selbst wirkenden Mittels, thue dar, dass hier nicht das Herz selbst, sondern seine Nerven, beziehungsweise die Centra im verlängerten Marke erkrankt seien. Das trifft wohl nicht zu. Man kann doch die Herzstörung bei Basedow'scher Krankheit nicht der bei Endocarditis, Myocarditis, bei Nierenkrankheiten u. s. w. gleichstellen. Gewöhnlich, wenn wir die Digitalis anwenden, handelt es sich darum, dass das Herz den gegebenen Anforderungen nicht nachkommen kann, bei Basedow'scher Krankheit aber wirkt ein direct reizendes Gift auf das vorher nicht beschädigte Herz. Finden sich bei Basedow'scher Krankheit dieselben Verhältnisse vor, die sonst als Anzeige für Digitalis gelten, so wird auch deren gewöhnliche Wirkung eintreten.

Die Ersatzmittel der Digitalis, Strophanthus, Convallaria sind auch geprüft worden. Stiller fand Convallamarin nutzlos. Dagegen haben Ferguson und andere Amerikaner ein grosses Rühmen von der Strophanthustinctur gemacht. Gerade bei der Basedow'schen Krankheit hat es sich gezeigt, dass in Amerika das Eldorado der Apotheker sein muss, wenn man nach der Begeisterung der Aerzte für Medicamente schliessen soll. Auch bei der Strophanthustinctur ist nach verhältnissmässig kurzer Zeit Ernüchterung eingetreten. Sie wirkt gewöhnlich gar nicht, ist daher auch nicht gerade schädlich.

Da Jod Kröpfe verkleinert, bei Basedow'scher Krankheit ein Kropf vorhanden ist, war die Anwendung der verschiedenen Jodpräparate bei

Basedow'scher Krankheit unvermeidlich. Auch hier bildeten sich Parteien, Anhänger und Gegner des Jod. Aber während bei den meisten Mitteln, denen, die eine Besserung gesehen zu haben glauben, nur solche gegenüberstehen, die diese Besserung verneinen, stellte es sich bei dem Jod bald heraus, dass es bei Basedow'scher Krankheit recht oft eine direct schädliche Wirkung hat, die Symptome steigert. Zwar wird der Kropf etwas kleiner, aber das Herzklopfen nimmt zu und es tritt rasche Abmagerung mit Verfall ein, d. h. es entwickelt sich der von Rilliet als acuter Jodismus bezeichnete Zustand. Ist dies einmal festgestellt, so ist das Jod überhaupt nicht bei Basedow'scher Krankheit anzuwenden. Am entschiedensten ist vor seinem Gebrauche bei primärer Basedow'scher Krankheit zu warnen. Die guten Erfolge, von denen die Autoren berichten, sind wahrscheinlich bei secundärer Basedow'scher Krankheit erreicht worden und es wird sich vielfach wohl so verhalten, dass der alte Kropf durch das Jod verkleinert wurde, die Basedow-Symptome durch andere Einflüsse oder den Verlauf der Dinge an sich vermindert wurden. Wie es kommt, dass Jod bei Basedow'scher Krankheit nicht immer schadet, das können wir bis jetzt nicht sagen; es müssen eben verschiedene Verhältnisse zwischen der Basedow-Veränderung und den übrigen Veränderungen der Schilddrüse vorkommen. Die schädlichen Wirkungen sind zumeist beim Gebrauche des Jodkalium beobachtet worden. Oertliche Anwendung des Jod scheint weniger bedenklich zu sein. Wenigstens hat man von dem Bepinseln des Kropfes mit Jodtinctur keinen Nachtheil gesehen und hat Einspritzungen von Jodtinctur in den Kropf wiederholt mit gutem Erfolge vorgenommen. So haben Thyssen und Maude je einen Patienten (aus kropfiger Familie) mit Injectionen behandelt. Musehold und Buschan haben sich die Mühe gemacht, Jodkalium durch Kataphorese in den Kropf zu leiten. Die Einreibung einer Jodsalbe in der Umgebung der Augen, die v. Graefe und Andere anordneten, ist wohl hier so harmlos wie anderwärts.

Nun folgt eine grosse Reihe von Mitteln, die auf Grund irgend einer Theorie angewendet worden sind und deren Erfolge wohl auch wesentlich theoretische sind. Das altbewährte Chinin wird von Friedreich bei Basedow'scher Krankheit gelobt. Neuerdings hört man wenig mehr davon. Gauthier schloss daraus, dass das Antipyrin Neurosen heilt und die Basedow'sche Krankheit eine Neurose ist, auf den Nutzen des Antipyrins bei Basedow'scher Krankheit und in der That erhielt er »einen vollen Erfolg«. Die anderen Ersatzmittel des Chinin mögen wohl auch alle angewendet worden sein. Manche rühmen das salicylsaure Natron, Manche das Phenacetin u. s. f. Man könnte daran denken, dass diese Mittel vielleicht gegen die subjective oder die objective Wärmesteigerung sich nützlich erweisen könnten. Eine wunderliche Erfahrung

machte Fr. Müller. Bei einer Kranken, die zeitweise Fieber hatte, stieg
die vorher normale Temperatur nach 0·75 g Chinin. nur. auf 40⁰.

Von Ergotin, von Veratrin, von Arsen, von Aconit, von
Cannabis sativa, ja sogar von Amylnitrit, von Picrinsäure u. s. w.,
haben einzelne Autoren Gutes, einzelne Schlechtes, die Meisten glücklicherweise gar nichts berichtet. Ist schon dieses Probiren aller möglichen Arzneistoffe nicht zu einer eingehenden Kritik geeignet, so
hört jede Kritik auf, wenn so und so viel solcher Stoffe zugleich verordnet werden. Einer besonderen Beliebtheit erfreut sich in England die
Belladonna. Gowers, Mackenzie und Andere empfehlen sie als das
wirksamste Mittel bei Basedow'scher Krankheit. Vielleicht wirkt das
Mittel in England anders, in Deutschland scheint es gar keinen Erfolg
zu haben. Eines der neuesten Mittel ist phosphorsaures Natron
(2—10 g pro die, in Wasser gelöst). Th. Kocher erzählt, dass er und
Sahli durch das von Dr. Trachewsky »erfundene« Mittel Beseitigung
des Herzklopfens, Verminderung der Pulszahl, Wohlbefinden und guten
Schlaf erzielt haben. Der Erfinder habe angenommen, bei Basedow'scher
Krankheit bewirke eine Erkrankung der Oblongata die Struma, Semmola
habe phosphorsaures Natron gegen Diabetes empfohlen, Diabetes sei eine
Erkrankung der Oblongata — folglich u. s. w. Trotz dieser wunderlichen Ableitung entschloss ich mich, das Mittel zu versuchen, und zu
meinem Erstaunen waren die Kranken sehr zufrieden damit, schliefen
besser, wurden ruhiger. Einige meinten, das neue Mittel sei ihnen
lieber als das Brompulver.

Noch sind die Arzneien zu erwähnen, die nur als symptomatische
Mittel angewendet werden. Ganz besonders gilt es, die Unruhe, die
Schlaflosigkeit zu bekämpfen und da leisten die Bromsalze vortreffliche
Dienste. Ich wiederhole, was ich schon früher gesagt habe, dass mir
das Bromkalium unter allen Mitteln die besten Dienste bei Basedow'scher
Krankheit geleistet hat. Es unterstützt dadurch, dass es die Reizbarkeit
des Nervensystems vermindert, das Bestreben, dem Organismus Ruhe zu
schaffen, ein Bestreben, das mir die Hauptsache bei der ersten Behandlung
der Basedow'schen Krankheit zu sein scheint. Gewöhnlich begnüge ich
mich damit, Abends 2—3 g des Bromkalium in etwa 100 g Soda- oder
Selterswassers gelöst nehmen zu lassen, beziehungsweise Abends ein Glas
des sogenannten Bromwassers trinken zu lassen. Ist die Aufregung
gross, so kann man ausserdem nach dem Frühstücke und beim Mittag-
essen ein Glas Bromwasser nehmen lassen. Hat der Patient guten
Schlaf, sind aber am Tage die Beschwerden gross, so mag man nach
Bedarf die tägliche Dosis über die Tagesstunden vertheilen. Weniger
als 2 g und mehr als 5 g des Bromkalium täglich zu geben, möchte
nicht empfehlenswerth sein.

Neuerdings hat Revilliod gerathen, die Abmagerung direct durch grosse Gaben von Leberthran zu bekämpfen. Gelinge dies, so weiche die ganze Krankheit. Er glaubt wesentliche Besserung bei Basedow'scher Krankheit durch Clysmata von Leberthran erzielt zu haben. Vielleicht enthalte der Leberthran besondere Stoffe, die ihn zu einem Antidot des Thyroidins machen.

Bestehen Durchfälle, so hat man natürlich den Wunsch, sie zu bekämpfen, doch in der Regel helfen weder schleimige Mittel, noch Tannin, noch Opium, noch andere der gebräuchlichen Medicamente. Vielleicht ist es besser, den Durchfall, so lange keine Gefahr besteht, gewähren zu lassen, da es doch scheint, als ob durch ihn der Körper sich des Giftes entledigte. Wenn diese Auffassung richtig sein sollte, so wäre der Durchfall mehr eine Aufforderung, die Krankheit im Ganzen möglichst zu bekämpfen.

d) Behandlung mit Drüsenstoffen.

Besteht die Basedow'sche Krankheit in einer krankhaften Thätigkeit der Schilddrüse, so wird es Aufgabe des Arztes, entweder durch Einwirkung auf die Drüse der Vergiftung des Körpers entgegenzutreten, oder durch Einführung solcher Stoffe in den Körper, die die schädliche Einwirkung der Schilddrüsenstoffe aufheben, das gestörte Gleichgewicht wieder herzustellen. Die sogenannte Organtherapie, der der Gedanke, die Gesundheit hänge von der richtigen Einwirkung der Körpersäfte auf einander ab, zu Grunde liegt, ist eben aus den Erfahrungen mit der Schilddrüse erwachsen. Zweifellos ist die Heilung des Myxödems durch Schilddrüse einer der grössten Fortschritte der Medicin. Beim Myxödem fehlt die Schilddrüse, man gibt den Kranken die Bestandtheile thierischer Schilddrüsen ein und die Krankheit weicht. Von diesen Thatsachen aus muss auch ein Weg zur richtigen Behandlung der Basedow'schen Krankheit führen. Früher oder später werden wir ihn finden, aber jetzt scheint er noch unbekannt zu sein.

Bei der Schilddrüsenbehandlung des Myxödems bemerkte man bald, dass nach grösseren Gaben Symptome auftreten, die an die der Basedow-schen Krankheit erinnern. Murray und Andere sahen Beschleunigung des Pulses, Zittern, Kopfschmerz, Schwitzen, Fieber, Wallungen. An gesunden Menschen und an Thieren hat man bekanntlich ähnliche Erscheinungen durch die Schilddrüse oder die aus ihr bereiteten Stoffe hervorgerufen und man hat sie als Thyreoidismus bezeichnet. Es mag sein, dass, wie Lanz will, manche zum Thyreoidismus gerechneten Symptome durch Fäulnissgifte bewirkt worden sind, weil manche Präparate aus zersetzten Drüsen hergestellt worden sind, die vorhin angeführten

Symptome jedoch entstehen offenbar wirklich durch Thyroidin. Dass die Einführung von Schilddrüse Basedow-Symptome hervorruft, das entspricht vollkommen der Auffassung, nach der bei der Basedow'schen Krankheit eine gesteigerte Schilddrüsenthätigkeit besteht. Nach dieser ist von dem, was das Myxödem heilt, Verschlimmerung der Basedow-schen Krankheit zu erwarten. Die Meisten haben sich wohl durch diese Erwägungen von der Behandlung der Basedow'schen Krankheit mit Schilddrüsenpräparaten abhalten lassen und auch ich habe diese Behandlung nie gewagt. Nichtsdestoweniger liegt eine Reihe von solchen Versuchen vor. Manche Autoren berichten, die Schilddrüsenpräparate hätten gar keine Wirkung auf die Basedow'sche Krankheit ausgeübt, manche glauben Besserung beobachtet zu haben, die meisten aber beobachteten wirklich Verschlimmerung, Zunahme der Herzbeschwerden, Aufregung, Verfall der Kräfte, und waren genöthigt, die Behandlung wieder abzubrechen. Bei der Unzuverlässigkeit mancher Präparate ist auf die Versuche mit unbestimmtem Ergebnisse nicht viel Gewicht zu legen. Nur entschiedene Besserung oder Verschlechterung kommt in Betracht. Beispiele jener gibt es nicht viel. Vielleicht kann man eine Beobachtung J. Voisin's anziehen. Dieser gab einer 32jährigen Frau mit Basedow-scher Krankheit täglich 6—8 g Schafschilddrüse; nach 14 Tagen war eine beträchtliche Besserung eingetreten, der Puls war von 150 auf 100 gesunken, das Oedem der Füsse war verschwunden, Struma und Exophthalmus hatten abgenommen: die Behandlung wurde fortgesetzt und die Besserung hielt Stand. Solchen Fällen steht man bis jetzt ziemlich rathlos gegenüber. Wenn nicht die Schilddrüse erfolglos war und die Ruhe des Hospitals die Besserung bewirkte, so könnte man denken, dass in manchen Fällen die Zuführung gesunden Schilddrüsenstoffes der Wirkung des krankhaft veränderten, den der Patient selbst liefert, Abbruch thäte. Noch erstaunlicher schien eine Mittheilung D. Owen's zu sein. Dieser hatte einem 46jährigen Basedow-Kranken ¼ Schafschilddrüse täglich verordnet, die Frau des Patienten aber hatte aus Missverständniss ¼ Pfund täglich gegeben. Es traten Dyspepsie, Schwindel, Schlaflosigkeit, Oedem auf. Die Behandlung wurde unterbrochen und als sie dann nach Owen's Vorschrift ausgeführt wurde, besserte sich der Mann rasch; nach drei Monaten konnte er schwer arbeiten, an Stelle der Struma war eine Vertiefung getreten, der Puls war von 126 auf 76 gesunken. Die Mittheilung Owen's erregte Aufsehen, aber nach 1¼ Jahr machte der Autor eine zweite Mittheilung, wonach sein Patient überhaupt gar keine Schilddrüse bekommen hat, sondern Thymus! Kurze Anmerkungen über Besserung der Basedow'schen Krankheit durch Schilddrüsenpräparate liegen auch von Howitz, Lanz und einigen Anderen vor. Entschiedene Verschlimme-rungen sind auch nur einigemale berichtet worden. Z. B. nach Joffroy

bewirkte Schafschilddrüse bei einer Basedow-Kranken nach acht Tagen
grosse Aufregung, Dyspnoe und Asystolie, die für das Leben fürchten
liess. Auld. Nasse, Revilliod und Andere theilen einzelne Beobachtungen ähnlicher Art mit. Heinsheimer, der auf die Einzelheiten
nicht eingeht, gibt an, dass unter 17 Fällen von Schilddrüsenbehandlung
bei Basedow'scher Krankheit in zwölf jede Wirkung ausblieb, in vier
Verschlimmerung eintrat, in zwei Besserung (unter diesen zwei ist aber
Owen's Fall). Nach Heinsheimer's Tabelle handelt es sich um
Beobachtungen von Auld, Canter, Ewald, Goldscheider, Jeaffreson,
Leichtenstern, H. Mackenzie, D. Owen, J. J. Putnam, W. B.
Ransom. Die Mittheilungen dieser Autoren beschränken sich freilich
zum Theil auf kurze Bemerkungen. Man muss wohl Weiteres abwarten.

Wie bei D. Owen ein Irrthum, so war bei Anderen die Ueber-
legung, dass vielleicht die Thymus der Schilddrüse entgegenwirke,
Ursache der Behandlung der Basedow'schen Krankheit mit Thymus.
Mikulicz hat feingehackte Hammelthymus (10—25 g) dreimal wöchentlich
auf Brot gegeben und berichtet von guten Erfolgen. Bei einem
25jährigen Bildhauer, bei dem eine substernale Struma Angst und Athemnoth bewirkte, nahm zwar der Umfang des Kropfes nicht wesentlich
ab, aber der Zustand im Ganzen besserte sich so, dass der Kranke meinte,
er sei geheilt; bei einer 44jährigen Frau rief die Thymusfütterung einen
solchen Umschwung hervor, dass die beabsichtigte Operation unterblieb
und die Kranke, bei der sowohl die Druck- als die Basedow-Symptome
zurückgegangen waren, sich für erwerbsfähig hielt. Cunningham hat
ebenfalls gute Erfolge durch Fütterung mit roher oder leicht angebratener
Thymus erreicht. Er berichtet über drei Fälle. Bei dem Kranken Owen's
trat nach Unterbrechung der Behandlung ein Rückfall ein: Palpitationen,
erneute Schwellung der Schilddrüse, Hinfälligkeit und Anderes; erneute
Thymusfütterung hatte wieder vortreffliche Wirkung. Auch ich habe
mehreren Kranken leicht angebratene Kalbsthymus durch kürzere oder
längere Zeit verordnet. Ueber die Wirkung wage ich noch nicht ein
bestimmtes Urtheil zu fällen. Die Kranken wurden ja besser, aber nicht
rascher und nicht mehr, als es bei der gewöhnlichen Behandlung auch
zu geschehen pflegt. Nur einmal ging eine kleine Struma rasch zurück.
Wie viel Täuschung bereiten therapeutische Versuche! Erst später wird
man sagen können, wie viel Zufall, wie viel Suggestion, wie viel Thymus-
wirkung in den Erfolgen stecke.

Einen neuen Weg haben Ballet und Enriquez betreten. Sie
schliessen sich der Meinung an, dass im Körper ein giftiger Stoff entstehe, der durch den normalen Schilddrüsensaft unschädlich gemacht
wird. Ist nun der letztere in zu grosser Menge vorhanden, wie bei der
Basedow'schen Krankheit, so könnte man ihn durch Zuführung jenes

giftigen Stoffes neutralisiren. In der That haben Ballet und Enriquez neun Basedow-Kranken das Serum von Hunden, denen die Schilddrüse exstirpirt war, eingespritzt. Sie geben an, dass der Erfolg ihren Erwartungen entsprochen habe (Besserung des Befindens, Abnahme des Zitterns, des Exophthalmus und der Struma), doch liegen noch keine ausführlichen Mittheilungen vor und die Autoren selbst wollen bisher noch kein Urtheil über den Werth ihrer Methode aussprechen.

Sollten auch alle bisher eingeschlagenen Wege nicht zum Ziele führen, so ist doch das Bestreben nicht aufzugeben, denn offenbar ist die Marschrichtung die richtige und wenn es überhaupt eine chemische Therapie der Basedow'schen Krankheit gibt, so wird das Mittel ein Antidot des Basedow-Giftes sein.

e) Behandlung durch Operation.

Sattler führt an, dass Macnaughton ein Haarseil durch die Struma gezogen habe, dass Eulenburg erfolglos Galvanopunctur angewendet habe, und fährt fort: »Die Exstirpation des pulsirenden Kropfes, welche Tillaux mit glücklichem Erfolge ausgeführt hat, dürfte trotz des günstigen Einflusses . . . schwerlich Nachahmung finden.« Die Prophezeiung ist freilich nicht eingetroffen, denn wenn auch in den Achtzigerjahren nur Einzelne sich an die Operation des Basedow-Kropfes wagten, so liegen doch jetzt schon über 100 Beobachtungen vor. In Deutschland war Rehn der erste, er berichtete 1884 über vier Fälle, in denen er durch Exstirpation des Kropfes die Basedow'sche Krankheit geheilt habe. Doch war die Zeit noch nicht reif. Alle glaubten, die Struma sei ein Symptom der Basedow'schen Krankheit, und es schien absurd zu sein, durch Bekämpfung eines Symptomes die Krankheit beseitigen zu wollen. Wenn Operationen vorgenommen wurden, so geschah es vielfach, weil die Indicatio vitalis vorzuliegen schien, bei starken Athembeschwerden, oder weil besondere Verhältnisse bestanden, grössere Cysten u. dgl. Immerhin wurde mit der Zeit die Zahl der Fälle grösser und einzelne Berichte lauteten so günstig, dass man sich allmälig davon überzeugen musste, es sei etwas an der Heilung der Basedow'schen Krankheit durch Kropfoperation. In den letzten Jahren ist die Zahl der Fälle rapid angewachsen, manche Chirurgen haben ganze Reihen von Basedow-Operationen ausgeführt, so Krönlein, Kocher, Riedel, Mikulicz, Lemke und Andere. Doch sind neuerdings auch manche Bedenken laut geworden.

Zunächst muss man fragen: kann nach den bisherigen Erfahrungen die Kropfoperation bei Basedow'scher Krankheit als erfolgreich gelten? Eine ziemlich neue Statistik hat A. Heydenreich gegeben; er fand

unter 61 Fällen 50 Heilungen oder Besserungen, 4 Todesfälle, 2 Fälle
von Tetanie und 5 Misserfolge. Buschan fand unter 80 Fällen 31 Heilungen, 20 Besserungen, 6 Todesfälle, 16 Misserfolge, 7 Fälle mit
unbekanntem Ausgange. Gegen solche Zahlen wird der Einwurf erhoben,
dass es sich in der Mehrzahl der Fälle um ältere Kröpfe mit Basedow-
Symptomen gehandelt habe, dass in diesen Fällen der günstige Erfolg
erzielt worden sei, dass dagegen in den wenigen Fällen von echter
Basedow'scher Krankheit die Operation oft erfolglos gewesen sei. Es
ist ohne Weiteres zuzugeben, dass die Chirurgen viel häufiger der secundären als der primären Basedow'schen Krankheit gegenüber gestanden
haben. Je genauer man die Berichte prüft, umsomehr Fälle von secundärer
Basedow'scher Krankheit findet man und man sieht, dass zuweilen auch
da, wo primäre Basedow'sche Krankheit zu bestehen schien, die Operation
selbst ältere Kropfformationen nachwies. Es kann auch gar nicht anders
sein, denn die secundäre Krankheit ist überhaupt häufiger als die primäre,
bei jener kommen eher harte und grosse Kröpfe vor und ein Chirurg
wird sich leichter zur Operation entschliessen, wenn locale Indicationen
bestehen. Aber es liegt auch eine ganze Reihe von erfolgreichen Operationen bei primärer Basedow'scher Krankheit vor, so Fälle von Rehn,
Kümmell, Lemke, Poncet, Booth, Briner (Fall VI), Péan, Putnam,
Lücke und Anderen, eine Reihe, die allein schon genügen würde, den
Werth der Operation zu beweisen. Der ganze Einwurf wird hinfällig,
sobald man einsieht, dass eine grundsätzliche Verschiedenheit zwischen
der primären und der secundären Basedow'schen Krankheit gar nicht
besteht. Dass im Allgemeinen die Erfolge bei altem Kropfe besser sind,
als bei der primären Basedow'schen Krankheit ist sehr begreiflich, denn
die letztere ist eben von vorneherein prognostisch bedenklicher, bei ihr
sind acute, schwere Formen relativ häufig.

Ein zweiter Einwurf ist der, dass in Wirklichkeit die Heilungen
der Chirurgen nur Besserungen seien, dass somit durch die Operation
eigentlich nicht mehr geleistet werde, als durch andere Arten der
Behandlung.

Auch hier ist zuzugeben, dass das Wort Heilung zu oft gebraucht
worden ist, dass es sich gewöhnlich nur um eine Besserung gehandelt
hat, ferner, dass in einem Theile der Fälle die Dauer der Beobachtung
nicht genügt. Andererseits ist es sicher, dass eine an Heilung grenzende
Besserung der Operation folgen kann, dass oft die Besserung rascher und
gründlicher ist, als wir sie sonst beobachten, dass auch Fälle von jahrelangem Wohlbefinden beobachtet worden sind. Rehn berichtete 1894,
dass drei der von ihm 1884 beschriebenen operirten Kranken noch gesund
seien (der erste ist ihm entschwunden). Er theilte ferner folgende neue
Beobachtung mit. Bei einem Manne waren alle Zeichen der Base-

dow'schen Krankheit vorhanden. Der Exophthalmus war so arg, dass die
Augäpfel bei unvorsichtiger Berührung luxirt wurden; der Puls war
»excessiv« beschleunigt; es bestanden grosse Aufregung und Schlaflosigkeit; der Kranke hatte Angstanfälle und wollte sich aus dem Fenster
stürzen. Trotz des schlimmen Zustandes traten nach Resection der Schilddrüse Beruhigung des Pulses und Schlaf ein. Der Kranke erholte sich,
der Exophthalmus ging bis auf einen Rest zurück; Tremor, Angst, Hitzegefühl, Schwitzen verschwanden. »Der scheinbar verlorene Kranke ist heute
ein gesunder, arbeitsfähiger Mensch.« Briner untersuchte 1894 die von
Krönlein vor Jahren operirten Kranken und fand, dass die Besserung
standgehalten hatte. Alle Patienten sprachen mit grosser Freude und
Dankbarkeit von dem Erfolge der Operation und auch da, wo Reste der
Krankheit vorhanden waren, waren Arbeitsfähigkeit und Heiterkeit zu-
rückgekehrt. Auch Lemke's Patienten haben sich gut gehalten. Brandenburg hat die Geschichte von 12 länger als 1 Jahr nach der Operation
beobachteten Kranken in einer Tabelle zusammengestellt. Einmal ist »Rückfall« angegeben, 11mal dauernde Besserung; darunter sind 10 an Heilung
grenzende Besserungen. Sehr beachtenswerth ist auch das rasche Verschwinden mancher Beschwerden nach der Operation. Der von Rupprecht
operirte 33jährige Kranke, der seit 8 Jahren an Herzklopfen, seit 5 Jahren
an Struma, Exophthalmus, Erbrechen, Schweissausbrüchen, Schlaflosigkeit, Schwindel, Ohnmachten litt, fühlte sich nach der Operation »wie
erlöst«; vom Tage der Operation an war das Herzklopfen verschwunden,
der Kranke schlief ruhig, hatte weder Schwindel noch Ohnmachten.
Lemke entfernte bei einem 47jährigen Schuhmacher, der seit Jahren an
Abmagerung, Exophthalmus, schwirrender Struma, frequenter arrhythmischer
Herzthätigkeit und Oedem der Beine litt, die grössere Hälfte des Kropfes;
schon am 2. Tage hatte der Exophthalmus abgenommen und rasch besserte
sich der ganze Zustand, so dass der Kranke wieder arbeitsfähig wurde.
Bei einer 25jährigen Patientin Krönlein's (Briner, Fall V) verschwanden
Aufregung und Zittern nach wenigen Tagen, der Puls fiel von 140—160
auf 76—80. Gewöhnlich ist in den günstig ausgehenden Fällen der Verlauf so, dass zuerst die nervösen Beschwerden verschwinden (Aufregung,
Schlaflosigkeit, Zittern) und die Herzthätigkeit ruhiger wird, dass an die
erste, auffallend rasche Besserung sich eine Zeit langsamerer Besserung
anschliesst, während deren die Beruhigung fortschreitet, das Körpergewicht
wächst, der Exophthalmus abnimmt, eine Zeit, die sich über Wochen und
Monate erstreckt.

Nach alledem ist daran, dass die Kropfoperation bei Basedow-
Kranken erfolgreich ist, verständiger Weise nicht zu zweifeln. Freilich
hilft sie nicht in allen Fällen und der tödtliche Ausgang ist relativ häufig.
Eine Kropfoperation ist ja immer eine ernste Sache, aber es scheint doch,

dass bei gewöhnlichem Kropfe die Kunst des Chirurgen ziemlich zuverlässig
ist. Anders ist es bei der Basedow'schen Krankheit, denn hier besteht
nicht nur ein örtliches Uebel, sondern auch eine Vergiftung des ganzen
Körpers, durch die dieser mehr oder weniger hinfällig geworden ist, durch
die besonders das Herz geschwächt ist. Keine Technik, keine Asepsis
vermag Gewähr zu leisten, dass das Herz aushält. Dazu kommt, dass die
Resection offenbar eine besondere Gefahr mit sich bringt, nämlich eine
Ueberfluthung des Körpers mit dem Schilddrüsensafte, die eine acute
Gefahr darstellt. Bei der von Sickinger beschriebenen Kranken Lücke's
z. B. betrug während der Narkose der Puls 160, nachher 120. Eine
halbe Stunde nach der Resection des rechten Drüsenlappens trat zunehmende Athemnoth ein, 200 Pulse, starkes Rasseln über der Lunge,
besonders rechts, Unfähigkeit auszuhusten, Flüsterstimme, grosse Angst
und starker Durst; der besorgnisserregende Zustand hielt bis zum folgenden
Tage an und verlor sich nur allmälig. Solche Zufälle sind wiederholt
beobachtet worden. James J. Putnam berichtet über die Resection bei
einem 29jährigen Mädchen. Während der Operation schlug der Puls
180—200mal und die Kranke collabirte; nachher war viel Schleim im
Munde; in den nächsten Tagen Fieber (ohne Sepsis), Tachykardie, Athemnoth, Stimmlosigkeit, Erbrechen, grosse Schwäche, Delirien; dann erst
zunehmende Besserung. Hier sonderte die Wunde in den ersten Tagen
eine gelatinöse Masse reichlich ab, die mit Glycerin vermischt bei einer
Katze Erbrechen und Hinfälligkeit verursachte. Die sichtbare Absonderung
des Kropfes ist besonders bei der von Poncet erfundenen Exothyropexie
deutlich: der durch einen Hautschnitt blossgelegte und durch die Wunde
hervorgezogene Kropf »schwitzt« tagelang und am reichlichsten ist dieses
Schwitzen bei Basedow-Kröpfen. Poncet operirte auf seine Art eine
20jährige Patientin Brissaud's mit schwerer primärer Basedow'scher
Krankheit; als die Kranke nach der Operation in ihr Bett zurückgebracht
worden war, wurde sie höchst erregt, verwirrt, Tachykardie und Athemnoth wuchsen bedenklich; nach 7 Stunden etwa wurde die Kranke ruhig,
aber zugleich komatös und bald darnach starb sie, d. h. die Athmung hörte
auf, während das Herz noch eine Zeit lang mit ausserordentlicher Schnellig-
keit arbeitete. Mikulicz hat 2mal in den ersten 2 Tagen schwere
Störungen (Herzschwäche, Benommenheit, Athemnoth, »tracheales wie
laryngeales Oedem«) beobachtet. Er hat bei 11 Kranken operirt, alle
sind von der Operation genesen, 6 sind ganz geheilt (1—9½ Jahre),
4 wesentlich gebessert (2—12 Monate). Dagegen hat Kocher 3 Kranke
bei der Operation verloren, 1 gleich nach der Operation, 2 durch Embolie.
Rehn betont, dass nicht nur bei der Resection, sondern auch bei der
Arterienligatur der Tod eintreten kann, er hat mehrere solche Todesfälle
erlebt, der eine Kranke starb, obwohl die Operation gut verlaufen war,

am zweiten Tage beim Aufrichten im Bette, der andere einige Stunden nach der Operation, die dritte bekam während der Resection eine starke Blutung und beim Zuziehen des um die Geschwulst gelegten Schlauches trat der Tod ein, eine vierte Patientin starb nach einigen Tagen an Pneumonie. Strümpell sah zweimal den Tod rasch der Operation folgen. Todesfälle haben ferner (nach Buschan) Cohn, Frank, Schuchardt, Wolff bei der Operation erlebt.

Ueber die Frage, wann die Operation bei Basedow'scher Krankheit angezeigt sei, sind die Autoren verschiedener Meinung. Die Einen wollen sie nur bei lebensgefährlichen Druckerscheinungen ausgeführt wissen, Andere dehnen ihr Bereich weiter aus. Schlimm ist, dass da, wo rasche Hilfe am nöthigsten wäre, beim acuten Morbus Basedowii, die Operation am gefährlichsten ist. Auf jeden Fall soll man, sowohl bei der acuten Erkrankung als bei der Kachexie, die Operation nicht zu weit hinausschieben; in extremis zu operiren dürfte auf jeden Fall nicht rathsam sein. Es muss der Kranke noch einen gewissen Grad von Widerstandsfähigkeit besitzen. Andererseits wird man, solange es nicht schlecht geht, bei der nicht zu leugnenden Gefährlichkeit der Operation Bedenken tragen, zur Operation zuzureden. Als Regel wird man annehmen können, dass Basedow-Kranke zuerst der medicinischen Behandlung zu unterwerfen sind. Nur dann, wenn man frühzeitig erkennt, dass die Krankheit bösartig ist, kann man von vornherein die Operation für das Richtige halten. Ist aber die medicinische Behandlung erfolglos, so sollte man, ehe der Kranke kachektisch wird, ihm wenigstens sagen, dass die Operation möglicherweise hilft. Viel hängt von den Umständen ab. Die Reichen, die alle Methoden versuchen können, und die, die sich wenigstens schonen können, mögen vielleicht warten. Die aber, die harte Arbeit leisten müssen, werden mit einem Zwischenzustand zwischen Krankheit und Gesundheit nicht zufrieden sein können. Treten immer neue Rückfälle ein, oder kommen die Kranken nie zur vollen Leistungsfähigkeit, so werden sie sich gern der Operation unterziehen und die Gefahr, die ja nicht allzugross ist, mit in Kauf nehmen.

Welche Operation zu wählen sei, das hat natürlich der Chirurg zu entscheiden. In Frage kommen die Resection (oder die Ausschälung einzelner Knoten), die Ligatur von wenigstens drei Schilddrüsenarterien und Poncet's Exothyropexie. In Deutschland hat man bisher nur die ersteren Methoden ausgeübt, und zwar haben sich weitaus die Meisten der Resection bedient. Auf die nähere Erörterung der chirurgischen Angelegenheit ist an dieser Stelle nicht einzugehen.

Schliesslich kann man fragen, wie man sich den Erfolg der Operation bei Basedow'scher Krankheit zu erklären habe. Man hat gemeint, es sei doch sinnlos, zu erwarten, dass durch Wegschneiden eines Kropfstückes die Vergiftung des Körpers durch die Schilddrüsenproducte beseitigt werde. Die zurückbleibende Drüsenmasse werde nach wie vor das Gift hervorbringen. Nun handelt es sich aber doch um eine Frage der Quantität. Der Organismus kann vielleicht ganz gut eine bestimmte Menge des Giftes unschädlich machen, während er der doppelten Menge erliegt. Auch ist es möglich, dass die Basedow-Veränderung in der Drüse räumlich beschränkt sei und dass, wenn die vorwiegend betroffene rechte Hälfte der Drüse herausgeschnitten wird, die Basedow-Veränderung in der Hauptsache entfernt werde. Wichtiger scheint mir Folgendes zu sein. Es ist bei Kropfresectionen die Regel, dass das zurückgelassene Stück mit der Zeit schrumpft. So muss man wohl annehmen, dass nach Kropfresection auch bei Basedow'scher Krankheit regressive Veränderungen eintreten, die der Basedow-Veränderung direct entgegenwirken. Dem entspricht auch sehr gut der Verlauf nach der Operation: Die erste rasche Besserung ist Folge der plötzlichen Verminderung der Basedow-Veränderung, die in den folgenden Monaten langsam wachsende Besserung kommt der langsamen Schrumpfung des Strumarestes auf die Rechnung. Fehlt die secundäre Schrumpfung, so schreitet die Besserung nicht fort, der Erfolg der Operation ist mehr oder weniger ungenügend. Die auch nach Operationen vorkommenden Rückfälle zeigen ein erneutes Wuchern in der Drüse an, wie ja auch nach der Resection anderweiter Kröpfe der Strumarest wieder wachsen kann. Gelegentlich hat man auch Basedow'sche Krankheit erst nach Kropfresection eintreten sehen. Dass auch die Suggestion bei der Heilung der Basedow'schen Krankheit durch Operation eine Rolle spielt, ist gewiss, wenn auch ihr Antheil schwer zu begrenzen ist; dass sie aber allein in Betracht komme, wird schwerlich Jemand glauben.

Abgesehen von den Kropfoperationen sind noch einige chirurgische Eingriffe zu erwähnen. Einige Nasenärzte haben durch galvanokaustische Aetzung der geschwollenen Nasenschleimhaut Heilerfolge erzielt. Stark beseitigte bei einem 16jährigen Mädchen durch Nasenbrennen den seit frühester Kindheit bestehenden Exophthalmus und bald verschwanden auch die seit 6 Monaten bestehenden Herzerscheinungen und die Struma. B. Fränkel, Hopmann, Bobone, Surukhi haben ähnliche glückliche Erfahrungen gemacht. Da die meisten Basedow-Kranken ganz gesunde Nasen haben, wird man nicht oft in die Lage kommen, zu einem Eingriffe zu rathen. Findet sich aber eine Erkrankung der Nasenschleimhaut vor, so mag man immerhin einen Versuch mit dem Brennen machen.

v. Graefe hat gegen starken Exophthalmus die Tarsorhaphie empfohlen, nämlich da, wo die Augen in der Nacht offen bleiben, wo Hornhautnekrose droht, wo die Kranken durch Bindehautentzündungen gequält werden. Er meinte, die schlussfähigen Lider würden einen günstigen Einfluss auf die Rückbildung des Exophthalmus äussern. Ueber die Ausführung der Operation macht Sattler nähere Angaben. In der neueren Literatur findet man wenig Angaben über die Erfolge der Tarsorhaphie. Williams sah nach der Operation Vereiterung der vorher gesunden Hornhäute mit tödtlichem Ausgange. Schöler hat durch Tarsorhaphie Heilung von Hornhautgeschwüren erreicht, wie Liebrecht mittheilt. Jessop berichtet von partieller Tarsorhaphie wegen des sehr starken Exophthalmus; nach 4 Tagen traten Schwellung der Bindehaut und Nekrose der Hornhaut ein; beide Augen gingen zu Grunde. Er macht Angaben über die trübe Prognose der Hornhauterkrankung: Von 7 Basedow-kranken Männern mit jener starben 4, von 18 Weibern starben 2, 10 verloren beide Augen; in 3 Fällen von Tarsorhaphie bei Weibern trat 2mal Zerstörung beider Augen ein. Lawford, E. Nettleship u. A. haben in einzelnen Fällen mit gutem Erfolge operirt. In der Regel war vor der Operation die Hornhaut schon geschwürig.

Natürlich wird die Hornhauterkrankung, abgesehen von der Tarsorhaphie, nach ophthalmiatrischen Grundsätzen zu behandeln sein. Ist das Auge zerstört, so kann die Exstirpation in Frage kommen, die einigemale ausgeführt worden ist.

Später glaubte v. Graefe in der partiellen Tenotomie des M. levator palpebrae ein vollkommenes Mittel gegen das Klaffen der Lider gefunden zu haben.

Von verschiedenen Autoren wird bei starkem Exophthalmus ein milder Druckverband empfohlen.

Bibliographie.

(Die Citate sind zum Theile schlecht, doch konnte ich nicht alle verbessern, da es mir unmöglich war, alle Originalien einzusehen.

In den letzten Jahren habe ich alle mir erreichbaren Arbeiten über Basedow'sche Krankheit in Schmidt's Jahrbüchern besprochen, auf diese Referate verweist der Zusatz »Schmidt's Jahrbücher« zu den Citaten.)

Abadie, Ch., Considérations sur certaines formes frustes de goître exophth. L'Union méd. 157. 1880.

Abram, John Hill, Exophth. goitre. Lancet. Nov. 16, 1895.

Achard, Ch., siehe Joffroy.

Adair, C. J., Cases of exophth. goitre. Philad. med. and surg. Rep. p. 89. 1881.

Adelmann, Beitr. z. Pathol. des Herzens, der Schilddrüse und des Gehirns. Jahrb. d. phil.-med. Ges. zu Würzburg. I. 2. S. 104. 108. 1828.

Albrand, W., Ueber anomale Augenlidbewegungen. Deutsche med. Wochenschr. XIX. 13. 1893. Schmidt's Jahrb. 241. S. 137.

Alt, A., On Basedow's disease. Canada Lancet. p. 107. 1878.

Amy, G., Essai sur la maladie de Graves-Basedow. Thèse de Paris 1895. Schmidt's Jahrb. 248. S. 25.

Andrews, Exophth. goitre with insanity. Amer. Journ. of insanity. pag. 1. July 1870.

Andronico, Sul morbo di Basedow. Giorn. internaz. di sc. med. Napoli. p. 816. 1884.

Angiolella, G., Contributo allo studio del morbo di Basedow. Il Manicomio. Nr. 12. 1893. Schmidt's Jahrb. 242. S. 138.

Aran, De la cachexie exophth. Bull. de l'Acad. de Méd. XXII. Gaz. de Paris. Nr. 49. 1860. Arch. gén. de Méd. p. 106. 1861.

Aubry, Angine de poitrine, goître exophth. et hystérie chez un homme. Lyon méd. Janv. 2. 1889. Schmidt's Jahrb. 229. S. 137.

Audry, Sur le traitement du goître exophth. Bull. méd. p. 707. 1889.

Auld, A. G., On the effect of thyroid extract in exophth. goitre and in Psoriasis. Brit. med. Journ. July 7, 1894. Schmidt's Jahrb. 243. S. 141.

Baldwin, W. W., Some cases of Graves' disease, succeeded by thyroid atrophy. Lancet I. 3. 1895. Schmidt's Jahrb. 247. S. 25.

Ball, Leçon rec. par Liouville. Gaz. des Hôp. 107. 114. 1873.

Ball, B., Du goître exophth. L'Encéphale. VIII. p. 538. 1888. Schmidt's Jahrb. 223. S. 27.

Ballet, G., De quelques troubles dépendant du système nerveux central observés chez des malades atteints de goître exophth. Revue de Méd. III. p. 274. 1883.

Ballet, G., L'ophthalmoplégie externe et des paralysies des nerfs moteurs bulbaires dans leurs rapports avec le goître exophth. et l'hystérie. Revue de Méd. VIII. 5. p. 337, 7. p. 513. 1888. Schmidt's Jahrb. 220. S. 234.

Ballet, G., Rapport de l'ataxie locomotrice et du goître exophth. L'Union méd. Nr. 20. 1889. Schmidt's Jahrb. 223. S. 28.

Ballet, G., Des idées de persécution dans le goître exophth. Semaine méd. X. 10. 1890. Schmidt's Jahrb. 226. S. 77.

Ballet und Enriquez (Basedow-Symptome bei Hunden nach Einspritzung von Schilddrüsensaft). Semaine méd. XIV. 66. 1894. Schmidt's Jahrb. 245. S. 139.

Banks, Increased action of the heart and arteries of the neck with enlargement of the thyroid gland and prominence of the eyeballs; dropsy, effects of digitaline. Dublin hosp. gaz. Nr. 9. June 1855.

Barella, W., Ueber einseitigen Exophthalmus bei Morbus Basedowii. Diss. inaug. Berlin 1894. Schmidt's Jahrb. 243. S. 140.

Barié, Tabes et maladie de Basedow. Gaz. hebd. p. 107. 141. 1889.

Barlaro, Sul gozzo esoftalmico. Rif. med. VIII. p. 137. 1892.

Barnes, On exophth. goitre and allied neuroses. Brit. med. Journ. p. 1225. 1889.

Bartholow, R., Some practical observ. on exophth. goitre and its treatment. Chicago Journ. of nerv. and mental dis. p. 344. July 1875. New-York med. Rec. I. p. 364. 1875.

Bartlett, Exophthalmic goitre. Med. Ann. Albany. IV. p. 226. 1883.

Barwinski, Ueber die Basedow'sche Krankheit. Diss. inaug. Berolin. 1868.

v. Basedow, Exophthalmus durch Hypertrophie des Zellgewebes in der Augenhöhle. Wochenschr. f. d. ges. Heilk., herausgeg. von Dr. Casper. Nr. 13. 14. 1840.

v. Basedow, Die Glotzaugen. Casper's Wochenschr. Nr. 49. 1848.

Bathurst, L. W., A case of Graves' disease associated with idiopathic muscular atrophy. Lancet. II. 11. 1895. Schmidt's Jahrb. 248. S. 26.

Bauer, Ueber die Basedow'sche Krankheit. Diss. inaug. Berolin. 1867.

Baumblatt, Beitr. z. Lehre vom Morbus Basedowii. Aerztl. Intelligenzbl. 33. 1874.

Baumblatt, Zur Casuistik des Morbus Basedowii. Aerztl. Intelligenzbl. 17. 1879.

Bäumler, Ein Fall von Basedow'scher Krankheit. Deutsches Archiv f. klin. Med. IV. S. 595. 1868.

Bauwens, De l'jode et de l'ergotin d'Yvon dans le goître etc. Bull. de l'Acad. R. de Belge. XVIII. 2. 1884.

Beau, Sur le goître exophth. Gaz. hebd. p. 539. 1862. Gaz. de Paris. 34. 1862.

Becker, O., Ueber spontanen Arterienpuls in der Netzhaut, ein bisher nicht beachtetes Symptom des Morbus Basedowii. Wiener med. Wochenschr. 24. 25. 1873.

Becker, O., Der spontane Netzhautarterienpuls bei Morbus Basedowii. Klin. Monatsbl. f. Augenhk. XVIII. S. 1. 1880.

Béclère, Du thyroïdisme et de ses rapports avec la maladie de Basedow et l'hystérie. Journ. de Méd. de Bruxelles. LII. 48. 1894. Schmidt's Jahrb. 245. S. 139.

Begbie, J., Anemia and its consequence, Enlargement of the Thyroid gland. and Eyeballs etc. Edinburgh monthly Journ. of med. sc. IX. p. 495. Febr. 1849.

Begbie, J., Case of anemic palpitations; enlargement of the thyroid gland and eyeballs. Edinburgh med. and surg. Journ. LXXXII. 1855. Dublin hosp. gaz. Nr. 7. May 1885.

Begbie, Warburton, On vascular bronchocele and exophthalmos. Edinburgh med. Journ. IX. p. 198. Sept. 1863.

Begbie, W., On struma exophthalmica. Edinburgh med. Journ. p. 890. April 1868.

Begbie, W., Albuminuria in cases of vascular bronchocele and exophthalmos. Edinburgh med. Journ. April 1874.

Beigel, Exophth. goitre; in Syst. Med. (Reynolds). p. 368. London 1879.

Bénard, Contrib. à l'étude du goître exophth.; pathogénie et traitement. Thèse de Paris 1882.

Benedict, M., Ueber die Basedow'sche Krankheit. Aerztl. Zeitschr. f. prakt. Heilkd. 14. 1865.

Benedict, M., Ueber Morbus Basedowii. Wiener med. Presse. 52. 1869.

Benedict, M., Nervenpathologie und Elektrotherapie. II. 1. Leipzig 1876.

Beni Barde, Quelques considérations sur le goître exophth. Gaz. des Hôp. 52. 55. 57. 1874.

Benicke, Complication der Schwangerschaft und Geburt mit Morbus Basedowii. Zeitschr. f. Geburtsh. u. Gynäkol. S. 40. 1877.

Berger, E., Larmoiement et sécheresse de la conjonctive dans le goître exophth. Arch. d'Ophthalm. Févr. 1894. Schmidt's Jahrb. 247. S. 23.

Bertoye, H., Etude clinique sur la fièvre du goître exophth. et comparativement sur les fièvres spéciales à quelques autres névroses. Thèse de Lyon. Avril 1888. Schmidt's Jahrb. 219. S. 31.

Bienfait, A., Contrib. à l'étude de la pathogénie du goître exophth. Bull. de l'Acad. Belge. 1890. 8. La semaine méd. p. 267. 1890.

Bienfait, A., Etude sur la pathogénie de la maladie de Basedow. Extr. des Ann. de la Soc. méd.-chir. de Liège. 1895. Schmidt's Jahrb. 247. S. 22.

Biernawski, Du goître exophth. Thèse de Paris 1871.

Bigelow, Protrusion of the eyes in connection with anemia, palpitation and goitre. Boston med. and surg. Journ. p. 37. 1859/60.

Blackwood, The treatment of exophth. goitre by electricity. Philad. med. Times. p. 449. April 23, 1881.

Blake, E. T., Amylnitrite in exophth. goitre. Practitioner. CXI. p. 189. Sept. 1877.

Blocq, P., Du goître exophth. Gaz. hebd. XXXVII. 51. 1890. Schmidt's Jahrb. 229. S. 139.

Bobone, Sur le traitement opératoire de la maladie de Basedow. Ann. d'Oculist. 13. S. VI. 5 A. 6. p. 200. Nov.-Déc. 1886. Schmidt's Jahrb. 215. S. 67.

Boddaert, Note sur la pathogénie du goître exophth. Bull. de la soc. de méd. de Gand. Avril 5, 1870. Déc. 5, 1871.

Boddaert, Considérations sur la combinaison de l'hyperémie artérielle et de la congestion veineuse dans le goître exophth. Gaz. hebd. 41. 1875.

Boddaert, R., Recherches expérim. sur la production de l'exophthalmie et la pathogénie de l'oedème. Bull. de l'Acad. de Méd. de Belgique. p. 690. 1891. Schmidt's Jahrb. 234. S. 134.

Boedecker, J., Casuistischer Beitrag zur Kenntniss des Irreseins bei Basedow-scher Krankheit. Charité-Annalen. XIV. p. 454. 1889. Schmidt's Jahrb. 226. S. 77.

Boeteau, L., Des troubles psychiques dans le goître exophth. Thèse de Paris 1892. Schmidt's Jahrb. 236. S. 17.

Bogrow, A., Zur Frage nach der physiologischen Bedeutung der Schilddrüse und ihrer Rolle in der Pathologie und Therapie der Basedow'schen Krankheit. Diss. inaug. St. Petersburg 1895. Neurol. Centralbl. XIV. 13. S. 595. 1895. Schmidt's Jahrb. 248. S. 24.

Bonne, Ch., Examen par la méthode de Golgi des nerfs intra-thyroidiens éans un cas de goître exophth. Revue neurol. III. 18. 1895.

Böttger, Fall von Basedow'scher Krankheit mit Irrsinn. Allg. Zeitschr. für Psych. S. 338. 1876.

Boinet, E., et Silbert, Des ptomaines urinaires dans le goître exophth. Revue de Méd. XII. 1. p. 33. 1892. Schmidt's Jahrb. 234. S. 133. 233. S. 26.

Boinet et Bourdillon, Quelques phénomènes peu communs dans la maladie de Graves. Semaine méd. XI. 47. 1891. Schmidt's Jahrb. 233. S. 24.

Bonne, Ch., Examen par la méthode de Golgi des nerfs intra-thyroïdiens dans un cas de goître exophth. Revue neurol. III. 18. 1895.

Booth, A. J., A brief review of the thyreoid theory in Graves' disease. Journ. of nerv. and ment. dis. XXI. 8. p. 486. 1894. Schmidt's Jahrb. 245. S. 138.

Booth, Arthur, A case of exophth. goitre; thyroidectomy. Journ. of nerv. and ment. dis. XXI. 4. p. 258. 1894. Schmidt's Jahrb. 243. S. 141.

Bootz, Ueber die Basedow'sche Krankheit. Diss. inaug. Würzburg 1887.

Bordier, H., Contribution au traitement du goître exophth. Arch. d'électr. méd. Oct. 15, 1894. Schmidt's Jahrb. 248. S. 26.

Bosisio, Intorno ad un caso di cachexia esoftalmica. Ann. univers. d. Med. Febbr. e Marzo 1862.

Botkine, La maladie de Basedow ou de Graves. Arch. slav. de biolog. I. p. 623. II. p. 243. 1886.

Bottini, L'estirpazione del gozzo nel morbo del Basedow. Clin. chir. 1893. Schmidt's Jahrb. 240. S. 149.

Bowen, A case of Basedow's disease. Proc. of the Connectic. med. Soc. p. 34. Hartford 1876.

Bower, Exophthalmic goitre. New York med. Rec. Oct. 13, 1888.

Bradshaw, T. R., Case of Graves' disease complicated by hemiplegia and unilateral chorea. Brit. med. Journ. p. 1384. June 27, 1891. Schmidt's Jahrb. 233. S. 24.

Bramwell, Byrom, The symptoms of myxoedema and exophth. goitre contrasted. Transact. of the med.-chir. Soc. of Edinburgh. N. S. X. p. 126. 1891. Schmidt's Jahrb. 233. S. 26.

Brandenburg, G., Die Basedow'sche Krankheit. B. Konegen. kl. 8. 136 S. Mk. 3·60. Leipzig 1894. Schmidt's Jahrb. 244. S. 130.

Briner, O., Ueber die operative Behandlung der Basedow'schen Krankheit durch Strumektomie. Beitr. z. klin. Chir. XII. 3. S. 704. 1894. Schmidt's Jahrb. 245. S. 136.

Brissaud, E., Exothyropexie. Leçons sur les mal. nerv. p. 582. Paris 1895. Schmidt's Jahrb. 245. S. 139.

Brissaud, E., Nature et traitement du goître exophth. Leçons sur les mal. nerv. p. 596. Paris 1895. Schmidt's Jahrb. 245. S. 139.

Brissaud, E., Glande thyroïde et maladie de Basedow. Arch. clin. de Bordeaux. IV, 7. 1895. Schmidt's Jahrb. 248. S. 22.

Bristowe, Case of ophthalmoplegia complicated with various other affections of the nervous system. Brain. p. 313. 1886. Schmidt's Jahrb. 216. S. 50.

Brock, Goître exophth. Mercredi méd. p. 141. 1891.

Brochin, Cachexie exophth. dans ses rapports avec les affections utérines. Gaz. des Hôp. 8. 1878.

Brown, Du strophanthus contre le goître exophth. Gaz. hebd. p. 294. 1889.

Brück, Zur Pathol. des Hydrops oculi. Ammon's Zeitschr. f. Ophthalm. IV. 3 u. 4. S. 460. 1835.

Brück, Buphthalmus hystericus. Wochenschr. f. d. ges. Heilk., herausgeg. von Dr. Casper. Nr. 28. 1840.

Brück. Rückblick auf die drei letztverflossenen Saisons in Driburg. Casper's Wochenschr. Nr. 18. 1848.

Brück, Klinische Beobachtungen und Bemerkungen aus Bad Driburg. Deutsche Klinik. Nr. 21. S. 207. 1862.

Bruen, A case of Graves' disease. Philad. med. and surg Rep. p. 516. 1884.

Bruhl, J., Des rapports du goître simple avec la maladie de Basedow; des faux goîtres exophthalmiques. Gaz. des Hôp. LXIV. 74. 76. 1891. Schmidt's Jahrb. 233. S. 25.

Brunet, H., Dégénérescence mentale et goître exophth. Thèse de Paris 1893. Schmidt's Jahrb. 242. S. 138.

Bruns, L., Ueber das Graefe'sche Symptom bei Morbus Basedowii. Neurol. Centralbl. XI. 1. 1892. X. 11. 1891. Schmidt's Jahrb. 234. S. 131. 233. S. 24.

Brunton, T. Lauder, Cases of exophth. goitre. St. Bartholomew's Hosp. Rep. X. 1874.

Bucquet, A., Goître exophth. et grossesse. Thèse de Paris 1895. Schmidt's Jahrb. 248. S. 25.

Budde, V., Morbus Basedowii kompliceret med Diabetes mellitus. Ugeskr. f. läger. 4. R. XXII. 4. 5. 1890. Schmidt's Jahrb. 230. S. 135.

Bugnon, Du goître exophth. Thèse de Montpellier 1885.

Bulkley, L. D, Two cases of exophth. goitre with chronic urticaria. Chicago Journ. of nerv and mental dis. p. 513. Oct. 1875.

Bull, En Raekke Tilfaelde af Morbus Basedowii med nogle fragment. Bemärkninger om denne sygdom. Norsk. Mag. f. Lägevid. p. 137. 1880.

Bundy, On possibly two cases of Graves' disease. Boston med. and surg. Journ. p. 27. 1888.

Burr, Exophth. goitre. Philad. Polyclinic. Febr. 25, 1893.

Burton, Pigmentation and other cutaneous affections in Graves' disease. Lancet. II. p. 573. 1888.

Buschan, G., Die Basedow'sche Krankheit. Von der Berliner Hufeland-Gesellschaft preisgekr. Arbeit. Fr. Deuticke. gr. 8. 184 S. Mk. 5. Wien u. Leipzig 1894. Schmidt's Jahrb. 243. S. 139.

Buschan, G., Kritik der modernen Theorien über die Pathogenese der Basedowschen Krankheit. Wiener med. Wochenschr. XLIV. 51. 52. 1894. XLV. 1. 1895. Schmidt's Jahrb. 245. S. 135.

Buschan, G., Ueber die Diagnose und Therapie des Morbus Basedowii. Deutsche med. Wochenschr. XXI. 21. 1895. Schmidt's Jahrb. 247. S. 24.

Busey, A case of exophth. goitre successfully treated with sulfuric acid and strophanthus. Journ. of Amer. assoc. Dec. 7, 1889.

Cabezas, El bocio exoftalmico. Rev. med. de Chile. IX. p. 295. 321. 353. 1880/81.

Cadiot, Graves' or Basedow's disease in animals. Lancet. II. p. 427. 1892.

Caird, A case of excision of exophth. goitre. Transact. of the med.-chir. Soc. of Edinburgh. Nr. 5. X. p. 213. 1891. Schmidt's Jahrb. 233. S. 26.

Cane, Connexion of exophth. goitre with mania. Lancet. II. p. 798. 1877.

Canter, Ch., Myxoedème et goître exophth. Extr. des Ann. de la soc. méd.-chir. de Liège 1894. Schmidt's Jahrb. 243. S. 140.

Canter, Ch., Contribution à l'étude des fonctions de la glande thyroïde; pathogénie de la maladie de Basedow. Extr. des Ann. de la soc. méd.-chir. de Liège. 1895. Schmidt's Jahrb. 247. S. 22.

Cantilena, Sugli utili effeti della tintura alcoh. di belladonna in gozzo esoftalmico. Giorn. venet. di sc. med. p. 218. 1879.

Cantilena, Sull' eredità del gozzo esoftalmico. Lo Speriment. Marzo 1884.

Cardew, H. W. D., The practical electro-therapeutics of Graves' disease. Lancet. II. 1. 2. 1891. Schmidt's Jahrb. 233. S. 27.

Cardew, H. W. D., The value of diminished electrical resistance of the human body as a symptom in Graves' disease. Lancet. I. 9. 1891. Schmidt's Jahrb. 230. S. 135.

Cardew (Galvanische Behandlung des Morbus Basedowii). Lancet. I. 19. p. 1029. 1892. Schmidt's Jahrb. 236. S. 19.

Castan, Coexistence de l'hystérie mâle et du goître exophth. Thèse de Montpellier 1891.

Cathelineau, siehe Gilles de la Tourette.

Caudessaignes, De la maladie de Basedow. Thèse de Paris 1872.

Cazal, Du goître exophth. avec tremblement et atrophie musculaire généralisée. Gaz. hebd. 21. 1885.

Cerf, Levy, De la cachexie exophth. ou maladie de Basedow. Thèse de Strasbourg 1861.

Chalubiński, Choroba Basedowa'a. Gaz. lek. Warszawa. I. p. 209. 1866.

Chamberlain, Fr., De la maladie de Basedow et en particulier de sa pathogénie. H. Jouve. gr. 8. 134. Mk. 3·60. Paris 1894. Schmidt's Jahrb. 243. S. 139.

Charcot, J. M., Mémoire sur une affection caractérisée par des palpitations du coeur et des artères, la tuméfaction de la glande thyroïde et une double exophthalmie. Gaz. de Paris. 38. 39. 1856. 14. 1857. Gaz. des Hôp. 117. 1856. Arch. gén. de Méd. Déc. 18 6.

Charcot, J. M, Sur la maladie de Basedow. Gaz. hebd. 44. 1859.

Charcot, J. M, Nouveau cas de maladie de Basedow. Heureuse influence d'une grossesse survenue pendant le cours de la maladie. Gaz. hebd. 36. 1862. Bull. gén. de Thérap. Oct. 15, 1862.

Charcot, J. M., Des formes frustes de la maladie de Basedow. Gaz. des Hôp. 13. 15. 1885.

Charcot, J. M, Les formes frustes du goître exophth. Gaz. des Hôp. LXII. 34. 1889. Schmidt's Jahrb. 223. S. 26.

Charcot, J. M., Leçons du Mardi. Schmidt's Jahrb. 229. S. 136.

Cheadle, Exophth. goitre. Lancet. June 19, 1869. St. George's Hosp. Rep. IV. p. 174.

Cheadle, Exophth. goitre. St. George's Hosp. Rep. VII. p. 81. 1875. IX. p. 797. 1879.

Cheadle, Exophth. goitre. Brit. med. Journ. p. 19. Jan. 4, 1890. Schmidt's Jahrb. 229. S. 138.

Chevalier, Contribution à l'étude des troubles de la motilité et de la pathogénie du goître exophth. Thèse de Montpellier 1891.

Chevallié, Goître exophth.; accidents aigus ataxiques avec parésie des membres inférieurs et intermittence du coeur. France méd. XXVIII. p. 431. 1881.

Chibret (Empfehlung des salicylsauren Natron bei Basedow'scher Krankheit). Revue gén. d'Ophthalm. Wiener klin. Rundschau. IX. 33. 1895. Schmidt's Jahrb. 248. S. 26.

Chisolm, Exophth. goitre. Philad. med. Times. Oct. 15, 1870.

Chorea, hereditäre, bei Morbus Basedowii. Amer. Lancet. Aug. 1891. Schmidt's Jahrb. 238. S. 23.

Churton, T., The use of exalgine in Graves' disease. Lancet. I. 22. 1892. Schmidt's Jahrb. 236. S. 19.

Chvostek, Fr., Morbus Basedowii. Wiener med. Presse. 19. 21. 22. 24. 25. 28. 39. 40. 46. 1869.

Chvostek, Fr., Weitere Beiträge zur Pathologie und Elektrotherapie der Basedow'schen Krankheit. Wiener med. Presse. 41. 42. 44. 46. 51. 52. 1871. 23. 27. 32. 39. 41. 43. 44. 45. 46. 1872. 38. 39. 40. 42. 1875. Wiener allg. militärärztl. Zeitung. 21. 22. 1874.

Chvostek, F., Ueber alimentäre Glykosurie bei Morbus Basedowii. Wiener klin. Wochenschr. V. 17. 18. 22. 1892. Schmidt's Jahrb. 236. S. 18.

Chvostek, F., Symptome von Morbus Basedowii bei Chlorose. Wiener klin. Wochenschr. VI. 42. 45. 1893. Schmidt's Jahrb. 241. S. 137.

Clarke, Acute Graves' disease. Bristol med.-chir. Journ. 15. 1887.

Clay, Leucoderma assoc. with Graves' disease. Brit. med. Journ. Sept. 17, 1887.

Clifford-Allbutt, Last days of a case of Graves' disease. Lancet. I. April 16, 1887.

Cohen, E., Ueber Aetiologie und Pathologie des Morbus Basedowii. Diss. inaug. Berlin 1893. Schmidt's Jahrb. 240. S. 147.

Cohn, H., Messungen der Prominenz der Augen etc. Klin. Monatsbl. f. Augenhk. S. 339. 1867.

Coletti, Ancora sul gozzo esoftalmico. Gaz. med. ital. di prov. venet. Padova. VII. 17. 1864.

Collard, Goitre exophth. ou névrose congestive du grand sympathique. Revue méd. 1863. II. 646. [?]

Colley (Morbus Basedowii nach Influenza). Deutsche med. Wochenschr. XVI. 35. S. 793. 50. S. 1156. 1890. Schmidt's Jahrb. 229. S. 138.

Collins, On the relation of insanity to exophth. goitre. Lancet. I. 68. 1887.

Cooper, On protrusion of the eyes in connexion with anaemia, palpitations and goitre. Lancet. I. p. 551. 1849.

Cordell, Exophth. goitre. Maryland med. Journ. Oct. 10, 1891.

Corlieu, Du goître exophth. ou névrose thyro-exophth. Gaz. des Hôp. 125. 1863.

Cornwell, A case of Basedow's disease terminating in total loss of sight from inflammation of the cornea. Amer. Journ. of med. sc. p. 399. 1880.

Costa, Breves consideraciones sobre un caso di bocio exoftalmico. Corrisp. med. XV. p. 214. Madrid 1880.

Craig, James, An unusual case of Graves' disease. Dubl. Journ. 3. S. CCLXX. p. 508. June 1894. Schmidt's Jahrb. 243. S. 140.

Cron, Morbus Basedowii mit Vitiligo im Kindesalter. Archiv für Kinderhk. IV. 1882.

Cros, Hypertrophie du corps thyroïde accomp. de névropathie du coeur et d'exophthalmie. Gaz. hebd. p. 547. 1862.

Da Costa, J. M., Exophth. goitre. Philad. med. and surg. Rep. p. 211. 1879.

Da Costa, J. M., A case of Graves' disease. Boston med. and surg. Journ. p. 337. 1880.

Da Costa, J. M., Four cases of exophth. goitre. Philad. med. News. LX. 15. 1892. Schmidt's Jahrb. 236. S. 19.

Cunningham, R. H., The administration of thymus in exophth. goitre. New York med. Rec. XLVII. 24. 1895. Schmidt's Jahrb. 248. S. 26.

D'Ancona, Nap., Caso di gozzo esoftalmico guarito colla galvanisatione del simpatico al collo. Gazz. med. ital. 1877.

Danion, Electrothérapie dans la maladie de Basedow. Bull. méd. p. 1481. 1888.

Daubresse, Du goitre exophth. chez l'homme. Thèse de Paris 1883.

Dauscher, Ein hochgradiger Fall von Morbus Basedowii. Wiener med. Presse. 7. 1889.

Davies, Graves' disease. Lancet. II. p. 1334. 1890.

Daviller, Considér. physiol. sur la nature du goitre exophth. Thèse de Paris 1873.

Dawson, Exophth. goitre. Cincinnati med. Rep. I. p. 101. 1868.

Dawson, Electrotherapeutics. Lancet. II. 11. 1891.

Day, Exophth. goitre. Lancet. Sept. 23 and 30, 1876.

Debove, Note sur les accès d'asystolie survenant dans le cours du goitre exophth. L'Union méd. p. 1013. 1880.

Debove, Hystérie et goître exophth. observés chez l'homme. Gaz. hebdom. p. 569. 1887.

Dechambre, De la maladie de Basedow. Gaz. hebdom. VII. p. 834. 1860.

Delasiauve, Sur les phénomènes nerveux du goître exophth. Soc. méd. des hôp. Gaz. hebdom. p. 820. 1874.

Delasiauve, Gaz. des hôp. p. 1157. 1874.

Demarquay, Cachexie exophthalmique. Mon. des sc. Nr. 55—57. 1860. Traité des tumeurs de l'orbite. III. p. 157. Paris 1860.

Demarres, De l'exophthalmos produit par l'hypertrophie du tissu cellulo-adipeux de l'orbite. Gaz. des hôp. 1853, Nr. 1. Traité des maladies des yeux. 2 éd. I. p. 210.

Demme, R., Klin. Mittheilungen aus dem Gebiete der Kinderheilkunde. p. 81. Bern 1891. Schmidt's Jahrb. 234. S. 133.

Demours, Traité des mal. des yeux. Paris 1818. I. et Précis théorique et pratique sur les mal. des yeux. Paris 1821.

Dennetières, Goitre exophth. et oedème de la glotte etc. Journ. des sc. méd. de Lille. 27. Oct. 1889.

Denny, Exophth. goitre with acute hypertrophy; death. Nordwestern Lancet. Nov. 15, 1885.

Descroizilles, Contrib. à l'étude de la maladie de Graves. Thèse de Paris. 1887.

Desnos, Sur le traitement du goître exophth. par injections subcutanées de duboisin. Bull. de Thérap. p. 59. 1881.

Determeyer, H., Ueber einen operativ behandelten Fall von Morbus Basedowii. Deutsche med. Wochenschr. XIX. 11. 1893. Schmidt's Jahrb. 240. S. 150.

Dianoux, Des troubles visuels dans le goitre exophth. Ann. d'Oculiste. p. 168. 1884. C. r. du Congrès internat. de Copenhague. III. 1886.

Dieulafoy, Nouveau traitement du goître exophth. Lyon méd. 22. 1892.

Dieulafoy, Maladie de Basedow, oedème considérable des membres inférieurs. Paris méd. Juillet 13, 1889.

Dill, J. G., On paroxysmal tachycardia and its relations to Graves' disease. Lancet. I. 5. 1893. Schmidt's Jahrb. 238. S. 22.

Discussion sur le goitre exophth. Bull. de l'Acad. de Méd. de Paris. XXVII. p. 1041 ss. 1862. (Trousseau, Hiffelsheim, Piorry, Beau, Bouillaud, Cros.) S. a. Gaz. de Paris. Nr. 29 ss. Gaz. hebdom. 30 ss.

Discussion in Ophthalmological Society of London. Lancet. I. p. 923. 1886.

Discussion sur »corps thyroïde et maladie de Basedow« de l'assoc. des neurologists français à Bordeaux. Semaine méd. XV. 39. 1895. Schmidt's Jahrb. 248. S. 22.

Ditisheim, M., Ueber Morbus Basedowii. Züricher Diss. inaug. Basel 1895.

Dobell, Cases of exophth. goitre. Brit. med. Journ. March 1, 1873.

Domanski, Morbus Basedowii. Przeglad lekarski. Nr. 2, 3, 12, 49. 1873.

Dormelan, P. S., Exophthalmos [Graves' disease] without thyroid enlargement. Med. News. LVII. 10. 1895. Schmidt's Jahrb. 248. S. 26.

Douglas, Exophth. goitre. Guy's Hosp. Rep. IV. 28. 1870.

Douglas, G. C., Exophth. goitre. New York med. Rec. Sept. 20, 1879.

Draper, The treatment of Graves' disease. Lancet. II. p. 240. 1891.

Dreesmann, H., Die chirurg. Behandl. des Morbus Basedowii. Deutsche med. Wochenschr. XVIII. 5. 1892. Schmidt's Jahrb. 234. S. 135.

Dressler, Ueber Basedow'sche Krankheit. Prager med. Wchnschr. 3, 4. 1865.

Dreyfus-Brissac, Des troubles de la motilité au cours du goître exophth. Gaz. hebdom. p. 271. 1885.

Drummond, D., On some of the symptoms of Graves' disease. Brit. med. Journ. May 14, 1887. Schmidt's Jahrb. 215. S. 26.

Dubrueil, Goître kystique; maladie de Basedow; guérison. Gaz. de Paris LVIII. 34. 1887. Schmidt's Jahrb. 216. S. 242.

Dubrueil, Goître exophth. partiellement guéri; tuberculose pulmonaire et intestinale; polynévrite. Gaz. hebdom. de Bordeaux. Sept. 6, 1887.

Duhamel, L., Contribution à l'étude du faux goître exophth. Thèse de Paris. 1894. Schmidt's Jahrb. 243. S. 140.

Dujardin-Beaumetz, Emploi de la duboisine dans la maladie de Basedow. Gaz. hebdom. 27. 1880.

Dumont, De morbo Basedowii. Diss. inaug. Berol. 1863.

Dumontpallier, Goître exophth. et glycosurie. Gaz. de Paris. p. 78. 1869.

Dumontpallier, Goître exophth. Gaz. des hôp. p. 1157. 1874.

Durdufi, Zur Pathogenese des Morbus Basedowii. Deutsche med. Wochenschr. XIII. 21. 1887.

Duroziez, P., Du souffle des artères cardiaques dans le goître exophth. Gaz. de Paris. 44, 1878.

v. Dusch, Lehrb. der Herzkrankheiten. Leipzig 1868. S. 349.

Dyson, Incipient Graves' disease. Brit. med. Journ. Jan. 28, 1887. ·

Eales, Graves' disease with unilateral exophthalmos. Brit. med. Journ. I. p. 303. 1878.

Earle, Exophth. goitre, its frequency in Illinois etc. Transact. of the Illinois med. Journ. p. 69. Chicago 1878.

Eckervogt, Zur Kenntniss der Basedow-Erkrankung. Diss. inaug. Würzburg 1882.

Edmunds, Walter, Pathology of Graves' disease. Brit. med. Journ. May 15, 1895. p. 1146. Schmidt's Jahrb. 248. S. 26.

Egaroff, Un cas de maladie de Basedow. Gaz. des hôp. de Botkine. 1893. Nr. 49. Schmidt's Jahrb. 242. S. 139.

Egeberg, C. A., Ueber das gleichzeitige Vorkommen von Struma, Exophthalmus und Herzkrankheit. Norsk Magazin. IV. 4. 1851. Canstadt's Jahresb. 1851. Bd. II.

Eger, Beitr. zur Pathol. des Morbus Basedowii. Deutsche med. Wochenschr. VI. 13. 1880.

Ehrlich, H., Ueber Morbus Basedowii im kindlichen Alter. Diss. inaug. Berlin 1890. Schmidt's Jahrb. 230. S. 135.

Ellis, A case of exophth. goitre. Cincinnati Lancet and Obs. XIV. p. 597. 1871.

Emmert, Histor. Notiz über Morbus Basedowii und Referat über 20 selbst beobachtete Fälle. Arch. f. Ophthalm. XVII. 1. p. 203. 1871.

Engel, Basedow's disease. Philad. med. Times. XII. p. 65. 1881/82.

Engel-Reimers (Strumitis bei Syphilis). Jahresb. der Hamburger Krankenanstalten. III. p. 430. 1894. Schmidt's Jahrb. 247. S. 23.

Erlenmeyer, Functionsstörungen des Sympathicus und Vagus. Morbus Basedowii. Corr.-Bl. d. deutschen Ges. f. Psychiatrie. XXIII. S. 113. Neuwied 1877.

Eshner, Exophth. goitre. Philad. Polyclinic. July 1888.

Eshner, Four cases of exophth. goitre. Philad. med. News. LX. p. 430. 1892.

Eshner, Aug., A case of exophth. goitre. Philad. Policlinic. IV. 28. 1895. Schmidt's Jahrb. 248. S. 26.

Eulenburg, A., Zur Differentialdiagnose zwischen Morbus Basedowii und Struma mit Reizung des Sympathicus. Berliner klin. Wochenschr. 27. 1869.

Eulenburg, A., Die Basedow'sche Krankheit. Ziemssen's Handb. 1875. Encyklopädische Jahrb. d. ges. Heilk. I. S. 73. 1891.

Eulenburg, A., Zur Symptomatologie und Therapie der Basedow'schen Krankheit. Berliner klin. Wochenschr. XXVI. 1—3. 1889. Schmidt's Jahrb. 223. S. 26.

Eulenburg, A., Ueber Astasie und Abasie bei Basedow'scher Krankheit. Neurol. Centralbl. IX. 23. 1890. Schmidt's Jahrb. 229. S. 137.

Eulenburg, A., Ueber den diagnostischen Werth des Charcot-Vigouroux'schen Symptoms bei Basedow'scher Krankheit. Centralbl. für klin. Med. XI. 1. 1890. Schmidt's Jahrb. 227. S. 146.

Eulenburg, A., Basedow'sche Krankheit und Schilddrüse. Deutsche med. Wochenschr. XX. 40. 1894. Schmidt's Jahrb. 244. S. 130.

Eulenburg, A. und Guttmann, Pathologie des Sympathicus. Arch. für Psychiatrie. I. p. 430. 1869.

Eulenburg, A. und Landois, Angioneurosen im Gebiete des N. sympath. cervicalis. XII. Mittheil. Wiener med. Wochenschr. 91. 1867.

Evans, C. S., A case of angioneurotic oedema (? Graves' disease) assoc. with pregnancy. Lancet. I. 22. 1895. Schmidt's Jahrb. 247, S. 23.

Ewald, C. A. (Fall von Schilddrüsenfütterung bei Basedow'scher Krankheit). Berliner klin. Wochenschr. XXXII. 3. 1895. Schmidt's Jahrb. 247, S. 25.

Fajarnés, Bocio exoftalmico. Cron. oftalm. IX. p. 40. Cadiz 1879.

Fauquez, Observ. du goître exophth. d'origine traumatique avec troubles de la menstruation. Rev. méd. des mal. des femmes. IV. p. 195. 1882.

Federn, P., Ueber partielle Darmatonie und ihre Beziehung zum Morbus Basedowii und anderen Krankheiten. Wiener Klinik. 3. und 4. Heft. März - April 1891. Schmidt's Jahrb. 230. S. 134.

Fenwick, Graves' disease. Med. Times and Gaz. II. p. 260. 1874.

Féréol, Note sur un cas singulier de goître exophth. L'Union méd. Nr. 153. Gaz. de hôp. 137. 1874.

Féréol, Note complém. etc. sur un cas de g. e. compliqué de troubles de la sensibilité et du mouvement. L'Union méd. 47. 1875.

Féréol, Un cas de goitre exophth. Gaz. hebdom. p. 112. 1889.

Ferguson, E. D., The therapeutics of exophth. goitre. New York med. Rec. XXXVIII. 18. 1890. Schmidt's Jahrb. 229. S. 138.

Ferri, Sintoma di Graefe nel gozzo esoftalmico. Giorn. della R. Acad. di Med. di Torino. Febr. 1892. Schmidt's Jahrb. 236. S. 17.

Ferry, A case of neuroretinitis with symptoms of exophth. goitre resulting from cervico-dorsal neuralgia. New York med. Times. XVI. p. 270. 1888/89.

Filehne, Zur Pathogenese der Basedow'schen Krankheit. Sitz.-Ber. der phys.-med. Societät zu Erlangen. 14. Juli 1879.

Filipowicz, Ueber die Basedow'sche Krankheit. Diss. inaug. Würzburg 1870.

Fink, Morbus Basedowii. Württemberger Corr.-Bl. 20. 1866.

Finlayson, James, On paralysis of the third nerve as a complication of Graves' disease. Brain. LI. p. 383. 1890. Schmidt's Jahrb. 229. S. 137.

Fischer, De l'exophthalmos cachectique. Arch. gén. de Méd. II. p. 521. 652. 1859.

Fischer, Morbus Basedowii mit Melliturie. Aerztl. Intellig.-Bl. 37. 1880.

Fisk-Bryson, Preliminary note on the study of exophth. goitre. New York med. Journ. Dec. 14, 1889.

Fiske, Exophth. goitre; a view of 30 cases. Post-Graduate. July 1892.

Fitzgerald, The theory of a central lesion in exophth. goitre. Dublin med. Journ. p. 201. 296. 1883.

Flajani, Gius., Collezione d'osservazioni e riflessioni di chirurgia. Roma 1802. III. p. 279.

Fleischer, De complicatione morbi cordis cum struma et exophthalmo. Diss. Regiomont. 1857.

Fletcher, On exophth. goitre. Brit. med. Journ. May 23, 1863.

Fontance, Trumet de, Pathologie clinique du grand sympathique. Thèse de Paris 1880.

Foot, A. W., A case of exophth. goitre in man. Dublin Journ. II. p. 179. 1874.

Foot, A. W., Two cases of Graves' disease. Dublin Journ. Nov. 1880.

Foot, A. W., Brief note on typhus fever in Graves' disease. Dublin Journ. 1881.

Foot, A. W., Graves' disease. The Dublin Journ. 3. S. CCLIV. p. 131. Febr. 1893. Schmidt's Jahrb. 238. S. 22.

Forster, Morgan, Dilatation of the cavities of the heart with probably some hypertrophy, complic. with exophth. goitre, successfully treated with Digitalis. The med. and surg. Rep. Oct. 4, 1879.

Förster, R., Ein Fall von Braunfärbung der Haut nach längerem Arsengebrauch bei Basedow'scher Krankheit. Berliner klin. Wochenschr. XXVII. 50. 1890. Schmidt's Jahrb. 229. S. 137.

Fournier et Olivier, Note sur un cas de goître exophthal. terminé par des gangrènes multiples. Gaz. hebd. 49. 1867.

Fox, Hingston, Graves' disease. Brit. med. Journ. April 18, 1891. Schmidt's Jahrb. 233. S. 23.

Frank, Woodury, Exophth. goitre. The med. and surg. Rep. March 8, 1879.

Frank, Bericht über die im Krankenhause Friedrichshain ausgeführten Kropf-exstirpationen. Berliner klin. Wochenschr. XXV. 41. 42. 1888.

Francotte, De la symptomat. et du traitement de la maladie de Basedow. Ann. de la Soc. méd.-chir. de Liège. XXII. p. 345. 1883.

Fränkel, B. (Besserung der Basedow'schen Krankheit durch Brennen in der Nase). Berliner klin. Wochenschr. XXV. 6. p. 111. 1888. Schmidt's Jahrb. 223. S. 27.

Fraenkel, H. (Fall von erbl. Basedow'scher Krankheit). Wiener med. Presse. XXXV. 7. p. 265. 1894. Schmidt's Jahrb. 242. S. 138.

Fraentzel, O., Ueber idiopathische Herzvergrösserungen in Folge von Erkran-kungen des Herznervensystemes. Charité-Annalen. XI. p. 237. 1886. Schmidt's Jahrb. 211. S. 26.

Fraser, A case of exophth. goitre operated in 1877. Edinburgh med. Journ. XXIII. p. 347. 1888.

Freiburg, A. H., The surgical treatment of exophth. goitre. Med. News. LXIII. 9. 1893. Schmidt's Jahrb. 240. S. 149.

Freudenberger, Jos., Morbus Basedowii. Aerztl. Intellig.-Bl. 23. 1879.

Freund, C. S., Ein Fall einer bisher nicht beschriebenen Form von Nystagmus. Deutsche med. Wochenschr. XVII. 8. 1891. Schmidt's Jahrb. 230. S. 134.

Friedreich, N., Krankheiten des Herzens. Erlangen 1867. 2. Aufl., S. 307.

Fritz, Relation d'un cas du goître exophth. Gaz. des hôp. 88. 1862.

Fritzsche, Ueber Bronchitis fibrinosa bei Basedow'scher Krankheit. Schmidt's Jahrb. 237. S. 219. 1893.

Froebelius, Morbus Basedowii. St. Petersburger med. Zeitschr. IV. p. 343. 1863.

Fuller, Goitre exophth.; successful removal of right lobe of thyroid gland. Detroit Lancet. I. p. 833. 1878.

Fürst, A., Anmerkungen zum Morbus Basedowii. Deutsche med. Wochenschr. XXI. 21. 1895. Schmidt's Jahrb. 247, S. 24.

Gagnon, Contrib. à l'histoire du goître exophth., coexistence d'accidents choréiques. Gaz. hebd. 39. 1876. C. r. de l'Assoc. franç. pour l'avanc. des sc. p. 880. Paris 1877.

Gaill, Die Basedow'sche Krankheit. Diss. inaug. München 1883.

Galczowski, Etude sur le goître exophth. Gaz. des Hôp. 107. 1871.

Galup, Quelques considérations sur le traitement du goitre exophth. par l'iode et ses composés. Thèse de Paris 1884.

Garrard-Baldwin, Exophth. goitre. Brit. med. Journ. Jan. 19, 1884.

Gauthier, G., De la cachexie thyroïdienne dans la maladie de Basedow. Lyon méd. LVIII. 22. p. 119. 1888. Schmidt's Jahrb. 219. S. 31.

Gauthier, G., Traitement de la maladie de Graves par l'antipyrine. Rev. gén. de clin. et de thérap. 15. 1888.

Gauthier, G., Du goitre exophth. considéré au point de vue de sa nature et de ses causes. Revue de Méd. X. 5. p. 400. 1890. Schmidt's Jahrb. 227. S. 145.

Gauthier, G., Des goitres exophth. secondaires ou symptomatiques. Lyon méd. 2. 3. 4. Janv. 1893. Schmidt's Jahrb. 238. S. 20.

Gauthier, G., Corps thyroïde et maladie de Basedow. Lyon méd. XXVII. 35. 1895. Schmidt's Jahrb. 248. S. 23.

Geigel, Die Basedow'sche Krankheit. Würzburger med. Wochenschr. VII. S. 70. 1866.

Genouville, De la cachexie dite exophth. Arch. gén. de Méd. p. 82. Janv. 1861.

Gerhardt, C., Ueber krankhafte Pulsationen bei Schlussunfähigkeit der Aortenklappen und bei Basedow'scher Krankheit. Charité-Annalen. XVIII. p. 243. 1893. Schmidt's Jahrb. 241. S. 137.

Gérin-Roze, Un cas de goitre exophth. Gaz. hebd. XXVI. p. 179. 1880.

Gibson, Ch., Clinical lecture on exophth. goitre. Lancet. Dec. 27, 1879.

Gildemeester, Nederl. Tijdschr. VII. 1. 1863. Arch. f. d. holländ. Beitr. z. Natur- u. Heilkd. III. p. 414. Utrecht 1864.

Gillebert d'Hercourt, Gaz. des Hôp. 63. 66. 1874.

Gilles de la Tourette et H. Cathelineau (Stoffwechsel bei Basedow'scher Krankheit). Progrès méd. XVII. 49. 1889. Schmidt's Jahrb. 227. S. 147.

Gintrac, Goitre exophth. Mém. et bull. de la Soc. méd.-chir. de Bordeaux. IV. p. 193. 1869.

de Giovanni, Fall von Basedow'scher Krankheit. Deutsche Med.-Zeitung. X. 98 1889. Schmidt's Jahrb. 227. S. 147.

Glas, Tachycardia exophth. strumosa. Upsala läkareförn. förhandl. IV. 4. 1872.

Glax, Zur Klimatotherapie des Morbus Basedowii. Wiener med. Presse. XXXV. 49. 1894. Schmidt's Jahrb. 245. S. 140.

Gmünd, Fälle von Basedow'scher Krankheit. Memorabilien. X. 8. 1865.

Goldscheider, Zur Gewebesafttherapie. Deutsche med. Wochenschr. XX. 17. 1894. Schmidt's Jahrb. 243. S. 141.

Goodhart, Exophth. goitre with enlargement of thymus. Transact. of the path. soc. of London. XXV. p. 240. 1874.

Graefe, A. v., Bemerkungen über Exophthalmus mit Struma und Herzleiden. Arch. f. Ophthalm. III. 2. S. 278. 1857.

Graefe, A. v., Ueber Basedow'sche Krankheit. Deutsche Klinik. Nr. 16. 1864. Klin. Monatsbl. f. Augenhk. p. 183. 1864.

Graefe, A. v., Berliner klin. Wochenschr. 31. S. 319. 1867. Klin. Monatsbl. f. Augenhk. S. 272. 1867.

Graefe, A. v., De la tenotomie de l'élévateur de la paupière sup. dans la maladie de Basedow. C. r. du congrès périod. internat. p. 58. 1868.

Gram, Chr., Diagnosen af Morbus Basedowii med. särligt Hensyn til Begyndelsesstadium (Forme fruste). Hosp.-Tid. 4. R. III. 16. 17. 18. 1895. Schmidt's Jahrb. 247. S. 23.

Graham, Goitre exophth. Canada med. Soc. Toronto. p. 138. 1880.

Grancher, Goitre exophth. Gaz. des Hôp. p. 1060. 1880.

Graves, Lectures. London med. and surg. Journ. (Rendshaw) VII. Nr. 173. 1835.

Graves, System of clinical Medicin. p. 674. Dublin 1843. (Deutsch v. Bressler. p. 409.)

Gray, Protrusion of the eyeball. Brit. med. Journ. I. p. 321. 1884.

Greenamyer, Exophth. goitre. Philad. med. and surg. Rep. May 6, 1871.

Greenfield, W. S., On some diseases of the thyroid gland. Brit. med. Journ. Dec. 9, 1893. Schmidt's Jahrb. 241. S. 135.

Greidenberg, B., Ueber Geistesstörung bei Morbus Basedowii. Wjest. psich. i neuropat. 1893. Schmidt's Jahrb. 241. S. 137.

Grenell, De l'hydrothérapie dans le traitement du goitre exophth. Revue méd. de l'Est. XV. p. 425. Nancy 1883.

Grohmann, M., Beiträge zur Aetiologie und Symptomatologie des Morbus Basedowii. Diss. inaug. Berlin 1894. Schmidt's Jahrb. 245. S. 140.

Gros, Note sur une maladie peu connue désignée sous le nom de cachexie exophthalmique etc. Gaz. de Paris. 14. 1857. Arch. gén. de Méd. p. 238. Août 1860.

Gros, Du goitre exophth. Gaz. hebd. 50. 1864.

Gros, Etude sur le goitre exophth. Thèse de Paris 1884.

Grosso, Morbo di Flajani. Rif. med. VII. 70. 1891. Schmidt's Jahrb. 233. S. 24.

Grube, K., Zur Aetiologie der Basedow'schen Krankheit. Neurol. Centralbl. XIII. 5. 1894. Schmidt's Jahrb. 242. S. 137.

Gunn, Exophth. goitre. Brit. med. Journ. April 18, 1885.

Guptill, Exophth. goitre, successfully treated by the jodobromide of calcium. Amer. Journ. of med. sc. LXVII. p. 125. 1874.

Guttmann, P., Basedow'sche Krankheit. Eulenburg's Real-Encykl. II. S. 15. 1880.

Guttmann, P., Das arterielle Strumageräusch bei Basedow'scher Krankheit und seine diagnostische Bedeutung. Deutsche med. Wochenschr. XIX. 11. 1893. Schmidt's Jahrb. 238. S. 23. 240. S. 148.

Guyot, Sur la maladie de Basedow. Gaz. hebd. p. 142. 1889.

Gwyne, A case of Graves' disease. Lancet. I. p. 549. 1890.

Habershon, Exophth. goitre, heart disease, jaundice; death. Lancet. April 11, 1874.

Hack, Zur operativen Therapie der Basedow'schen Krankheit. Deutsche med. Wochenschr. XII. 25. 1886. Schmidt's Jahrb. 211. S. 23. 262.

Hadden, A case of exophth. goitre treated by continuous current. Lancet. I. p. 264. 1887.

Haeberlin, Schwangerschaft mit Morbus Basedowii. Centralbl. f. Gynäk. XIV. 26. 1890. Schmidt's Jahrb. 229. S. 167.

Hall, Exophth. goitre. Brit. med. Journ. Jan. 11, 1890.

Hamill, Exophth. goitre. Chicago med. Journ. IV. p. 338. 1861.

Hammar, J. Aug., Ett fall af Morbus Basedowii utan förändringar i halssympathicus. Upsala läkarefören. Förh. XXIV. 2. o. 3. S. 200. 1888. Schmidt's Jahrb. 223. S. 28.

Hammond, Graeme M., A contribution to the study of exophth. goitre. New York med. Journ. Jan. 25, 1890. Schmidt's Jahrb. 227. S. 147.

Hardy, Exophth. goitre. Gaz. des Hôp. p. 433. 1883.

Hartmann, Goitre, exophthalmos and dilatation of the heart. Cleveland med. Gaz. I. p. 301. 1859/60.

Hartmann, Ueber zwei mit Morbus Basedowii complicirte Fälle von Diabetes mellitus. Diss. inaug. Tübingen 1878.

Hascovec, L., La maladie de Basedow; son traitement et sa pathogénie. Gaz. des Hôp. LXVIII. 84. 1895. Schmidt's Jahrb. 248. S. 24.

Haughton, Exophth. goitre. Indiana Journ. of med. I. p. 161. 1870/71.

Havá, Exophth. goitre; nota sobre el tratamiento seguido. Ann. della R. Acad. de c. med. de la Habanna. XVI. p. 257. 1879/80.

Hawkes, J., On enlargement of the thyroid with proptosis. Lancet. Aug. 10, 1861.

Hay, A case of hereditary chorea complic. with Basedow's disease. Americ. Lancet. Aug. 1891.

Hay, Exophth. goitre with mental disease. Med. Age. June 10, 1891. Schmidt's Jahrb. 238. S. 22.

Hedinger, Heilung des acuten Morbus Basedowii durch den constanten Strom. Württemberger Correspondenzbl. LIII. 17. 1883. Schmidt's Jahrb. 201. S. 294.

Heinsheimer, Friedr., Entwicklung und jetziger Stand der Schilddrüsenbehandlung. Münchener med. Abhandl. 9. Reihe. 1. Heft. München 1895.

Heinze, De exophthalmo cum struma et cordis affectione. Diss. inaug. Lipsiae 1861.

Helfft, Zur Pathogenie der eigenthümlichen, mit Affection des Herzens, Struma und Exophthalmus verbundenen Krankheit. Casper's Wochenschr. Nr. 29. 30. 48. 49. 1849.

Henoch, Ueber ein mit Struma und Exophthalmus verbundenes Herzleiden. Casper's Wochenschr. Nr. 39. 40. 1848.

Henouet, Un cas de goitre exophth. avec autopsie. Gaz. méd. de Nantes. Oct. 9, 1886.

Herrmann, Ueber Herzaffection mit Struma und Exophthalmus. Zeitschr. des deutschen Chirurgenvereines, herausgeg. von Varges. X. 5. 1856.

Herrmann, Basedow'sche Krankheit. St. Petersburger med. Wochenschr. IV. p. 347. 1863.

Herrmann (Zittern der Lider bei Basedow'scher Krankheit). Jahresb. der med. Klinik zu Breslau 1883. Schmidt's Jahrb. 229. S. 137.

Herskind, E., Om den kirurg. Behandl. og patogenesen af Morbus Basedowii. Bibliotek for läg. p. 204. 1894. Schmidt's Jahrb. 247. S. 25.

Hervieux, Note sur un cas de cachexie exophthalmique. L'Union méd. 117. p. 477. 1857.

Heusinger, Exophthalmus mit Struma und Affection des Herzens verbunden, nebst Sectionsbericht. Casper's Wochenschr. Nr. 4. 1851.

Heydenreich, A., Le traitement chirurgical de la maladie de Basedow. Semaine méd. XV. 32. 1895. Schmidt's Jahrb. 248. S. 26.

Hezel, O., Ein Beitrag zur pathologischen Anatomie des Morbus Basedowii. Deutsche Zeitschr. f. Nervenhk. IV. 3 u. 4. S. 353. 1893. Schmidt's Jahrb. 141. S. 138.

Higgens, A case of protrusion of the eyeball. Med.-chir. Transact. London. p. 247. 1881.

Hill, The Dublin quarterly Journ. of med. Sc. XXVII. p. 399. 1845.

Hirsch, A., Ueber Cardiogmus strumosus s. Morbus Basedowii. Klinische Fragmente. 2. Abth. S. 224. Königsberg 1858.

Hirschberg, Leop., Ueber die Basedow'sche Krankheit. Wiener Klinik. 2. u. 3. Heft. Febr.-März 1894. Schmidt's Jahrb. 242. S. 137.

Hirschl, J. A., Ueber Geistesstörung bei Morbus Basedowii. Jahrb. f. Psychiatrie. XII. 1 u. 2. S. 50. 1893. Schmidt's Jahrb. 240. S. 148.

Hitschmann, R., Beitrag zur Casuistik des Morbus Basedowii. Wiener klin. Wochenschr. VII. 49. 50. 1894. Schmidt's Jahrb. 245. S. 140.

Hoedemaker (Atrophie der weiblichen Geschlechtstheile bei Morbus Basedowii). Centralbl. f. Gynäkol. XV. 8. S. 160. 1891. Schmidt's Jahrb. 234. S. 134.

t'Hoff, L. van, Zur Beleuchtung der Einwirkung der Schwangerschaft auf Morbus Basedowii. Weekbl. van het Nederl. Tijdschr. voor Geneesk. I. 15. 1895. Schmidt's Jahrb. 247. S. 23.

Hollis, Graves' disease. Brit. med. Journ. Jan. 4, 1890.

Homén (Fall von Basedow'scher Krankheit). Finska läkaresällsk. handl. XXXI. 2. S. 149. 1889. Schmidt's Jahrb. 223. S. 29.

Homén, A. E., Beiträge zur Symptomatologie des Morbus Basedowii. Neurol. Centralbl. XI. 14. 1892. Schmidt's Jahrb. 236. S. 17.

Hopfengärtner, Ueber Morbus Basedowii. Diss. inaug. Würzburg 1890.

Hopmann, Heilung eines Morbus Basedowii durch Besserung eines Nasenleidens. Berliner klin. Wochenschr. XXV. 42. 1888. Schmidt's Jahrb. 223. S. 27.

Hourlier, Goître exophth. Bull. de la Soc. méd. de Reims. p. 101. 1877.

Howse, H. G., A case of exophth. goitre. Transact. of the pathol. Soc. of London. XXVIII. p. 15. 1877.

Huard, Du goître exophth. Thèse de Paris 1861.

Huber, A., Zur Symptomatologie und Pathogenese des Morbus Basedowii. Deutsche med. Wochenschr. XIV. 36. 1888. Schmidt's Jahrb. 220. S. 235.

Hugg, The Bryson symptom in exophth. goitre. New York med. Journ. June 1895. Schmidt's Jahrb. 248. S. 25.

Hunt, Exophthalmos with goitre treated by Duboisinia. Brit. med. Journ. I. p. 958. 1883.

Hutchinson, J., Cases of Basedow's disease. Lancet. April 20, 1872. Med. Times and Gaz. II. p. 212. 1874.

Hutchinson, Exophth. goitre. Med. and surg. Rep. March 8, 1890.

Impaccianti, Morbo di Basedow nel corso d'una polmonite. Soc. lanc. degli Osped. di Roma. 1893. Schmidt's Jahrb. 240. S. 148.

Jaccoud, Etiologie, prognostic et traitement du goître exophth. Gaz. des hôp. LXIV. 133. 1890. Schmidt's Jahrb. 229. S. 139.

Jacob, Zur Behandlung der Herzkranken und der Basedow'schen Krankheit. Cudowa 1892.

Jacobi, A., Exophth. goitre occurring in a child and followed by St. Vitus dance. New York med. Rec. July 5, 1879.

v. Jaksch, Ein Fall von Morbus Basedowii mit Symptomen des Myxödems. Prager med. Wochenschr. XVII. 49. 1892. Schmidt's Jahrb. 238. S. 22.

James, Exophth. goitre. Med. Press and Circul. London. XIV. p. 70. 1872.

Joffroy, A., Des rapports de l'ataxie locomotrice progr. et du goître exophth. Gaz. hebd. XXXVI. 1. p. 7. 1889. Schmidt's Jahrb. 223. S. 28.

Joffroy, A., Des rapports de la folie et du goître exophth. Ann. méd.-psychol. 7. S. XI. 3. p. 467. 1890. Schmidt's Jahrb. 227. S. 148.

Joffroy, A., Pregnancy and goitre. Brit. med. Journ. July 23, 1892. Schmidt's Jahrb. 236. S. 19.

Joffroy, A., Nature et traitement du goître exophth. Progrès méd. 2. S. XVIII. 51. 1893. XIX. 4. 10. 12. 13. 1894. Schmidt's Jahrb. 241. S. 136. 242. S. 146.

Joffroy, A. et Ch. Achard, Maladie de Basedow et tabes. Arch. de Méd. expér. V. 3. p. 404. 1893. Schmidt's Jahrb. 240. S. 149.

Joffroy, A. et Ch. Achard, Contribution à l'anatomie pathol. de la maladie de Basedow. Arch. de Méd. expér. V. 6. p. 807. 1893. Schmidt's Jahrb. 241. S. 138.

Jewsejenka (Basedow'sche Krankheit bei Thieren). Fortschritte der Med. VII. 8. 1889. Schmidt's Jahrb. 223. S. 28.

Jerusalimski, Argentum nitricum gegen Morbus Basedowii. Sitz.-Bericht der phys.-med. Ges. zu Moskau. Mai 1874.

Jendrassik, E., Vom Verhältnisse der Poliomyelencephalitis zur Basedow'schen Krankheit. Arch. f. Psychiatrie. XVII. 2. p. 301. 1886. Schmidt's Jahrb. 210. S. 237.

Jeanselme, E., Sur la coexistence du goître exophth. et de la sclérodermie. Revue neurol. II. 19. 1894. Mercredi méd. Nr. 1. 1895. Schmidt's Jahrb. 245. S. 138. 247. S. 23.

Jessop, Three cases of exophthalmic goitre with severe ocular lesions. Lancet. Nov. 23, 1895.

Jones, C. H., Exophth. goitre. Med. Times and Gaz. I. p. 6. 30. 1864.

Jones, Handfield, On a case of proptosis, goitre, palpitations. Lancet. Dec. 8, 1860. Med. Times and Gaz. p. 6. 30. 1864.

Jones, Makeig, Exophth. goitre. Brit. med. Journ. Nov. 12, 1892. p. 1061. Schmidt's Jahrb. 238. S. 23.

Johnston, A case of exophth. goitre with mania. Journ. of mental sc. p. 521. 1884.

Johnston, G. F., Clinical remarks on exophth. goitre; with special reference to its etiology. Lancet. II. 19. 1893. Schmidt's Jahrb. 241. S. 136.

Jumon, Symptomes accessoires du goître exophth.; théorie bulbaire de la maladie. France méd. Août 1889.

Josipovici, Zur Therapie des Morbus Basedowii. Diss. inaug. Berlin 1887.

Kahler, O., Ueber den Leitungswiderstand der Haut bei Morbus Basedowii. Prager Zeitschr. f. Heilk. IX. 4 u. 5. p. 365. 1888. Schmidt's Jahrb. 221. S. 84.

Kahler, O., Ueber die Erweiterung des Symptomencomplexes der Basedow'schen Krankheit. Prager med. Wochenschr. XIII. 30. 32. 1888. Schmidt's Jahrb. 220. S. 235.

Kahler, O., Die Pathologie und Therapie der Basedow'schen Krankheit. Internationale klin. Rundschau. 2 ff. 1890.

Kalish, A case of exophth. goitre. New York med. Journ. Aug. 19, 1890.

Kulm, Ueber Morbus Basedowii. Diss. inaug. Göttingen 1885.

Kast, A., Zur Symptomatologie der Basedow'schen Krankheit. Archiv für Psychiatrie. XXII. 2. 1890. Schmidt's Jahrb. 229. S. 137.

Kauffmann, Symbola quaedam ad pathologiam morborum cordis. Diss. inaug. Berol. 1848.

Keen, Exophth. goitre. Philad. med. News. June 28, 1890.

Keller, Ueber Morbus Basedowii etc. Greifswald 1869.

Kelly, B., A case of exophth. goitre with remarks. Med. press and circ. July 17, 1878.

Klahr, De morbo Basedowico qui vocatur. Diss. inaug. Grypsiae 1864.

Kleinwächter, L., Wie ist der Genitalbefund bei Morbus Basedowii? Zeitschr. f. Geburtsh. u. Gynäkol. XVI. 1. S. 144. 1889. Schmidt's Jahrb. 223. S. 27.

Kleinwächter, Das Verhalten der Genitalien bei Morbus Basedowii. Centralbl. f. Gynäkol. XVI. 10. 1892. Schmidt's Jahrb. 234. S. 134.

Knight, Case of Graves' disease. Boston med. and surg. Journ. April 19, 1868.

Kocher, Th., Bericht über weitere 250 Kropfexstirpationen. Corr.-Bl. f. Schweizer Aerzte. XIX. 1. 2. 1889.

Kocher, Th., Die Schilddrüsenfunction u. s. w. Corr.-Bl. f. Schweizer Aerzte. XXV. 1. 1895. Schmidt's Jahrb. 245. S. 138.

Koeben, De exophthalmo ac struma cum cordis affectione. Diss. inaug. Berolin. 1855.

Kögel, B., Ueber den Morbus Basedowii und seine Beziehungen zur Epilepsie. Diss. inaug. Berlin 1895.

Koeppen, Ueber Knochenerkrankungen bei Morbus Basedowii. Neurol. Centralbl. XI. 7. S. 219. 1892. Schmidt's Jahrb. 234. S. 133.

Köster, H., Ein Fall von Hydrops articul. intermittens. Zeitschr. f. Nervenhk. II. 5 u. 6. S. 466. 1892. Schmidt's Jahrb. 236. S. 17.

Koller, Die Unterbindung der Schilddrüsenarterien behufs Verkleinerung von Kröpfen und zur Heilung von Basedow'scher Krankheit. Diss. inaug. Bonn 1891.

Korach, Morbus Basedowii. Diss. inaug. Breslau 1879.

Kowalewski, P., Myxoedème ou cachexie pachydermique. Arch. de Neurol. XVIII. S. 422. 1884. Schmidt's Jahrb. 227. S. 147.

Kronthal, P., Morbus Basedowii bei einem zwölfjährigen Mädchen und dessen Mutter. Berliner klin. Wochenschr. XXX. 27. 1893. Schmidt's Jahrb. 240. S. 148.

Kümmell, Ein Fall von operirtem Morbus Basedowii. Deutsche med. Wochenschr. XIX. 27. 1893.

Kurella, Morbus Basedowii und broneed skin. Centralbl. f. Nervenhk. 4. 1887.

Kurella (Fall von geistiger Entartung bei Morbus Basedowii). Centralbl. f. Nervenhk. XIV. S. 395. 1891. Schmidt's Jahrb. 233. S. 25.

Lacay, Exophth. goitre. Guy's Hosp. Rep. XV. p. 22. London 1870.

Lacoste, J. F., Contrib. à l'étude du goitre exophth. Thèse de Paris 1878.

Lamy, Goitre volumineux datant de 25 ans et se compliquant au bout de ce temps d'un tremblement permanent à oscillations très rapides semblable au tremblement de la maladie de Basedow; pas d'exophthalmie; tachycardie transitoire. Bull. de la soc. anatom. de Paris. 5. S. V. 7. p. 181. 1891. Schmidt's Jahrb. 233. S. 25.

Landouzy, Goitre exophth. Gaz des Hôp. 3. 1887.

Lannegrace, Relations de la toux nerveuse avec le goitre exophth. Gaz. hebd. des sc. méd. de Montpellier. p. 365. 1887.

Langer, Morbus Basedowii. Wiener med. Jahrb. p. 497. 525. 527. 1881.

Lanz, Otto, Zur Schilddrüsentherapie des Kropfes. Corr.-Bl. f. Schweizer Aerzte. XXV. 2. 1895. Schmidt's Jahrb. 237. S. 24.

Lanz, O., Ueber Thyreoidismus. Deutsche med. Wochenschr. XXI. 37. 1895. Schmidt's Jahrb. 248. S. 24.

Laqueur, De Morbo Basedowii nonnulla. Diss. inaug. Berolin. 1860.

Lashtchenko, Maladie de Basedow et automatisme alcoholique. Arch. psychiatr. etc. XVII. 1891. Gaz. hebd. p. 164. 1891.

Lasvènes, G., De la maladie de Basedow développée sur un goitre ancien. Thèse de Paris 1891. Schmidt's Jahrb. 233. S. 25.

Lauer, Ein Fall von Morbus Basedowii. Diss. inaug. Giessen 1868.

Lavirotte, Goitre exophth. Gaz. méd. de Lyon. XIV. p. 61. 1862.

Lavisé, Traitement du goitre exophth. par la ligature des quatres artères thyroidiennes. Bull. méd. Juin 18, 1893. Schmidt's Jahrb. 241. S. 139.

Lawford, Recovery from Graves' disease. Brit. med. Journ. p. 960. Oct. 25, 1890. Schmidt's Jahrb. 229. S. 138.

Lawrence, Peculiar and very rare forme of destructive inflammation of the cornea. Med. Times and Gaz. p. 265. March 13, 1858.

Laycock, Edinburgh med. and surg. Journ. XLIX. 1838.

Laycock, Cerebrospinal origin and diagnosis of the protrusion of the eyeballs termed anemic. Edinburgh med. Journ. VIII. p. 681. Febr. 1863. Med. Times and Gaz. Sept. 24, 1864.

Lebert, Die Krankheiten der Schilddrüse und ihre Behandlung. S. 306. Breslau 1862.

Leclerc, Goitre exophth., sphacèle des deux cornées. Associac. franç. pour l'avanc. des sc. Paris. Août 13, 1889.

Leflaive, E., Théories récentes sur la nature et la pathogénie du goitre exophth. Gaz. des hôp. LXII. 5. 1889. Schmidt's Jahrb. 223. S. 25.

Leflaive, Le goitre exophth. chirurgical. Bull. méd. p. 931. 1892.

Le Gendre, Sur la maladie de Graves-Basedow. L'Union méd. 131. 1883.

Legg, Note on the history of exophth. goitre. St. Barthol. Hosp. Rep. XVIII. p. 7. 1883.

Leichtenstern, Ein Fall von Morbus Basedowii. Deutsche med. Wochenschr. X. S. 766. 1884.

Lemche, J. H., Et Tilfælde af Morbus Basedowii, behandlet med Pill. gland. thyr. Hosp.-Tid. 4. R. III. 17. 1895. Schmidt's Jahrb. 247. S. 24.

Lemke, F., Ueber chirurgische Behandlung des Morbus Basedowii. Deutsche med. Wochenschr. XVII. 2. 1891. Schmidt's Jahrb. 229. S. 138.

Lemke, F., Weiteres über die chirurgische Behandlung des Morbus Basedowii. Deutsche med. Wochenschr. XVIII. 11. 1892. Schmidt's Jahrb. 234. S. 135.

Lemke, F., Was wir von der chirurgischen Behandlung des Morbus Basedowii zu erwarten haben. Deutsche med. Wochenschr. XX. 42. 1894. Schmidt's Jahrb. 245. S. 137.

Lemke, F., Ueber Diagnose und Theorie des Morbus Basedowii. Deutsche med. Wochenschr. XX. 51. 1884. Schmidt's Jahrb. 245. S. 135.

Lemoine, G., Des relations du goitre exophth. et du Tabes. Gaz. de Paris. 7 S. VI. 18. 18. 1889. Schmidt's Jahrb. 223. S. 27.

Le Noir, Goitre exophth. Bull. méd. Janvier 6, 1889.

Leube, Klinische Beilage zum Thüringer Corr.-Bl. 28. 1874.

Leube, Klinische Berichte von der med. Abtheilung des Landeskrankenhauses zu Jena. S. 28. Erlangen 1875.

Lewin, Zur Casuistik des Morbus Basedowii. Diss. inaug. Berolin. 1888.

Lidell, J. A., Case of exophth. goitre. New York med. Rec. Febr. 6, 1879.

Liebrecht, Bemerkenswerthe Fälle von Basedow'scher Krankheit aus Prof. Schöler's Klinik. Klin. Monatsbl. f. Augenhk. XXVIII. S. 492. 1890. Schmidt's Jahrb. 229. S. 137.

Liégeois, Des differents symptoms du goitre exophth. Rev. méd. de l'Est. Juin 1887.

Liégeois, Traitement du goitre exophth. Rev. gén. de clin. et thérap. 30. 31. 39. 41. 42. 1887.

Lloyd, Report of a case of rapidly fatal exophth. goitre. Journ. of nerv. and mental dis. p. 248. 1888.

Lockridge, On Graves' disease or cardiac exophth. goitre. Amer. practit. XIX. p. 287. Louisville 1879.

Löwenstamm, Struma exophthalmica. Med.-chir. Centralbl. XII. S. 101. Wien 1887.

Löwenthal, Ein Fall von periodisch wiederkehrendem Hygroma praepatellare. Berliner klin. Wochenschr. VIII. 48. 1871.

Lubarsch, Ein Beitrag zu der mit Struma, Exophthalmus und Affection des Herzens verbundenen Krankheit. Casper's Wochenschr. Nr. 4. 1850.

Lücke, Ueber Struma. Deutsche Zeitschr. f. Chir. VII. S. 451. 1877.

Lütkemüller, Ueber Morbus Basedowii. Wiener med. Wochenschr. S. 1163. 1882.

Lustig, Untersuchungen über den Stoffwechsel bei der Basedow'schen Krankheit. Diss. inaug. Würzburg 1890.

Mc Donnel, Observations on a peculiar form of disease of the heart, attended with enlargement of the thyroid gland and eyeballs. The Dublin quart. Journ. of med. Sc. XXVII. p. 200. 1845.

Mc Nalty, Bandages in the treatment of Graves' disease. Lancet. II. p. 703. 1890.

Mackenzie, Hector, W. G., Clinical lecture on Graves' disease. Lancet. II. 11. 12. 1890. Schmidt's Jahrb. 229. S. 136.

Mackenzie, W., Traité prat. des maladies de l'oeil. 1858. 4. éd. Trad. française. 1866.

Macnaughton, Jones, Wellmarked case of »anemic exophth. goitre«. Treated by seton through the goitre and digitalis. Brit. med. Journ. Dec. 19, 1874.

Macker, Cachexie exophthalmique. Gaz. méd. de Strasbourg. III. p. 67. 1863.

Magnus-Levy, A., Ueber den respiratorischen Gaswechsel unter dem Einflusse der Thyreoidea u. s. w. Berliner klin. Wochenschr. XXXII. 30. 1895.

Maher, A case of exophth. goitre. Lancet. I. p. 1221. 1886.

Major, Remarks on exophth. goitre, hygroma and acute inflammation of the thyroid gland. Canada med. and surg. Journ. XII. p. 160. Montreal 1883.

Manby, A. R., The pathology of the central nervous system in exophth. goitre. Brit. med. Journ. May 11, 1889. Schmidt's Jahrb. 223. S. 26.

Mannheim, P., Der Morbus Gravesii (sogen. Morbus Basedowii). Gekrönte Preisschrift. Berlin 1894, A. Hirschwald. gr. 8. VII u. 156 S. 2 Taf. 4 Mk. Schmidt's Jahrb. 241. S. 134.

Marcé, Exophthalmie avec palpitations du coeur et gonflement du corps thyroïde. Gaz. des hôp. 137. 1856. Gaz. de Paris. . 1857.

Marcus, Das Wesen und die Behandlung der Basedow'schen Krankheit. Wiener med. Wochenschr. XLIII. 19—22. 1893. Schmidt's Jahrb. 240. S. 147.

Marie, Pierre, Contributions à l'étude et au diagnostic des formes frustes de la Maladie de Basedow. Thèse de Paris 1883. Schmidt's Jahrb. 200. S. 98.

Marie, P., Observation de maladie de Basedow avec vitiligo généralisé. France méd. XXX. 93. Août 14, 1856. Schmidt's Jahrb. 214. S. 127.

Marie, P., Sur la nature de la maladie de Basedow. Mercredi méd. Févr. 28, 1894. Schmidt's Jahrb. 242. S. 137.

Marie, P. et G. Marinesco, Coïncidence du Tabes et de la maladie de Basedow. Rev. neurol. I. 10. 1893. Schmidt's Jahrb. 240. S. 149.

Marina, A., Ueber multiple Augenmuskellähmungen u. s. w. Wien, Fr. Deuticke, 1896. S. 217.

Marinesco, G., s. Marie.

Markham, Affection of the heart with enlarged thyroid and thymus glands and prominence of the eyes. Med. Times and Gaz. May 1, 1858. Transact. of the pathol. Soc. of London. IX. p. 163. 1858.

Marsh, The Dublin quart. Journ. of med. Sc. XX. p. 471. 1842.

Martin, R., Des troubles psychiques dans la maladie de Basedow. Thèse de Paris 1890. Schmidt's Jahrb. 233. S. 24.

Martius, Experimentelle Untersuchungen zur Elektrodiagnostik. Archiv für Psychiatrie. XVIII. 2. p. 601. 1887. Schmidt's Jahrb. 222. S. 84.

Massaro, D., Su di un caso di gozzo esoftalmico. Rif. med. IX. Nr. 268. 1893. Schmidt's Jahrb. 241. S. 136.

Massopust, Ein operirter Fall von Morbus Basedowii. Centralbl. f. Chirurgie. 33. 1893.

Mathieu, A., Un cas de goitre exophth. consécutif à l'ablation des ovaires. Gaz. des hôp. LXIII. 70. 1890. Schmidt's Jahrb. 227. S. 147.

Maude, A., Oedema in Graves' disease. The practitioner. Dec. 1891. Schmidt's Jahrb. 234. S. 131.

Maude, A., Tremor in Graves' disease. Brain. LIX. p. 424. 1892. Schmidt's Jahrb. 238. S. 22.

Maude, A., Nine cases of Graves' disease: ophthalmoplegia, remarks on the lidsymptoms. St. Bartholomew's Hosp. Rep. XXVII. 1892. Schmidt's Jahrb. 234. S. 132.

. Maude, A., A case of ophthalmoplegia with Graves' disease. Brain. Spring 1892. p. 121. Schmidt's Jahrb. 234. p. 132.

. Maude, A., Some less known factors in Graves' disease. Lancet. II. 17. 1893. Schmidt's Jahrb. 241. S. 136.

Maude, A., Peripheral neuritis and exophth. goitre. Brain. LXVI. p. 229. Summer 1894. Schmidt's Jahrb. 245. S. 140.

Mauthner, Ueber Exophthalmus. Wiener med. Presse. 7. 1878.

Maybaum, J., Ein Beitrag zur Kenntniss der atypischen Formen der Basedow'schen Krankheit. Zeitschr. für klin. Med. XXVIII. 1 u. 2. p. 112. 1895. Schmidt's Jahrb. 248. S. 26.

Med.-chir. Journ. and review for 1816. I. p. 179. (Fall von Morbus Basedowii. Von einem Anonymus.)

Meigs, J., Clin. lecture on a case of exophth. goitre. Philad. med. Times. Jan. 1873.

Mendel, E., Zur patholog. Anatomie des Morbus Basedowii. Deutsche med. Wochenschr. XVIII. 5. 1892. Neurol. Centralbl. XI. 4. p. 114. 1892. Schmidt's Jahrb. 234. S. 134.

Merklen, Accidents aigus dans le cours d'un goitre exophth. France méd. XXVIII. p. 338. 1881.

Meyer, M., Ueber Galvanisation des Sympathicus bei der Basedow'schen Krankheit. Berliner klin. Wochenschr. IX. 19. 1872.

De Meyjounissas du Repaire, Du goitre exophth. Thèse de Paris 1867.

Meynert, Th., Complication von Irrsinn mit Morbus Basedowii. Psychiatr. Centralbl. I. p. 35. Wien 1871.

Mignon, Contribution à l'étude de l'étiologie du syndrome de Basedow. Thèse de Paris 1895.

Mikulicz, J. (Ueber die chirurgische Behandlung der Basedow'schen Krankheit, Vortrag vor dem Chirurgencongress mit Verhandlung). Berliner klin. Wochenschr.
XXXII. 19. 1895. Schmidt's Jahrb. 247. S. 25

Mikulicz, J., Ueber Thymusfütterung bei Kropf und Basedow'scher Krankheit.
Berliner klin. Wochenschr. XXXII. 16. 1895 Schmidt's Jahrb. 247. S. 25.

Miliotti, Su alcuni punti del morbo di Basedow. Gazz. degli osped. 4. p. 97. 1884.

Miliotti, Sui casi leggeri o incompleti della malattia di Basedow. Riv. venet.
di sc. med. 1884, 1. 1885, 2 e 4.

Millard, P., Des oedèmes dans la maladie de Basedow. Thèse de Paris 1888.
Schmidt's Jahrb. 234. S. 131.

Möbius, P. J., Ueber Morbus Basedowii. Memorabilien. XXXI. S. 449. 1881.

Möbius, P. J., Combination von Morbus Basedowii mit Paralysis agitans.
Memorabilien. XXVIII. S. 147. 1883.

Möbius, P. J., Zur Pathologie des Halssympathicus. Berliner klin. Wochenschr.
XXI. 15—18. 1884. Neurol. Beiträge. IV. S. 179. 1895.

Möbius, P. J., Ueber Insufficienz der Convergenz bei Morbus Basedowii. Centralbl.
f. Nervenheilkunde. IX. 12. 1886. Neurol. Beiträge. IV. S. 109. 1895.

Möbius, P. J. (Schilddrüsentheorie). Schmidt's Jahrb. 210. S. 237. Juli 1886.

Möbius, P. J., Ueber das Wesen der Basedow'schen Krankheit. Centralbl. für
Nervenheilkunde. X. 8. 1887.

Möbius, P. J., Ueber eine eigenthümliche Vertheilung des Oedems bei Basedow'scher Krankheit. Schmidt's Jahrb. 230. S. 135. 1891.

Möbius, P. J., Ueber Morbus Basedowii. Deutsche Zeitschr. f. Nervenheilkunde.
I. 5 u. 6. S. 400. 1891.

Mollière, Goitre exophth. Gaz. méd. de Lyon. 26. 1868.

Moloney (Fall von Basedow'scher Krankheit). Austral. med. Journ. XI. 2.
p. 84. 1889. Schmidt's Jahrb. 223. S. 28.

Molony, Increased action of the heart and arteries etc. Dublin Hosp. Gaz.
Nr. 11. July 1855.

Montet, Début cardiaque du goitre exophth. Thèse de Paris 1889.

Montgomery, Hugh, A case of exophth. goitre ending fatally from sudden
pressure on the trachea. Lancet. I. 6. p. 306. 1891. Schmidt's Jahrb. 233. S. 26.

Montméja, Goitre exophth. Revue photogr. d'hôp. de Paris. III. p. 275. 1871.

Moore, Palpitation, visible pulsation in the carotids and thyroid gland with
exophthalmos. Dublin med. Press. p. 365. 495. 1863.

Moore, Some remarks on the nature and treatment of pulsating thyroid gland
with exophthalmos. Dublin quarterly Journ. of med. sc. p. 344. Nov. 1865.

Moore, Exophth. goitre. Med. Press and Circul. II. p. 617. Dublin 1866.

Moore, Exophth. goitre with loss of on eye from exposure. Eastern med. Journ.
VII. p. 27. Worcester 1887.

Mooren, Ophthalmiatr. Beobachtungen. S. 339. Berlin 1867.

Mooren, Ophthalm. Mittheilungen aus dem Jahre 1873. S. 14.

Moreau, De la nature du goitre exophth. Thèse de Paris 1867.

Morgan, Dilatation of the cavities of the heart with probably some hypertrophy
complic. with exophth. goitre, successfully treated with digitalis. Philad. med. and surg.
Rep. p. 290. 1879.

Morin, Zur Schilddrüsentherapie. Therapeut. Monatsh. IX. 11. S. 593. 1895.

Mosler (Thymus bei Basedow'scher Krankheit). Greifswald, J. Abel, 1889.
Schmidt's Jahrb. 223. S. 25.

Müller, Friedr., Beiträge zur Kenntniss der Basedow'schen Krankheit. Deutsches Archiv f. klin. Med. LI. 4 u. 5. p. 335. 1893. Schmidt's Jahrb. 240. S. 146.

Müller, H. (Basedow'sche Krankheit bei einem Kinde). Corr.-Bl. f. Schweizer Aerzte. XIX. 8. p. 242. 1889. Schmidt's Jahrb. 223. S. 27.

Müller, W. H. T., Reduction of goitre by the Faradic current. Med. News. Dec. 3, 1892.

Mulnier, Ueber Basedow'sche Krankheit. Diss. inaug. Berolin. 1869.

Murray, G. R., Thyroid secretion as a factor in exophth. goitre. Lancet. II. 20. 1893. Schmidt's Jahrb. 241. S. 136.

Murray, J., Case of exophth. goitre. Med. Times and Gaz. p. 190. 1871.

Murell, A case of Graves' disease. Lancet. I. p. 130. 1880.

Musehold, A., Ein Fall von Morbus Basedowii, geheilt durch eine Operation in der Nase. Deutsche med. Wochenschr. XVIII. 5. 1892. Schmidt's Jahrb. 234. S. 134.

Nathanson, De dyscrasia quadam affectionem cordis, strumam, exophthalmum efficiente. Diss. inaug. Berolin. 1850.

Naumann, Herzleiden mit Anschwellung der Schilddrüse und Exophthalmus. Deutsche Klinik. Nr. 24. 1853.

Neumann, Bericht über eine Strumektomie bei Morbus Basedowii. Deutsche med. Wochenschr. XIX. 39. S. 951. 1893. Schmidt's Jahrb. 240. S. 150.

Newman, E. A. R., The etiology of exophth. goitre. Lancet. II. 6. 1894. Schmidt's Jahrb. 244. S. 131.

Newton, R. S. (Thyroidectomy in exophth. goitre). Journ. of nerv. and mental dis. XXI. 4. p. 259. 1894. Schmidt's Jahrb. 243. S. 141.

O'Neill, W., Exophth. goitre and diabetes occurring in the same person. Lancet. March 2, 1878.

Nias, Case of exophthalmos following epilepsy. Brain. XV. p. 118. 1892.

Nicati, La paralysie du nerf sympathique cervical. Diss. inaug. Zürich. Lausanne 1873.

Nitzelnadel, Ueber nervöse Hyperidrosis und Anidrosis. Diss. inaug. Jenensis 1867.

Nixon, C. J. (Gegenüberstellung von Morbus Basedowii und Myxödem). Dublin Journ. 3. p. 181. Jan. 1887.

Nunneley, Med.-chir. Transact. XLVIII. p. 16.

Odeye, Joseph, Influence des modifications utéro-ovariennes sur les affections du corps thyroïde. Thèse de Paris 1895. Schmidt's Jahrb. 248. S. 25.

Osterlony, Remarks on Graves' disease. Richmond and Louisville med. Journ. XVI. p. 9. 1873.

Oesterreicher, Zur Aetiologie des Morbus Basedowii. Wiener med. Presse. XXV. S. 336. 1884.

Oliver, A case of epilepsy with exophth. goitre; neurotic history. Brain. X. p. 499. 1888.

Oppenheim, H. (Pigmentirung bei Basedow'scher Krankheit). Deutsche med. Wochenschr. XIV. 2. S. 35. 1889. Schmidt's Jahrb. 233. S. 26.

Oppenheimer, A. R., Myxoedema and exophthalmic goitre in sisters. Journ. of nerv. and ment. dis. N. S. XX. 4. p. 213. April 1895. Schmidt's Jahrb. 247. S. 24.

Oppolzer, Ueber Basedow'sche Krankheit. Wiener med. Wochenschr. 48. 49. 1866.

Oppolzer, Ueber die Basedow'sche Krankheit. Allg. Wiener med. Zeitschr. 2. 6. 1868.

Ormby, Goitre exophth., angine de poitrine. Lyon méd. Jan. 9, 1887.

Oser, Verhalten der Pupille beim Morbus Basedowii. Wiener med. Blätter. 47. 1884.

Osler, An acute myxoematous condition occurring in goitre. Johns Hopkins Hosp. Bull. III. 21. 1892. Schmidt's Jahrb. 236. S. 19.

Owen, David, Thyroid feeding in exophth. goitre. Brit. med. Journ. Dec. 2, 1893. Schmidt's Jahrb. 241. S. 139.

Owen, David, Further notes on the treatment of a case of exophthalmic goitre. Brit. med. Journ. Febr. 16, 1895. Schmidt's Jahrb. 247. S. 24.

Pacheco, R., Cuatro casos de bocio exoftalmico. Ann. del circolo med. Argent. Nov. 1891. Schmidt's Jahrb. 236. S. 19.

Panas, Quelques considérations sur la pathogénie du goitre exophth. L'Union méd. 105. 1885.

Panas, Goitre exophth. ou maladie de Basedow; nature et traitement de cette affection. Arch. d'Ophthalm. I. p. 97. 1880/81.

Park, R., Treatment of exophth. goitre. Practitioner. XXIV. 3. p. 188. 1880.

Parry, C. H., Collections from the unpublished med. writings. II. p. 111. London 1825.

Pässler, H., Erfahrungen über Basedow'sche Krankheit. Deutsche Zeitschr. f. Nervenhk. VI. S. 210. 1895. Schmidt's Jahrb. 247. S. 22.

Pastrian, Etude sur le goitre dépendant de la grossesse et de l'accouchement. Thèse de Paris 1876.

Patchett, Exophth. goitre, unusual severity of symptoms; ulcer of cornea; cured. Lancet. June 15, 1872.

Patrick, H. T., The Bryson symptom in exophth. goitre. New York med. Journ. Febr. 9, 1895. Schmidt's Jahrb. 248. S. 25.

Patterson, R., Note on the etiology of Graves' disease. Lancet. I. 22. 1894. Schmidt's Jahrb. 245. S. 140.

Paul, Zur Basedow'schen Krankheit. Berliner klin. Wochenschr. 27. 1865.

Pauli, Merkwürdige Veränderung an den Augen einer jungen Frau in Folge von Hydrophthalmos. Heidelberger klin. Ann. III. 2. S. 218. 1837.

Payne, Exophth. goitre, cure. Lancet. II. p. 539. 1883.

Pedrono, Des lésions oculaires dans le goitre exophth. Thèse de Paris 1885.

Peltzer, Ein Fall von Morbus Basedowii durch Elektricität geheilt. Therapeut. Monatsh. II. S. 464. 1888.

Pensuti, Sopra uno caso di morbo di Flajani. Riv. clin. Nr. 2. 1887.

Pepper, W., Graves' disease. New York med. Rec. Sept. 1, 1877.

Pepper, Clinical contribution to exophth. goitre. Med. Soc. of the State of Pennsylv. May 1879. New York med. Rec. 6. 1883.

Perregaux, E., Ueber Morbus Basedowii. Corr.-Bl. f. Schweizer Aerzte. XXIV. 11. 1894. Schmidt's Jahrb. 243. S. 140.

Perres, Ein Fall von Morbus Basedowii. Wiener med. Wochenschr. 46. 1874.

Perry, Cases of exophth. goitre; aortic dilatation; acute articular rheumatism and bronchitis; pigmentation of the skin. Glasgow med. Journ. May 1873.

Pershing, Case of exophth. goitre. Denver med. Times. March 1891.

Peter, Note pour servir à l'histoire du goitre exophth. Gaz. hebd. 12. 1864. Gaz. des Hôp. Mars 8, 1864. 34. 43. 1865. Gaz. méd. de Lyon. 7. 1865. France méd. XXV. p. 442. 1878. Bull. méd. p. 373. 409. 1890.

Petersen, Morbus Basedowii. New York med. Rec. XXXII. Aug. 1883.

Petithan, Etude sur trois cas de maladie de Basedow. Arch. méd. belge. XX. p. 958. 1887.

Peyrou et J. Noir, Le dermographisme électrique dans le goitre exophth. Progrès méd. 2. S. XX. 37. 1894. Schmidt's Jahrb. 244. S. 130.

Philipps, Exophth. goitre treated with duboisine. Brit. med. Journ. I. p. 958. 1883.

Philipps, Graves' disease cured by galvanisme. Brit. med. Journ. p. 964. 1885.

Pilet-Fouet, E., Des perturbations mentales dans le cours du goitre exophth. Thèse de Paris 1893. Schmidt's Jahrb. 240. S. 148.

Pitres, A. (Morbus Basedowii und Hysterie). Progrès méd. 2. S. XII. 49. 1890. Schmidt's Jahrb. 229. S. 137.

Pizzoli, Contrib. alla casuistica del morbo di Basedow. Gazz. degli Osped. XIII. 104. 1892.

Pletzer, Hydrops genu intermittens. Deutsche med. Wochenschr. VI. 37. 1880.

Poncet, A. et Jaboulay, Traitement chirurgical des goitres par l'exothyropexie. Gaz. des hôp. LXVII. 17. 1894. Schmidt's Jahrb. 242. S. 140.

Poole, Electricity as a paralysing agent in the treatment of exophth. goitre. New York med. Rec. XVIII. p. 569. 1889.

Portal, Quelques réflexions sur deux cas de maladie de Basedow. Montpellier 1864.

Postel, Cas de maladie de Basedow. Gaz. des hôp. 14. 1861.

Potain, Du goitre exophth. Practicien. IV. p. 304. Paris 1881.

Praël, Exophthalmus mit Struma und Herzfehler. Archiv f. Ophthalm. III. 2. S. 199. 1857.

Primassin, Struma, Exophthalmus nebst Herzaffection. Organ f. d. ges. Heilk. II. 162. 1853.

Přibram, Basedow'sche Krankheit. Prager med. Wochenschr. VII. p. 438. 1882.

Přibram, A., Zur Prognose des Morbus Basedowii. Prager med. Wochenschr. XX. 45. 1895.

Puel, Goitre exophth. Travaux de la Soc. de sc. méd. de Moselle. p. 221. Metz 1863.

Pulitzer, Zur Basedow'schen Krankheit. Wiener med. Presse. IX. 46. 1868.

Putnam, James J., Cases of myxoedema and acromegalia treated by sheeps thyroid with benefit: recent observations respecting the pathology of the cachexias following disease of the thyroid; clinical relationships of Graves' disease and acromegalia. Amer. Journ. of med. Sc. CVI. 2. p. 125. 1893. Schmidt's Jahrb. 240. S. 147.

Putnam, James J., The treatment of Graves' disease by thyroidectomy. Journ. of nerv. and mental dis. XVIII. 12. 1893. Schmidt's Jahrb. 242. S. 140.

Putnam, J., Pathology and treatment of Graves' disease. Brain. LXVI. p. 214. Summer 1894. Schmidt's Jahrb. 245. S. 138.

Putnam, James J., Recent observations on the functions of the thyroid gland and the relation of its enlargement to Graves' disease. Boston med. and surg. Journ. CXXX. 7. 1894. Schmidt's Jahrb. 242. S. 138.

Putnam, James J., Notes on two additional cases of thyroidectomy for Graves' disease. Journ. of nerv. and mental dis. N. S. XIX. 6. p. 359. 1894. Schmidt's Jahrb. 243. S. 141.

Putnam, James J., Modern views of the nature and treatment of exophth. goitre. Boston med. and surg. Journ. CXXXIII. 6. 1895. Schmidt's Jahrb. 248. S. 25.

Putzer, Zur Behandlung des Morbus Basedowii. Deutsche Med.-Zeitung. 40. 1890.

Rabejac, Du goitre exophth. Thèse de Paris 1869

Rabello, Duos casos de bocio exoftalmico. Progresso medico. Rio de Janeiro. II. p. 38. 1877/78.

Rampoldi, Sul gozzo esoftalmico. Ann. univers. di med. e chir. p. 43. Milano 1882.

Ramsay, Maitland A., Exophth. goitre, a clinical study. Glasgow med. Journ. XXXVI. 2. p. 81. 3. p. 178. 1891. Schmidt's Jahrb. 233. S. 23.

Ranse, Du traitement de la maladie de Basedow, en particulier des formes frustes par les eaux minérales indéterminées. Gaz. de Paris. 41. 1886.

Raymond, F. et P. Sérieux, Goître exophth. et dégénérescence mentale. Revue de Méd. XII. 12. p. 957. 1892. Semaine méd. XII. 41. p. 324. 1892. Schmidt's Jahrb. 236. S. 18. 238. S. 21.

Raymond, N., Vitiligo et goître exophth. Thèse de Paris 1875.

Recklinghausen u. Traube, Ueber Morbus Basedowii. Deutsche Klinik. p. 286. 1863.

Reimonenq, Symptôme nouveau du goitre exophth. Mém. et Bull. de la Soc. de Méd. de Bordeaux. p. 155. 1869.

Reinhold, H., Zur Pathologie der Basedow'schen Krankheit. Münchener med. Wochenschr. XLI. 23. 1894. Schmidt's Jahrb. 243. S. 139.

Rehn, L., Ueber die Exstirpation des Kropfes bei Morbus Basedowii. Berliner klin. Wochenschr. XXI. 11. 1884. Schmidt's Jahrb. 210. S. 283.

Rehn, L., Ueber Morbus Basedowii. Deutsche med. Wochenschr. XX. 12. 1894 Schmidt's Jahrb. 242. S. 139.

Reith, Archib., Exophthalmos, enlargement of the thyroid gland; death; autopsy; affection of the cervical sympathetic. Med. Times and Gaz. II. Nr. 11. p. 521. 1865.

Renault, Sur la maladie de Basedow. Gaz. hebdom. p. 112. 1889.

Rendu, De la maladie de Basedow. Semaine méd. p. 197. 1888. Gaz. hebdom. 20. 1888.

de Renzi, Forme anomale e cura del gozzo esoftalmico. Riv. clin. et terap. 1. 1887

de Renzi, E., Sul gozzo esoftalmico. Rif. med. VIII. 137—9. 1892. Schmidt's Jahrb. 236. S. 19.

Revilliod, L., Le thyroïdisme et le thyroprotéisme et leurs équivalents. Revue méd. de la Suisse rom. XV. 8. p. 413. 1895. Schmidt's Jahrb. 248. S. 23.

Rey, De la cachexie exophth. dans ses rapports avec les affections utérines. Thèse de Paris 1877.

Reymond, E., Goître exophth.; mort au bout de 15 jours. Bull. de la Soc. anatom. de Paris. 5. S. VII. 18. p. 456. 1893. Schmidt's Jahrb. 241. S. 137.

Reynolds, Russell J., A contribution to the clinical history of Graves' disease Lancet. I. 20. 1890. Schmidt's Jahrb. 227. S. 146.

Ricchi, Il gozzo esoftalmico. Il Raccoglitore med. XXIV. 32. 33. 1873.

Richardson, W. L., Boston med. and surg. Journ. July 25, Aug. 8, 1867.

Ripamondi, L'estirpazione del gozzo nel morbo di Basedow secondo il prof. Bottini. Gazz. med. Lombarda. S. 9. V. 23. 1893. Schmidt's Jahrb. 240. S. 150.

Rivalier, Contrib. à l'étude de la maladie de Basedow. Thèse de Paris 1888—89.

Roberts, J. B., Acute bronchocele with cardiac hypertrophy occurring during pregnancy and producing dyspnoë. Amer. Journ. of med. sc. p. 374. Oct. 1876.

Robertson, On Graves' disease with insanity. Journ. of ment. sc. XX. p. 573. 1875.

Rockwell, On the use of galvanism in exophth. goitre. New York med. Rec. XVI. p. 317. Oct. 14, 1879.

Rockwell, A. D., The electrical treatment of exophth. goitre. New York med. Rec. XVII. p. 641. 1880. XVIII. June 1881.

Rockwell, A. D., The treatment of exophth. goitre, based on 45 consecutive cases. New York med. Rec. XLIV. 14. 1893. Schmidt's Jahrb. 241. S. 138.

Röder, Ein Fall von Morbus Basedowii bei einer Kuh. Bericht über das Veterinärwesen im Königreich Sachsen f. d. Jahr 1890. 1891. Schmidt's Jahrb. 238. S. 23.

Roeser, Zur Diagnose der Herzhypertrophie und der daraus entspringenden Exophthalmie. Memorabilien. III. 4. 1858.

Roesner, Beitrag zur Lehre vom Morbus Basedowii. Diss. inaug. Breslau 1875.

Rolland, De quelques altérations de la peau dans le goitre exophth. Thèse de Paris 1876.

Romberg, Klinische Wahrnehmungen und Beobachtungen. Berlin 1851. p. 179.

Roncier, Cas de cachexie exophth. Gaz. des hôp. 152. 1860.

Roosevelt, Basedow's disease. Journ. of nervous and mental dis. XIII. p. 262. 1888.

Rose, De carcinomate glandulae thyreoideae cordis palpitationes et exophthalmum secum ferente. Diss. inaug. Berolin. 1867.

Rosenberg, Fall von Basedow'scher Krankheit bei einem Kinde. Berliner klin. Wochenschr. 50. 1865.

Rosenberg, Jul., A case of Graves' disease: apparent heredity. New York med. Rec. XXXVIII. 22. 1890. Schmidt's Jahrb. 229. p. 137.

Rossander, Basedow sjukdom. Förhand. Svens. Läk. - Sallsk. Semansk. p. 228. 1866.

Roth, Zur Casuistik des Morbus Basedowii. Wiener med. Presse. 30. 1875.

Rothmann (Fall von Morbus Basedowii mit Hirnnervenlähmung). Münchener med. Wochenschr. XL. 8. p. 165. 1893. Schmidt's Jahrb. 238. S. 23.

Roux, Remarques sur 115 opérations du goitre. Festschrift für Theod. Kocher. Wiesbaden 1891, Bergmann.

Rummel, L., Ueber die Basedow'sche Krankheit. Diss. inaug. Göttingen 1890. Schmidt's Jahrb. 233. S. 24.

Runeberg (Fall von Basedow'scher Krankheit). Finska läkaresellsk. handl. 1891. Neurol. Centralbl. XI. S. 359. 1892.

Rupprecht, Ueber einen Fall von Basedow'scher Krankheit. Jahresber. der Gesellsch. für Natur- und Heilkunde in Dresden. S. 63. 1890. Schmidt's Jahrb. 229. S. 138.

Russel, Cases of proptosis with goitre and palpitations. Med. Times and Gaz. March 26, 1864.

Russel, Graves' disease. Med. Times and Gaz. II. p. 250. 377. 1876

Russel, A case of Graves' disease in which the proptosis existed on the left side alone, having originally affected both eyes. Ophth. review. II. p. 174. 1884.

Sänger, M. (Atrophie der weiblichen Geschlechtstheile bei Morbus Basedowii). Centralbl. f. Gynäk. XIV. 7. S. 133. 1890. Schmidt's Jahrb. 234. S. 134.

Sainte Marie, Contribution à l'étude de la maladie de Basedow. Thèse de Paris 1887.

Salemi-Pace, Gozzo esoftalmico e pazzia. Pisani 1881.

Sansom, A case of exophthalmos with none affection cardiac and thyroid phenomena of Graves' disease. Transact. of the Ophth. Soc. of the united Kingdom. p. 241. London 1881/82.

Sansom, A case of Graves' disease. Lancet. II. 23. 1890. Schmidt's Jahrb. 229. S. 137.

Sattler, H., Die Basedow'sche Krankheit. Handb. d. ges. Augenhk. v. A. Graefe und Th. Saemisch. VI. 2. S. 949. 1880.

Saundby, Exophth. goitre. Brit. med. Journ. Jan. 31, 1885.

Savage, Exophth. goitre with mental disordre. St. Guy's Hosp. Rep. XXVI. p. 31. 1883.

Schenk, P., Geisteskrankheit bei Morbus Basedowii. Diss. inaug. Berlin 1890. Schmidt's Jahrb. 230. S. 135.

Schimkewitsch, Ein Fall von Morbus Basedowii. Centralbl. f. Augenhk. S. 331. 1879.

Schlesinger, H. (Lähmung des R. sup. oc. bei Morbus Basedowii). Wiener med. Presse. XXXIII. 43. 1892. Schmidt's Jahrb. 238. S. 23.

Schmidt, Ueber die Complication von Diabetes mellitus mit Morbus Basedowii. Diss. inaug. Würzburg 1892.

Schneider, Ueber die Basedow'sche Krankheit. Diss. inaug. Bonn 1872.

Schnitzler, Klinische Beobachtungen über die Basedow'sche Krankheit. Wiener med. Halle. S. 245 ff. 1864.

Schoch, De exophthalmo ac struma cum cordis affectione. Diss. inaug. Berolin. 1854.

Schönfeld, Ein Fall von Morbus Basedowii. Diss. inaug. Berolin. 1881.

Scholz, Wilh., Ueber den Einfluss der Schilddrüsenbehandlung auf den Stoffwechsel des Menschen, insbesondere bei Morbus Basedowii. Centralbl. f. innere Med. XVI. 43. 44. 1895.

Schott, Th., Zur Behandlung des Morbus Basedowii. Deutsche med. Wochenschr. XIV. 31. 1889. Deutsche Med.-Zeitung. X. 31. 32. 1889. Schmidt's Jahrb. 223. S. 28.

Schuchardt, Struma Basedowii. Aerztl. Ber. über d. städt. Krankenh. in Stettin. S. 25. 1891/92.

Schultz, Graves' disease cured by digitalis, arsenic and iron. Med. Herald. Louisville. 11. p. 137. 1880.

Schulz. Morbus Basedowii. Diss. inaug. Greifswald 1874.

Schuster, De l'exophthalmie cardio-thyroidealis. L'Union méd. 84. 1864.

Schwechendick, Ein Fall von Morbus Basedowii bei einem $2^1/_2$jährigen Kinde. Allg. med. Centralzeitung. 82. 1883.

Sealy, A case of Graves' disease. Lancet. II. p. 510. 1878.

Secchieri, Tabe e gozzo esoftalmico. Riform. med. Oct. 1889.

Séc, Germain, Symptomes de la maladie de Basedow. France méd. 87 sc. 1878

Séglas, J., De la resistance électrique dans la mélancolie: maladie de Basedow et mélancolie. Ann. méd.-psychol. 7. S. XII. 2. p. 280. 1890. Schmidt's Jahrb. 229. S. 90.

Semon, F., Unilateral Graves' disease. Lancet. I. 16. p. 789. 1889. Schmidt's Jahrb. 223. S. 27.

Sérieux, P., siehe Raymond.

Shapley, Cases of Graves' disease. Med. Times and Gaz. p. 212. 260. 1874

Sharkey, Graefe's lid sign. Brit. med. Journ. Oct. 25, 1890. Schmidt's Jahrb. 229. S. 137.

Sichel, Sur une espèce particulière d'exophthalmos produit par l'hypertrophie ou la congestion du tissu cellulograisseux de l'orbite. Bull. gén. de Thérap. XXX. 1846. Ibid. May 1848.

Sickinger, J., Zur operativen Behandlung der Struma bei der Basedow'schen Krankheit. Diss. inaug. Strassburg. Schmidt's Jahrb. 242. S. 139.

Sidlo (Erythem bei Basedow'scher Krankheit). Militärarzt. XXIII. 1. 1889. Schmidt's Jahrb. 223. S. 27.

Siecke, Zur Therapie des Morbus Basedowii. Diss. inaug. Berolin. 1892.

Sieffermann, Observ. de goitre exophth. Gaz. méd. de Strasbourg. 1874.

Silbert, siehe Boinet.

Silv , B., Sul morbo di Basedow. Gaz. delle Clin. II. 16—18. 1885. Schmidt's Jahrb. 210. S. 32.

Silva, B. e Pescarolo, Della resistenza elettrica del corpo humano in condizioni normali e patologiche. Riv. sperim. di fren. e di Med. leg. XV. 2 e 3. 1889. Schmidt's Jahrb. 229. S. 88.

Singer, G.. Zur Klinik der Sklerodermie. Wiener med. Presse. XXXV. 46. 1894. Schmidt's Jahrb. 245. S. 139.

Smith, A. S., Malarial affection simulating Basedow's disease. New York med. Rec. XXX. 21. p. 569. 1886. Schmidt's Jahrb. 214. S. 28.

Smith, Singherton, Exophth. goitre, lesions of the cervical ganglia. Med. Times and Gaz. June 15, 1878.

Smith, On the treatment of exophth. goitre with belladonna. Lancet. June 27, 1874.

Snell, Some clinical features of Graves' disease. Lancet. I. p. 818. 1878.

Soenens, Cas de goitre exophth. Bull. de l'Acad. R. de Méd. de Belge. p. 457. 1871.

Solary, Ch., Du traitement chirurgical du goitre exophth. Thèse de Paris 1894. Schmidt's Jahrb. 244. S. 130.

Solbrig, Basedow'sche Krankheit und psychische Störung. Allg. Zeitschr. f. Psychiatrie. XXVII. S. 5. 1870.

Sollier, P., Maladie de Basedow avec myxoedème. Revue de Méd. XI. 12. p. 1600. 1891. Schmidt's Jahrb. 234. S. 133.

Souques, Sur l'étendue du champ visuel dans la maladie de Basedow. Bull. méd. p. 498. 1891.

Southworth, Exophth. goitre. Buffalo med. and surg. Journ. XI. 293. 1871/72.

Souza-Leite, Note sur un cas de maladie de Basedow. Progrès méd. XVI. 35. 1888. Schmidt's Jahrb. 220. S. 236.

Spamer, O., Sympathicusaffection bei Mutter und Tochter. Deutsche Zeitschr. f. prakt. Med. 19. 1877.

Spencer, W. G., Exophth. goitre. Brit. med. Journ. May 2, 1885.

Spencer, W. G., Exophth. goitre. Lancet. I. 10. p. 543. 1891. Transact. of the Path. Soc. of London. XLII. p. 299. 1891. Schmidt's Jahrb. 233. S. 26.

Spender, J. K., On points of affinity between rheumatoid arthritis, locomotor ataxy and exophth. goitre. Brit. med. Journ. May 30, 1891. Schmidt's Jahrb. 233. S. 26.

Spirer, Scanes, A case of incomplete Graves' disease associated with nasal polypi. Transact. of the clinical soc. of London. XXVIII. p. 265. 1895.

Squire, Exophth. goitre and other cases with enlargement of the thyroid. Lancet. I. p. 867. 1886.

Stella, Exophth. goitre with report of a case. Journ. of Amer. med. assoc. April 16, 1887.

Stellwag v. Carion, Ueber gewisse Innervationsstörungen bei der Basedow'schen Krankheit. Wiener med. Jahrb. XVII. 2. S. 25. 1869.

Stephani, P., Contribution à l'étude du traitement chirurgical du goitre exophth. Thèse de Lyon 1894. Schmidt's Jahrb. 248. S. 26.

Stevenson, On unexpected case of goitre. North Carol. med. Journ. VIII. p. 263. Wilmington 1881.

Stewart, Three cases of exophth. goitre treated by ergot. Canada Journ. of med. sc. VI. p. 312. Toronto 1881.

Stewart, Grainger and G. A. Gibson, Notes on some pathol. appearances in three fatal cases of Graves' disease. Brit. med. Journ. Sept. 23, 1893. Schmidt's Jahrb. 240. S. 147.

Stierlin, R., Zur Strumaexstirpation bei Morbus Basedowii. Beitr. zur klin. Chir. V. S. 247. 1889.

Stierlin, R., Weiterer Beitrag zur Frage der Strumaexstirpation bei Morbus Basedowii.. Beitr. zur klin. Chir. VIII. 3. S. 578. 1892. Schmidt's Jahrb. 234. S. 134.

Stiller, B., Zur Therapie des Morbus Basedowii. Wiener med. Wochenschr. XXXVIII. 27. 1888. Schmidt's Jahrb. 219. S. 258.

Stilling, Sur la production expér. de l'exophthalmie. Bull. méd. p. 75. 1891.

Stockmann, Beitrag zur operativen Behandlung der Basedow'schen Krankheit. Deutsche med. Wochenschr. XX. 6. 1894. Schmidt's Jahrb. 242. S. 139.

Stoffella, H., Ueber Morbus Basedowii. Wiener med. Wochenschr. S. 641 ff. 1883.

Stoker, Ueber die Basedow'sche Krankheit. Diss. inaug. Würzburg 1862.

Stokes, Diseases of the heart. p. 229. Dublin 1853.

Story, Three cases of exophth. goitre. Med. Times and Gaz. I. p. 711. 1883. Ophth. Review. II. p. 161. 1883.

Strübing, Ueber mechanische Vagusreizung beim Morbus Basedowii. Wiener med. Presse. XXXV. 45. 1894. Schmidt's Jahrb. 245. S. 139.

Sulzer, M., Bericht über 200 Kropfoperationen. Deutsche Zeitschr. f. Chir. XXXVI. 3 u. 4. S. 208. 1893. Schmidt's Jahrb. 240. S. 149.

Sutro and Weber, Two cases of Basedow's (Graves') disease. Med. Times and Gaz. Oct. 26, 1868.

Sutton, A case of Graves' disease. Brit. med. Journ. August 15, 1878.

Swanzy, Exophth. goitre. Irish Hosp. Gaz. Sept. 1, 1873.

Syers, Case of exophth. goitre terminating fatally. Westminster Hosp. Rep. 1886.

Syme, Edinburgh monthly Journ. of med. sc. X. p. 488. 1850.

Tapret, Sur le goitre exophth. Arch. gén. de Méd. p. 73. 1881.

Tatum, Exophth. goitre; sloughing of the cornea from exposure. Med. Times and Gaz. Jan. 23, 1864.

Taylor, On protrusion of the eye, enlargement of the thyroid gland and palpitations of the heart. New York med. Times. II. p. 65. 1852.

Taylor, On anemic protrusion of the eyeballs. Med. Times and Gaz. May 24, 1856. p. 515.

Taylor, Early recognition of exophth. goitre. Philad. med. and surg. Rep. p. 468. 1888.

Taylor, Madison J., The treatment of exophth. goitre. Med. News. LXIII. 25. 26. 1893. Schmidt's Jahrb. 241. S. 138.

Teissier, Du goitre exophth. Gaz. méd. de Lyon. Nr. 1. 2. 1863.

Terrier, Etiologie du goitre exophth. Thèse de Paris 1892—93.

Theilhaber, A., Die Beziehungen der Basedow'schen Krankheit zu den Veränderungen der weiblichen Geschlechtsorgane. Archiv f. Gynäkol. XLIX. 1. p. 57. 1895. Schmidt's Jahrb. 248. S. 25.

Thermes, Goitre exophth. à forme grave guéri par hydrothérapie pour 1¹/₂ ans. France méd. 81. 82. 1878.

· Thoma, E., Ueber einen Fall von Menstrualpsychose mit periodischer Struma und Exophthalmus. Allg. Zeitschr. f. Psych. LI. 3. p. 590. 1894. Schmidt's Jahrb. 245. S. 140.

Thomas, Exophth. goitre. Richmond and Louisville med. Journ. p. 401. 1876

Thomas, Exophthalmos without goitre. Lancet. II. p. 993. 1883.

Thompson, Traitement diététique de la maladie de Graves. Revue des sc. méd. Avril 14, 1894. Schmidt's Jahrb. 244. S. 131.

Thomson, A report on three cases of exophth. goitre etc. The Ohio med. and surg. Journ. August 1, 1876.

Thyssen, Hérédité simulaire dans un cas de maladie de Basedow; disparition du goitre par des injections de tincture d'iode. Progrès méd. IX. 4. 1889. Schmidt's Jahrb. 223. S. 26.

Tillaux, Thyroïdectomie pour un goitre exophth. Bull. de l'Acad. de Méd. de Paris. Avril 27, 1880. Schmidt's Jahrb. 210. S. 283. Bull. de la Soc. de chirur. Août 3, 1881.

Timotheeff, L., Ueber die Complication des Morbus Basedowii mit der Tabes dorsalis. Diss. inaug. Berlin 1893. Schmidt's Jahrb. 242. S. 139.

Toulouse, E., Les rapports du goitre exophth. et de l'aliénation mentale. Gaz. des hôp. LXV. 150. 1892. Schmidt's Jahrb. 238. S. 22.

Traube, Zur Lehre von der Basedow'schen Krankheit. Ges. Beiträge etc. II. 2. S. 1044. 1871.

Troje (Fall von Operation bei »abortivem Morbus Basedowii«). Deutsche med. Wochenschr. XIX. 44. p. 1084. 1893. Schmidt's Jahrb. 241. S. 139.

Troschke, Casuist. Beitr. zur Aetiologie und Symptomatologie des Morbus Base-dowii. Diss. inaug. Greifswald 1893.

Trousseau, Du goitre exophth. L'Union méd. 142. 143. 145. 147. 1860. Gaz. hebdom. p. 219. 267. 1860. Gaz. des hôp. 139. 142. 1860.

Trzebicky, Weitere Erfahrungen über die Resection des Kropfes nach Mikulicz. Archiv f. klin. Chir. XXXVII. 3. p. 498. 1888. Schmidt's Jahrb. 220. S. 51.

Tuffier, Traitement chirurgical du goitre exophthalmique. Bull. et mém. de la soc. de chir. de Paris. XXI. p. 125. 1895. Schmidt's Jahrb. 247. S. 24.

Tuffier (Fall von erfolgreicher Schilddrüsenresection bei Basedow'scher Krank-heit). Semaine méd. XV. 9. p. 74. 1895. Schmidt's Jahrb. 247. S. 25.

Turgis, Recherches et observations pour servir à l'histoire du goitre exophth. Thèse de Paris 1863.

Turnbull, Remarks on exophth. goitre. Philad. med. Times. I. p. 241. 1870—71.

Turner, Dawson, Electrotherapeutics. Lancet. II. 11. 1891. Schmidt's Jahrb. 233. S. 27.

Tyson, Exophth. goitre. Philad. med. and surg. Rep. Sept. 26, 1891.

Valentiner, Basedow'sche Krankheit. Deutsche Klinik. p. 193. 1864.

Valieri, Traitement du goitre exophth. par le chanvre cultivé. Bull. méd. p. 1291. 1888.

Vandervelde et Le Boeuf, Le goitre dans la maladie de Basedow. Journ. de Méd. de Bruxelles. LII. 9. 1894. Schmidt's Jahrb. 242. S. 138.

Vauce, The opthalmoscopic appearances of cases of exophth. goitre. Chicago med. Journ. XXX. p. 449. August 1873.

Verbiest, Observation d'un cas de goitre exophth. Arch. de Méd. belge. XXXIII. p. 450. 1864.

Verdier, Traitement du goitre exophth. Bull. méd. p. 15. 1888.

Vergely, Souffle oculaire dans le goitre exophth. Mém. et Bull. de Soc. de Méd. de Bordeaux. p. 257. 1869.

Vetlesen, H. J., Aetiologiske Studier over Struma. Kristiania 1887. Schmidt's Jahrb. 238. S. 24.

Vigouroux, A., Traitement du goitre exophth. par la faradisation. Gaz. des hôp. LXIV. 140. 144. 1891. Schmidt's Jahrb. 233. S. 27.

Vigouroux, R., Sur le traitement et sur quelques particularités cliniques de la maladie de Basedow. Progrès méd. XV. 43. 1887.

Vigouroux, R., Ueber das Verhalten des galvanischen Leitungswiderstandes bei der Basedow'schen Krankheit. Centralbl. f. Nervenheilkunde. X. 23. 1887. Schmidt's Jahrb. 221. S. 84.

Vigouroux, R., Sur la resistance électrique considérée comme signe clinique. Progrès méd. XVI. 3. 5. 1888. Schmidt's Jahrb. 221. S. 84.

Vigouroux, R., Le traitement électrique du goitre exophth.; sa technique opératoire. Gaz. des hôp. LXIV. 53. 1891. Schmidt's Jahrb. 233. S. 27.

Villeneuve, De la maladie de Basedow. Thèse de Paris 1876.

Virchow, R., Die krankhaften Geschwülste. III. 1. S. 73. 1867.

Virchow, R., Ueber Myxödem. Berliner klin. Wochenschr. XXIV. 8. 1887.

Vizioli, Un caso di gozzo esoftalmico. Morgagni. XX. p. 568. Napoli 1878.

Vogt, H., Tilfälde af Morbus Basedowii hos en 30årig Jomfru. Norsk Magazin for Laegevid. R. 3. V. p. 563. 1876.

Voisin, J. (Fall von Besserung der Basedow'schen Krankheit durch Schilddrüse). Sem. méd. XIV. 59. 1894. Schmidt's Jahrb. 245. S. 139.

Völkel, A., Ueber einseitigen Exophthalmus bei Morbus Basedowii. Diss. inaug. Berlin 1890. Schmidt's Jahrb. 230. S. 134.

Vorster, Ueber den Hämoglobingehalt u. s. w. bei Geisteskranken. Allg. Zeitschr. f. Psych. L. 3 u. 4. p. 753. 1894. Schmidt's Jahrb. 242. S. 133.

Wähner, Beitrag zur pathologischen Anatomie der Basedow'schen Krankheit. Diss. inaug. Neuwied 1879.

Wagner, Ueber die Folgen der Exstirpation der Schilddrüse und über Morbus Basedowii. Wiener med. Bl. 25. 30. 1884.

Waldenburg, Zur Entwicklungsgeschichte des Morbus Basedowii. Charité-Annalen. IV. S. 342. 1884.

Walker, E., Exophth. goitre. New York med. Rec. Oct. 11, 1879.

Walzberg, Ein Fall von Basedow'scher Krankheit und Sarkom der Schädelbasis. Klin. Monatsbl. f. Augenhk. S. 401. 1876.

Warner, Fr., On ophthalmoplegia externa complicating a case of Graves' disease. Lancet. II. p. 104. Oct. 28, 1882.

Watson, Excision of the thyroid gland. Brit. med. Journ. p. 386. 1875.

Weber, Cases of Graves' disease. Med. Times and Gaz. p. 722. 1868.

Wecker, L., Traité théor. et prat. des mal. des yeux. 2. éd. I. p. 772. 1867.

Weill et Diamantberger, Goitre exophth. et strumatisme. Clermont 1891.

West, S., Two cases of exophthalmus goitre in sisters with morbus cordis and a history of rheumatic fever in both. Lancet. I. 20. 1895. Schmidt's Jahrb. 247. S. 24.

Westcott, Goitre exophth. Brit. med. Journ. II. p. 811. 1874.

Westedt, W., Sechs Fälle von Morbus Basedowii. Diss. inaug. Kiel 1889. Schmidt's Jahrb. 223. S. 28.

Wette, Theod., Ueber die chirurgische Behandlung des Morbus Basedowii. Archiv f. klin. Chir. XLIV. 4. p. 785. 1892. Schmidt's Jahrb. 238. S. 23.

Wettergren, Grosses submucöses, zum Theil gangränöses Uterusmyom bei Morbus Basedowii. Eira 1890. Centralbl. f. Gynäkol. 9. 1891.

Wherry, Note on Stellwag's symptom. Lancet. April 9, 1887.

White, Cooper, On protrusion of the eyes, in connexion with anaemia, palpitation and goitre. Lancet. May 26, 1849.

White, Hale W., On the prognosis of secundary symptoms and conditions of the exophth. goitre. Brit. med. Journ. II. p. 151. 1886.

White, Hale, W., The pathology of the central nervous system in exophth. goitre. Brit. med. Journ. March 30, 1890. Schmidt's Jahrb. 223. S. 25.

White, Hale W., The pathology of the human sympathetic system. Guy's Hosp. Rep. XLVI. 1890. Brit. med. Journ. March 3, 1889. Schmidt's Jahrb. 228. S. 31.

White (Fall von Paraplegia bei Basedow'scher Krankheit). Brit. med. Journ. p. 700. April 1, 1893. Schmidt's Jahrb. 240. S. 148.

Wiener, Jul., Ueber einen Fall von Morbus Basedowii mit Tabes incipiens. Diss. inaug. Berlin 1891. Schmidt's Jahrb. 236. S. 19.

Wietfeld, Ueber die Basedow'sche Krankheit. Tagebl. d. Vereines deutscher Naturforscher u. Aerzte. p. 64. Dresden 1868.

Wild, Exophth. goitre: family predisposition. Brit. med. Journ. May 29, 1886.

Wile, Case of exophth. goitre cured by galvanism and syrup of hydrojodid acid. New England med. monthl. Nov. 1892.

Wilhelm, Zwei Fälle von Morbus Basedowii. Pester med. Presse. XV. S. 471. 1879.

Wilks, Exophth. goitre. Guy's Hosp. Rep. XV. p. 17. 1870.

Wilks, Case of exophth. goitre assoc. with Diabetes. Lancet. March 13, 1875.

v. Willebrand, Vorl. Mitth. über den Gebrauch des Secale cornutum bei Accommodationsstörungen u. s. w. Archiv f. Ophthalm. IV. 1. p. 342. 1858.

Williams, E., Basedow's disease. Transact. of the Amer. ophth. Soc. p. 293. 1875.

Williams, Case of mania with exophth. goitre. Lancet. II. p. 724. 1877.

Williams, H., Graves' disease and Myxoedema. Brit. med. Journ. April 15, 1893. Schmidt's Jahrb. 240. S. 147.

Wilson, Exophth. goitre. Philad. med. Times. p. 621. 1878—79.

Winkler, E., Zur Beantwortung der Frage: Wann können intranasale Eingriffe beim Morbus Basedowii gerechtfertigt sein? Wiener med. Wochenschr. XLII. 40—44. 1892. Schmidt's Jahrb. 238. S. 23.

Windle, Exophth. goitre. Dublin Journ. LXXIV. p. 245. 1882.

Winternitz u. von Corval, Deutsche Med. Zeitung. 32. 1889.

Withuisen, Om den a forfatterne saakolde »cachexia exophthalmica«. Bibl. f. Läger. Kjöbenh. XII. p. 253. 1858. Dubl. med. Press. 1. 17. 33. 1859.

Witkowski, Ueber Herzleiden bei Geisteskranken. Allg. Zeitschr. f. Psych XXXII. 3 u. 4. p. 347. 1875.

Wölfler, Die chirurgische Behandlung des Kropfes. III. Theil. p. 86. Berlin 1891.

Wolfenden, A new point in the diagnosis of Graves' disease. Practitioner. Nr. 234. p. 422. Dec. 1887. Schmidt's Jahrb. 221. S. 84.

Wolfenden, Observations of exophth. goitre. Journ. of Laryngol. Sept.-Oct. 1888.

Wood, Exophth. goitre, with a case. Michigan med. News. IV. 72. Detroit 1881.

Wooster, Exophth. goitre. Pacific med. and surg. Journ. XIII. p. 347. 1880—81.

Yeo, J. B., Cases of exophth. goitre with new phenomena. Brit. med. Journ. March 17, 1876.

Zehender, Ein Fall von Basedow'scher Krankheit. Klin. Monatsbl. f. Augenhk. VII. S. 219. 1869.

Ziemssen, H. v., Morbus Basedowii. Aerztl. Intelligenzbl. XXVI. S. 302. 1879.

Zimmermann, Ueber Morbus Basedowii im Anschlusse an einen durch ein Trauma entstandenen Fall. Diss. inaug. München 1893.

Zschuck, De exophthalmo cum struma et cordis morbo conjuncto. Diss. inaug. Halae 1853.

www.ingramcontent.com/pod-product-compliance
Lightning Source LLC
Chambersburg PA
CBHW021939220326
41599CB00011BA/890